3차원 설계와 제작도면 작성을 위한

CATIA V5

이선곤 • 조대희 공저

JINSAEM 진샘미디어

본 결과물은 교육부 및 한국연구재단의 첨단분야 혁신융합대학 사업의 지원을 받아 수행하였습니다.

저자 소개

이선곤 | 인하대학교 기계공학과

조대희 | 한국표준협회 전문위원

3차원 설계와 제작도면 작성을 위한 **CATIA V5**

발행일 2025년 3월 5일
저자 이선곤, 조대희
발행인 최봉조 **발행처** 진샘미디어 **주소** 서울시 은평구 연서로 5길 28 부호아파트 102동 상가5호
전화 02-353-4421 **팩스** 02-353-4431 **웹사이트** www.jinsaem.co.kr
등록번호 제311-2005-000025호

ISBN 979-11-91419-46-7 93550
정가 29,000원

머리말

3차원 설계는 제작하려는 형상을 직관적으로 이해할 수 있으며, 각 부품을 조립하는 과정과 상대 운동을 하는 과정에서 부품의 간섭을 확인하고 설계에 반영하여 설계 오류를 방지하게 된다.

2D 도면은 설계자의 의도를 제작자에게 정확하게 전달하는 데 목적이 있다. 만약 설계자가 직접 제작한다면 문제가 없다. 그러나 설계자는 설계를 제작자는 제작을 담당하기 때문에 설계도는 정해진 산업규격에 따라 작성되어야 다른 사람들이 보더라도 그 형상과 기호가 의미는 항상 같아야 한다.

결국, 설계는 산업규격을 의거하여 작성되어야 하며, 정해진 규격으로 해독해야 오류 발생이 없이 능률적인 제작이 가능해진다.

이 책은 CATIA의 다양한 기능을 다루고 있다. 퓨전의 단순모델링, 어셈블리, 도면작성 그리고 구실습 도면을 정리하면서 주의를 기울였으나, 초판이기에 있을 수도 있는 미진한 부분 또는 설명이 부족한 부분은 계속 보완해 나갈 것을 약속드린다.

또한 출판에 이르기까지 좋은 책을 만드는 데 앞장서고 있는 진샘미디어 관계자들에게 깊은 감사를 드린다.

이선곤, 조대희

차 례

CHATER

I

CATIA intro

1-1 CATIA 개요

CATIA를 활용한 3차원 Part 생성을 위한 모듈은 다음과 같다.

- 선, 원 등으로 스케치 생성
- 치수 제약, 형상 제약 등으로 스케치 제한
- 모따기, 미러 등의 스케치 수정
- 패드, 포켓 등의 Part Body 생성
- 필렛, 쉘 등의 Part Body 수정
- Part Body에 대한 부울 연산 수행
- Part Body 설계에서 표면의 기본 사용
- Part Body에 재료 적용하기

1-2 CATIA 구성

① CATIA의 화면

CATIA V5를 처음 실행하면 다음과 같은 화면 디스플레이 된다.

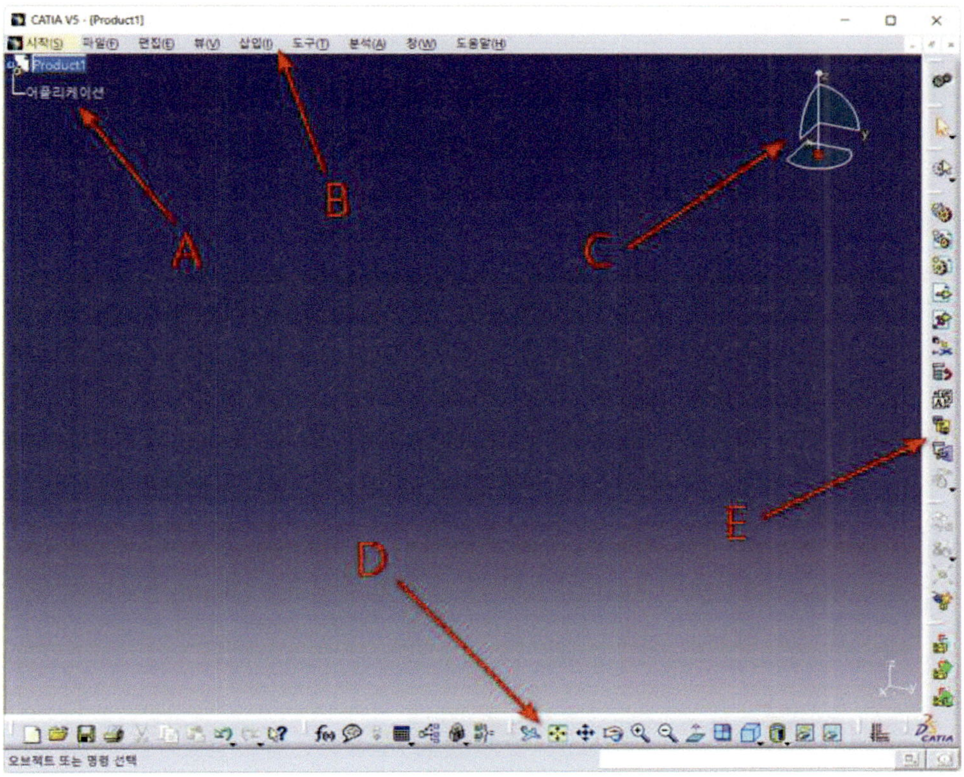

ⓐ A : 디자인 트리(Desgin tree)

- 모델링, 어셈블리 등의 작업이 진행하는 과정을 표시하게 된다.

ⓑ B : 풀다운 메뉴(Pulldown menu)

- 다양한 명령을 보여준다.

ⓒ C : 컴퍼스(Compass)

- 문자 X, Y, Z는 축을 표시한다(기본 방향은 Z축이 수직).
- 각 축을 드래그하면 선택한 축을 따라 화면이 이동한다.
- 2개의 축이 이루는 원호의 안쪽 면을 드래그하면 선택한 평면을 기준으로 이동하게 된다.
- 원호의 모서리를 드래그하면 회전하게 된다.

- Compass(컴퍼스)를 드래그하여 Part Body에 부착할 수 있다.

ⓓ D : 도구 모음(Tool bar)

- 하단 행에는 다양한 작업을 수행할 수 있는 다양한 아이콘이 포함되어 있다.

ⓔ E : 현재 작업대는 제품 구조 작업대

- 현재 작업대의 적절한 아이콘을 사용하여 다른 작업대로 전환할 수 있다.

<table>
<tr><td colspan="2">참고
작업대와 도구 모음은 사용자 지정하거나 위치도 바꿀 수 있다.</td></tr>
<tr><td>- 작업대와 도구 모음의 빈 영역에서 마우스 우측 버튼을 누르면 나타나는 창에서 ☑가 있는 도구 모음은 화면에 표시되는 것이다.
- 해당 도구 모음을 클릭하면 숨기거나 나타나는 것이 반복한다.</td><td>- 풀다운 메뉴에서 도구(T) → 사용자 정의를 클릭하여 나타나는 대화 상자에서도 편집할 수 있다.
- 모든 콘텐츠 복원, 위치 복원을 클릭하면 도구 모음을 초기화할 수 있다.</td></tr>
<tr><td>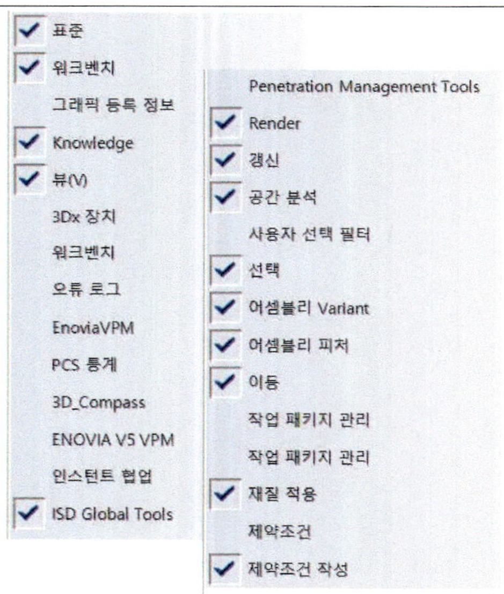</td><td>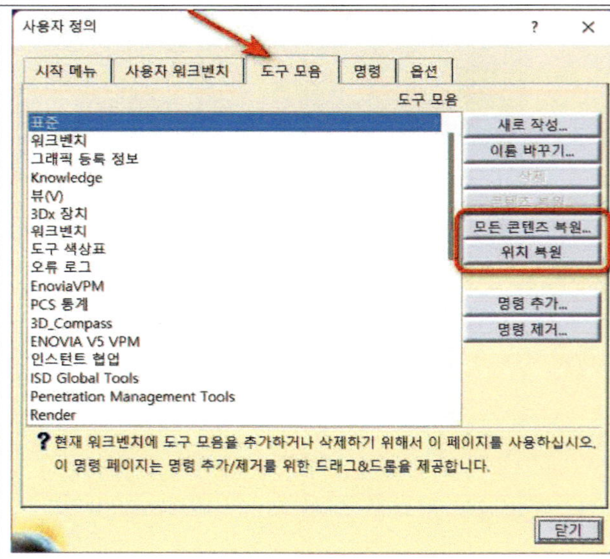</td></tr>
</table>

1-3 Pull-down Menus

풀다운 메뉴는 다음과 같다.

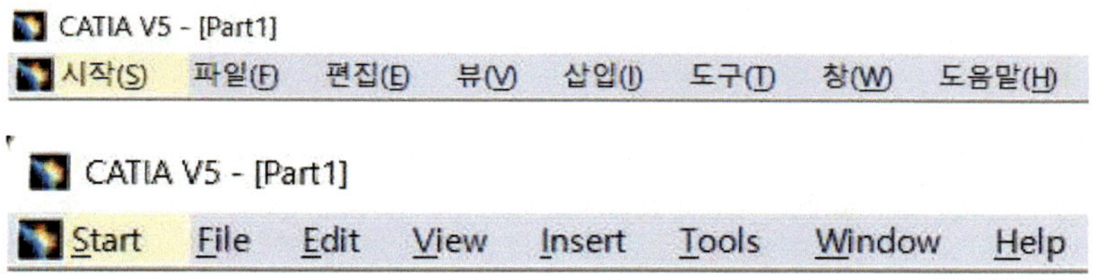

(1) File

풀다운 메뉴의 파일(File)은 다음과 같다.

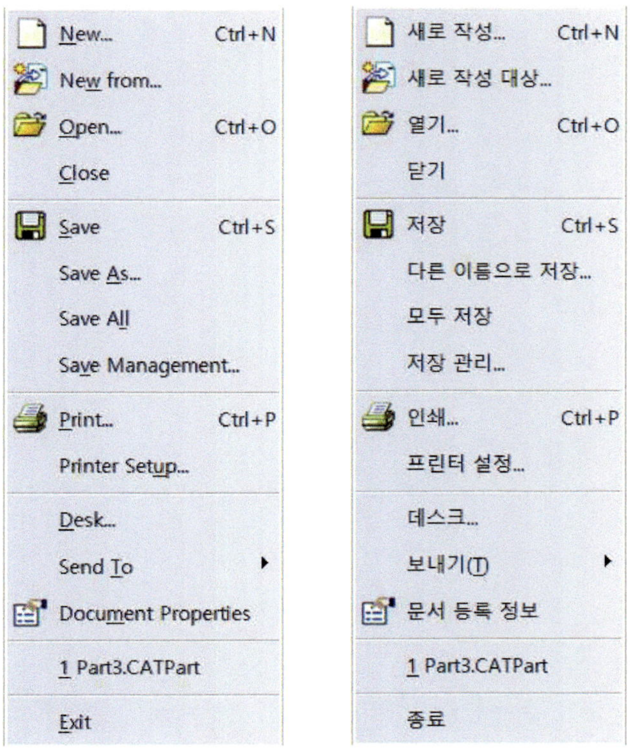

① New(신규) : 새로운 Part Body, Assembly, Drafting 등을 작성한다.

② New from(새로 시작) : 기존 문서를 기반으로 새 문서를 생성한다.

③ Open(열기) : 기존에 작성한 Part Body, Assembly, Drafting 등을 연다.

④ Close(닫기) : 작업 중인 현재 문서를 종료한다.

⑤ Save(저장) : 현재 작업 중인 문서를 같은 이름으로 저장한다.

⑥ Save As(다른 이름으로 저장) : 지정한 이름으로 현재 Part를 저장한다.

⑦ Save All(모두 저장) : 현재 열려 있는 모든 Part를 저장한다.

⑧ Save All As(모든 이름으로 저장) : 지정한 이름으로 현재 열려 있는 모든 Part를 저장한다.

⑨ Print(인쇄) : 현재 문서를 인쇄한다.

⑩ Desk(데스크) : 현재 작업 중인 모델이 연관된 모델 사이의 정보와 관계를 확인할 수 있다.

⑪ Send To(보내기) : CATIA 데이터를 이메일이나 다른 디렉터리로 보낼 수 있다.

⑫ Exit(종료) : CATIA를 종료한다.

(2) Edit

풀다운 메뉴의 편집(Edit)은 다음과 같다.

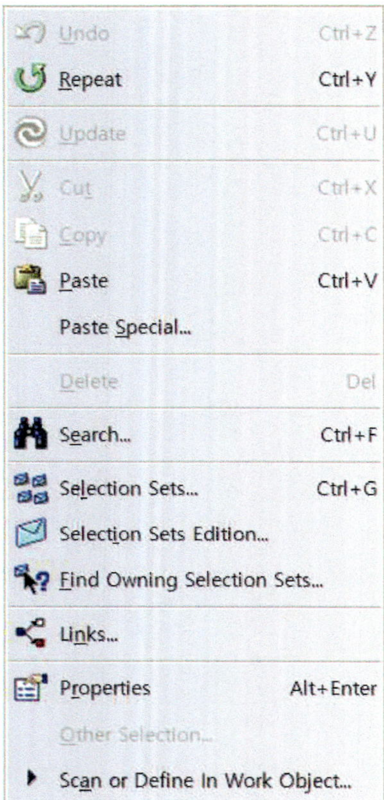

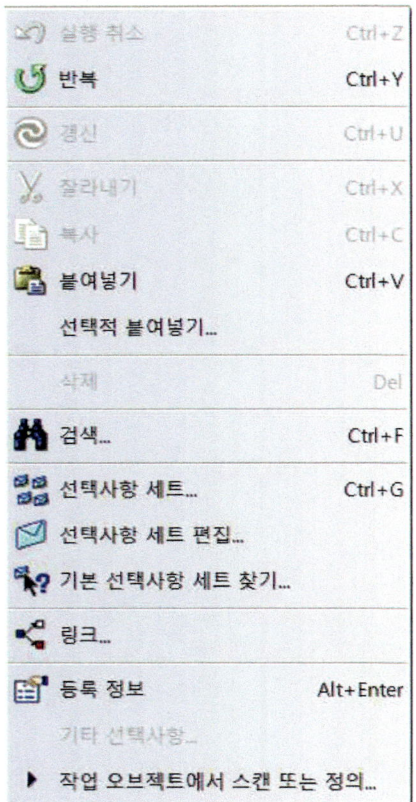

① Undo(실행 취소) : 마지막 옵션을 실행 취소한다. 여러 옵션을 연속으로 실행 취소할 수 있다.

② Repeat(반복) : 마지막 실행 취소 옵션을 다시 실행한다. 여러 옵션을 연속으로 다시 실행할 수 있다.

③ Update(갱신) : 변경 사항을 업데이트한다.

④ Cut(잘라내기) : 선택한 객체를 잘라내기를 한다.

⑤ Copy(복사) : 선택한 객체를 복사한다.

⑥ Paste(붙여넣기) : 잘라내거나 복사한 객체는 붙여넣기를 한다.

⑦ Paste Special(선택적 붙여넣기) : 잘라내거나 복사한 객체를 선택적 붙여넣기를 한다.

⑧ Delete(삭제) : 선택한 객체를 삭제한다.

⑨ Search(검색) : 작업 영역에 특정 객체를 검색한다.

⑩ Selection Sets(선택사항 세트) : 선택된 세트에 객체를 추가하거나 삭제한다.

⑪ Selection Sets Edition... : 선택사항 세트를 편집한다.

⑫ Find Owning Selection Sets... : 기본 선택사항 세트 찾기를 한다.

⑬ Links...: 링크를 편집한다.

⑭ Properties : 그래픽 속성을 표시하고 편집한다.

⑮ Other Selection... : 기타 선택사항을 보여준다.

⑯ Scan or Define in Work Object(작업 오브젝트에서 스캔 또는 정의) : 현재 작업 객체의 생성 과정을 보여준다.

(3) View

풀다운 메뉴의 뷰(View)은 다음과 같다.

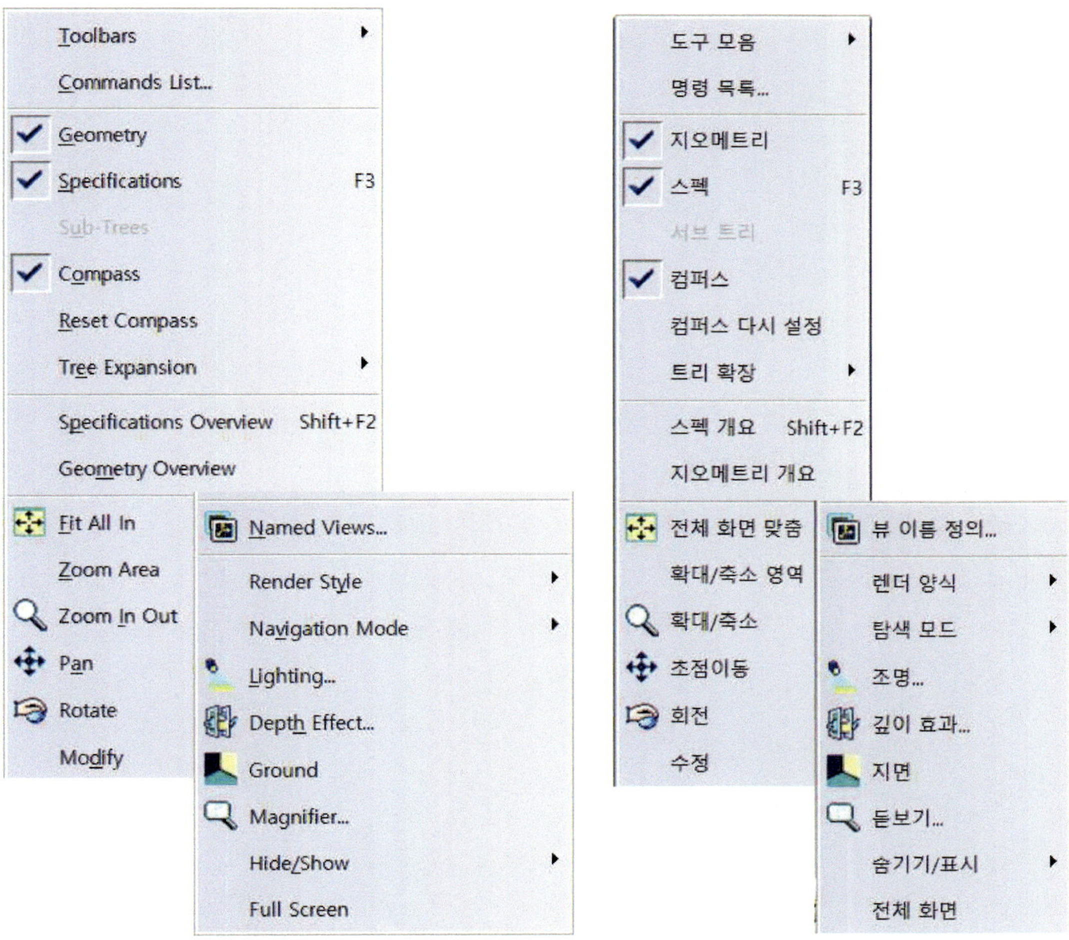

① Toolbars(도구 모음) : 다음과 같은 도구 모음을 보이게 하거나 숨긴다.

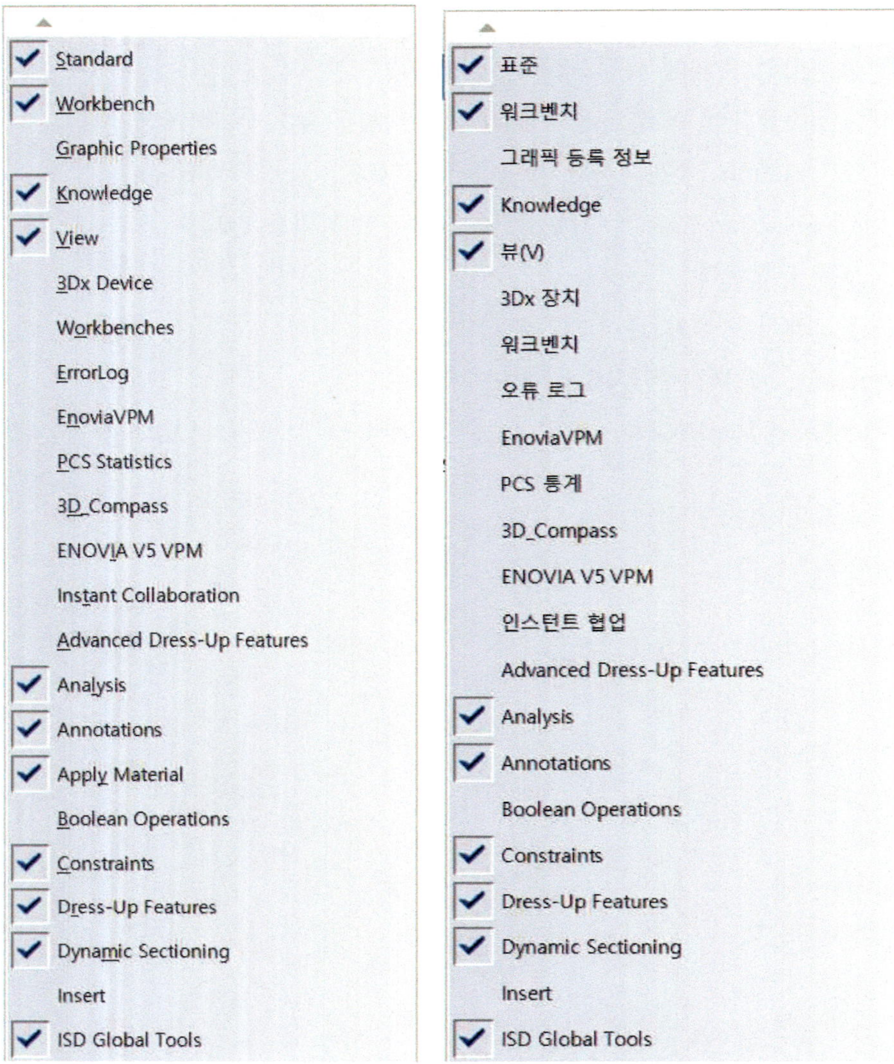

② Geometry(지오메트리) : 기하학이라고도 하는 기하학적 요소를 숨기거나 보이게 한다.

③ Specification(스펙) : 디자인 트리를 숨기거나 보이게 한다.

④ Compass(컴퍼스) : Compass(컴퍼스)를 숨기거나 보이게 한다.

⑤ Reset Compass(컴퍼스 다시 설정) : 이동 시 Compass(컴퍼스)를 원래 위치로 재설정한다.

⑥ Tree Expansion(트리 확장) : 디자인 트리의 레벨을 확장하거나 축소할 수 있다.

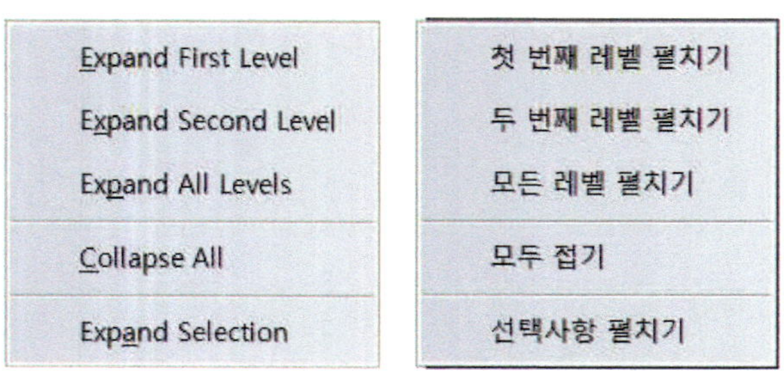

⑦ Specifications Overview(스펙 개요) : 디자인 트리의 개요 창을 디스플레이 한다.

⑧ Geometry Overview(지오메트리 개요) : 작업 영역에 있는 지오메트리(Geometry)의 개요 창을 디스플레이 한다.

⑨ Fit All In(전체 화면 맞춤) : 화면에 모든 지오메트리(Geometry)가 맞도록 디스플레이를 확대한다.

⑩ Zoom Area(영역 확대) : 지정한 영역 확대한다.

⑪ Zoom In Out(확대/축소) : 왼쪽 마우스 버튼을 사용하여 위아래로 드래그하여 화면을 확대하거나 축소한다.

⑫ Pan(초점이동) : 왼쪽 마우스 버튼을 드래그하면 화면이 이동한다.

⑬ Rotate(회전) : 왼쪽 마우스 버튼으로 부품의 디스플레이를 회전한다.

⑭ Modify(수정) : 확대하거나 축소, 평면 보기, 가속 및 감속 옵션은 비행 속도나 걷기 속도 등의 다양한 방식으로 화면을 설정할 수 있다.

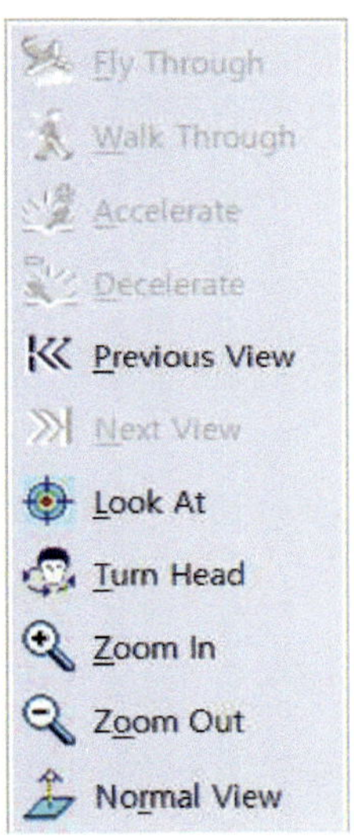

⑮ Named Views(뷰 이름 정의) : 다양한 보기를 검색하며 나중에 검색할 수 있도록 새 보기를 추가할 수 있다.

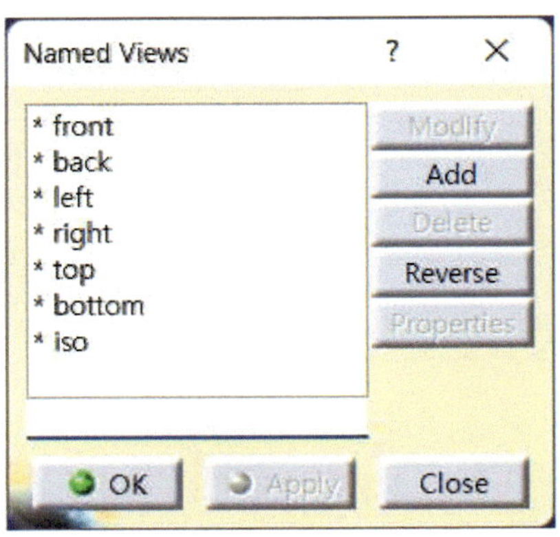

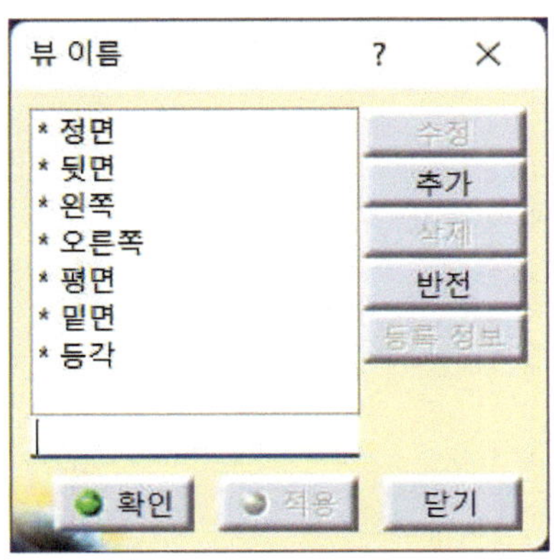

⑯ Render Style(렌더 양식) : 다양한 렌더링 스타일은 부품이 표시되는 다양한 방식으로 디스플레이 한다.

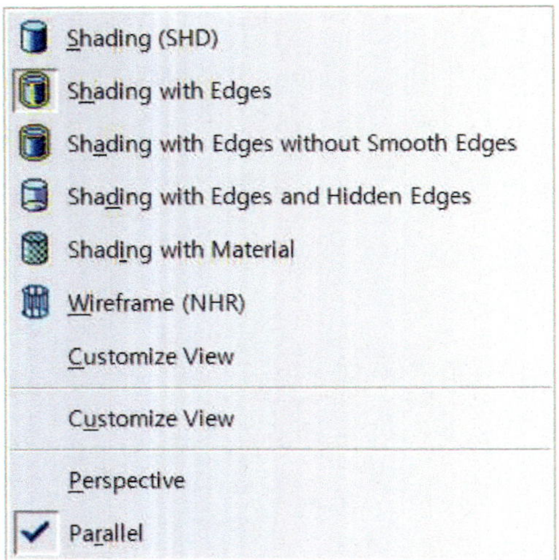

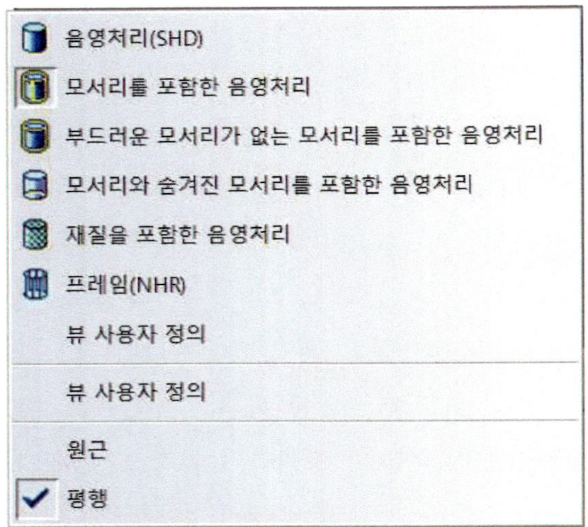

ⓐ Shading(SHD, 음영 처리) : 지오메트리(Geometry)를 음영 처리 상태로 표시한다.

ⓑ Shading with Edges(모서리를 포함한 음영 처리) : 모서리를 포함하여 음영 처리한 지오메트리(Geometry)를 표시한다.

ⓒ Shading with Edges without Smooth Edges(부드러운 모서리가 없는 모서리를 포함한 음영 처리) : 부드러운 모서리가 없는 모서리를 포함하여 음영 처리한 지오메트리(Geometry)를 표시한다.

ⓓ Shading with Edges and Hidden Edges(모서리와 숨겨진 모서리를 포함한 음영 처리) : 모서리 및 숨겨진 모서리를 포함하여 음영 처리한 지오메트리(Geometry)를 표시한다.

ⓔ Shading with Material(재질을 포함한 음영 처리) : 재질을 포함하여 음영 처리한 지오메트리(Geometry)를 표시한다.

ⓕ Wireframe (NHR, 프레임(NHR)) : 지오메트리(Geometry)를 와이어 프레임 상태로 표시한다.

ⓖ Customize View(뷰 사용자 정의) : 사용자 정의 뷰 모드를 활성화하여 사용자 고유의 뷰 매개변수를 정의할 수 있게 합니다.

ⓗ Prspective(원근) : 원근법 상태에서는 화면에 가까운 부품의 면적이 멀리 있는 면적보다 더 크게 표시한다. 이는 기하학적으로 치수의 변화 없이 시각적으로만 표시한다.

ⓘ Parallel(평행) : 평행 상태에서는 부품이 모든 차원에서 정확히 스케일링 되도록 표시한다.

⑰ Navigation Mode(탐색 모드) : 검사, 걷기, 비행 모드로 전환한다.

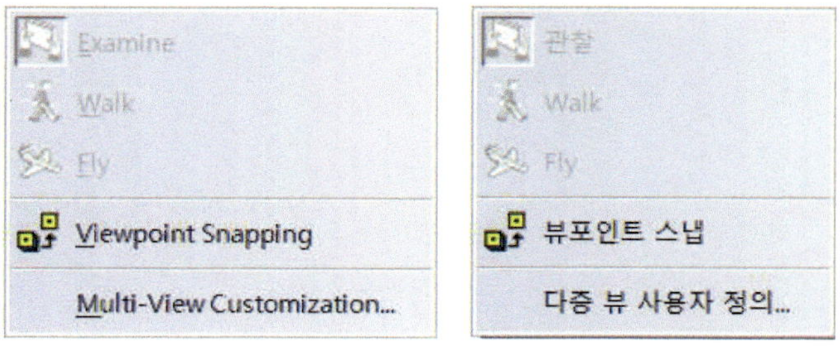

⑱ Lighting(조명) : 다양한 주변 조명 효과를 적용한다.

⑲ Depth Effect(깊이 효과) : 움직일수 있는 경계면을 기준으로 내부 형상을 확인한다.

⑳ Ground(지면) : 그래픽 영역에 바닥 평면을 시각적으로 삽입한다.

㉑ Magnifier(돋보기) : 별도의 창에 사용자의 부품을 확대하여 표시한다.

㉒ Hide/Show(숨기기/표시)

ⓐ 지오메트리(Geometry)를 숨기거나 표시한다. 표시할 수 있는 공간 전환 옵션은 숨겨진 쪽과 표시 쪽 사이에서 전환된다.

ⓑ Swap visible space(표시 가능 스페이스 스왑) : Hide로 숨겨진 요소들이 있는 공간으로 전환한다. 이 공간에서 다시 Hide를 적용하면 메인 공간으로 넘어가고 다시 Swap visible space를 클릭하여 메인 공간으로 전환하게 된다.

㉓ Full Screen(전체 화면) : 메뉴나 도구 모음 없이 전체 화면을 사용하여 지오메트리(Geometry)를 표시한다. 전체 화면 모드를 끄려면 오른쪽 마우스 버튼을 사용한다.

(4) Insert

풀다운 메뉴의 삽입(Insert)은 다음과 같다.

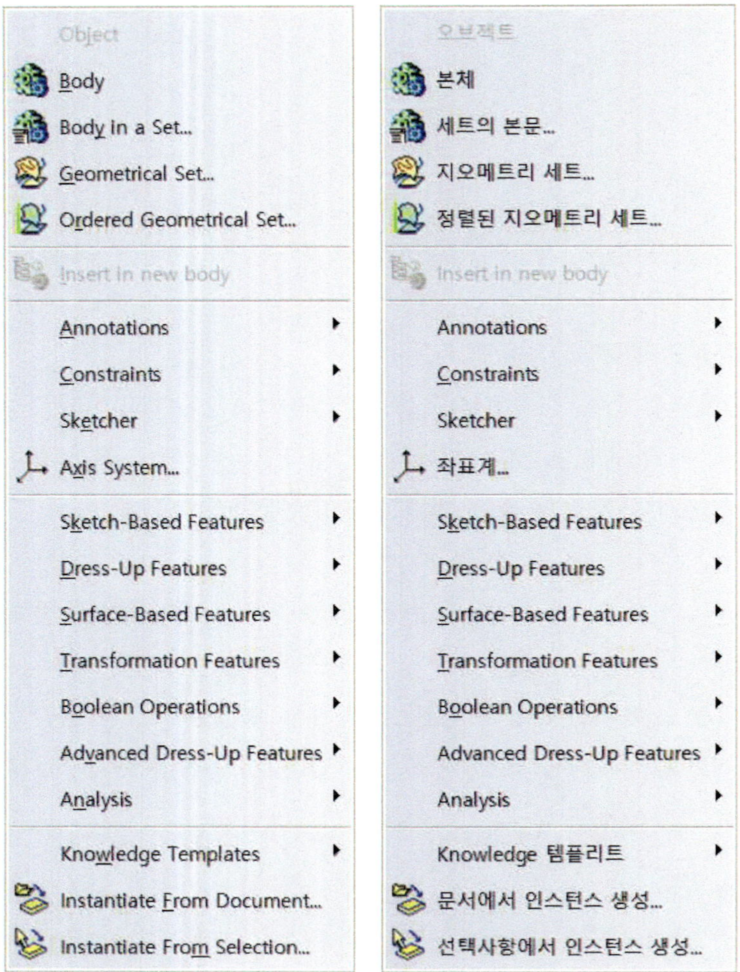

① Object(오브젝트) : 스프레드시트나 워드 프로세싱 문서와 같은 객체를 삽입한다.

② Body(본체) : 새 본문을 부품에 삽입한다.

③ Geometrical Set...(세트의 본문...) : 지오메트리(Geometry)를 구성하는 파트 바디(Part Body)들을 하나로 묶는다.

④ Ordered Geometrical Set...(지오메트리 세트...) : 지오메트리(Geometry)를 각 요소가 정의된 순서로 생성되고 편집한다.

⑤ Insert in new body(정렬된 지오메트리 세트...) : 디자인 트리의 선택된 위치에 바디(Body)를 새롭게 생성산다.

⑥ Annotations : 부품 설계 옵션과 같이 부품에 주석을 삽입한다.

⑦ Constraints : 스케치(Sketch) 옵션과 같은 제약 조건을 삽입한다.

⑧ Sketcher: Part 디자인의 스케쳐(Sketcher) 아이콘과 같이 스케쳐(Sketcher)를 실행한다.

⑨ Axis System(좌표계) : 좌표계를 정의한다.

⑩ Sketch-BasedFeatures(스케치기반특징): 스케치를 기반으로 3차원 피쳐(Features)를 생성한다.

⑪ Dress-UpFeatures(드레스-업기능): 3차원피쳐(Features)에필레,챔퍼등 의 명령으로 형상을 수정한다.

⑫ Surface-BasedFeatures(표면기반특징): 경계면(3차원곡면포함)을 기반으로 3차원 피쳐(Features)를 생성한다.

⑬ TransformationFeatures(변환기능): 3차원피쳐(Features),파트(Part)를 이동, 복사, 회전 등의 명령으로 형상을 수정한다.

⑭ BooleanOperations(부울연산): 3차원 파트(Part)를 사이에 부울연산을 삽입한다.

(5) Tools

풀다운 메뉴의 도구(Tool)는 다음과 같다.

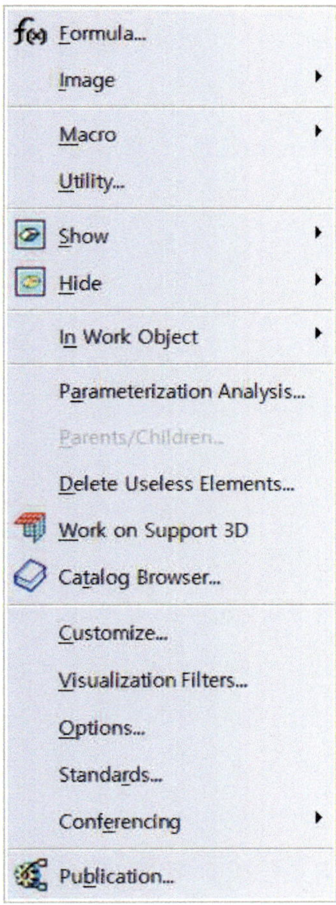

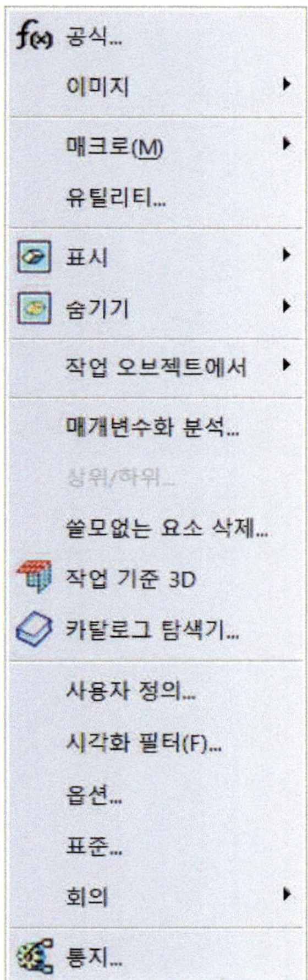

① Formula(공식) : 공식을 부품에 적용할 수 있다.

② Image(이미지)

ⓐ Capture : 그래픽 영역을 캡춰하여 TIFF, JPEG, PNG 등의 이미지로 저장한다.

ⓑ Album : 캡처된 이미지가 기본적으로 저장되고 이미지에 액세스할 수 있다.

ⓒ Video : 수행 중인 작업을 녹화하고 재생할 수 있다.

③ Macro(매크로) : 매크로 기록, 편집 및 실행

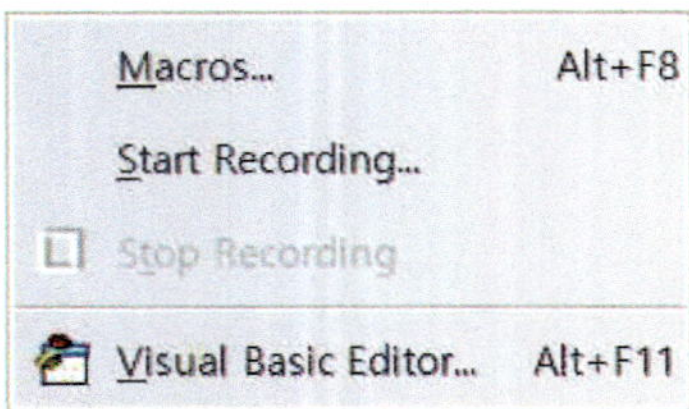

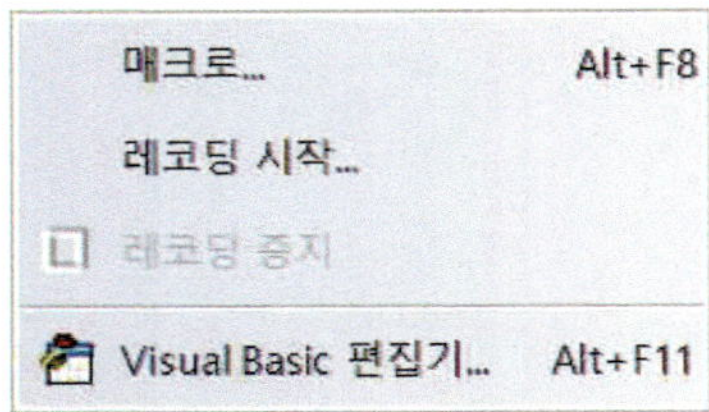

④ Utility...(유틸리티...) : 다양한 유틸리티를 일괄처리 모니터에서 처리한다.

⑤ Show(표시) : All Points(모든 점), All Lines(모든 선), All Cuves(모든 커브), All Sketches(모든 스케치), All Surpaces(모든 서피스) 등을 보이게 한다.

⑥ HIde(숨기기) : All Points(모든 점), All Lines(모든 선), All Cuves(모든 커브), All Sketches(모든 스케치), All Surpaces(모든 서피스) 등을 숨기게 한다.

⑦ In Work Object(작업 오브젝트에서...) : Scan or Define In Work Object...(작업 오브젝트에서 스캔또는 정의...), Center Graph On Work Object(작업 오브젝트에서 중심 그래프), Reframe On Work Object(작업 오브젝트에서 리프레임)을 적용한다.

⑧ Parameterization Analysis...(매개변수화 분석...) : 디자인 트리에 선택된 매개변수를 분석하고 새로 고치기를 한다.

⑨ Parents/Children...(상위/하위) : 안쪽 부품(Child)에서 시작하여 최종 조립 제품(Parent)으로 확장하여 각 하위 어셈블리를 자체적인 사소한 공차 분석 모델로 처리한다.

⑩ Delete Useless Elements...(쓸모없는 요소 삭제...) : Part Body을 구성하는데 사용하지 않는 요소를 삭제한다.

⑪ Work on support 3D(작업 기준 3D) : 3D Geometry 상에, 가상의 격자를 생성한다.

⑫ Catalog Browser...(카탈로그 탐색기...) : 볼트, 키, 너트, 핀, 스크류, 워셔 등 규격품 등을 카티아 내에서 불러올 수 있다.

⑬ Customize(사용자 정의) : 도구 모음을 사용자 지정한다. 자세한 내용은 부록 A에서 확인할 수 있다.

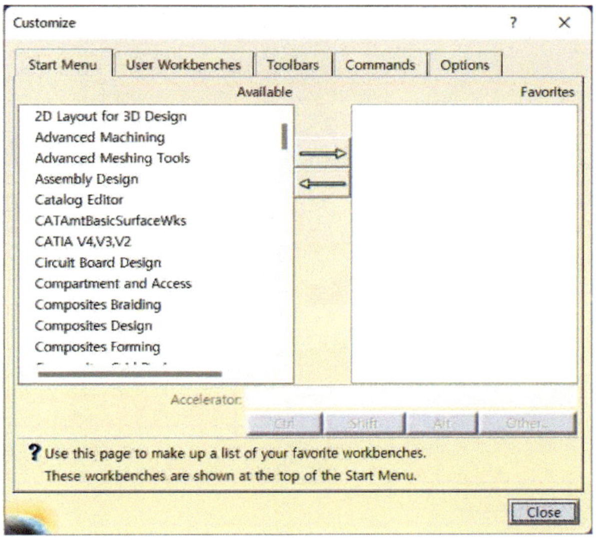

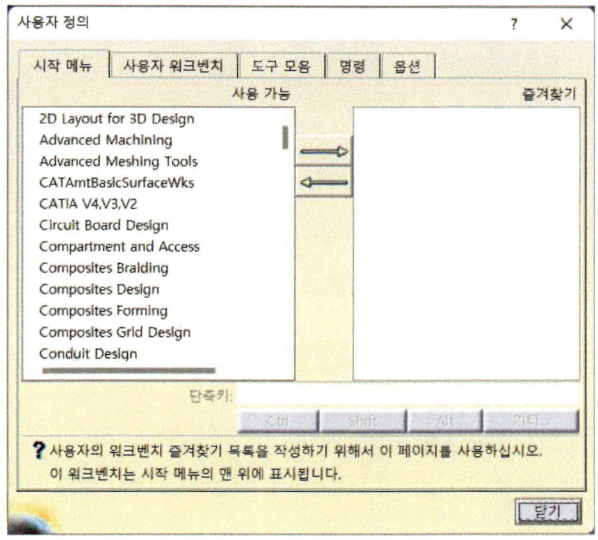

⑭ Visualization Filters(시각화 필터) : 필터를 생성하고 적용할 수 있다.

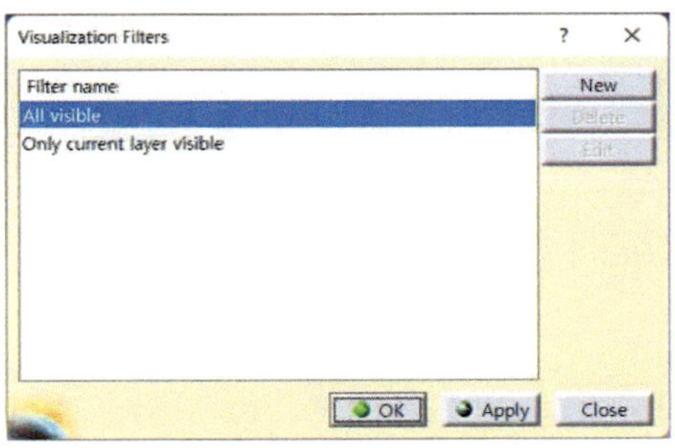

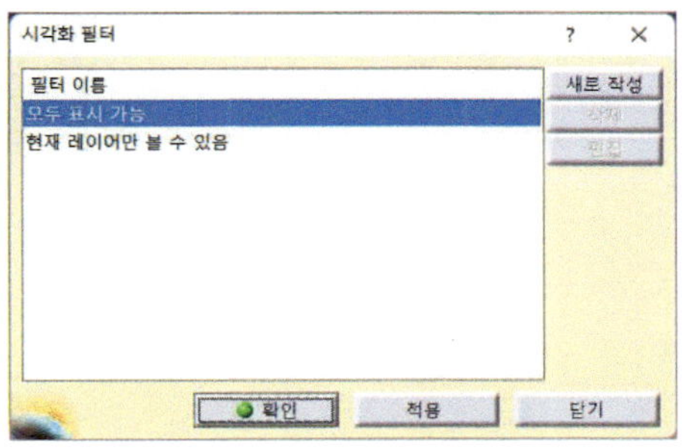

⑮ Options(옵션) : 설정 사용자 지정.

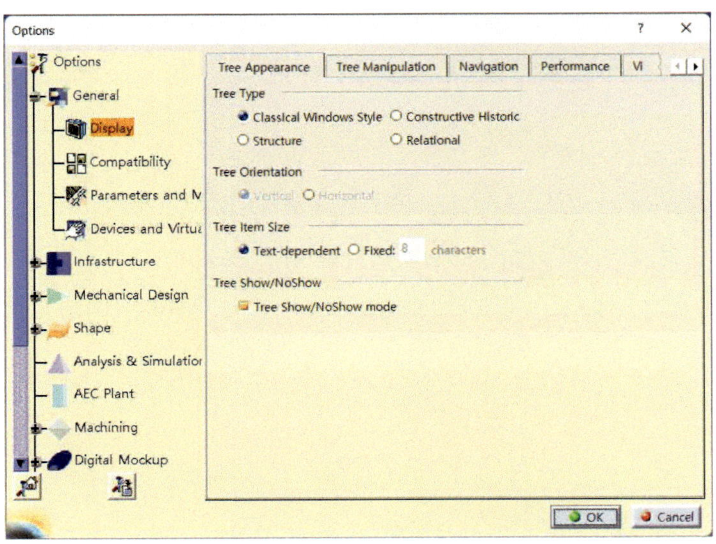

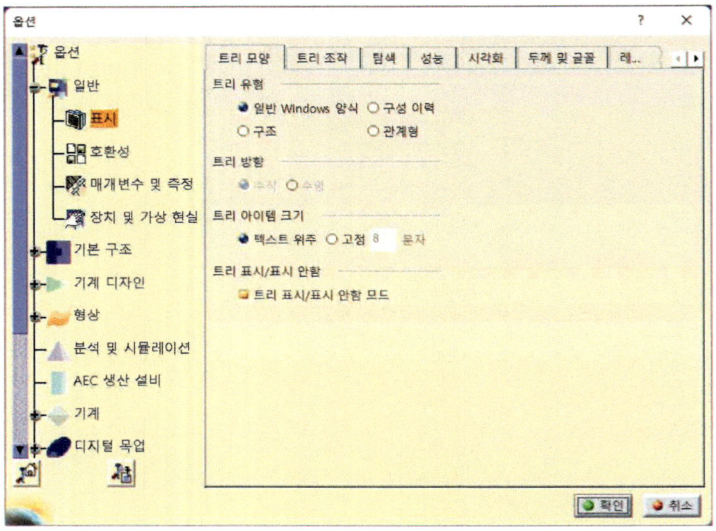

⑯ Conferencing(회의) : Conferencing에 Host, Guest 또는 Stop을 설정한다.

⑰ Publication...(통지...) : CATIA에서는 지속, 반복적으로 사용되는 요소를 별도로 추출한다.

(6) Window

풀다운 메뉴의 창(Window)은 다음과 같다.

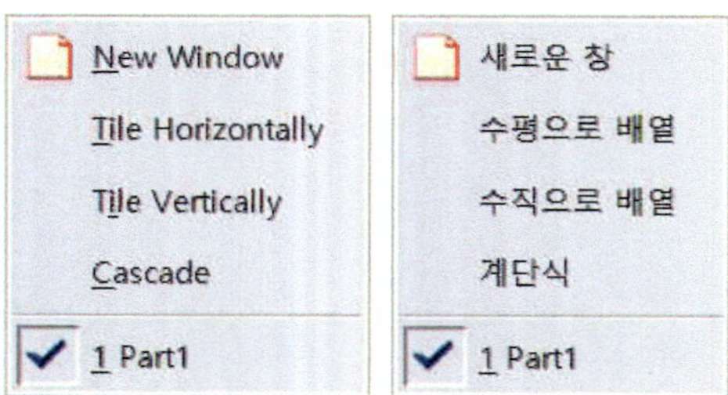

① New Window(새로운 창) : 새 창을 생성한다.

② Tile Horizontally(수평으로 배열) : 열려 있는 창이 겹치지 않도록 평평하게 배열한다.

③ Tile Vertically(수직으로 배열) : 열려 있는 창이 겹치지 않도록 수직하게 배열한다.

④ Cascade(계단식) : 창문을 겹치도록 계단식으로 배열하지만 각 창문의 상단과 왼쪽을 여전히 볼 수 있다.

나열된 다른 창은 현재 열려 있는 창이다. 목록에서 선택하여 창을 전환할 수 있다.

(7) Help

풀다운 메뉴의 도움말(Help)은 다음과 같다.

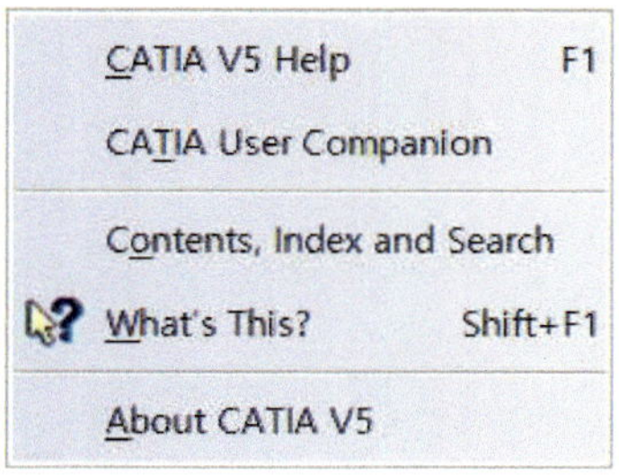

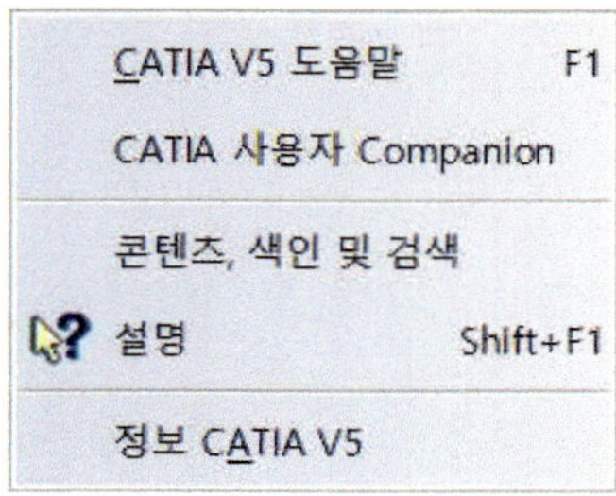

① CATIA V5 Help(CATIA V5 도움말) : CATIA의 도움말 기능을 실행한다.

② CATIA User Companion(CATIA User Companion) : 사용할 수 있는 경우 사용자 Companion을 활성화한다.

③ Contents, Index and Search(콘텐츠, 색인 및 검색) : 온라인 도움말을 검색할 수 있다.

④ What's This(설명) : 옵션을 선택하여 정보를 얻을 수 있다.

⑤ About CATIA V5(CATIA V5 소개) : CATIA V5 정보를 표시한다.

1-2-3 Bottom Toolbar in Part Design

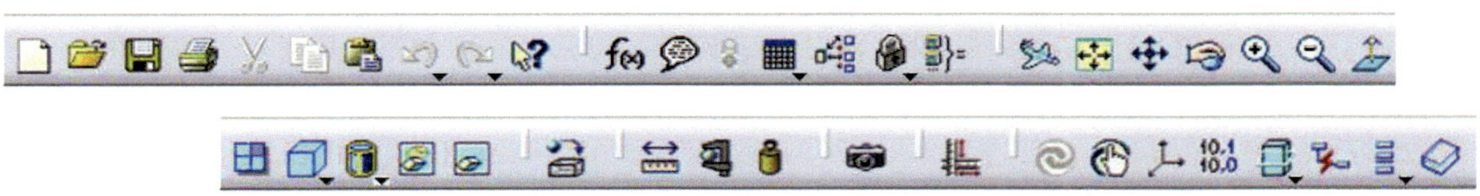

 Creates a new part : 새 부품을 생성한다.

 Open an existing part : 기존 부품 연다.

 Saves the current part : 현재 부품을 저장한다.

 Prints the current part : 현재 부품을 인쇄한다.

 Cuts the selected objects : 선택한 객체를 자른다.

 Copies the selected objects : 선택한 객체를 복사한다.

 Pastes what's been copied or cut : 복사하거나 잘라낸 내용 붙여 넣는다.

Undoes the last action : 마지막 실행을 취소한다.

Redoes the last undo : 마지막 실행 취소를 다시 적용한다.

Gets help on a selected item : 선택한 항목에 대한 설명을 보여준다.

Generates a formula : 수치 입력을 수식으로 적용한다.

Generates a table : 테이블을 생성한다.

Knowledge inspector : 매개변수의 값의 변경이 형상에 미치는 영향을 보여준다.

Goes to fly mode : 3차원 형상을 원근감을 적용하여 표현한다.

Fit is all of the geometry in window : 모델링하고 있는 Part를 화면에 꽉 차게 디스플레이 한다.

Positions view normal to a plane : 평면에 수직하게 화면을 표현한다.

Changes view : 보기를 변경한다.

Changes render style : 뷰 스타일 또는 렌더링 스타일을 변경한다.

Hides/shows elements : 선택한 요소를 숨기기/표시 반복한다.

Swaps visible space : 가시 공간을 교체한다.

Applies material to a part : 부품에 재료를 적용한다.

Measures between two items : 두 항목 간의 측정한다.

Measures an item : 항목을 측정한다.

Measures inertial properties : 관성 특성을 측정한다.

Updates a part : 부품을 업데이트한다.

Creates an axis system : 3D compass를 생성한다.

Tolerancing : 공차를 적용한다.

 Creates a datum : 데이터를 생성한다.

 Open a catalog : 카탈로그를 연다.

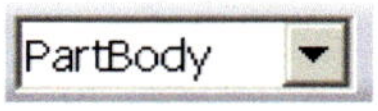

Change current body : 현재 본문을 변경한다.

 Pans the display window : 디스플레이 창을 이동한다.

 Rotates the geometry : 기하학을 회전한다.

 Zooms in : 확대 적용한다.

 Zooms out : 축소 적용한다.

 Performs a draft analysis : 드래프트 해석을 수행한다.

 Performs a curvature analysis : 곡률 해석을 수행한다.

1-4 Part Design Workbench

Changes workbenches : 작업 모듈 변경한다.

Selects geometry : 기하학을 선택한다.

Goes to Sketcher : 스케치(Sketch) 실행한다.

Creates a pad : 패드를 생성한다.

Creates a pocket : 포켓을 생성한다.

Creates a shaft : 샤프트를 생성한다.

Creates a groove : 홈을 생성한다.

Creates a hole : 구멍을 생성한다.

Creates a rib : 리브를 생성한다.

Creates a slot : 슬롯을 생성한다.

Creates a stiffener : 보강대를 생성한다.

Creates a loft : 로프트를 생성한다.

Removes a loft : 로프트를 제거한다.

Fillets with a constant radius : 일정한 반지름을 가진 필렛을 생성한다.

Fillets with a variable radius : 반지름이 가변적인 필렛을 생성한다.

Fillets between faces : 면 사이의 필레

Fillets using a tri-tangent : 트리-탄젠트를 사용한 필렛을 생성한다.

Chamfers a corner : 모서리를 잘라낸다.

Creates a draft angle : 초안 각도를 생성한다.

Draft reflect : 구배를 적용한다.

Shells out a side : 쉘 구조물 생성한다.

Adds thickness to a side : 측면에 두께를 더한다.

Creates thread notation : 스레드 표기법을 생성한다.

Adds thickness to a surface : 표면에 두께를 추가한다.

Splits an object : 객체를 나눈다.

Closes a surface : 표면을 닫는다.

Sews a surface into a part : 표면을 부품으로 접하게 부친다.

Translates an object : 객체를 이동한다.

Rotates an object : 객체를 회전한다.

Symmetries an object : 객체를 대칭 이동한다.

Mirrors an object : 객체를 대칭 복사한다.

Generates a rectangular grid : 직사각형 격자를 생성한다.

Generates a circular grid : 원형 그리드 생성한다.

Generates a user-defined grid : 사용자 정의 그리드 생성한다.

Scales an object : 객체를 확장한다.

Creates constraints by dialog : 대화상자를 통해 제약 조건을 생성한다.

Creates a constraint : 제약 조건을 생성한다.

Creates text with a leader : 리더와 함께 텍스트를 생성한다.

Creates a flag note : 플래그 노트를 생성한다.

1-5 Sketcher changes to bottom toolbar

① Grid 

ⓐ 클릭하면 화면에 일정한 간격으로 격자(Grid)를 On/Off 한다.

ⓑ 스케치에는 기본 설정에 격자(Grid)가 On으로 되어있다.

② Snap to Point 

ⓐ 마우스의 움직임이 그리드의 교차점을 따라 움직이는 것을 On/Off 한다.

ⓑ 스케치에는 기본 설정에 격자(Grid)가 On으로 되어있다.

③ Construction/Standard Element 

ⓐ 표준 요소를 생성하는 것과 구성 요소 생성을 전환한다.

ⓑ 스케치할 때 다른 스케치 요소의 위치 설정에만 적용되고 패드나 포켓 등의 피쳐(Feature)의 스케치에는 선택되지 않는 것을 구성 선(참조 선, 보조 선)이라고 한다.

④ Geometrical Constraints 

ⓐ 제약 조건이 선택되면 스케치할 때 CATIA가 자동으로 기하학적 제약 조건을 적용한다.

ⓑ 선택되지 않으면 제약 조건이 자동으로 나타나지 않는다.

⑤ Dimensional Constraints 

ⓐ 제약 조건이 선택되면 프로파일을 스케치할 때 CATIA가 자동으로 차원 제약 조건을 생성한다.

ⓑ 선택되지 않으면 차원 제약 조건이 자동으로 나타나지 않는다.

1-6 Sketcher Workbench

Changes workbenches : 작업 모듈을 변경한다.

Selects geometry : 지오메트리(Geometry)를 선택한다.

Exits Sketcher : 스케쳐(Sketcher) 종료한다.

Creates constraints by dialog : 대화 상자를 통해 제약 조건을 생성한다.

Creates a constraint : 제약 조건을 생성한다.

Creates constraints automatically : 자동으로 제약 조건을 생성한다.

Animates constraints : 제약 조건 애니메이션으로 보여준다.

Creates a user-defined profile : 사용자 정의 프로파일 생성한다.

Creates a rectangle : 직사각형을 생성한다

Creates an oriented rectangle : 방향성 직사각형을 생성한다.

Creates a parallelogram : 평행사변형을 생성한다.

Creates an elongated slot : 길쭉한 슬롯을 생성한다.

Creates an elongated curved slot : 길쭉한 곡선 슬롯을 생성한다.

Creates a keyhole : 열쇠 구멍을 생성한다.

Creates a hexagon : 육각형을 생성한다.

Creates a circle : 원을 생성한다.

Creates a circle through 3 points : 3개의 점을 통과하는 원을 생성한다.

Creates a circle using coordinates : 좌표를 사용하여 원을 생성한다.

Creates a circle tangent to 3 elements : 3개의 요소에 접하는 원을 생성한다.

Creates an arc through 3 points : 3개의 점을 통과하는 호를 생성한다.

Creates an arc through 3 points using limits : 극한을 사용하여 3개의 점을 통과하는 호를 생성한다.

Creates an arc : 호를 생성한다.

Creates a spline : 스플라인을 생성한다.

Creates a connect curve : 연결 곡선을 생성한다.

Creates an ellipse : 타원을 생성한다.

Creates a parabola : 포물선을 생성한다.

Creates a hyperbola : 쌍곡선을 생성한다.

Creates a conic : 원뿔을 생성한다.

Creates a line : 선을 생성한다.

Creates an unlimited line : 무제한 선을 생성한다.

Creates a bitangent line : 비탄젠트 선을 생성한다.

Creates a bisect line : 이등분선을 생성한다.

Creates an axis : 축을 생성한다.

Creates a point : 포인트를 생성한다

Creates a point using coordinates : 좌표를 사용하여 점을 생성한다.

Creates equidistant points : 등거리 지점 생성한다.

Creates an intersection point : 교차점을 생성한다.

Creates a projected point : 투영된 점을 생성한다.

Creates rounded corners : 둥근 모서리를 생성한다.

Chamfers elements : 챔퍼 요소를 생성한다.

Trims elements : 자르기를 생성한다.

Breaks elements : 요소를 끊어 분리한다.

Quick trim : 즉시 자르기를 생성한다.

Closes elements : 요소를 닫습니다.

Symmetries elements : 대칭 요소를 생성한다.

Translates elements : 요소를 이동한다.

Rotates elements : 요소를 회전한다.

Scales elements : 요소를 축척한다.

Offsets elements : 요소를 오프셋 한다.

Projects 3D geometry onto the sketch plane : 스케치 평면에 3D 기하학을 투영한다.

Intersects 3D geometry with the sketch plane : 스케치 평면과 3D 기하학을 교차한다.

Projects canonical edges onto the sketch plane : 스케치 평면에 정준 모서리를 투영한다.

1-7 스케치(Sketch) 작성 명령

① 직사각형 

직사각형 아이콘을 사용하여 직사각형을 작성한다.

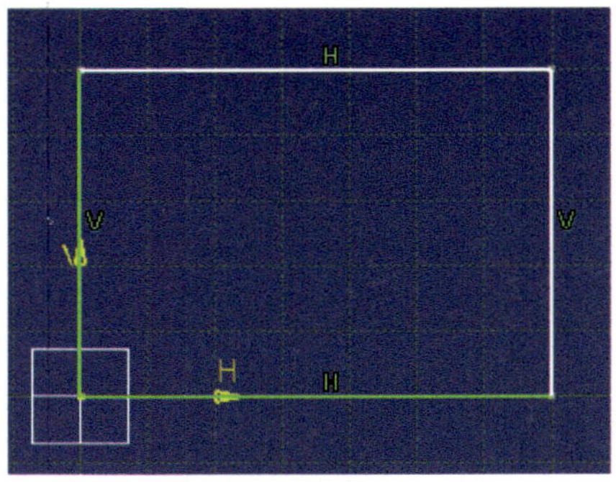

② 방향 사각형 

수평과 수직이 아닌 비스듬히 경사진 사각형을 작성한다.

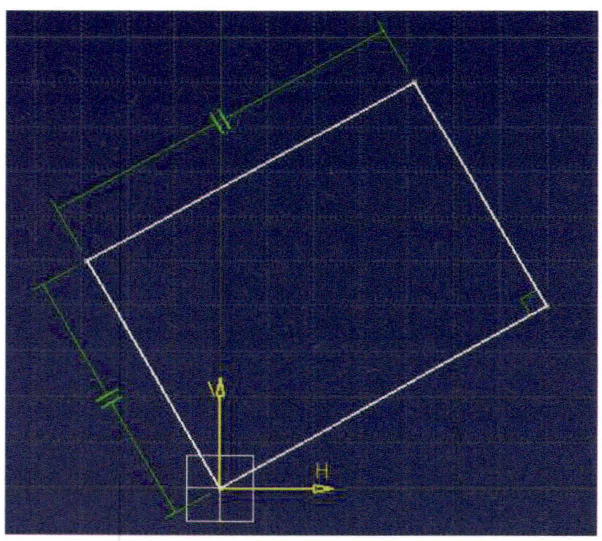

③ 평행사변형 

임의의 각도가 있는 평행사변형을 작성한다.

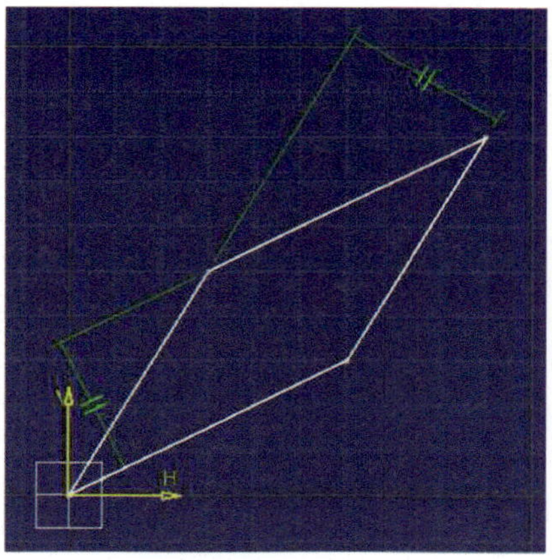

④ 선형 슬롯(장공) 

선형 슬롯(장공의 홀)을 작성한다.

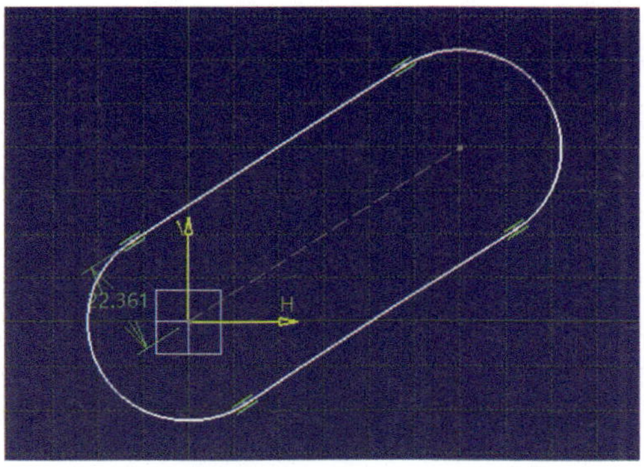

⑤ 원호형 슬롯 

길쭉한 곡선 슬롯 아이콘을 사용하여 원호 형태의 장공을 작성한다.

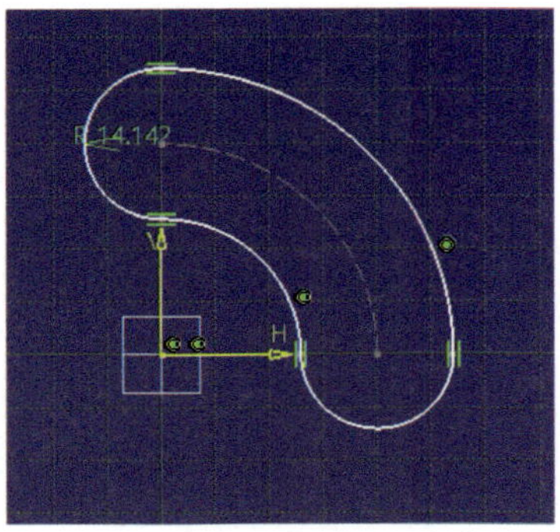

⑥ 키홀 

키홀 아이콘을 사용하여 키홀 모양을 작성한다.

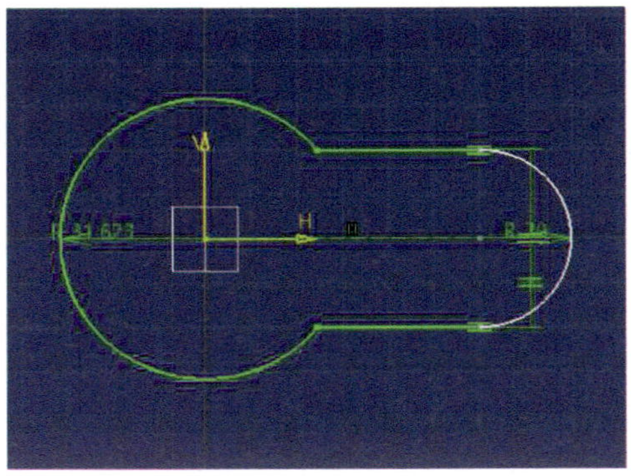

⑦ 육각형 

육각형 아이콘을 사용하여 육각형을 작성한다.

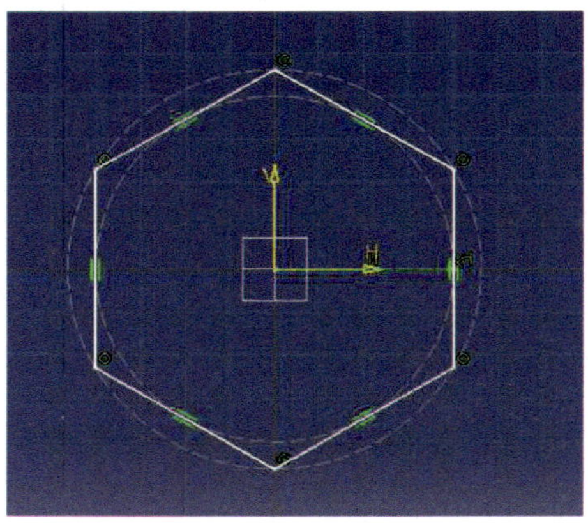

⑧ 원 

원 아이콘을 사용하여 원을 작성한다.

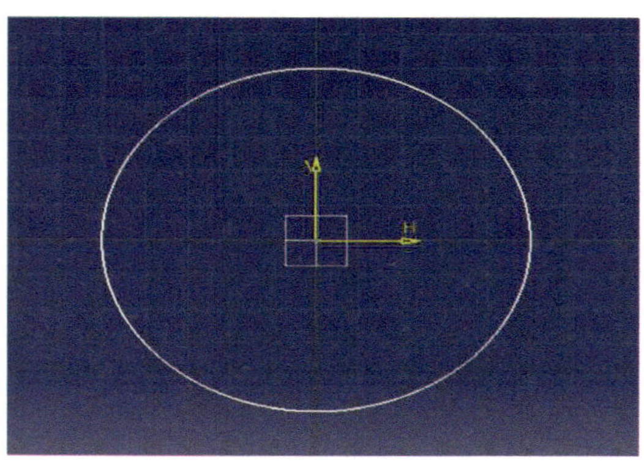

⑨ 3점 통과 원 

세 점을 통과하는 원을 작성한다.

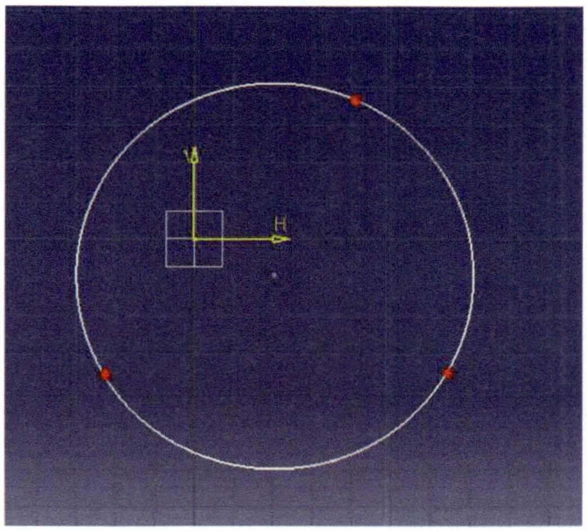

⑩ 데카르트 좌표가 있는 원 

좌표를 사용하여 원의 중심과 반지름의 좌표를 입력하여 원을 작성한다.

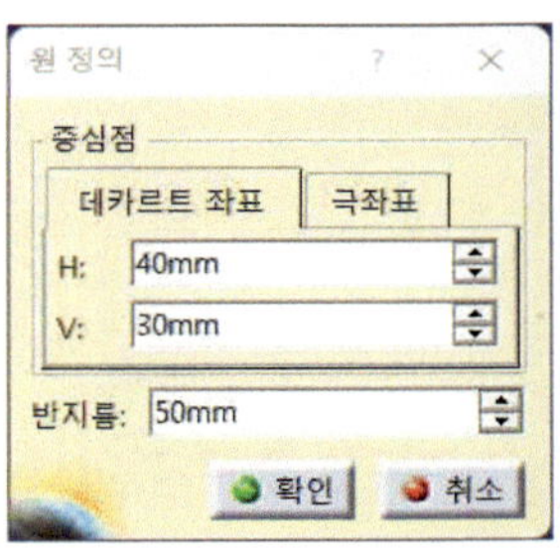

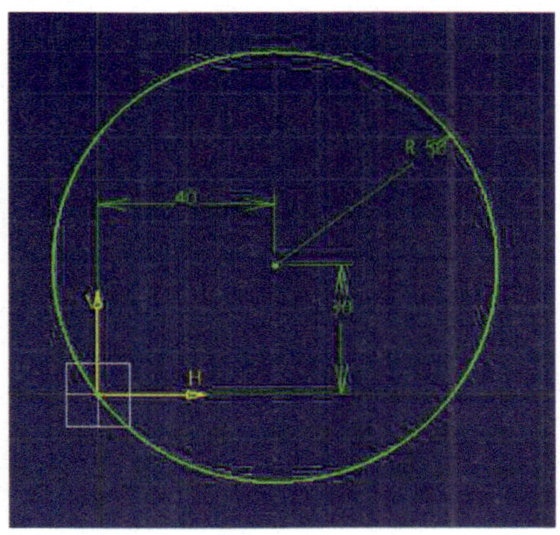

⑪ 세 가지 요소에 접하는 원 

기존에 작성된 스케치에서 선택하는 3요소에 접하는 원이 작성된다.

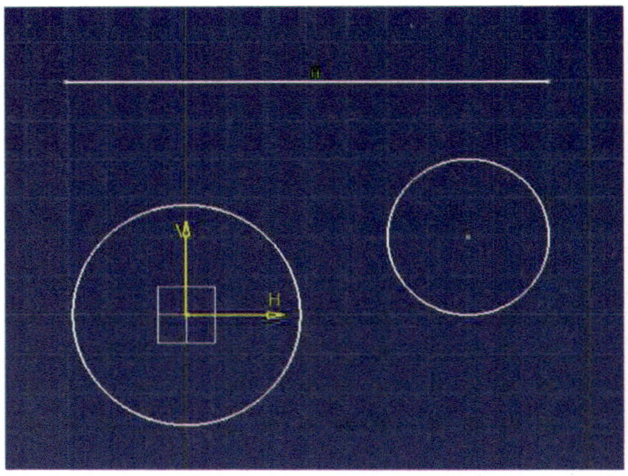

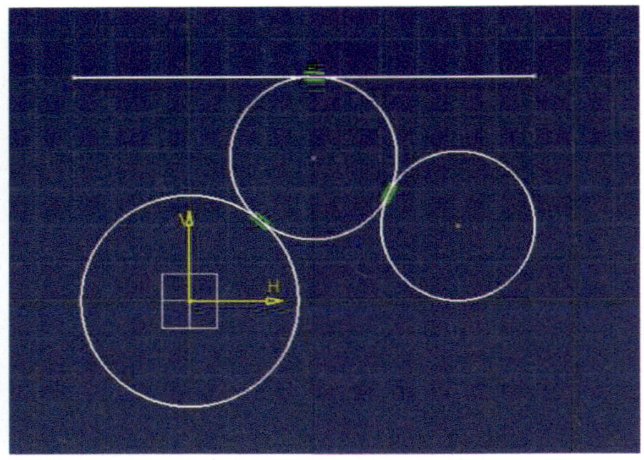

⑫ 호 3점 통과 

세 점을 통과하는 호를 작성한다.

첫 번째 지점에서 시작하여 두 번째 지점을 통과하고 세 번째 지점에서 끝나는 호가 생성된다.

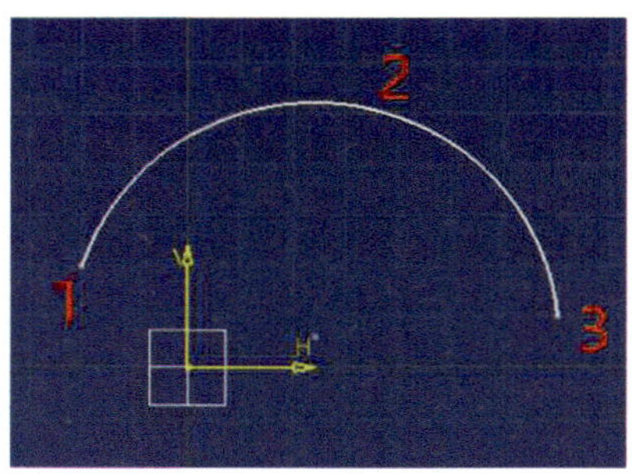

⑬ 한계를 사용하여 3개의 점을 통과하는 호 

세 지점을 통과하는 호를 작성한다.

첫 번째 지점에서 시작하여 두 번째 지점이 끝점이며 세 번째 지점이 통과 점이된다.

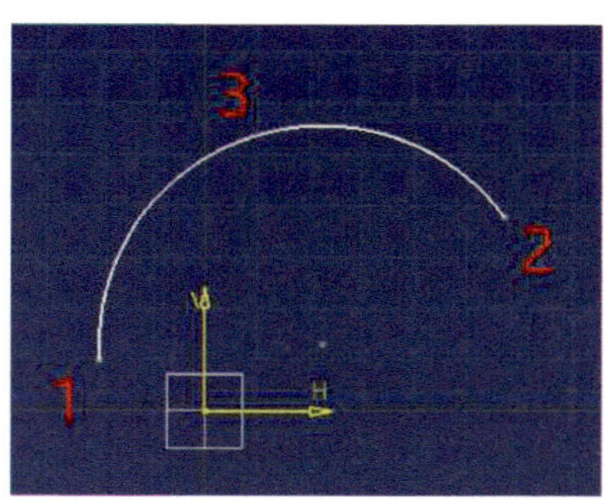

⑭ 호 

중심점을 지정한 다음 호의 시작점과 끝점을 지정하여 호를 작성한다.

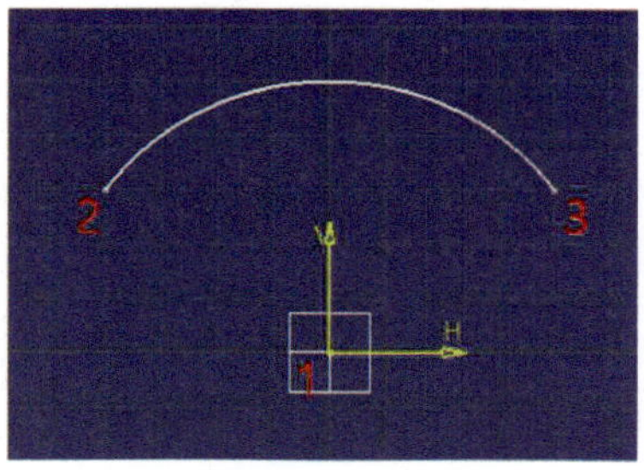

⑮ 스플라인 

스플라인을 작성한다.

스플라인의 마지막 지점은 더블 클릭으로 마무리한다.

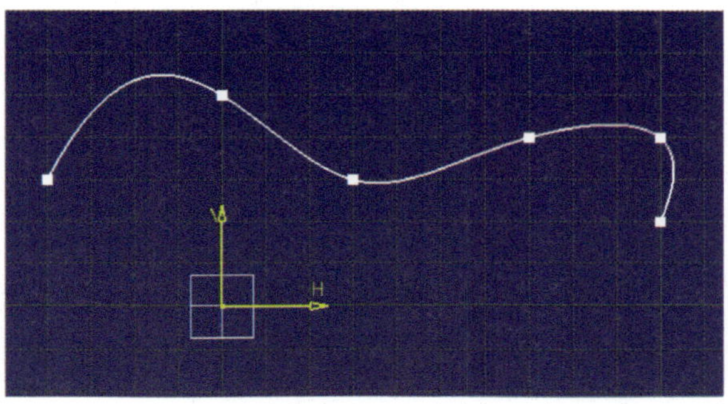

⑯ 곡선 연결 

두 요소를 연결하는 임의의 부드러운 곡선을 작성한다.

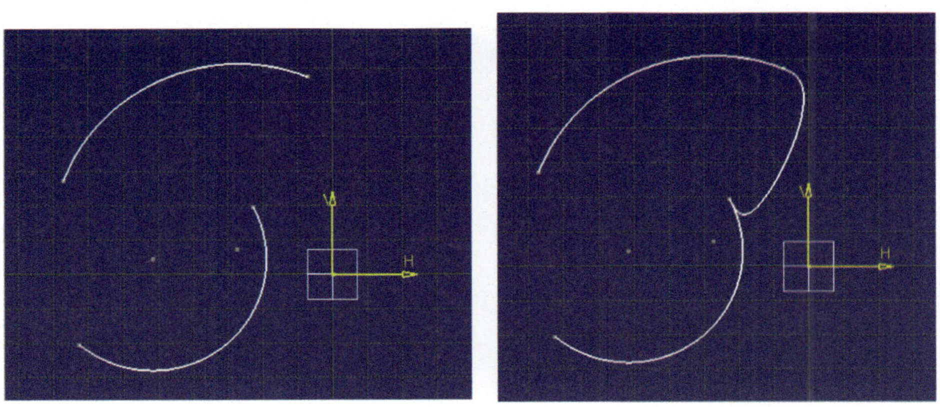

⑰ 타원 

타원을 작성한다.

첫 번째 점은 타원의 중심이고 두 번째 위치는 두 개의 지름(장축 또는 단축) 중 하나의 방향과 길이, 세 번째 점은 다른 축 위치가 된다.

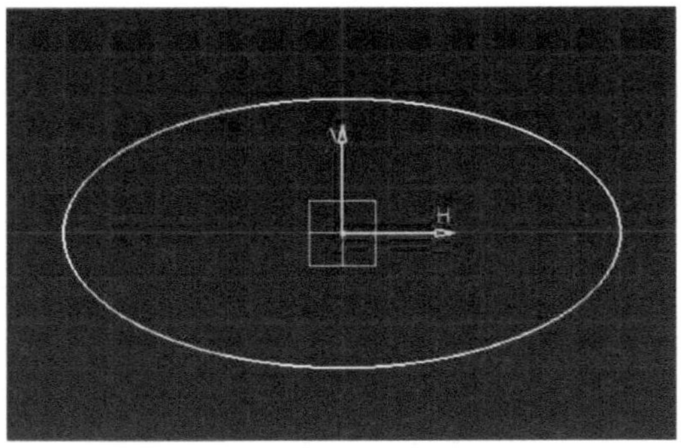

⑱ 포커스별 포물선 

포물선을 작성한다.

포물선 모양. 이것은 특정 수학적 특성을 가진 또 다른 원뿔 곡선이다.

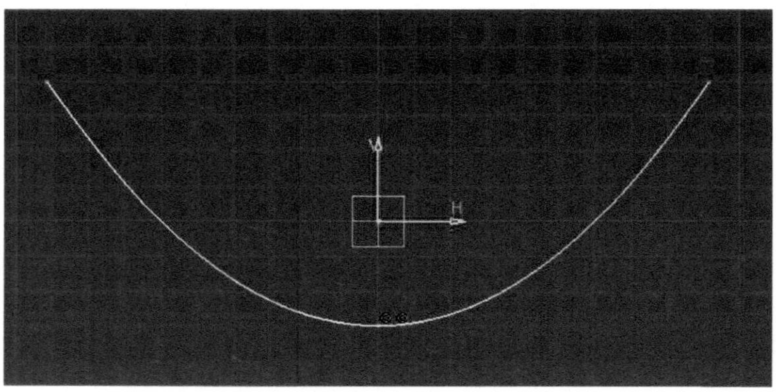

⑲ 포커스별 쌍곡선 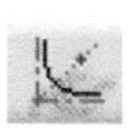

쌍곡선을 작성한다.

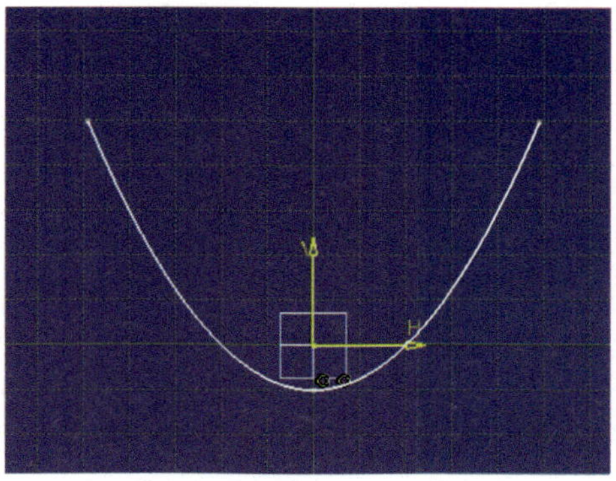

⑳ 원추 

원추를 작성한다.

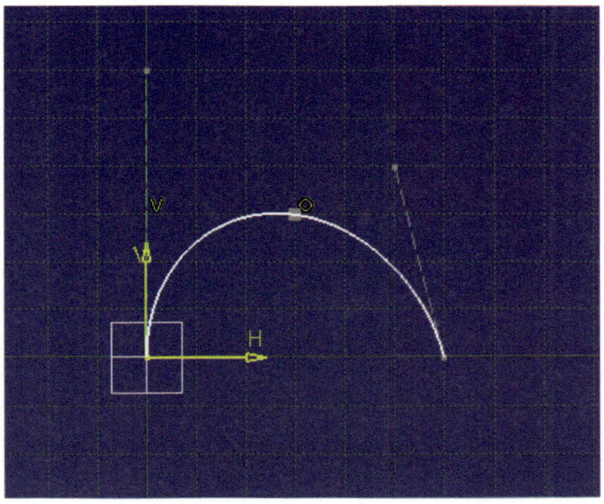

㉑ 선 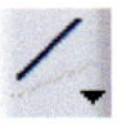

선을 작성한다.

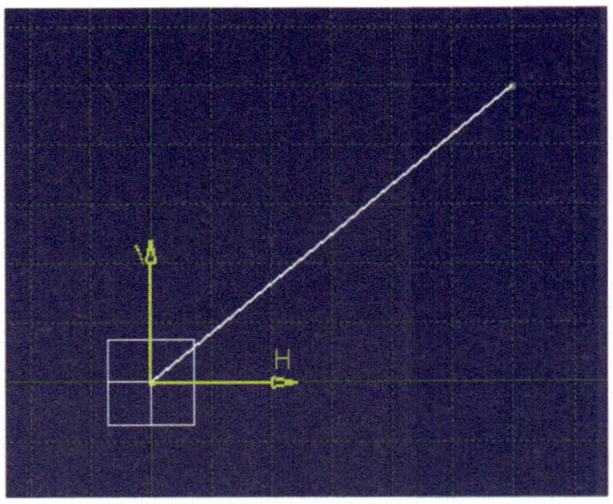

㉒ 무제한 선 

끝이 없는 무제한 선을 작성한다.

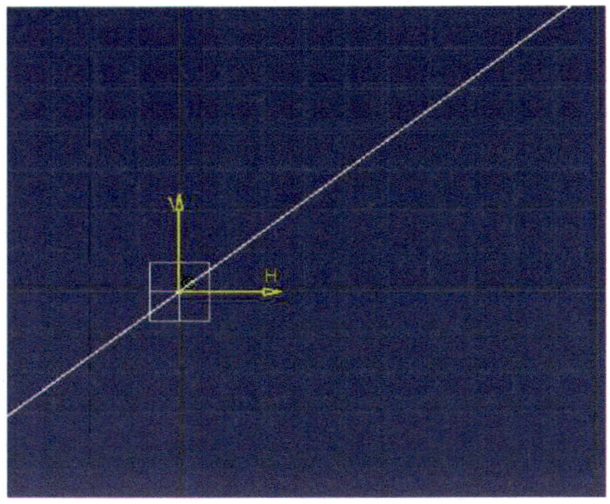

㉓ 쌍 접선 

두 개의 요소에 접하는 직선을 작성한다.

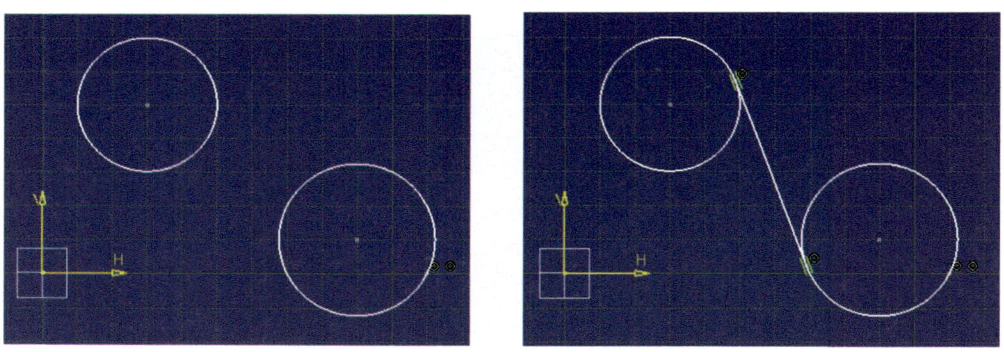

㉔ 이등분선 

이등분선을 작성한다.

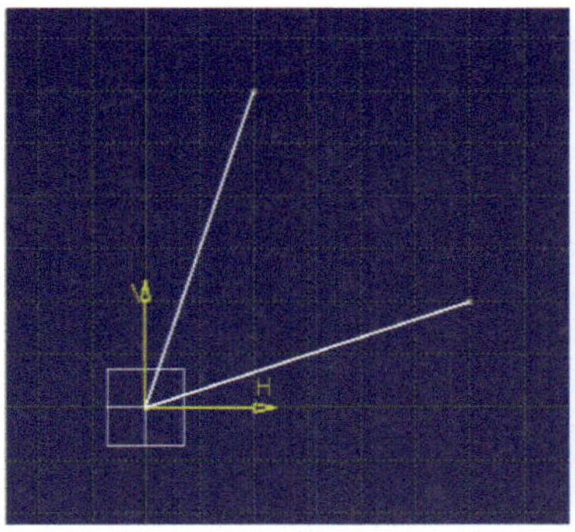

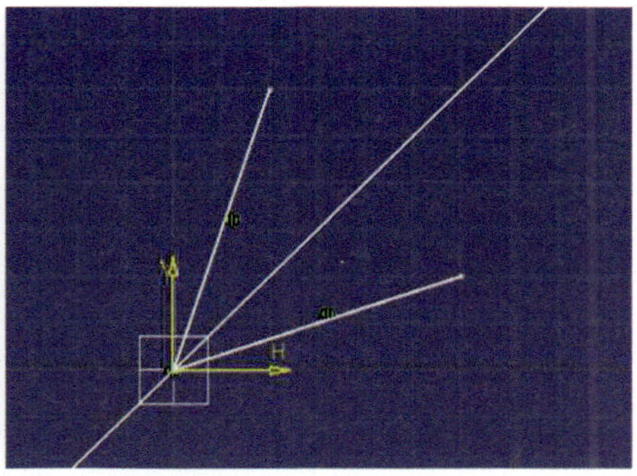

㉕ Normal to Curve 

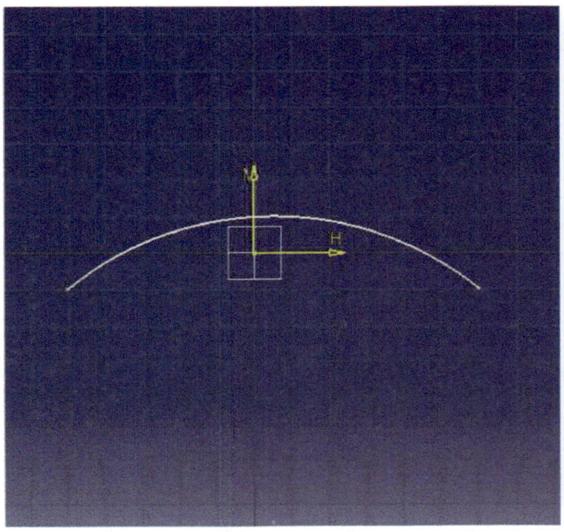

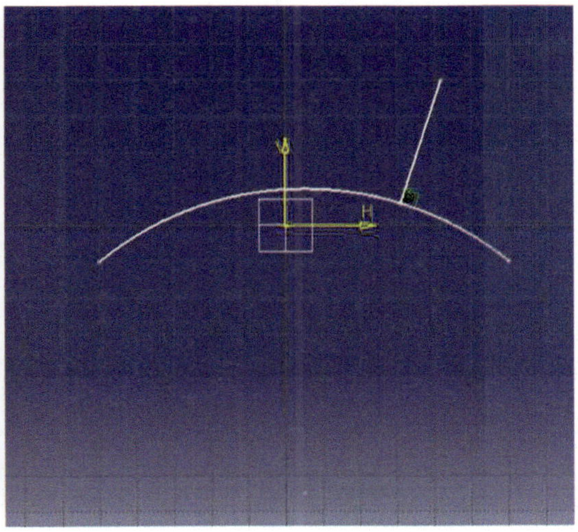

㉖ 축 

두 개의 끝점을 지정하여 축 선을 작성한다.

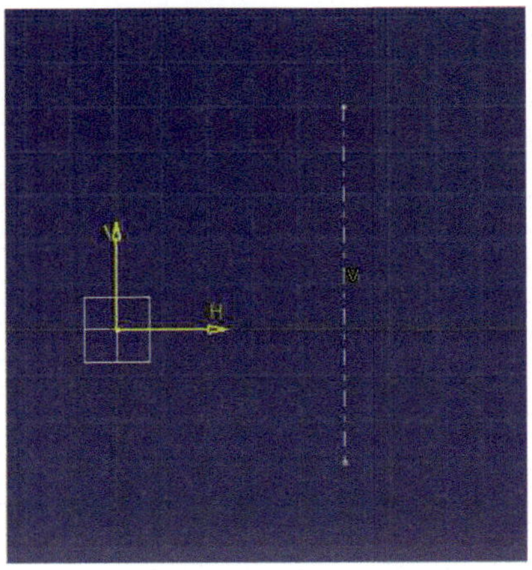

㉖ 점 

마우스로 클릭하는 위치에 점을 작성한다.

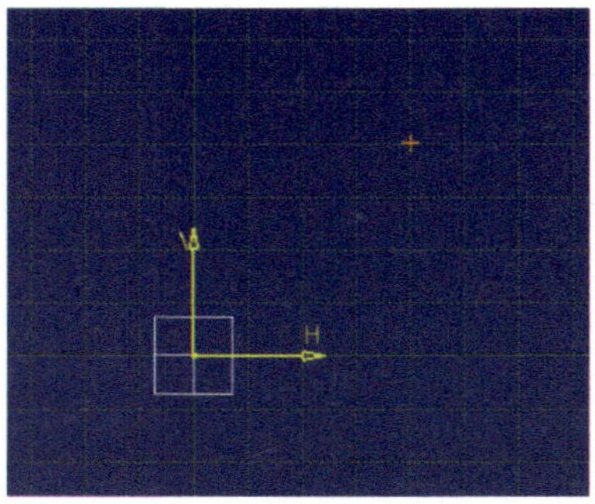

㉗ 좌표를 사용한 점 

좌표를 사용하여 점을 작성한다.

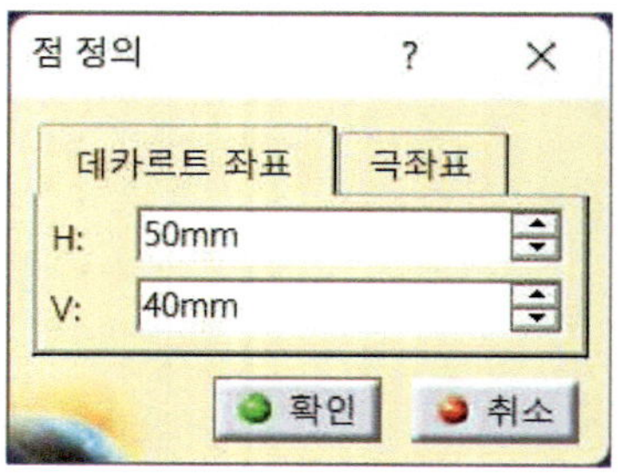

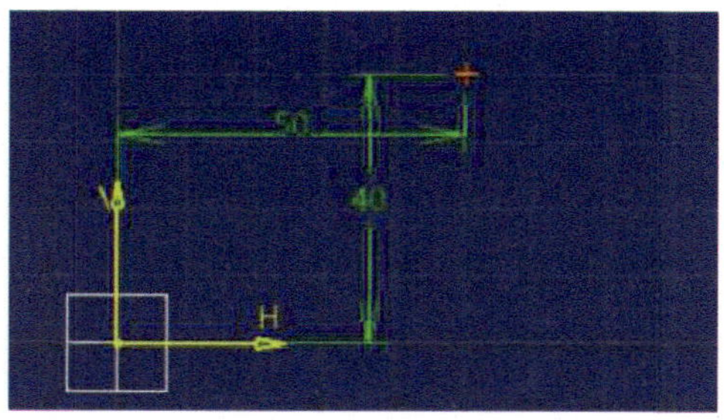

㉘ 등거리 점 

기존에 작성된 요소에 등거리 점을 작성한다.

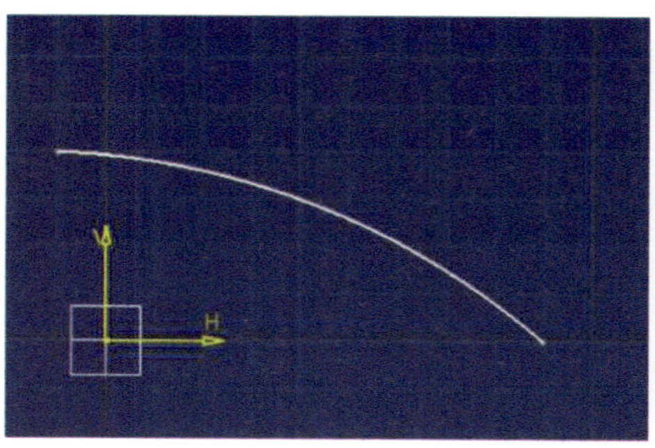

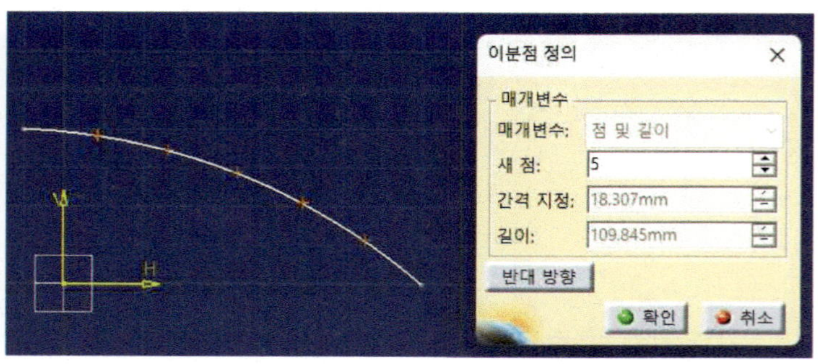

㉙ 교차점

두 요소의 교차점에 점을 작성한다.

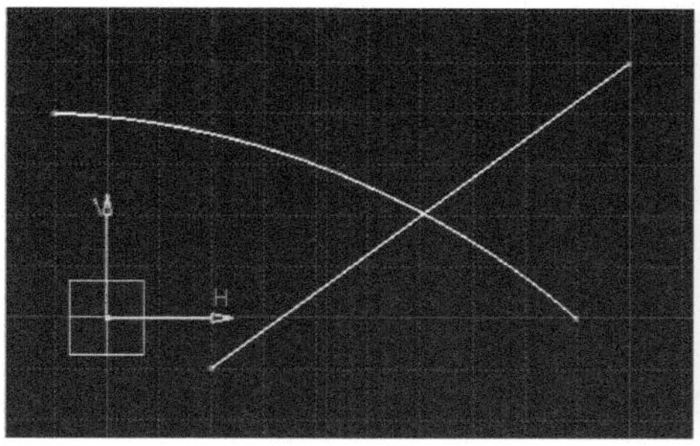
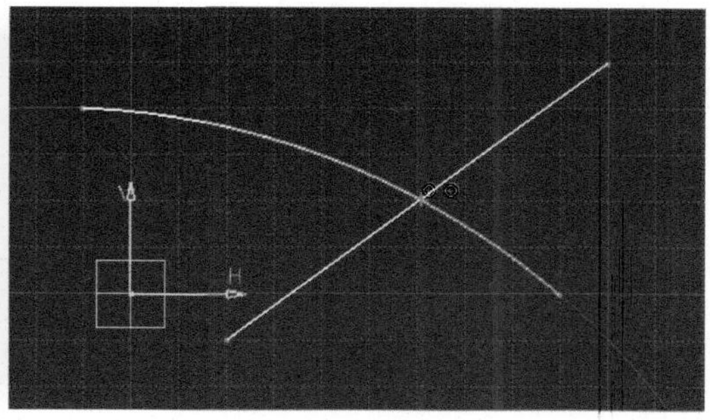

㉚ 투영 지점 

기존에 작성된 요소에 점을 투영하여 점을 작성한다.

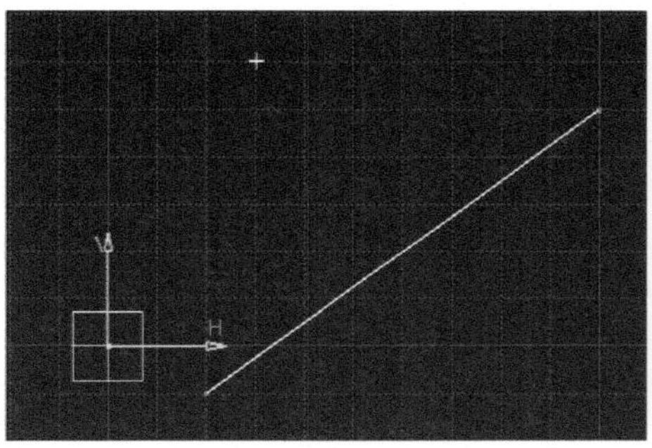
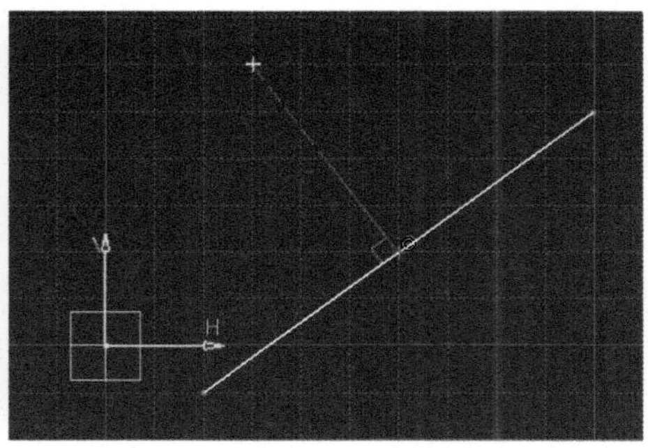

㉛ 정렬된 점 

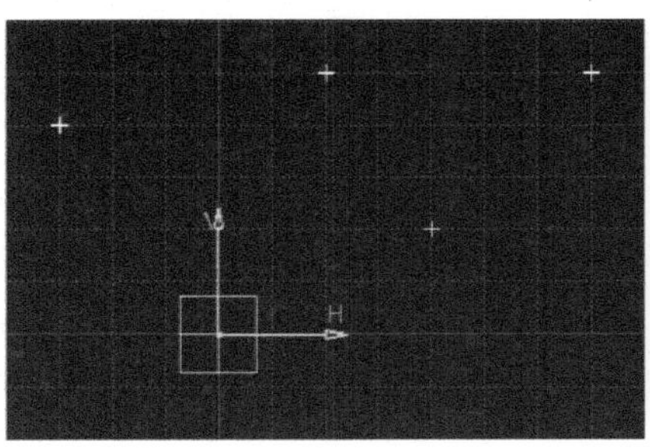
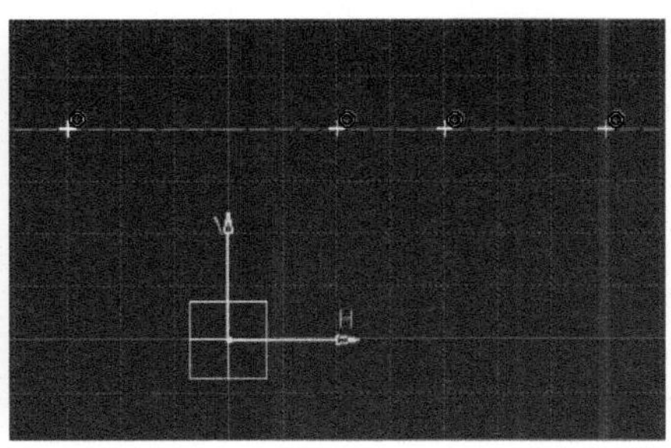

㉜ 프로파일

직선 또는 원호를 끊어지지 않게 연속하여 작성한다.

ⓐ Line : 프로파일 기본 mode로 연속적인 직선을 생성한다.

ⓑ Tangent Arc : 작성하던 직선에 접선인 호를 생성한다.

ⓒ ③ Three Point Arc : 작성하던 직선에 연속해서 세 점을 이용한 호를 생성한다.

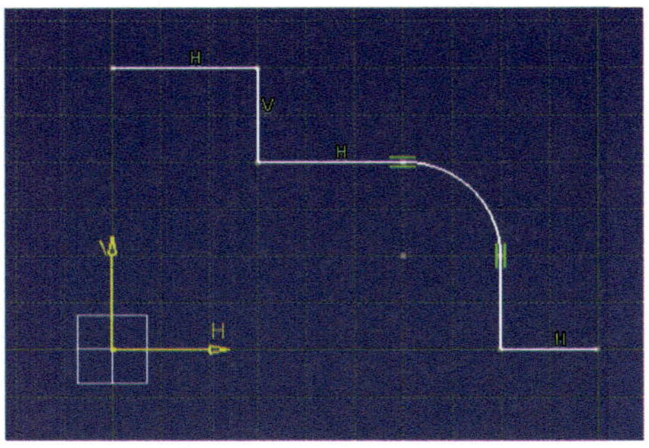

1-8 Constraints(구속, 제약)

제약 조건은 치수와 함께 스케치를 정확한 형상으로 만들 수 있다. 제약이 없는 스케치는 일반적으로 디자인에 충분히 정확하지 않으므로 스케치를 정확한 크기로 만들기 위해 스케치에 제약을 가하는 것이 필요하다.

① 치수 제약

거리	두 요소 간의 거리에 주어진 수치로 제약을 적용한다.
길이	요소의 길이에 주어진 수치로 제약을 적용한다.
각도	두 요소 사이의 각도에 주어진 수치로 제약을 적용한다.
반지름/직경	반지름 또는 원 또는 호의 지름에 주어진 수치로 제약을 적용한다.
반 장축	타원의 반 장축에 주어진 수치로 제약을 적용한다.
반 단축	타원의 반 단축에 주어진 수치로 제약을 적용한다.

② 기하학적 제약

Symmetry	축 또는 선을 중심으로 대칭으로 구속한다.
Midpoint	요소가 다른 요소의 중간 지점에 있도록 구속한다.
Equidistant point	세 점이 서로 등거리가 되도록 구속한다.
Fix	요소가 움직이지 않도록 고정한다.
Coincidence	한 요소를 다른 요소와 정렬되게 구속한다.
Concentricity	원 또는 호를 다른 원에 동심원으로 구속한다.
Tangency	접선은 다른 요소에 접하게 구속한다.
Parallelism	선이 다른 선과 평행하도록 구속한다.
Perpendicularity	선이 다른 선과 수직이 되도록 구속한다.
Horizontality	선을 수평으로 구속한다.
Verticality	선을 수직으로 구속한다.

③ 제약 조건에 따른 스케치 요소의 색상이 의미

흰색	구속이 없음
녹색	완벽하게 구속
보라색	중복 구속
검정색	미해결된 구속
빨간색	잘못된 기하학적 형상

④ 제약 조건을 생성할 수 있는 아이콘

대화 아이콘을 통한 제약 조건은 창에서 제약 조건을 선택하여 정의한다.

요소와 요소 간의 기본 제약을 정의할 때 가장 일반적으로 사용되는 제약 아이콘이다.

컴퓨터가 스케치에 자동으로 제약 조건을 설정할 수 있다.

제약 조건의 애니메이션을 허용한다. 크기가 변하는 제약 조건에 따라 스케치가 어떻게 변하는지 확인하는 데 유용한다.

1-9 스케치 실습

1-9-1 스케치 실습-1

치수와 관련없이 형상을 스케치한다.

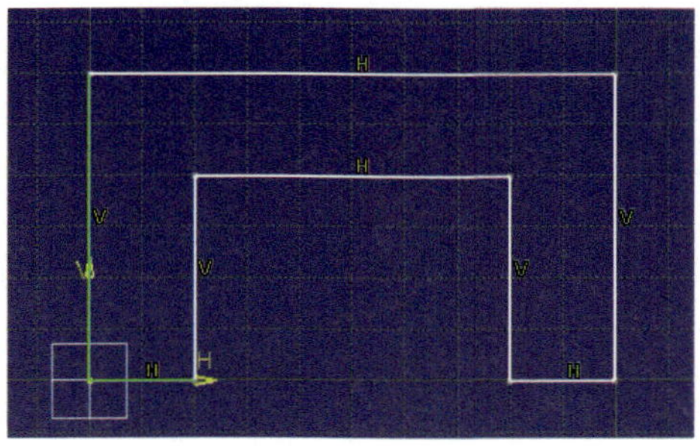

① Part modeling 시작

ⓐ Start → Mechanical Design → Part Design을 클릭한다.

ⓑ New 대화 상자에서 Part를 선택하고 OK를 클릭한다.

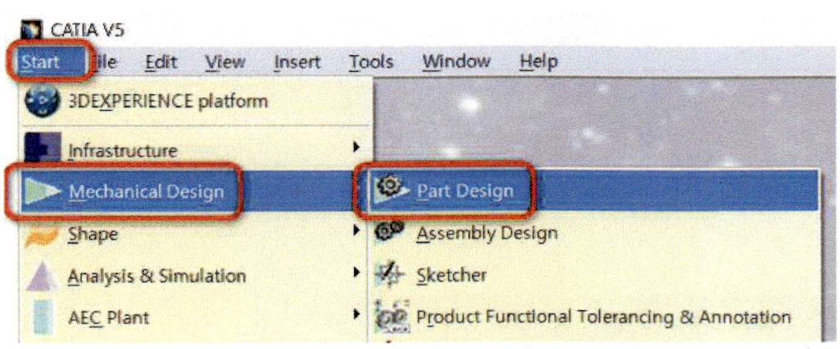

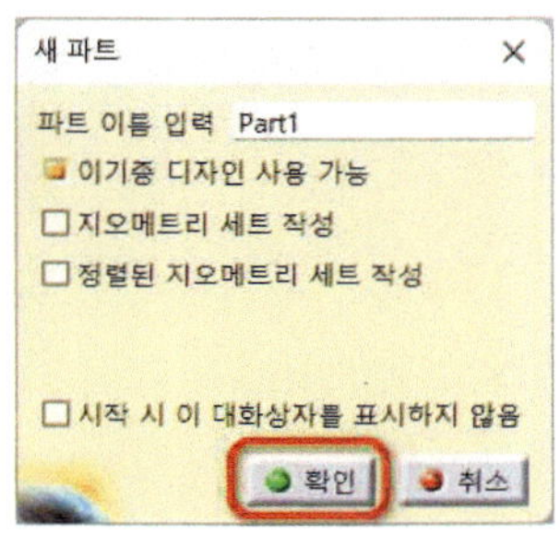

② yz 평면(plane)을 선택하고 스케치(Sketch) 아이콘()을 클릭한다.

③ 프로파일 아이콘()을 선택하고 스케치 평면의 원점을 선택한다.

마우스를 수직하게 이동하였을 때, 선이 파란색으로 나타나면 작성하려는 선이 '수직 제약'이 자동으로 적용되고 있음을 나타낸다.

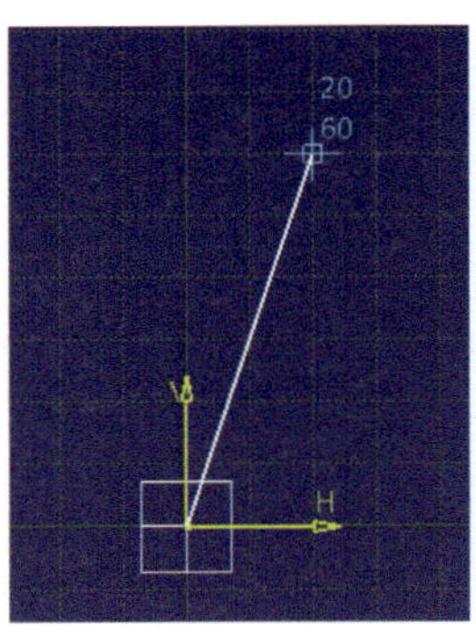

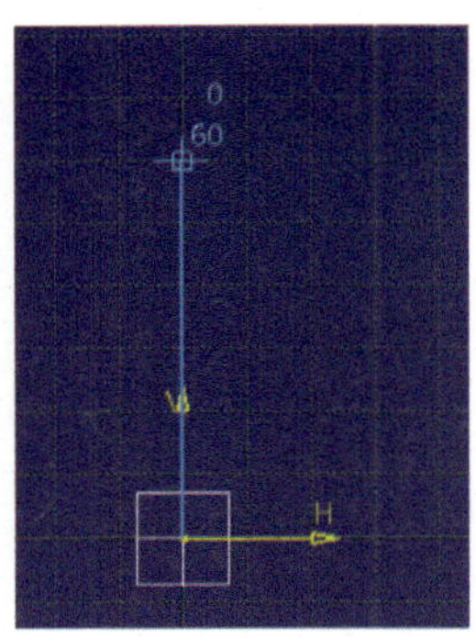

④ '수평 제약'이 적용되도록 마우스를 오른쪽으로 이동하여 다음 점을 클릭한다.

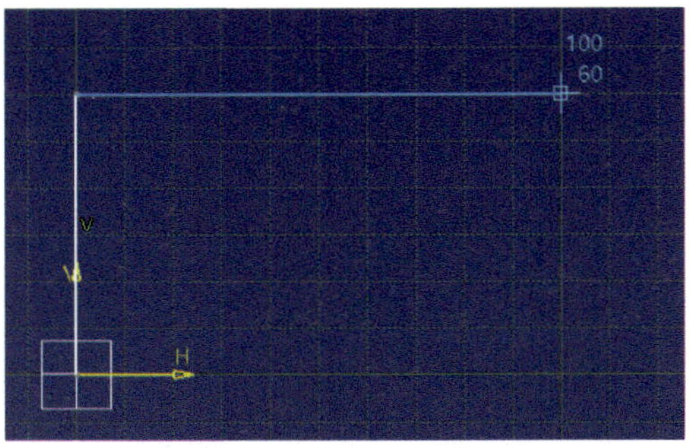

⑤ '수직 제약'이 적용되도록 마우스를 아래로 이동하여 다음 점을 클릭한다.

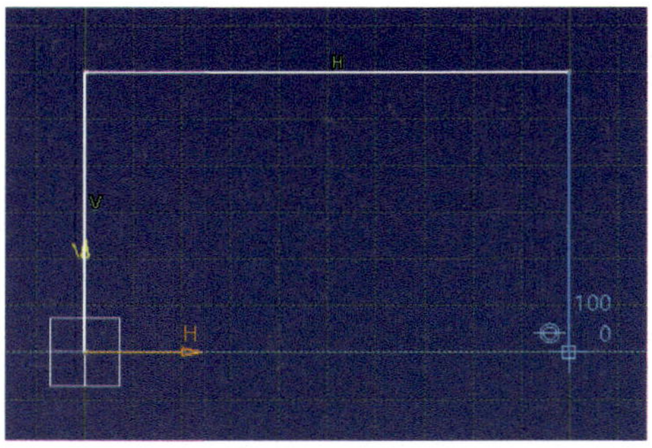

⑥ '수평 제약'이 적용되도록 다음의 그림처럼 마우스를 이동하여 다음 점을 클릭한다.

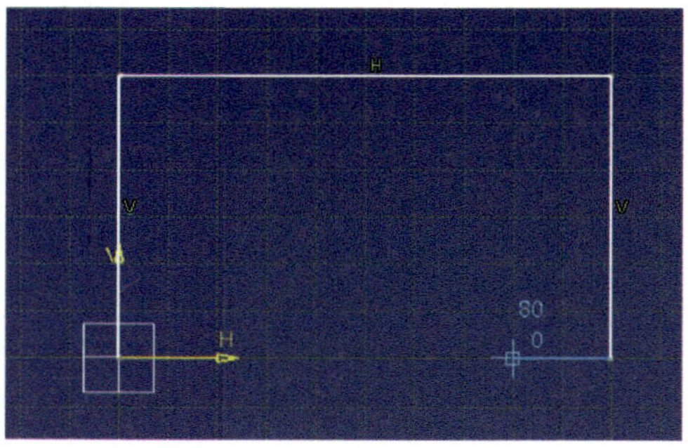

⑦ '수직 제약'이 적용되도록 다음의 그림처럼 마우스를 이동하여 다음 점을 클릭한다.

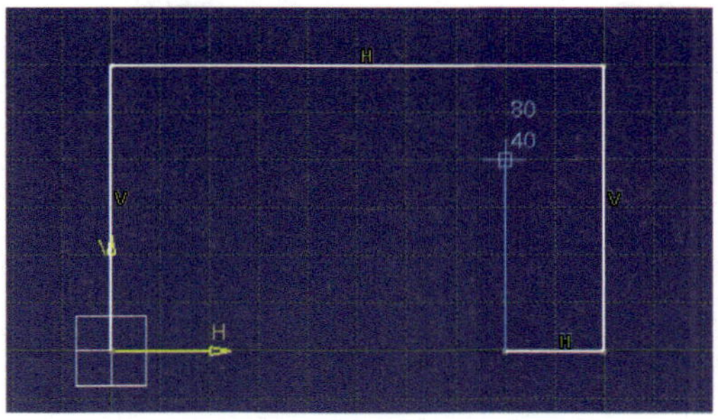

⑧ '수평 제약'이 적용되도록 다음의 그림처럼 마우스를 이동하여 다음 점을 클릭한다.

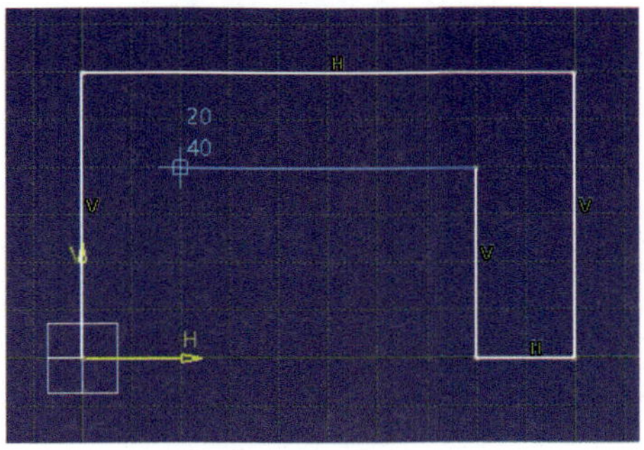

⑨ '수직 제약'이 적용되도록 다음의 그림처럼 마우스를 이동하여 다음 점을 클릭한다.

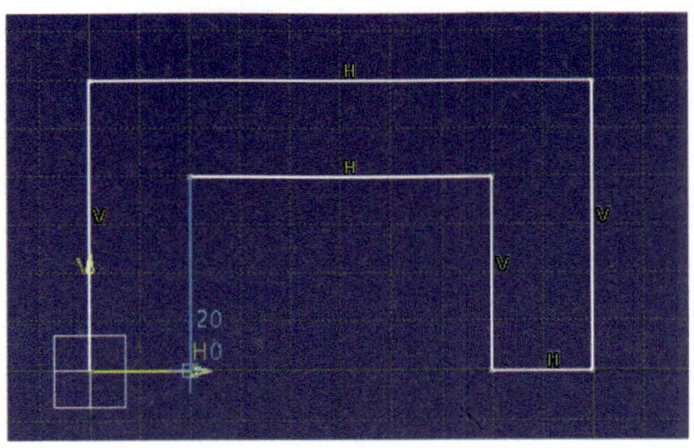

⑩ '수평 제약'이 적용되도록 다음의 그림처럼 마우스를 이동하여 원점을 클릭한다.

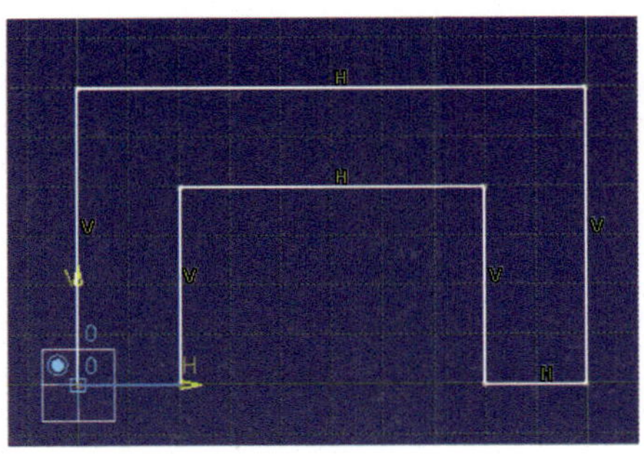

1-9-2 스케치 실습-2

① 스케치 실습-1에 이어서 작성한다.

② 원(Circle) 아이콘( )을 선택하고 다음 그림처럼 원을 작성한다.

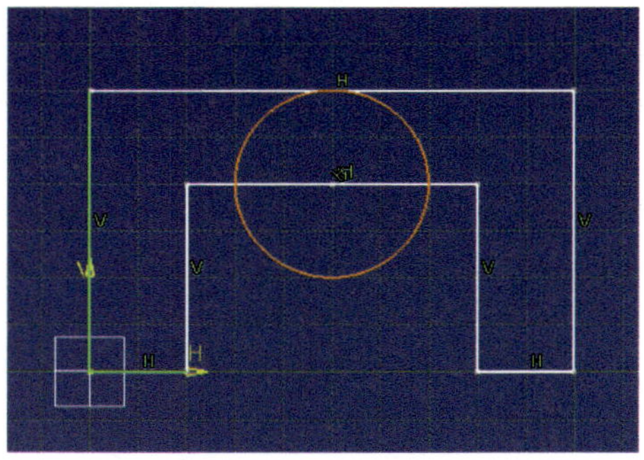

③ 즉시 자르기(Quick trim) 아이콘( )을 클릭하고 다음 그림처럼 자르기를 한다.

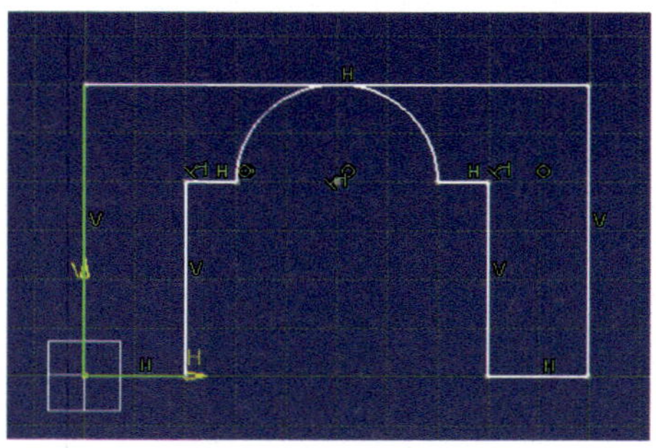

참고

즉시 자르기(Quick trim)

- 1번 클릭하면 선택하는 요소가 1번만 적용된다.
- 더블클릭하면 연속하여 적용된다.

참고

Trim and Break

두 요소를 교차점으로 다시 자르거나 단일 요소를 교차점으로 다시 자른다.

두 요소를 모두 자른다.

첫 번째 요소만 자른다.

교차점 또는 임의의 위치에서 요소를 끊는다.

선택하는 요소를 자르기를 한다.

요소를 가장 가까운 교차점으로 다시 잘라내어 선택한 변을 제거한다.

요소를 가장 가까운 교차점으로 다시 자르고 선택한 변을 유지한다.

가장 가까운 교차점에서 요소를 분해한다.

원호를 전체 원으로 수정한다.

④ 원(Circle) 아이콘( )을 선택하고 다음 그림처럼 원을 작성한다.

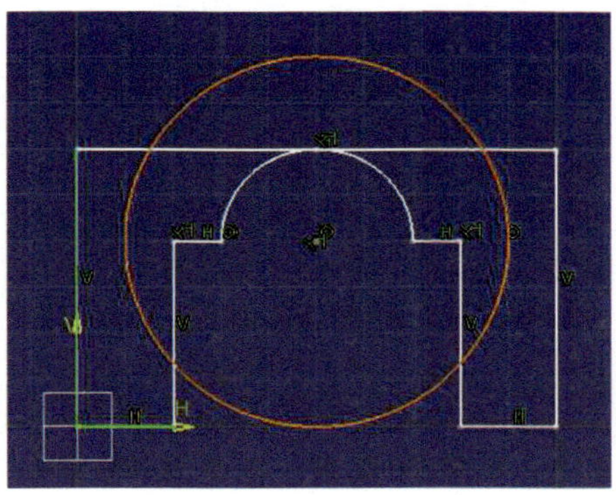

⑤ 즉시 자르기(Quick trim) 아이콘( )을 더블 클릭하고 다음 그림처럼 자르기를 한다.

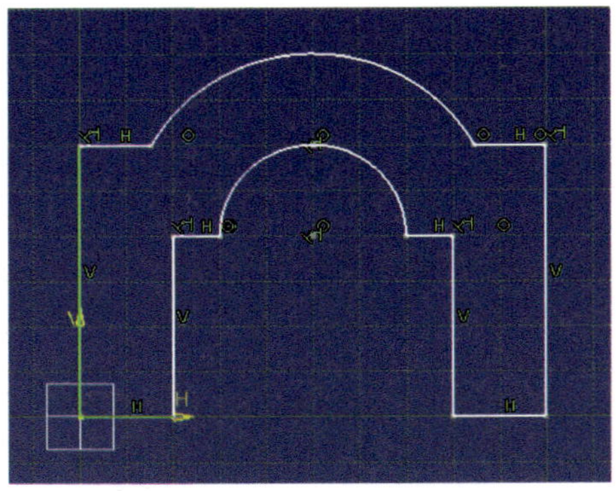

1-9-3 스케치 실습-3

① 스케치 실습-1에 이어서 작성한다.

② 제약 조건 아이콘(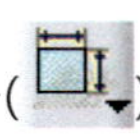)을 선택하고 다음 그림처럼 하나의 스케치 요소를 선택하면 선택한 요소의 길이가 치수로 생성된다.

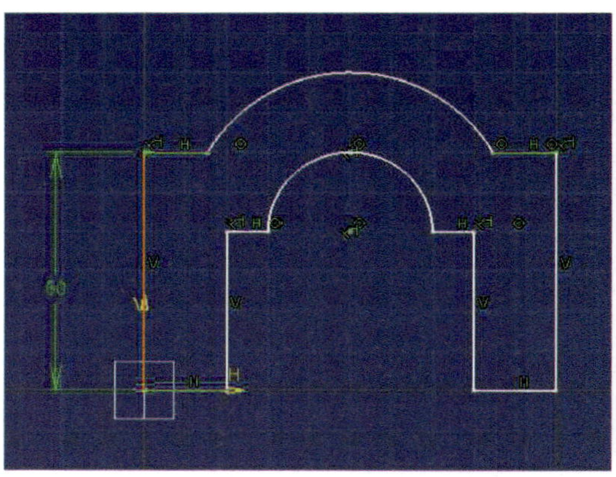

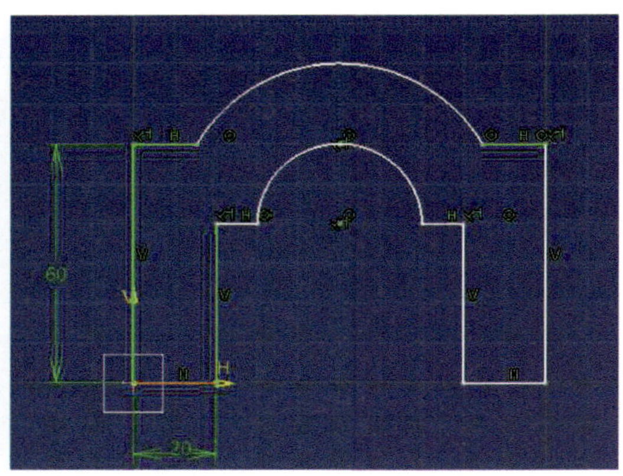

③ 다음 그림처럼 서러 평행한 두 개의 스케치 요소를 선택하면 선택한 요소의 거리가 치수로 생성된다.

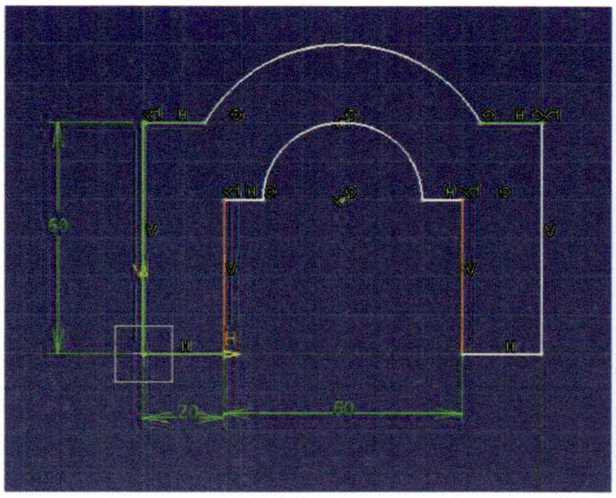

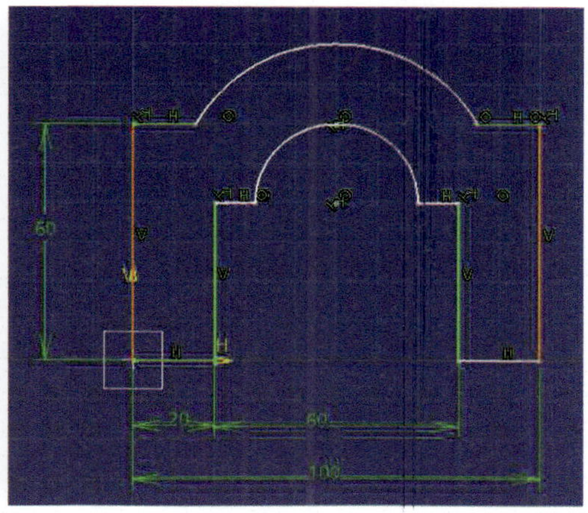

④ 원호를 클릭하면 원호의 반지름이 치수로 생성된다.

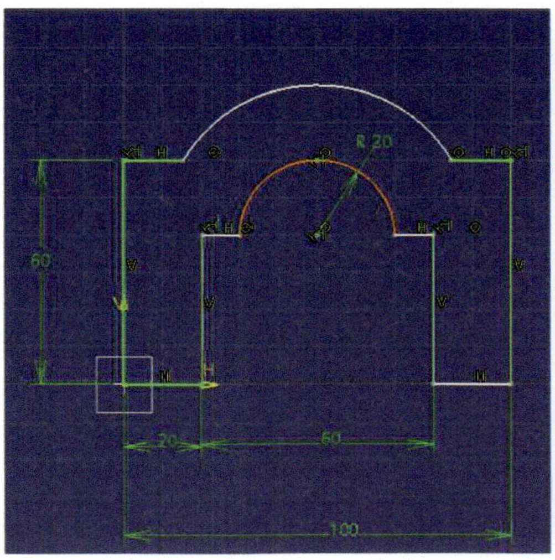

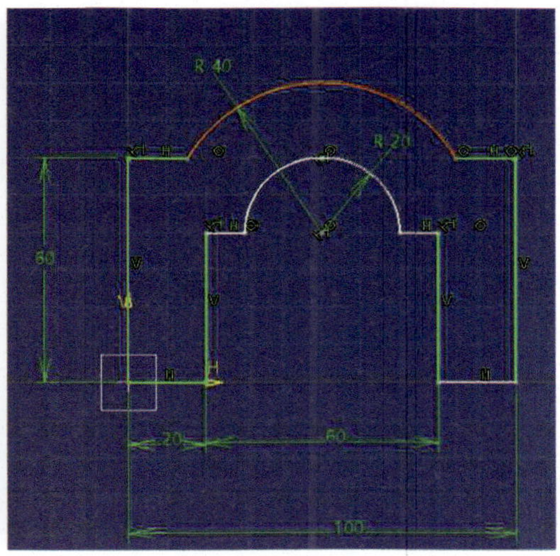

⑤ 아래의 스케치 요소와 원호의 중심점을 선택하고 수직 한 거리가 치수로 생성된다.

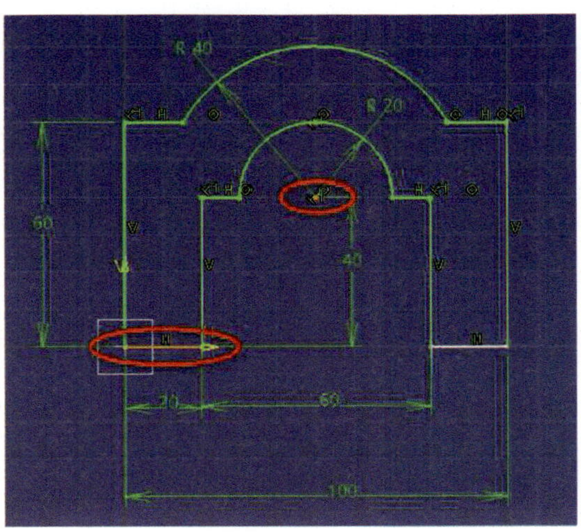

⑥ 다음 그림의 아래의 스케치 요소 두 개를 선택하고 대화 상자에 정의된 제약 조건 아이콘 (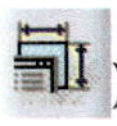)을 클릭한다.

⑦ 제약 조건 대화 상자에서 일치를 선택하고 확인을 클릭한다.

⑧ 스케치 요소가 녹색으로 완전 제약이 되었음을 알 수 있다.

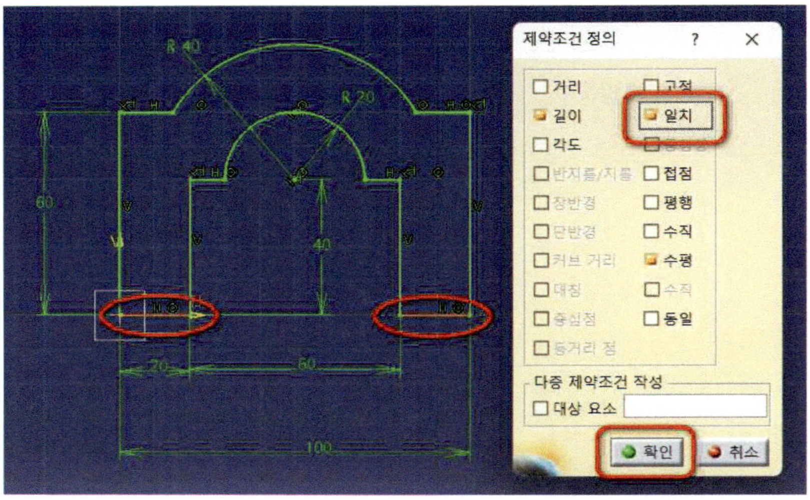

⑨ 다음 그림의 치수 20을 선택하고 키보드의 Delete 키를 눌러 삭제한다.

⑩ 스케치 일부가 흰색이 된다.

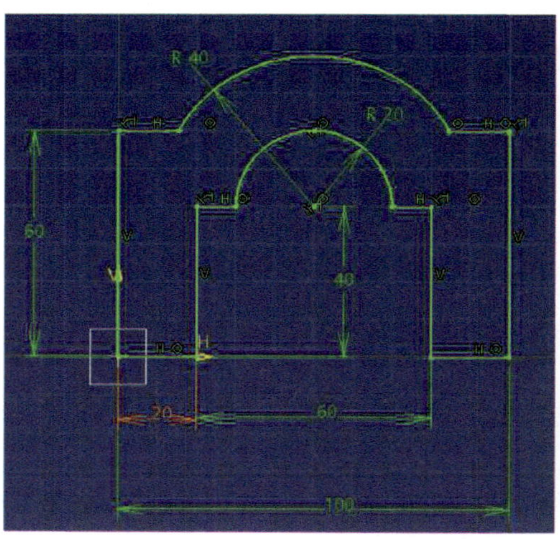

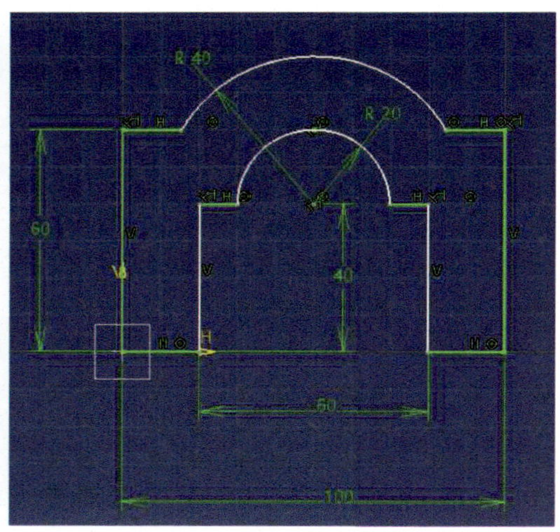

⑪ 다음 그림의 아래의 스케치 요소 두 개를 선택하고 대화 상자에 정의된 제약 조건 아이콘 ()을 클릭한다.

⑫ 제약 조건 대화 상자에서 동일을 선택하고 확인을 클릭한다.

⑬ 스케치 요소가 녹색으로 완전 제약이 되었음을 알 수 있다.

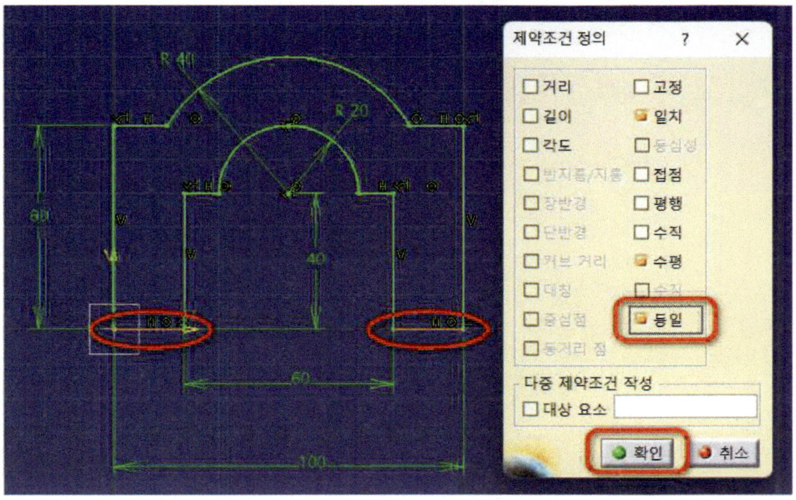

⑫ 스케치의 치수 60을 더블 클릭하면 나타나는 제약 조건 정의 대회 상자에서 80으로 입력하고 확인을 클릭한다.

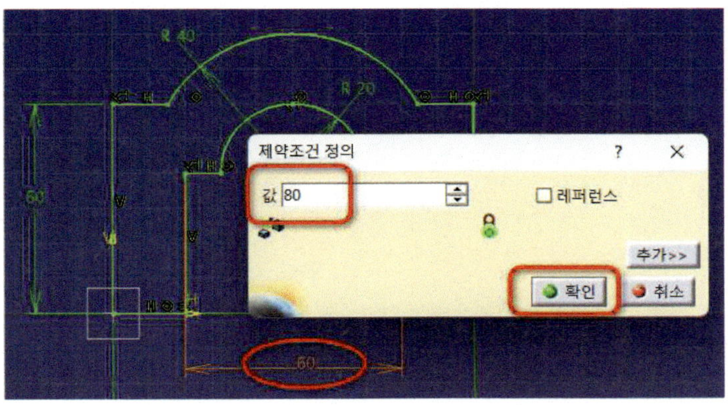

⑬ 좌우의 선이 동일 제약이 적용되어 있어 다음의 그림처럼 적용된다.

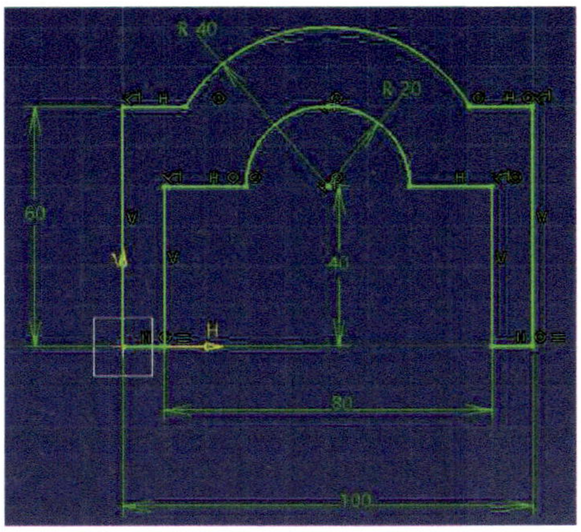

1-9-4 스케치 실습-4

① Part modeling 시작

ⓐ Start → Mechanical Design → Part Design을 클릭한다.

ⓑ New 대화 상자에서 Part를 선택하고 OK를 클릭한다.

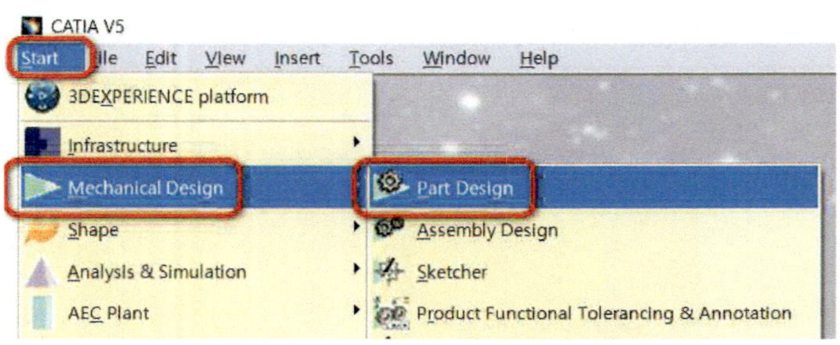

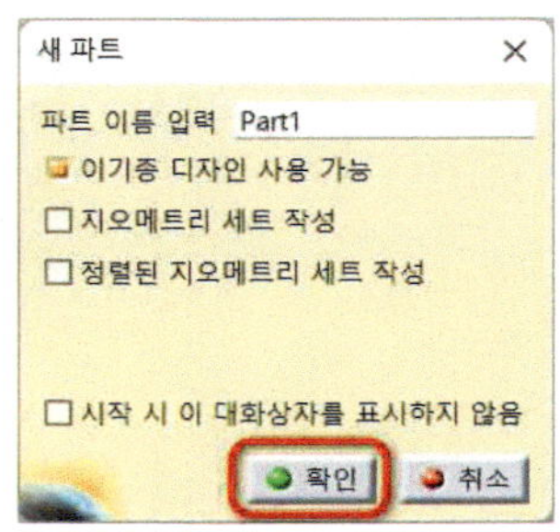

ⓒ yz 평면(plane)을 선택하고 스케치(Sketch) 아이콘()을 클릭한다.

ⓓ 프로파일 아이콘()과 원(Circle) 아이콘(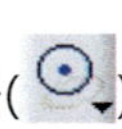)을 선택하고 다음 그림처럼 작성한다.

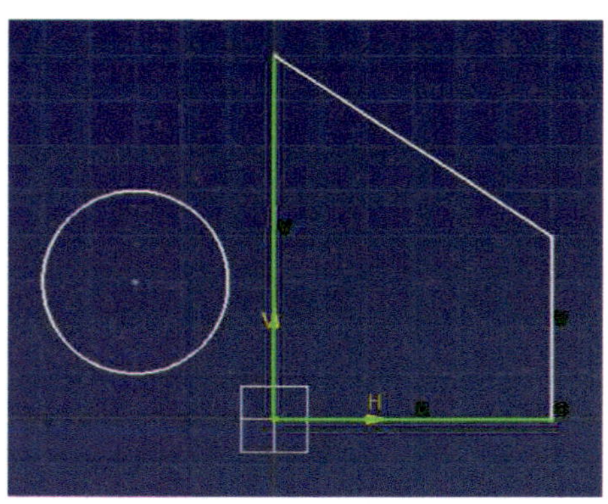

② 경사진 선의 수직 치수

ⓐ 제약 조건 아이콘( )을 선택하고 다음 그림처럼 경사진 선을 클릭한다.

ⓑ 선택한 경사진 선의 길이가 치수로 나타나면 마우스 우측 버튼을 누른다.

ⓒ 나타난 팝업 창의 '수직 측정 방향'을 선택하면 경사진 선의 수직인 길이가 치수로 적용된다.

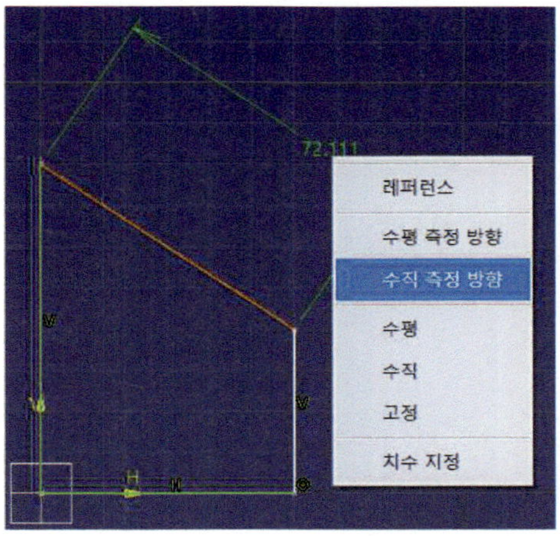

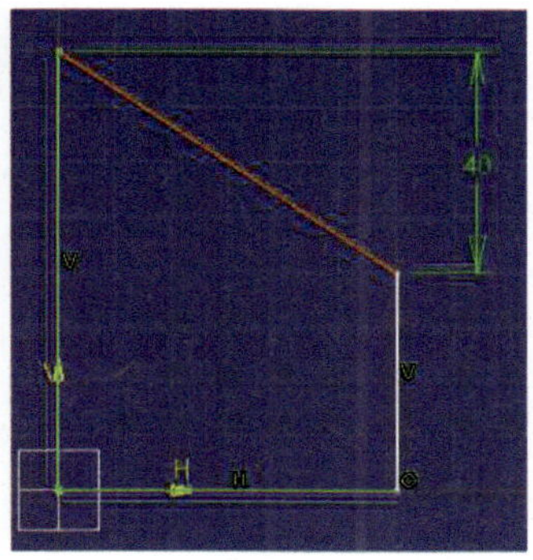

③ 경사진 선의 수평 치수

ⓐ 다음의 그림처럼 2개의 점을 선택하고 두 점 사이에 직선거리를 치수가 나타난다.

ⓑ 마우스 우측 버튼을 누르고 '수평 측정 방향'을 클릭한다.

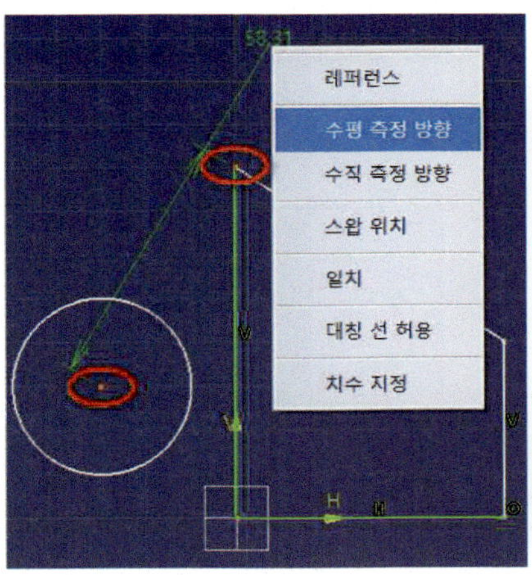

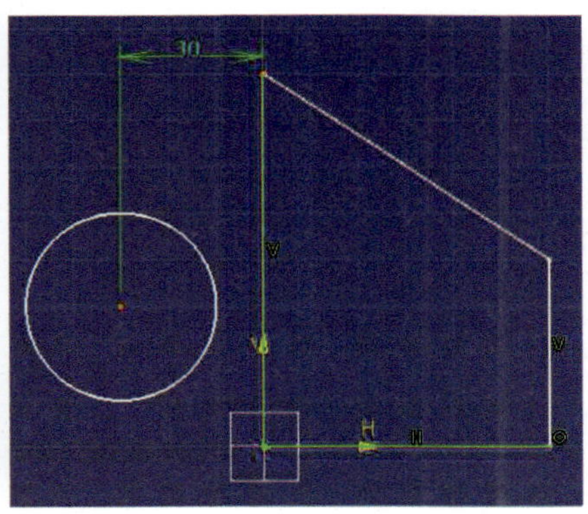

④ 레퍼런스 치수(참고 치수)

ⓐ 치수의 기입 중에 치수가 나타났을 때, 마우스 우측 버튼을 누르고 '레퍼런스'를 클릭한다.

ⓑ 기입 하려는 치수에 괄호가 추가된다. 이는 다른 수치는 보여주지만, 다른 제약 조건에 따라 수치가 변화한다.

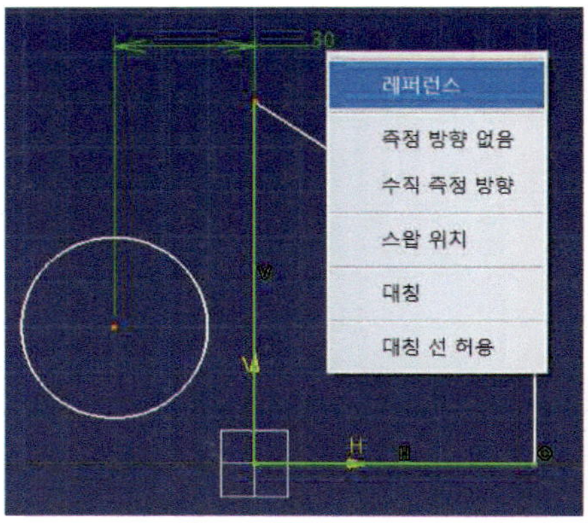

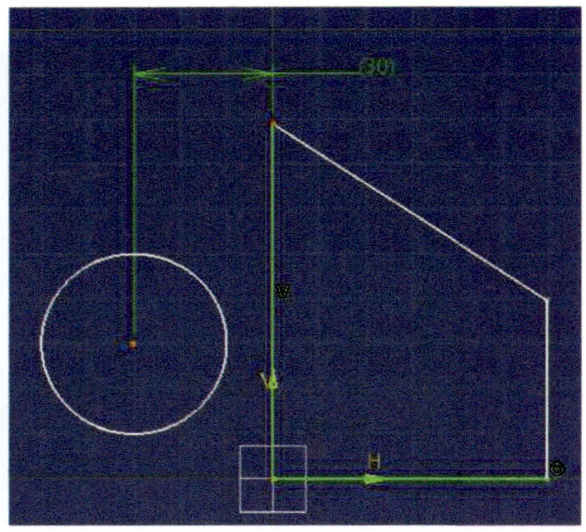

ⓒ 레퍼런스 치수(참고 치수)를 선택하고 마우스 우측 버튼을 클릭하여 나타나는 '드라이빙'을 선택하면 참고 치수에서 해제된다.

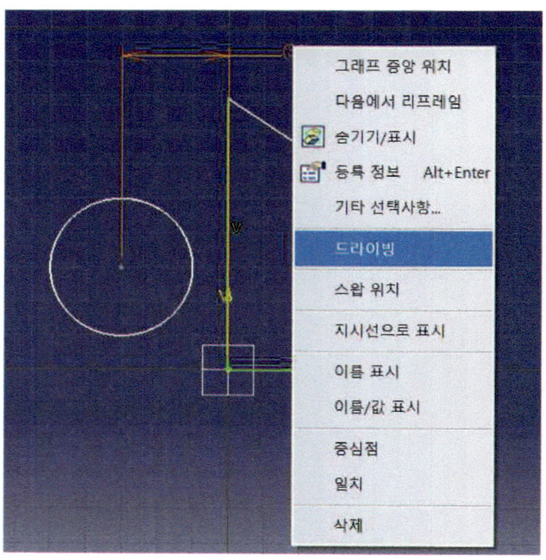

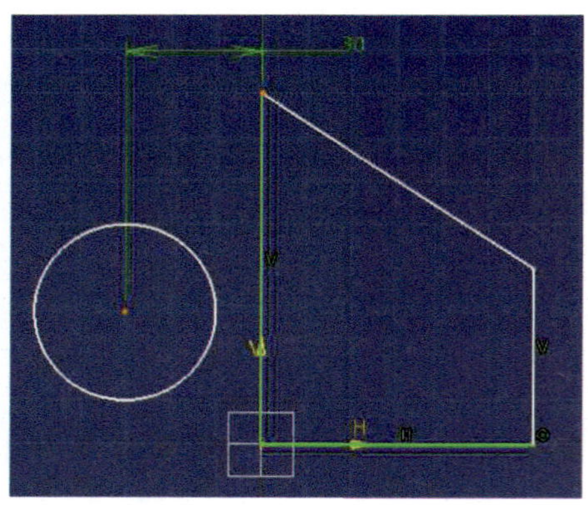

⑤ 스왑 위치

ⓐ 치수 기입 중 마우스 우측 버튼을 눌렀을 때, 나타나는 '스왑 위치'를 클릭하면 치수 기입의 위치가 반전되어 나타난다.

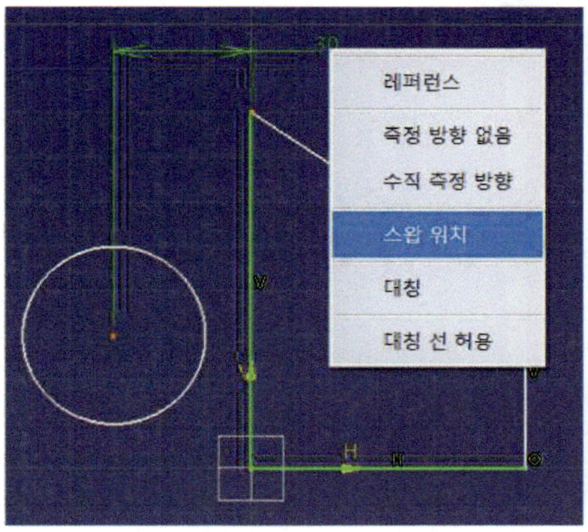

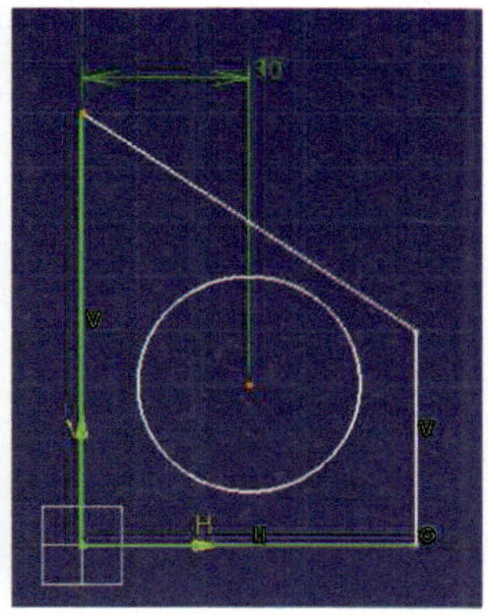

⑥ 선과 점의 선택하면 경사진 치수가 나타나지 않는다.

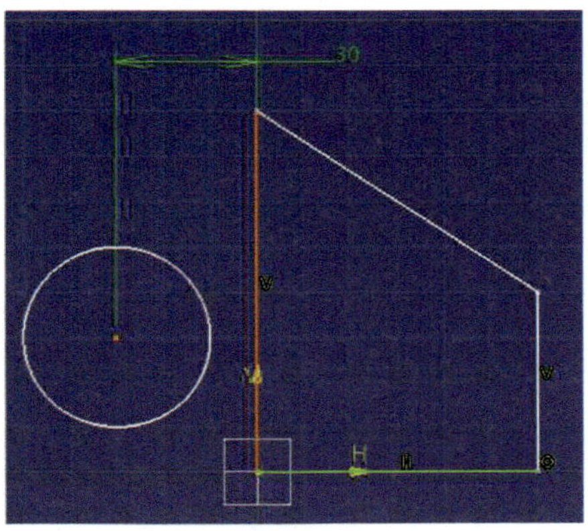

⑦ 원과 선의 치수 기입

ⓐ 다음의 그림처럼 원의 중심이 아닌 원의 좌측을 선택하고 직선을 선택하면 직선에서 좌측거리가 치수로 생성이 된다.

ⓑ 다음의 그림처럼 원의 중심이 아닌 원의 우측을 선택하고 직선을 선택하면 직선에서 우측거리가 치수로 생성이 된다.

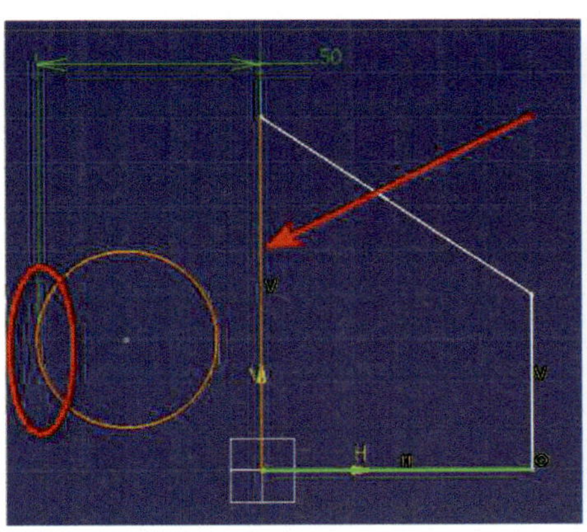

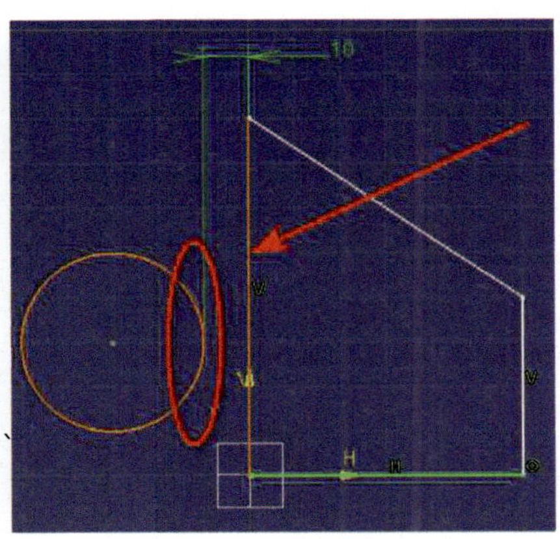

⑧ 평행하지 않은 두 직선을 선택하면 각도가 생성된다.

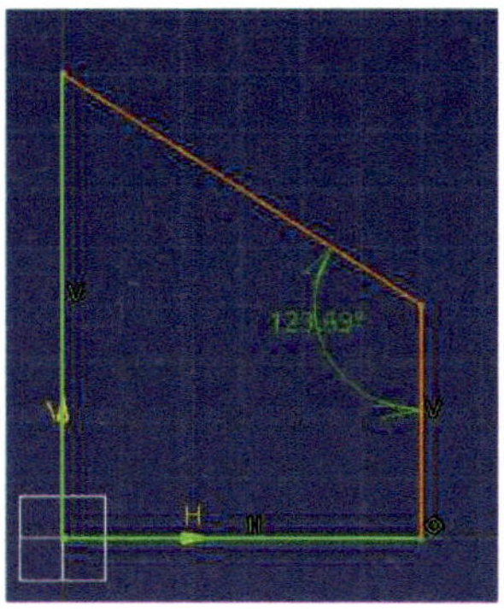

⑨ 일치 제약 조건

ⓐ 점과 직선을 선택하고 대화 상자에 정의된 제약 조건 아이콘(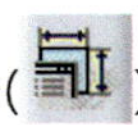)을 클릭한다.

ⓑ 제약 조건 대화 상자에서 일치를 선택하고 확인을 클릭한다.

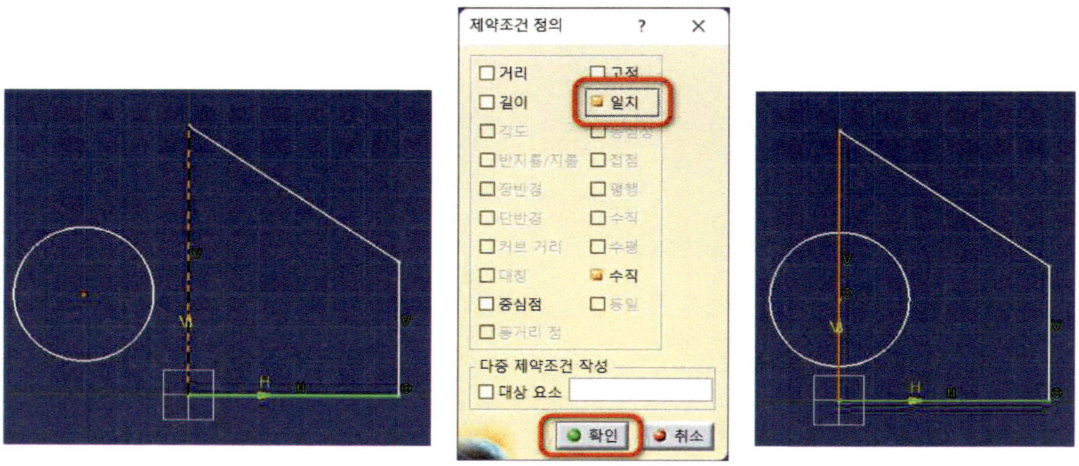

⑩ 중심점 제약 조건

ⓐ 점과 직선을 선택하고 대화 상자에 정의된 제약 조건 아이콘(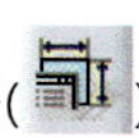)을 클릭한다.

ⓑ 제약 조건 대화 상자에서 중심점을 선택하고 확인을 클릭한다.

ⓒ 선택한 직선의 중간 지점으로 선택한 점이 이동한다.

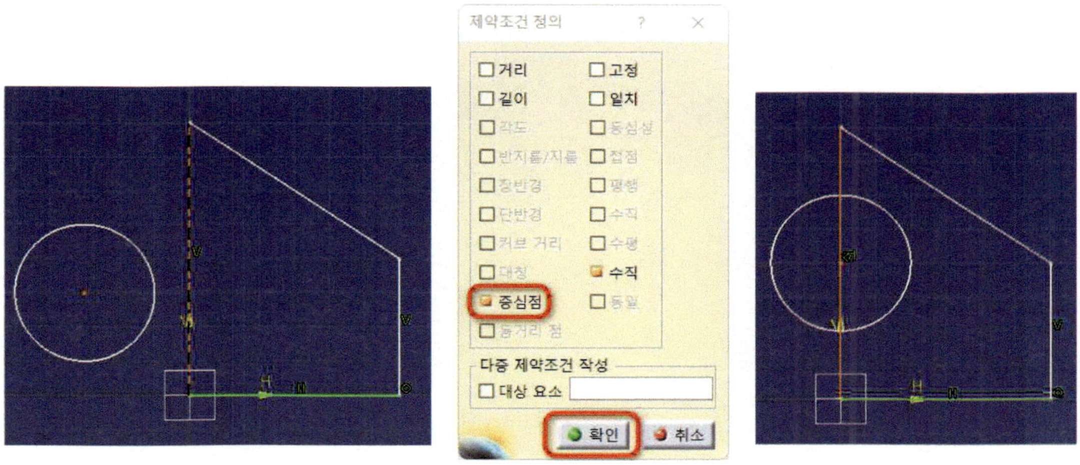

⑪ 중심점 제약 조건

ⓐ 원과 직선을 선택하고 대화 상자에 정의된 제약 조건 아이콘(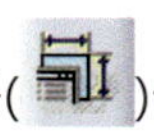)을 클릭한다.

ⓑ 제약 조건 대화 상자에서 접점을 선택하고 확인을 클릭한다.

ⓒ 선택한 원과 선이 접하게 된다.

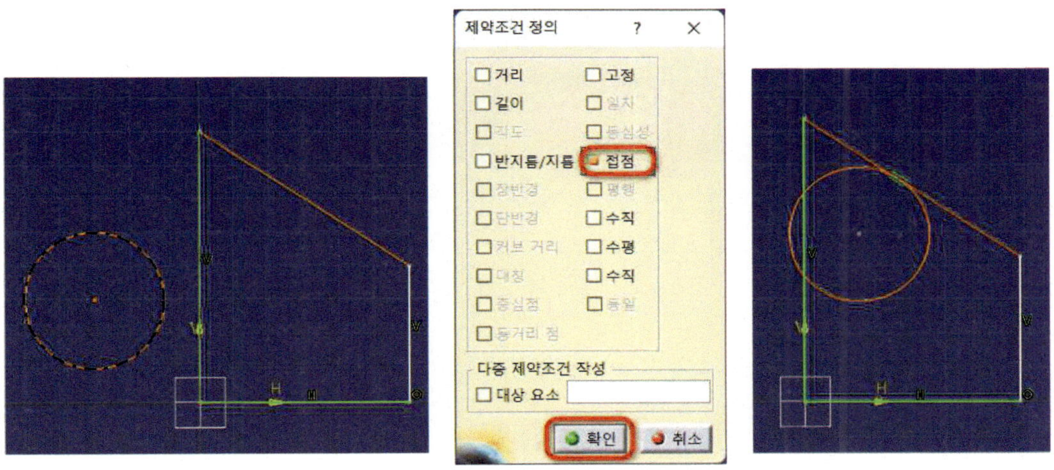

⑫ 자동 제약 조건(Auto Constraint)

ⓐ 다음의 그림처럼 스케치 요소를 선택하고 자동 제약 아이콘()을 클릭한다.

ⓑ 자동 제약 조건 대화 상자에서 확인을 클릭한다.

ⓒ 선택한 요소에 필요한 제약 조건이 자동으로 적용된다.

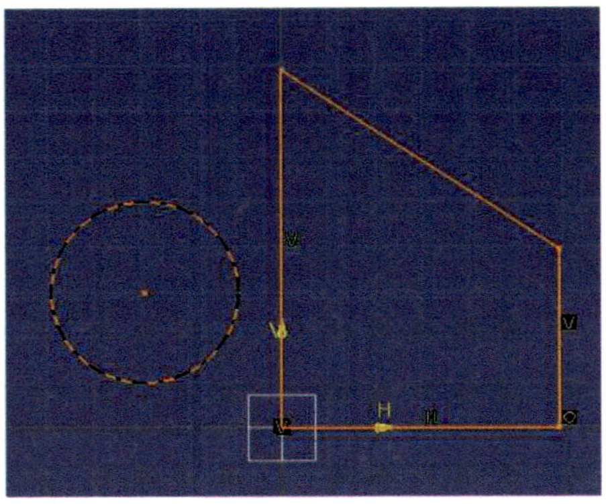

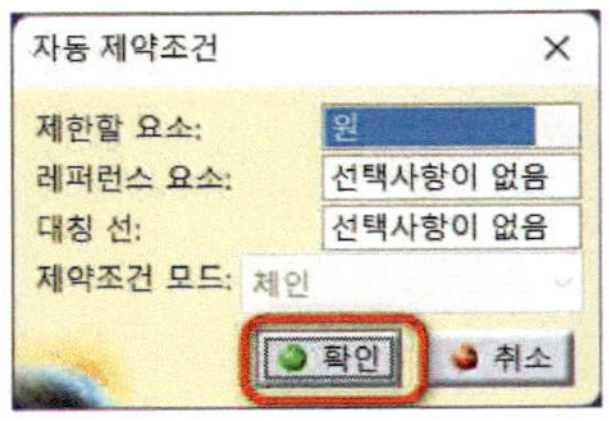

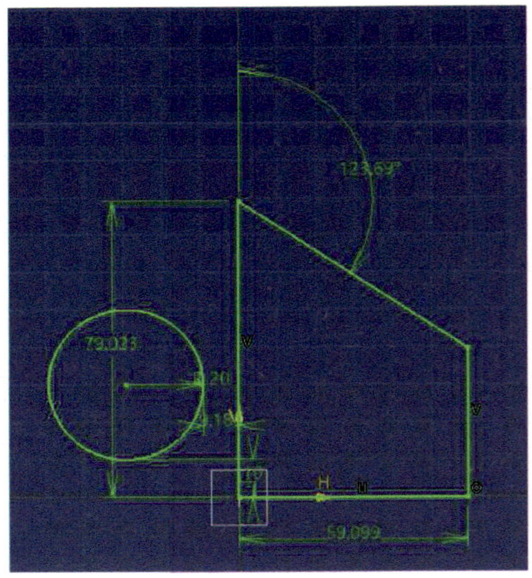

참고

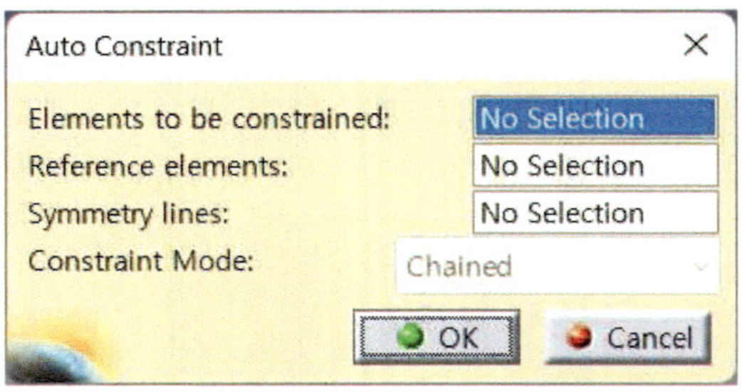

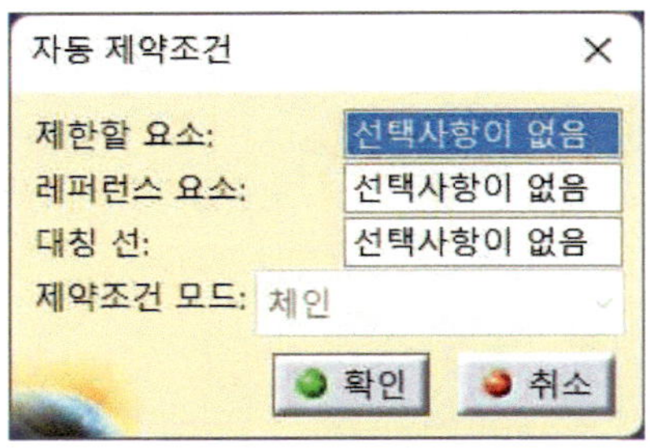

Elements to be constrained	제한할 요소를 지정한다.
Reference elements	제약 조건에 대한 참조로 사용할 요소 또는 요소를 지정할 수 있다.
Symmetry lines	대칭 제약 조건을 할당할 때 사용해야 할 중심선을 지정할 수 있다.
Constraint Mode	다른 제약 조건의 끝에 하나씩 정의되기를 원하거나 참조 요소에서 모든 제약 조건을 정의하기를 원한다.

⑬ 코너(Corner, 필렛)

ⓐ 코너(Corner) 아이콘을 클릭하고 두 개의 스케치 요소를 선택한다.

ⓑ 코너가 생성될 위치를 클릭하면 코너와 반지름이 생성된다.

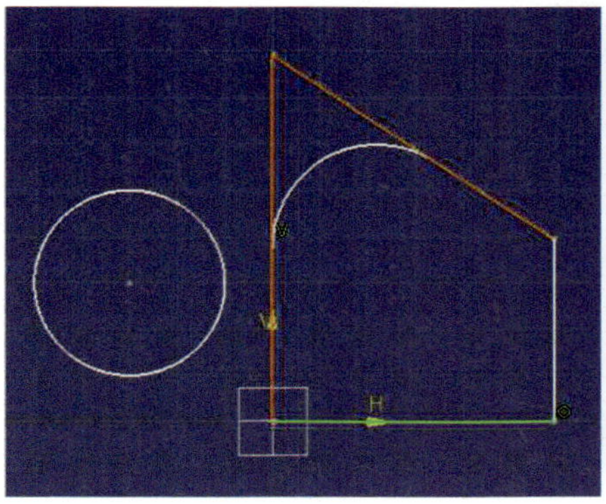

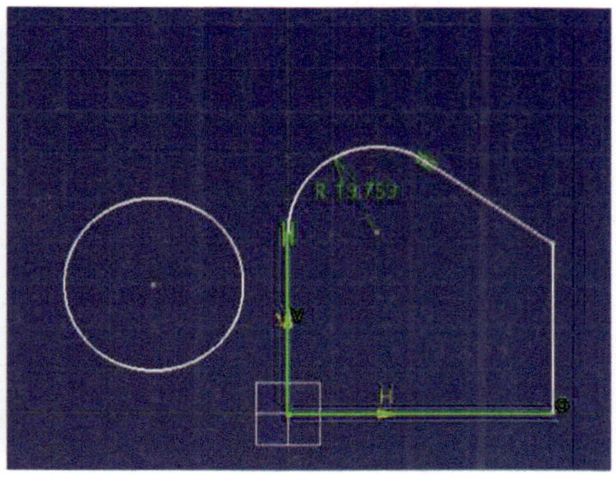

ⓒ 생성된 반지름 치수를 더블 클릭하고 10으로 입력하고 확인을 클릭한다.

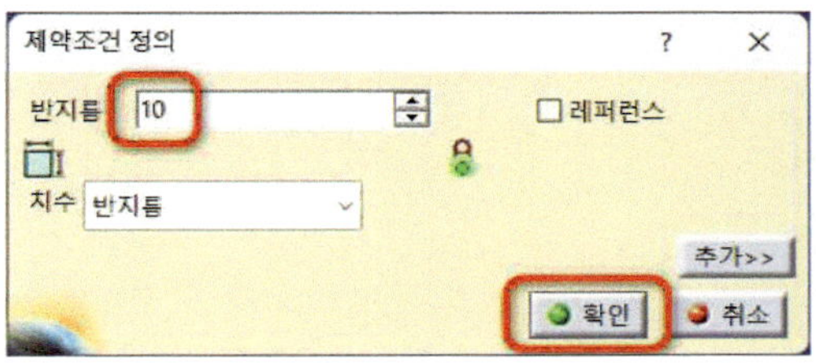

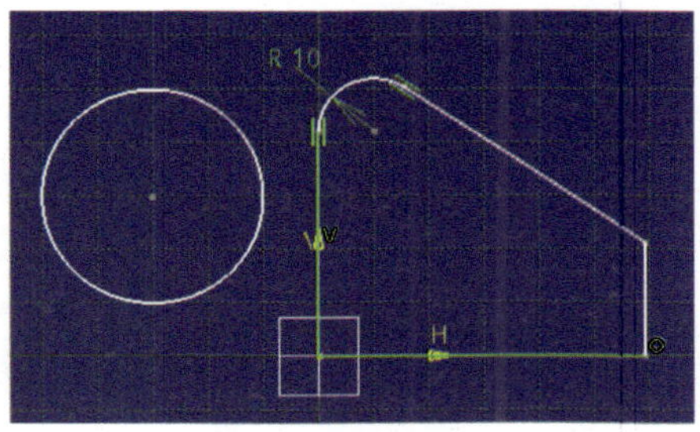

ⓓ 코너는 다음 세 개의 옵션이 있다.

 두 요소를 모두 모서리로 다시 다듬습니다.

 선택한 첫 번째 요소를 모서리로 다시 자릅니다.

 요소를 다듬지 않고 모서리를 생성한다.

⑭ 챔퍼(Chamfer, 모따기)

ⓐ 챔퍼(Chamfer) 아이콘을 클릭하고 두 개의 스케치 요소를 선택한다.

ⓑ 스케치 도구에서 '첫 번째 및 두 번째 길이'를 클릭한다.

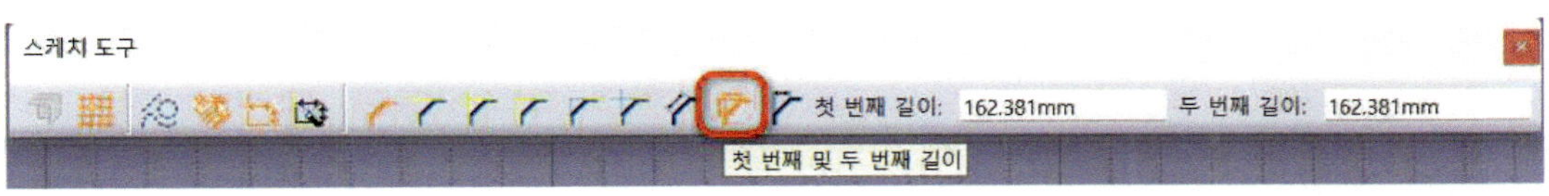

ⓒ 모따기가 생성될 위치를 클릭하면 모따기 선과 첫 번째 및 두 번째 길이가 생성된다.

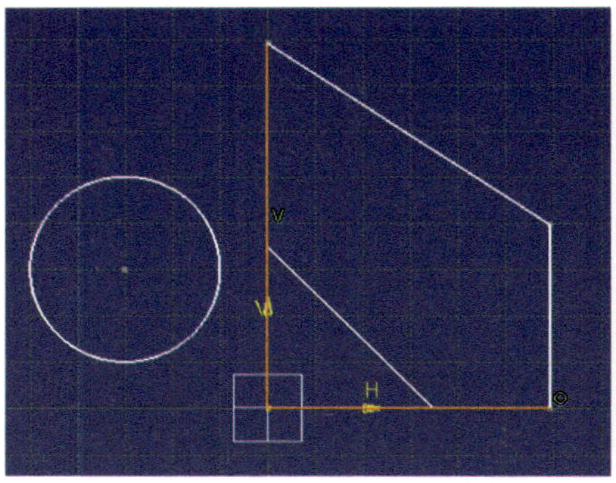 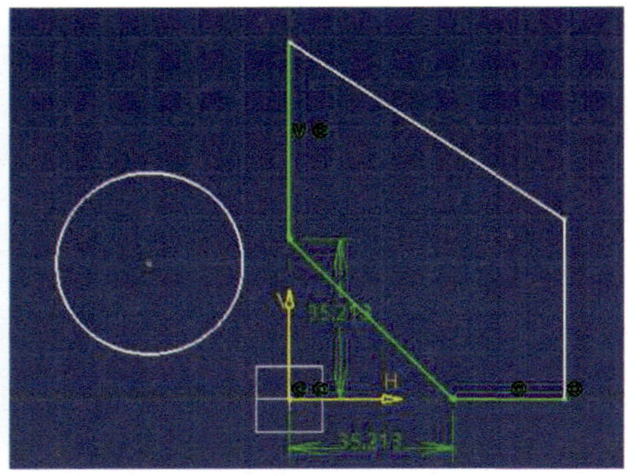

ⓓ 생성된 모따기 치수를 각각 더블 클릭하고 30으로 입력하고 확인을 클릭한다.

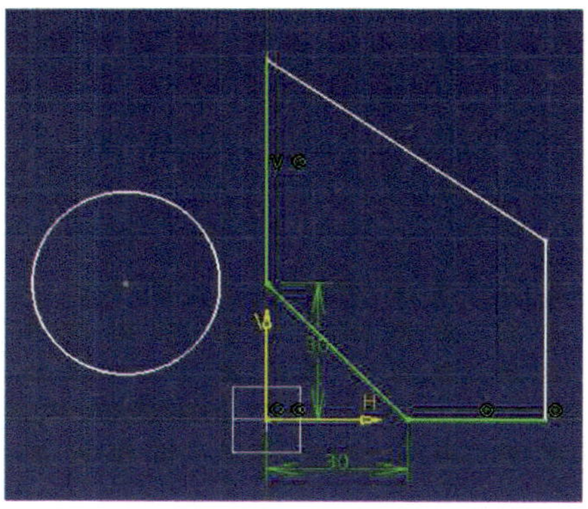

ⓔ 챔퍼(Chamfer)에는 다음의 세 개의 옵션이 있다.

 두 요소를 모두 모따기로 자른다.

 선택한 첫 번째 요소를 다시 모따기로 자릅니다.

 요소를 다듬지 않고 모따기를 생성한다.

ⓕ 챔퍼(Chamfer)의 옵션을 선택하고 모따기를 사용할 요소를 선택하면 모따기의 치수가 기입되는 형태를 선택할 수 있다.

 빗변과 각

 두 길이

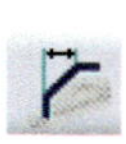 하나의 길이와 각

⑮ 미러(symmetry)

ⓐ 다음의 그림처럼 스케치 요소를 선택하고 미러 아이콘()을 클릭한다.

ⓑ 다음 그림처럼 수직 한 직선을 클릭한다.

ⓒ 선택한 직선을 기준으로 미러가 적용된다.

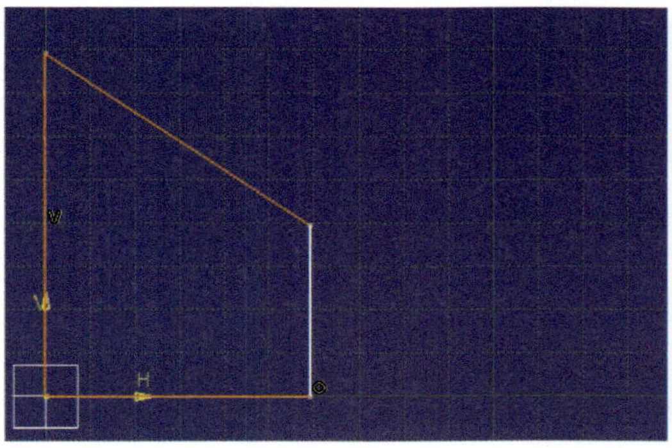
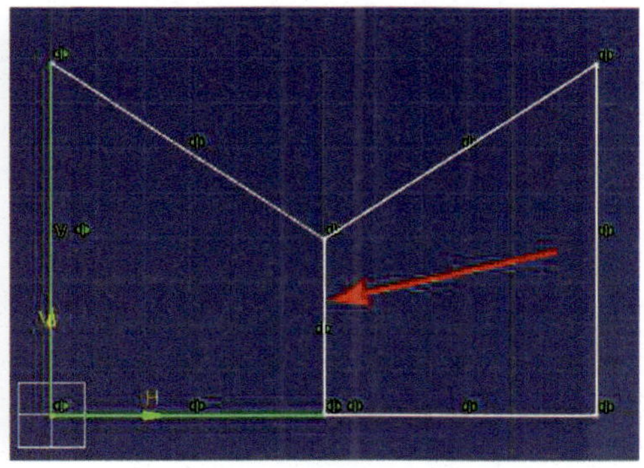

⑯ 대칭

ⓐ 다음의 그림처럼 원을 선택하고 대칭 아이콘()을 클릭한다.

ⓑ 다음 그림처럼 수직 한 직선을 클릭한다.

ⓒ 원이 선택한 직선을 기준으로 대칭 이동이 적용된다.

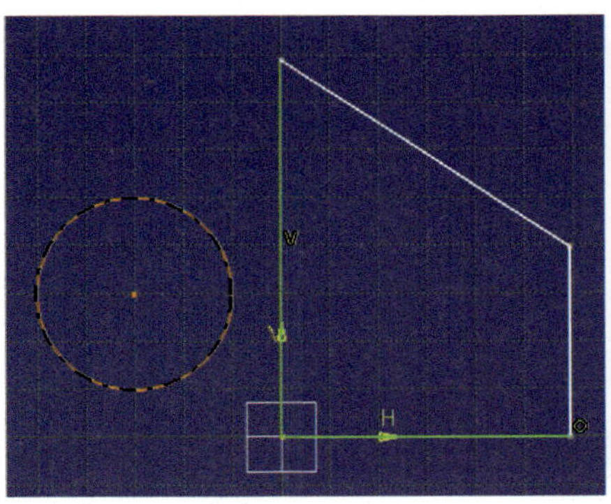
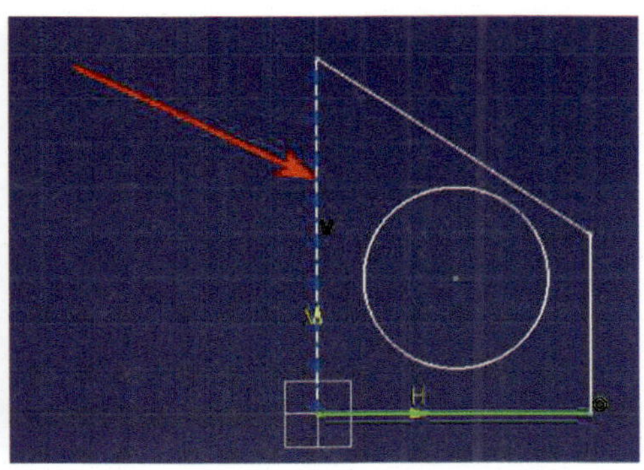

⑰ 이동

ⓐ 다음의 그림처럼 스케치 요소를 선택하고 이동 아이콘()을 클릭한다.

ⓑ 다음 그림처럼 이동 기준점을 선택하고 이동하려 방향으로 마우스를 클릭한다.

ⓒ 이동 값을 대화 상자에 입력하고 확인을 클릭할 수도 있다.

ⓓ 대화 상자에 중복 모드가 설정되었으며 다음의 그림처럼 원본의 변화는 없다.

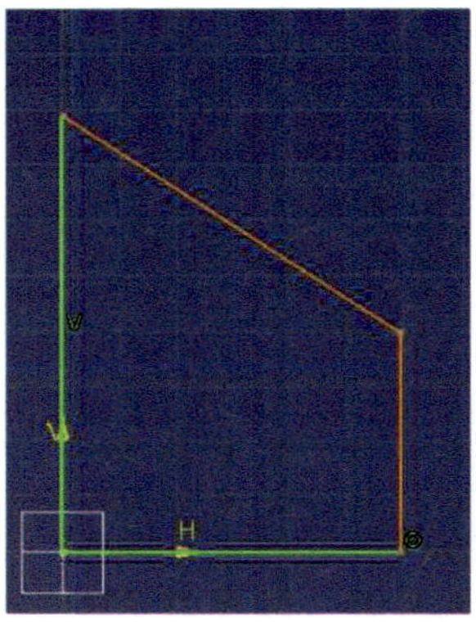

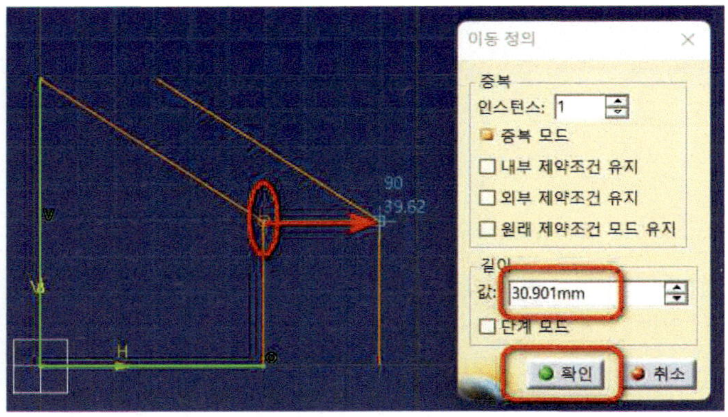

ⓔ 대화 상자에 중복 모드가 해제되었으며 다음의 그림처럼 선택한 요소가 이동하면서 원본에 변화가 발생한다.

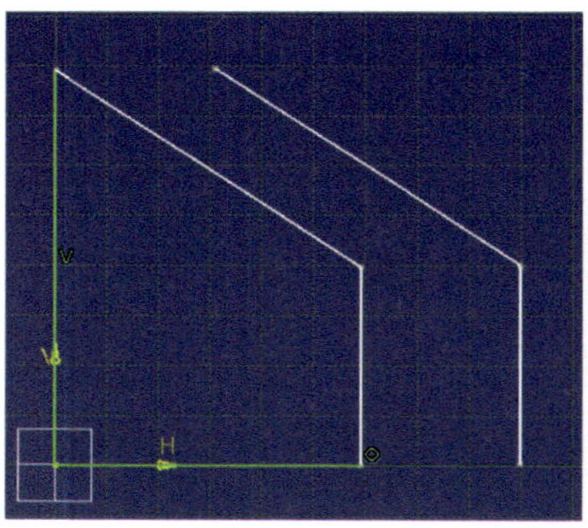

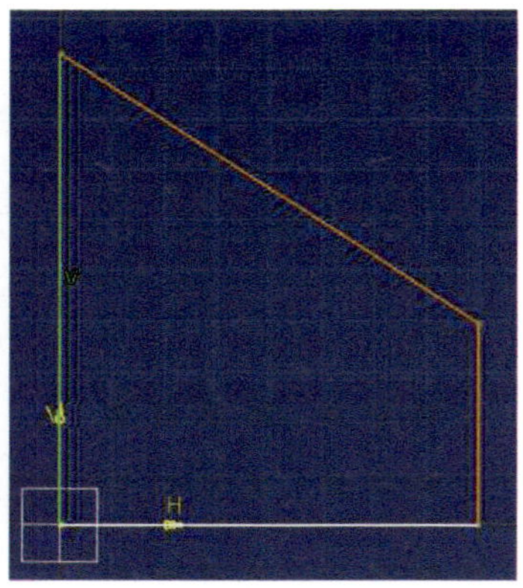

⑱ 회전

ⓐ 다음의 그림처럼 스케치 요소를 선택하고 회전 아이콘()을 클릭한다.

ⓑ 다음 그림처럼 회전 기준점을 선택하고 90을 입력하고 확인을 클릭한다.

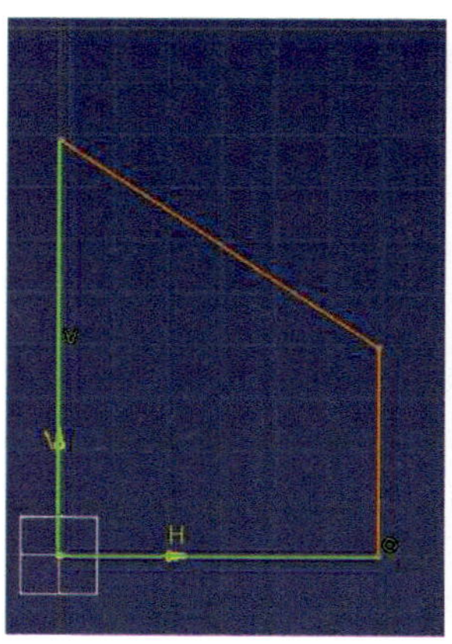

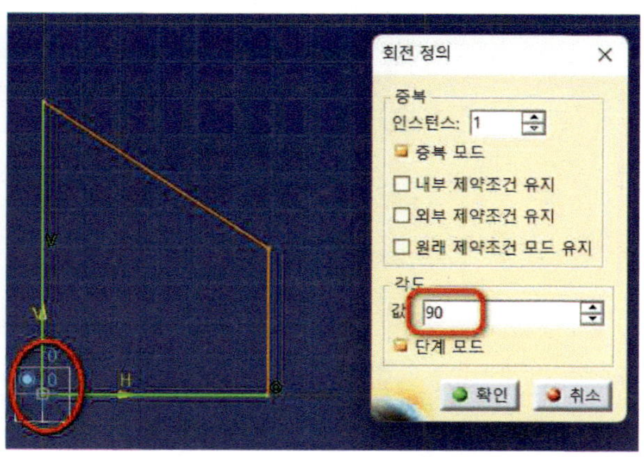

ⓒ 대화 상자에 중복 모드가 설정되었으며 다음의 그림처럼 원본의 변화는 없이 선택한 요소만 회전 복사가 된다.

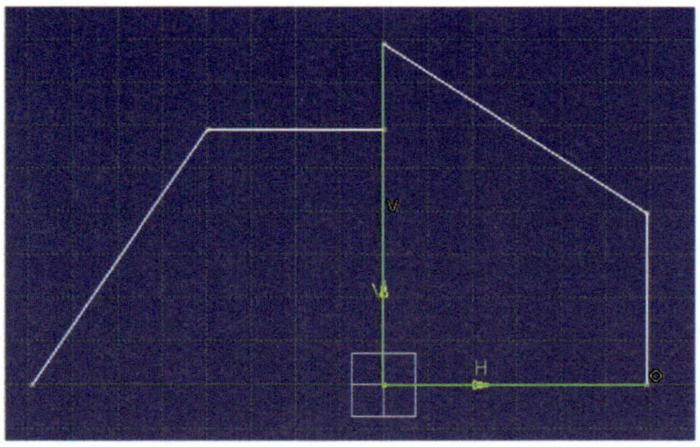

⑲ 축척

ⓐ 다음의 그림처럼 스케치 요소를 선택하고 축척 아이콘()을 클릭한다.

ⓑ 다음 그림처럼 축척 기준점을 선택하고 0.5를 입력하고 확인을 클릭한다.

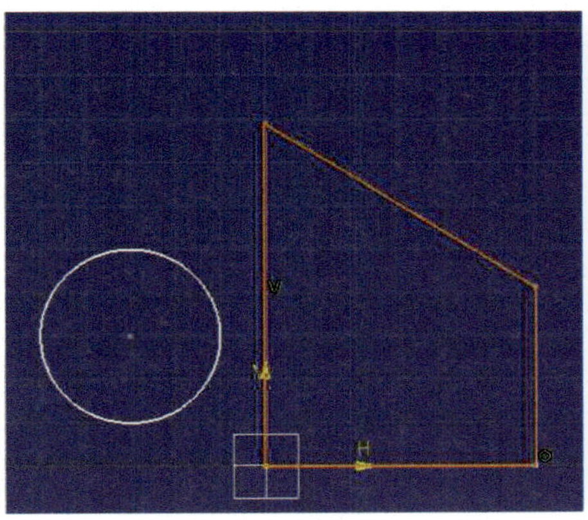

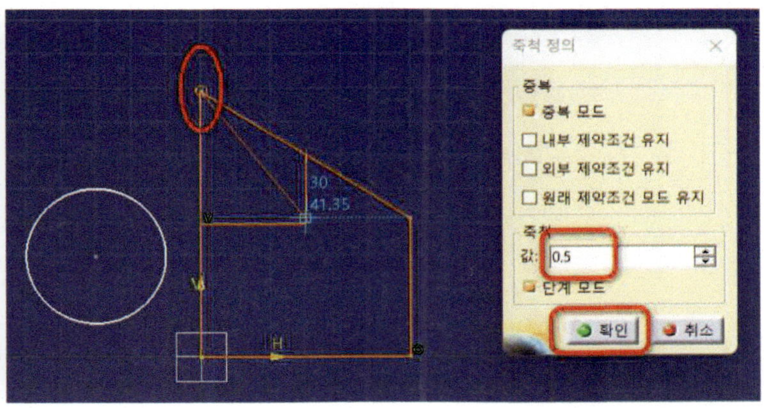

ⓒ 대화 상자에 중복 모드가 설정되었으며 다음의 그림처럼 원본의 변화는 없이 선택한 요소만 축척 복사가 된다.

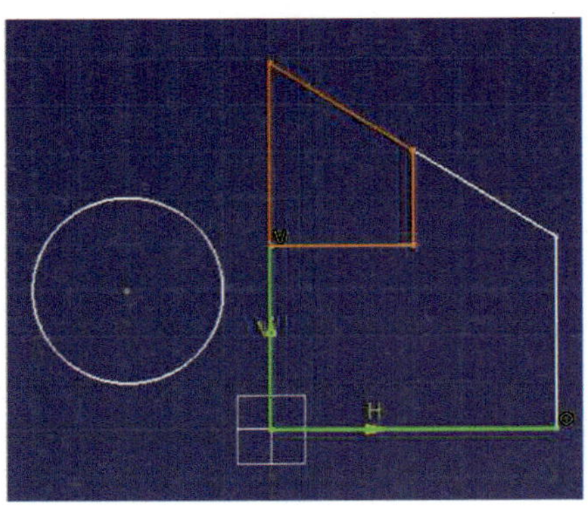

⑳ 오프셋

ⓐ 오프셋 아이콘()을 선택하고 스케치 요소를 선택`한다.

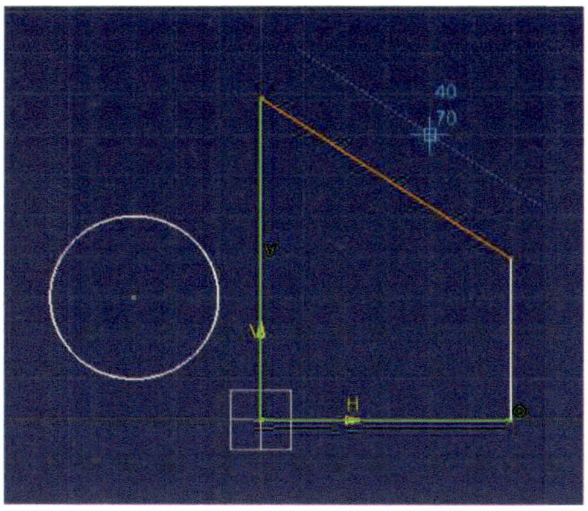

ⓑ 스케치 도구에 오프셋의 거리를 입력하거나 적당한 위치를 마우스로 클릭한다.

ⓒ 생성되는 치수를 더블 클릭하고 거리를 입력한다.

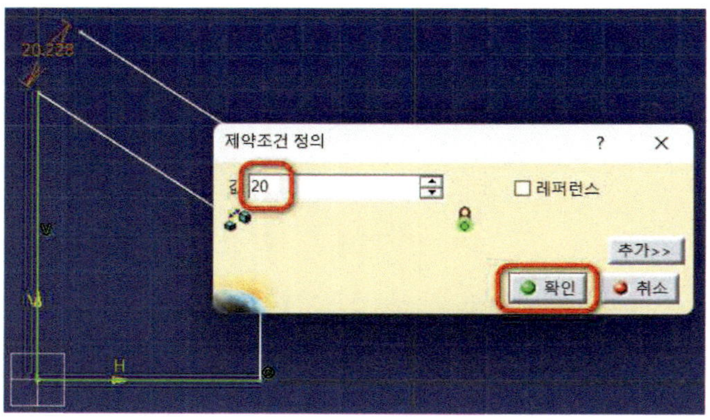

ⓓ 스케치 도구의 오프셋 옵션

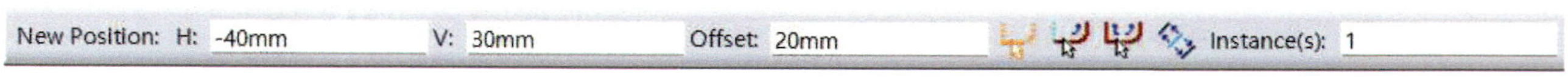

 : 선택한 요소만 오프셋 한다.

 : 선택한 요소와 접하는 요소까지 오프셋 한다.

 : 선택한 요소와 점으로 연결된 요소까지 오프셋 한다.

 : 선택한 요소를 양쪽으로 오프셋 한다.

1-10 화면 제어

① 숨기기/표시()

ⓐ 숨기기/표시 아이콘을 선택하고 화면의 지오메트리(Geometry)를 클릭하면 이를 숨길 수 있다.

ⓑ 지오메트리(Geometry)는 화면에서 보이지 않지만 삭제되지는 않는다.

② 공간 전환()

ⓐ 표시 가능한 공간 전환 아이콘을 선택하면 배경색이 바뀌고 이전에 숨겼던 스케치 요소들 보이게 된다.

ⓑ 이 공간에서 숨기기/표시 아이콘을 선택하고 지오메트리(Geometry)를 클릭하면 보이지 않게 된다.

ⓒ 표시 가능한 공간 전환 아이콘을 다시 클릭하면 원래의 공간으로 넘어오며 숨겼던 지오메트리(Geometry)도 보이게 된다.

③ 실행 취소()

실행한 명령을 취소하고 이전으로 되돌린다.

1-11 Sketch base Feature

1-11-1 Pad

패드 아이콘을 사용하면 스케치를 사용하여 선형 방향으로 압출하여 솔리드 Part를 만들 수 있다.

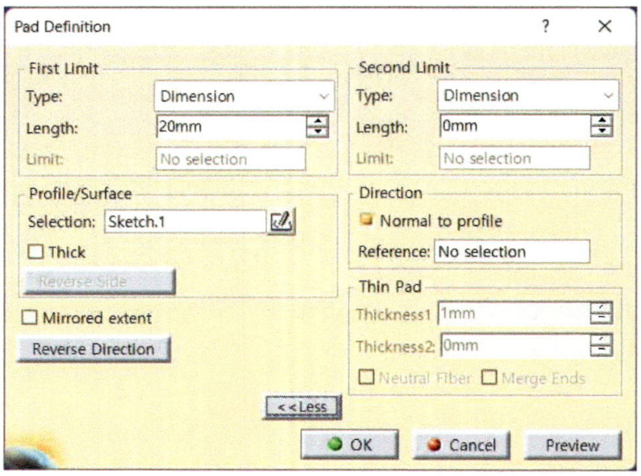

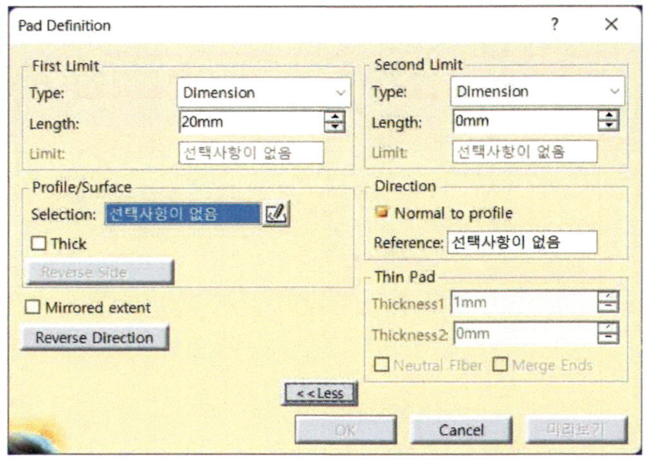

Type	Dimension	돌출되는 길이를 입력한다.
	Up to next	기존 부품의 다음 면까지 돌출한다.
	Up to last	기존 부품의 마지막 면까지 돌출한다.
	Up to plane	지정된 평면까지 돌출한다.
	Up to surface	지정된 표면까지 돌출한다.
Profile	Selection	사용할 스케치를 지정한다.
Mirrored extent		스케치 평면의 앞뒤 양방향으로 돌출한다.
Reverse Direction		돌출되는 방향을 반대 방향으로 바꿉니다.
Direction	Normal to profile	돌출 방향은 스케치의 법선 방향이 될 것입니다.
	Reference	모서리 직선 등의 선택하는 요소의 방향으로 돌출한다.

① 패드 아이콘( )을 선택하고 스케치를 선택한다.

ⓐ Dimension을 120으로 입력한다.

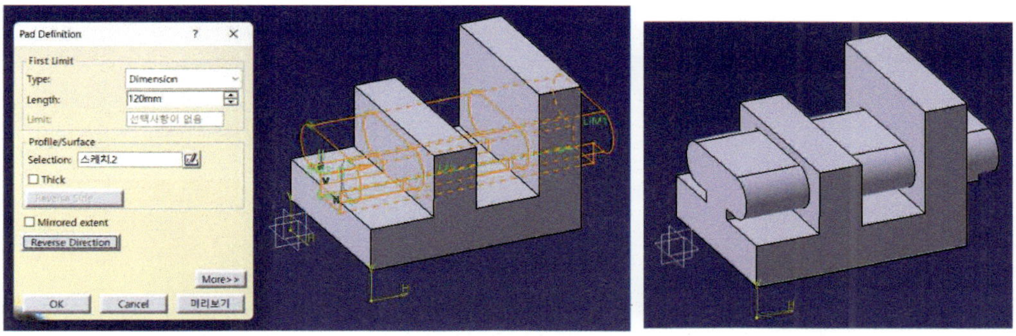

ⓑ Dimension을 20으로 입력한다.

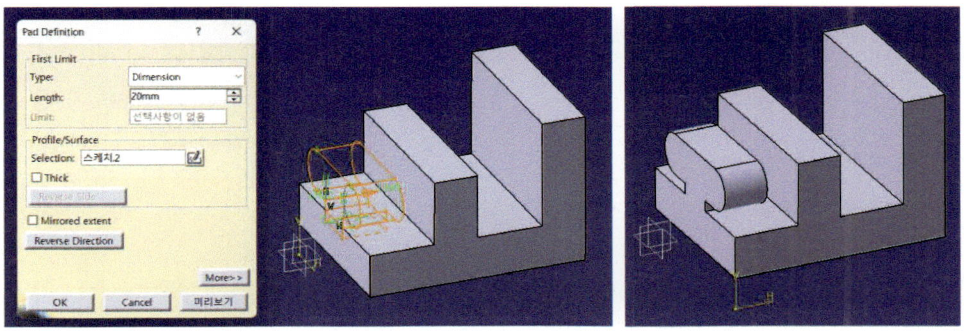

ⓒ Dimension을 20, Reverse Direction을 클릭한다.

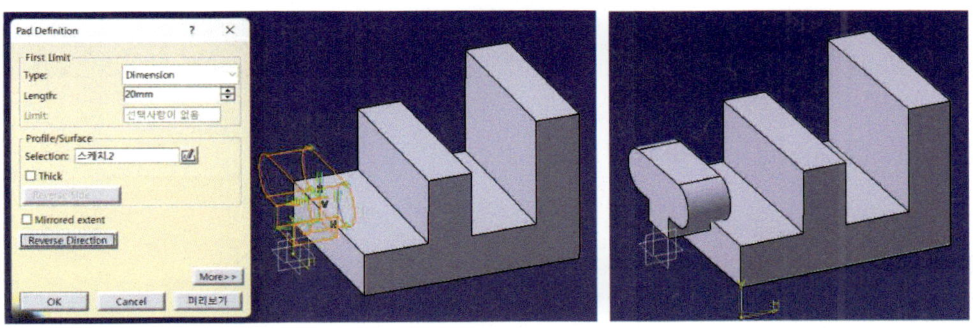

ⓓ Up to plane을 선택하고 압출할 평면을 선택한다.

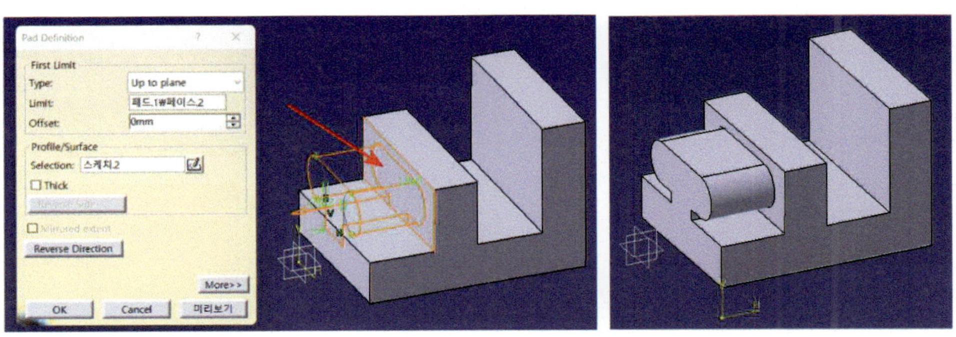

ⓔ Up to last를 선택한다.

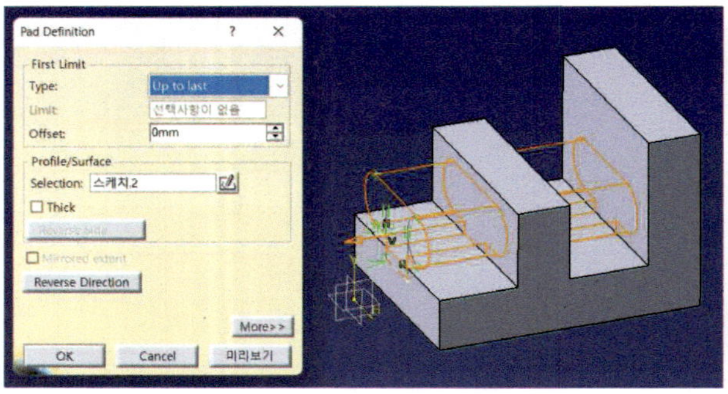

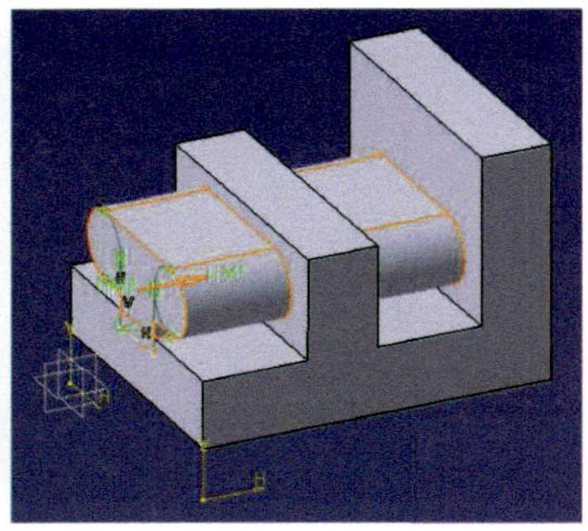

② More : 대회 상자의 확장

ⓐ 대화 상자가 확장되고 다른 옵션들도 표시된다.

ⓑ First Limit : 20, Second Limits : 30

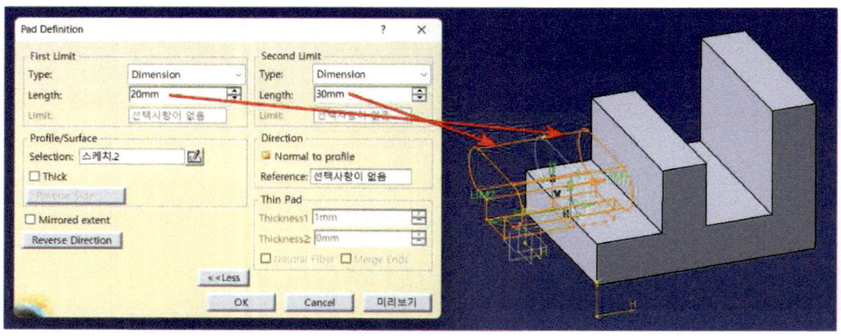

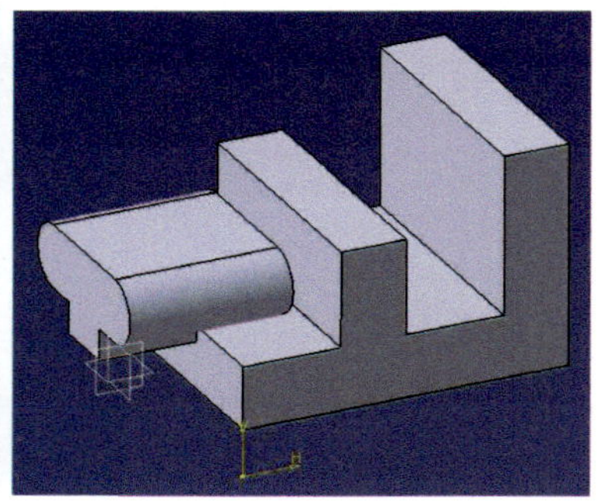

ⓒ 기존에 작성된 직선을 Direction으로 선택하면 선택한 직선의 길이와 방향으로 패드를 적용한다.

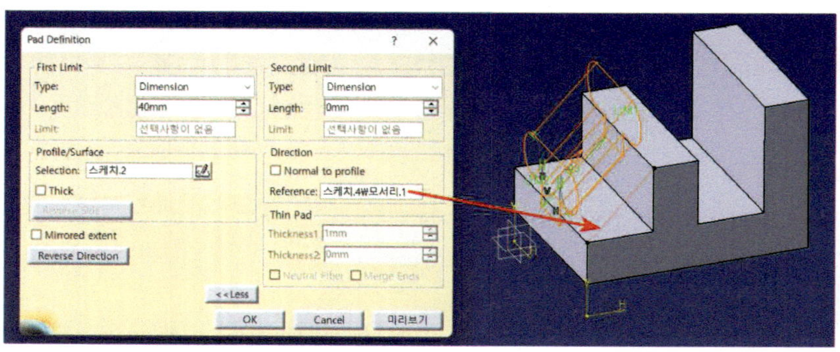

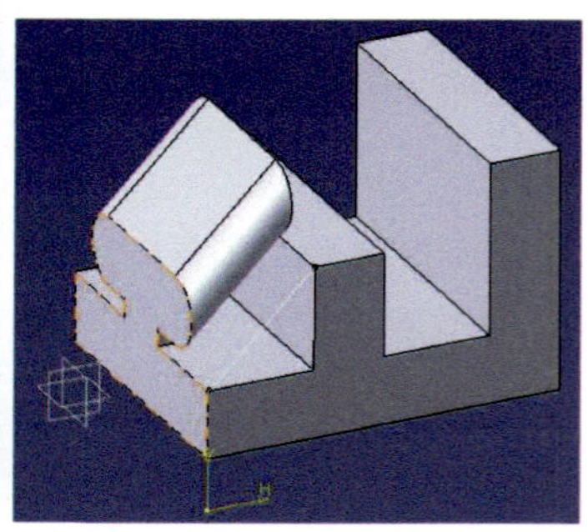

1-11-2 Pocket

포켓 아이콘을 사용하면 스케치를 사용하여 선형 방향으로 기존 솔리드 Part에서 포켓을 만들 수 있다.

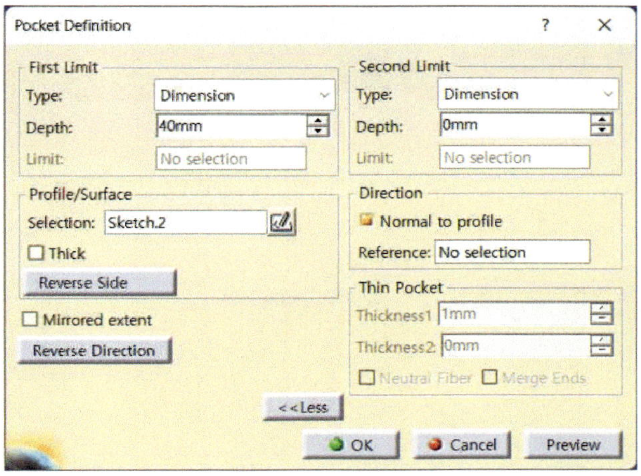

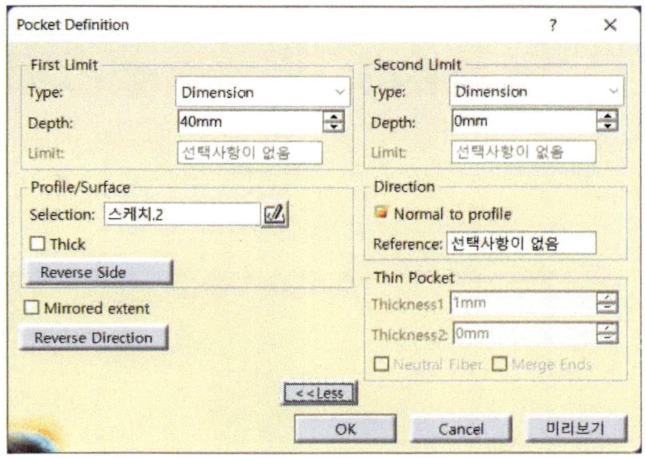

처음에는 창에 첫 번째 한계만 표시되고, 그다음에는 추가 → 옵션을 선택하여 두 번째 한계를 볼 수 있는 옵션이 있다. 옵션은 패드를 만드는 옵션과 정확히 동일하다.

Type	Dimension	입력한 길이만큼 제거한다.
	Up to next	기존 부품의 다음 면까지 제거한다.
	Up to last	기존 부품의 마지막 면까지 제거한다.
	Up to plane	지정된 평면까지 제거한다.
	Up to surface	지정된 표면까지 제거한다.

Profile	Selection	사용할 스케치를 지정한다.
Mirrored extent		스케치 평면의 앞뒤의 양방향으로 돌출한다.
Reverse Direction		제거 방향을 반대 방향으로 설정한다.
Direction	Normal to profile	제거 방향은 스케치의 법선 방향이 된다.
	Reference	모서리 직선 등의 선택하는 요소의 방향으로 제거한다.

① 패드 아이콘( )을 선택하고 스케치를 선택한다.

ⓐ Dimension을 35로 입력한다.

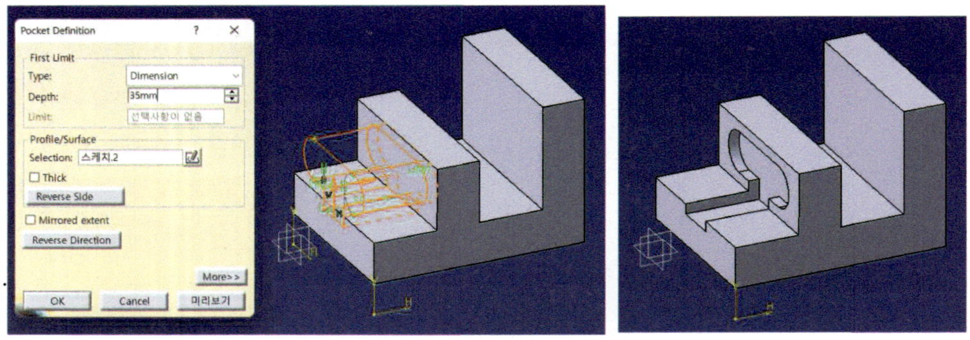

ⓑ Dimension을 90으로 입력한다.

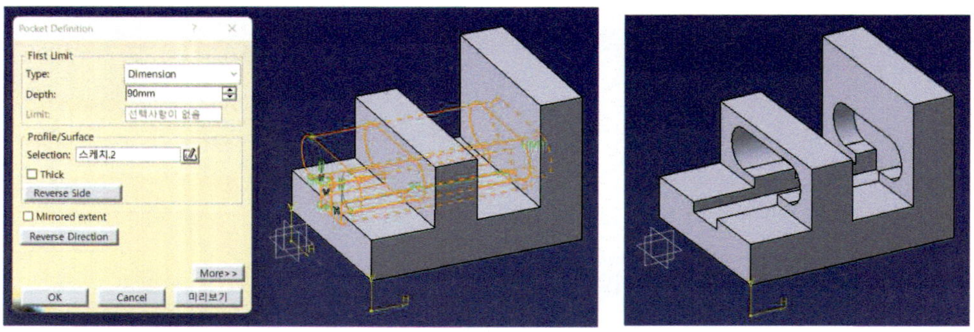

ⓒ Type을 Up to last로 선택한다.

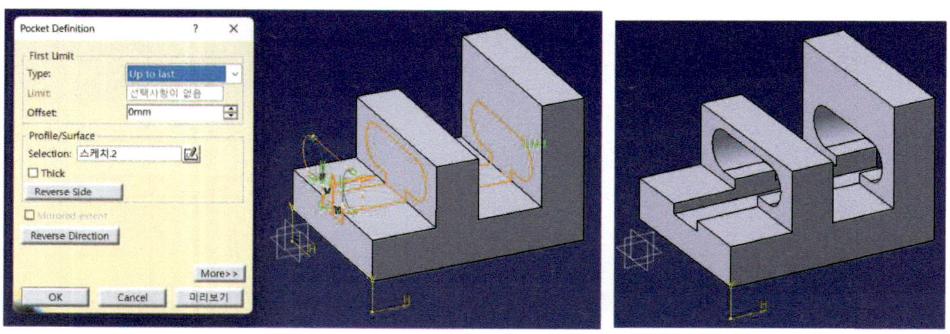

1-11-3 Shaft

축 아이콘을 사용하면 스케치를 사용하여 지정하는 축 방향으로 회전하여 솔리드 Part를 생성한다.

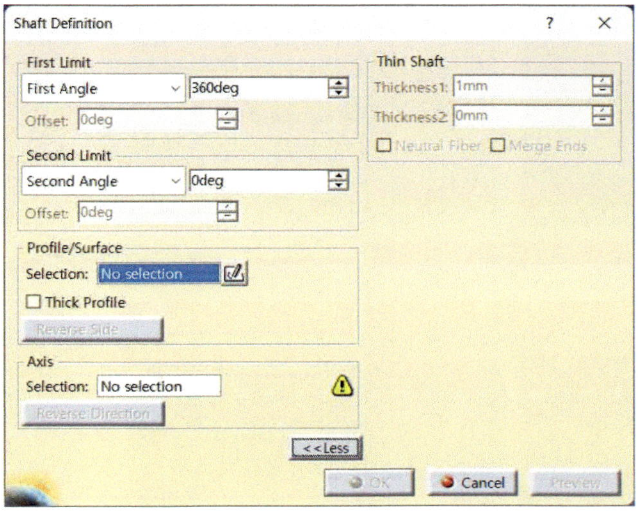

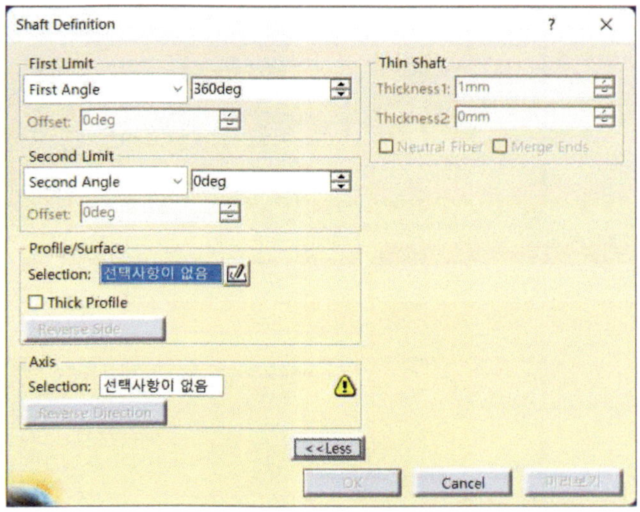

Limits

	First angle	스케치에서 첫 방향의 회전 각도를 입력한다.
	Second angle	스케치와 반대 방향의 회전 각도를 입력한다.

Profile

	Selection	회전에 적용할 스케치를 선택한다.

Axis

	Selection	회전할 축을 선택한다.

① Shaft 아이콘을 선택하고 스케치와 회전에 적용할 축을 클릭한다.

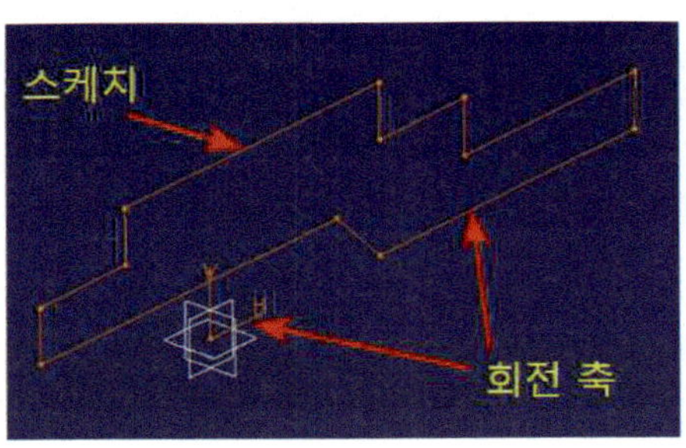

ⓐ First Angle을 360으로 입력한다.

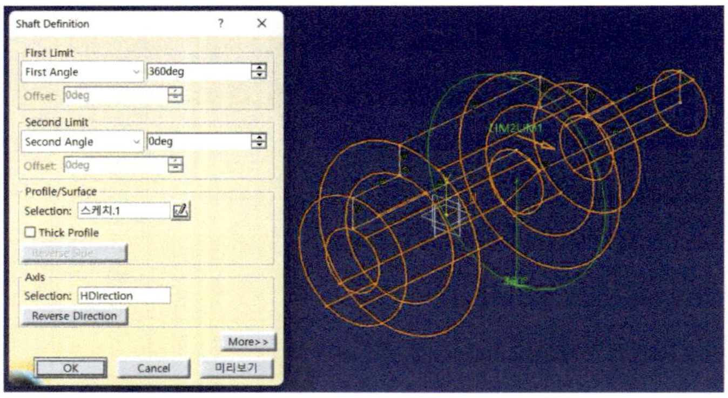

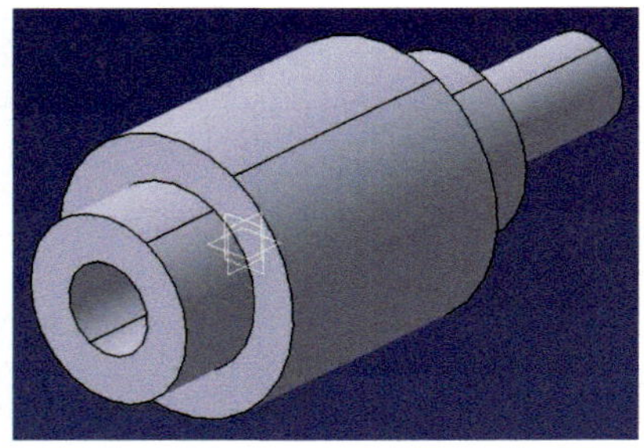

ⓑ First Angle을 180을 입력한다.

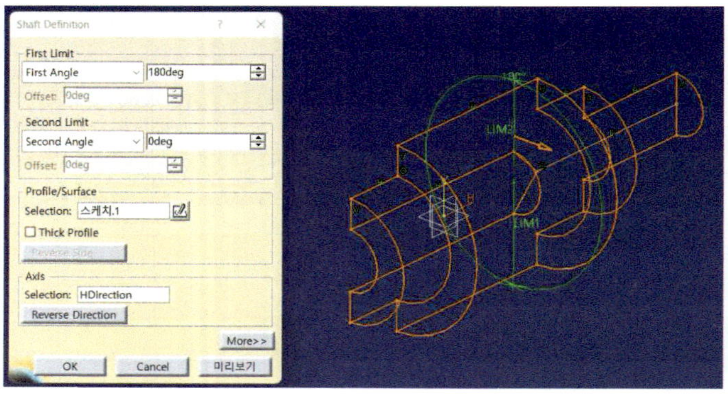

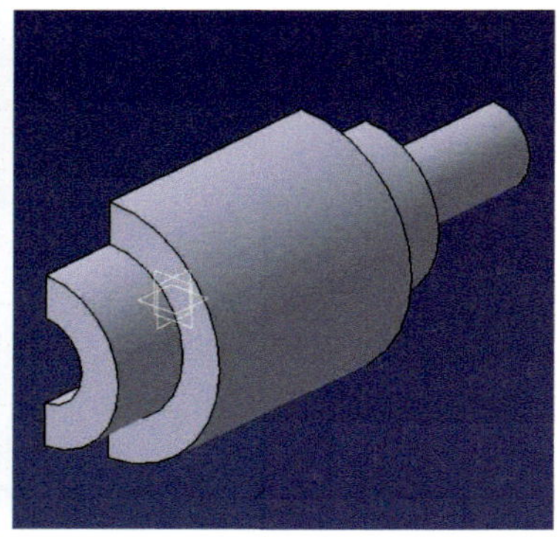

ⓒ First Angle을 180, Reverse Direction을 클릭한다.

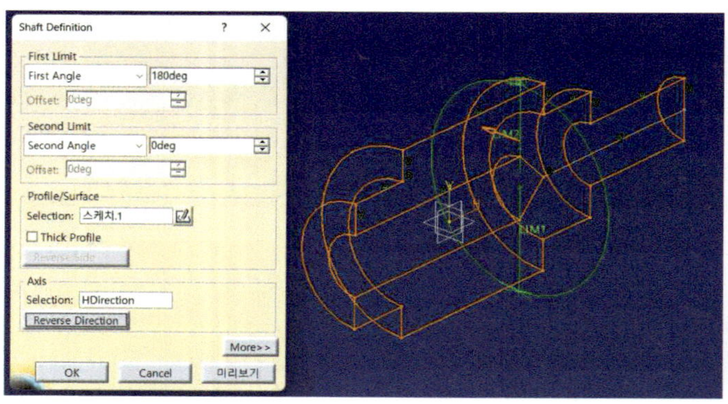

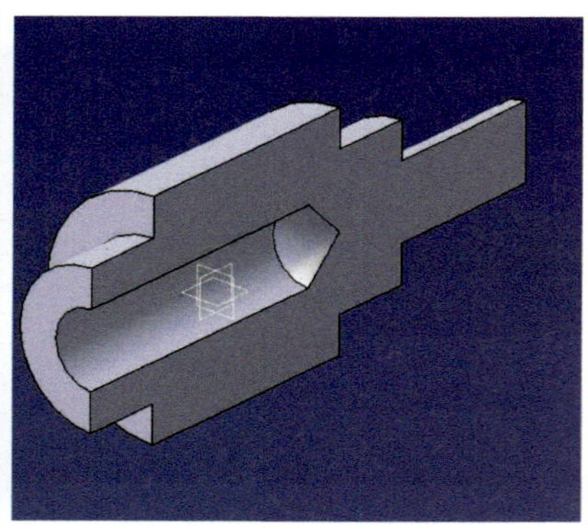

ⓓ First Angle을 180, Second Angle 45로 입력한다.

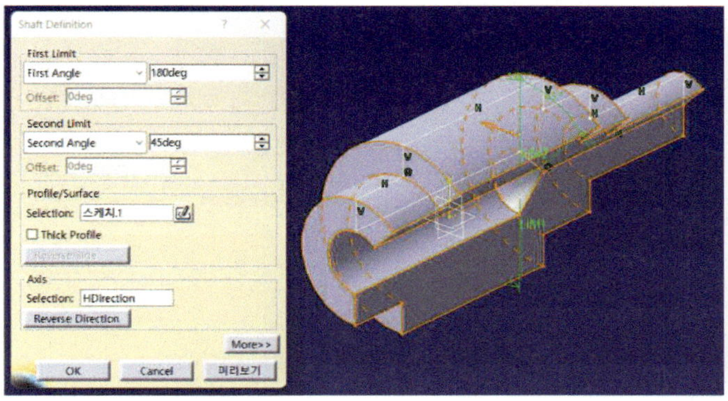

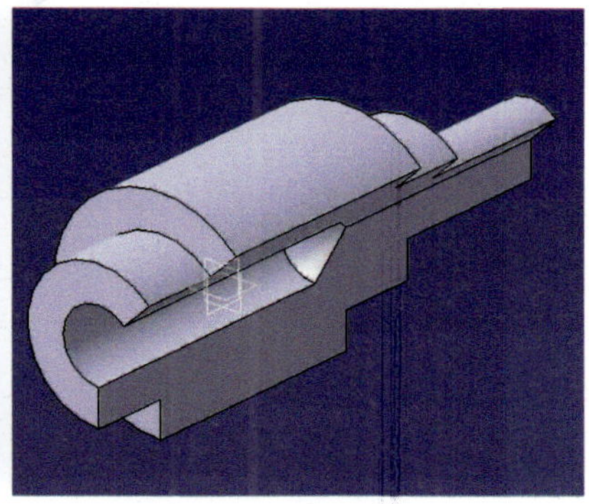

1-11-4 Groove

선택된 스케치를 축 방향으로 회전하여 기존 솔리드 Part에서 회전 제거한다.

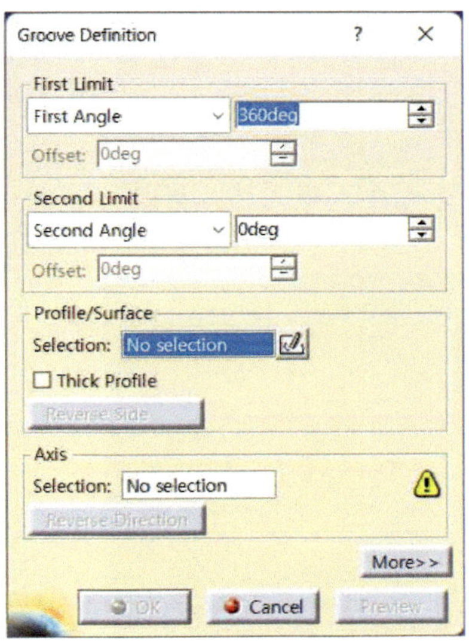

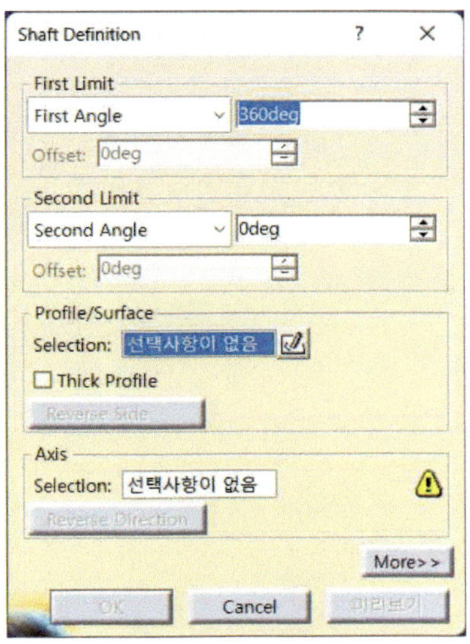

Limits

	First angle	스케치에서 처음 방향으로의 각도를 입력한다.
	Second angle	스케치와 반대 방향의 각도를 입력한다.

Profile

	Selection	사용할 스케치를 지정한다

Axis

	Selection	프로파일이 회전할 축을 정의한다.

① 홈 아이콘()을 선택한다.

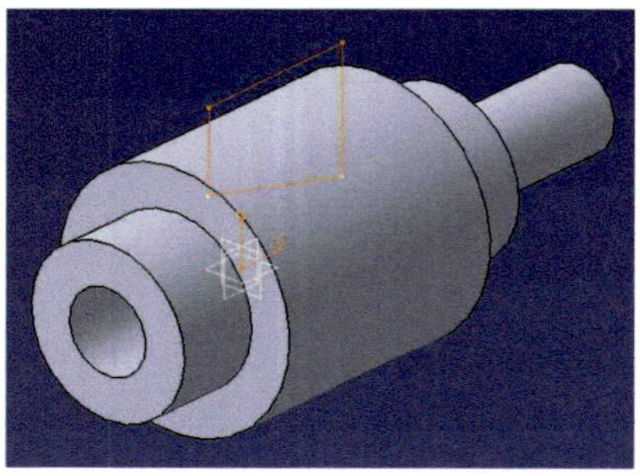

ⓐ 다음 그림처럼 회전 스케치 선택한다.

ⓑ First angle에 360을 입력한다.

ⓒ 회전축으로 원통의 외면을 마우스로 선택하면 중심축이 선택된다.

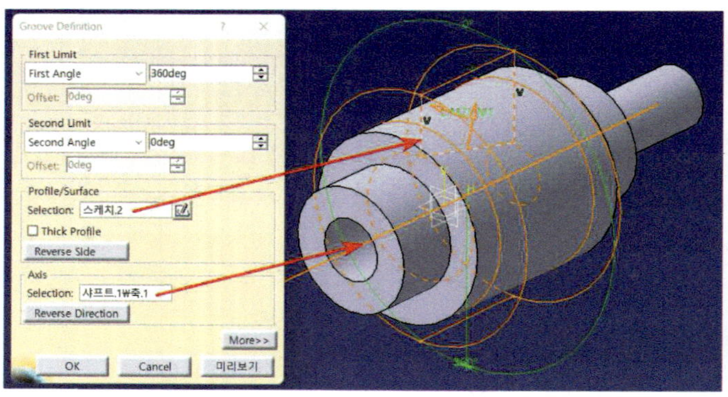

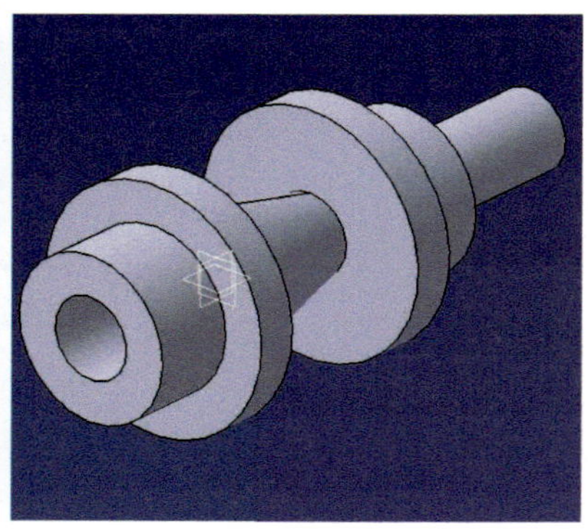

ⓓ First angle에 90을 입력한다.

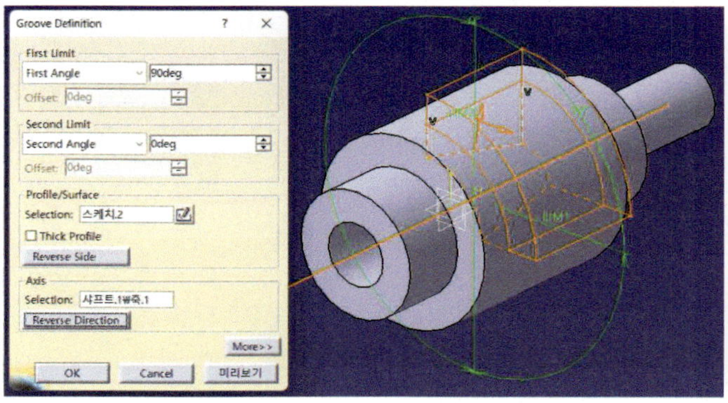

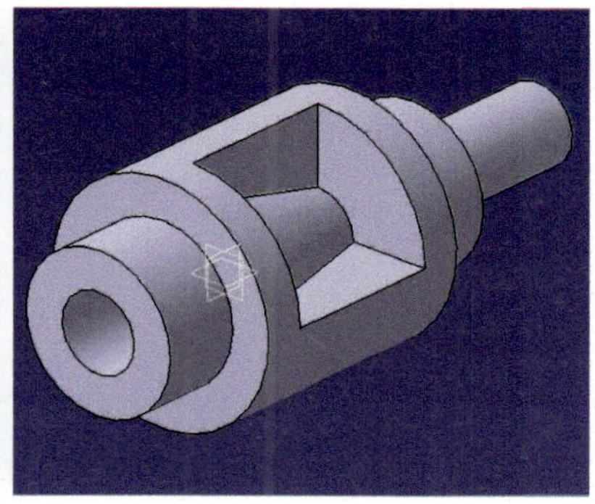

ⓔ First angle에 30, Second angle은 90을 입력한다.

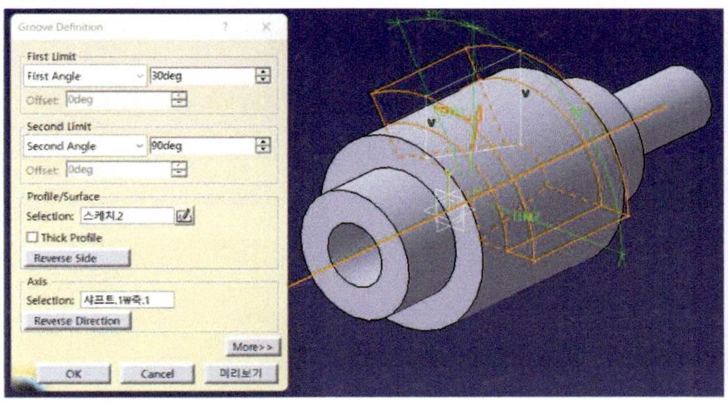

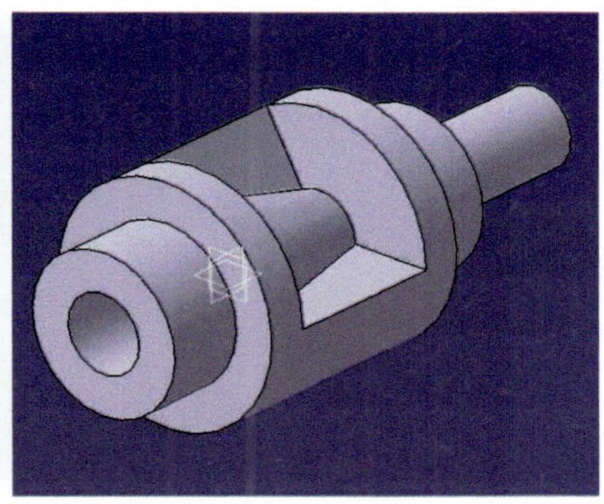

1-11-5 Hole 

구멍 아이콘을 사용하면 다양한 구멍을 생성할 수 있다.

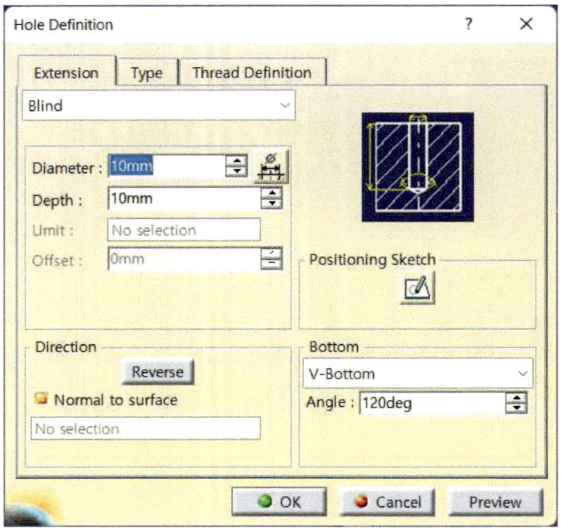

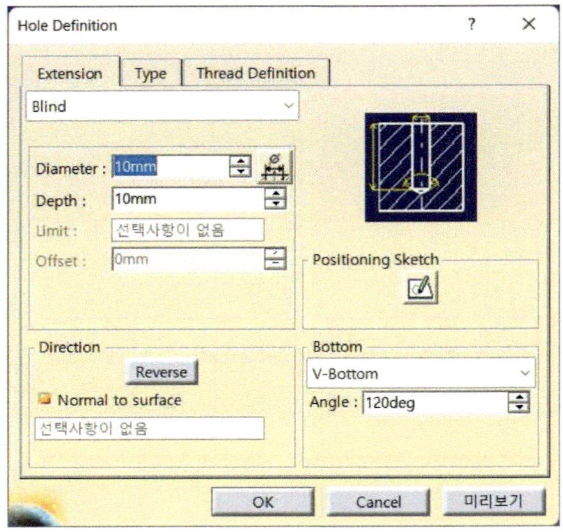

① 대화 상자 옵션

Blind　　일정 거리를 이동한다.

Up To Next　　기존 부품의 다음 쪽으로 이동한다.

Up To Last　　기존 부품의 마지막 면으로 이동한다.

Up To Plane　　지정된 평면, 즉 한계로 이동한다.

Up To Surface　　지정된 표면, 즉 한계로 이동한다.

Diameter　　구멍의 지름.

Depth　　구멍의 길이는 블라인드에만 적용한다.

Limit　　극한 요소를 정의하며, 최대 평면 및 최대 표면에만 적용한다.

offset　　한계로부터의 오프셋 거리

Axis　　Reverse　　구멍의 방향을 반대로 설정한다.

　　Normal to surface　　구멍의 축을 표면에 수직하지 않으면 방향을 지정할 수 있다.

Positioning Sketch　다음을 생성하기 전에 구멍의 중심을 제한할 수 있다.

Bottom

　　Flat　　구멍은 바닥이 평평하게 적용한다.

　　V-Bottom　　구멍의 바닥을 v자 모양으로 적용하며, 그 각도를 지정할 수 있다.

② 구멍 위치 지정

ⓐ Positioning sketch의 선택

- Hole 아이콘을 선택하고 구멍이 뚫릴 평면의 임의의 지점을 클릭한다.
- 대화 상자의 Positioning sketch를 클릭한다.

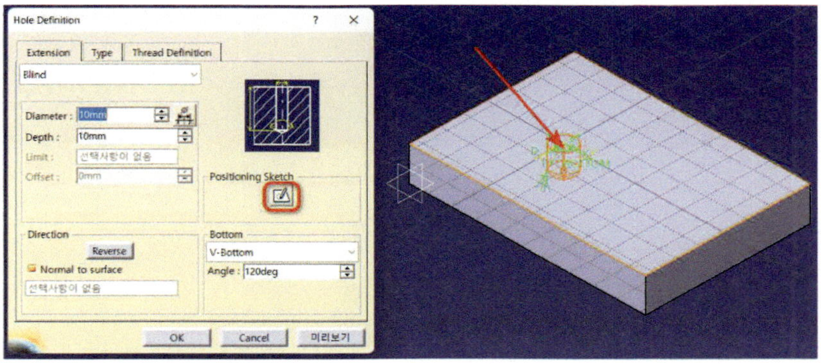

- 각 모서리에서 임의의 점까지 치수 기입을 한다.
- 치수 수치를 더블 클릭하고 원하는 수치를 입력한다.

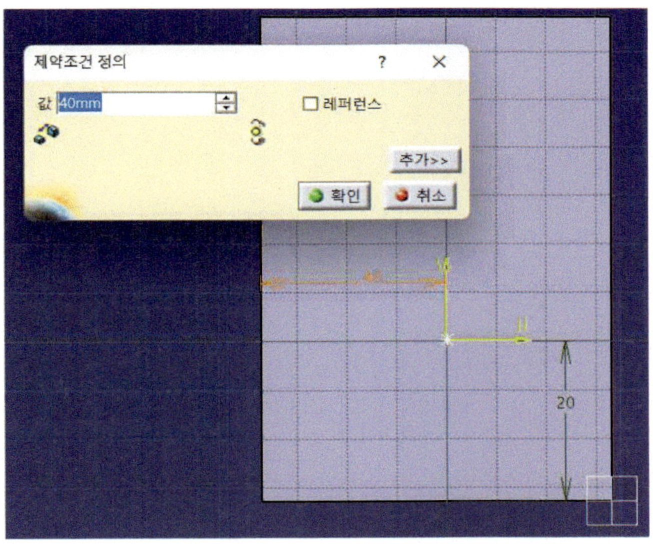

- 스케치 종료(workbench exit) 아이콘()을 클릭한다.

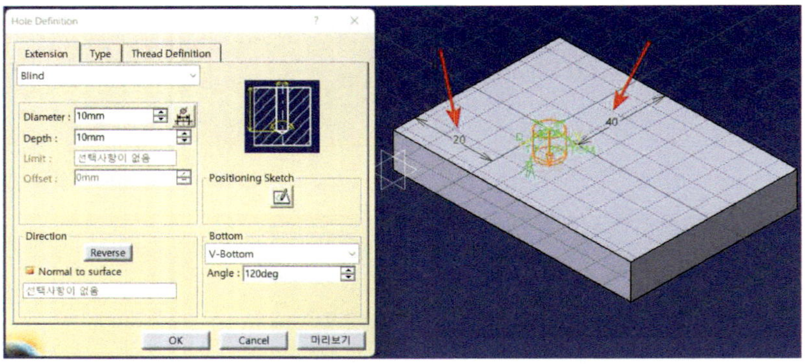

ⓑ 모서리와 평면의 선택

- Hole 아이콘을 선택하고 2개의 모서리와 평면의 한 지점을 클릭한다.
- 다음의 그림처럼 2개의 모서리를 선택하고 구멍이 뚫리는 면의 한 지점을 선택한다.

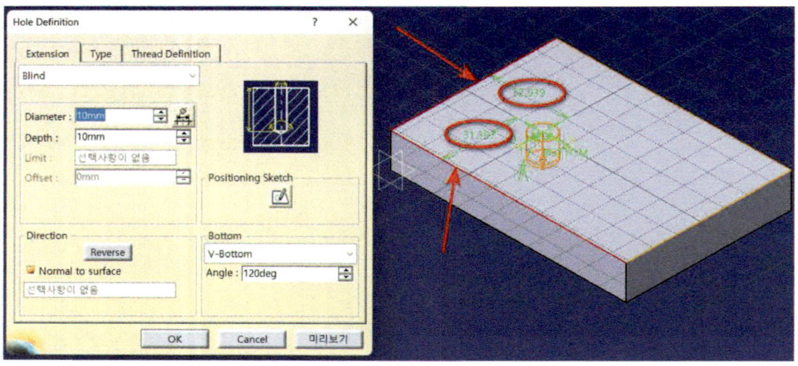

- 선택한 모서리에서 중심점까지 치수가 나타난다.
- 치수를 더블 클릭하고 원하는 치수를 입력한다.

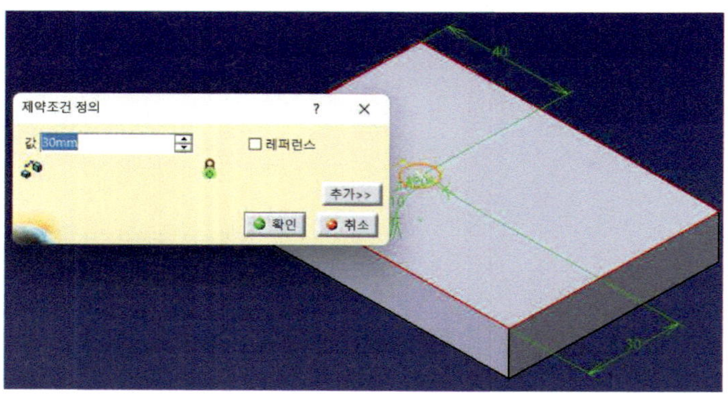

- 입력한 치수가 적용된다.

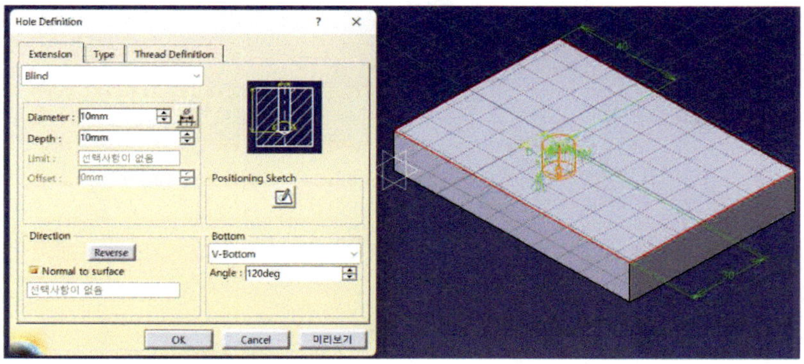

ⓒ 기존 스케치의 선택

- Hole 아이콘을 선택하고 기존에 작성된 스케치의 점을 클릭한다.
- 구멍이 뚫리는 면의 한 지점을 선택한다.

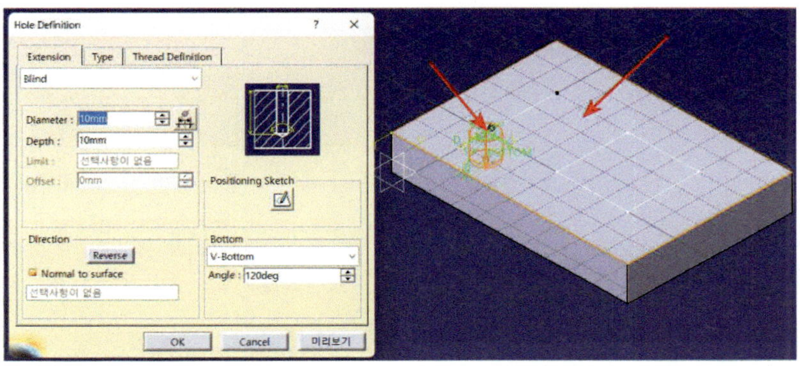

③ 단순 구멍

ⓐ Type을 Simple로 선택한다.

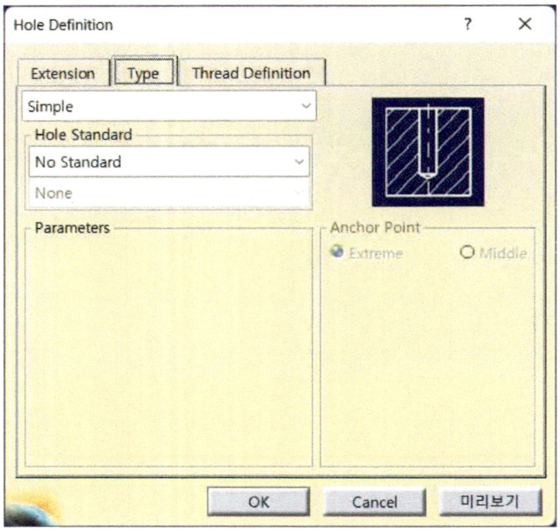

ⓑ Extension에서 Blind로 설정한다.

ⓒ Diameter에 구멍의 지름을 입력한다.

ⓓ Depth에 구멍의 깊이를 입력한다.

ⓔ Bottom에서 V-Bottom은 원뿔(초기 각도는 120)이고 Flat은 편평한 끝 면이 생성된다.

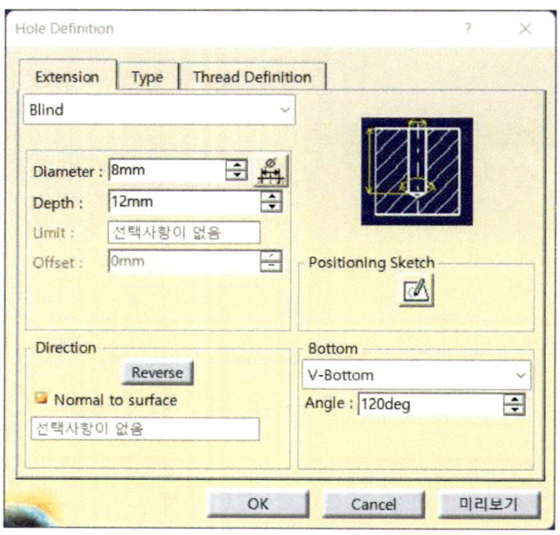

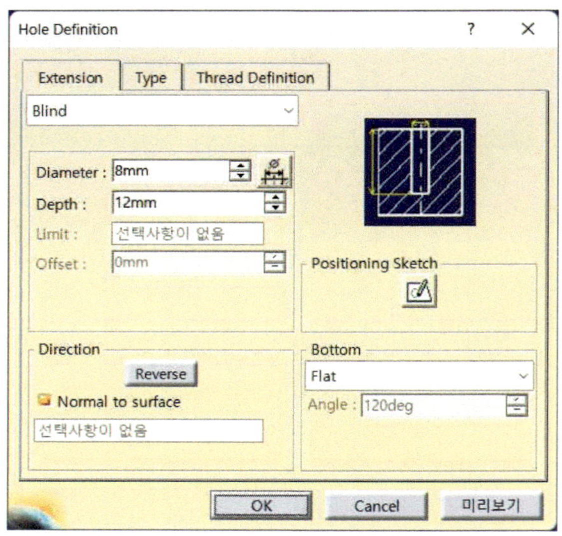

④ 테이퍼 구멍

ⓐ Type을 Tapered로 설정한다.

ⓑ Extension에서 Blind로 설정한다.

ⓒ Diameter에 테이퍼 구멍의 안쪽 지름을 입력한다.

ⓓ Depth에 테이퍼 구멍의 깊이를 입력한다.

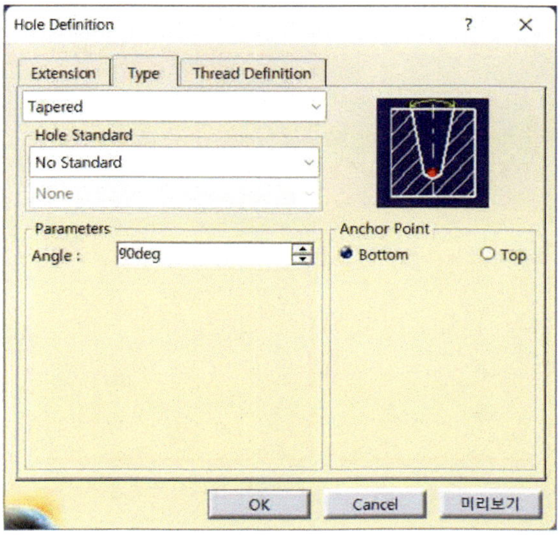

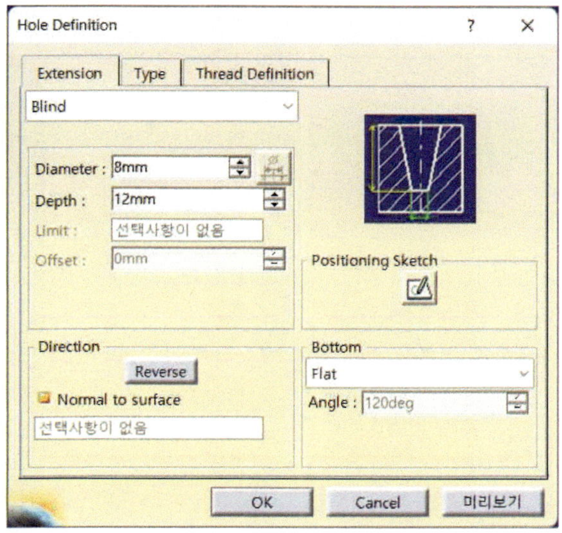

⑤ 카운터 보어

ⓐ Type을 Counter bored로 설정한다.

ⓑ Diameter에 Counter 구멍의 지름을 입력한다.

ⓒ Depth에 Counter 구멍의 깊이를 입력한다.

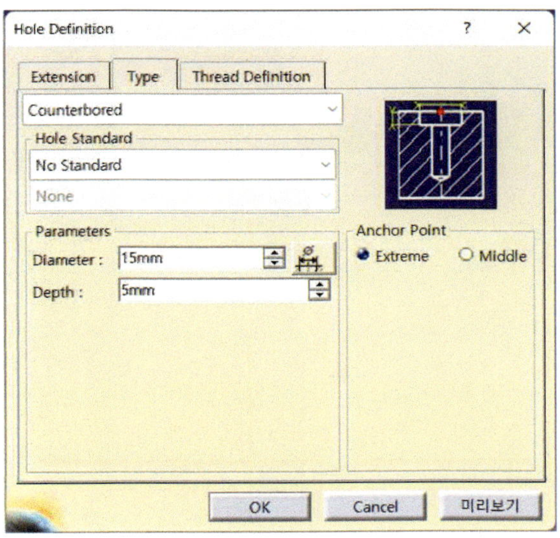

ⓓ Hole Standard에서 Metric_Cap_Screws와 M8-Normal로 설정한다.

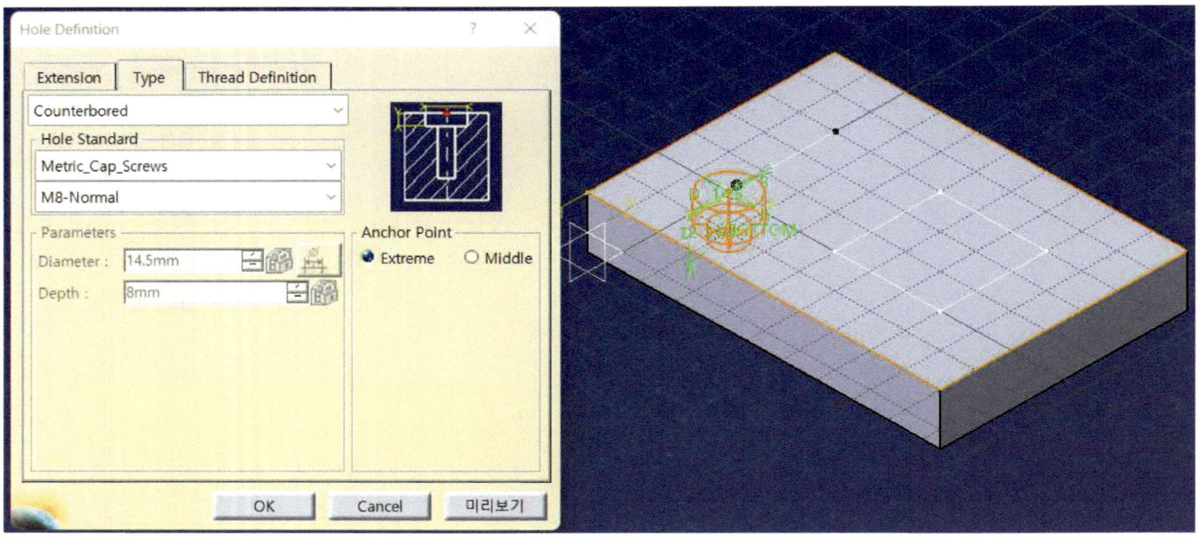

ⓔ Extension에서 Up To last로 설정한다.

ⓕ M8 볼트가 조립되는 깊은 자리 파기가 생성된다.

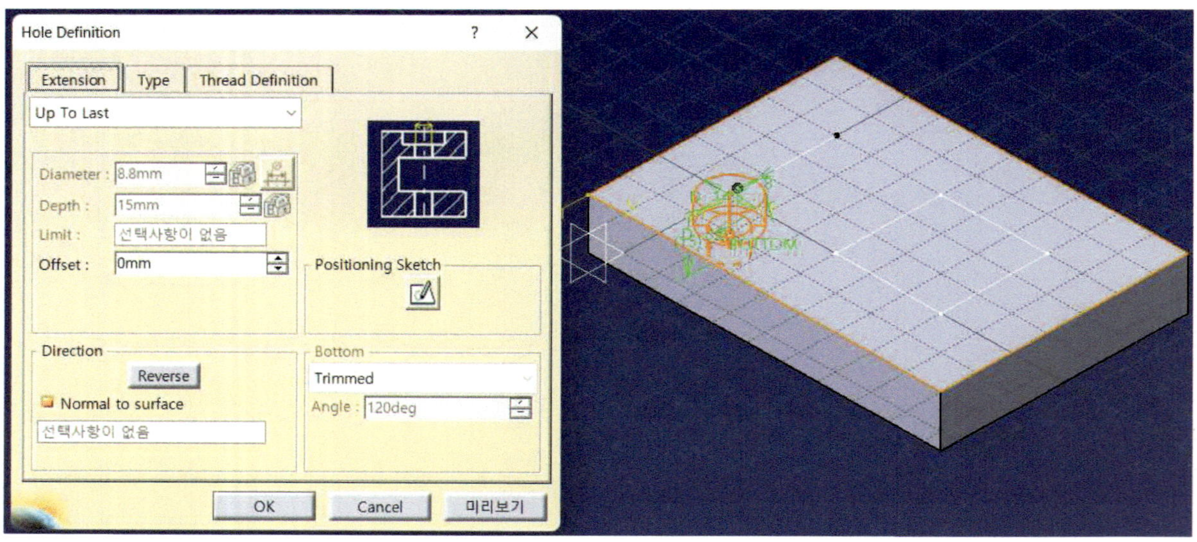

⑥ 카운터 싱크

ⓐ Type을 Counter sunk로 설정한다.

ⓑ Depth에 Counter sunk의 구멍 깊이를 입력한다.

ⓒ Angle에 Counter sunk의 각도를 입력한다.

ⓓ Extension에서 Up To last로 설정한다.

ⓔ Diameter에 Counter의 지름을 입력한다.

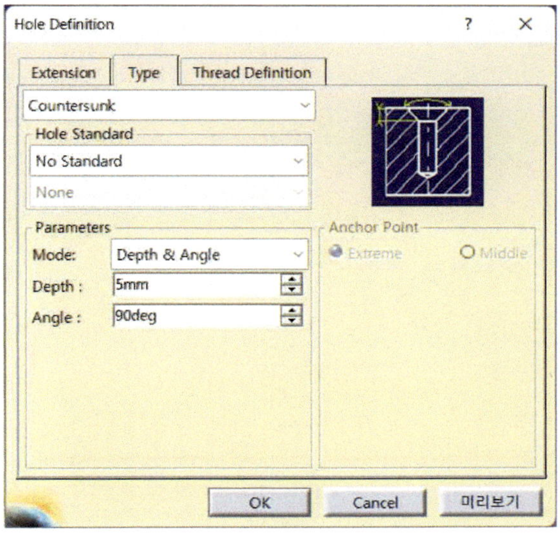

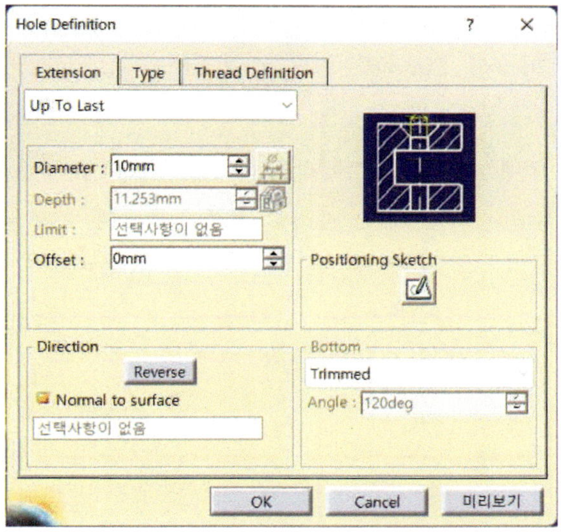

⑦ 카운터 드릴링

ⓐ Type을 Counter drilled로 설정한다.

ⓑ Diameter에 Counter drilled의 구멍 지름을 입력한다.

ⓒ Depth에 Counter drilled의 구멍 깊이를 입력한다.

ⓓ Depth에 Counter drilled의 각도를 입력한다.

ⓔ Extension에서 Up To last로 설정한다.

ⓕ Diameter에 구멍의 지름을 입력한다.

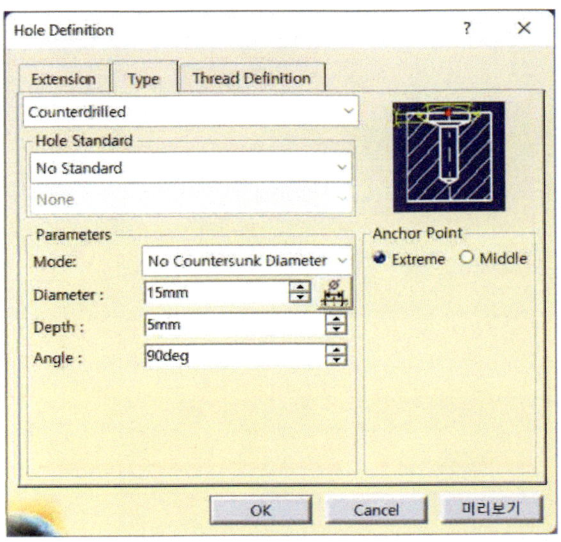

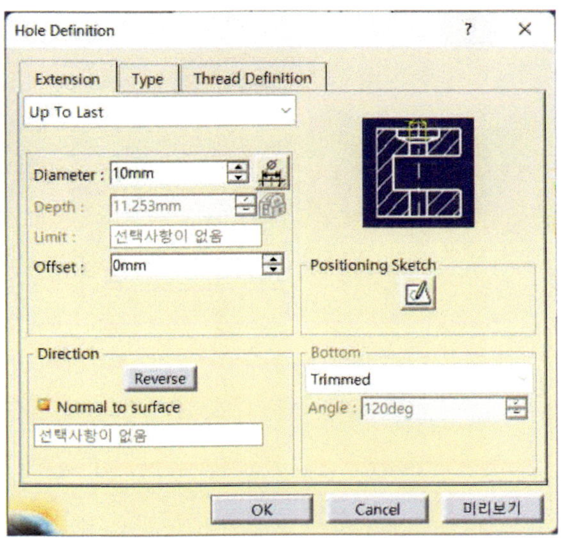

⑧ 스레드

ⓐ Type을 Simple로 설정한다.

ⓑ Thread Definition의 Threaded를 체크한다.

ⓒ Bottom Type을 Support Depth로 선택한다.

ⓓ Metric Thick Pitch(미터 보통 나사)로 선택하고 M8으로 설정한다.

ⓔ Extension에서 Up To last로 설정한다.

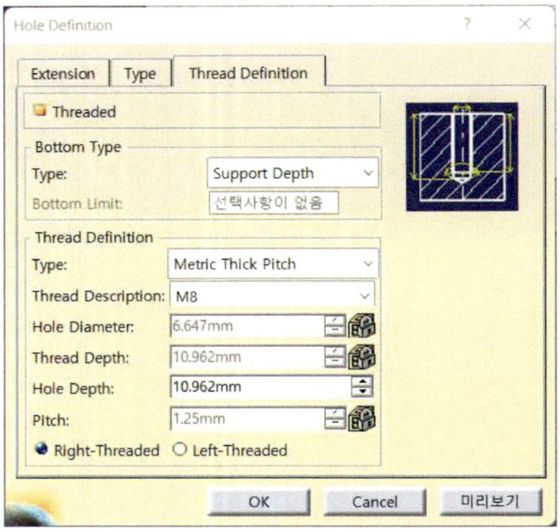

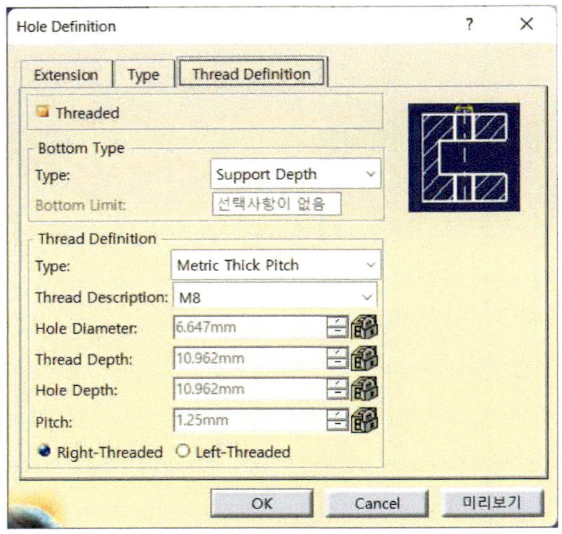

⑨ Hole의 형상

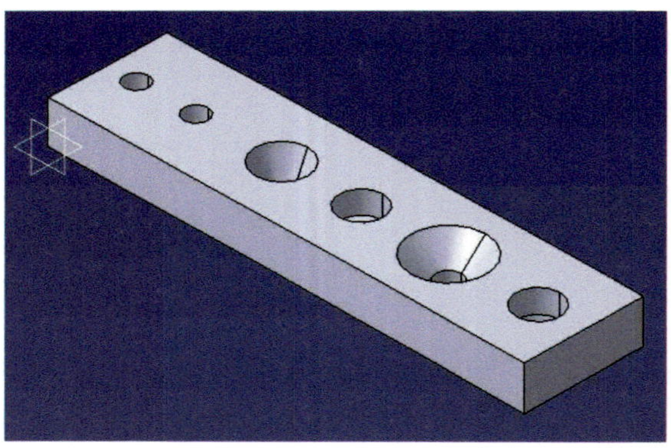

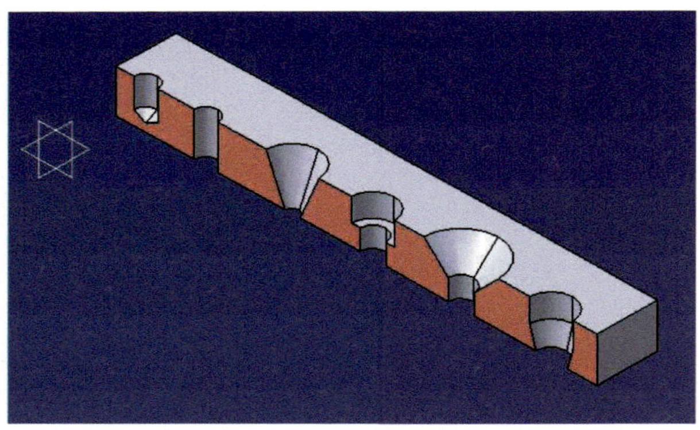

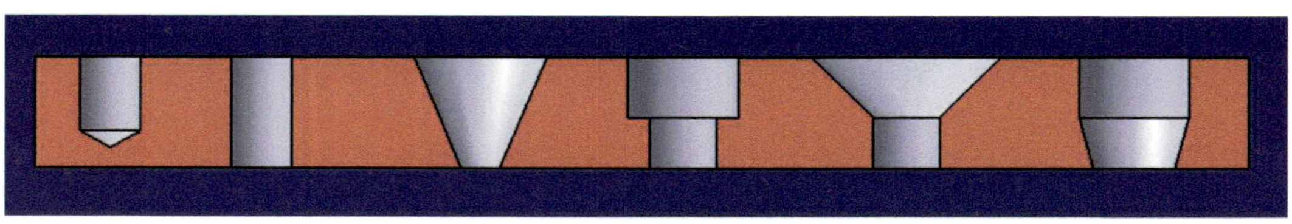

단순구멍 단순구멍 관통 테이퍼 카운터 보어 카운터 싱크 카운터 드릴

1-11-6 Rib

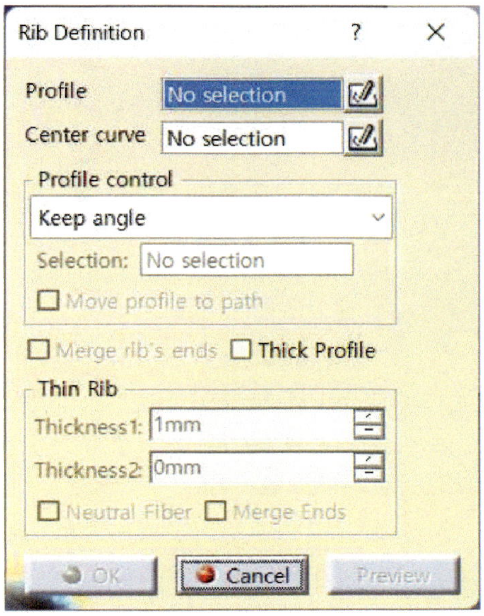

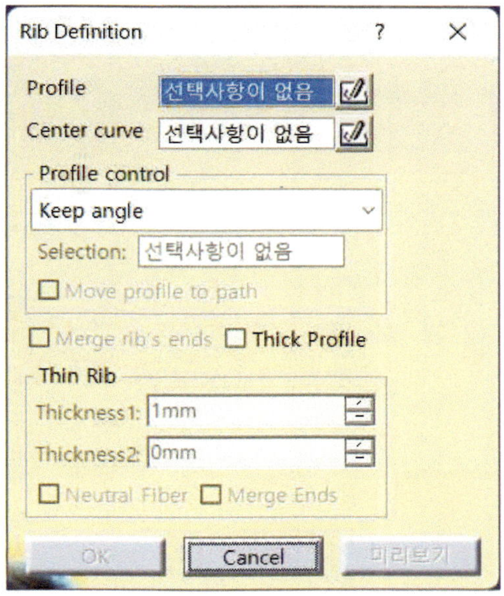

Profile		리브에 사용해야 단면 형상을 지정한다.
Center curve		프로파일이 이동하는 경로를 지정한다.
Profile control		
	Keep angle	프로파일은 곡선을 따라가면서 처음과 같은 방향으로 중심 곡선을 유지한다.
	Pulling direction	프로파일이 중심 곡선을 따를 때 유지할 방향을 지정한다.
	Reference surface	프로파일의 방향을 중심 곡선을 따라가면서 표면에 수직이 되도록 제어하는 표면을 지정한다.
Merge ends		특정 경우에 리브 끝과 기존 재료 사이에 재료를 생성한다.

① Rib 적용

ⓐ 다음의 그림과 같이 Profile(폐다각형과, 단면형상)과 이동 경로의 스케치로 리브를 생성한다.

ⓑ 다음의 그림과 같이 Profile과 Center curve를 선택한다.

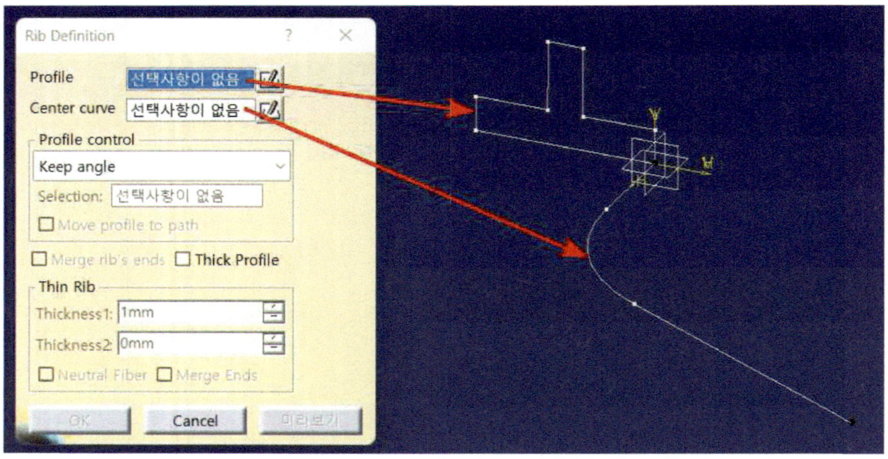

ⓒ Profile이 Center curve를 따라 이동하면서 리브가 생성된다.

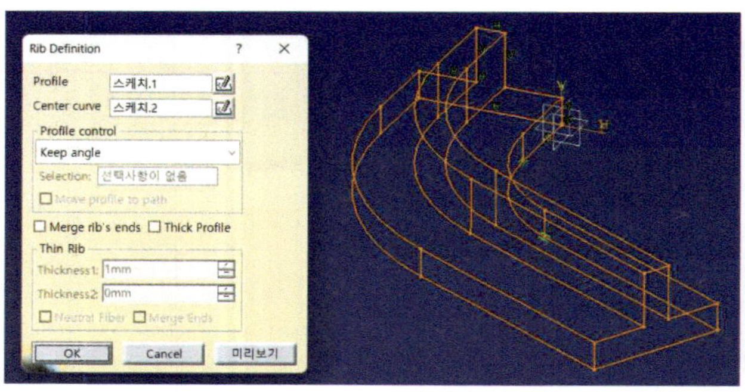

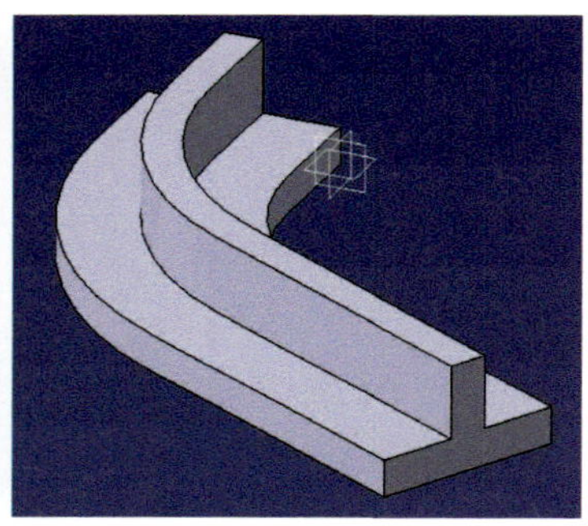

1-11-7 slot

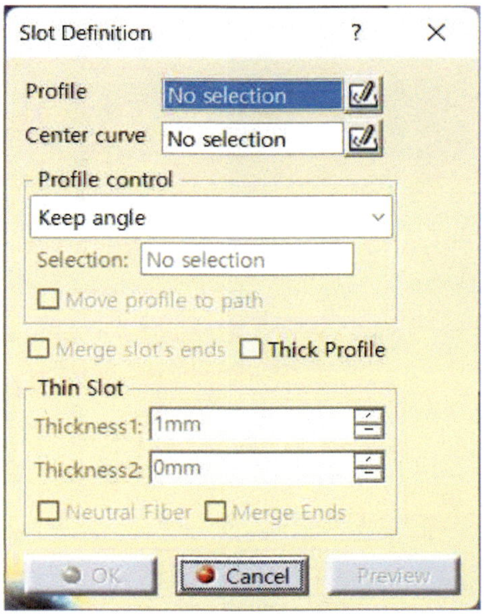

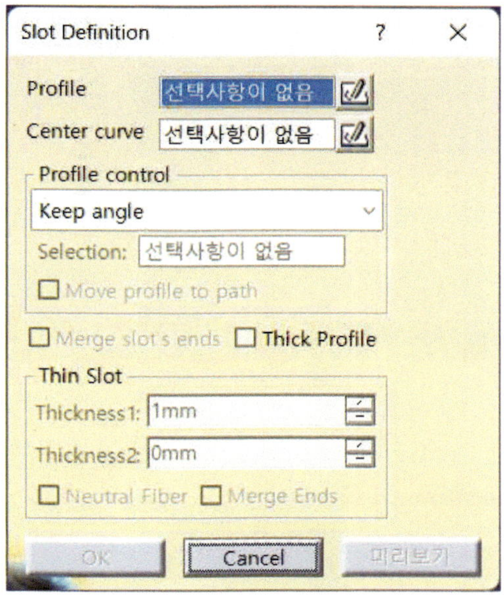

Profile		슬롯에 사용해야 단면을 지정한다.
Center curve		프로파일이 이동하는 경로를 지정한다.
Profile control		
	Keep angle	프로파일은 곡선을 따라가면서 처음과 같은 방향으로 중심 곡선을 유지한다.
	Pulling direction	프로파일이 중심 곡선을 따를 때 유지하려는 방향을 지정한다.
	Reference surface	중심 곡선을 따라가면서 프로파일의 방향을 표면에 수직으로 조절하는 표면을 지정한다.
Merge ends		특정 경우 슬롯 끝과 기존 재료 사이의 재료를 제거한다.

① slot 적용

ⓐ 다음의 그림과 같이 Profile(폐다각형과, 단면형상)과 이동 경로의 스케치로 slot을 생성한다.

ⓑ 다음의 그림과 같이 Profile과 Center curve를 선택한다.

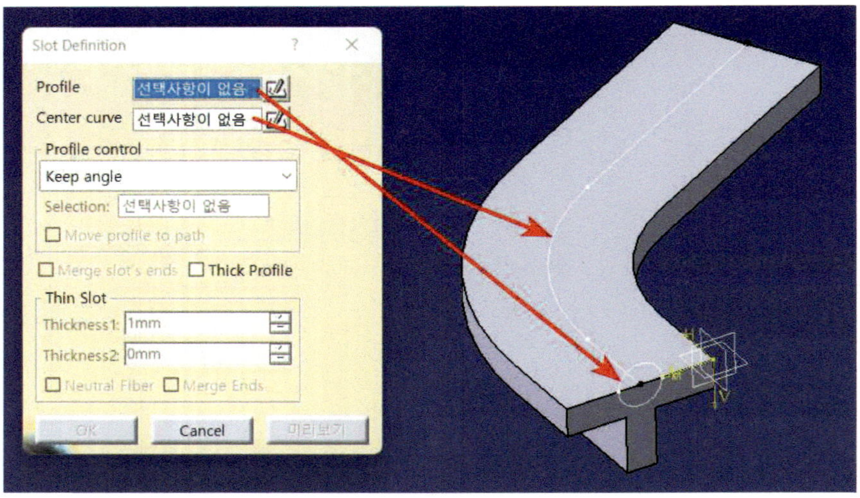

ⓒ Profile이 Center curve를 따라 이동하면서 기존의 Solid Body가 제거되는 slot이 생성된다.

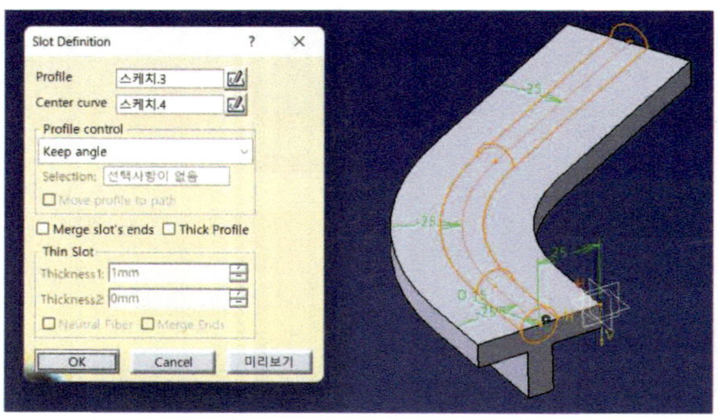

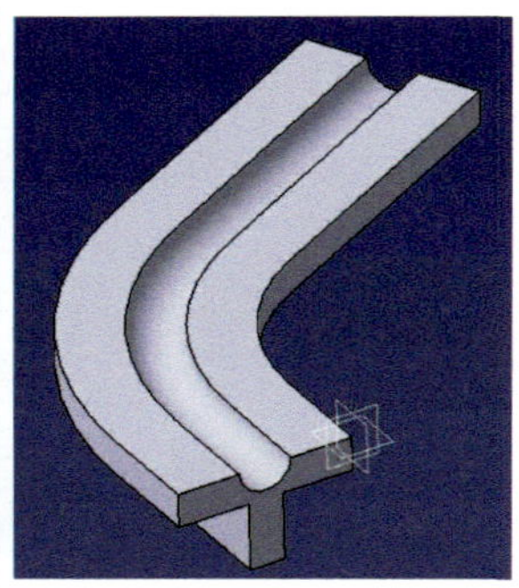

1-11-8 stiffener

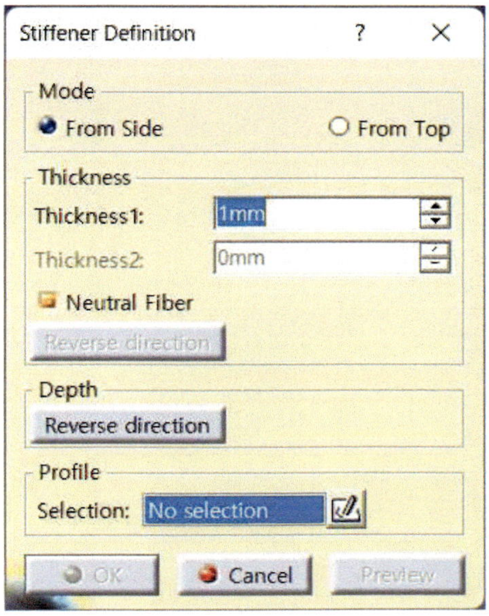

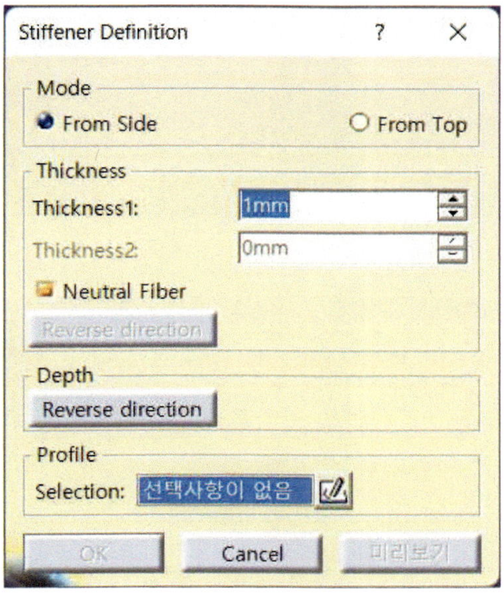

Thickness		보강대의 두께를 입력한다.
Mirrored extent		보강대를 선택한 스케치를 중심으로 양방향으로 돌출 방식과 한 방향으로만 돌출하는 방식을 선택한다.
Depth		보강대를 만들기 위해 보강대를 생성 방향을 지정한다.
Profile		
	Selection	사용할 스케치를 지정한다.

① stiffener 적용

ⓐ 다음의 그림과 같이 양 끝이 Solid Body와 접하는 직선이 stiffener(보강대)를 생성할 수 있다.

ⓑ 다음의 그림과 같은 형태의 직선을 선택한다.

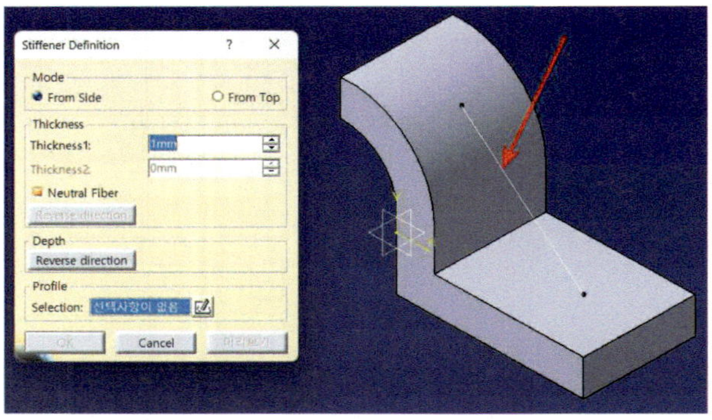

ⓒ 스티프너(stiffener, 보강대)의 두께를 입력한다.

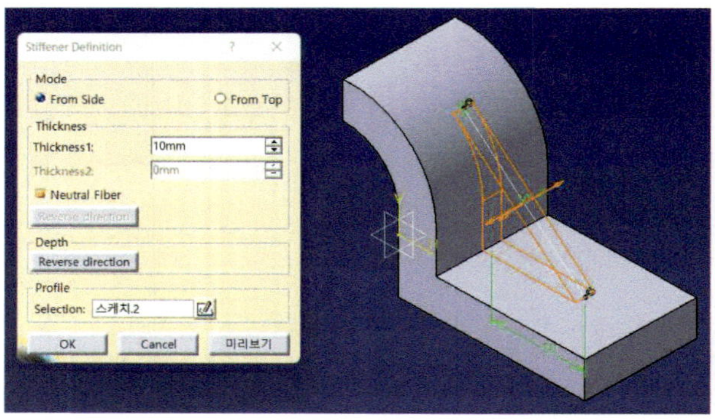

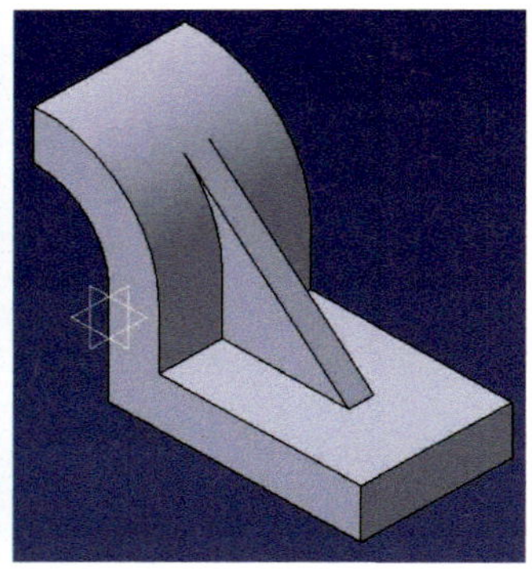

1-11-9 Fillet

필렛은 모서리를 라운드로 생성한다.

① : 부품의 모서리를 동일한 라운드로 생성한다.

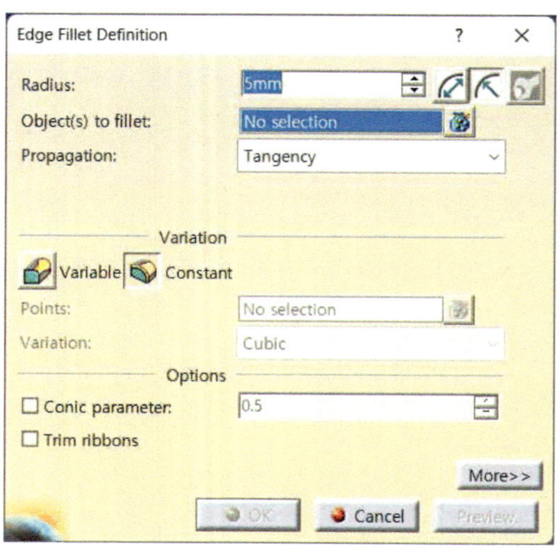

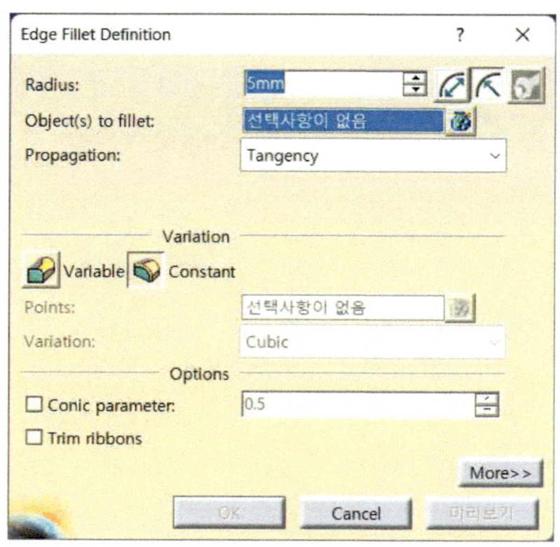

Radius		필렛의 반지름을 입력한다.
Object(s) to fillet		필렛을 적용하는 모서리를 지정한다.
Propagation	Tangency	선택한 모서리와 접하는 모서리도 적용한다.
	Minimal	선택한 모서리만 적용한다.

②  : 부품의 모서리를 가변형 라운드로 생성한다.

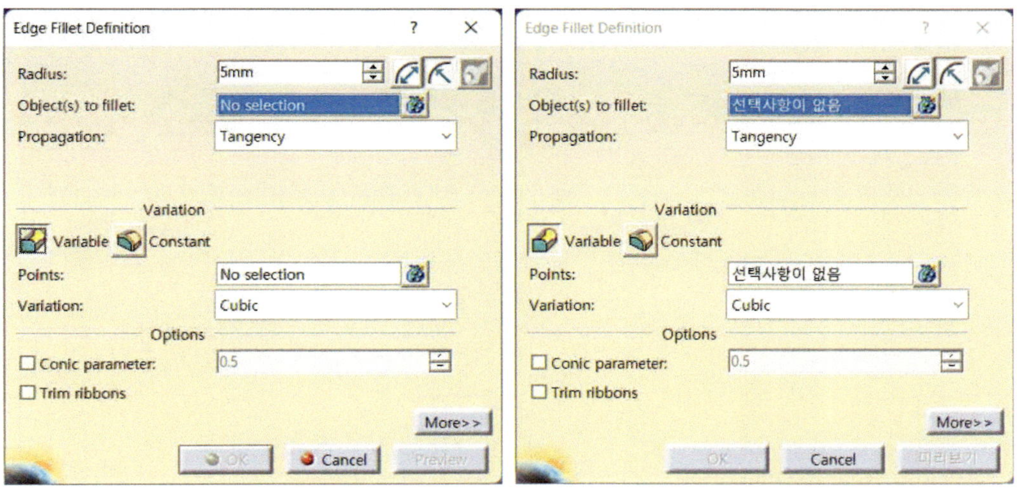

③ 필렛 적용

ⓐ 필렛 아이콘을 선택하고 다음의 그림처럼 모서리를 선택한다.

ⓑ 필렛이 적용될 라운드 값을 입력한다.

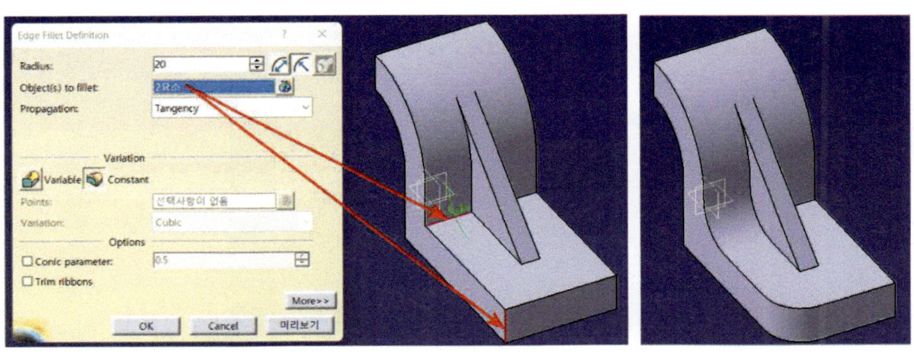

1-11-10 chamfer

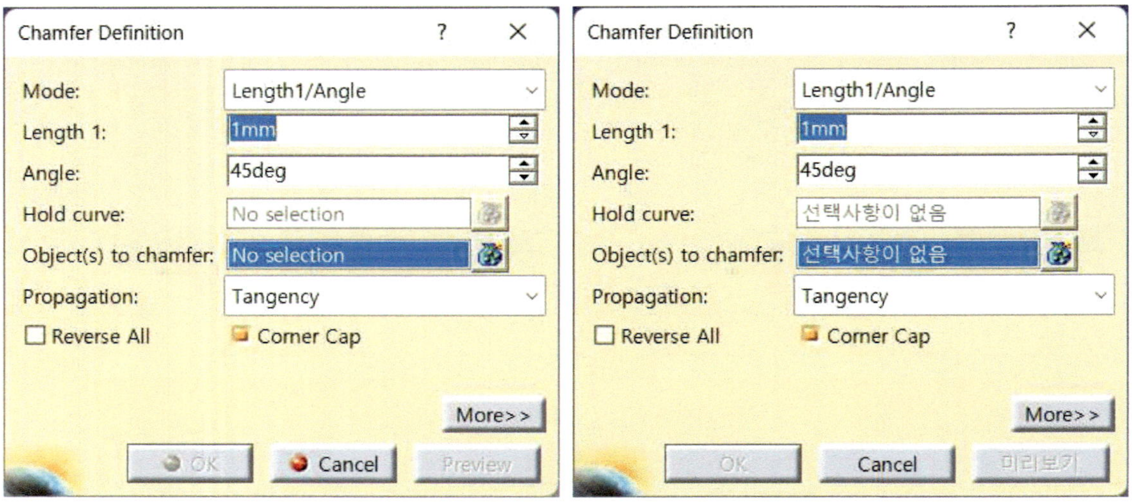

Mode	Length1/Angle	모따기의 첫 번째 길이와 각도를 입력한다.
	Length1/Length2	모따기의 첫 번째 길이와 두 번째 길이를 입력한다.
Object(s) to chamfer		모따기를 적용할 모서리를 지정한다.
Propagation	Tangency	선택된 모서리에 접하는 모서리까지 선택한다.
	Minimal	선택한 가장자리만 선택한다.
Reverse		첫 번째 길이와 두 번째 길이의 수치를 반대로 설정한다.

① 챔퍼 적용

ⓐ 챔퍼 아이콘을 선택하고 다음의 그림처럼 모서리를 선택한다.

ⓑ 챔퍼가 적용될 값을 입력한다.

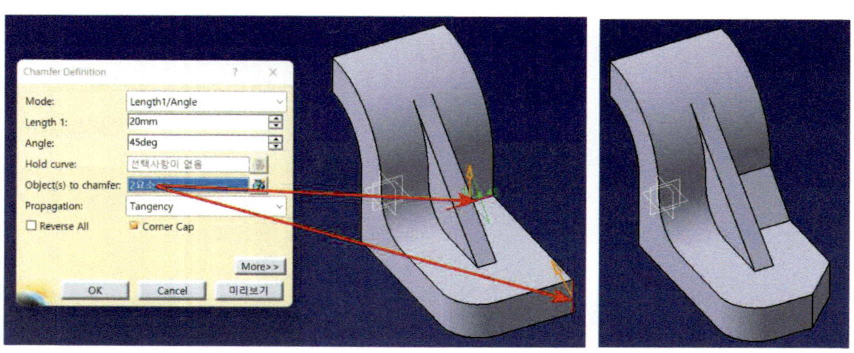

② 모따기(Chamfer) 대화 상자의 설정과 모따기 형상

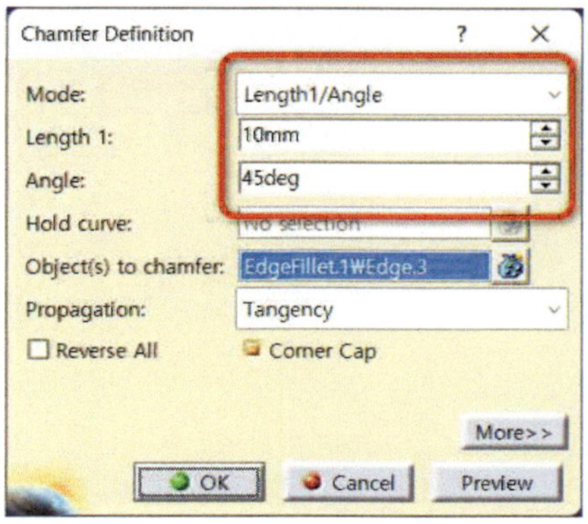
Chamfer Definition
Mode: Length1/Angle
Length 1: 10mm
Angle: 45deg
Hold curve: No selection
Object(s) to chamfer: EdgeFillet.1\Edge.3
Propagation: Tangency
Reverse All
Corner Cap
More>>
OK
Cancel
Preview

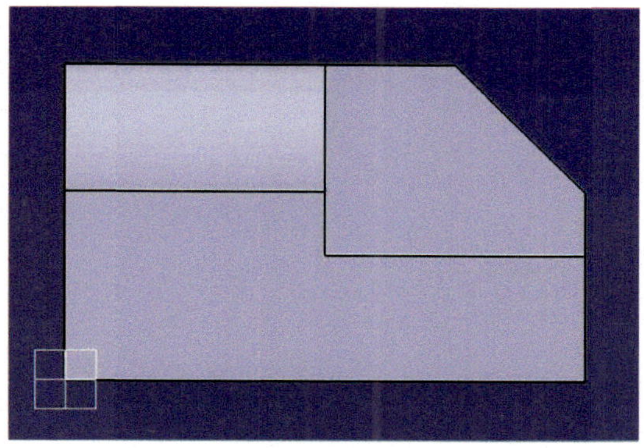

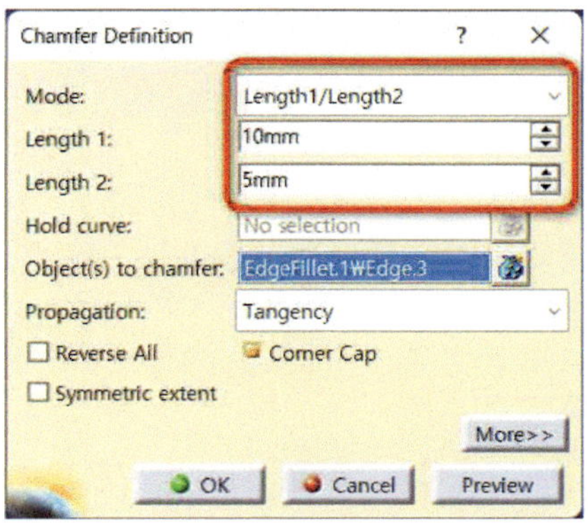
Chamfer Definition
Mode: Length1/Length2
Length 1: 10mm
Length 2: 5mm
Hold curve: No selection
Object(s) to chamfer: EdgeFillet.1\Edge.3
Propagation: Tangency
Reverse All
Corner Cap
Symmetric extent
More>>
OK
Cancel
Preview

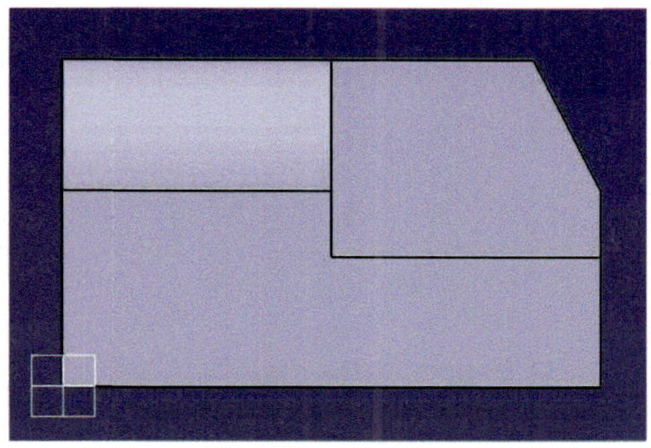

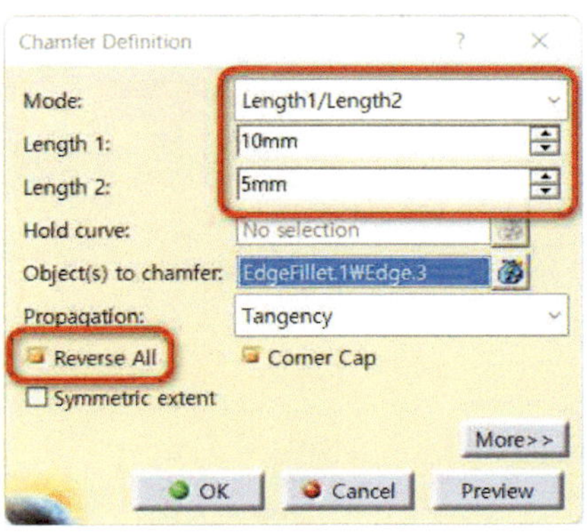
Chamfer Definition
Mode: Length1/Length2
Length 1: 10mm
Length 2: 5mm
Hold curve: No selection
Object(s) to chamfer: EdgeFillet.1\Edge.3
Propagation: Tangency
Reverse All
Corner Cap
Symmetric extent
More>>
OK
Cancel
Preview

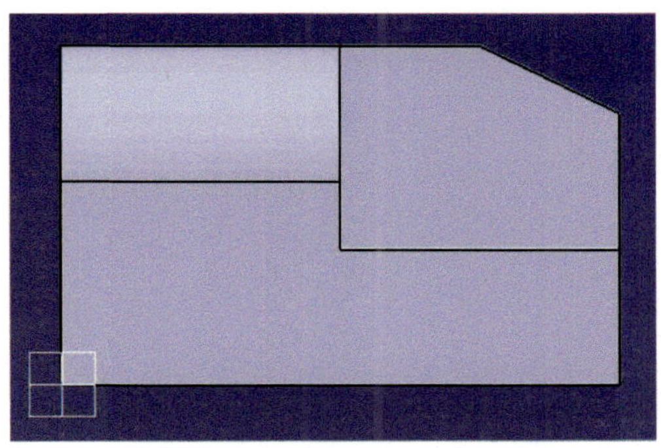

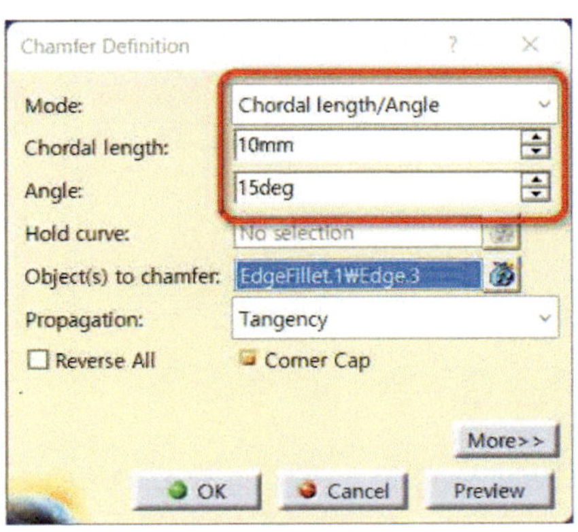
Chamfer Definition
Mode: Chordal length/Angle
Chordal length: 10mm
Angle: 15deg
Hold curve: No selection
Object(s) to chamfer: EdgeFillet.1\Edge.3
Propagation: Tangency
Reverse All
Corner Cap
More>>
OK
Cancel
Preview

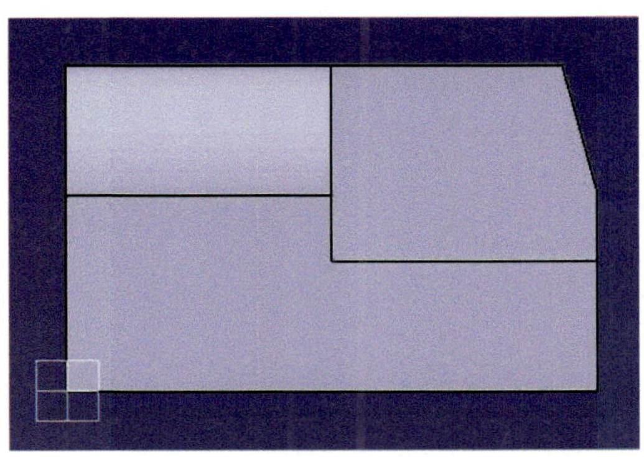

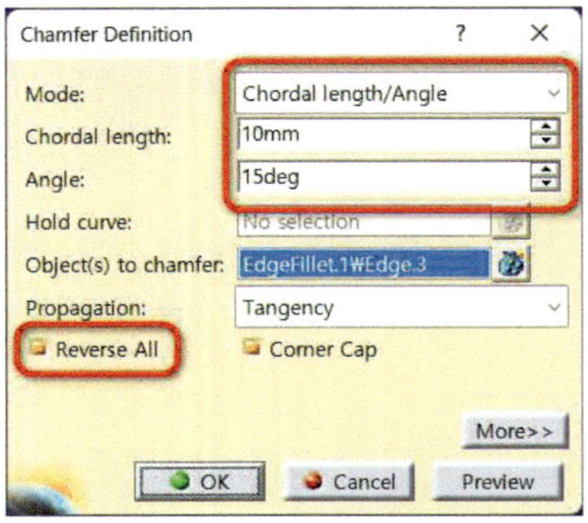

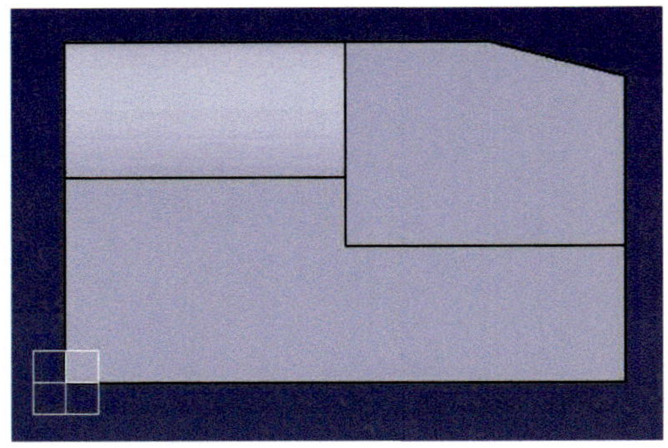

1-11-11 Draft Angle

Solid Body에 기울기를 생성한다.

금형의 빼기 구배와 같은 경우에 적용한다.

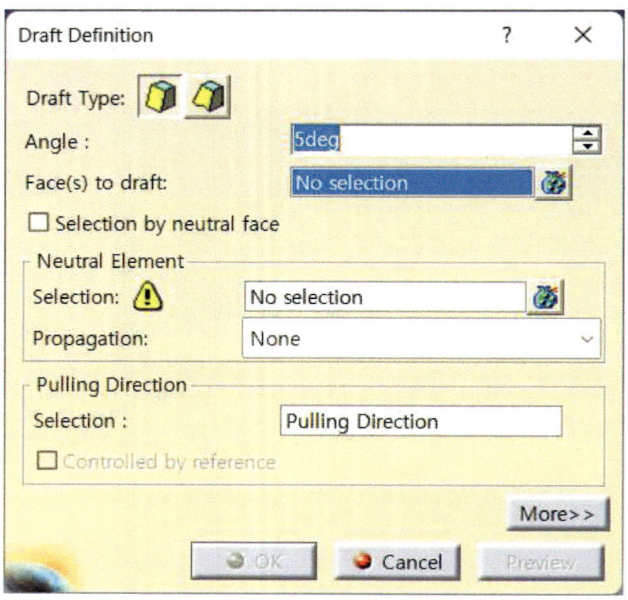

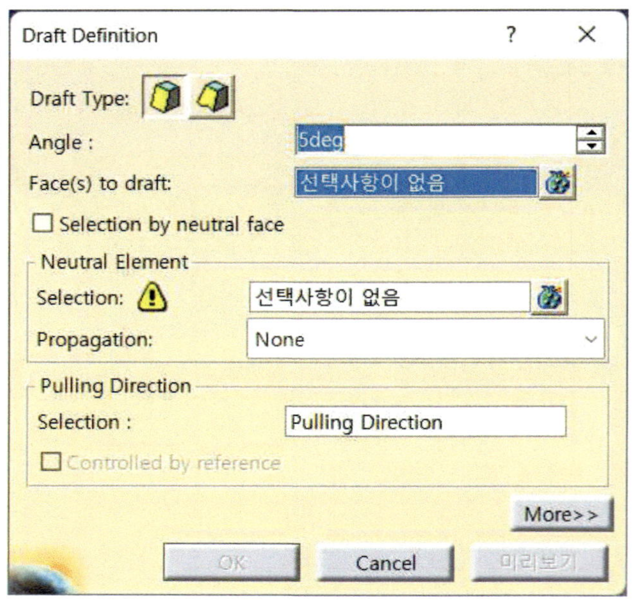

Angle		구배 각도를 입력한다.	
Face(s) to draft		구배가 적용될 면을 선택한다.	
Neutral Element			
	Selection	구배의 기준 면을 입력한다.	
	Propagation	None	선택된 요소만 적용한다.
		Smooth	선택된 요소에 접하는 인접 요소를 적용한다.

① Draft 적용

ⓐ 다음의 그림처럼 Face(s) to draft는 구배가 적용되는 면을 선택한다.

ⓑ Selection은 기울기 각도의 기준이 되는 평면을 클릭한다.

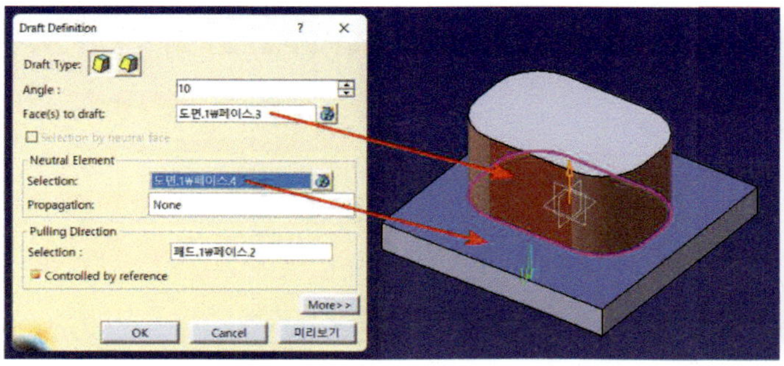

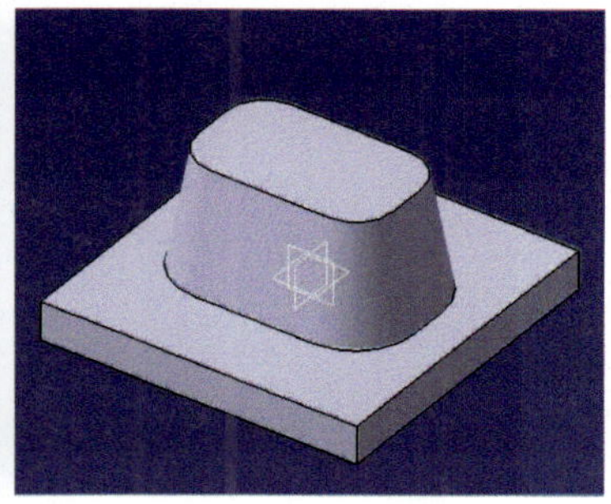

1-11-12 Shell 

얇고 두께가 일정한 Solid Body를 생성한다.

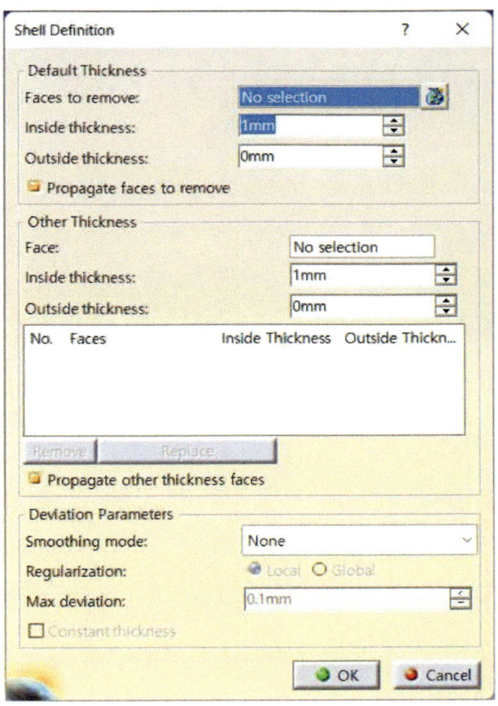

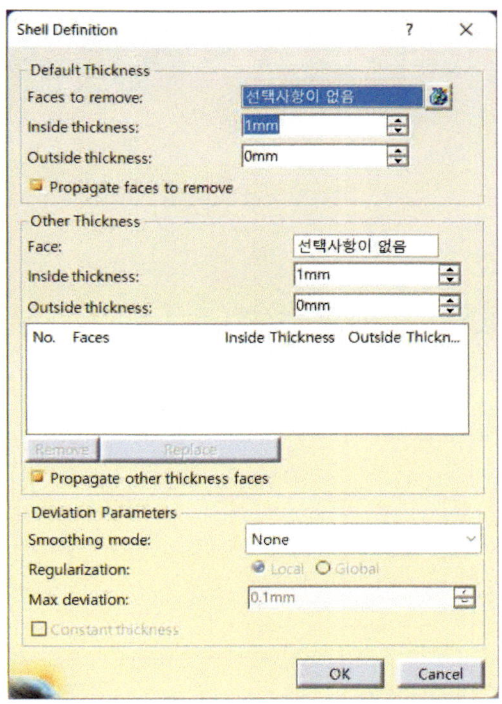

Default inside thickness	안쪽 벽 두께 값을 입력한다.
Default outside thickness	바깥쪽 벽 두께 값을 입력한다.
Faces to remove	제거될 면을 선택한다.

① Shell 적용

ⓐ 다음의 그림처럼 Solid Body의 면을 선택한다.

ⓑ 선택하는 면이 제거된다.

ⓒ Inside thickness에 벽 두께를 입력한다.

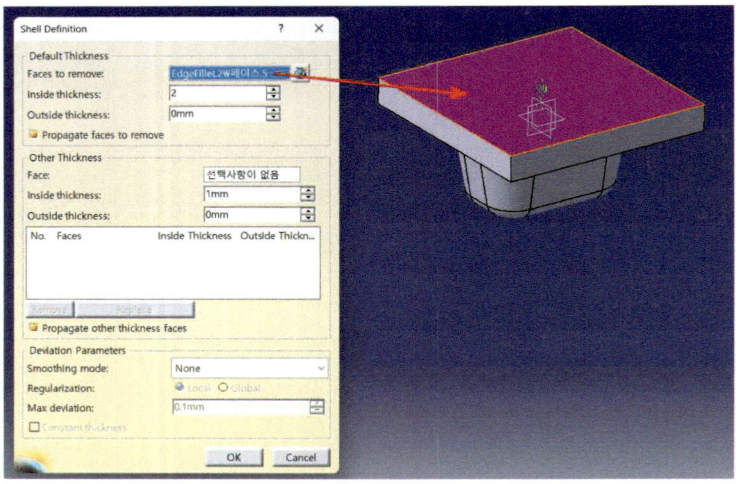

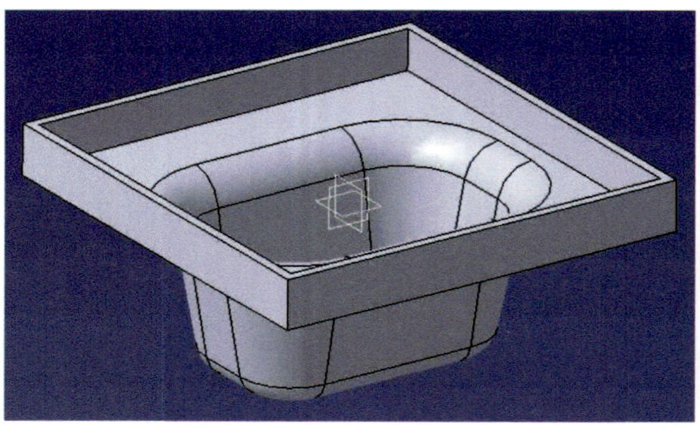

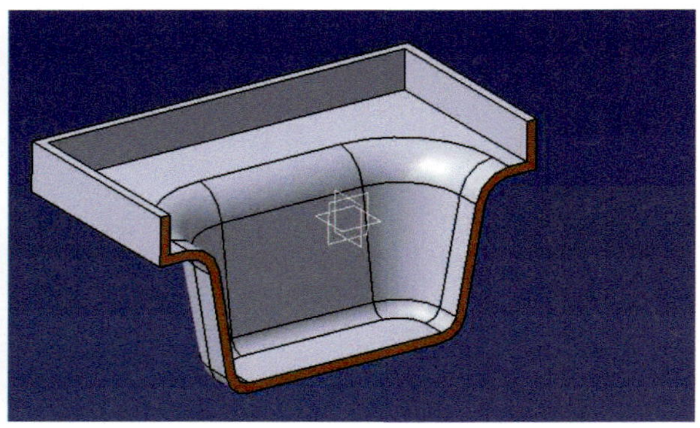

1-11-13 Thickness

두께를 변경한다.

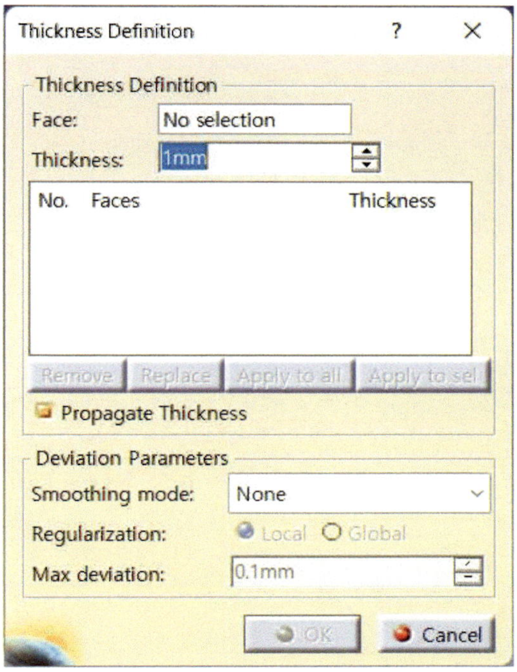

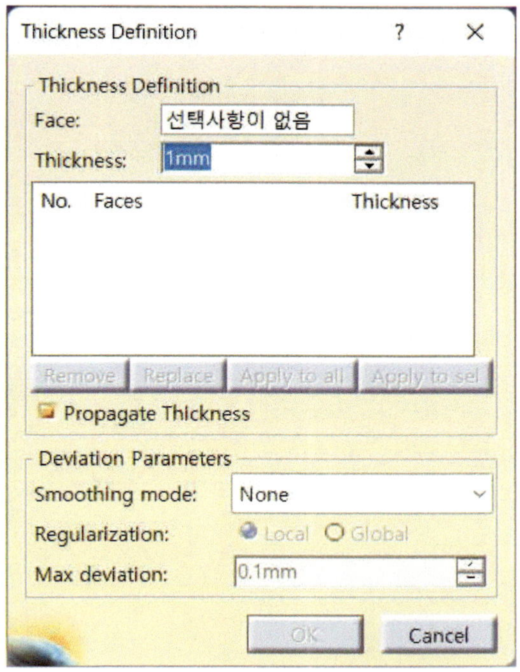

Default thickness	양수(+)는 두께를 추가하고 음수(-) 값은 두께를 제거한다.
Default thickness faces	두께를 적용할 면을 선택한다.
Other thickness faces	기본 두께 이외의 다른 두께에 적용하고자 하는 면을 선택한다.

① Thickness 적용

ⓐ 다음의 그림처럼 Thickness을 적용할 Solid Body의 평면을 선택한다.

ⓑ Thickness에 수치를 입력한다.

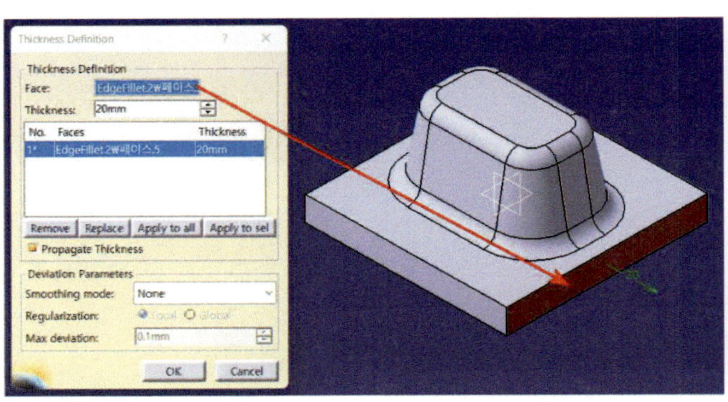

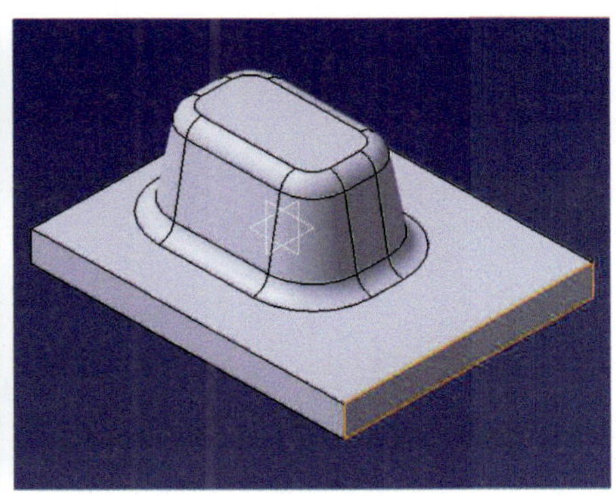

1-11-14 Patterns

(1) 직사각형 패턴 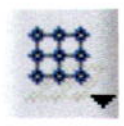

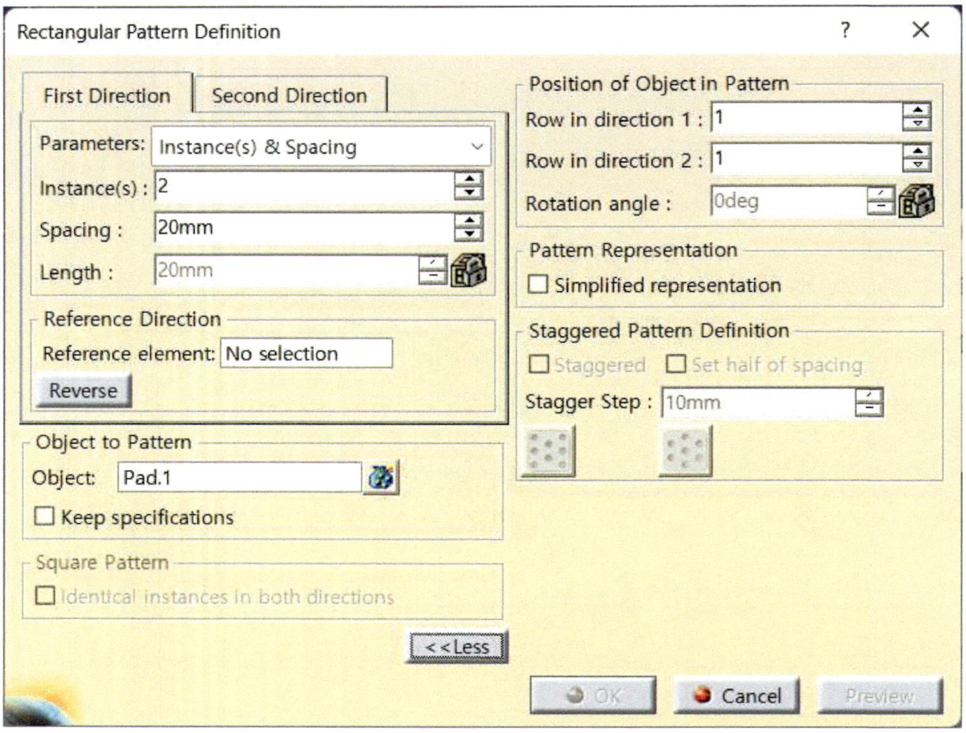

Parameters		직사각형 패턴의 유형은 인스턴스 및 간격, 인스턴스 및 길이, 간격 및 길이가 있다.
Instance(s)		선택한 방향으로 패턴을 원하는 항목의 수를 입력한다.
Spacing		각 인스턴스 간의 거리를 입력한다.
Length		그 방향으로 패턴의 총 길이를 입력한다.
Reference Direction		
	Reference element	패턴의 방향을 지정하는 요소를 지정한다.
	Reverse	참조 방향을 반전한다.
Object to Pattern		
	Object	패턴을 만들 때 사용할 요소를 지정한다.
	Keep specifications	객체의 사양을 유지한다.

① 직사각형 패턴 적용

ⓐ 직사각형 패턴 아이콘을 선택한다.

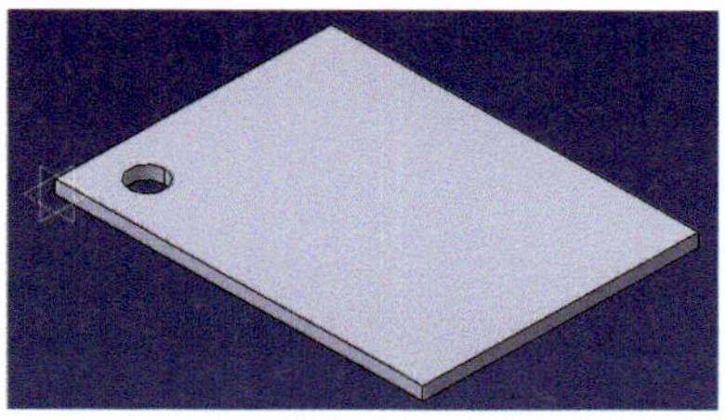

ⓑ 패턴 요소가 Current Solid로 되어있어 모든 Solid Body가 적용되므로 다음의 그림처럼 Object 아이콘을 선택하고 Solid Body에서 패턴을 할 피쳐(Feature)를 선택한다.

ⓒ 구멍의 안쪽 면을 선택하고 닫기를 클릭한다.

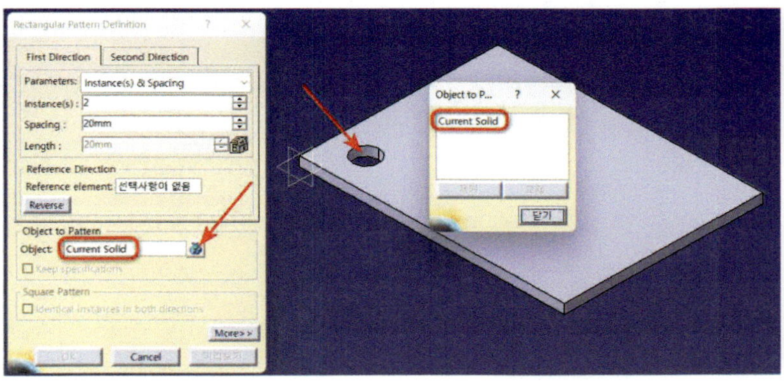

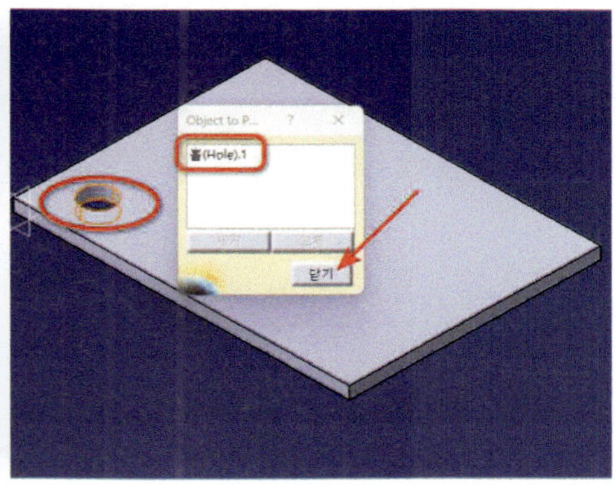

ⓓ First Direction에서 패턴 방향으로 적용할 모서리를 클릭한다.

ⓔ Parameters에 Instance(s) & Spacing을 선택한다.

ⓕ Instance(s)에 패턴 수량 4를 입력한다.

ⓖ Spacing에 20을 입력한다.

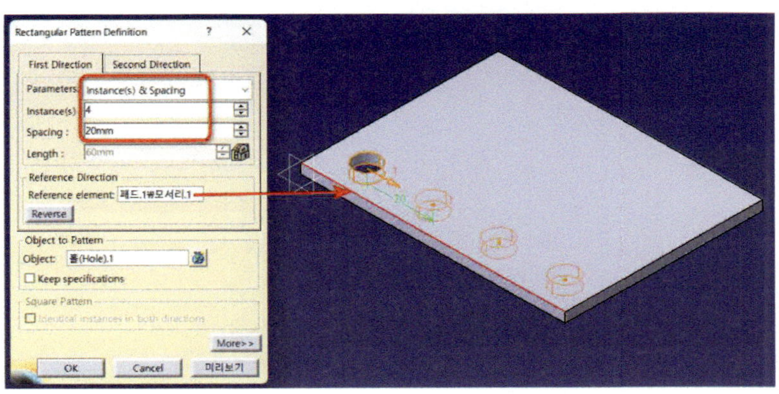

ⓗ Second Direction에서 패턴 방향으로 적용할 모서리를 클릭한다.

ⓘ Parameters에 Instance(s) & Spacing을 선택한다.

ⓙ Instance(s)에 패턴 수량 4를 입력한다.

ⓚ Spacing에 20을 입력한다.

ⓛ 배열 방향이 반대로 진행되면 Reverse를 클릭한다.

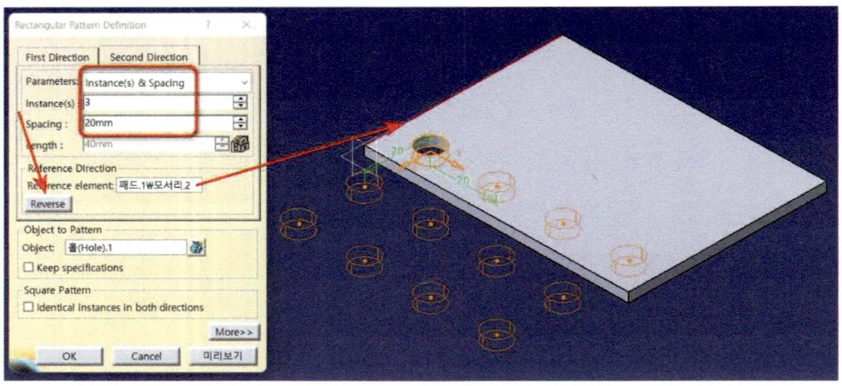

ⓜ 배열로 나타나는 요소의 가운데 있는 점을 클릭하면 해당 요소는 배열에서 제외된다.

ⓝ 제외된 배열 요소의 가운데 있는 점을 다시 클릭하면 해당 요소는 배열에 적용된다.

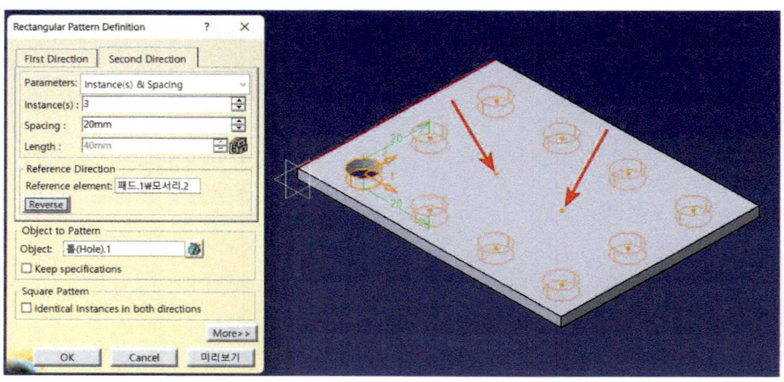

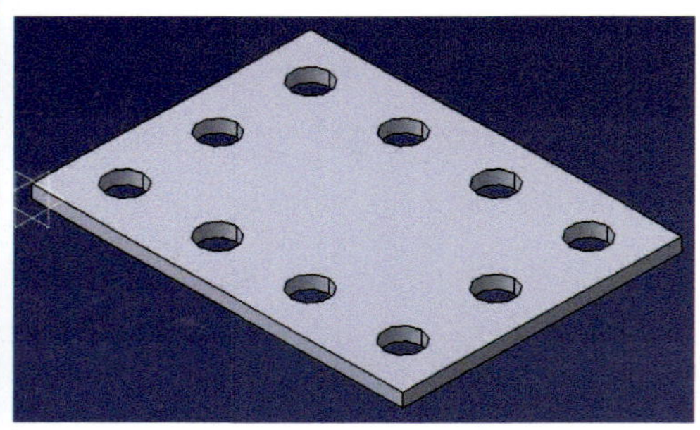

(2) 원형 패턴 

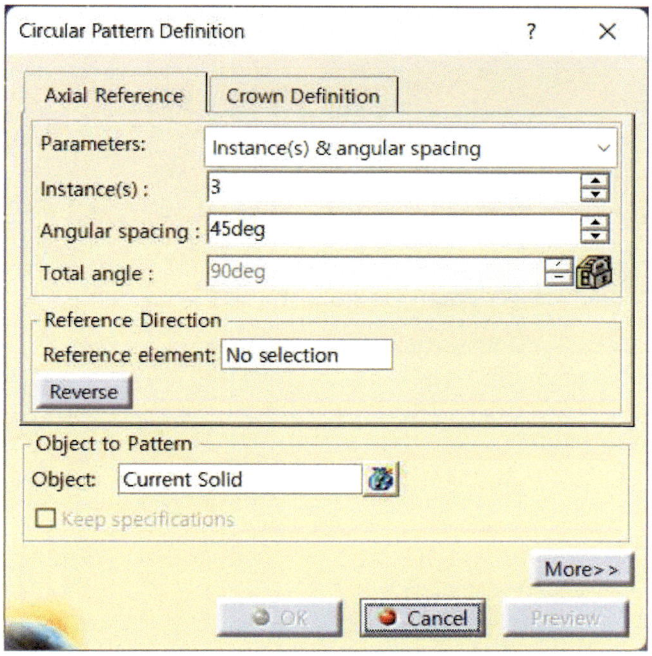

Axial Reference	
Parameters	원형 패턴의 유형은 인스턴스와 각 간격, 인스턴스와 총 각도, 각 간격과 총 각도, 그리고 동심원 수를 입력한다.
Instance(s)	각 원에 패턴을 포함할 항목의 수를 입력한다.
Angular spacing	도 단위로 측정된 인스턴스 간의 간격을 입력한다.
Total angle	패턴을 정의해야 하는 총 범위를 나타낸다.

① 원형 패턴 적용

ⓐ 원형 패턴 아이콘을 선택한다.

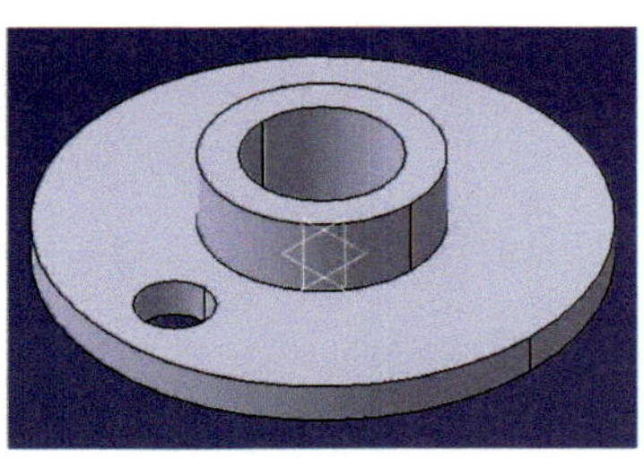

ⓑ 패턴 요소가 Current Solid로 되어있어 모든 Solid Body가 적용되므로 다음의 그림처럼

Object 아이콘을 선택하고 Solid Body에서 패턴을 할 피쳐(Feature)를 선택한다.

ⓒ 구멍의 안쪽 면을 선택하고 닫기를 클릭한다.

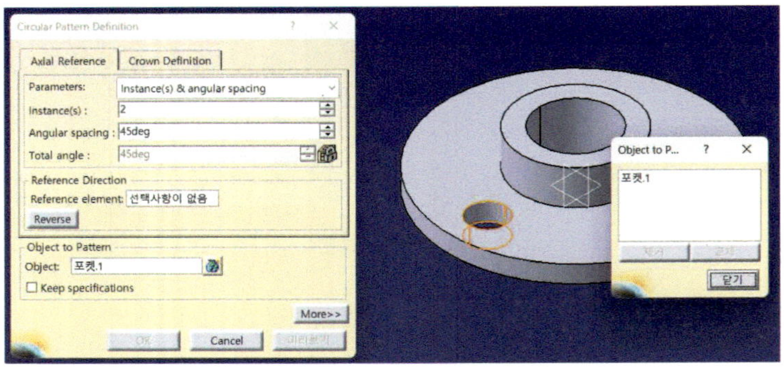

ⓓ Axial Reference에서 Complete로 선택한다.

※ Complete는 360도를 같은 간격으로 배열한다.

ⓔ Instance(s)에 패턴 수량 6을 입력한다.

패턴 방향으로 적용할 모서리를 클릭한다.

ⓕ Reference elements는 회전축으로 원기둥의 외주면을 선택하면 원기둥의 중심이 지정된다.

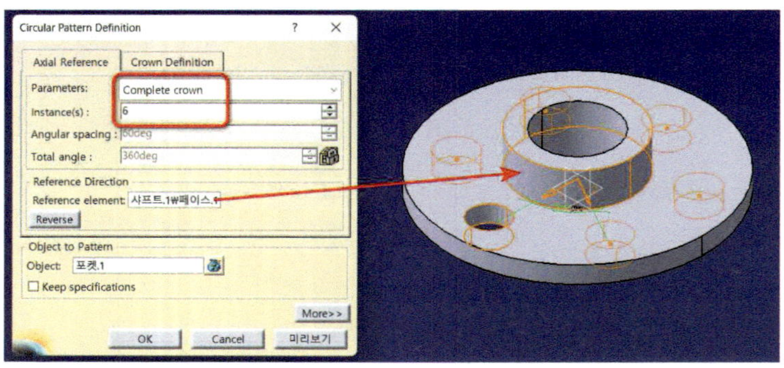

ⓖ 배열로 나타나는 요소의 가운데 있는 점을 클릭하면 해당 요소는 배열에서 제외된다.

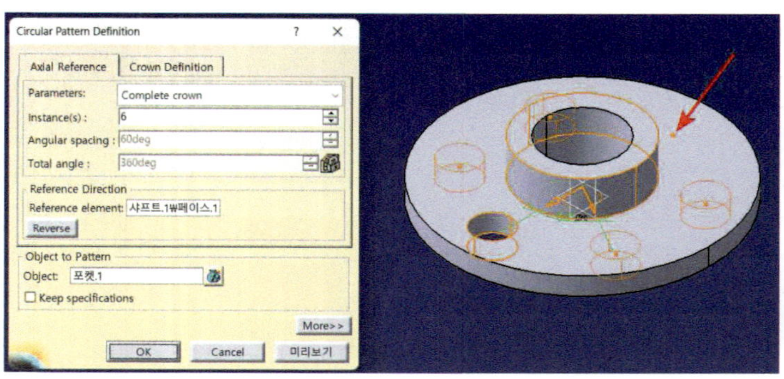

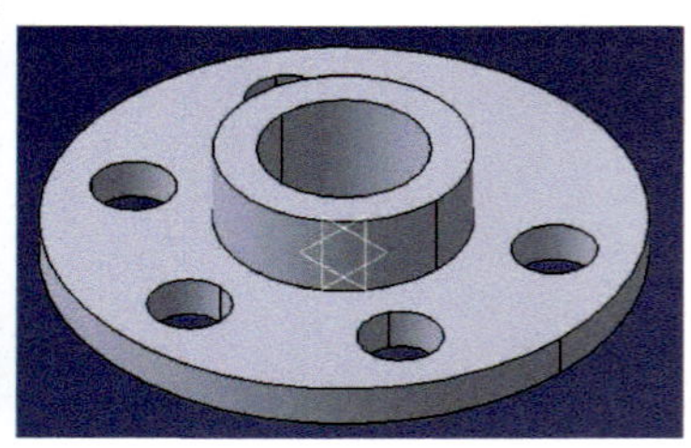

1-11-15 Translation 

복사하지 않고 지정된 방향과 거리로 부품을 이동한다.

① Translation 적용

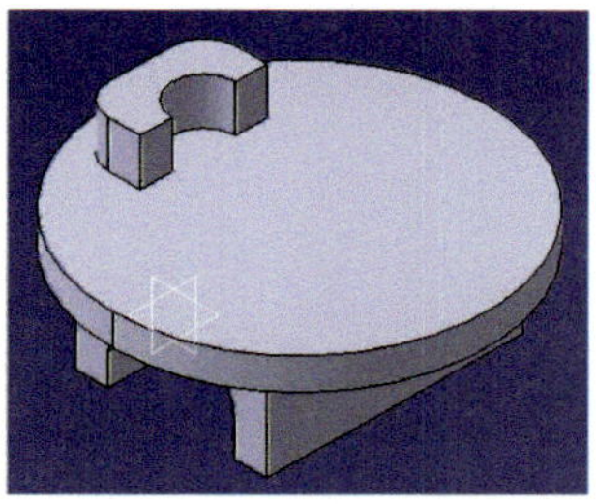

ⓐ Translation 아이콘을 클릭한다.

ⓑ Solid Body의 모서리를 선택한다.

ⓒ 선택한 모서리의 방향으로 이동할 거리값을 입력한다.

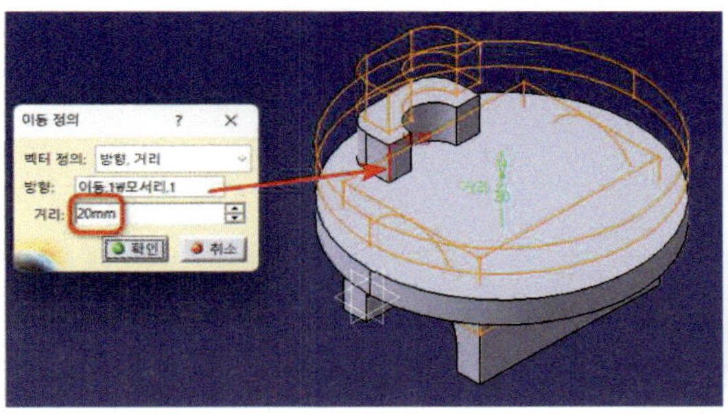

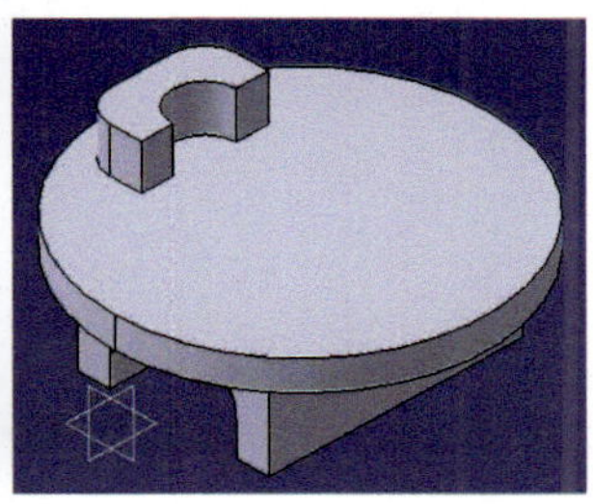

1-11-16 Rotation 

복사하지 않고 지정된 축과 각도를 중심으로 부품을 회전시킨다.

① Rotation 적용

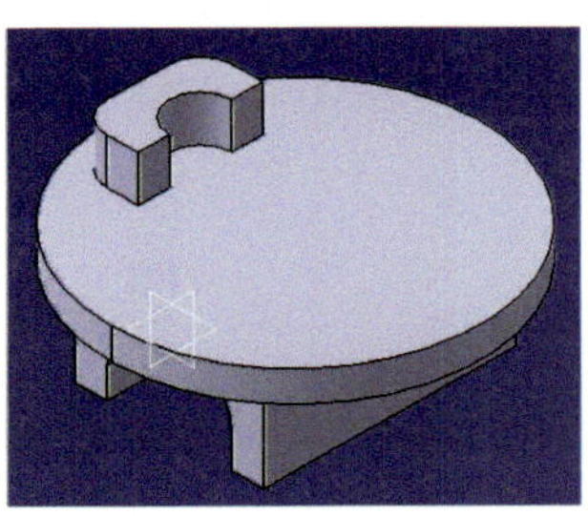

ⓐ Rotation 아이콘을 클릭한다.

ⓑ Solid Body의 모서리를 선택한다.

ⓒ 선택한 모서리를 기준으로 회전 각도를 입력한다.

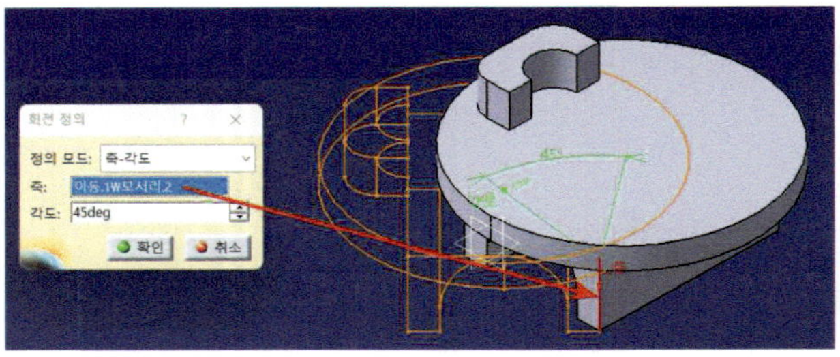

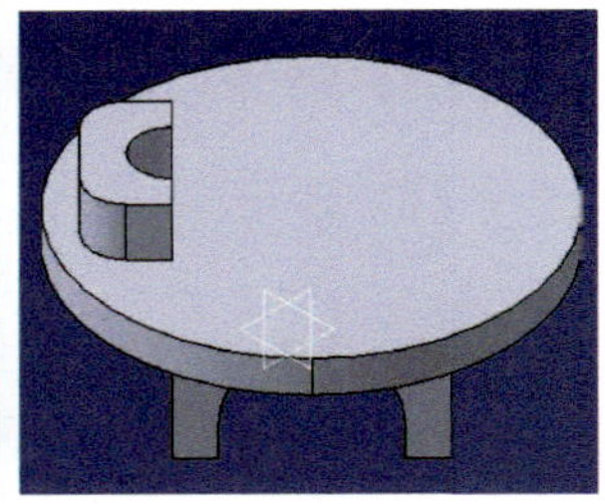

1-11-17 Symmetry

복사하지 않고 지정된 평면을 중심으로 부품을 복사 이동한다.

① Symmetry 적용

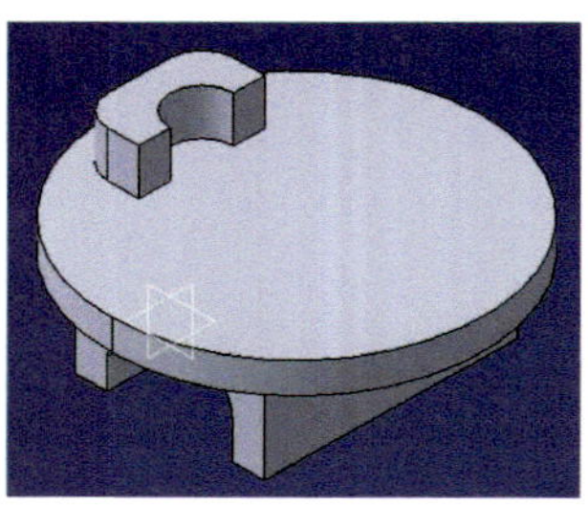

ⓐ Symmetry 아이콘을 클릭한다.

ⓑ Solid Body의 평면이나 plane을 선택한다.

ⓒ 선택한 면을 기준으로 대칭 이동이 된다.

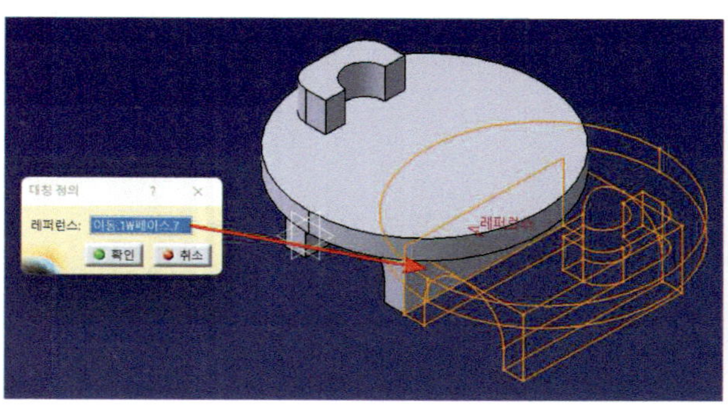

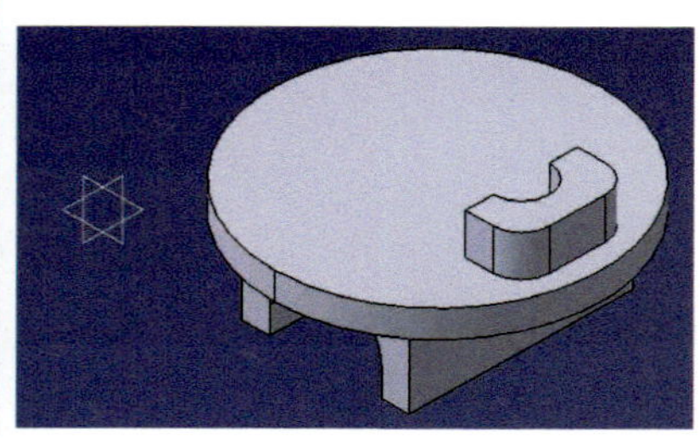

1-11-18 Mirror

복사하는 동안 지정된 평면 주변의 객체 또는 객체을 대칭 복사한다.

① Mirror 적용

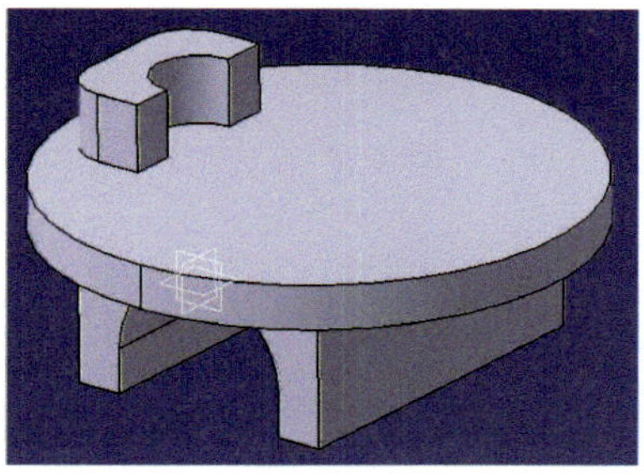

ⓐ Mirror 아이콘을 클릭한다.

ⓑ Solid Body의 평면이나 plane을 선택한다.

ⓒ Mirror 시킬 피쳐(Feature)를 선택한다.

ⓓ 선택한 면을 기준으로 대칭 이동이 된다.

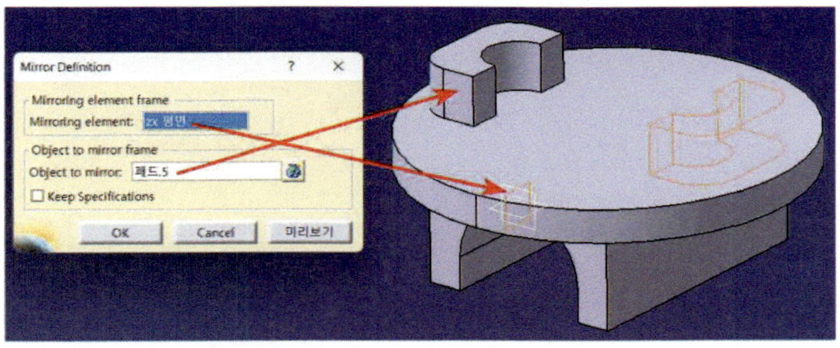

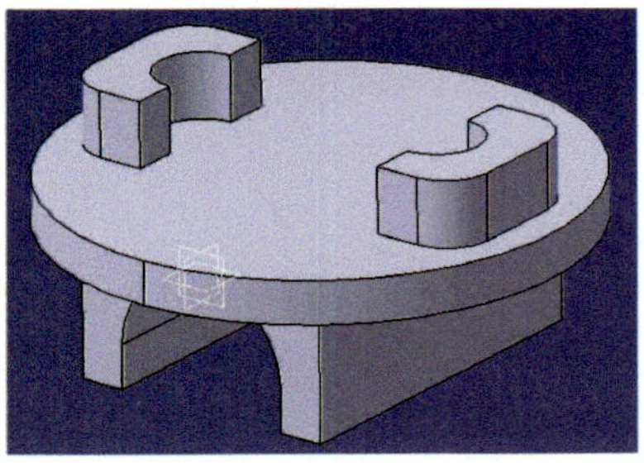

1-11-19 Scaling

기준점과 지정된 눈금을 기준으로 부품을 조정한다.

① Scaling 적용

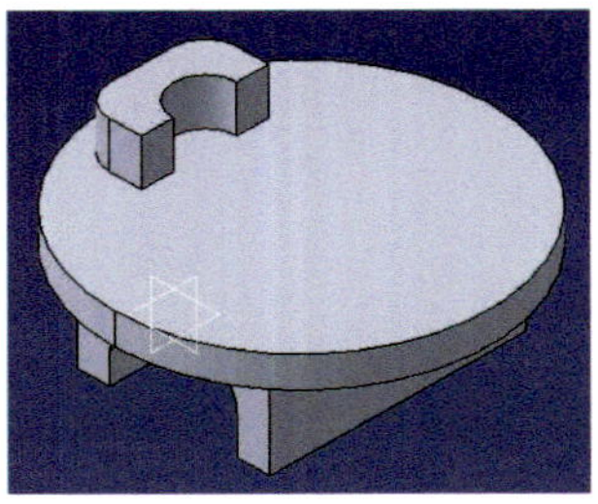

ⓐ Scaling 아이콘을 클릭한다.

ⓑ 레퍼런스 평면으로 윗면을 선택한다.

ⓒ 비율값 2를 입력한다.

ⓓ 선택한 면의 크기는 변화가 없고 다른 면을 2배로 생성된다.

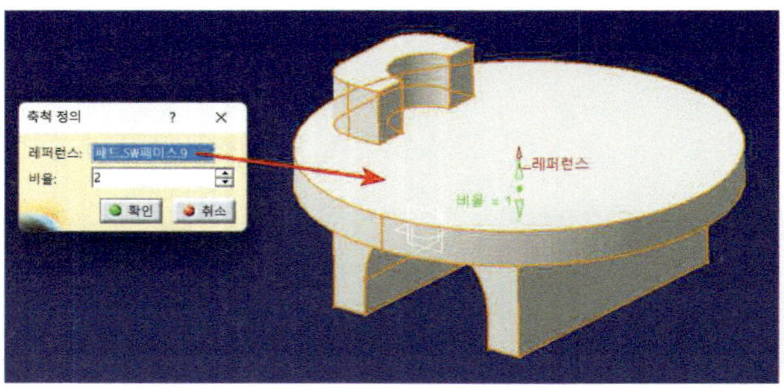

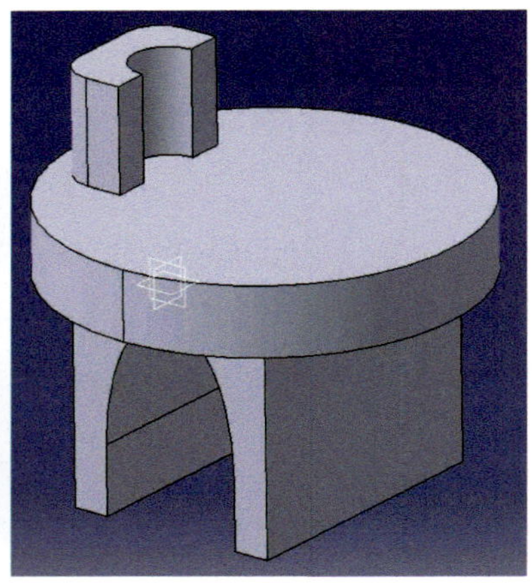

ⓔ 레퍼런스 평면으로 측면을 선택하고 비율 값 2를 입력하면 선택한 측면의 크기는 변화가 없고 다른 면이 2배로 생성된다.

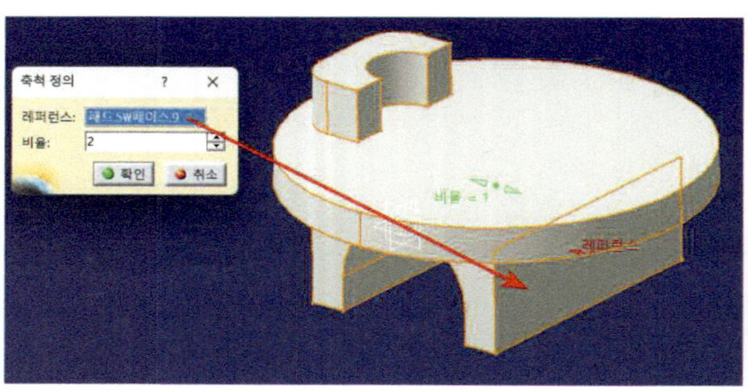

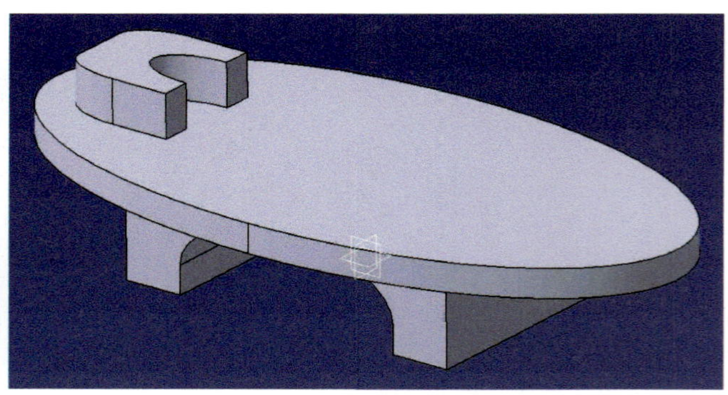

CHATER

II

Part Model

2-01 Part modeling

① Part modeling 시작

ⓐ Start → Mechanical Design → Part Design을 클릭한다.

ⓑ New 대화상자에서 Part를 선택하고 OK를 클릭한다.

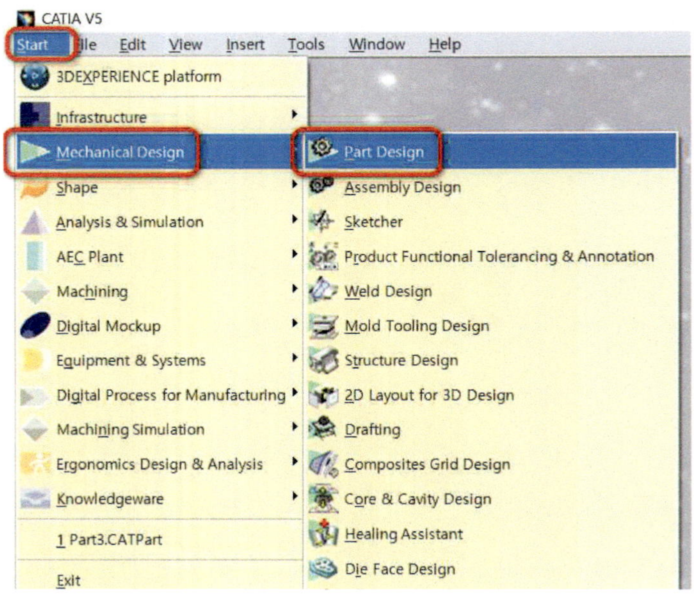

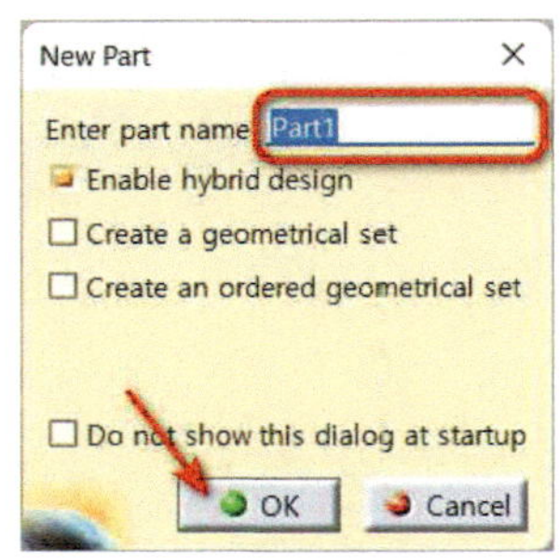

ⓒ Part modeling 환경이 나타난다.

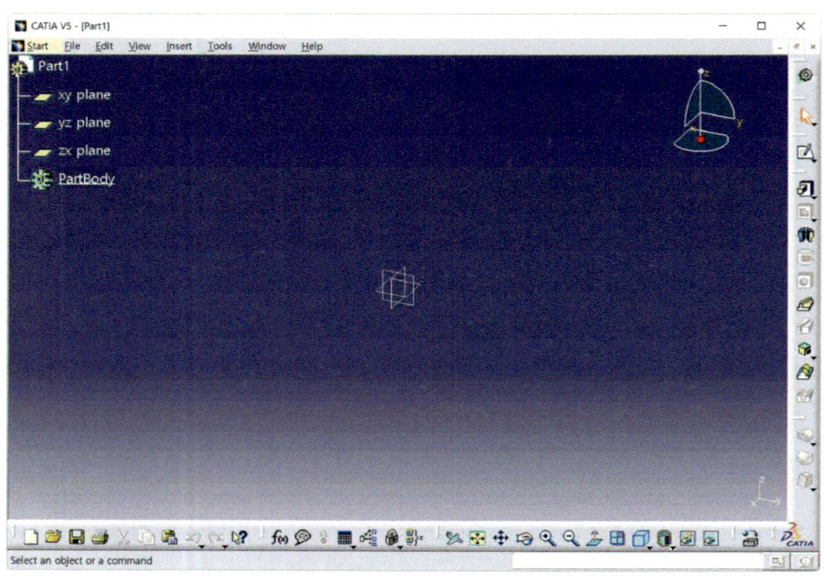

참고

Part modeling을 시작하는 다른 방법

ⓐ File → New를 클릭한다.

ⓑ New 대화상자에서 Part를 선택하고 OK를 클릭한다.

ⓒ New Part name을 입력하고 OK를 클릭한다.

ⓓ Part modeling 환경이 나타난다.

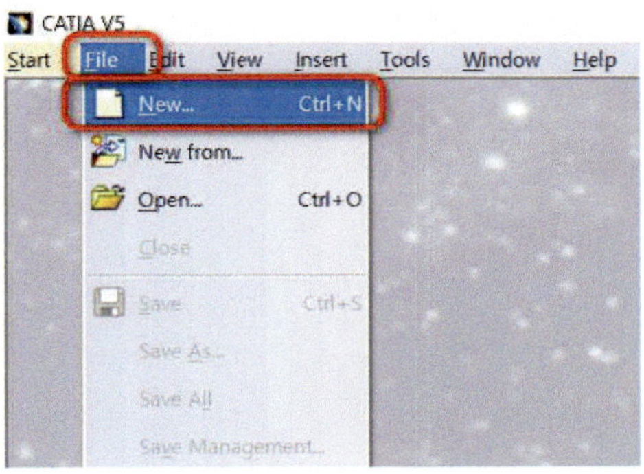

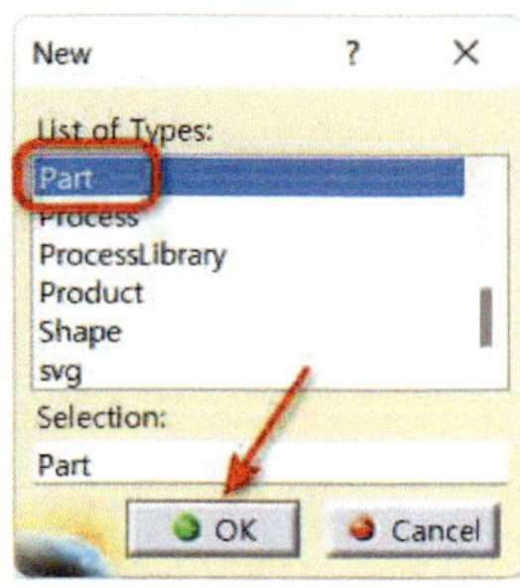

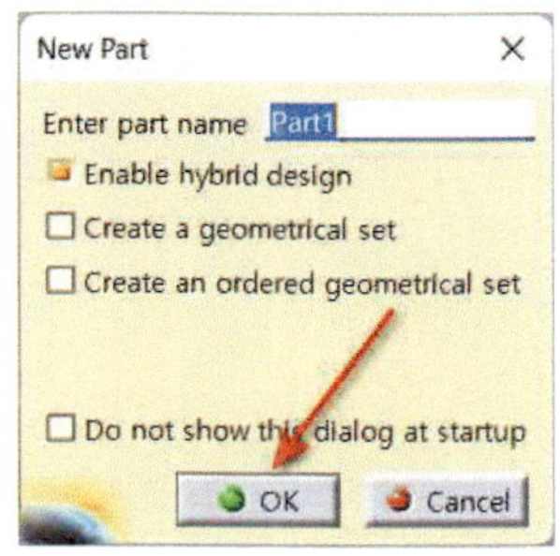

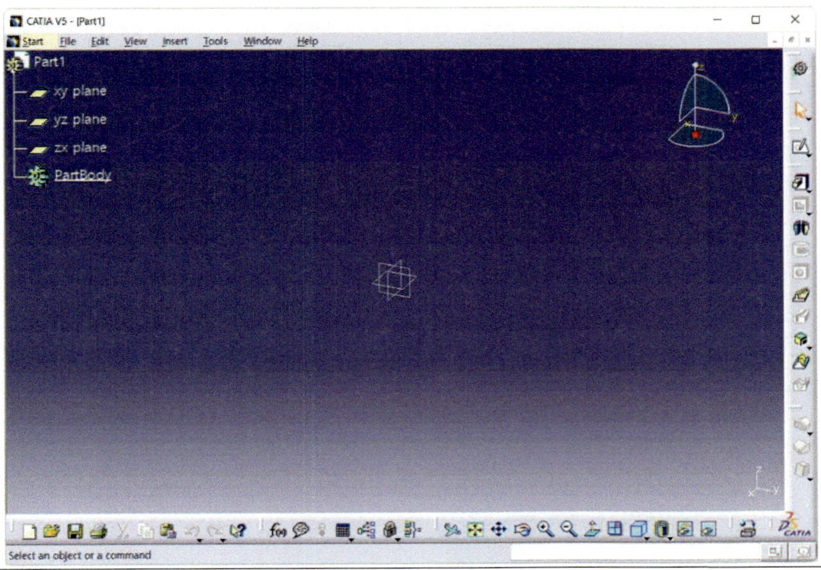

② Sketch 작성

ⓐ xy 평면(plane)을 선택하고 스케치(Sketch) 아이콘()을 클릭한다.

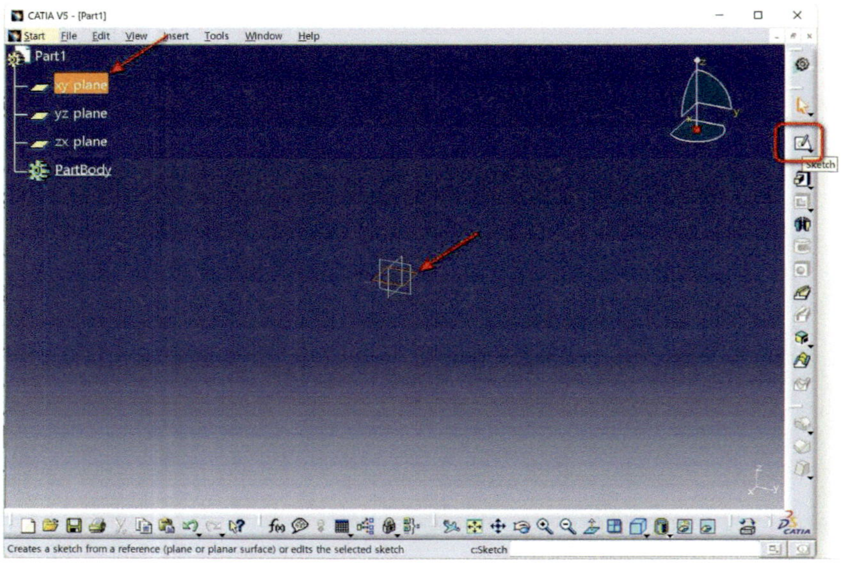

참고

스케치 평면의 선택 방법

- 디자인 트리에서 선택

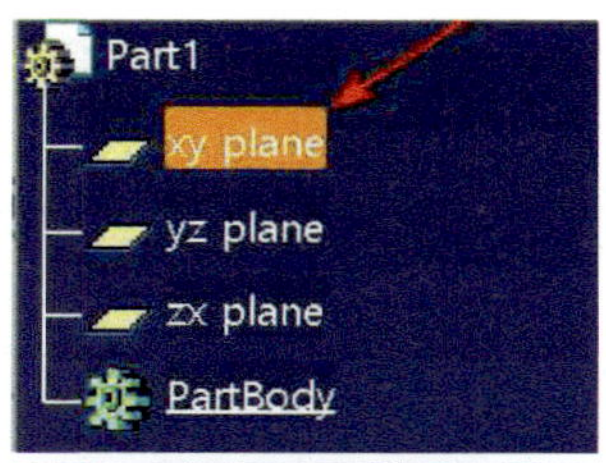

- 지오메트리 영역에서 선택

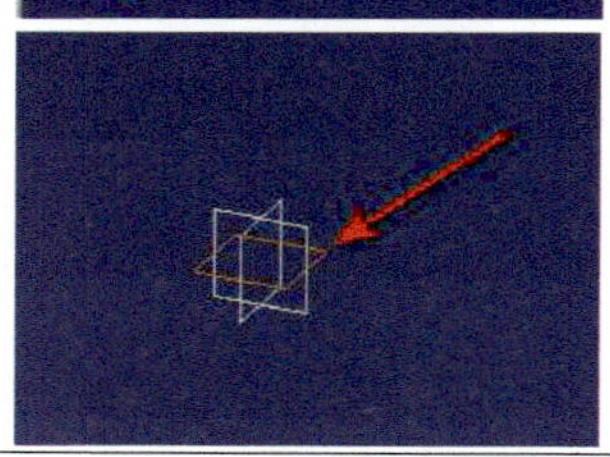

ⓑ 스케치(Sketch) 화면이 나타난다.

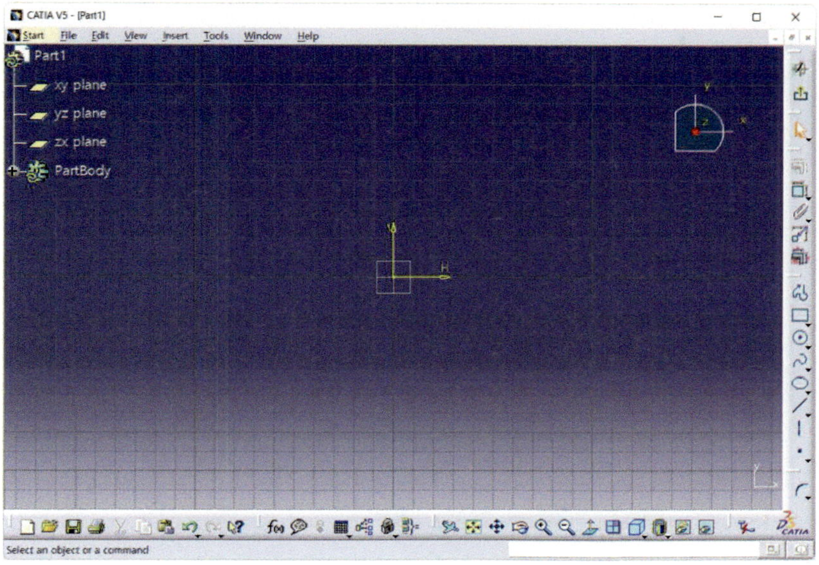

ⓒ 직사각형(Rectangle) 아이콘()을 클릭한다.

ⓓ 원점을 클릭하고 다음의 그림처럼 직사각형이 되도록 한 점을 클릭한다.

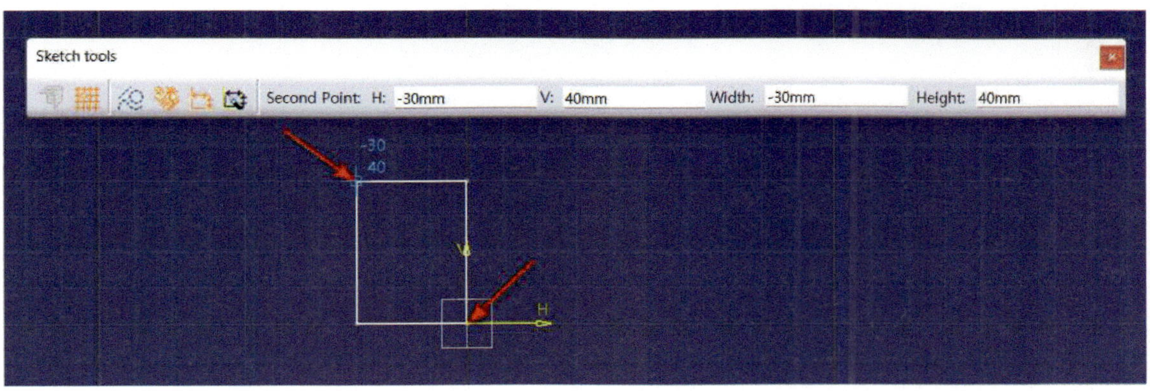

참고

Sketch tools의 점에 스냅(Snap to point)이 선택되었으면 마우스가 화면에 나타난 격자(Grid)의 교차점을 따라 움직인다.

ⓔ 치수 아이콘( )을 클릭하고 다음과 같이 치수를 기입한다.

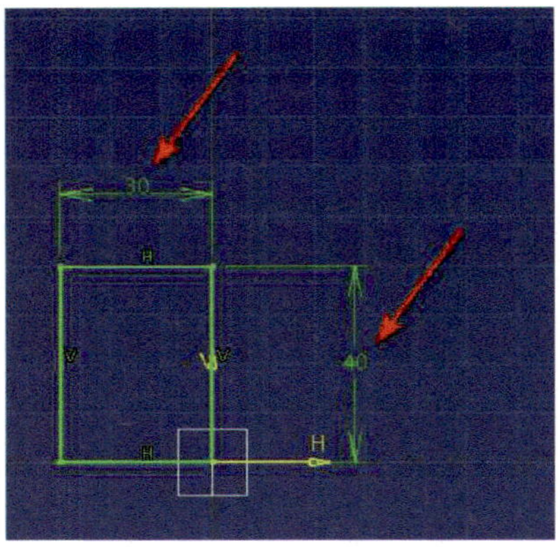

ⓕ 스케치 종료(workbench exit) 아이콘( )을 클릭한다.

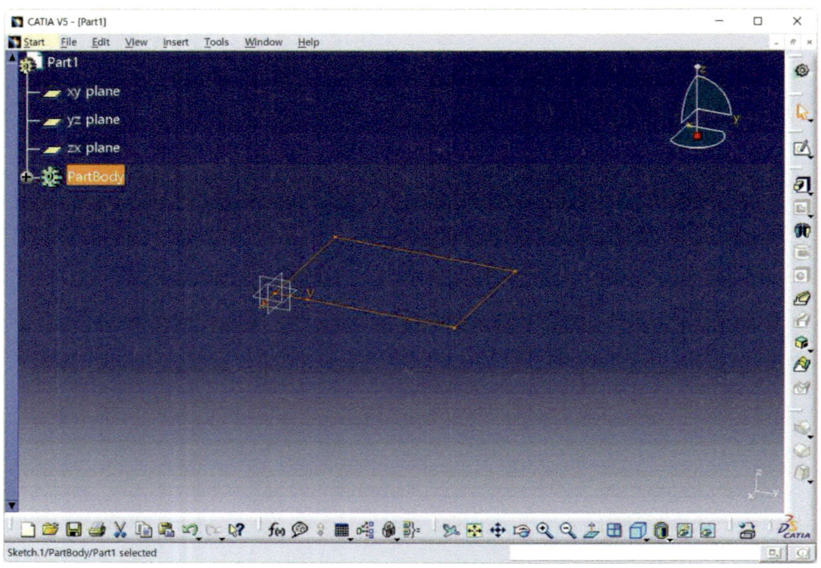

③ Part body 생성

ⓐ 패드(Pad) 아이콘( )을 클릭한다.

ⓑ 다음과 같이 패드 대화상자를 설정하고 OK를 클릭한다.

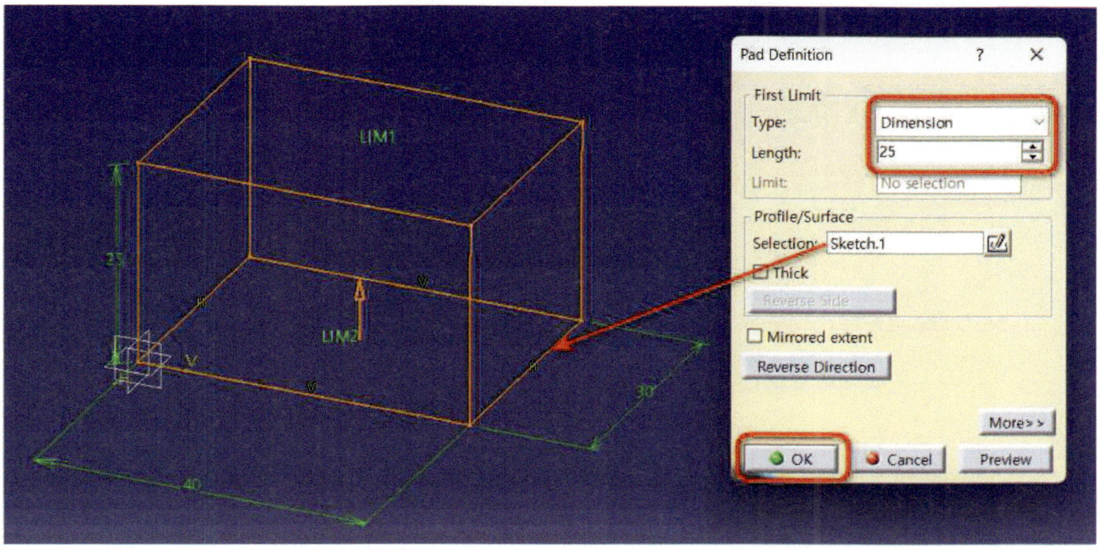

④ Sketch 작성

ⓐ Part body의 윗면을 선택하고 스케치(Sketch) 아이콘을 클릭한다.

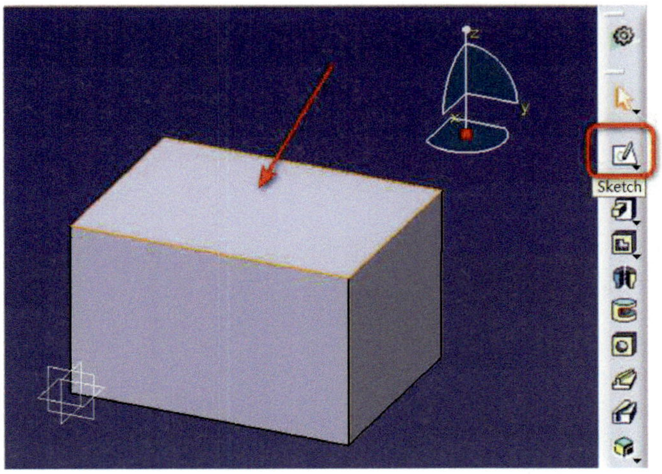

ⓑ 스케치(Sketch) 화면이 나타난다.

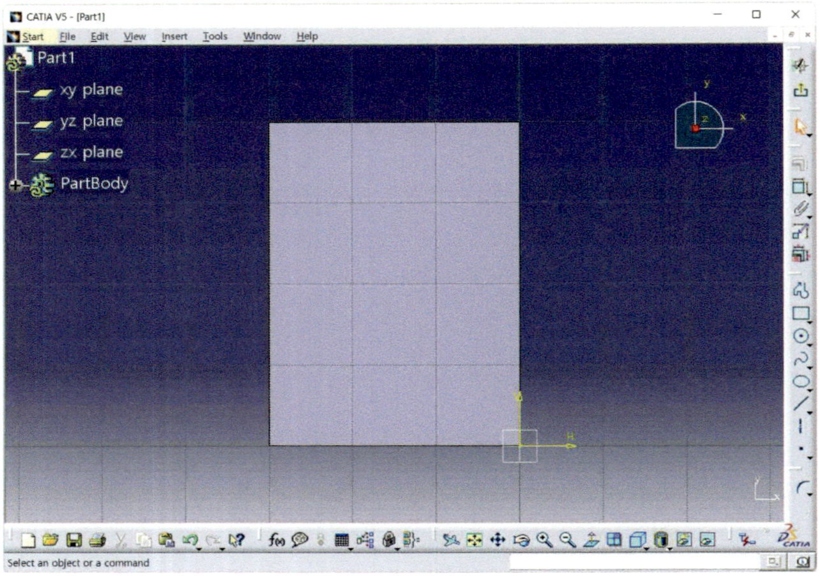

ⓒ 직사각형(Rectangle) 아이콘()을 클릭한다.

ⓓ 다음의 그림처럼 직사각형을 클릭한다.

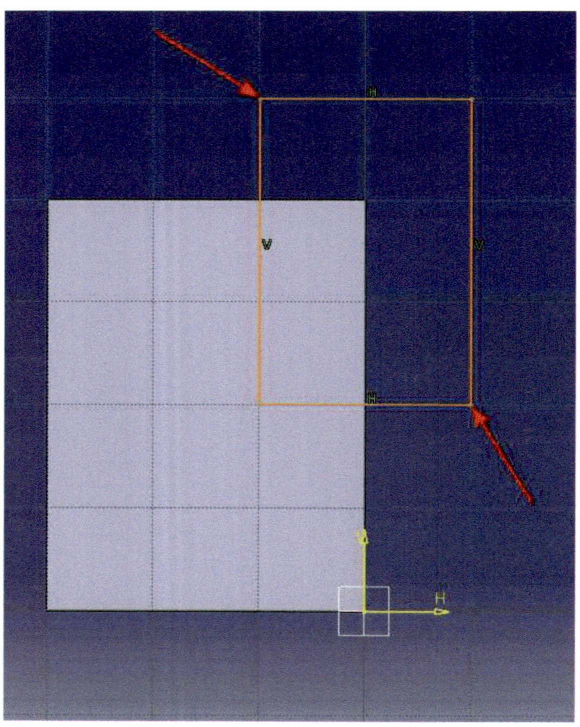

ⓔ 치수 아이콘( )을 클릭하고 다음과 같이 치수를 기입한다.

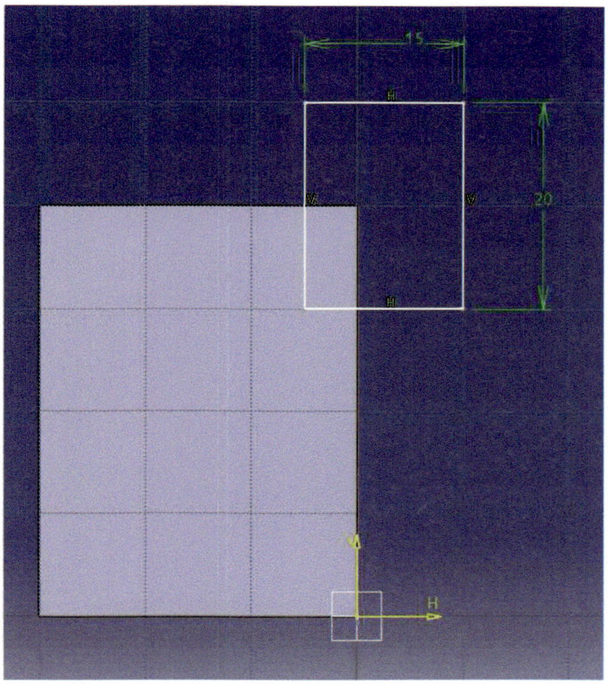

ⓕ 다음과 같이 수평인 Part body의 모서리 선과 스케치 선을 선택하고 대화상자에 정의된 제약 조건 아이콘( )을 클릭한다.

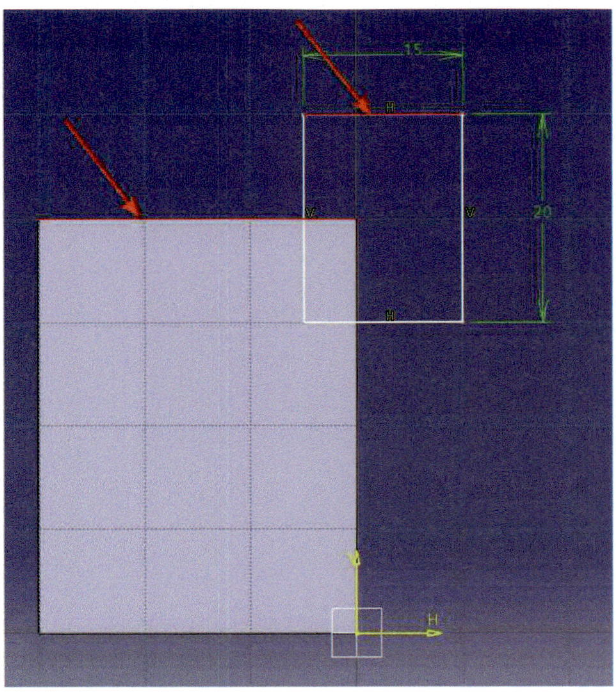

ⓖ 제약조건 정의 대화상자에서 일치(Coincidence)를 선택한다.

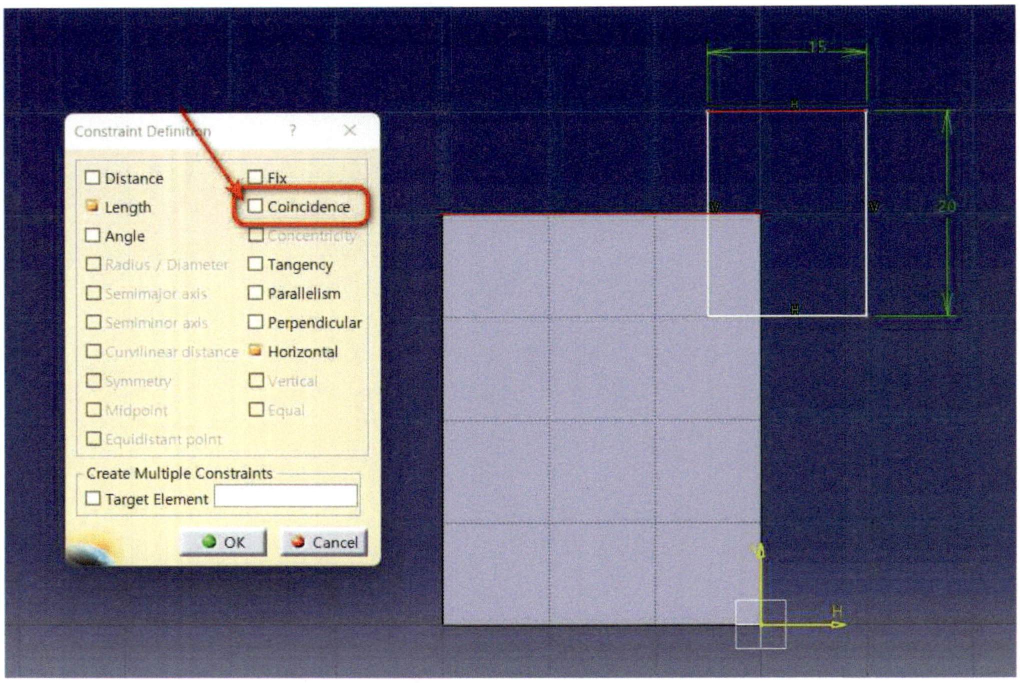

ⓗ 일치(Coincidence)를 선택하고 선택한 두 요소가 같은 일치된 위치로 적용되면 OK를 클릭한다.

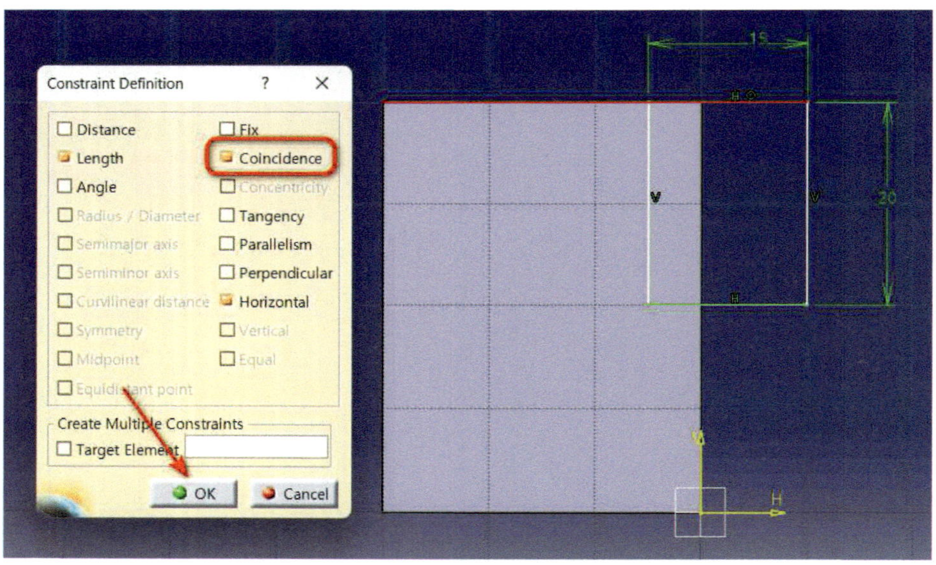

ⓘ 다음과 같이 수직인 Part body의 모서리 선과 스케치 선을 선택하고 대화상자에 정의된 제약조건 아이콘( )을 클릭한다.

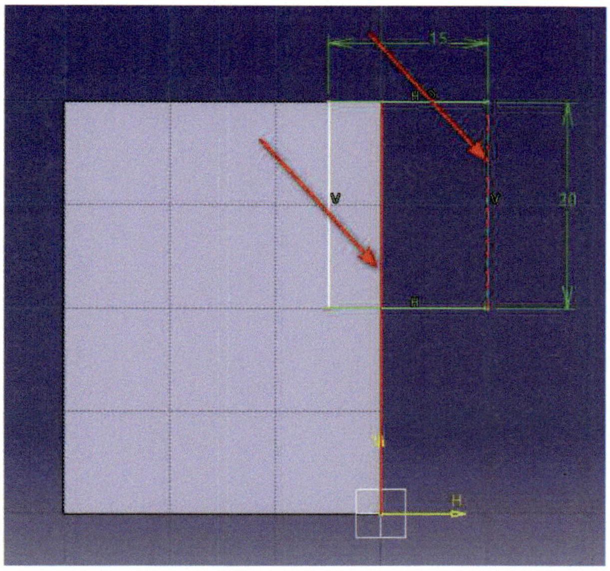

ⓙ 제약조건 정의 대화상자에서 일치(Coincidence)를 선택한다.

ⓚ 일치(Coincidence)를 선택하면 선택한 두 요소가 같은 일치된 위치로 적용되면 OK를 클릭한다.

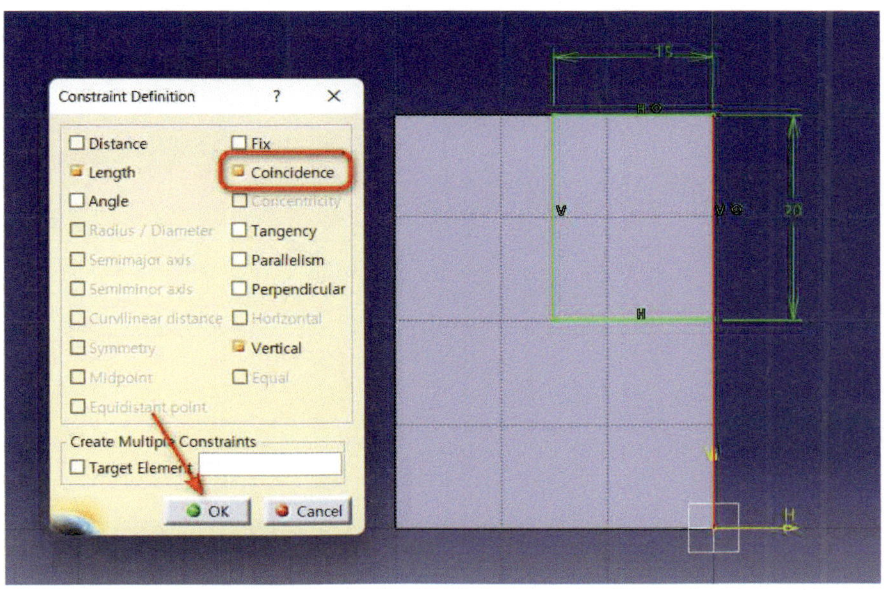

ⓛ 치수와 제약조건이 모두 적용되면 스케치 요소가 다음 그림과 같이 녹색으로 표시된다.

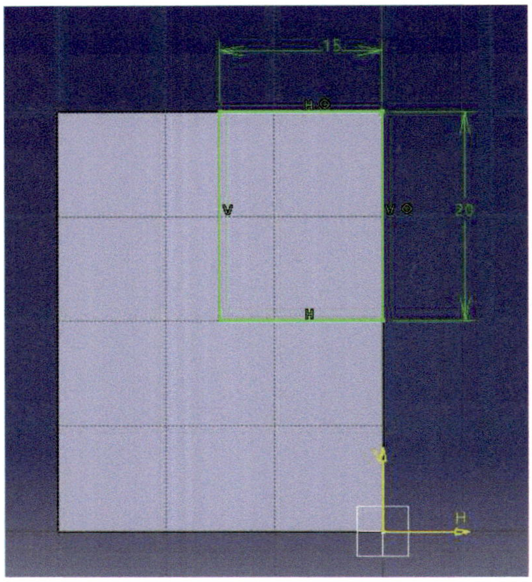

ⓜ 스케치 종료(workbench exit) 아이콘( )을 클릭한다.

⑤ 포켓(Pocket) 적용

ⓐ 다음과 같이 앞에서 스케치한 요소를 선택하고 포켓(Pocket) 아이콘( )을 클릭한다.

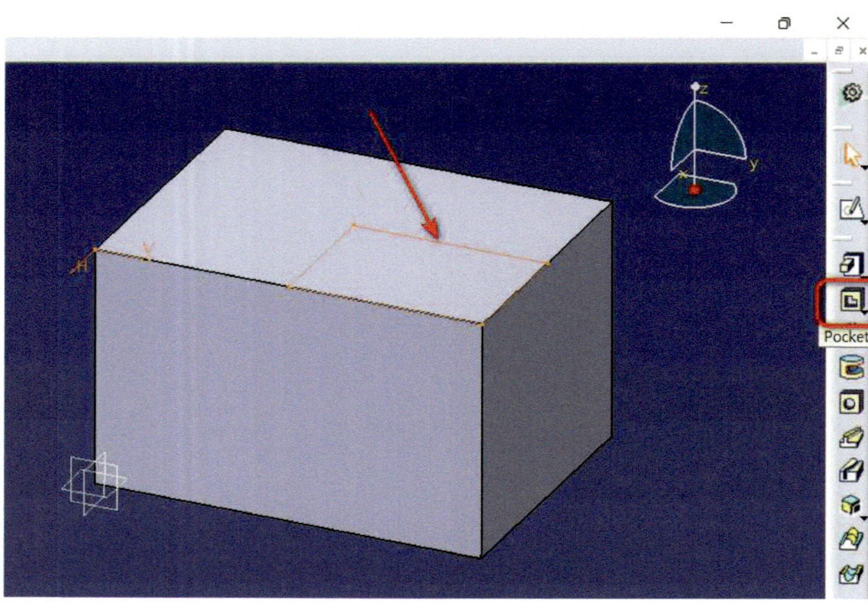

참고

흰색은 선택되지 않았음을 나타낸다.

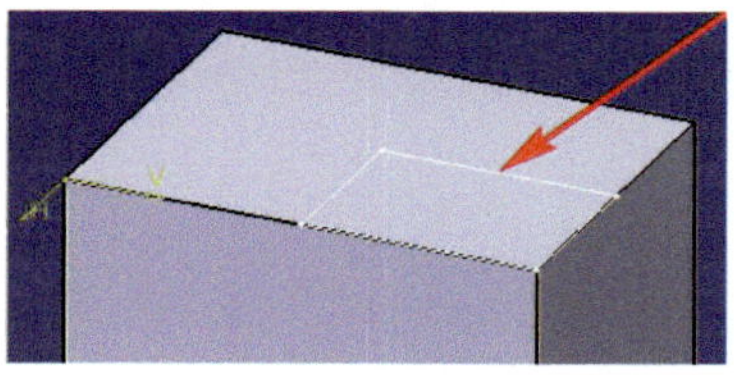

주황색은 선택되었음을 나타낸다.

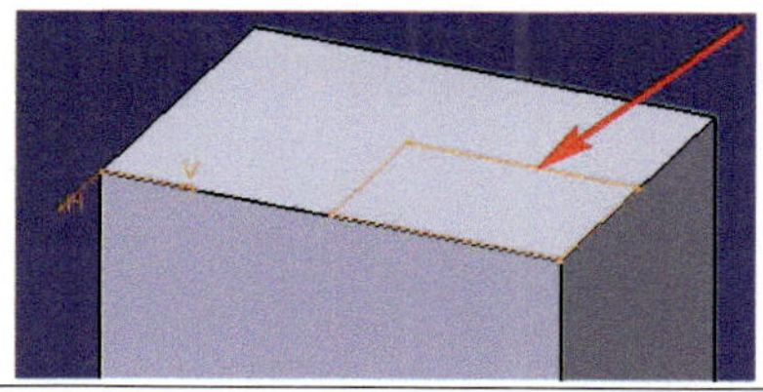

ⓑ 다음과 같이 포켓(Pocket) 대화상자를 설정하고 OK를 클릭한다.

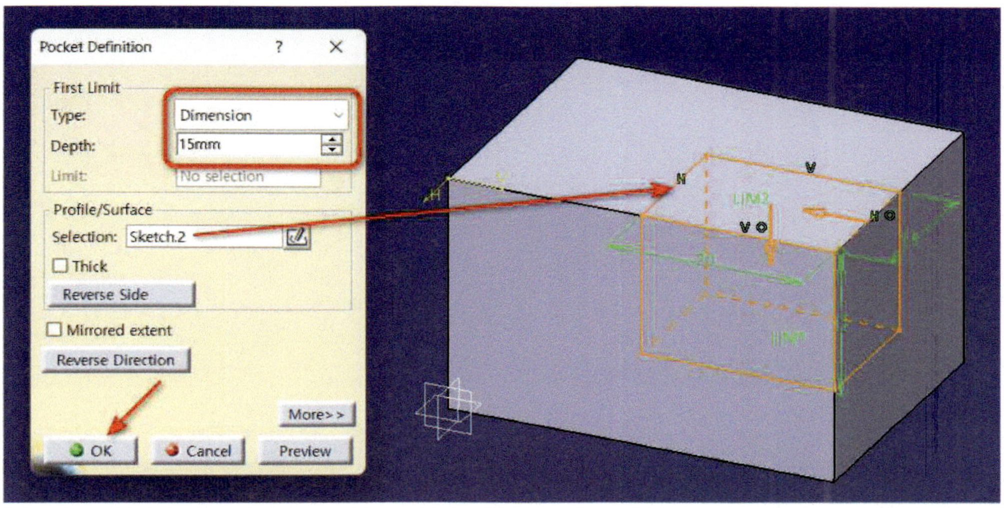

ⓒ 포켓(Pocket)이 적용된 형상은 다음과 같다.

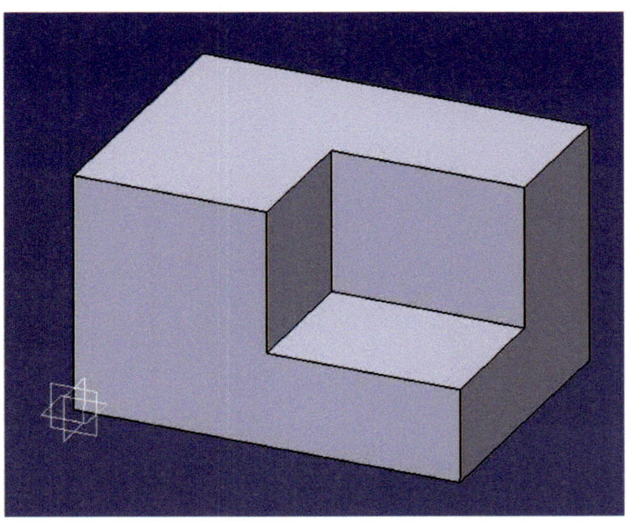

⑥ 필렛 적용

ⓐ 에지 필렛(Edge Fillet) 아이콘()을 클릭한다.

ⓑ 에지 필렛(Edge Fillet) 대화상자를 설정하고 OK를 클릭한다.

- Radius : 10
- Object(s) to fillet : 그림처럼 모서리를 선택한다.

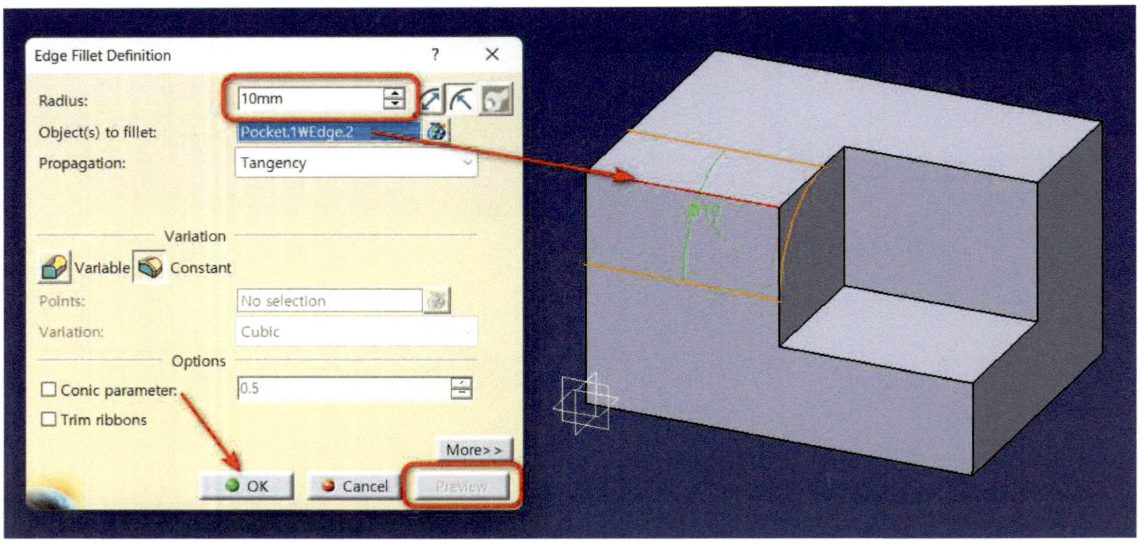

ⓒ 필렛(Fillet)이 적용된 형상은 다음과 같다.

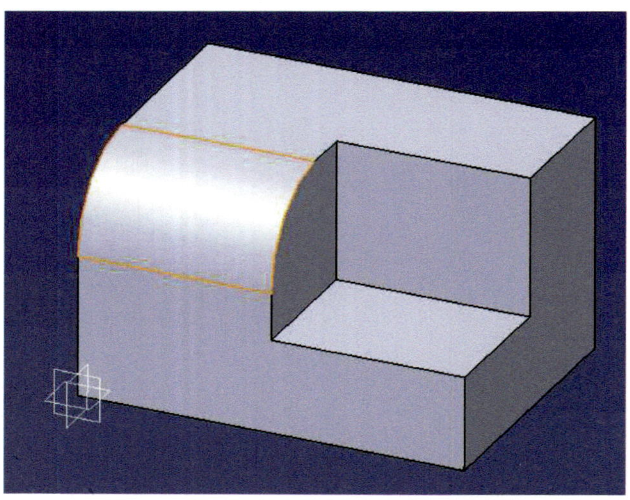

⑥ 모따기 적용

ⓐ 모따기(Chamfer) 아이콘()을 클릭한다.

ⓑ 모따기(Chamfer) 대화상자를 설정하고 OK를 클릭한다.

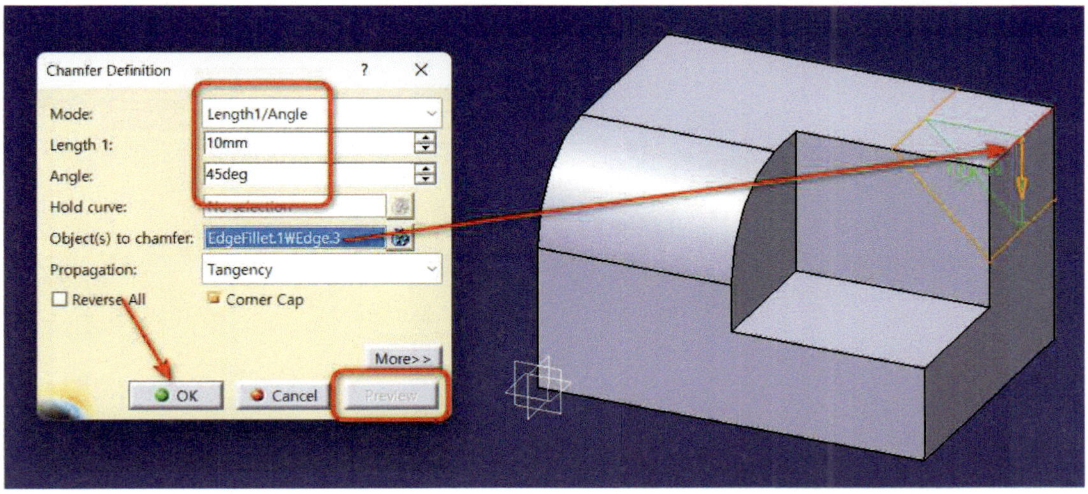

ⓒ 모따기(Chamfer)가 적용된 형상은 다음과 같다.

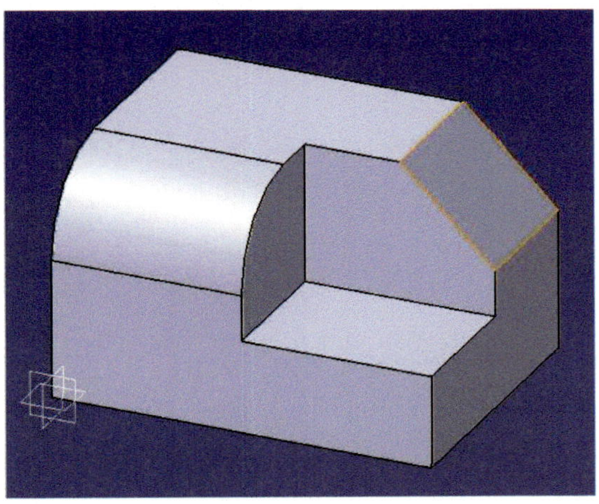

참고 View mode		
Shading(SHD)  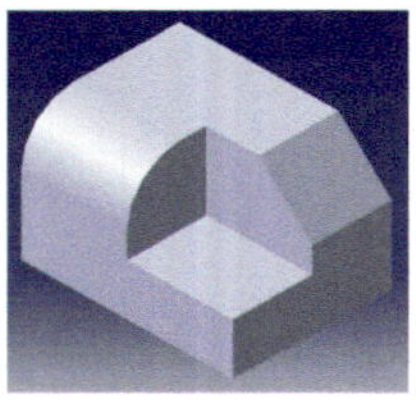	Shading with Edges  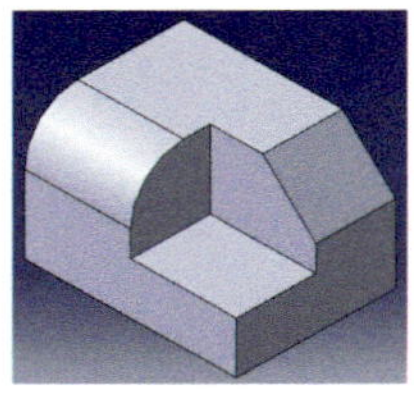	Shading with Edges without Smooth Edges  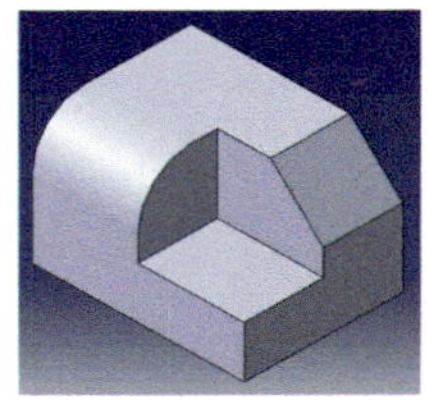
Shading with Edges and Hidden Edges  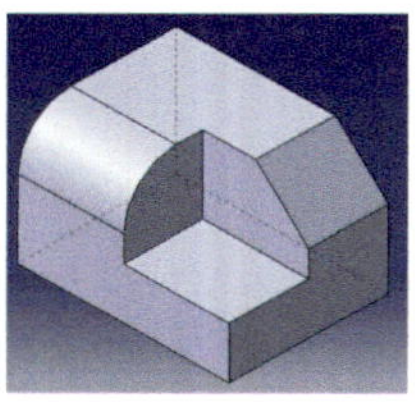	Shading with Material  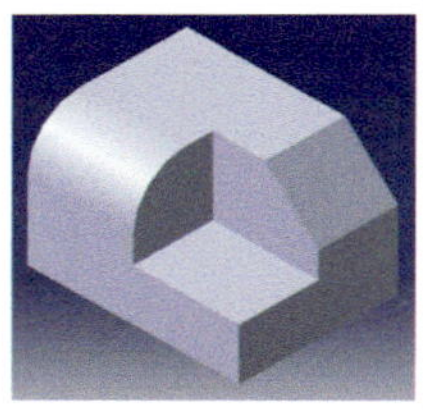	Wireframe  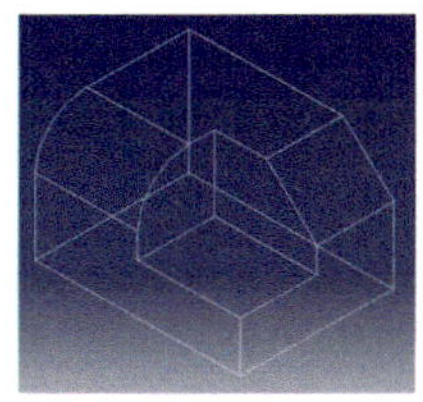

2-02 Part modeling

① Part modeling 시작

ⓐ Start → Mechanical Design → Part Design을 클릭한다.

ⓑ New 대화상자에서 Part를 선택하고 OK를 클릭한다.

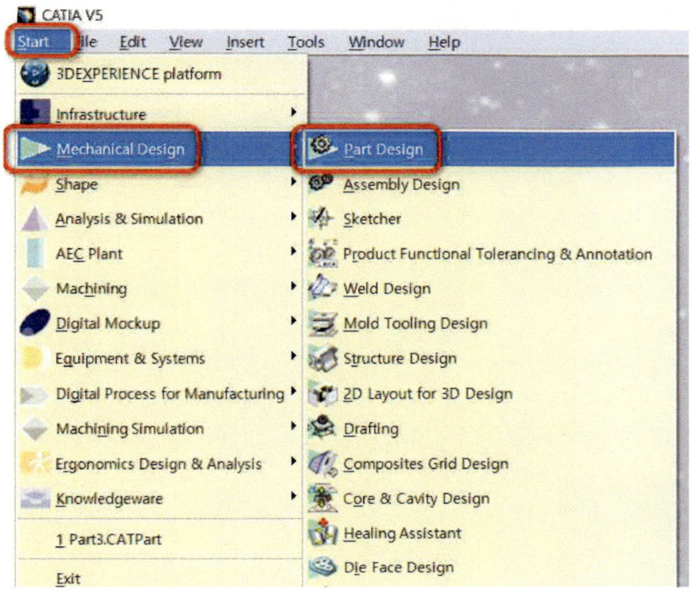

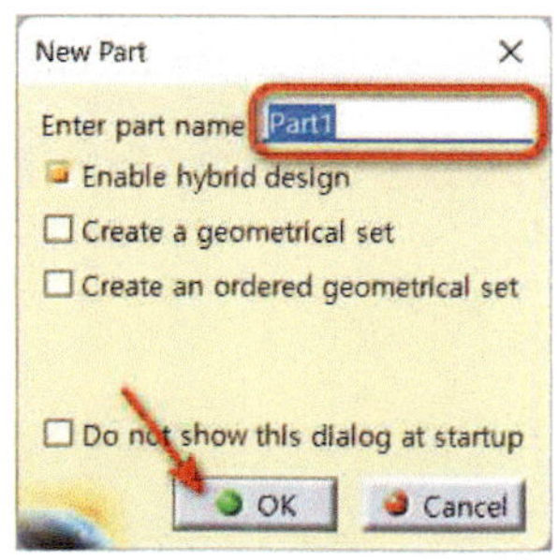

② Sketch 작성

ⓐ xy 평면(plane)을 선택하고 스케치(Sketch) 아이콘( )을 클릭한다.

ⓑ 직사각형(Rectangle) 아이콘( )을 선택하고 다음과 같이 스케치한다.

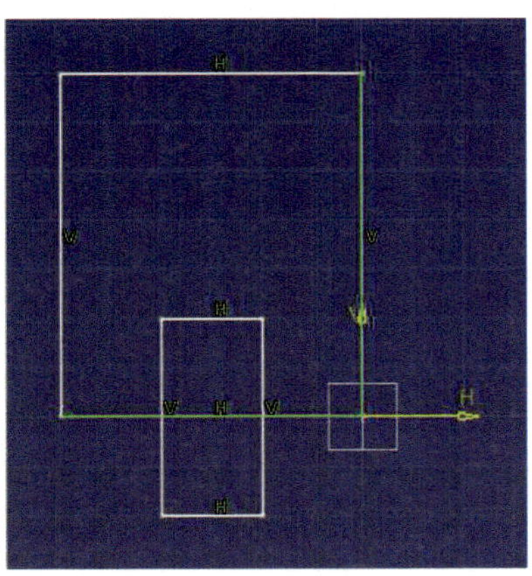

ⓒ 즉시 자르기(Quick trim) 아이콘( )을 더블 클릭하고 다음처럼 자른다.

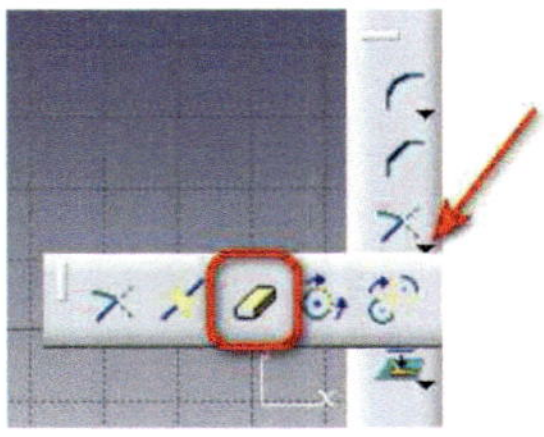

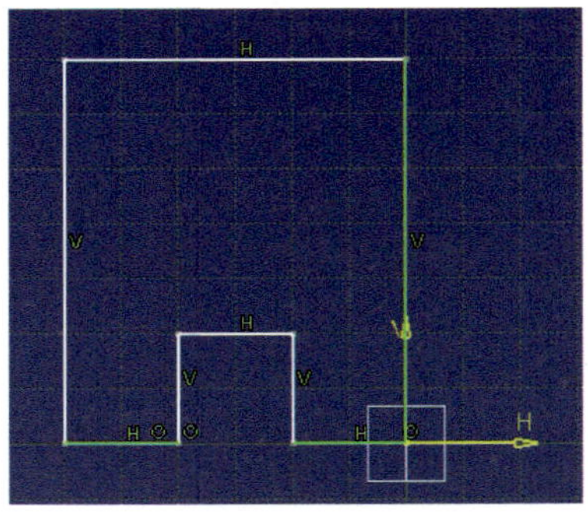

> 참고
>
> 즉시 자르기(Quick trim,) 아이콘을 한 번 클릭하면 선택하는 요소를 한 번만 자르기가 실행 되지만, 아이콘을 더블클릭하면 연속하여 자르기를 실행할 수 있다.

ⓓ 치수 아이콘( )을 클릭하고 다음과 같이 치수를 기입한다.

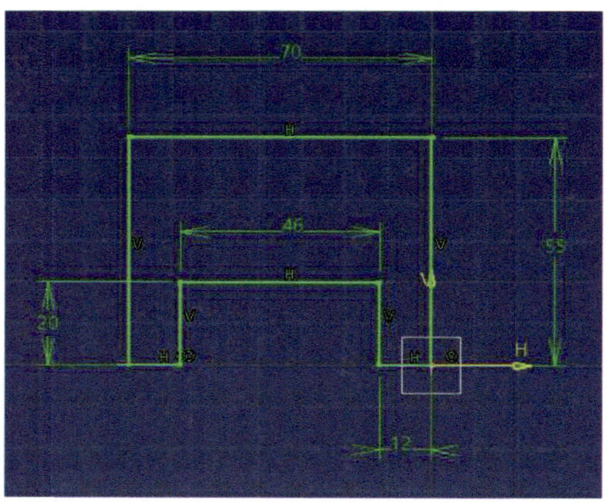

ⓔ 스케치 종료(workbench exit) 아이콘( )을 클릭한다.

③ Part body 생성

ⓐ 패드(Pad) 아이콘( )을 클릭한다.

ⓑ 다음과 같이 패드 대화상자를 설정하고 OK를 클릭한다.

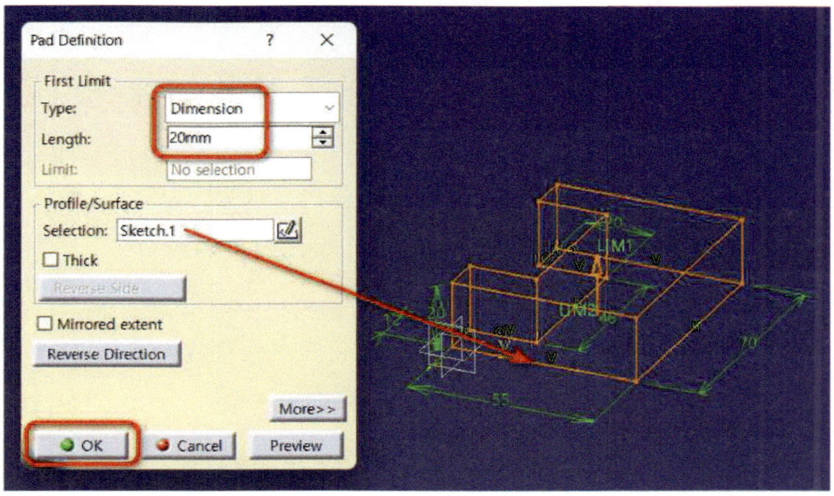

④ Sketch 작성

ⓐ Part body의 윗면을 선택하고 스케치(Sketch) 아이콘을 클릭한다.

ⓑ 스케치(Sketch) 화면이 나타난다.

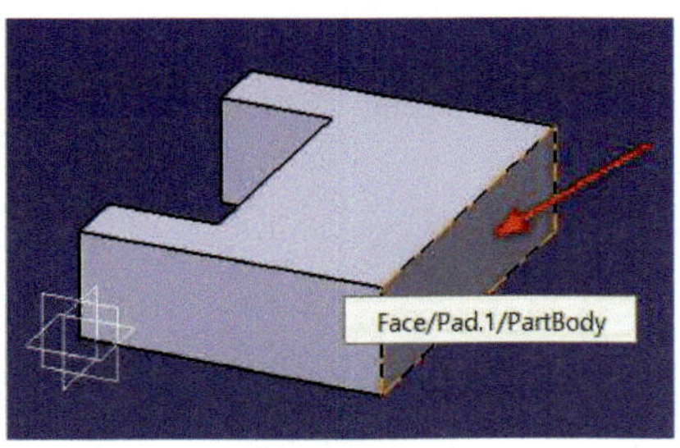

ⓒ 프로파일(Profile) 아이콘( )을 선택한다.

ⓓ 스케치 도구(Sketch tool)에서 선 모드를 선택하고 다음의 그림처럼 한 점을 클릭하고 위로 수직인 점을 클릭한다.

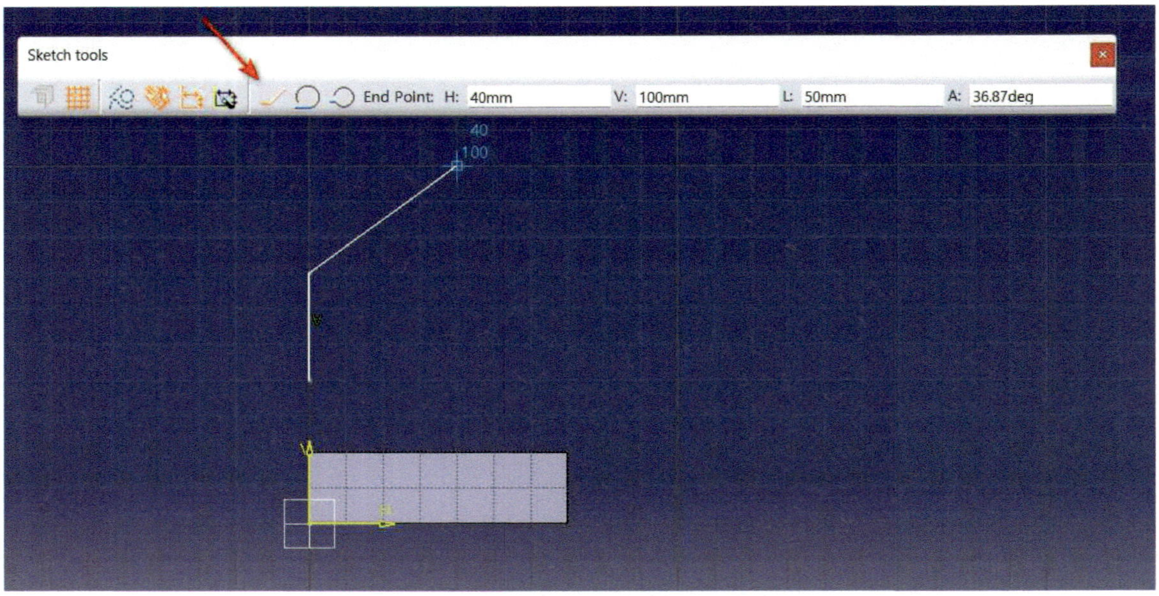

ⓔ 스케치 도구(Sketch tool)에서 점점 호 모드를 선택하고 다음의 그림처럼 우측의 수평이 위치의 점을 클릭한다.

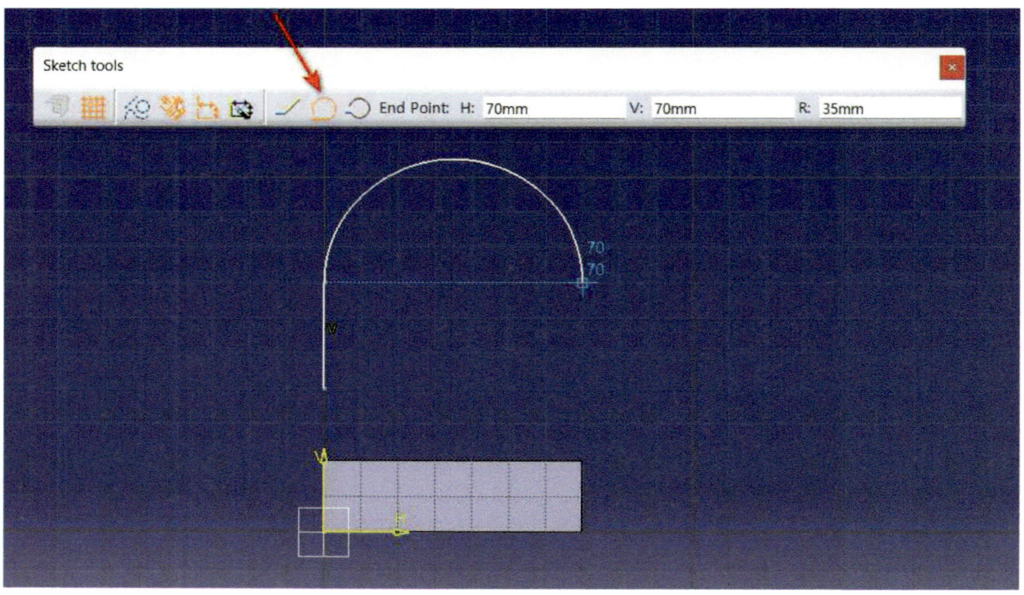

ⓕ 계속하여 선 모드를 선택하고 다음의 그림처럼 스케치를 한다.

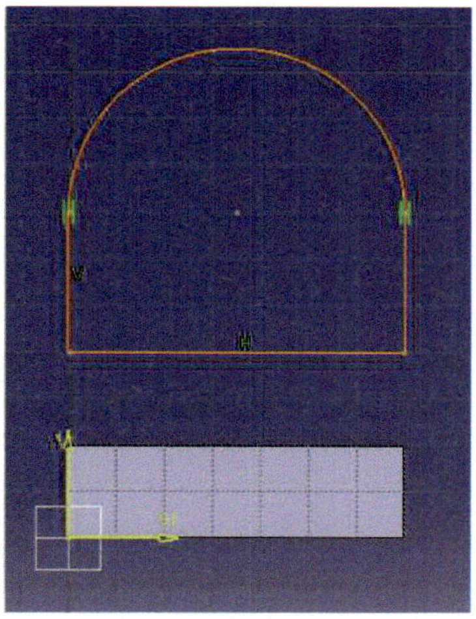

ⓖ 원(Circle) 아이콘( )을 클릭하고 다음의 그림처럼 원을 작성한다.

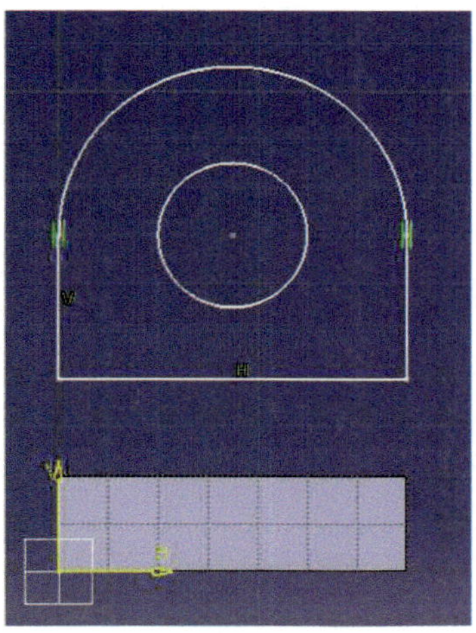

ⓗ 치수 아이콘( )을 클릭하고 다음과 같이 치수를 기입한다.

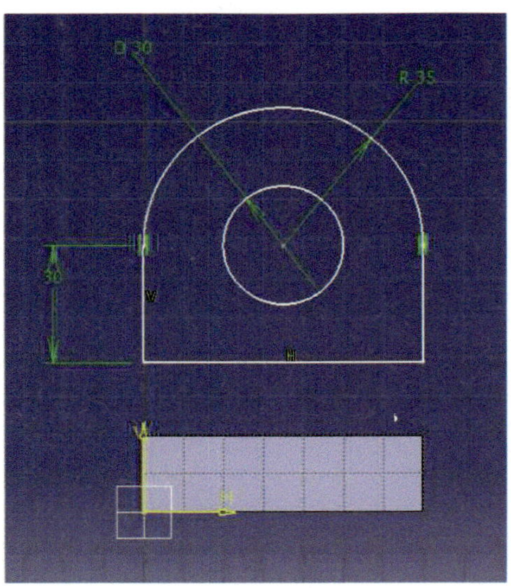

ⓘ 키보드의 Ctrl 키를 이용하여 다음의 두 점을 선택한다.

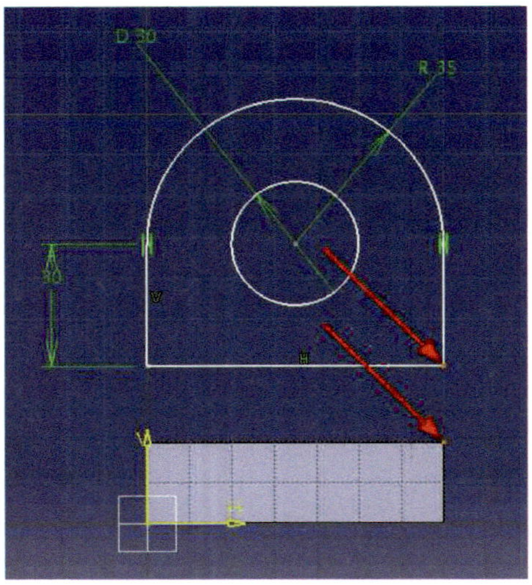

ⓙ 대화상자에 정의된 제약조건 아이콘( )을 클릭한다.

ⓚ 제약조건 정의 대화상자에서 일치(Coincidence)를 선택한다.

ⓛ 일치(Coincidence)를 선택하고 선택한 두 요소가 같은 일치된 위치로 적용되면 OK를 클릭한다.

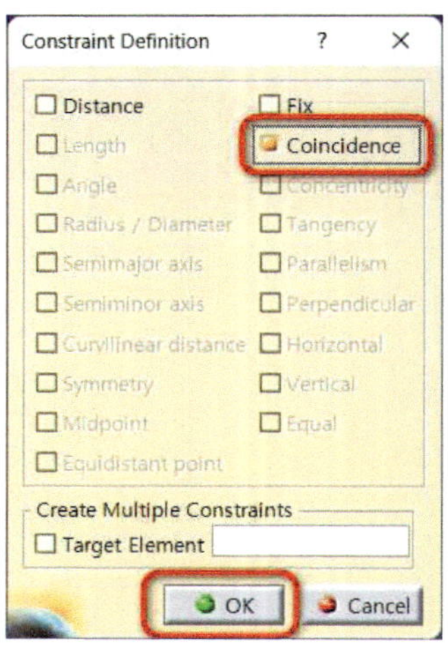

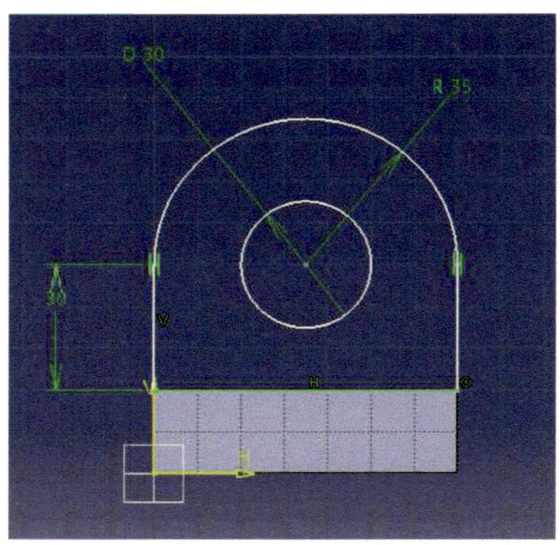

참고

ⓐ 완전 제약이 안 되거나 경사진 선으로 녹색의 스케치가 안 되었다면, 아래의 선을 클릭하고 대화상자에 정의된 제약조건 아이콘( )을 클릭한다.

ⓑ 대화상자에 정의된 제약조건에서 수직(Vertical)을 선택하고 OK를 클릭한다.

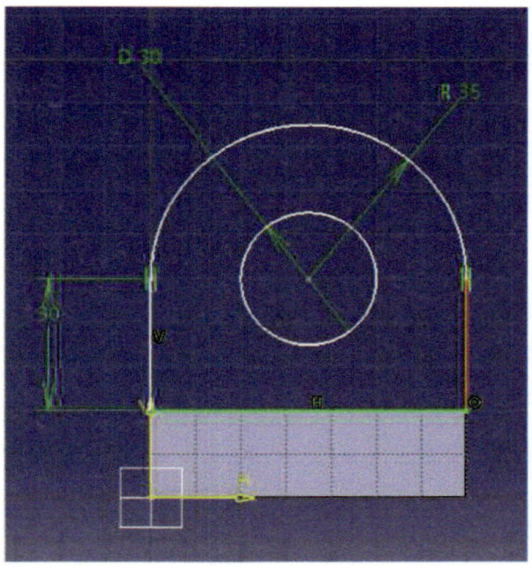

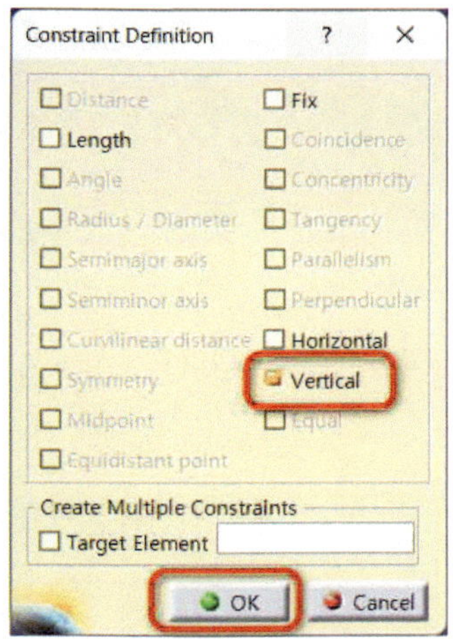

ⓜ 치수와 제약조건이 모두 적용되면 스케치 요소가 다음 그림과 같이 녹색으로 표시된다.

ⓝ 스케치 종료(workbench exit) 아이콘( )을 클릭한다.

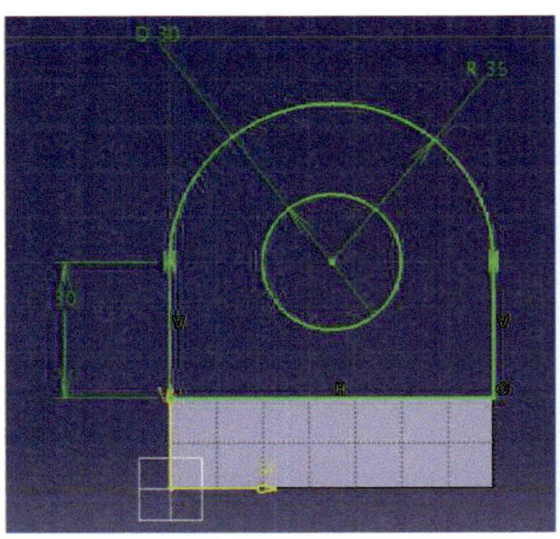

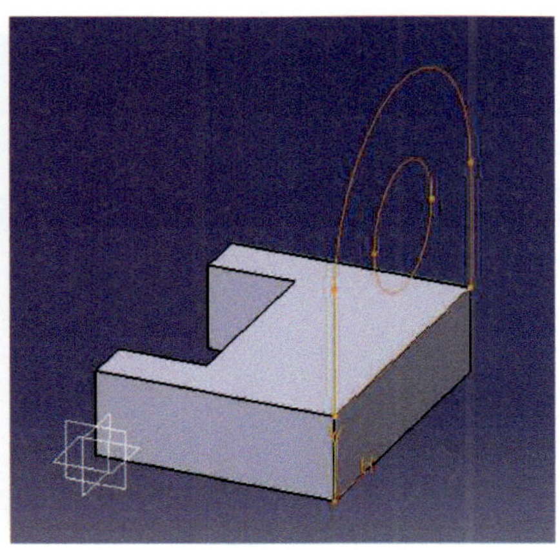

⑤ Part body 생성

ⓐ 패드(Pad) 아이콘( )을 클릭한다.

ⓑ 다음과 같이 패드 대화상자를 설정하고 OK를 클릭한다.

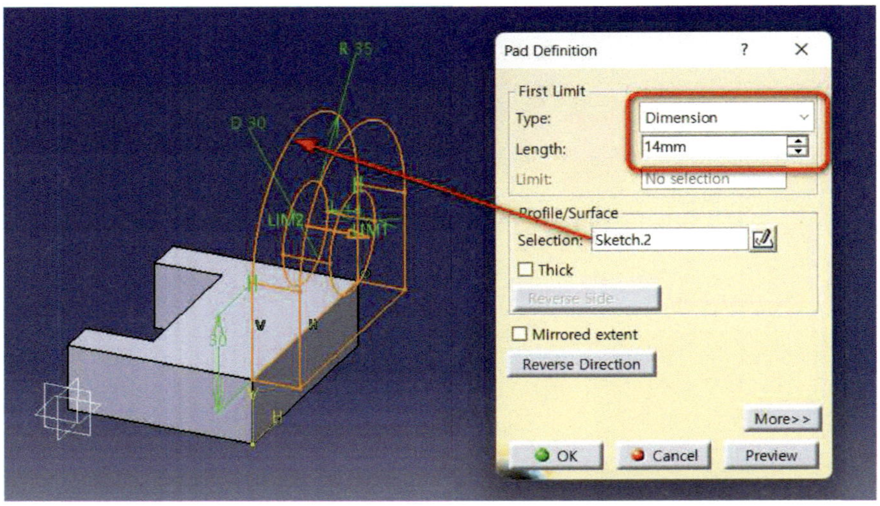

ⓒ 패드 대화 상자의 Reverse Direction을 클릭하면 돌출되는 방향이 반전된다.

ⓓ 다음의 그림처럼 돌출되는 방향으로 설정하고 OK를 클릭한다.

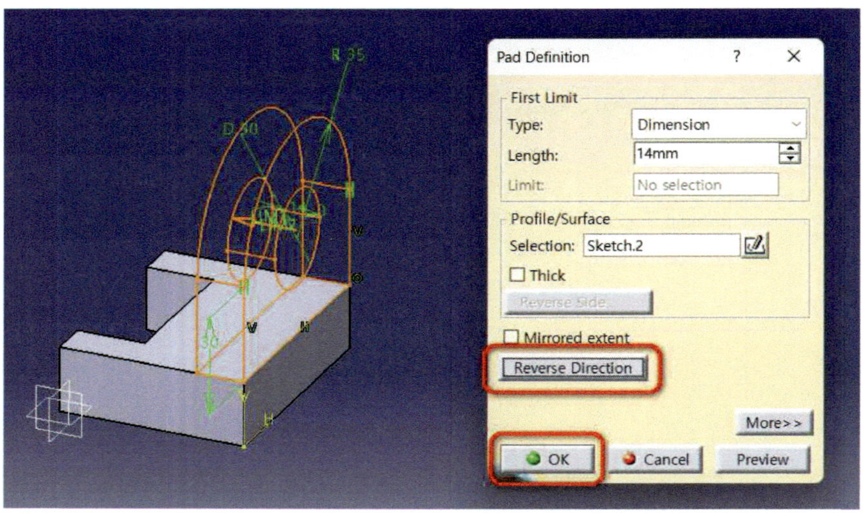

ⓔ 다음의 그림과 같은 Part body가 생성된다.

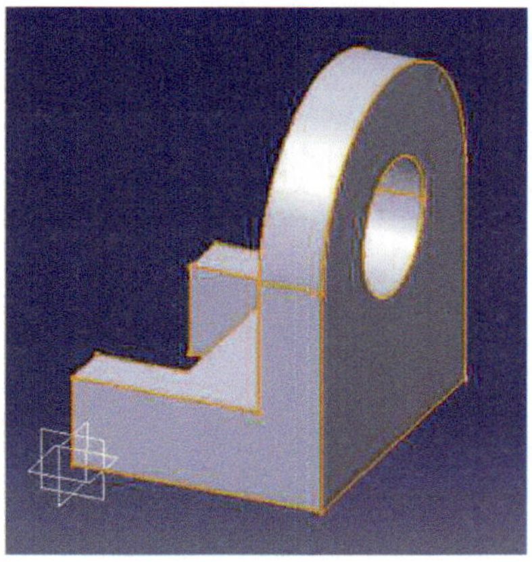

⑥ Mirror 적용

ⓐ Mirror 아이콘( )을 클릭한다.

참고

카티아를 처음 실행하면 Mirror 아이콘( )이 보이지 않는다.

우측 아래의 아이콘을 드래그하여 아래에 있던 다양한 명령들이 보이게 된다.

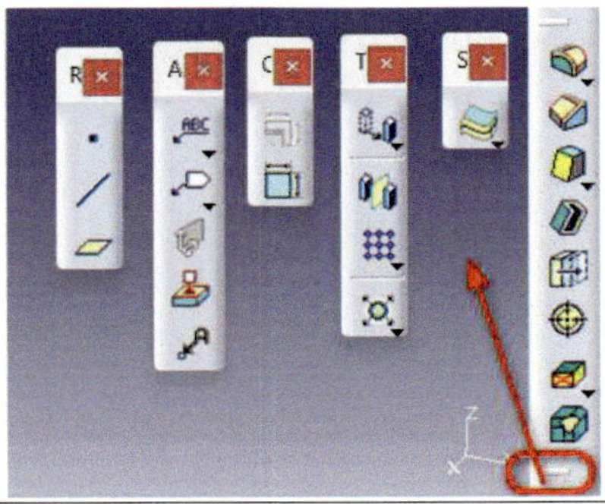

ⓑ Mirroring element 면으로 다음 그림의 면을 선택한다.

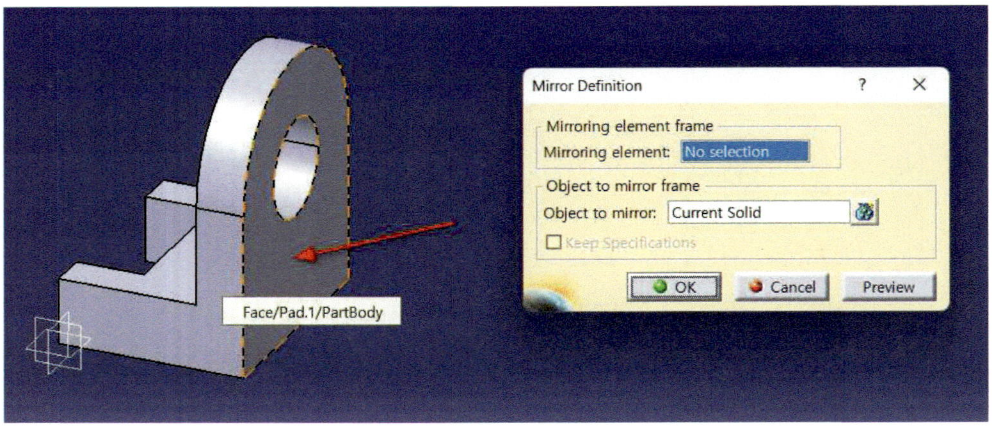

ⓒ 다음의 그림처럼 Mirror 이미지가 나타나면 OK를 클릭한다.

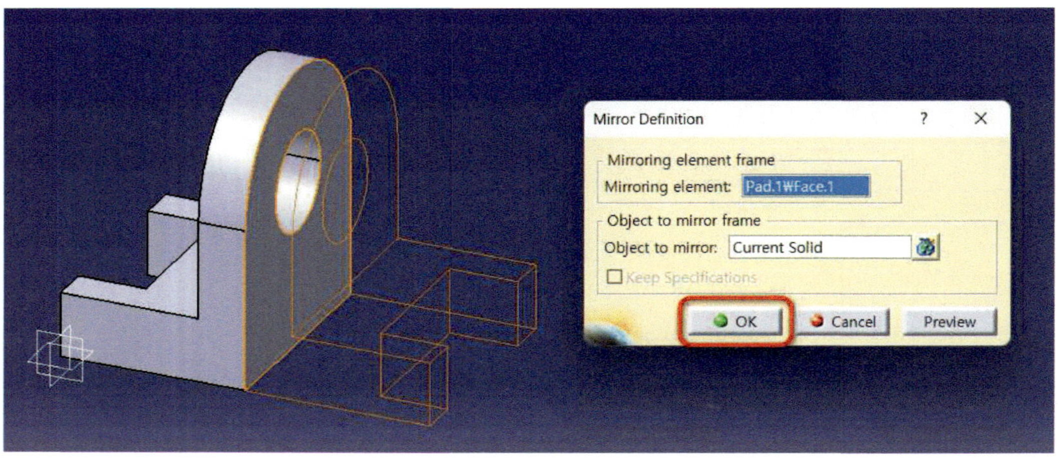

ⓓ Mirror가 적용된 Part body가 생성된다.

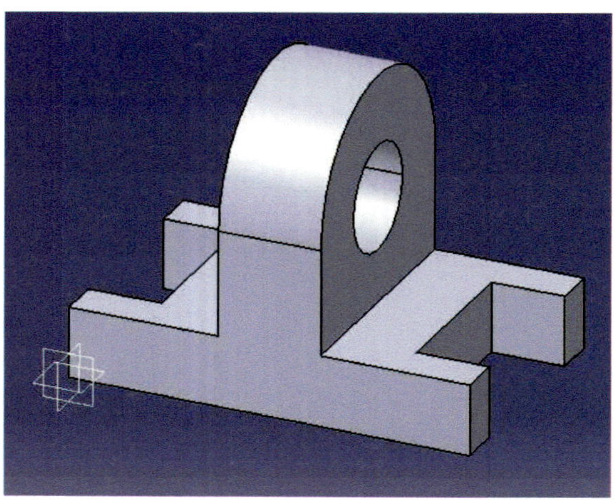

2-03 Part modeling

① Part modeling 시작

ⓐ Start → Mechanical Design → Part Design을 클릭한다.

ⓑ New 대화상자에서 Part를 선택하고 OK를 클릭한다.

ⓒ Part modeling 환경이 나타난다.

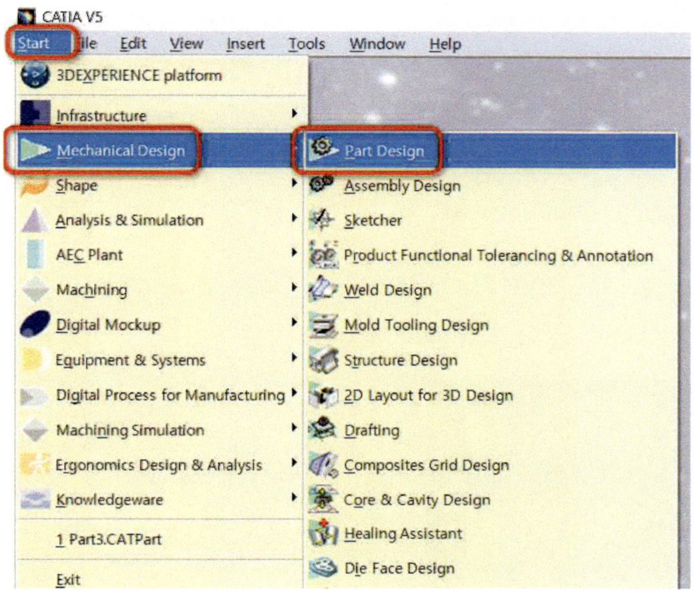

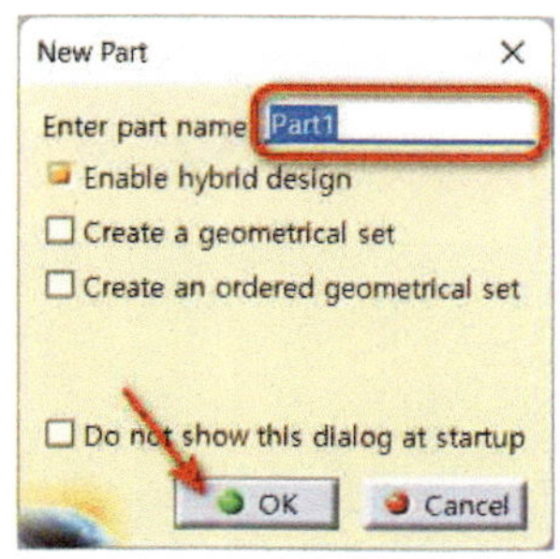

② Sketch 작성

ⓐ xy 평면(plane)을 선택하고 스케치(Sketch) 아이콘( )을 클릭한다.

ⓑ 스케치(Sketch) 화면이 나타난다.

ⓒ 프로파일(Profifle) 아이콘( )을 선택하고 다음 그림처럼 원점에서 시작하는 스케치를 작성한다.

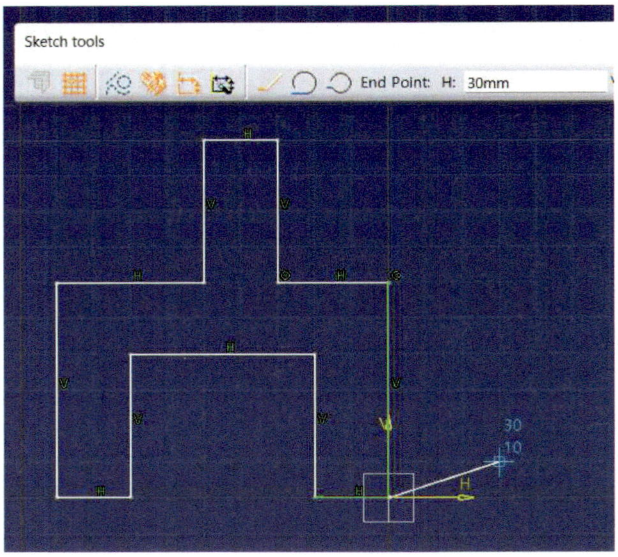

ⓓ 치수 아이콘( )을 클릭하고 다음과 같이 치수를 기입한다.

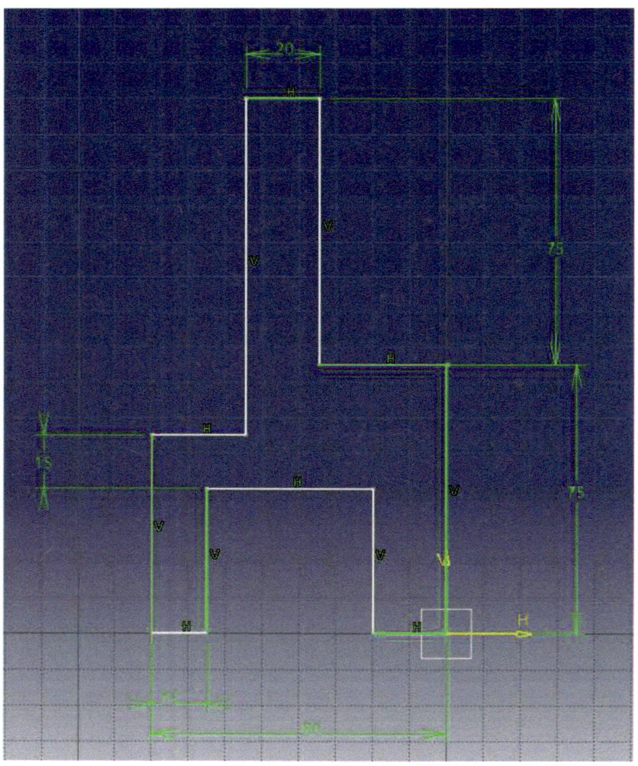

ⓔ 다음과 같이 수평인 스케치 선을 2개를 선택하고 대화상자에 정의된 제약조건 아이콘( )을 클릭한다.

ⓕ 제약조건 정의 대화상자에서 일치(Coincidence)를 선택한다.

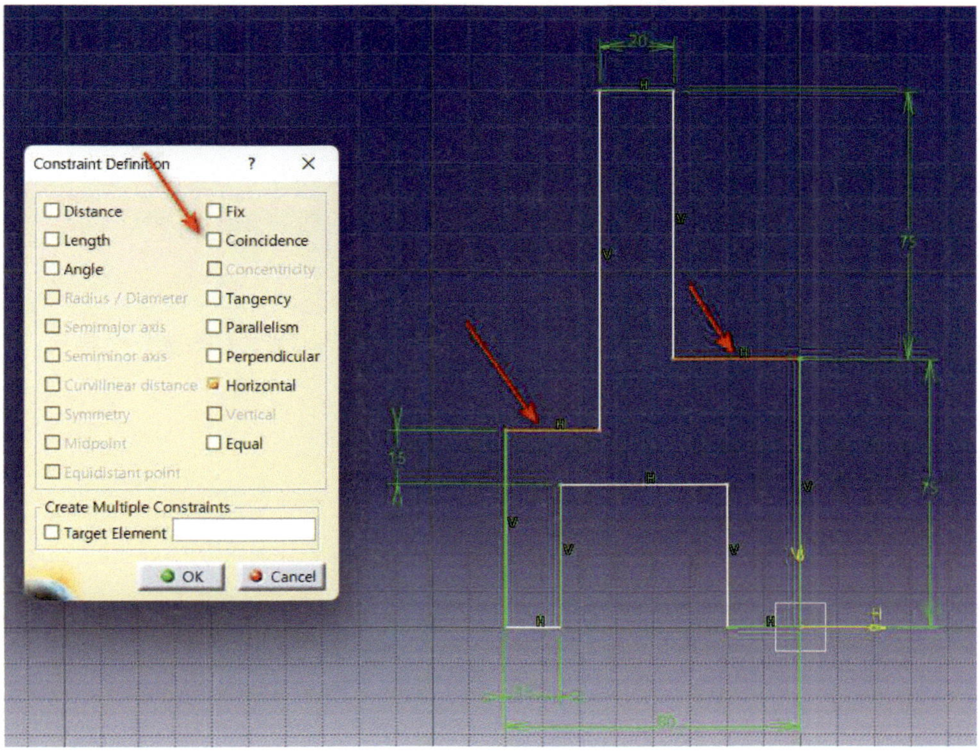

ⓖ 제약조건 정의 대화상자에서 동일(Equal)을 선택한다.

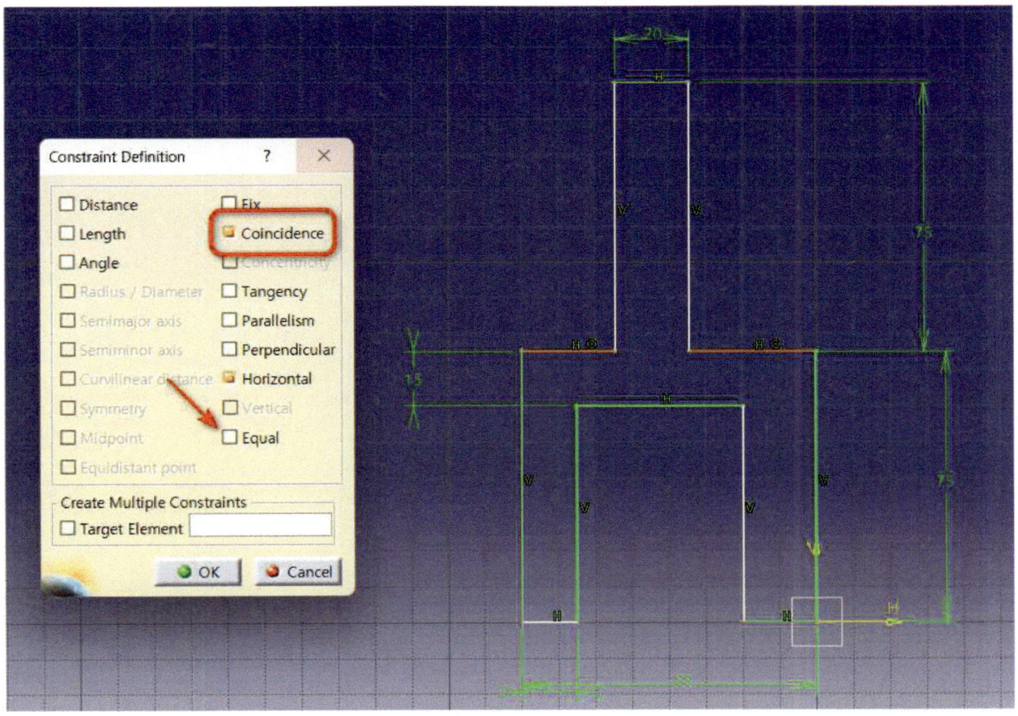

ⓗ 다음의 그림처럼 일치(Coincidence)와 동일(Equal)이 적용되면 OK를 클릭한다.

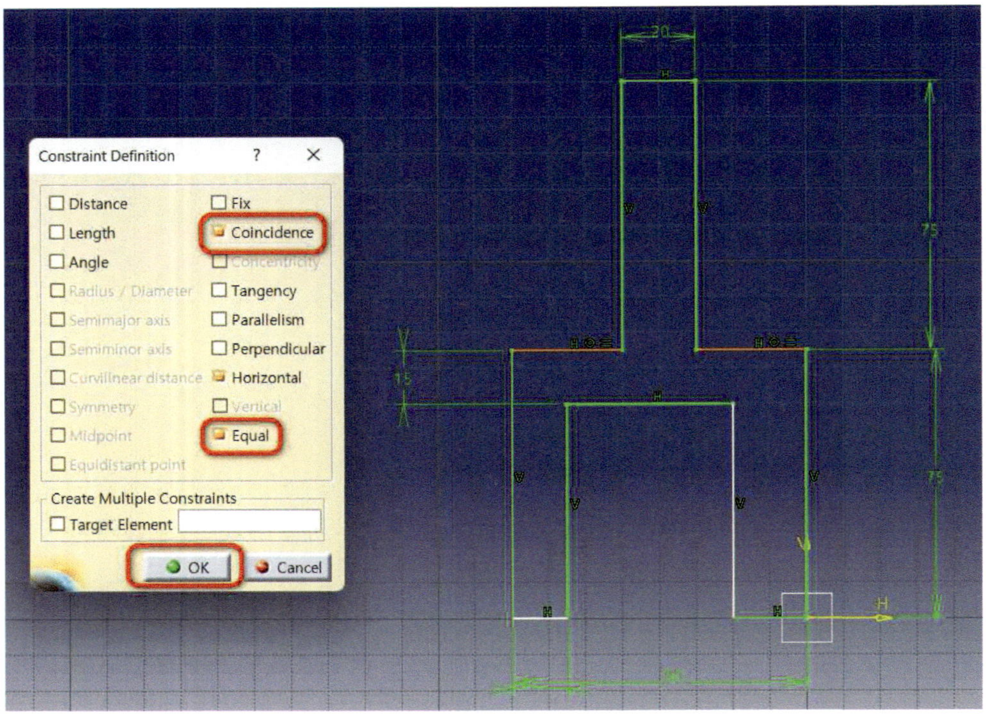

ⓘ 다음과 같이 수평인 스케치 선을 2개를 선택하고 대화상자에 정의된 제약조건 아이콘(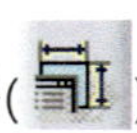)을 클릭한다.

ⓙ 제약조건 정의 대화상자에서 동일(Equal)을 클릭한다.

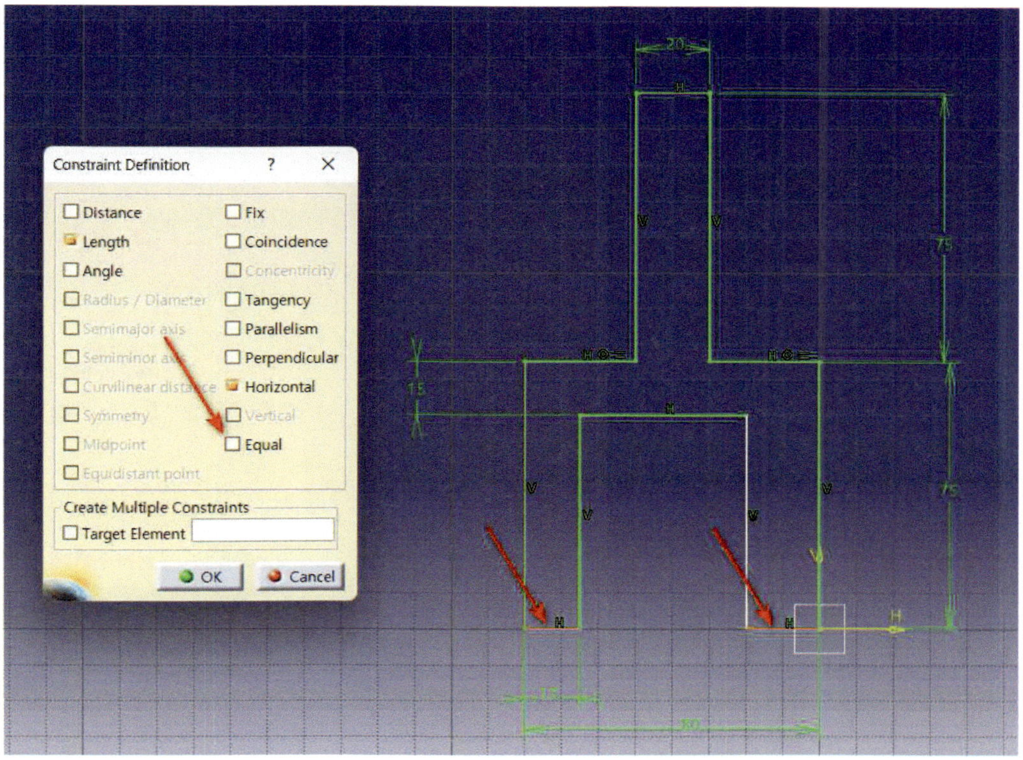

ⓚ 제약조건 정의 대화상자에서 일치(Coincidence)를 선택한다.

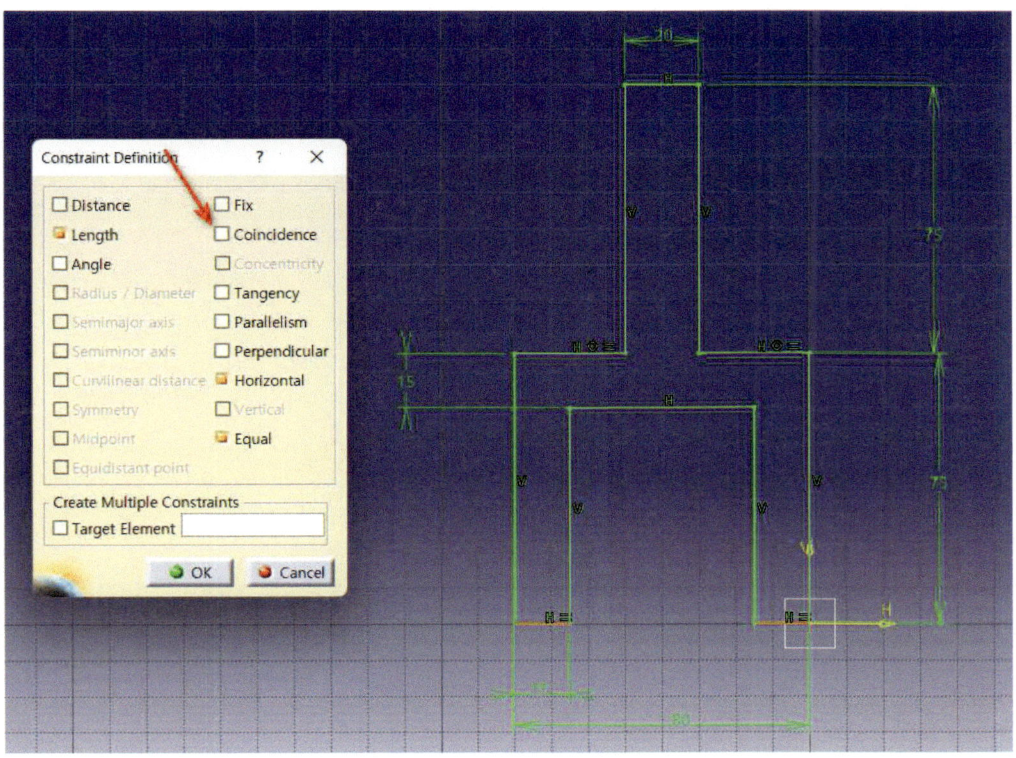

ⓛ 다음의 그림처럼 일치(Coincidence)와 동일(Equal)이 적용되면 OK를 클릭한다.

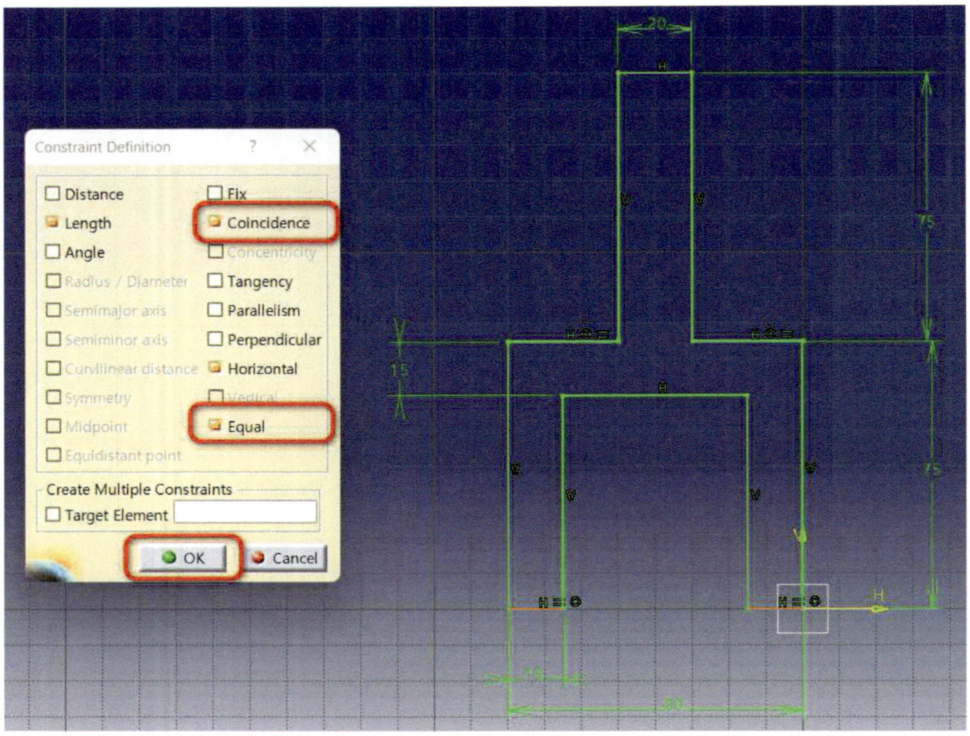

ⓜ 치수와 제약조건이 모두 적용되면 스케치 요소가 다음 그림과 같이 녹색으로 표시된다.

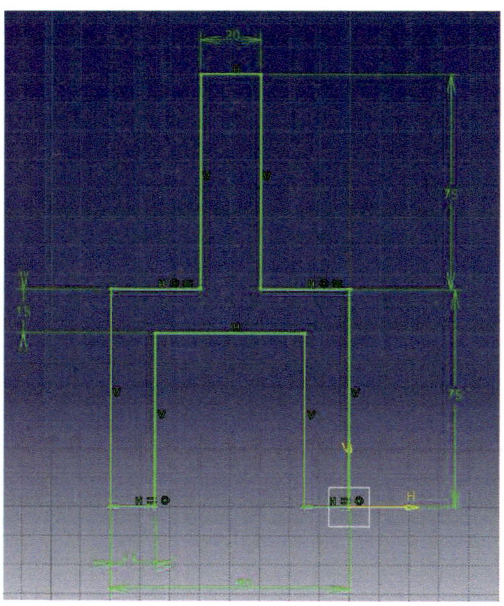

ⓝ 스케치 종료(workbench exit) 아이콘()을 클릭한다.

③ 패드(Pad) 적용

ⓐ 패드(Pad) 아이콘( )을 클릭한다.

ⓑ 다음과 같이 패드 대화상자를 설정하고 OK를 클릭한다.

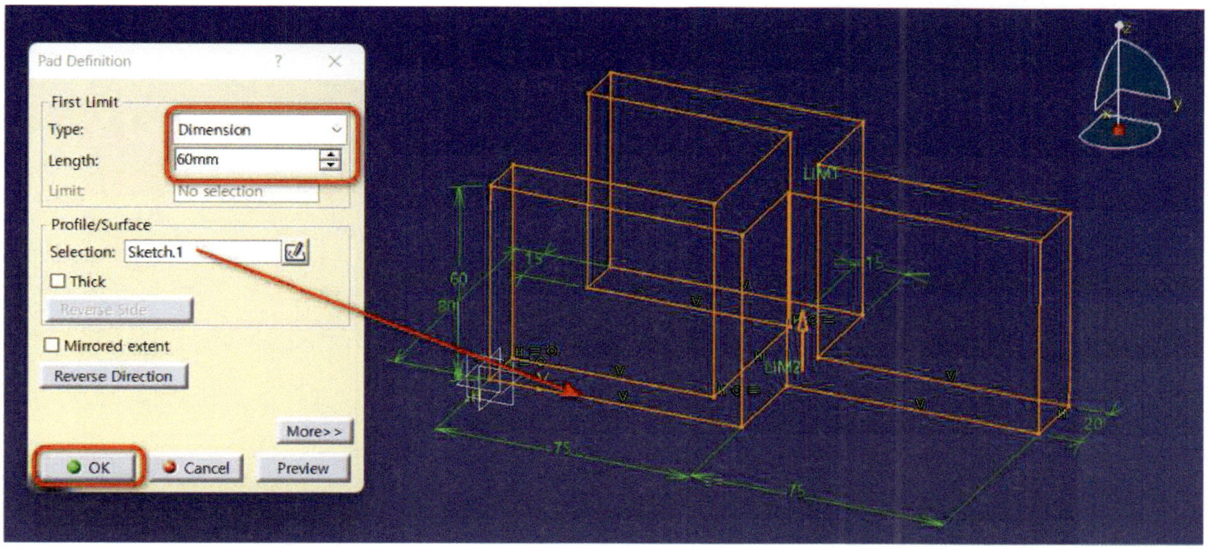

④ 필렛(Fillet) 적용

ⓐ 에지 필렛(Edge Fillet) 아이콘( )을 클릭한다.

ⓑ 에지 필렛(Edge Fillet) 대화상자를 설정하고 OK를 클릭한다.

- Radius : 30
- Object(s) to fillet : 그림처럼 모서리를 선택한다.

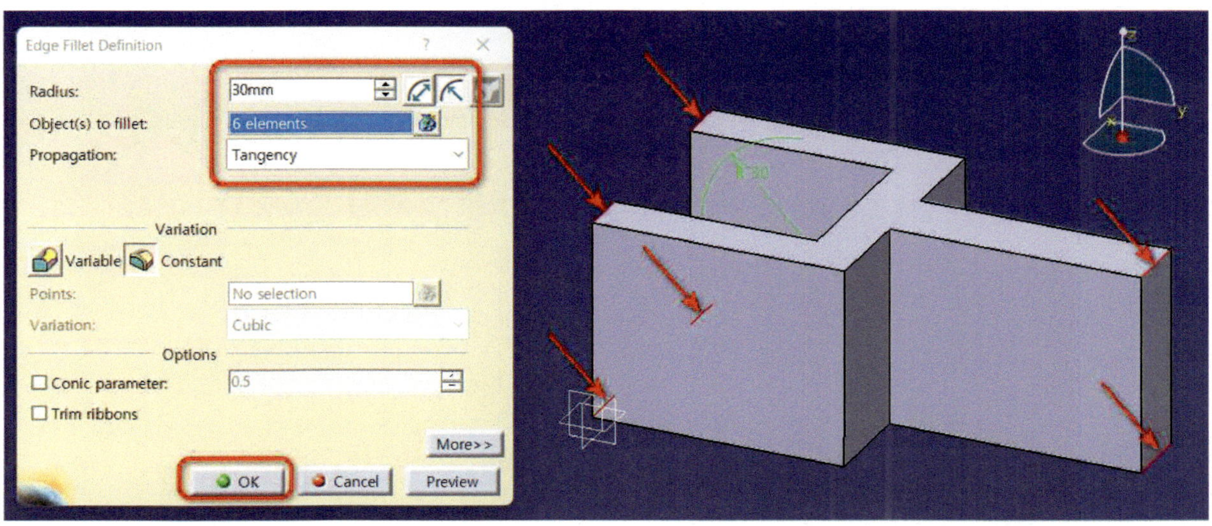

ⓒ 필렛(Fillet)이 적용된 형상은 다음과 같다.

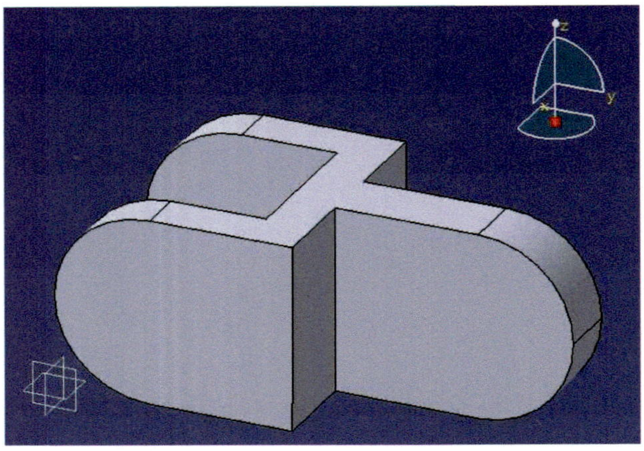

⑤ Sketch 작성

ⓐ xy 평면(plane)을 선택하고 스케치(Sketch) 아이콘( )을 클릭한다.

ⓑ 스케치(Sketch) 화면이 나타난다.

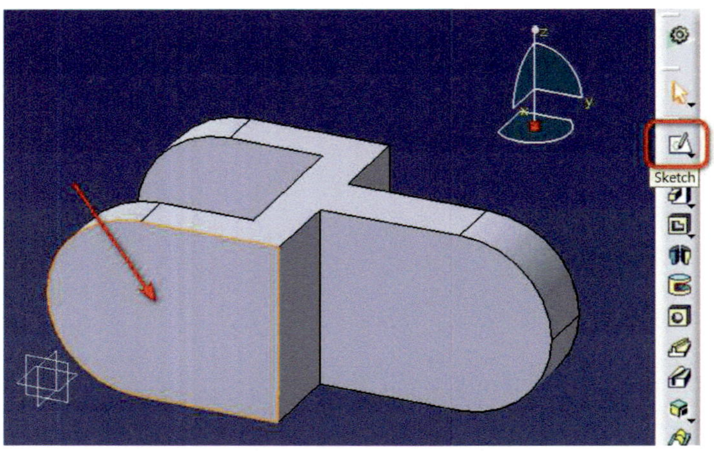

ⓒ 원(Circle) 아이콘( )을 클릭하고 다음의 그림처럼 원을 작성한다.

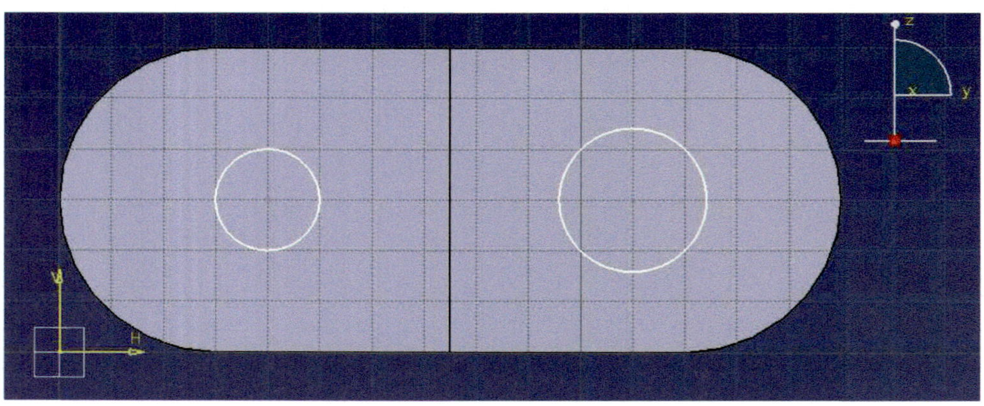

ⓓ 치수 아이콘( )을 클릭하고 다음과 같이 치수를 기입한다.

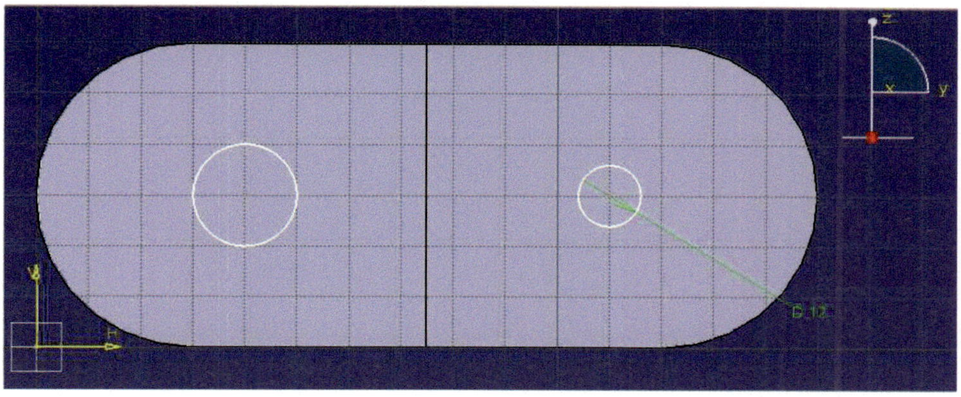

ⓔ 두 개의 원을 선택하고 대화상자에 정의된 제약조건 아이콘( )을 클릭한다.

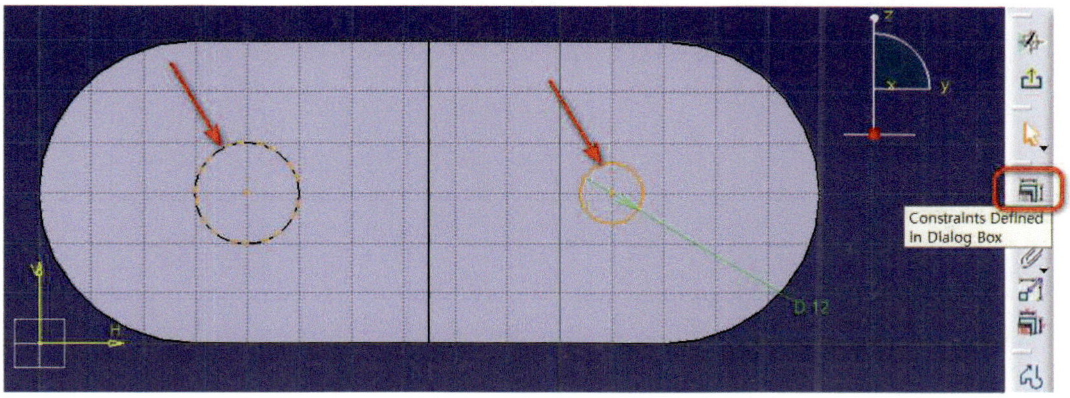

ⓕ 제약조건 정의 대화상자에서 동일(Equal)을 선택하고 OK를 클릭한다.

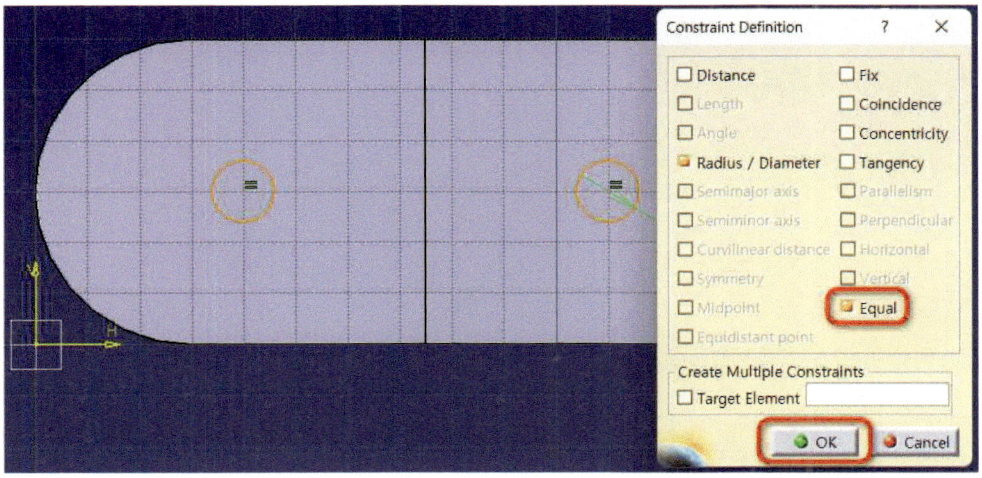

ⓖ 접촉 제약조건 아이콘( )을 선택한다.

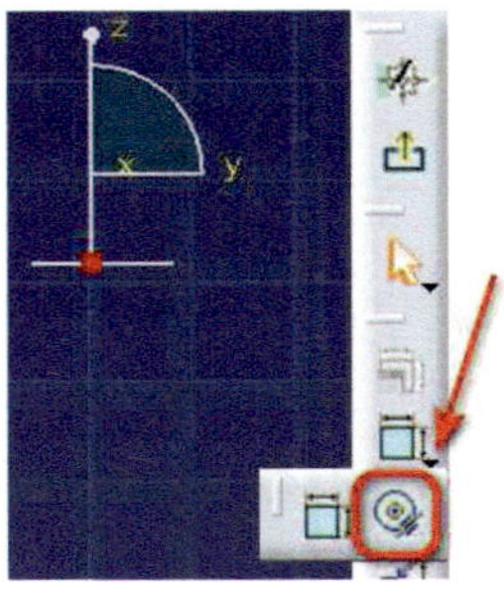

ⓗ 다음의 그림처럼 Part body의 우측모서리와 스케치한 원을 선택하면 두 요소의 중심이 동심이 된다.

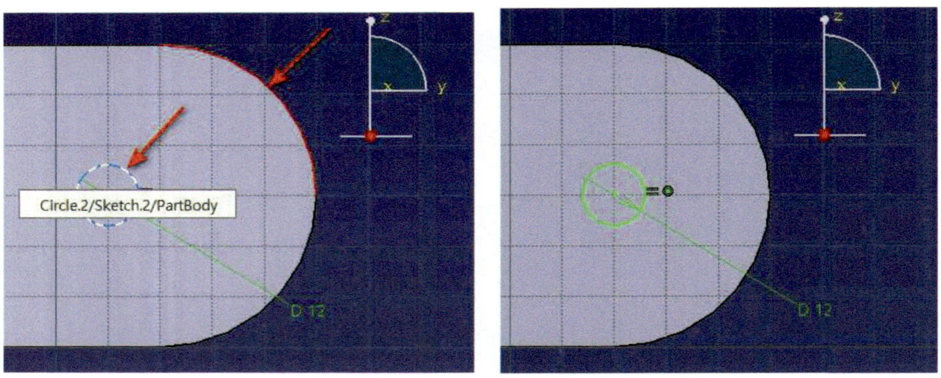

ⓘ 한 번 더 다음의 그림처럼 Part body의 좌측모서리와 스케치한 원을 선택하면 두 요소의 중심이 동심이 된다.

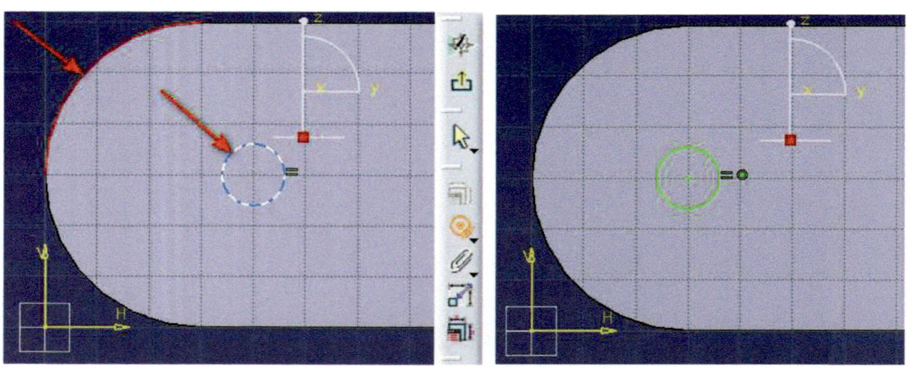

ⓙ 스케치 종료(workbench exit) 아이콘( )을 클릭한다.

⑥ 포켓(Pocket) 적용

ⓐ 다음과 같이 앞에서 스케치한 요소를 선택하고 포켓(Pocket) 아이콘()을 클릭한다.

ⓑ 다음과 같이 포켓(Pocket) 대화상자를 설정하고 OK를 클릭한다.

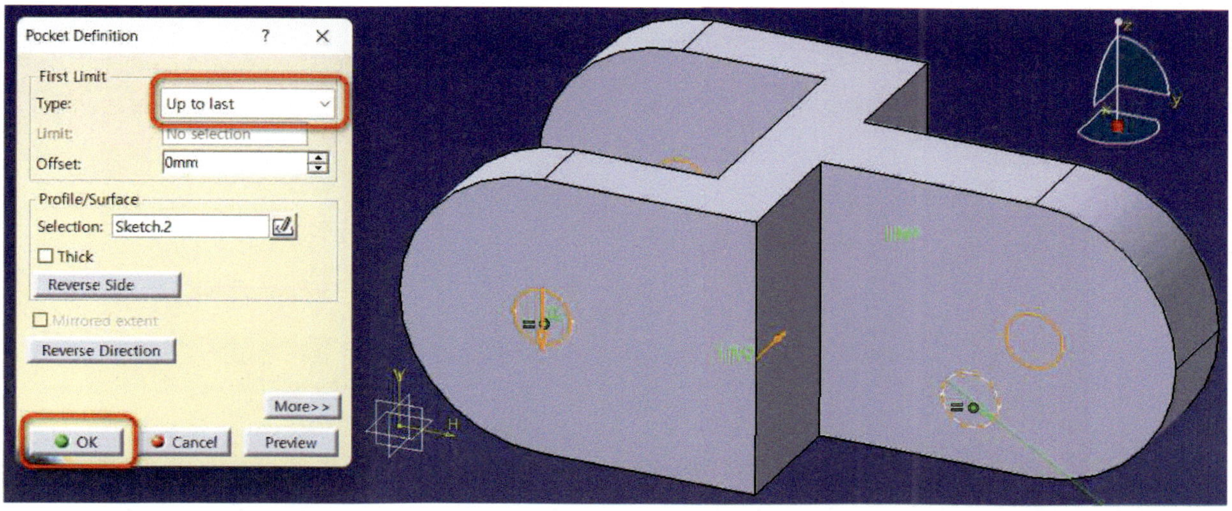

ⓒ 포켓(Pocket)이 적용된 형상은 다음과 같다.

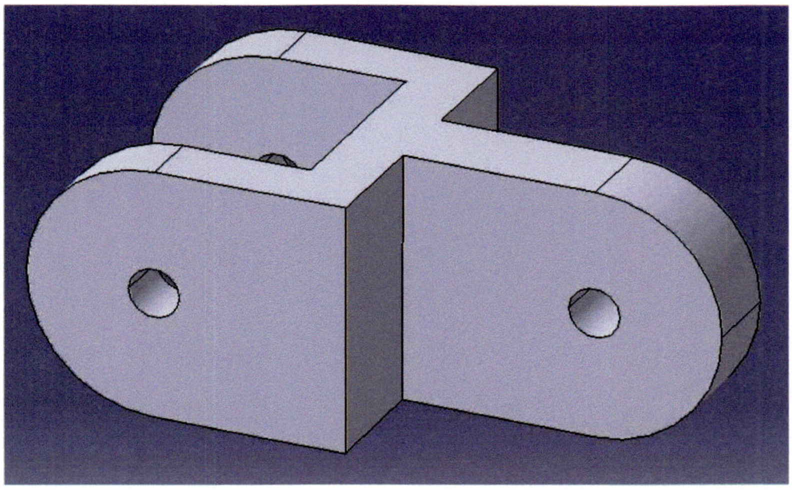

2-04 Part modeling

① Sketch 작성

ⓐ Start → Mechanical Design → Part Design을 클릭한다.

ⓑ New 대화상자에서 Part를 선택하고 OK를 클릭한다.

ⓒ yz 평면(plane)을 선택하고 스케치(Sketch) 아이콘( )을 클릭한다.

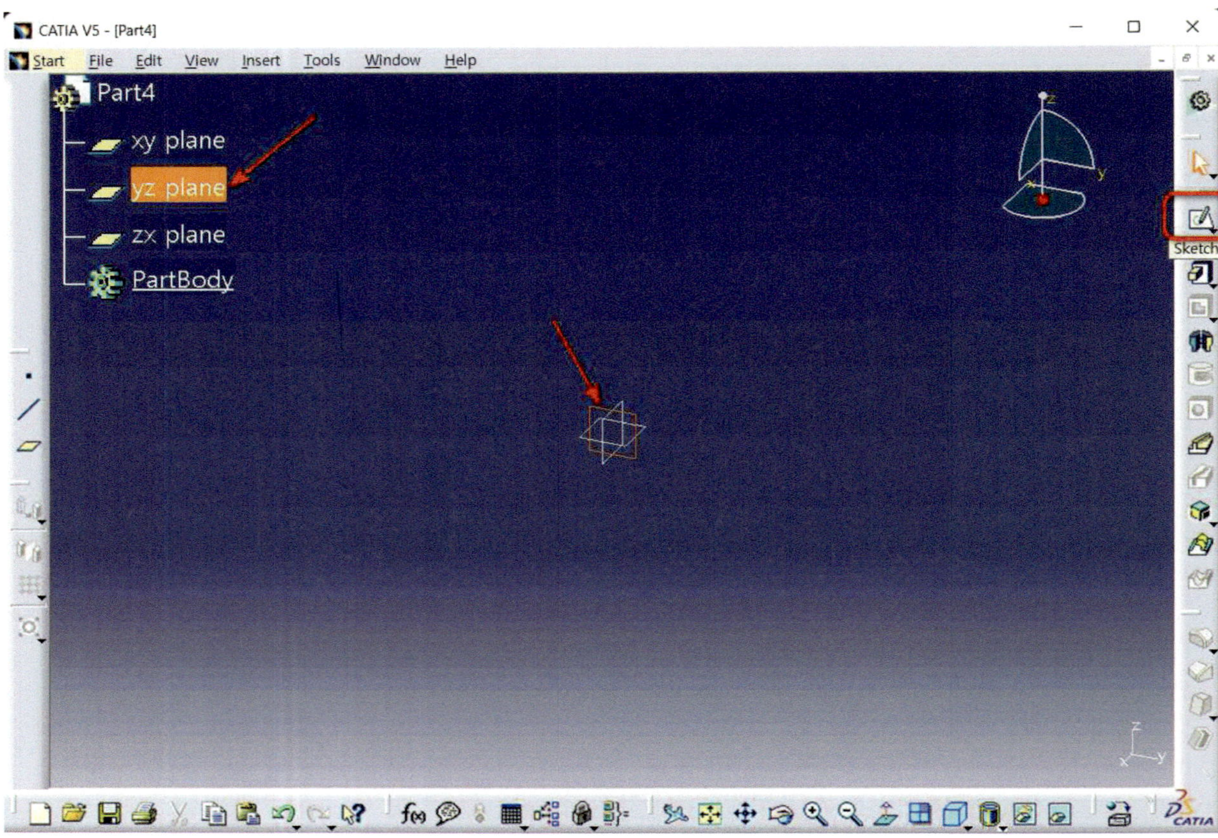

ⓓ 프로파일(Profifle) 아이콘( )을 선택하고 다음 그림처럼 작성한다.

ⓔ 치수 아이콘( )을 클릭하고 다음과 같이 치수를 기입한다.

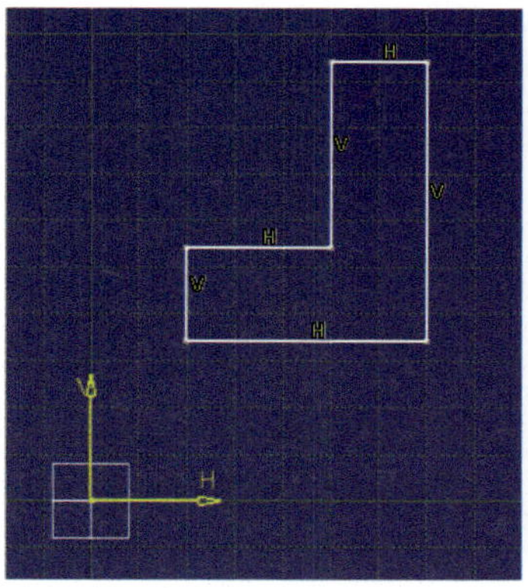

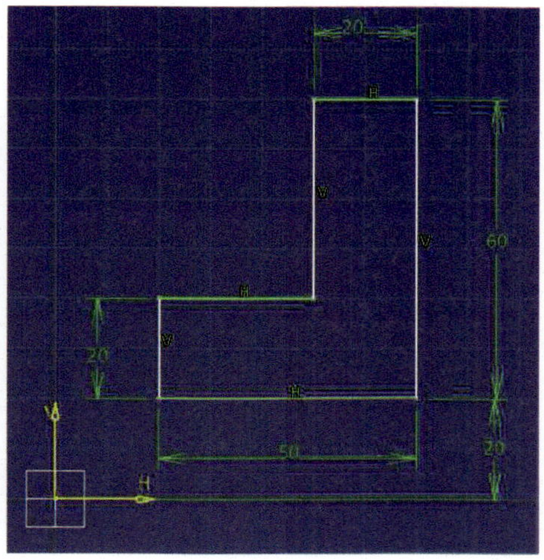

ⓕ 다음과 같이 수직인 축과 스케치 선을 선택하고 대화상자에 정의된 제약조건 아이콘(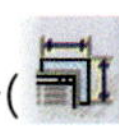)을 클릭한다.

ⓖ 제약조건 정의 대화상자에서 일치(Coincidence)를 선택한다.

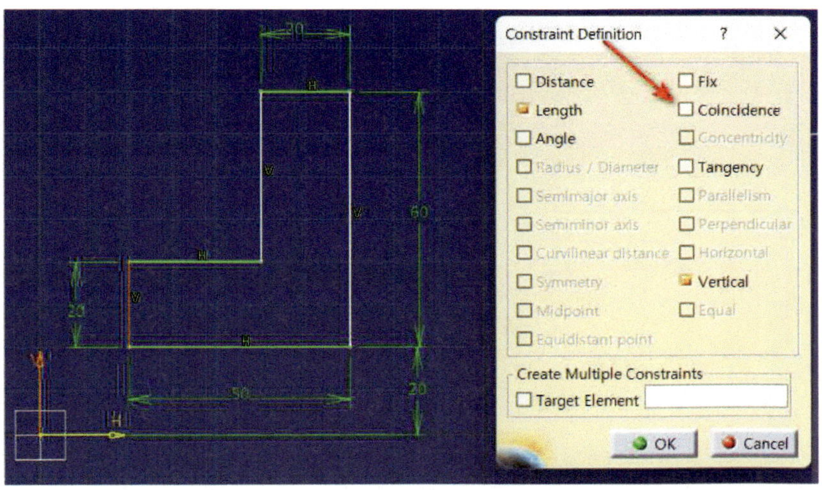

ⓗ 두 요소가 같은 동일한 위치로 적용되면 OK를 클릭한다.

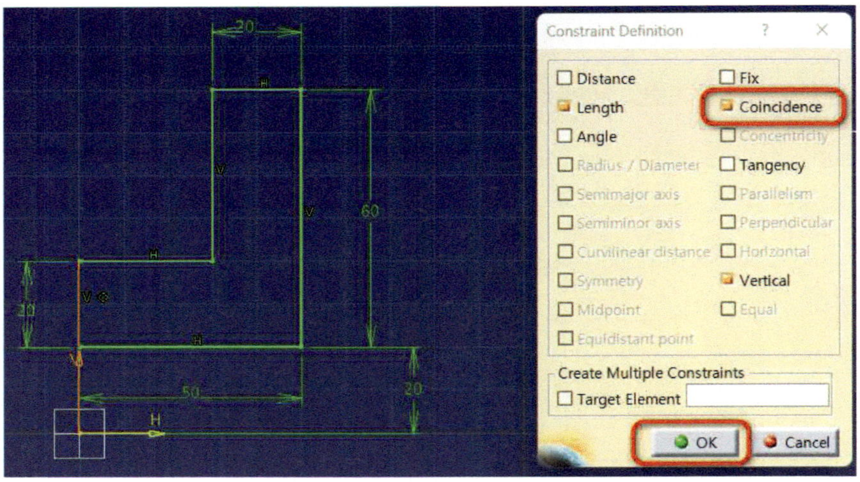

ⓘ 스케치 종료(workbench exit) 아이콘( )을 클릭한다.

② Shaft 적용

ⓐ Shaft 아이콘( )을 클릭한다.

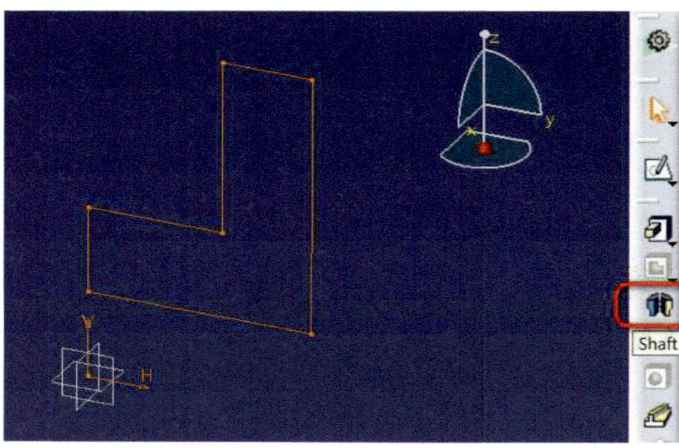

ⓑ Shaft 대화상자를 설정하고 Axis는 다음과 같이 수평인 축을 선택하고 OK를 클릭한다.

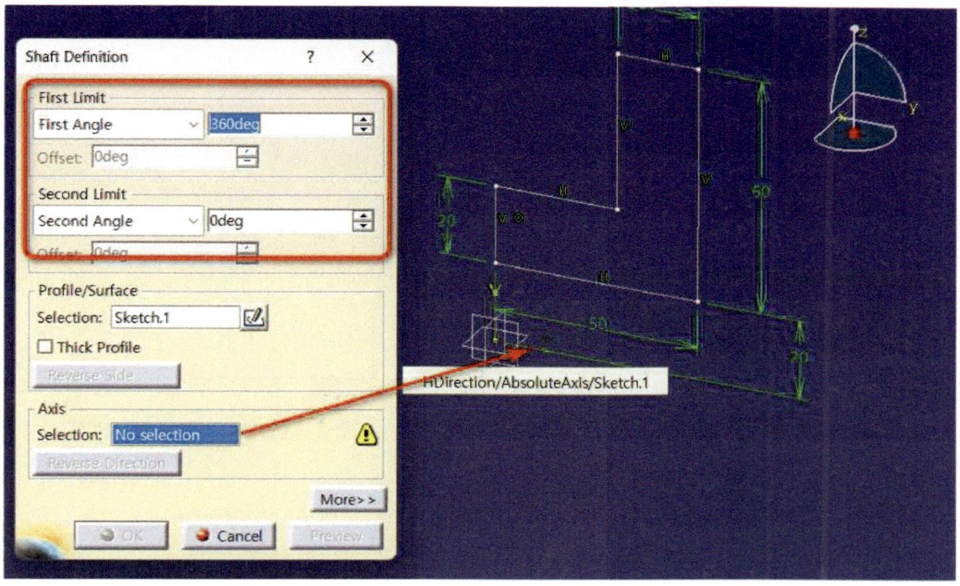

ⓒ Shaft가 적용된 형상은 다음과 같다.

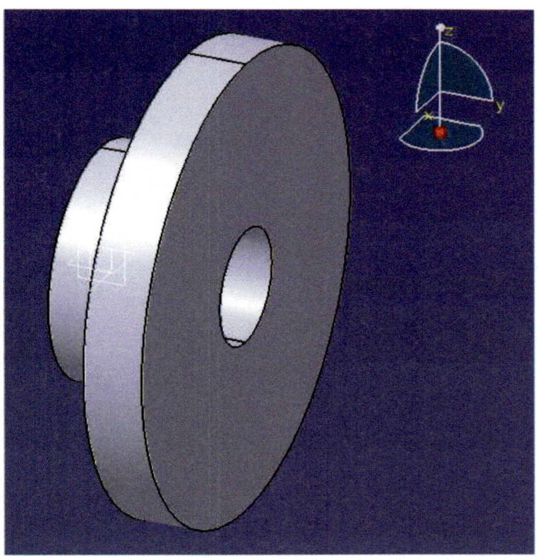

③ Sketch 작성

ⓐ 다음의 그림처럼 Part body의 측면을 선택하고 스케치(Sketch) 아이콘()을 클릭한다.

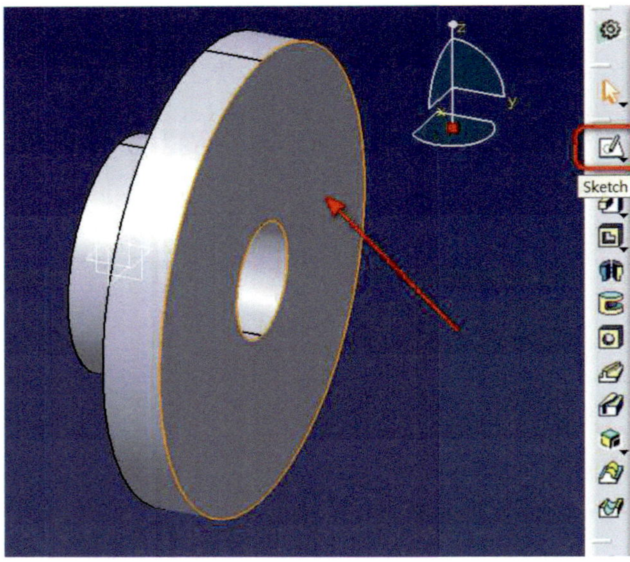

ⓑ 누르기로 작성한 점(Point by Clicking) 아이콘( )을 선택한다.

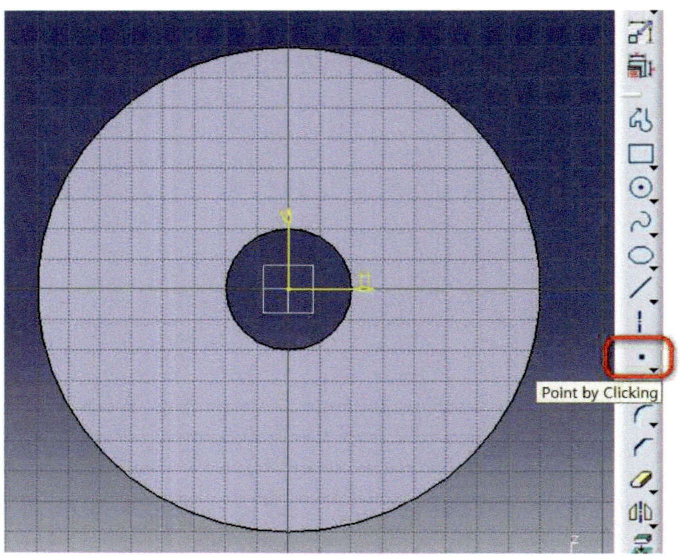

ⓒ 다음의 그림처럼 임의의 위치를 클릭하여 점을 생성한다.

ⓓ 치수 아이콘( )을 클릭하고 다음과 같이 치수를 기입한다.

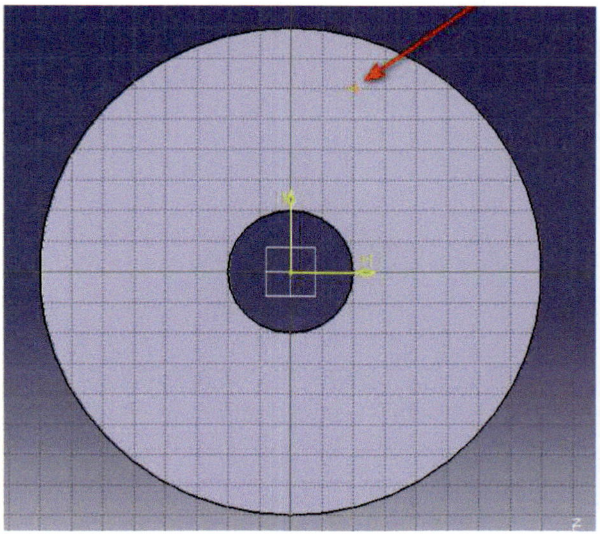

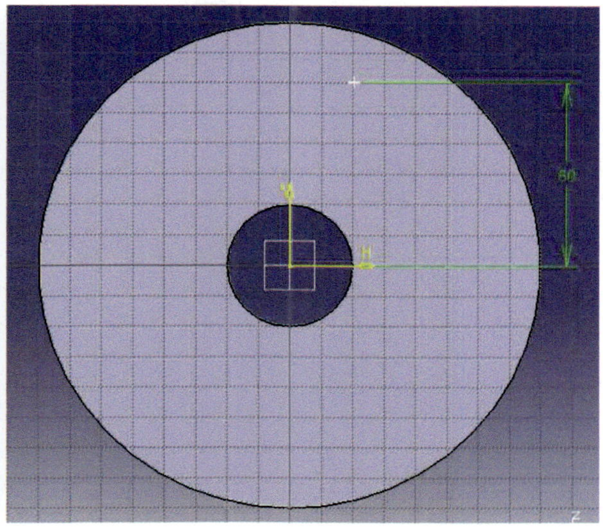

ⓔ 다음과 같이 수직인 축과 점을 선택하고 대화상자에 정의된 제약조건 아이콘()을 클릭한다.

ⓕ 제약조건 정의 대화상자에서 일치(Coincidence)를 선택한다.

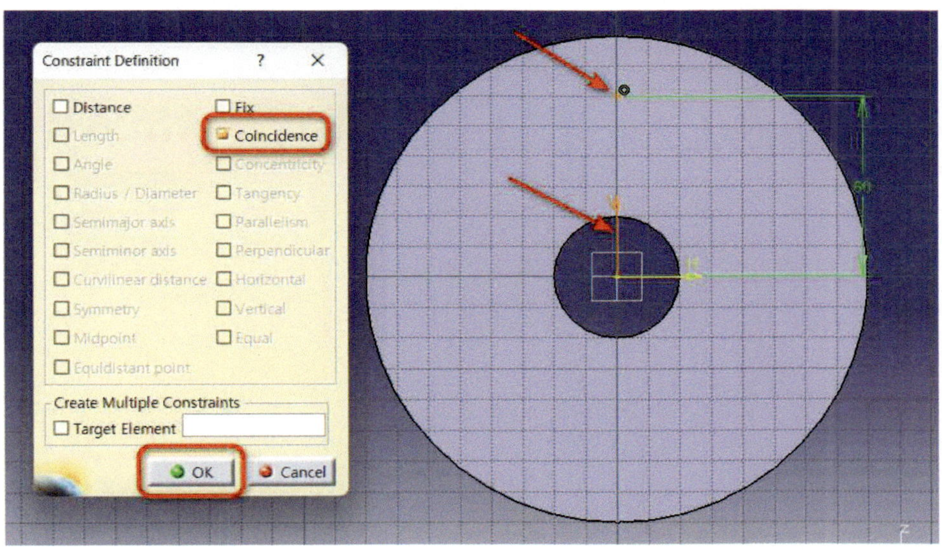

ⓖ 스케치 종료(workbench exit) 아이콘()을 클릭한다.

④ Hole 적용

ⓐ Hole 아이콘()을 클릭한다.

ⓑ 앞에서 작성한 점을 클릭한다.

ⓒ 다음 그림처럼 Part body의 측면을 선택한다.

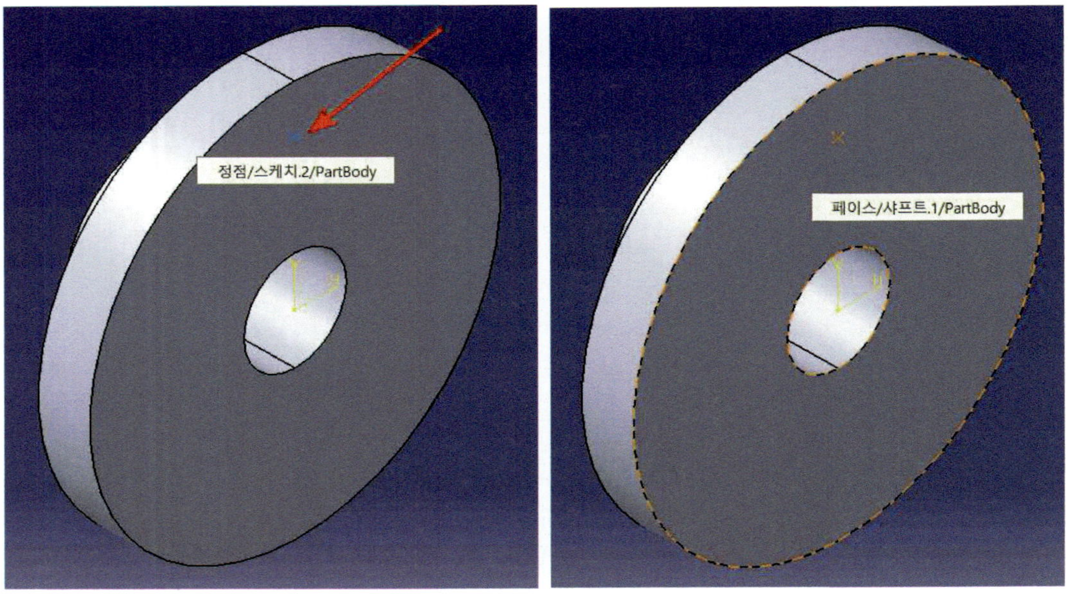

ⓓ Hole 대화상자가 나타난다.

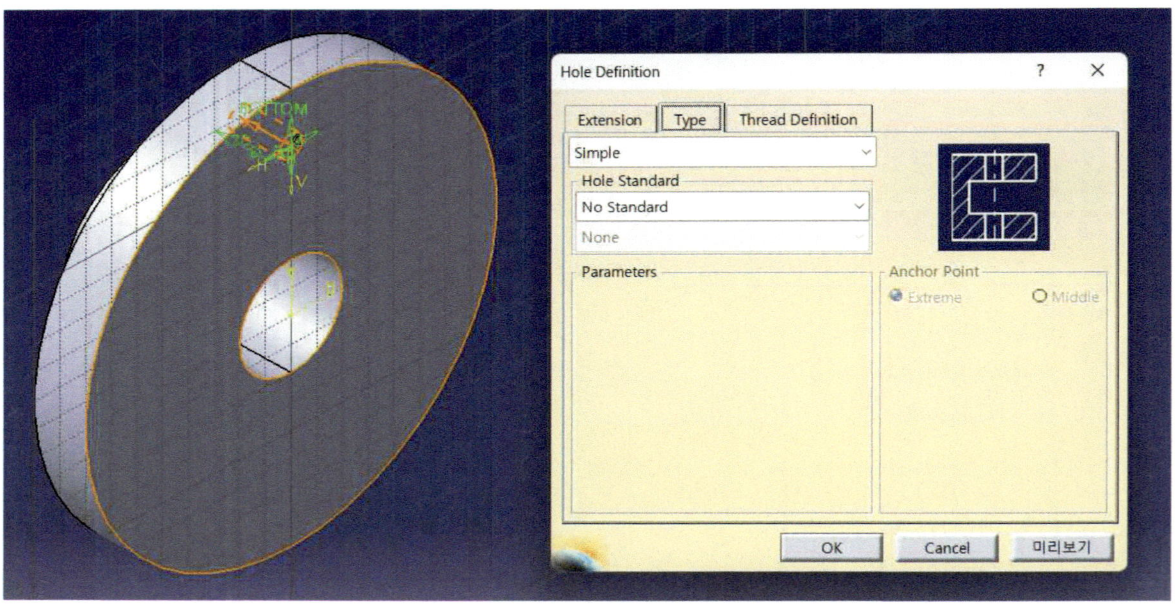

ⓔ Hole 대화상자를 다음과 같이 설정하고 OK를 클릭한다.

- Type : Count bored
- Hole Standard : Metric_cap_Screws

  M8-Close

- Extension : Up to Last

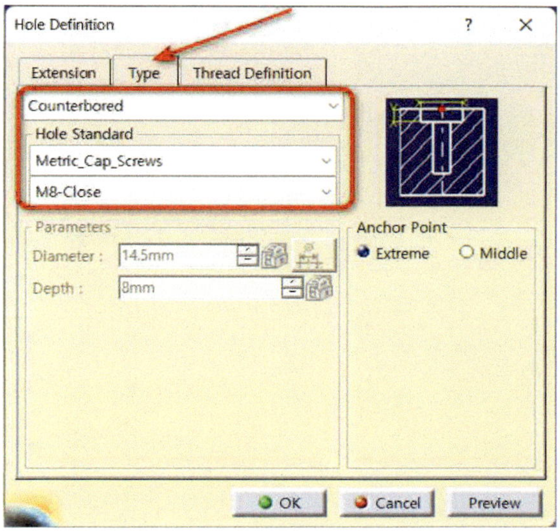

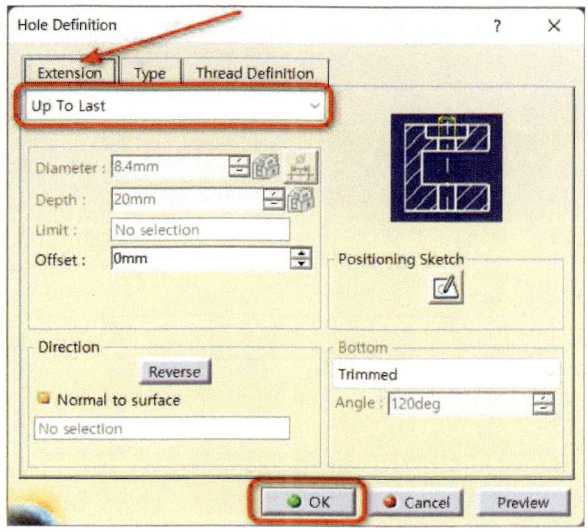

ⓕ Hole이 적용된 형상은 다음과 같다.

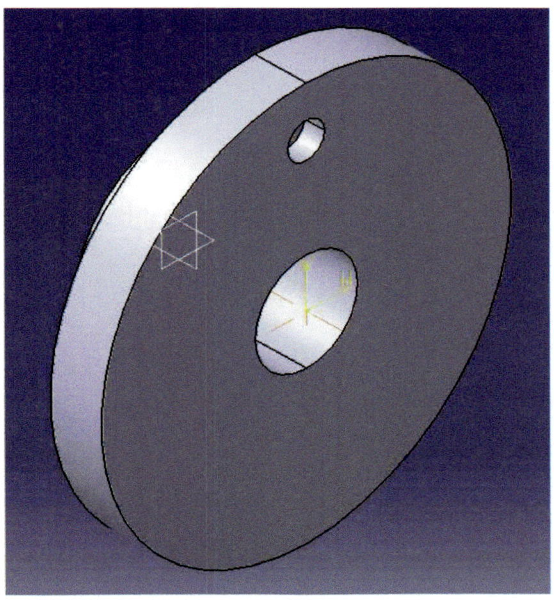

⑤ Circular Pattern 적용

ⓐ Circular Pattern 아이콘( )을 클릭한다.

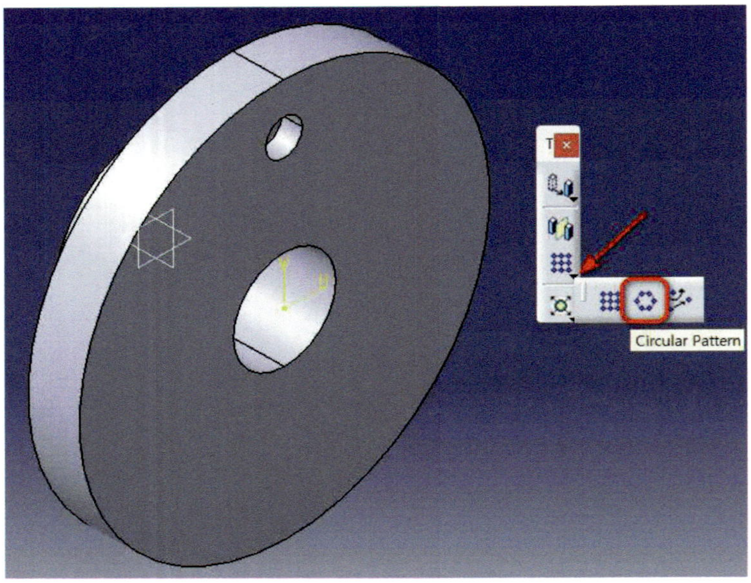

ⓑ 다음 그림과 같이 Circular Pattern 대화상자를 다음과 같이 설정한다.

- Parameter : Instance(s) & angular spacing
- Instance(s) : 6
- angular spacing : 60
- Reference element : 그림처럼 구멍의 안쪽 면을 클릭한다(구멍의 중심축이 선택된다).

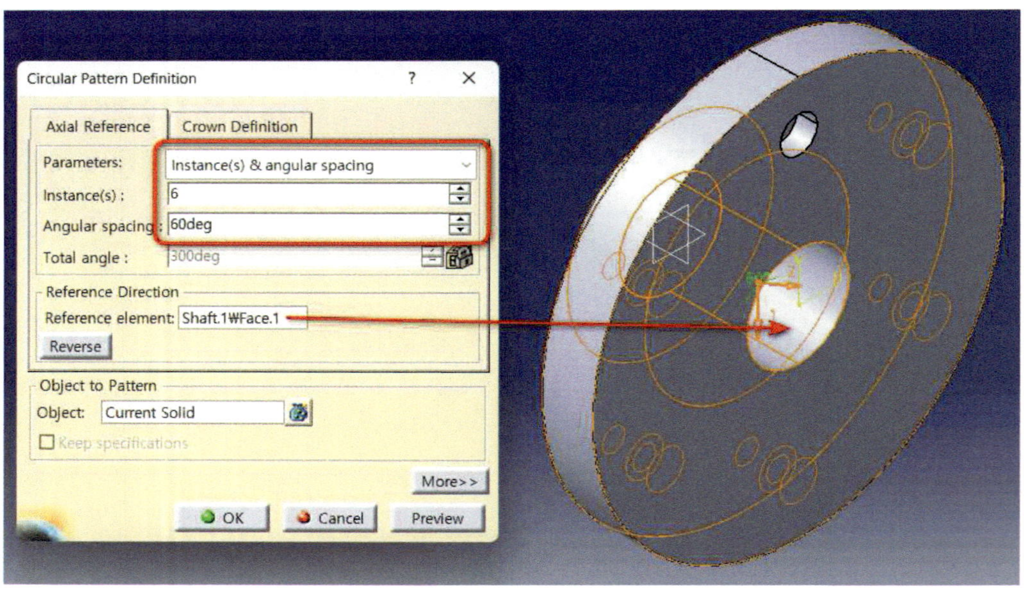

ⓒ 패턴 요소 선택하기

- Object가 Current Solid로 설정되어 있으므로 을 택한다.

- Object to Pattern 대화상자가 나타나면 앞에 작성한 Hole을 선택한다.

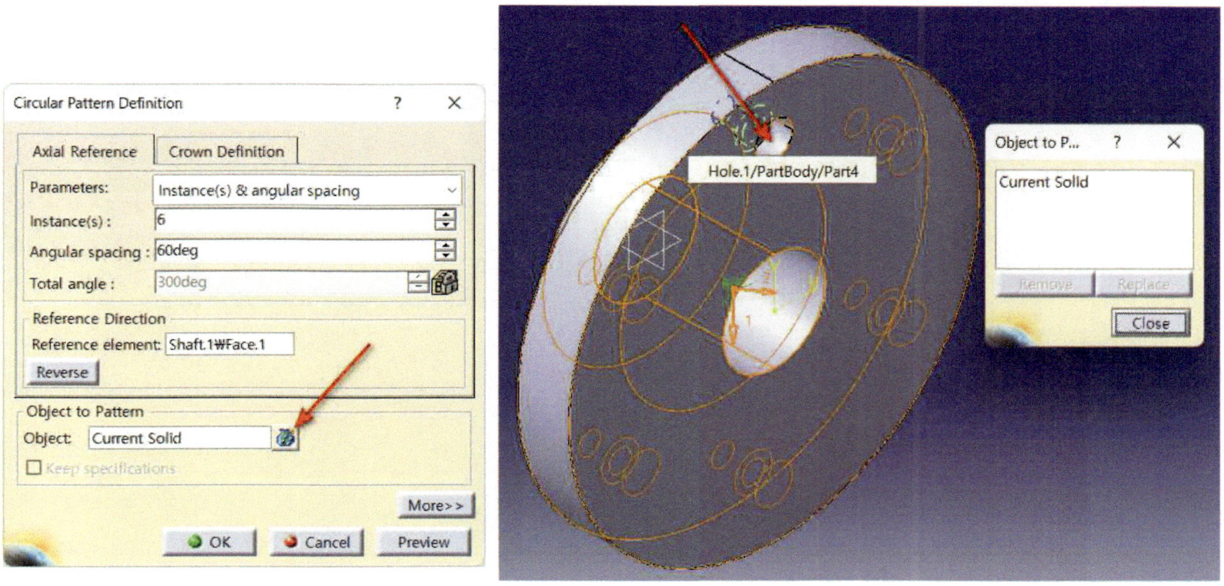

- Object to Pattern 대화상자에 Hole이 나타나면 Close를 클릭한다.

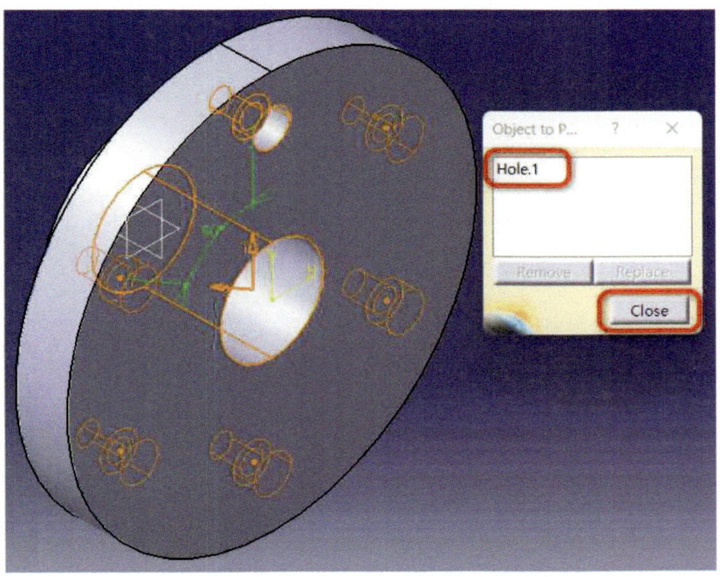

- Circular Pattern 대화상자의 OK를 클릭한다.

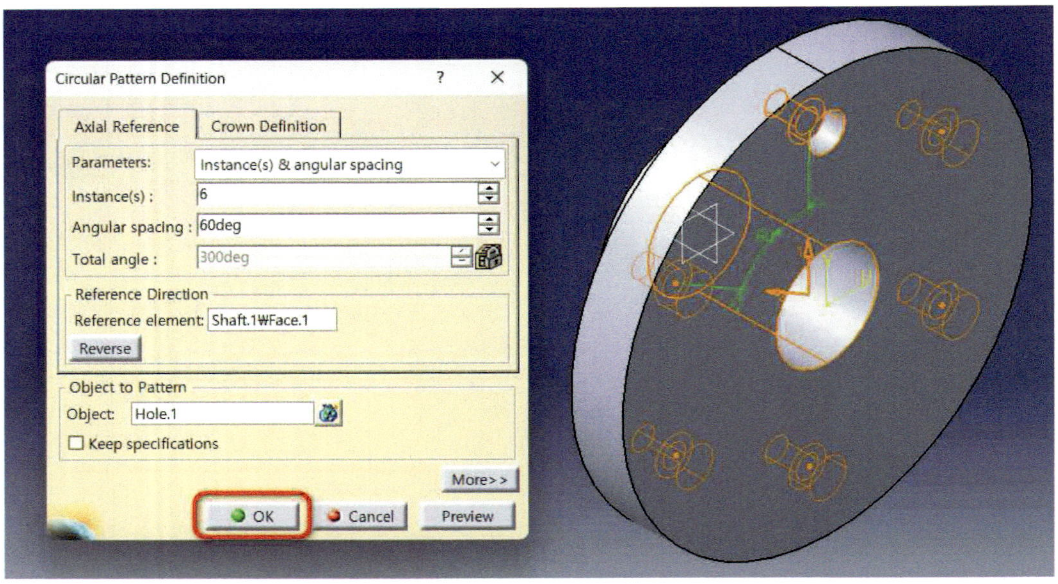

참고

Pattern 아이콘을 선택하기 전에 Pattern 할 요소를 선택하고 Pattern 아이콘을 선택할 수 있다.

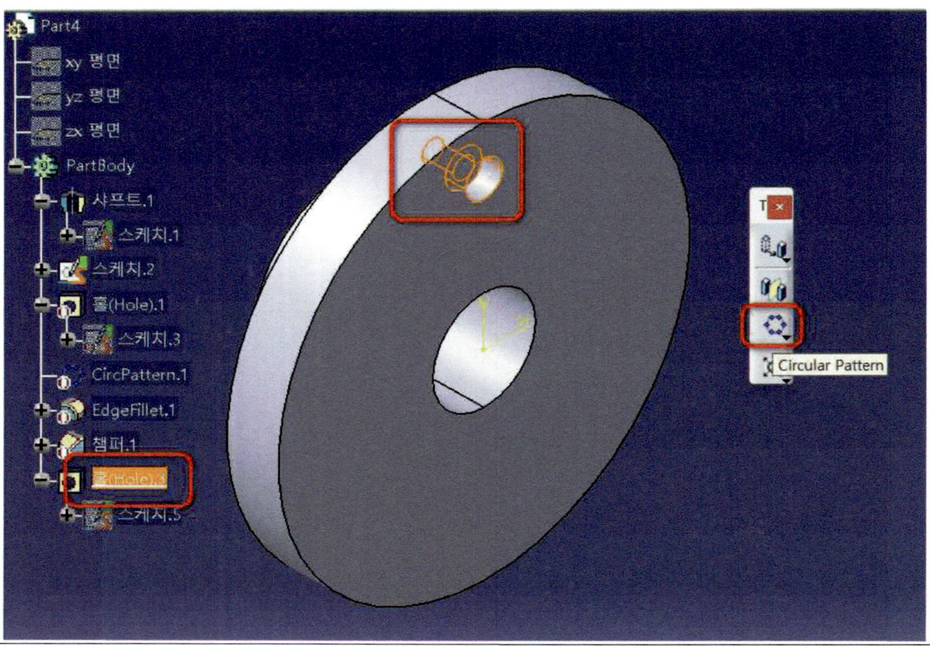

⑥ 필렛(Fillet) 적용

ⓐ 에지 필렛(Edge Fillet) 아이콘( )을 클릭한다.

ⓑ 에지 필렛(Edge Fillet) 대화상자를 설정하고 OK를 클릭한다.

- Radius : 5

- Object(s) to fillet : 그림처럼 모서리를 선택한다.

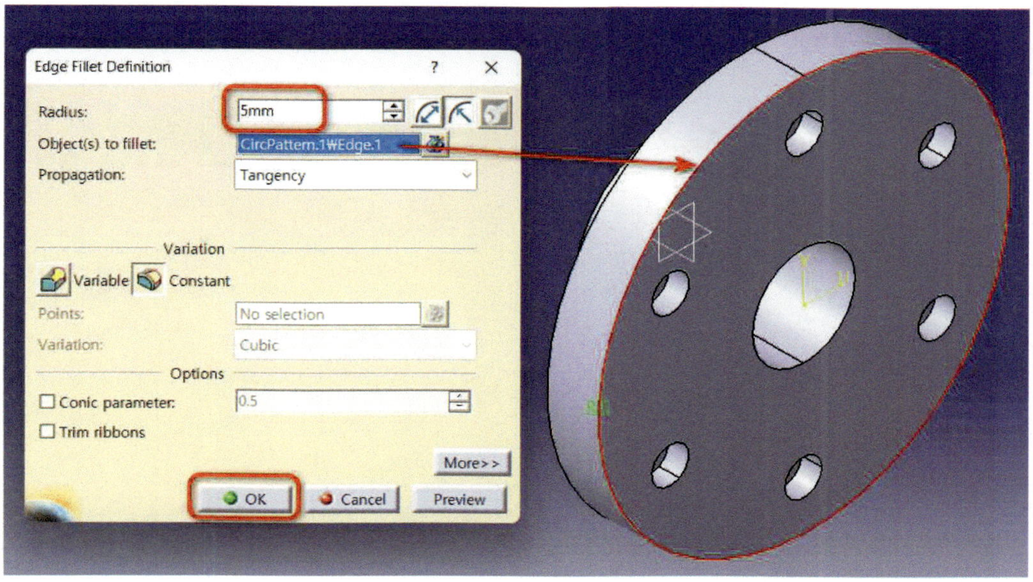

⑦ 모따기 적용

ⓐ 모따기(Chamfer) 아이콘( )을 클릭한다.

ⓑ 모따기(Chamfer) 대화상자를 설정하고 OK를 클릭한다.

- Mode : Length 1/Angle
- Length 1 : 1
- Angle : 45
- Object(s) to chamfer : 그림처럼 2개의 모서리를 선택한다.

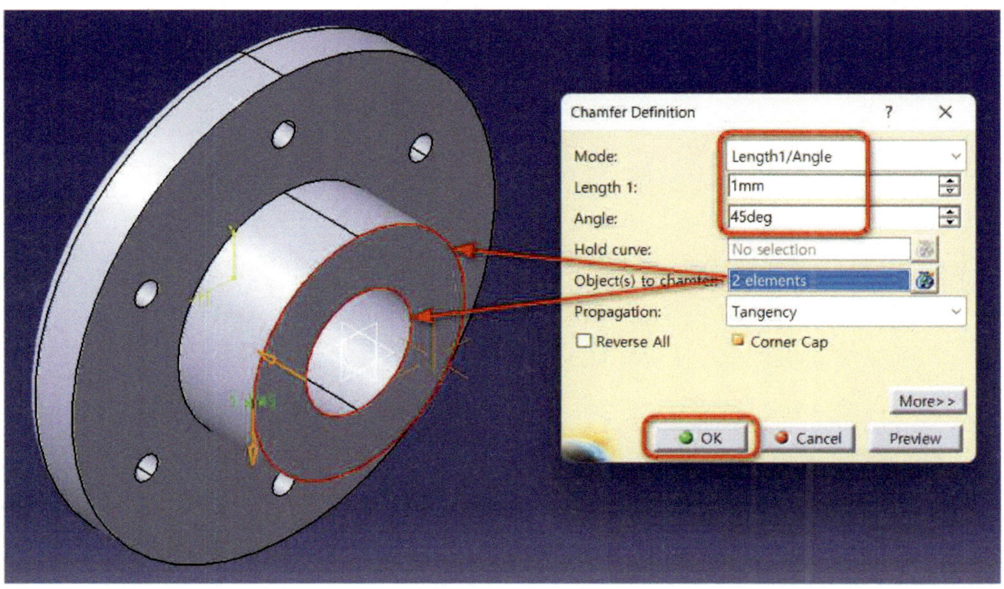

⑧ 다음의 그림처럼 필렛과 모따기가 적용된 Part body이다.

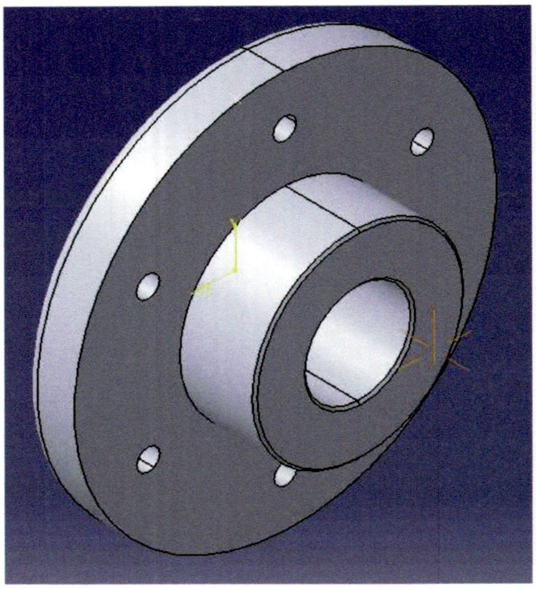

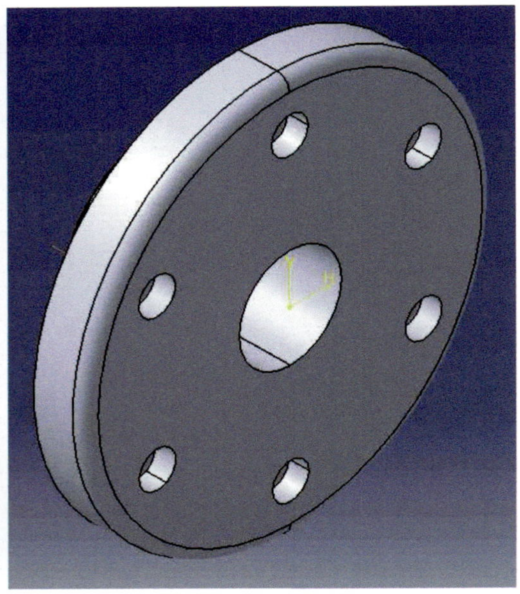

2-05 Part modeling

① Sketch 작성

ⓐ Start → Mechanical Design → Part Design을 클릭한다.

ⓑ New 대화상자에서 Part를 선택하고 OK를 클릭한다.

ⓒ yz 평면(plane)을 선택하고 스케치(Sketch) 아이콘( )을 클릭한다.

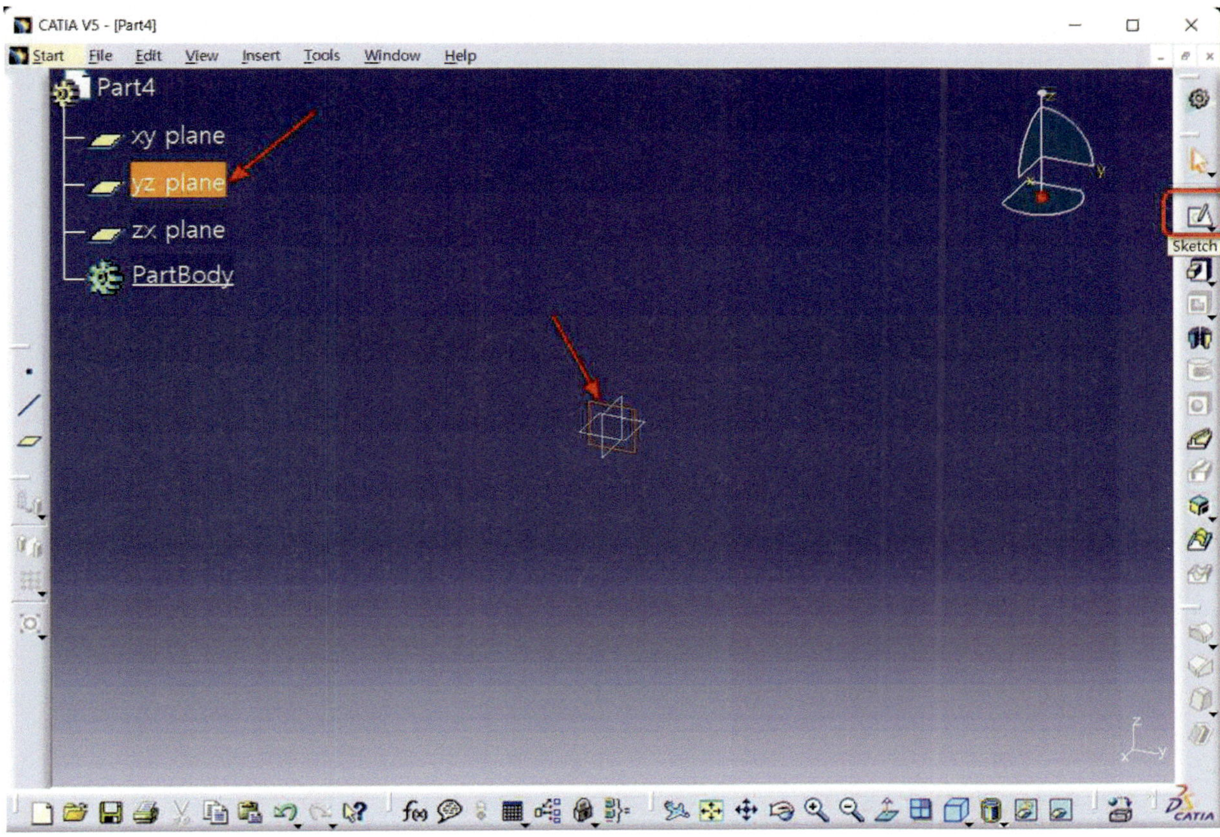

ⓓ 프로파일(Profifle) 아이콘( )을 선택하고 다음 그림처럼 작성한다.

ⓔ 치수 아이콘( )을 클릭하고 다음과 같이 치수를 기입한다.

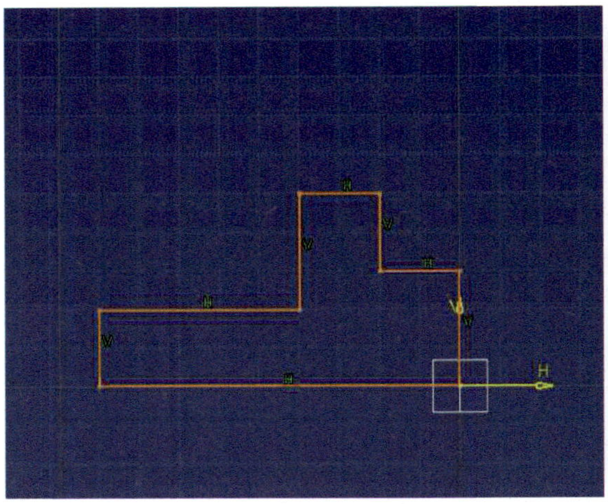

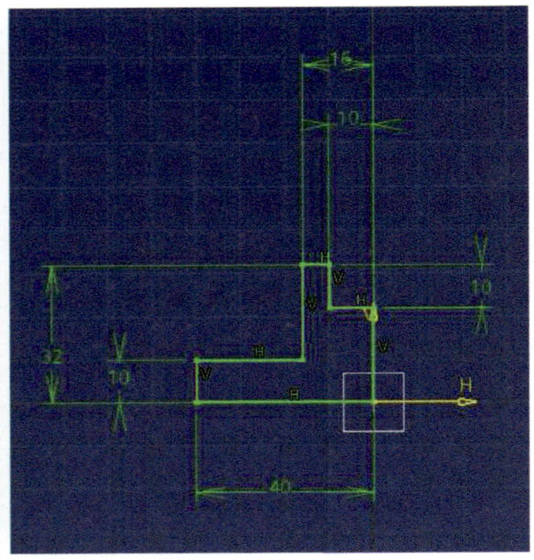

ⓕ 스케치 종료(workbench exit) 아이콘( )을 클릭한다.

② Shaft 적용

ⓐ Shaft 아이콘( )을 클릭한다.

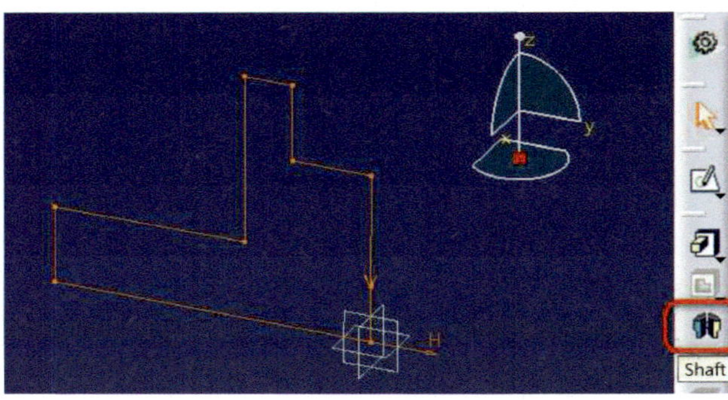

ⓑ 다음과 같이 Shaft 대화상자를 설정하고 OK를 클릭한다.

- Select : sketch 1
- Axis : 원점에 수직한 선.

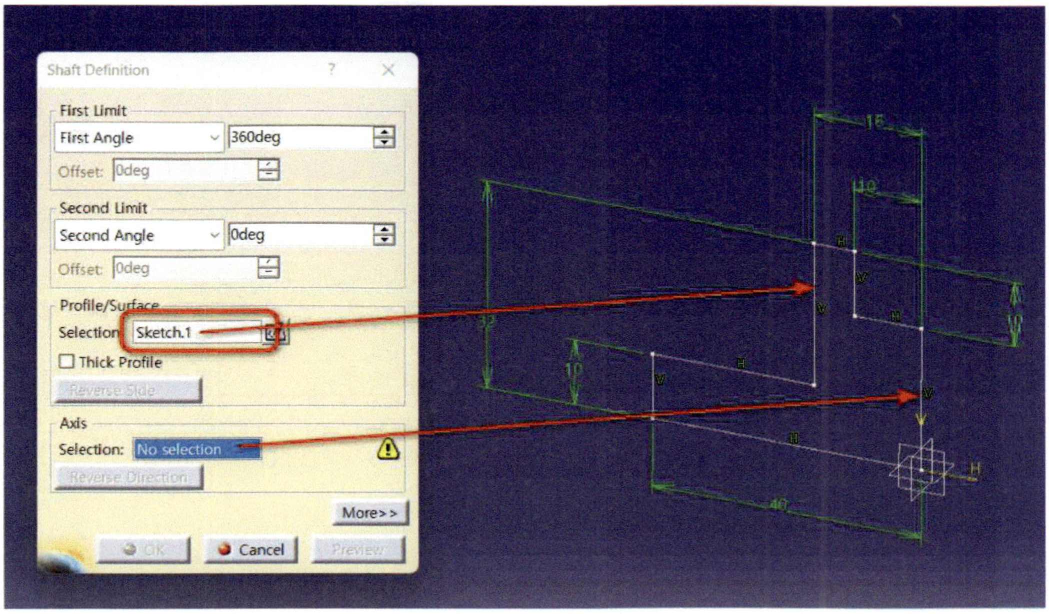

- First Angle : 180

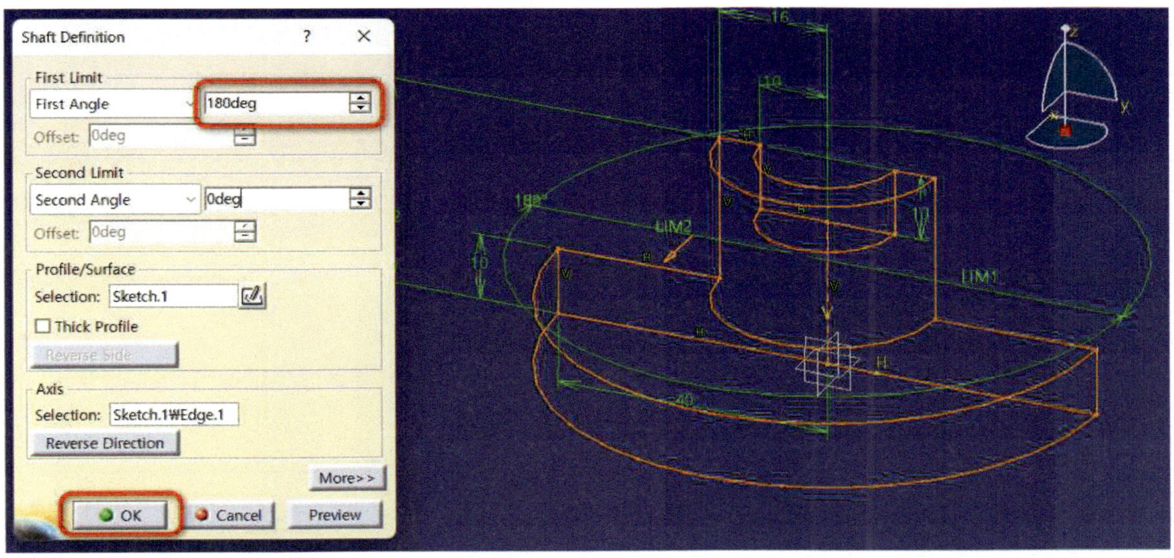

③ Sketch 작성

ⓐ 컴퍼스를 활용하여 Part body를 회전시키고 다음의 그림처럼 평면을 선택하고 스케치(Sketch) 아이콘()을 클릭한다.

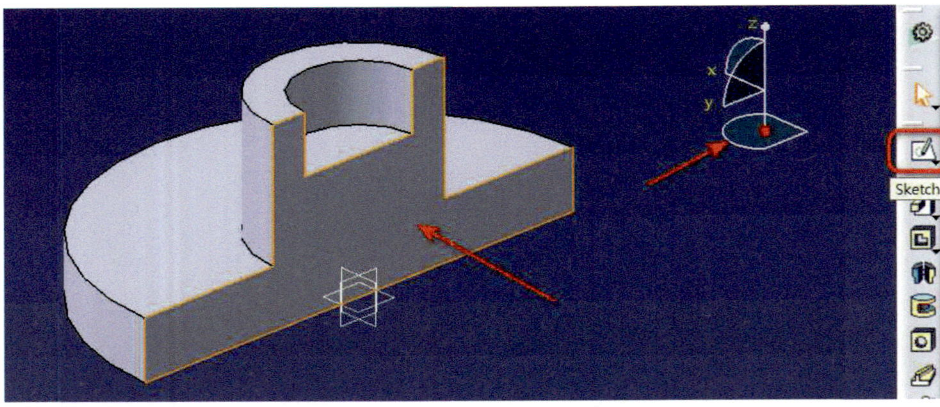

ⓑ 투영(Project 3D Elements) 아이콘( )을 클릭한다.

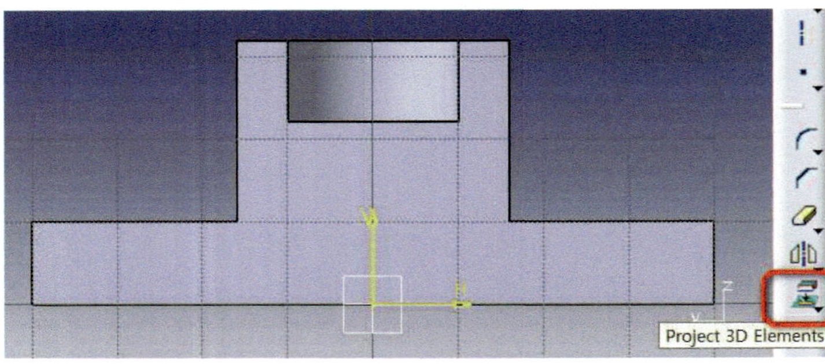

ⓒ Projection 대화상자가 나타나면 다음의 그림의 평면을 선택(선택한 면을 포함하는 모서리 선이 모두 선택된다)하고 OK를 클릭한다.

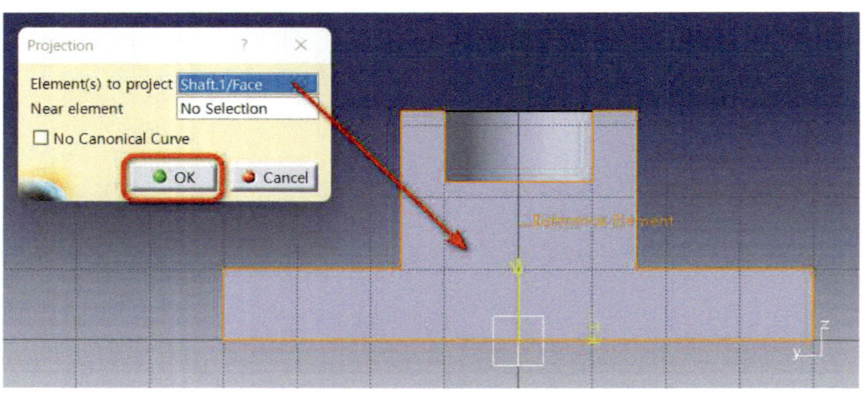

ⓓ 스케치 종료(workbench exit) 아이콘( )을 클릭한다.

④ 패드(Pad) 적용

ⓐ 패드(Pad) 아이콘( )을 클릭한다.

ⓑ 다음과 같이 패드 대화상자를 설정하고 OK를 클릭한다.

- Type : Dimension
- Length : 44
- Selection : 앞의 Projection으로 생성된 스케치를 선택한다.

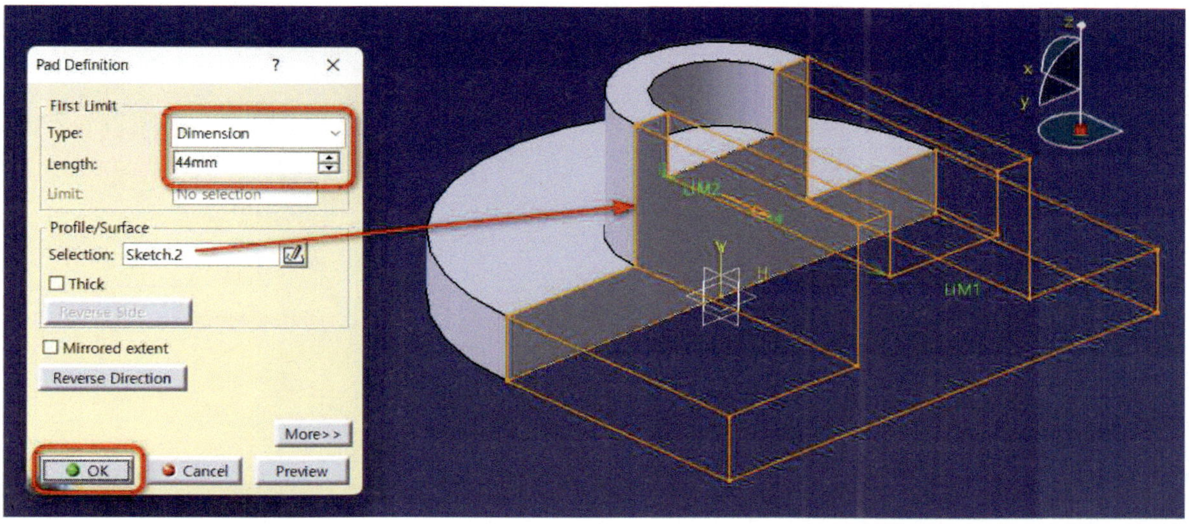

⑤ Sketch 작성

ⓐ 다음의 그림처럼 Part body의 평면을 선택하고 스케치(Sketch) 아이콘( )을 클릭한다.

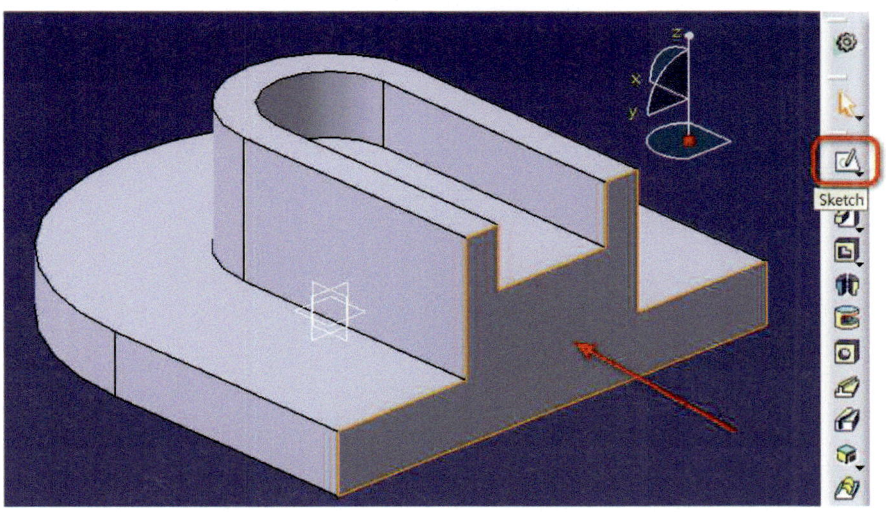

ⓑ 투영(Project 3D Elements) 아이콘( )을 클릭한다.

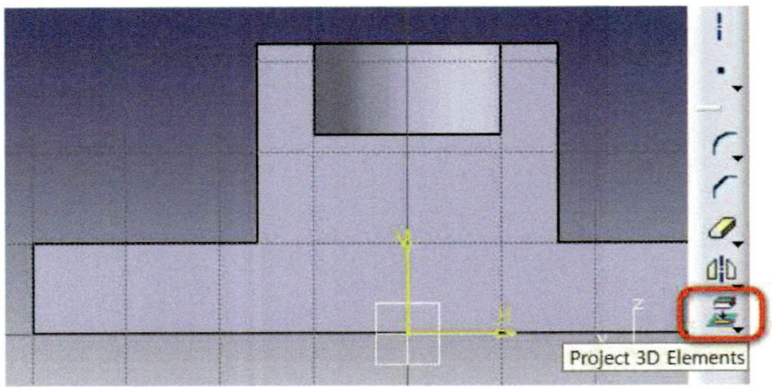

ⓒ Projection 대화상자가 나타나면 다음 그림의 7개의 모서리 선을 선택하고 OK를 클릭한다.

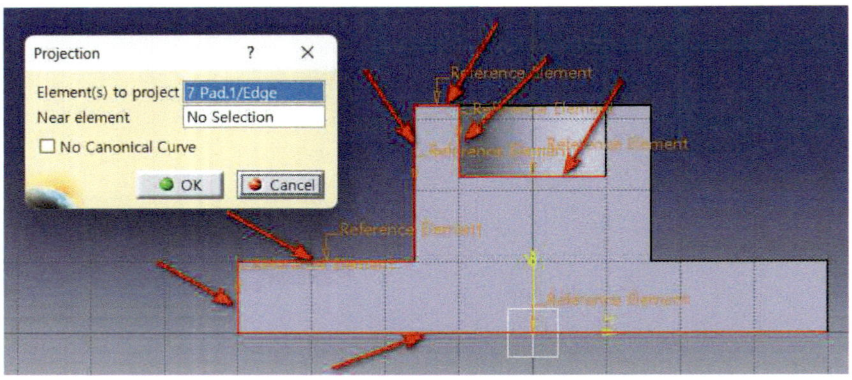

ⓓ 선(line) 아이콘()을 선택하고 다음의 그림처럼 원점을 지나는 수직인 선을 작성한다.

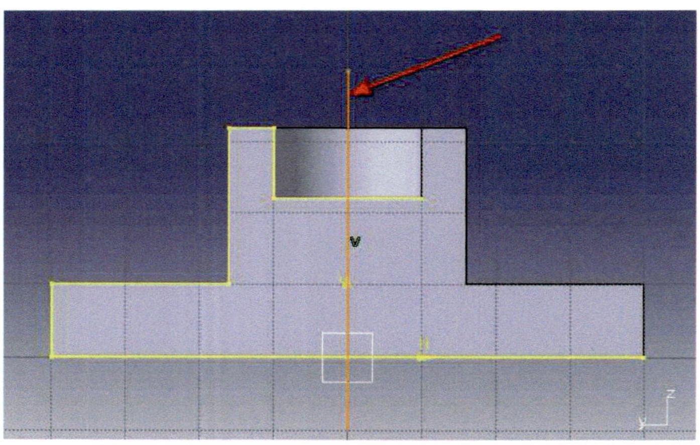

ⓔ 즉시 자르기(Quick trim) 아이콘()을 더블 클릭하고 다음 그림처럼 자른다.

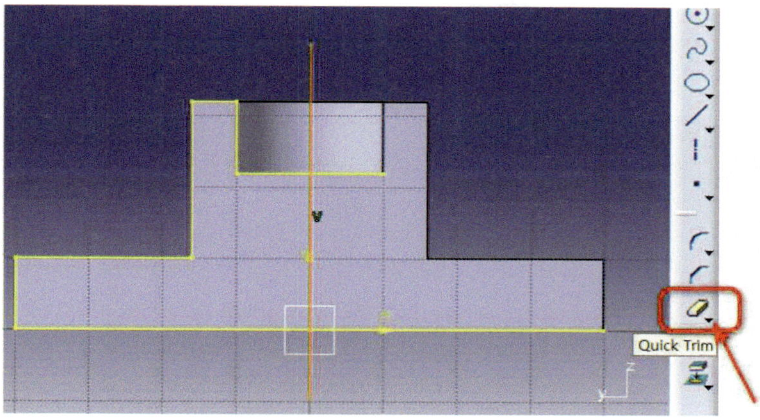

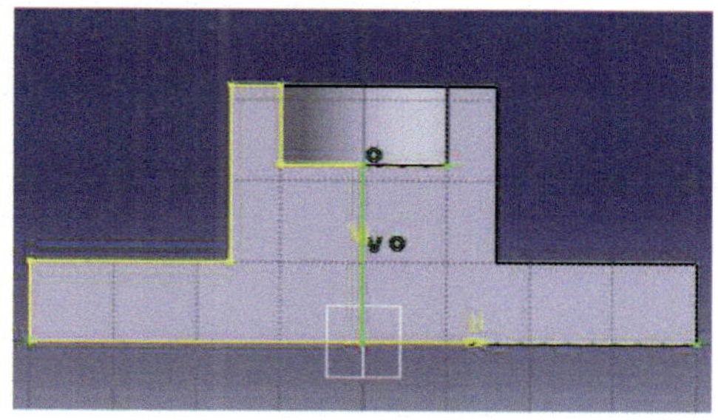

ⓕ 스케치 종료(workbench exit) 아이콘( )을 클릭한다.

⑥ Shaft 적용

ⓐ Shaft 아이콘( )을 클릭한다.

ⓑ 다음과 같이 Shaft 대화상자를 설정하고 OK를 클릭한다.

- First Angle : 180
- Select : 앞에서 생성한 sketch 3
- Axis : 원점에 수직인 선 또는 수직인 축.

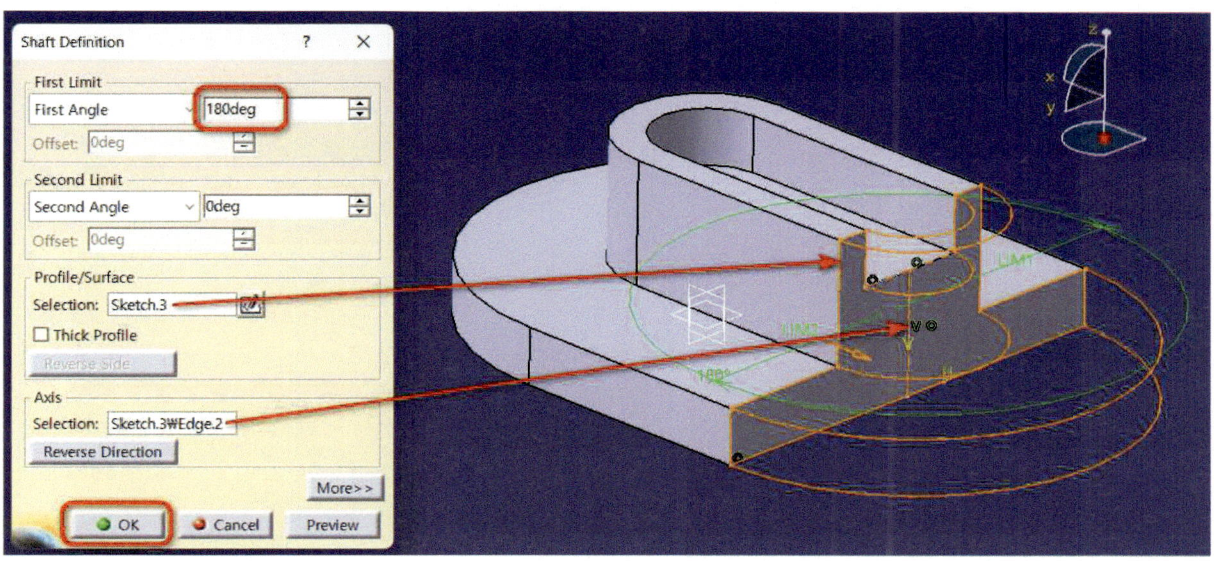

참고

겹쳐있는 수직축을 선택하는 방법

다음의 그림처럼 축소 아이콘( ) 을 수직축이 표시될 때까지 클릭한다.

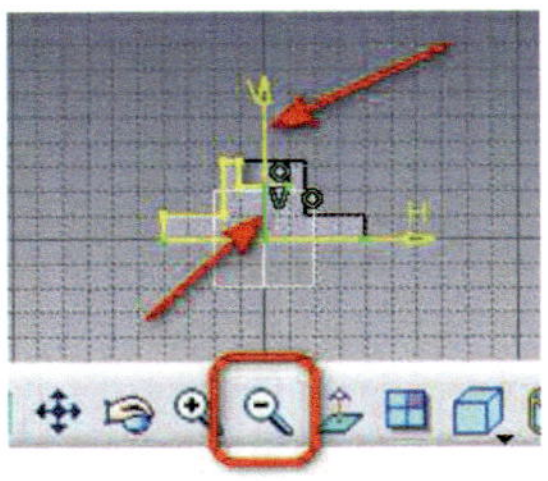

⑦ Sketch 작성

ⓐ 다음의 그림처럼 Part body의 평면을 선택하고 스케치(Sketch) 아이콘( )을 클릭한다.

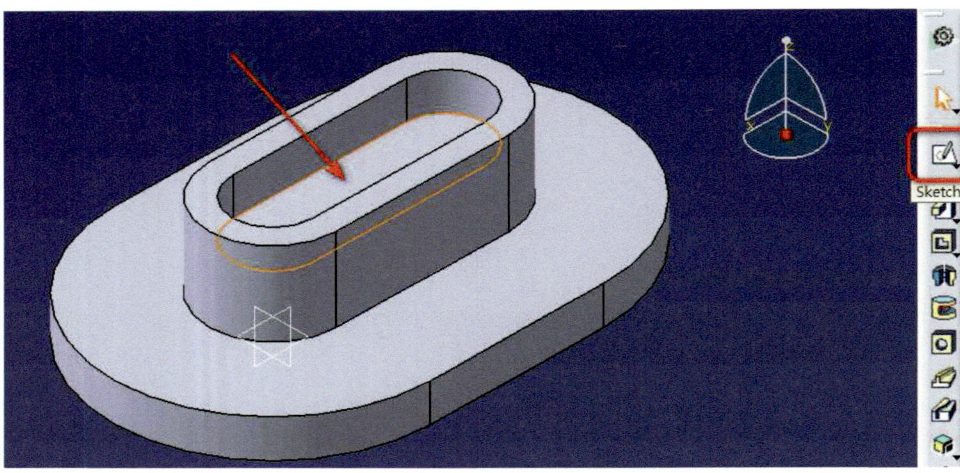

ⓑ 누르기로 작성한 점(Point by Clicking) 아이콘( )을 선택한다.

ⓒ 다음의 그림처럼 임의의 위치를 클릭하여 점을 생성한다.

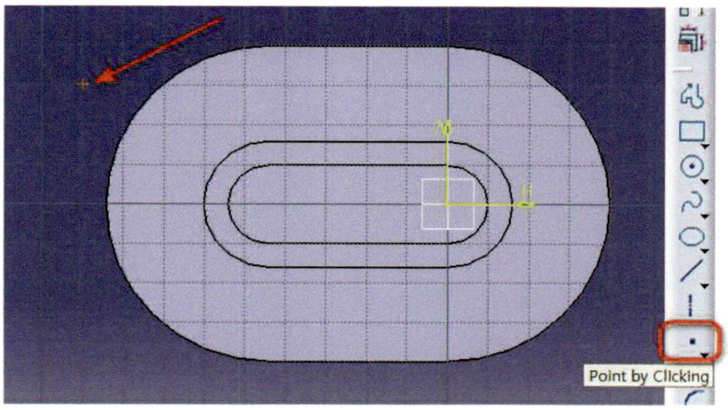

ⓓ 접촉 제약조건 아이콘( )을 선택한다.

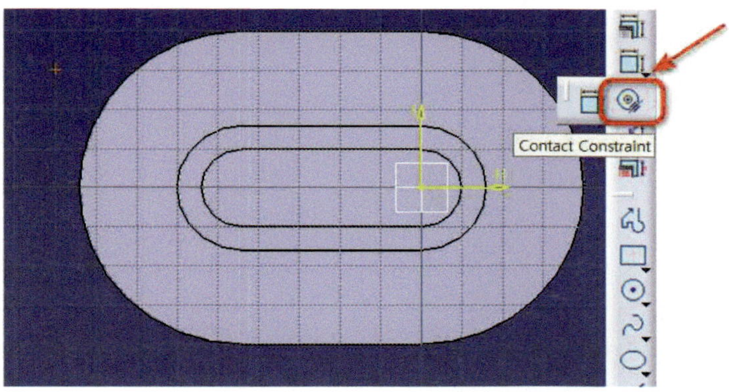

ⓔ 다음의 그림처럼 Part body의 우측모서리(원호)와 앞에서 작성한 점을 선택한다.

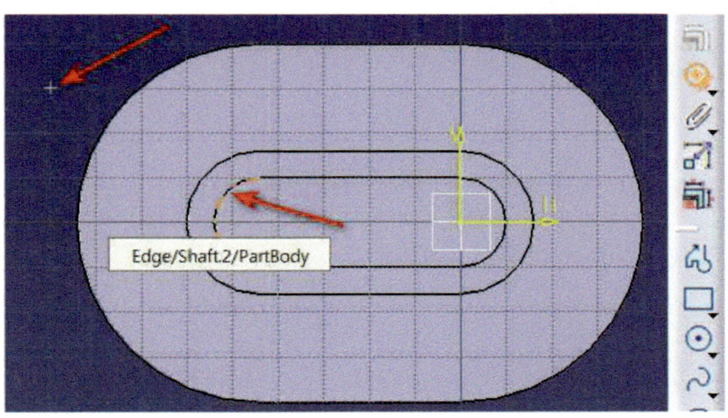

ⓕ 선택한 점이 선택한 모서리(원호)의 중심에 위치하게 된다.

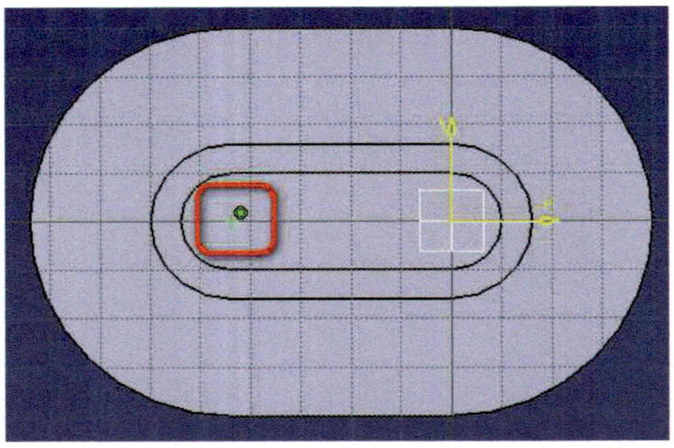

ⓖ 스케치 종료(workbench exit) 아이콘( )을 클릭한다.

⑧ Hole 적용

ⓐ Hole 아이콘( )을 클릭한다.

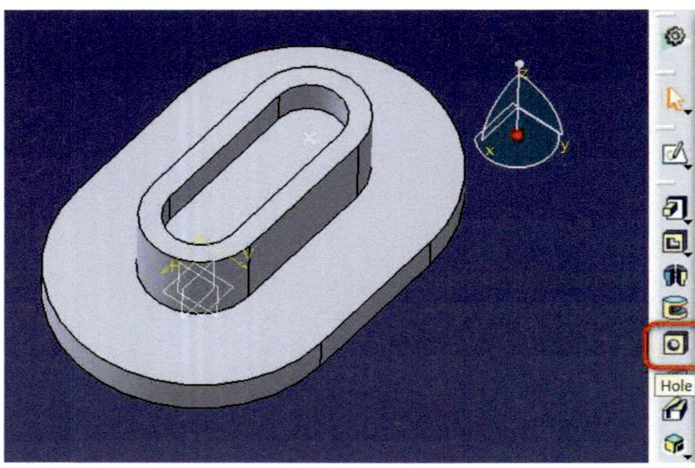

ⓑ 앞에서 작성한 점을 클릭한다.

ⓒ 다음 그림처럼 Part body의 평면(구멍 가공을 하는 면)을 선택한다.

ⓓ Hole 대화상자를 다음과 같이 설정하고 OK를 클릭한다.

- Extension : Up to Last
- Diameter : 10

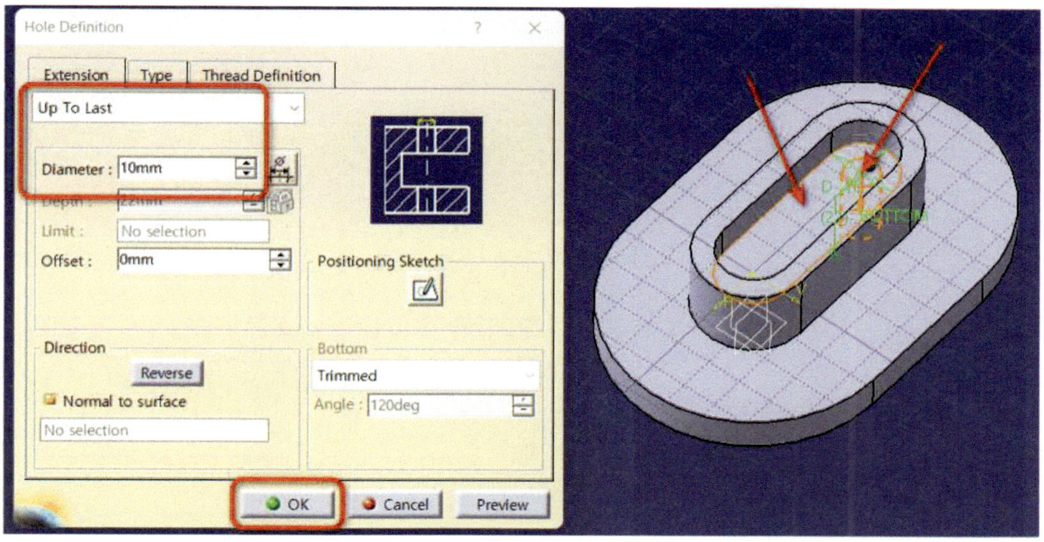

⑨ Rectangular Pattern 적용

ⓐ Rectangular Pattern 아이콘( )을 클릭한다.

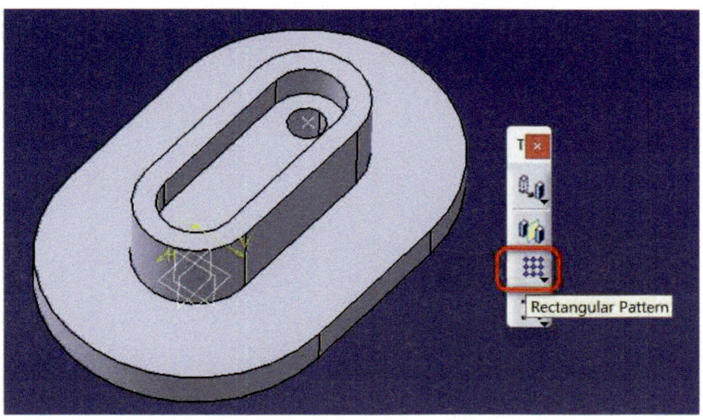

ⓑ 패턴 요소 선택하기

- Object가 Current Solid로 설정되어 있으므로 을 택한다.

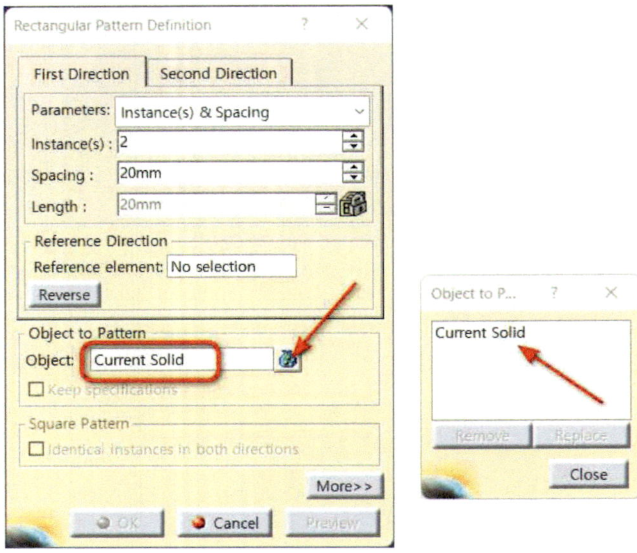

- Object to Pattern 대화상자가 나타나면 앞에 작성한 Hole을 선택한다.
- Object to Pattern 대화상자에 Hole이 나타나면 Close를 클릭한다.

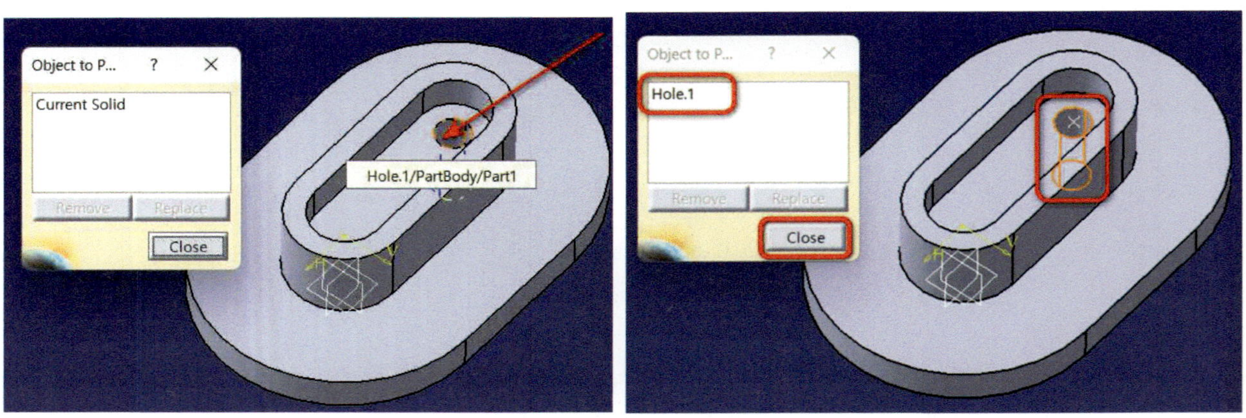

- Parameter : Instance(s) & Spacing
- Instance(s) : 2
- Spacing : 44
- Reference element : 그림처럼 수평인 축을 선택한다.

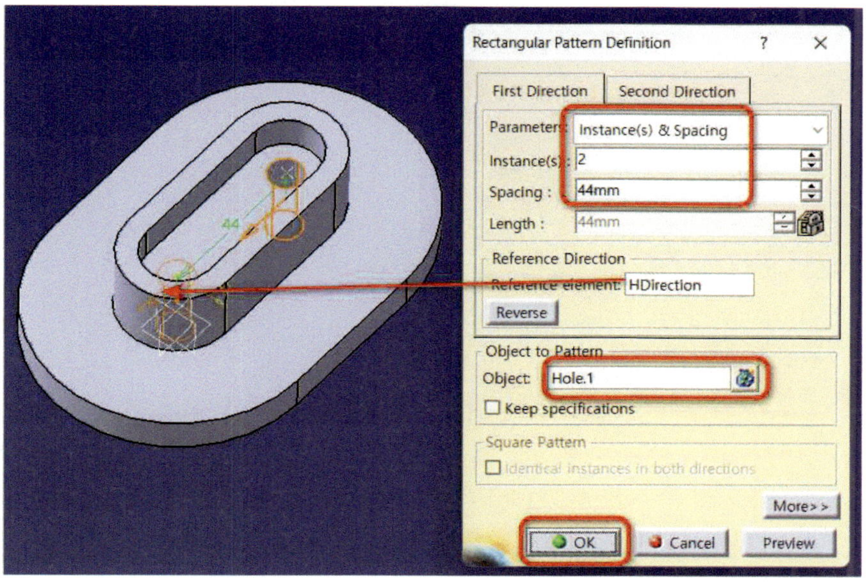

⑩ Sketch 작성

ⓐ 다음의 그림처럼 평면을 선택하고 스케치(Sketch) 아이콘( )을 클릭한다.

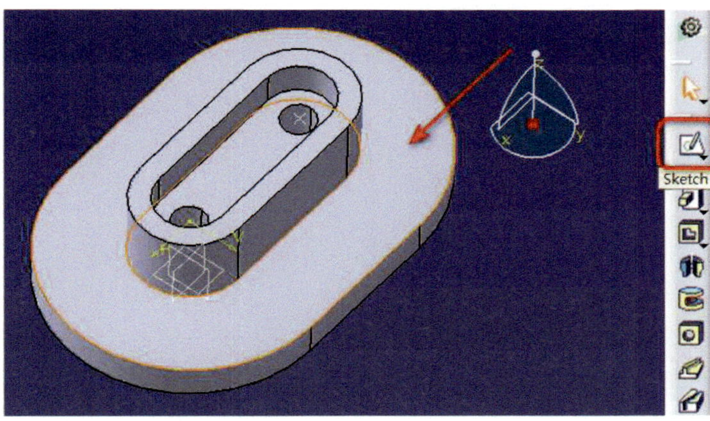

ⓑ 누르기로 작성한 점(Point by Clicking) 아이콘( )을 선택하고 임의의 위치를 클릭하여 점을 생성한다.

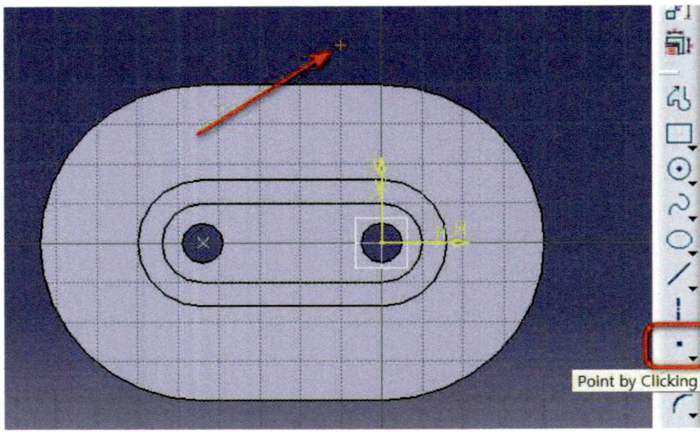

ⓒ 다음과 같이 수직인 축과 앞에서 작성한 점을 선택하고 대화상자에 정의된 제약조건 아이콘 ()을 클릭한다.

ⓓ 제약조건 정의 대화상자에서 일치(Coincidence)를 선택한다.

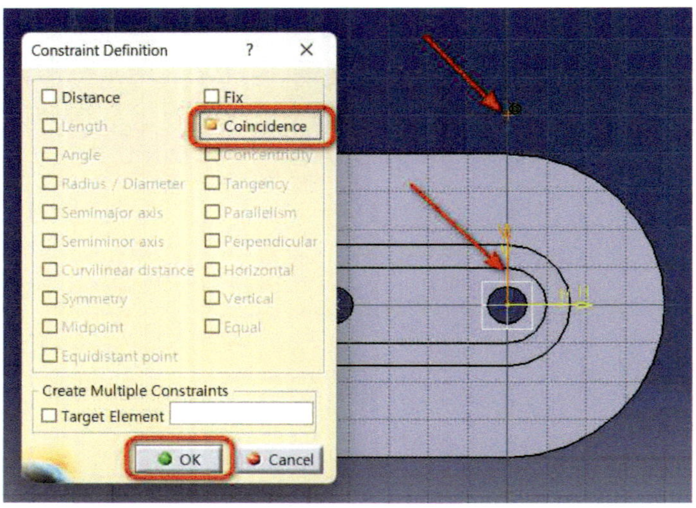

ⓔ 치수 아이콘()을 클릭하고 다음과 같이 치수를 기입한다.

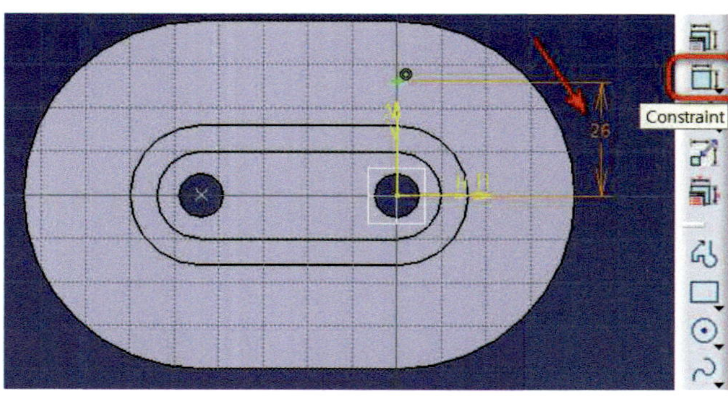

ⓕ 스케치 종료(workbench exit) 아이콘( )을 클릭한다.

⑪ Hole 적용

ⓐ Hole 아이콘( )을 클릭한다.

ⓑ 앞에서 작성한 점을 클릭한다.

ⓒ 다음 그림처럼 Part body의 평면을 선택한다.

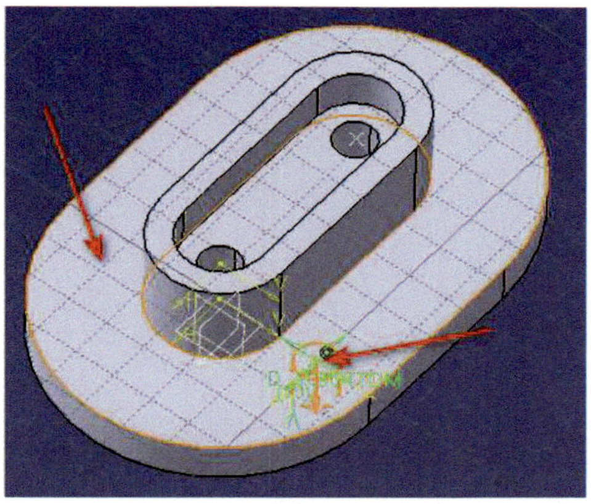

ⓓ Hole 대화상자를 다음과 같이 설정하고 OK를 클릭한다.

- Extension : Up to Last
- Diameter : 6
- Type : Count bored
- Hole Standard : No Standard
- Diameter : 6
- Depth : 2

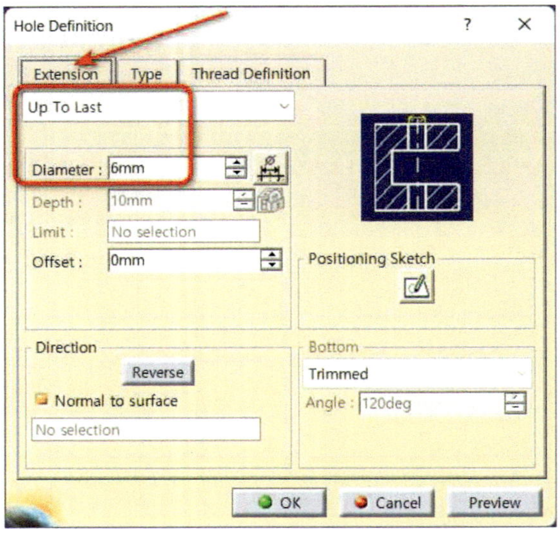

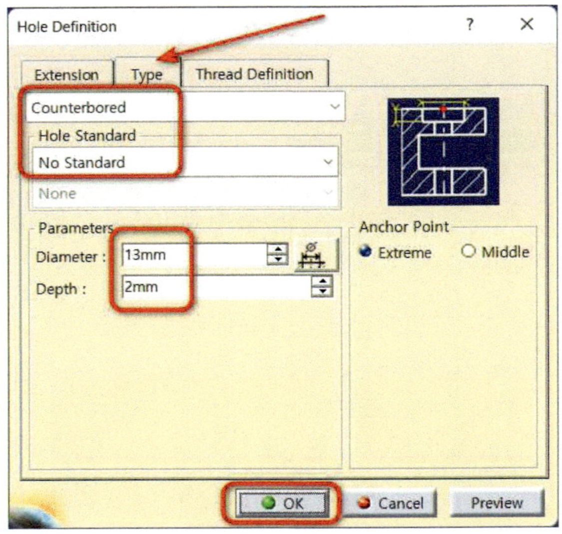

⑫ Circular Pattern 적용

ⓐ Circular Pattern 아이콘( )을 클릭한다.

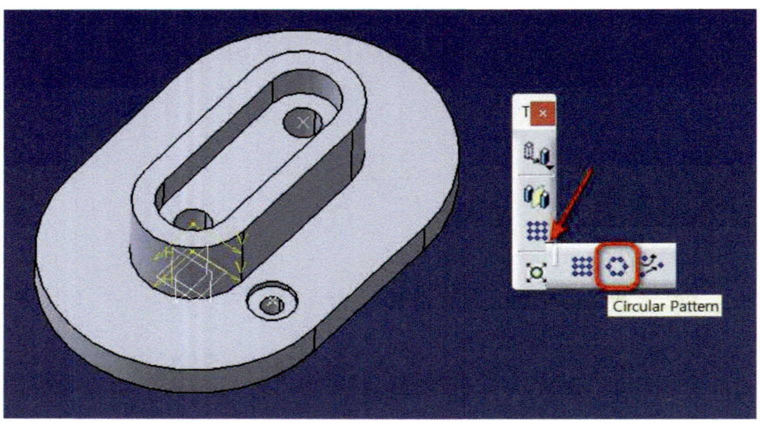

ⓑ 패턴 요소 선택하기

- Object가 Current Solid로 설정되어 있으므로 을 택한다.
- Object to Pattern 대화상자가 나타나면 앞에 작성한 Hole을 선택한다.

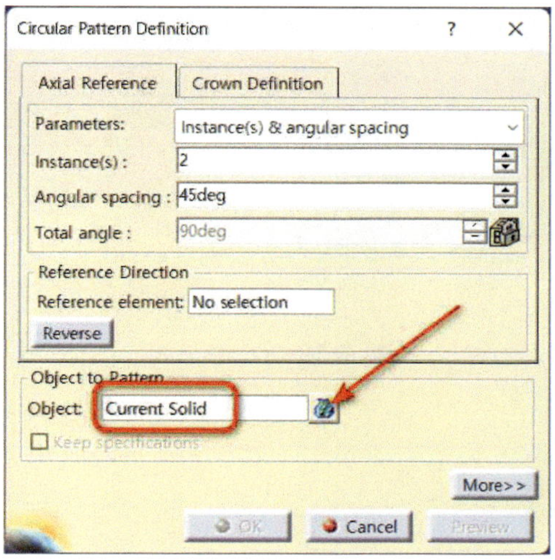

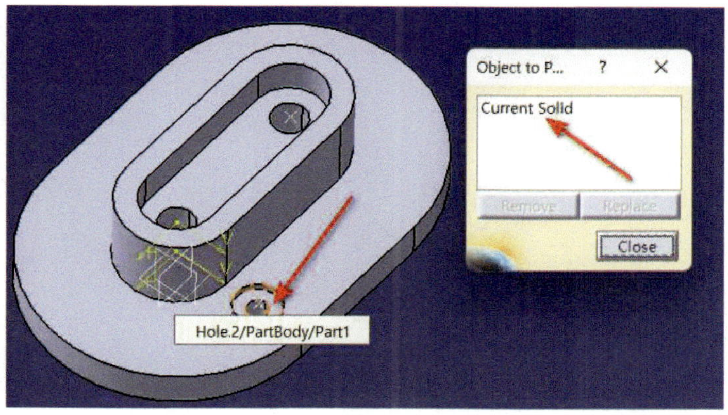

- Object to Pattern 대화상자에 Hole이 나타나면 Close를 클릭한다.

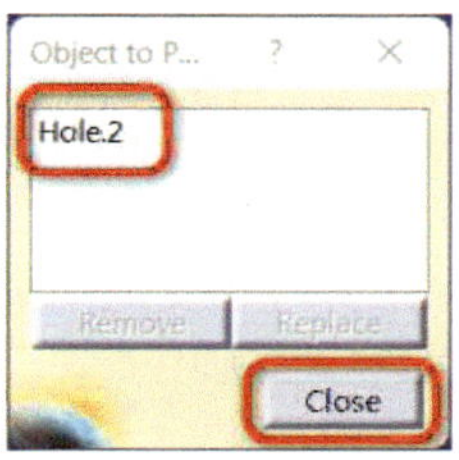

ⓒ 다음 그림과 같이 Circular Pattern 대화상자를 다음과 같이 설정하고 OK를 클릭한다.

- Parameter : Instance(s) & angular spacing
- Instance(s) : 3
- angular spacing : 90
- Reference element : 그림처럼 바깥면을 클릭한다(중심축이 선택된다).

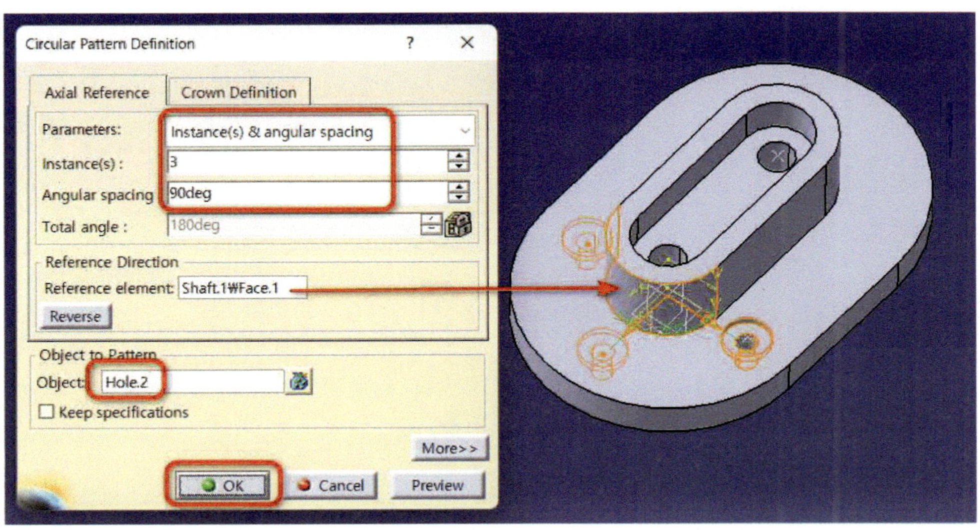

⑬ 평면 생성

ⓐ yz 평면(plane)을 선택하고 평면 아이콘( )을 클릭한다.

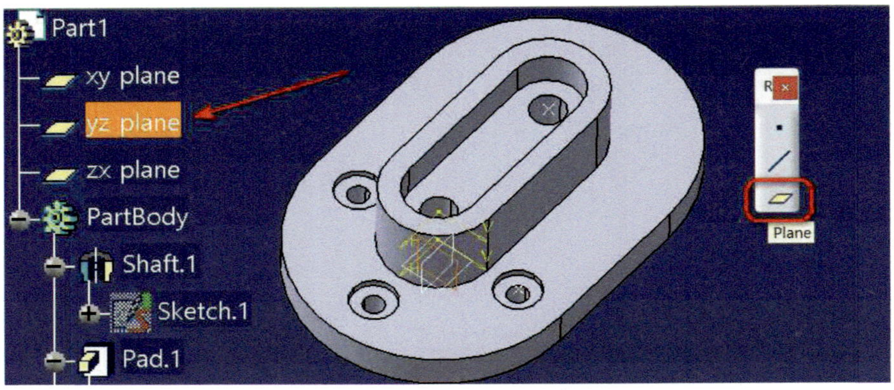

ⓑ Offset을 22로 입력하고 생성하려는 평면이 반대 방향으로 표시되면 Reverse Direction을 클릭하여 다음의 그림처럼 나타나면 OK를 클릭한다.

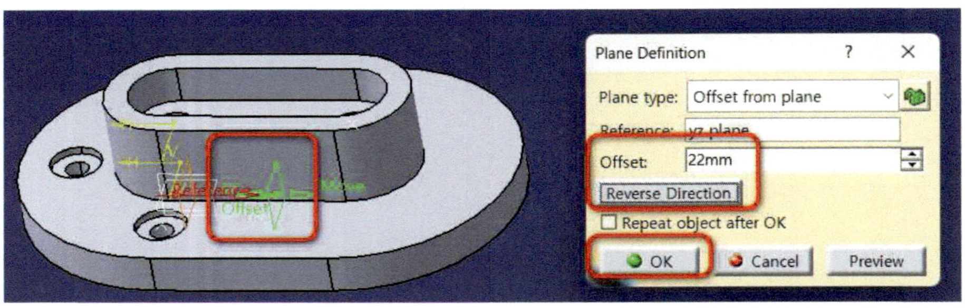

⑭ Mirror 적용

ⓐ Mirror 아이콘( )을 클릭한다.

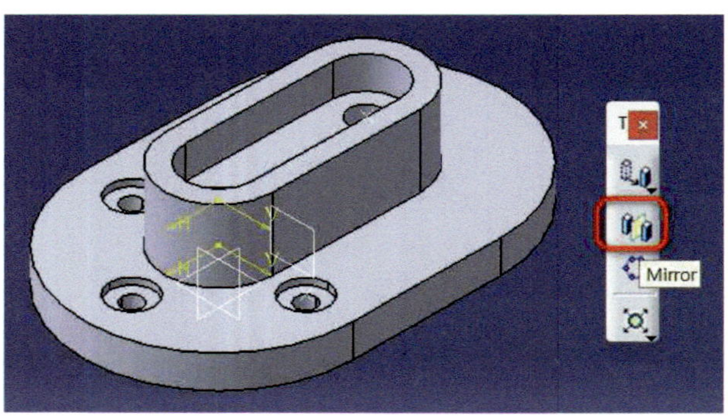

ⓑ Mirror 요소 선택하기

- Object of mirror가 Current Solid로 설정되어 있으므로 을 택한다.

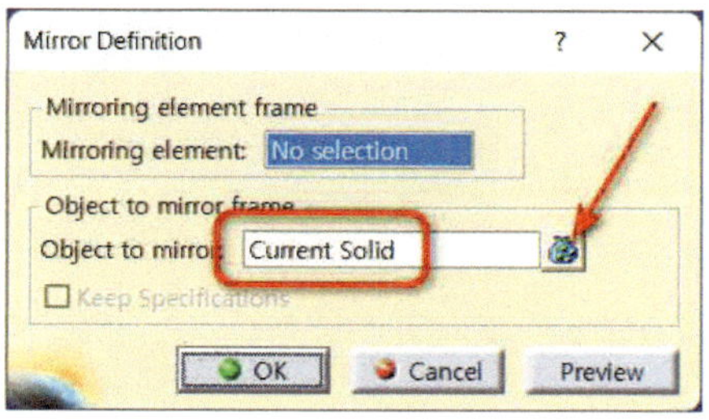

- Object to Pattern 대화상자가 나타나면 앞에 작성한 Hole을 선택한다.

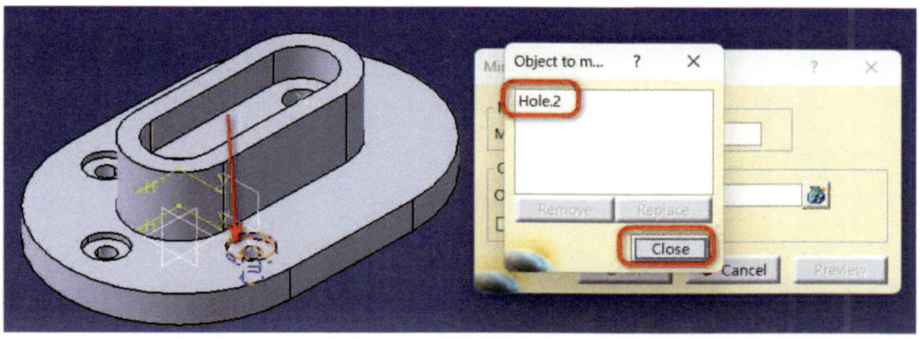

ⓒ Mirroring element 면으로 다음의 그림처럼 앞에서 생성한 평면(Plane 1)을 선택하고 OK를 클릭한다.

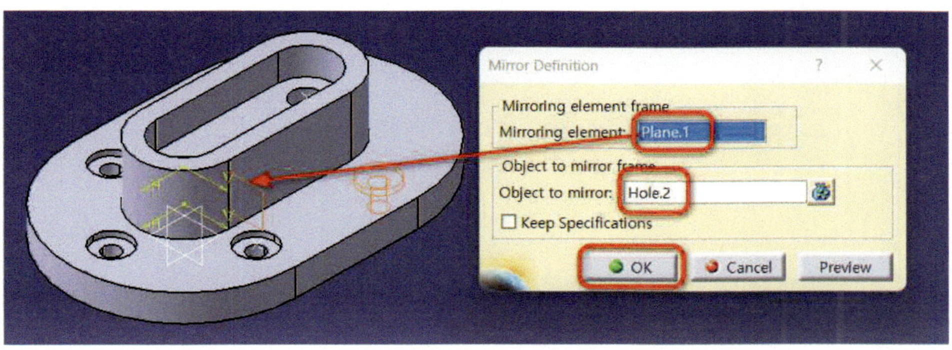

⑮ Mirror 적용

ⓐ 다시 Mirror 아이콘( )을 클릭한다.

ⓑ Mirror 요소 선택하기

- Object of mirror가 Current Solid로 설정되어 있으므로 을 택한다.

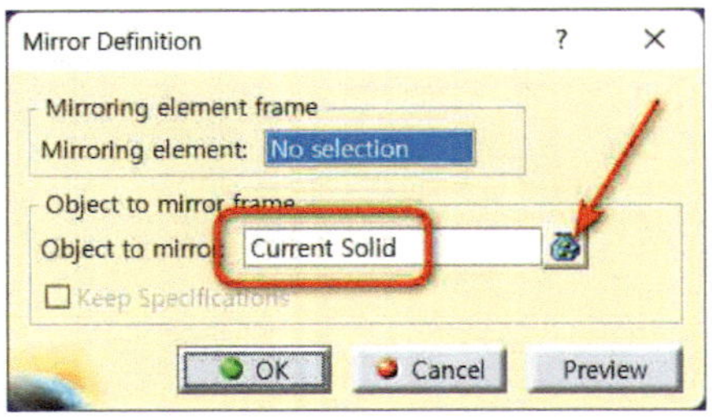

- Object to Pattern 대화상자가 나타나면 앞에 작성한 Circular Pattern 1을 선택한다.

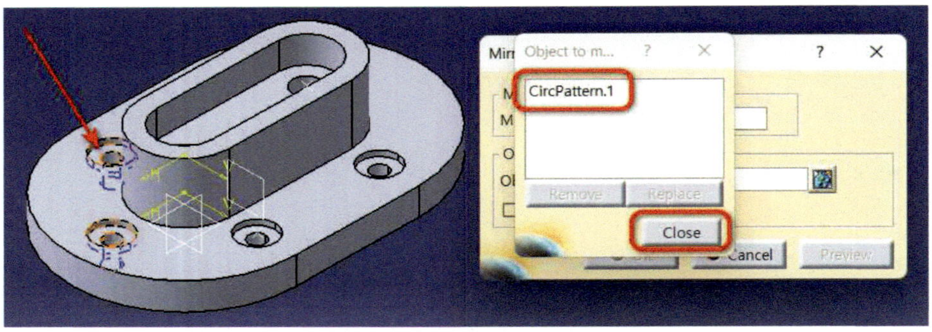

ⓒ Mirroring element 면으로 다음의 그림처럼 앞에서 생성한 평면(Plane 1)을 선택하고 OK를 클릭한다.

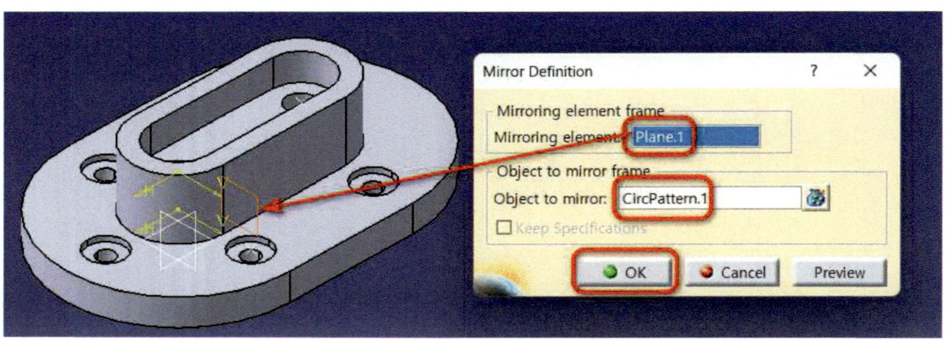

⑯ 필렛(Fillet) 적용

ⓐ 에지 필렛(Edge Fillet) 아이콘()을 클릭한다.

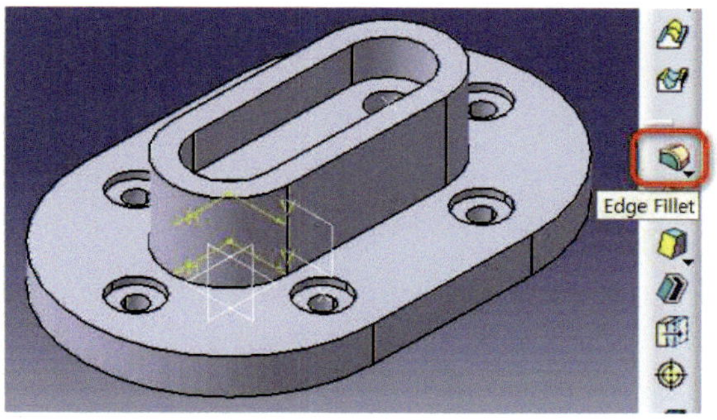

ⓑ 에지 필렛(Edge Fillet) 대화상자를 설정하고 OK를 클릭한다.

- Radius : 3
- Object(s) to fillet : 그림처럼 모서리를 선택한다.

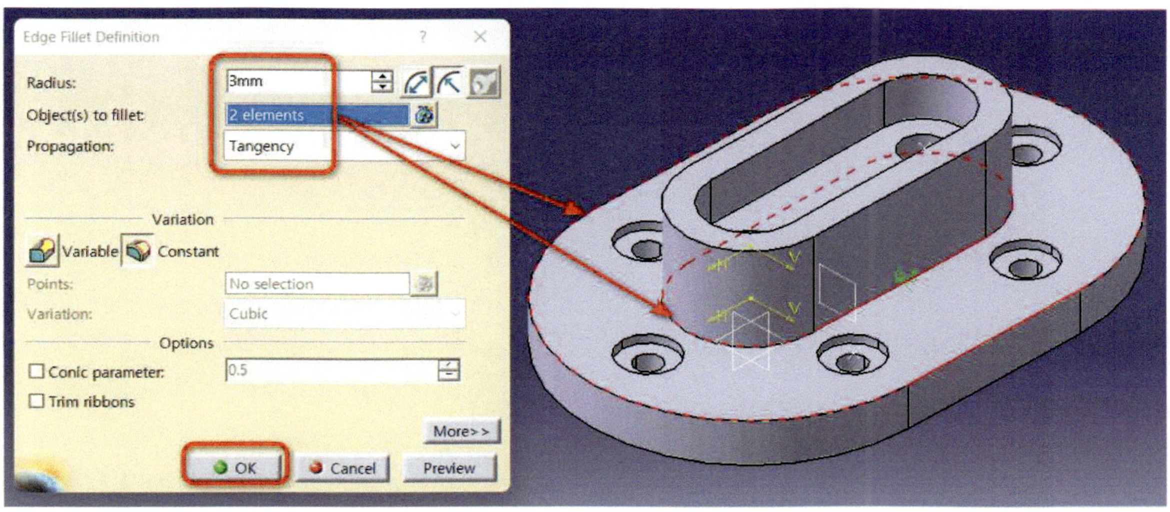

ⓒ 필렛(Fillet)이 적용된 형상은 다음과 같다.

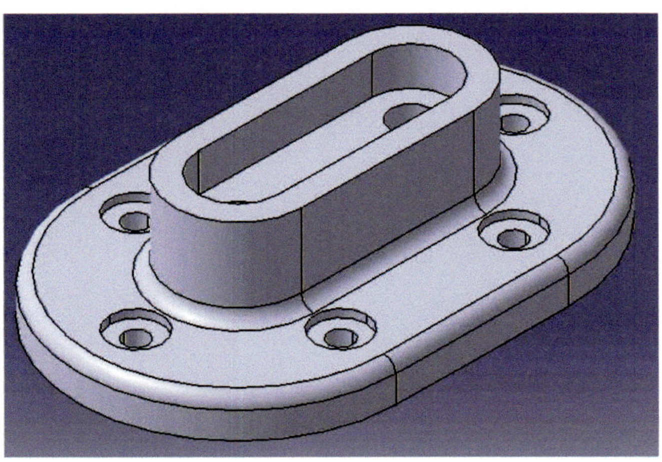

2-06 Part modeling

① Sketch 작성

ⓐ Start → Mechanical Design → Part Design을 클릭한다.

ⓑ New 대화상자에서 Part를 선택하고 OK를 클릭한다.

ⓒ yz 평면(plane)을 선택하고 스케치(Sketch) 아이콘( )을 클릭한다.

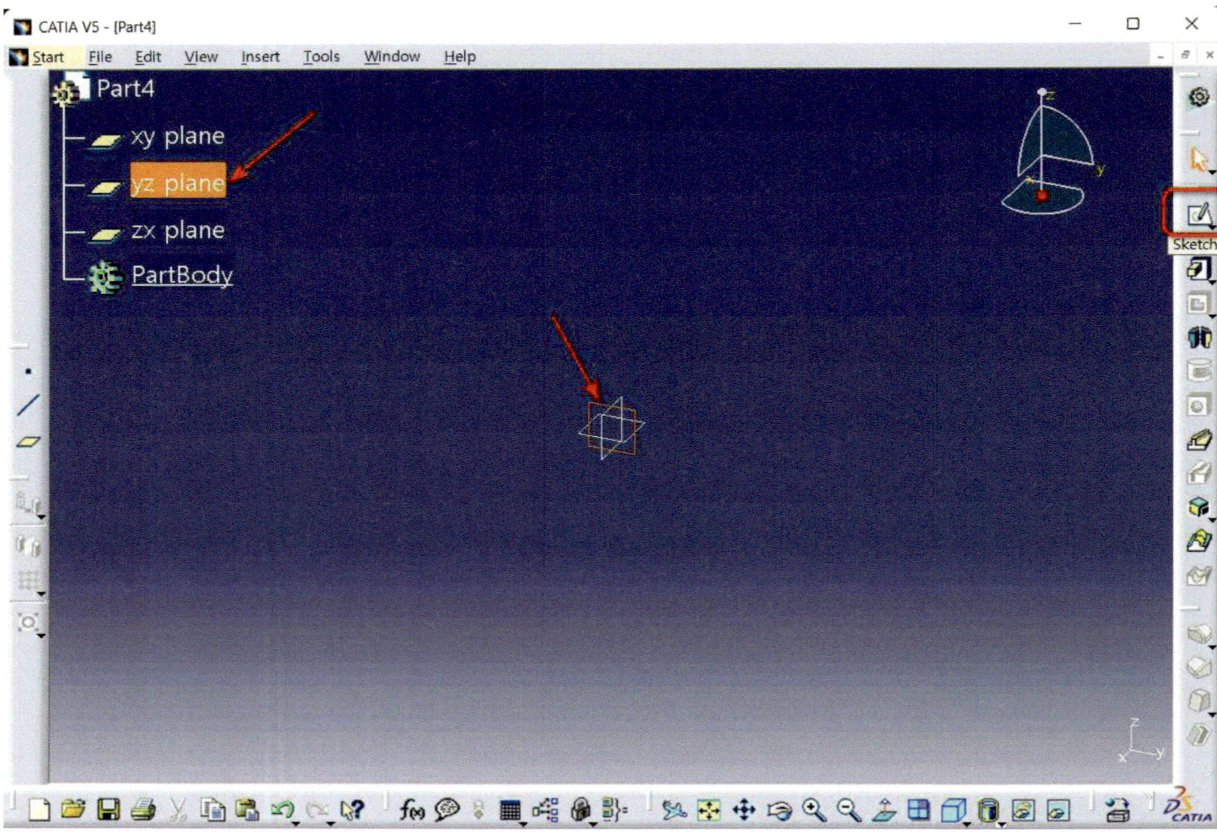

ⓓ 원(Circle) 아이콘( )을 클릭하고 다음의 그림처럼 원을 작성한다.

- 중심점 : 원점을 선택한다.
- 지름 : 55로 입력한다.

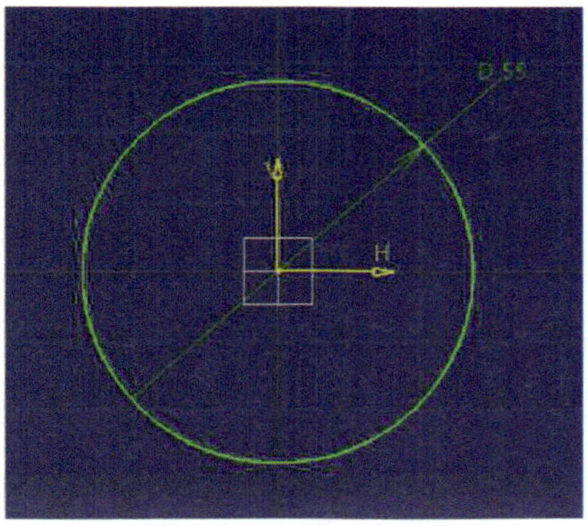

ⓔ 스케치 종료(workbench exit) 아이콘( )을 클릭한다.

② 패드(Pad) 적용

ⓐ 패드(Pad) 아이콘( )을 클릭한다.

ⓑ 다음과 같이 패드 대화상자를 설정하고 OK를 클릭한다.

- Type : Dimension
- Length : 20
- Selection : 앞의 Projection으로 생성된 원을 선택한다.

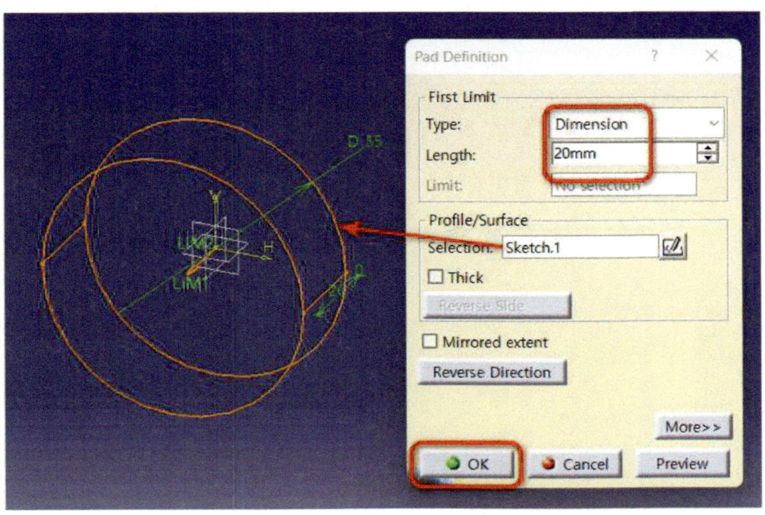

③ Sketch 작성

ⓐ yz 평면(plane)을 선택하고 스케치(Sketch) 아이콘( )을 클릭한다.

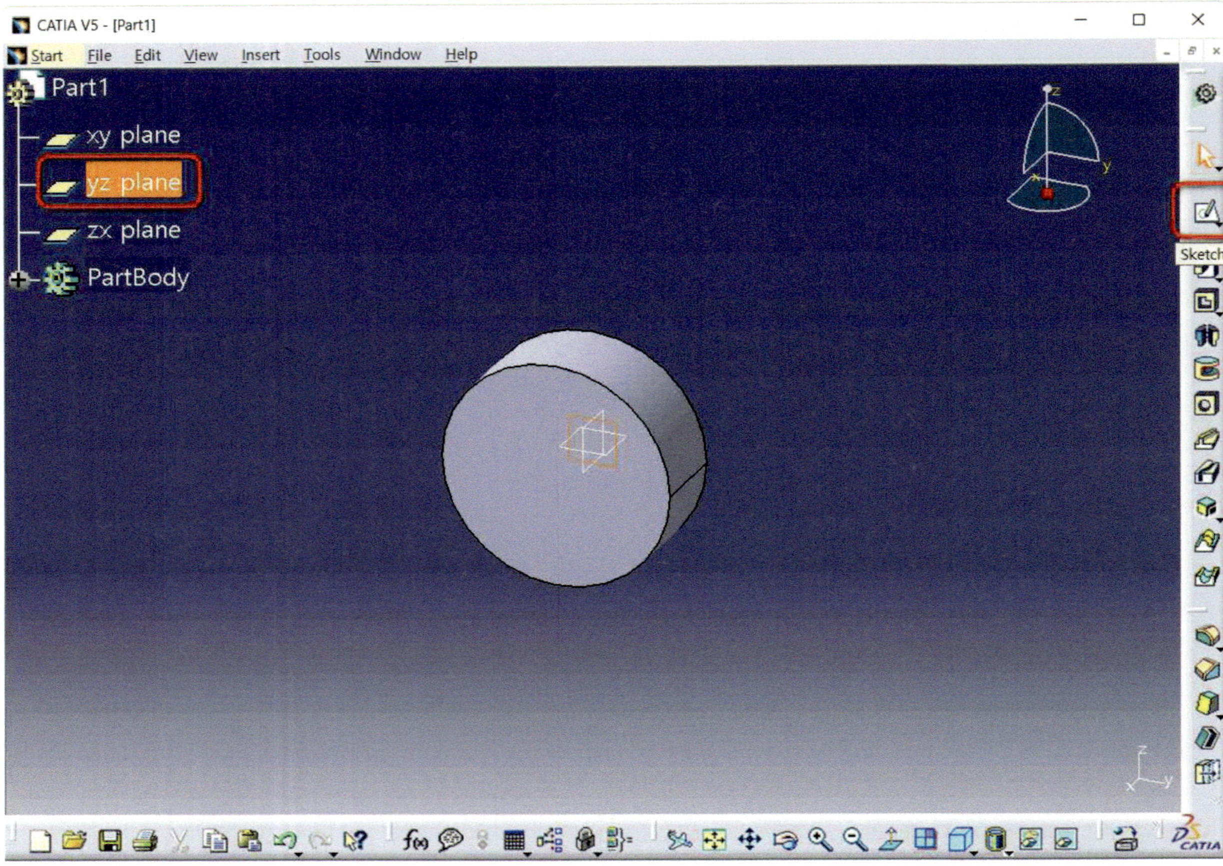

ⓑ 원(Circle) 아이콘( )을 클릭하고 다음의 원점을 중심으로 지름이 55, 60, 64인 원을 작성한다.

ⓒ 선(line) 아이콘( )을 선택하고 다음의 그림처럼 원점을 지나는 수직인 선을 작성하고 각각 1.57, 0.5 그리고 1의 거리에 수직인 선을 작성한다.

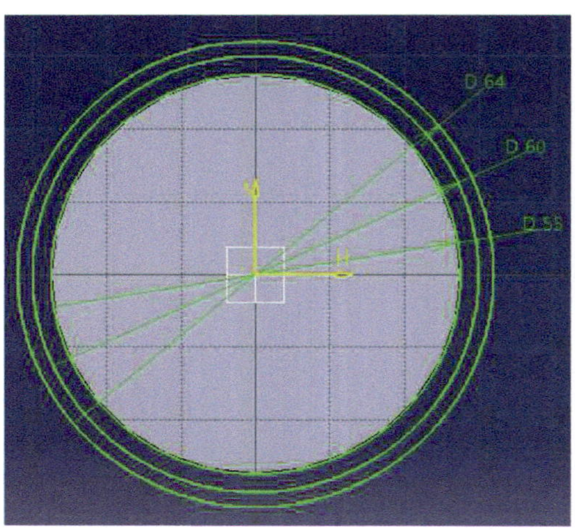

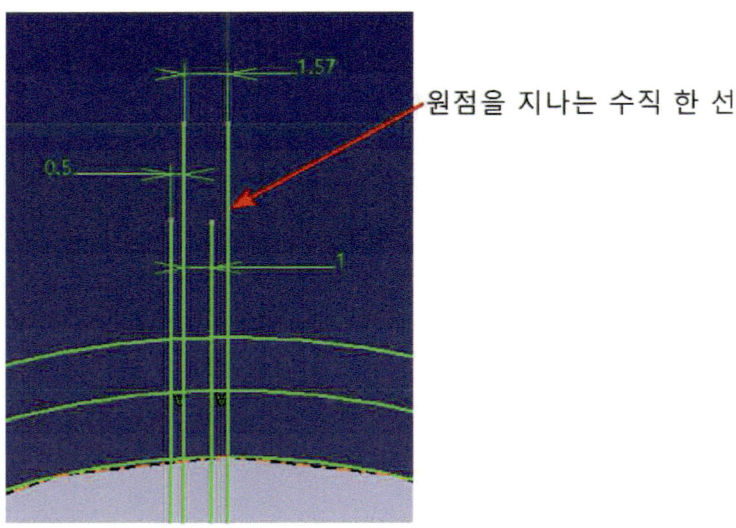

ⓓ 작성한 원 3개, 직선 4개를 선택하고 구성 선 아이콘( )을 클릭하여 구성 선(참조 선, 보조 선) 으로 변환한다.

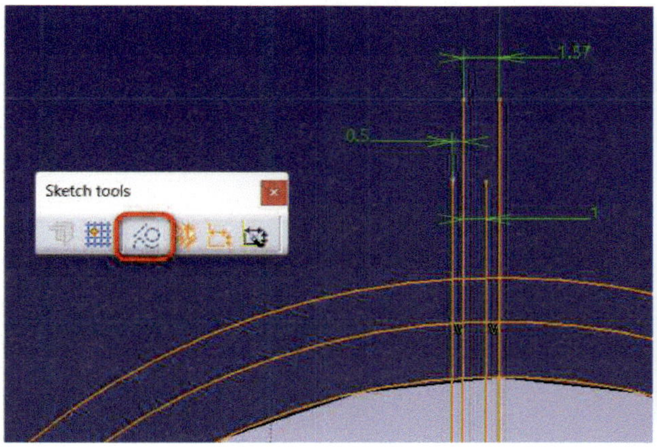

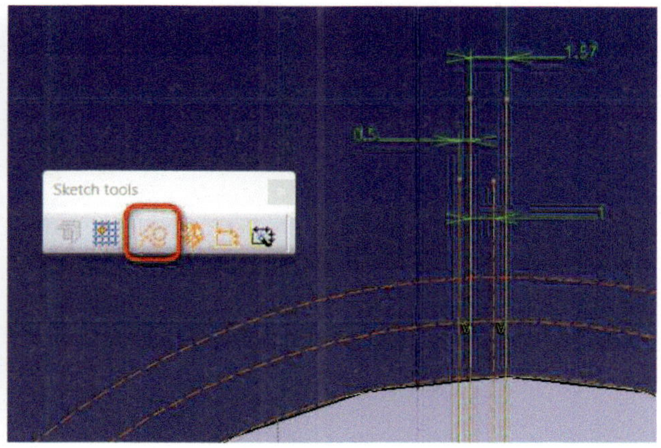

참고

: 구성 선을 비활성화함

새로 작성하는 선, 원 등이 일반 선으로 생성됨

: 구성 선을 활성화함

새로 작성하는 선, 원 등이 구성 선으로 생성됨

ⓔ 세 점 원호(Three Point Arc) 아이콘( )을 클릭한다.

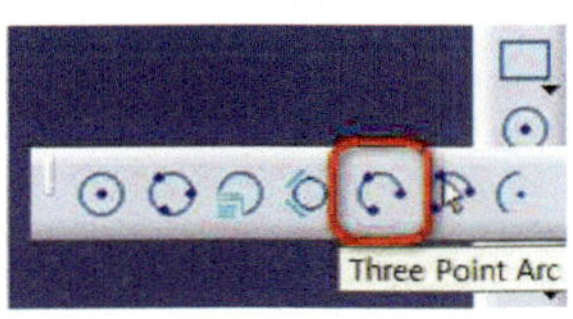

ⓕ 다음의 그림처럼 각각의 교차점을 지나가는 원호를 작성한다.

ⓖ 대칭(Mirror) 아이콘( )을 클릭한다.

ⓗ 세 점 원호로 작성한 원 호를 원점을 지나는 구성 선을 기준으로 대칭복사 합니다.

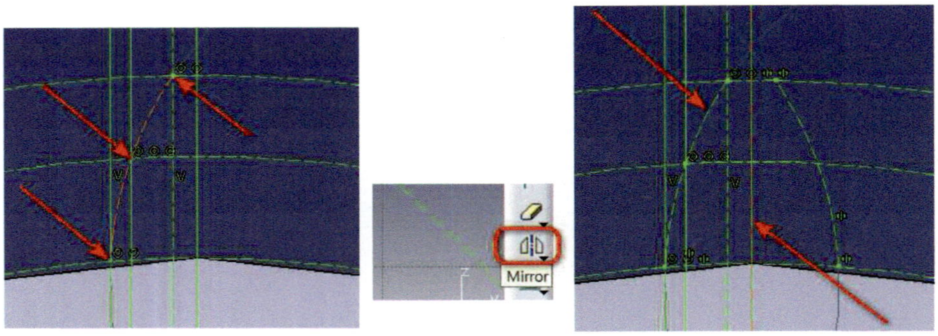

ⓘ 즉시 자르기(Quick trim) 아이콘( )을 더블 클릭하고 다음처럼 기어의 이(Tooth) 모양을 남기고 자른다.

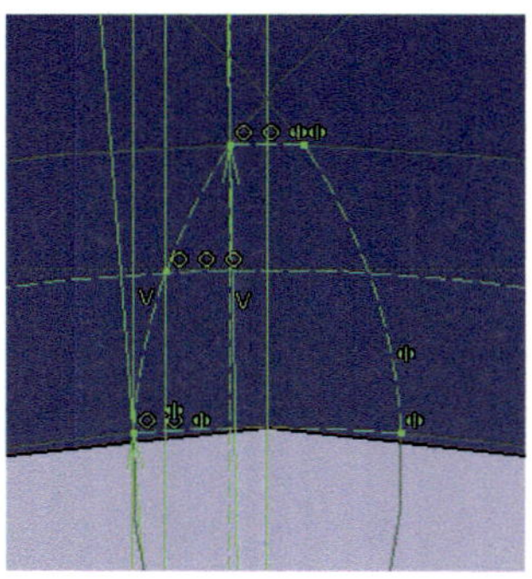

ⓙ 구성 선으로 있는 기어의 이(Tooth) 모양을 선택하고 을 클릭하여 일반 선으로 변환한다.

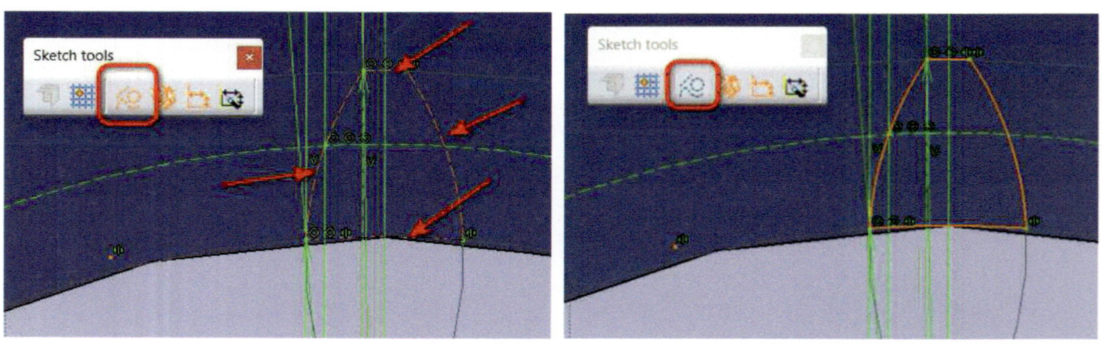

ⓚ 스케치 종료(workbench exit) 아이콘( )을 클릭한다.

④ 패드(Pad) 적용

ⓐ 패드(Pad) 아이콘( )을 클릭한다.

ⓑ 다음과 같이 패드 대화상자를 설정하고 OK를 클릭한다.

- Type : Dimension
- Length : 20
- Selection : 앞에서 작성한 기어의 이(Tooth) 모양의 스케치를 선택한다.

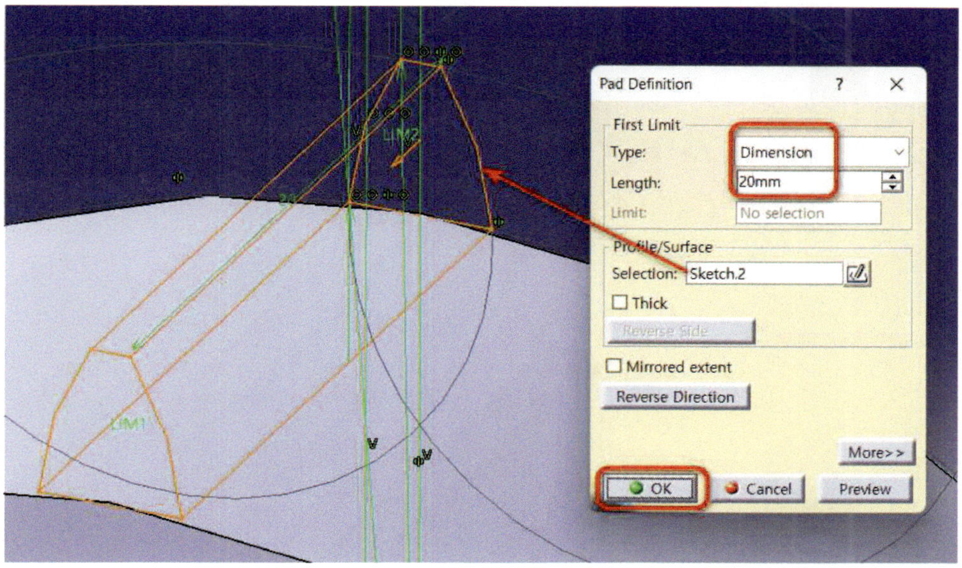

⑥ 모따기 적용

ⓐ 모따기(Chamfer) 아이콘( )을 클릭한다.

ⓑ 모따기(Chamfer) 대화상자를 설정하고 OK를 클릭한다.

- Mode : Length 1/Angle
- Length 1 : 1
- Angle : 45
- Object(s) to chamfer : 그림처럼 2개의 모서리를 선택한다.

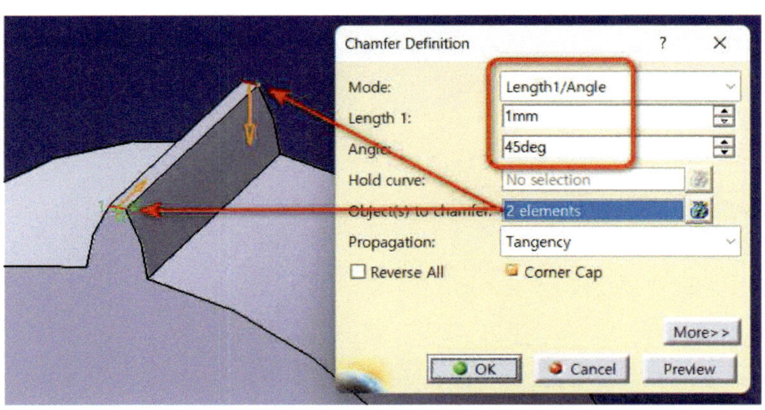

⑦ Circular Pattern 적용

ⓐ Circular Pattern 아이콘( )을 클릭한다.

ⓑ 패턴 요소 선택하기

- Object가 Current Solid로 설정되어 있으므로 을 택한다.
- Object to Pattern 대화상자가 나타나면 앞에서 Pad로 생성한 기어의 이와 모따기를 선택한다.
- Object to Pattern 대화상자에 Pad와 Chamfer가 나타나면 Close를 클릭한다.
- Circular Pattern 대화상자의 OK를 클릭한다.

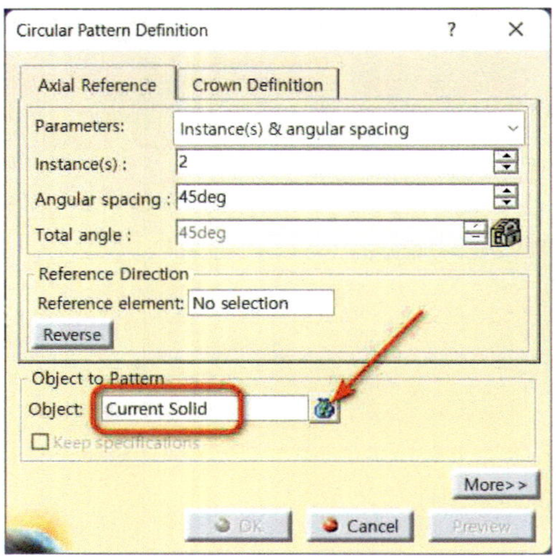

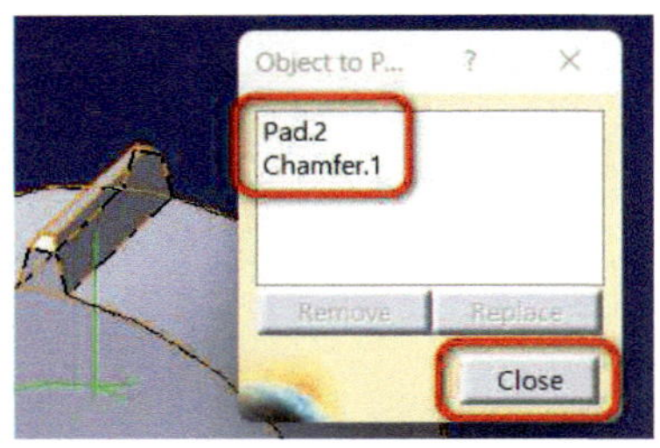

ⓒ 다음 그림과 같이 Circular Pattern 대화상자를 다음과 같이 설정한다.

- Parameter : Instance(s) & angular spacing
- Instance(s) : 30
- angular spacing : 15
- Reference element : 그림처럼 원통 면을 클릭한다(원통의 중심축이 선택된다).

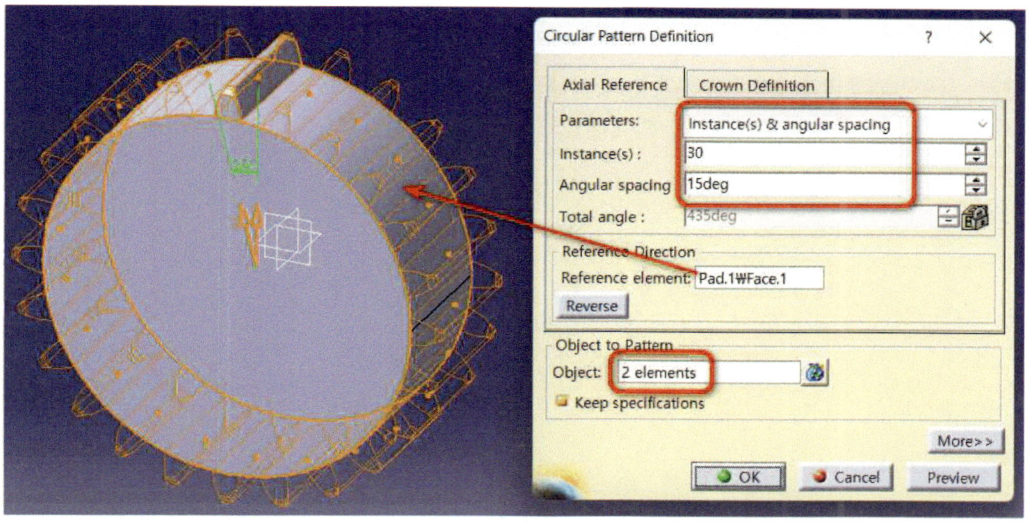

⑧ Sketch 작성

ⓐ 다음의 그림처럼 기어의 평면을 선택하고 스케치(Sketch) 아이콘( )을 클릭한다.

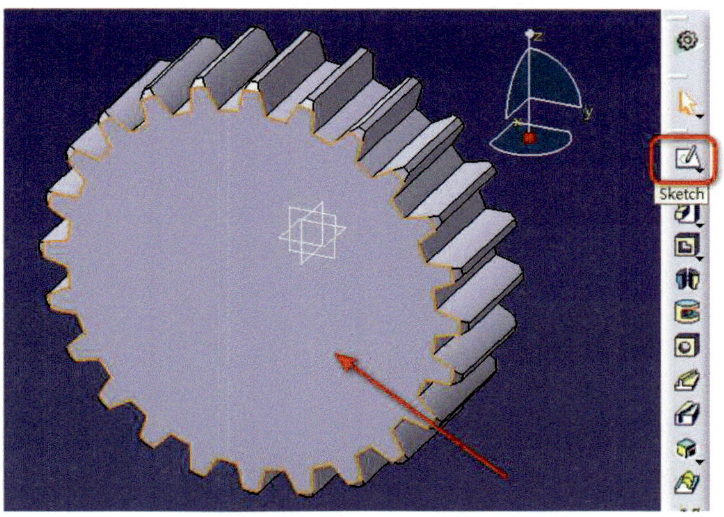

ⓑ 원(Circle) 아이콘( )을 클릭하고 다음의 그림처럼 지름이 32인 원을 작성한다.

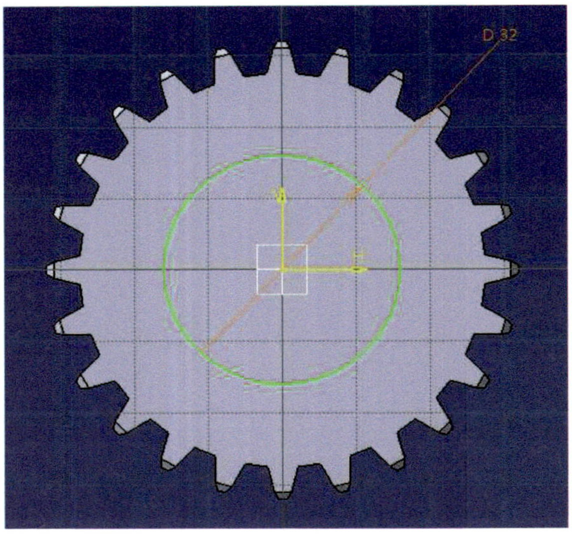

ⓒ 스케치 종료(workbench exit) 아이콘( )을 클릭한다.

⑨ 패드(Pad) 적용

ⓐ 패드(Pad) 아이콘( )을 클릭한다.

ⓑ 다음과 같이 패드 대화상자를 설정하고 OK를 클릭한다.

- Type : Dimension
- Length : 20
- Selection : 앞에서 작성한 지름이 32인 원을 선택한다.

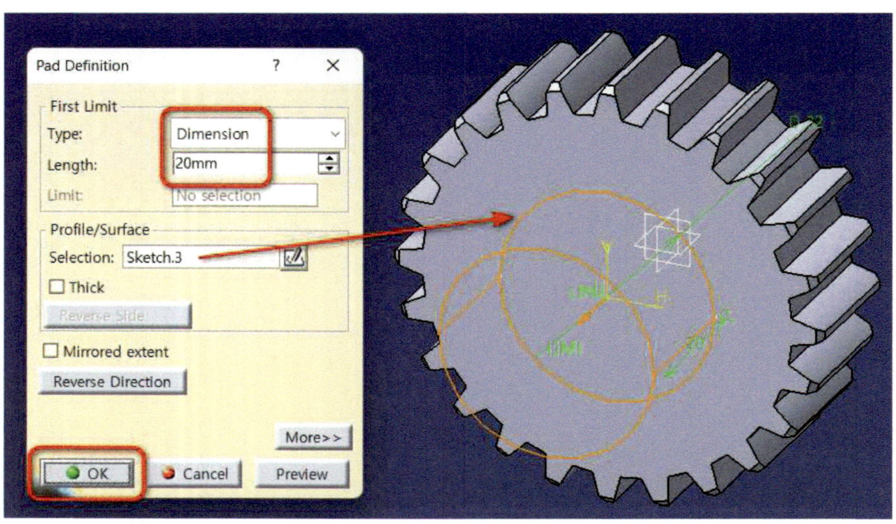

⑩ Sketch 작성

ⓐ 다음의 그림처럼 기어의 평면을 선택하고 스케치(Sketch) 아이콘()을 클릭한다.

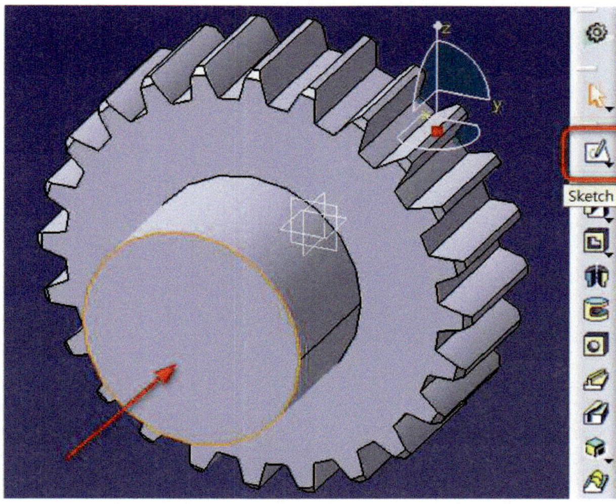

ⓑ 다음의 그림처럼 스케치를 작성하고 치수를 기입한다.

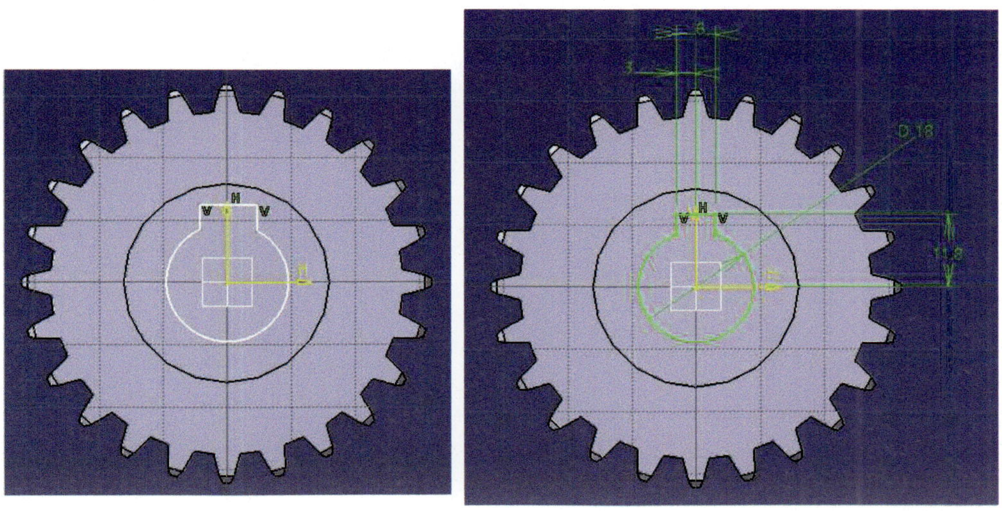

⑪ 포켓(Pocket) 적용

ⓐ 다음과 같이 앞에서 스케치한 요소를 선택하고 포켓(Pocket) 아이콘()을 클릭한다.

ⓑ 다음과 같이 포켓(Pocket) 대화상자를 설정하고 OK를 클릭한다.

- Type : Up to last
- Offset : 0
- Selection : 앞의 Projection으로 생성된 스케치를 선택한다.

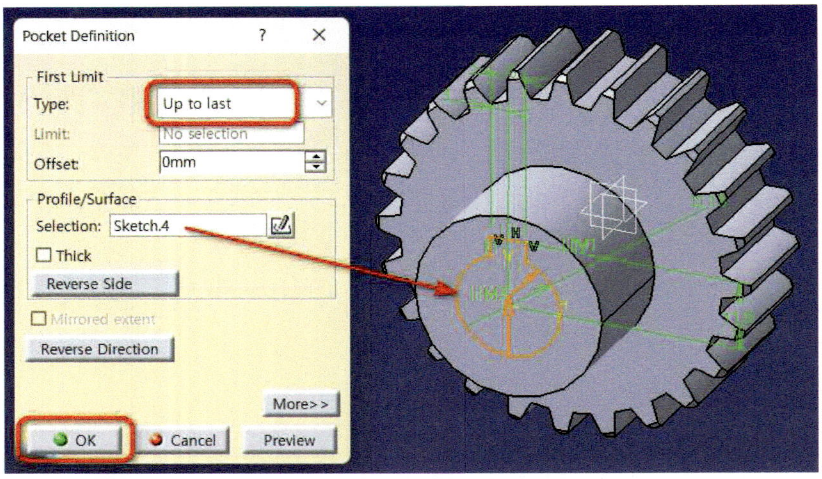

⑫ 모따기 적용

ⓐ 모따기(Chamfer) 아이콘()을 클릭한다.

ⓑ 모따기(Chamfer) 대화상자를 설정하고 OK를 클릭한다.

- Mode : Length 1/Angle
- Length 1 : 1
- Angle : 45
- Object(s) to chamfer : 그림처럼 2개의 모서리를 선택한다.

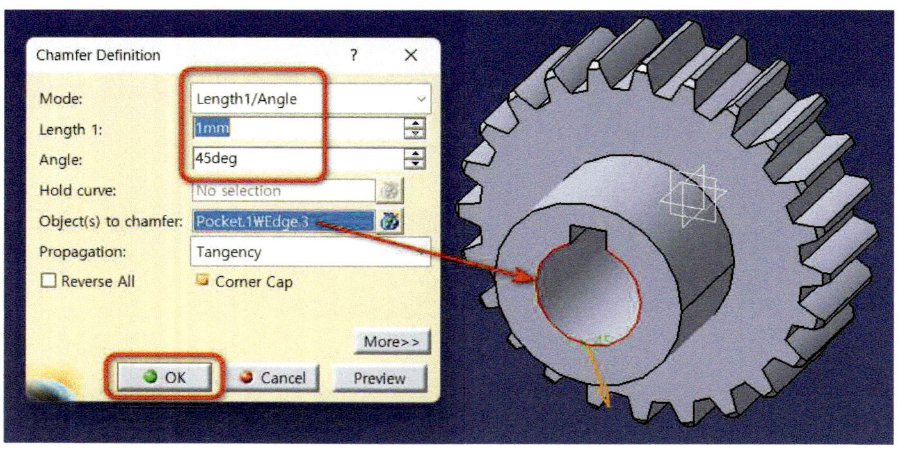

⑬ 필렛(Fillet) 적용

ⓐ 에지 필렛(Edge Fillet) 아이콘()을 클릭한다.

ⓑ 에지 필렛(Edge Fillet) 대화상자를 설정하고 OK를 클릭한다.

- Radius : 3

- Object(s) to fillet : 그림처럼 모서리를 선택한다.

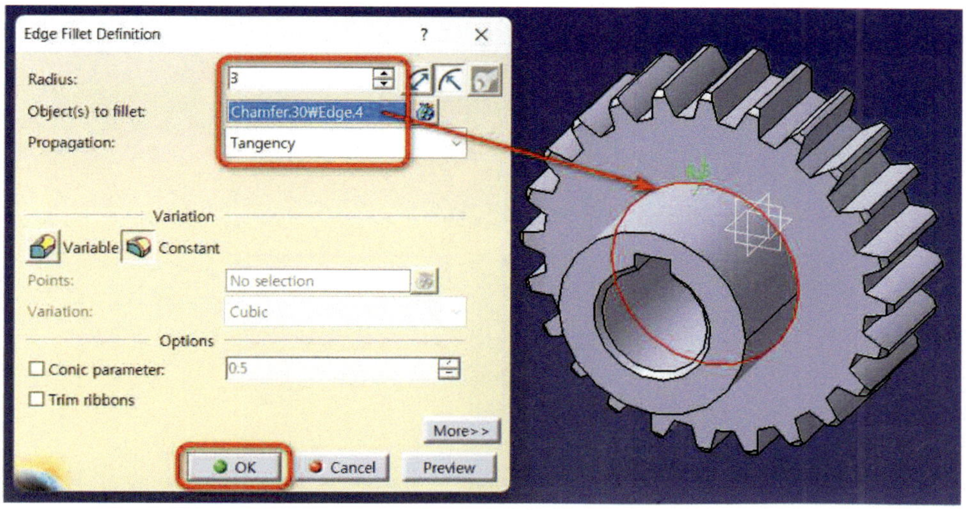

⑭ 완성된 기어의 형상이다.

2-07 Part modeling

① Sketch 작성

ⓐ yz 평면(plane)을 선택하고 스케치(Sketch) 아이콘( )을 클릭한다.

ⓑ 다음의 그림처럼 스케치를 작성하고 치수를 기입한다.

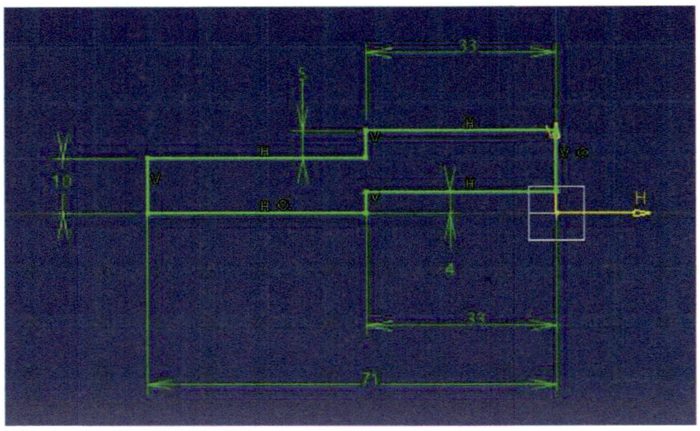

ⓒ 스케치 종료(workbench exit) 아이콘( )을 클릭한다.

② 패드(Pad) 적용

ⓐ 패드(Pad) 아이콘( )을 클릭한다.

ⓑ 다음과 같이 패드 대화상자를 설정하고 OK를 클릭한다.

- Type : Dimension
- Length : 80
- Selection : 앞에서 작성한 스케치를 선택한다.

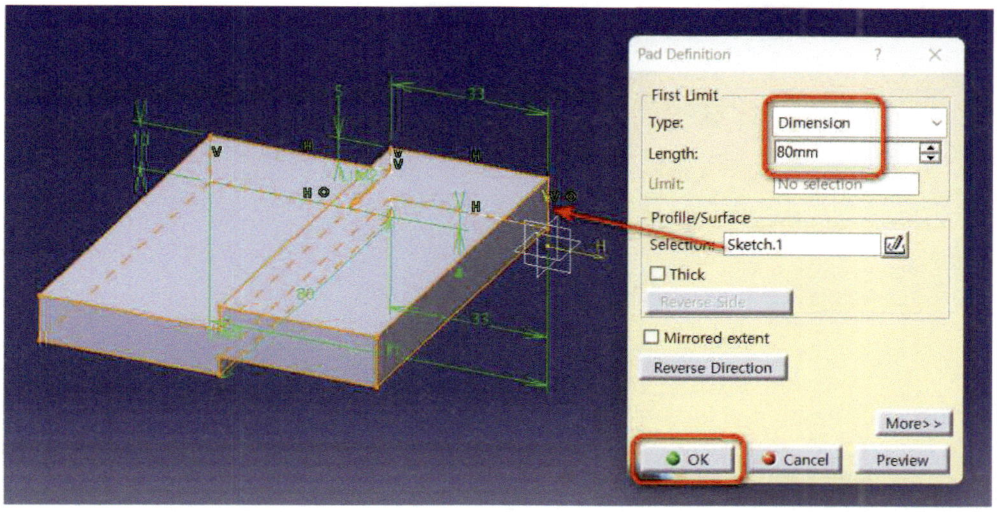

③ 필렛(Fillet) 적용

ⓐ 에지 필렛(Edge Fillet) 아이콘( )을 클릭한다.

ⓑ 에지 필렛(Edge Fillet) 대화상자를 설정하고 OK를 클릭한다.

- Radius : 141
- Object(s) to fillet : 그림처럼 모서리를 선택한다.

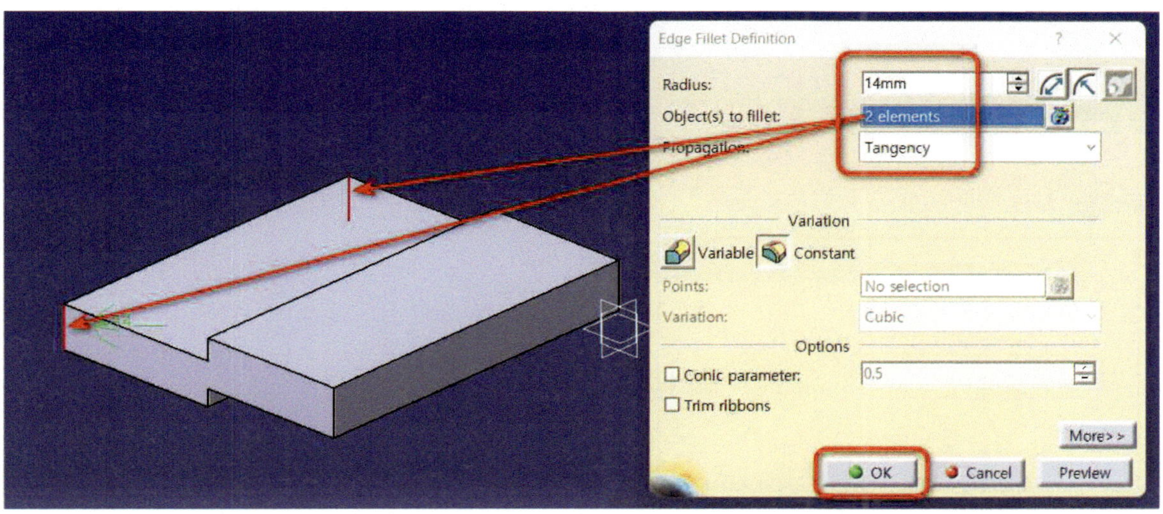

④ Sketch 작성

ⓐ 다음의 그림처럼 Part body의 윗면을 선택하고 스케치(Sketch) 아이콘( )을 클릭한다.

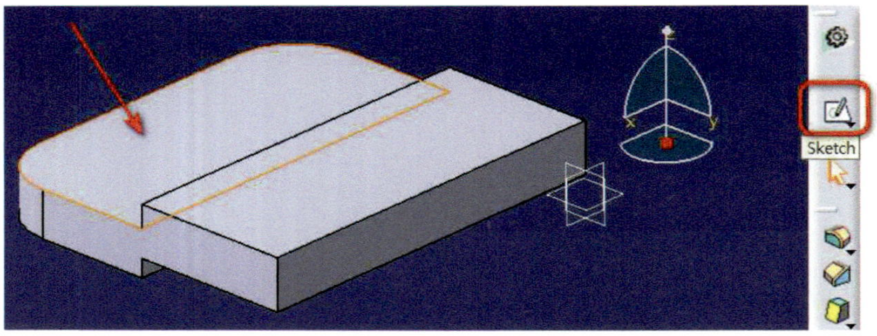

ⓑ 누르기로 작성한 점(Point by Clicking) 아이콘( )을 선택하고 임의의 위치를 클릭한다.

ⓒ 접촉 제약조건 아이콘( )을 선택한다.

ⓓ 다음의 그림처럼 Part body의 우측 아래의 원호 모서리와 앞에서 작성한 점을 선택하면 두 요소의 중심이 동심이 된다.

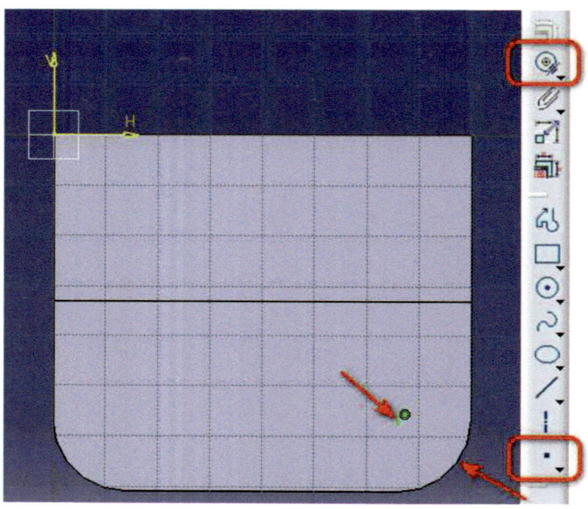

ⓒ 스케치 종료(workbench exit) 아이콘( )을 클릭한다.

⑤ Hole 적용

ⓐ Hole 아이콘( )을 클릭한다.

ⓑ 앞에서 작성한 점을 클릭한다.

ⓒ 다음 그림처럼 Part body의 윗면(구멍을 가공할 면)을 선택한다.

ⓓ Hole 대화상자를 다음과 같이 설정하고 OK를 클릭한다.

- Extension : Up to Last

- Diameter : 10

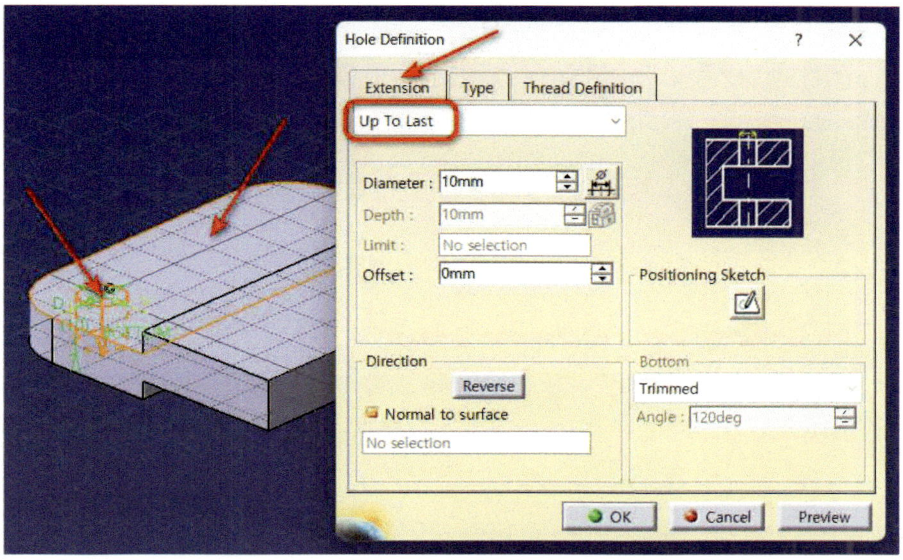

- Thread Definition을 선택하고 □Threaded를 체크한다.
- (Bottom Type) Type : Dimension
- (Type : Metric Thin Pitch
- (Thread Definition) Thread Description : M10×1
- Thread Depth : 10

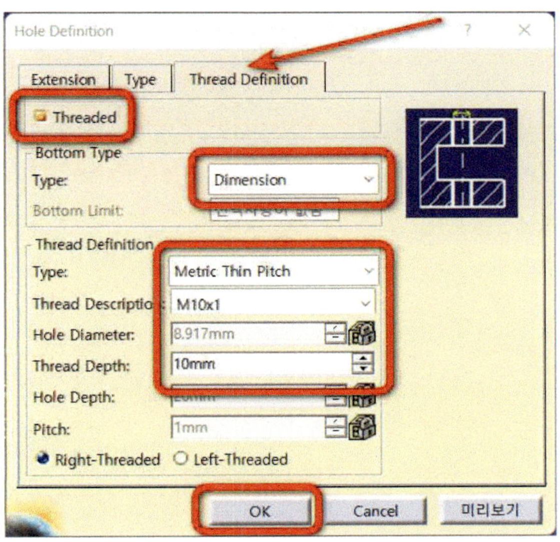

⑥ Rectangular Pattern 적용

ⓐ Rectangular Pattern 아이콘(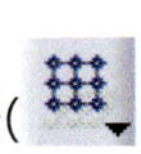)을 클릭한다.

ⓑ 패턴 요소 선택하기

- Object가 Current Solid로 설정되어 있으므로 을 택한다.
- Object to Pattern 대화상자가 나타나면 앞에 작성한 Hole을 선택한다.
- Object to Pattern 대화상자에 Hole이 나타나면 Close를 클릭한다.

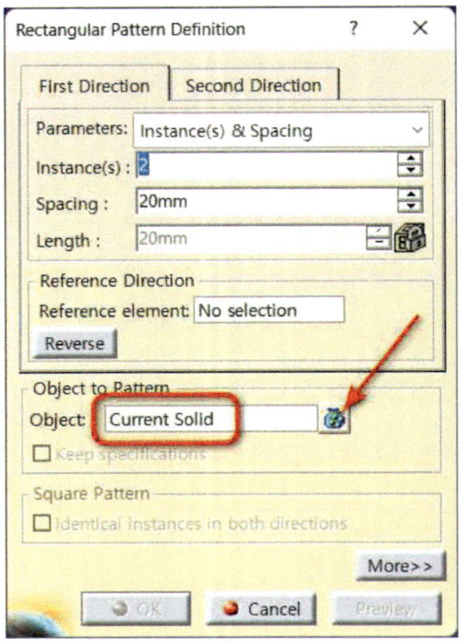

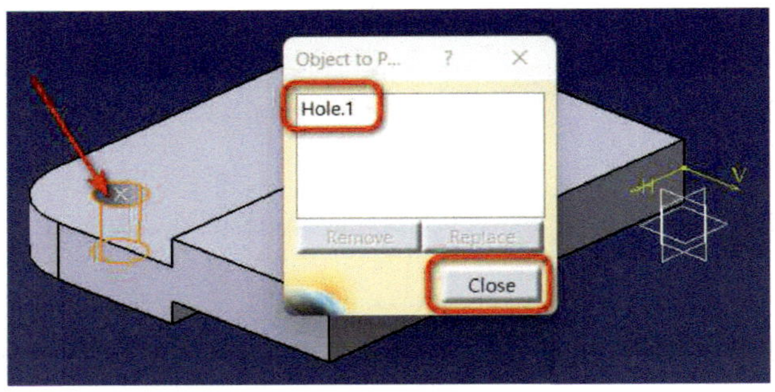

ⓒ Hole 대화상자를 다음과 같이 설정하고 OK를 클릭한다.

- Parameter : Instance(s) & Spacing
- Instance(s) : 2
- Spacing : 524
- Reference element : 그림처럼 모서리 선을 선택한다.
- Reverse : 배열 방향을 반대로 한다.

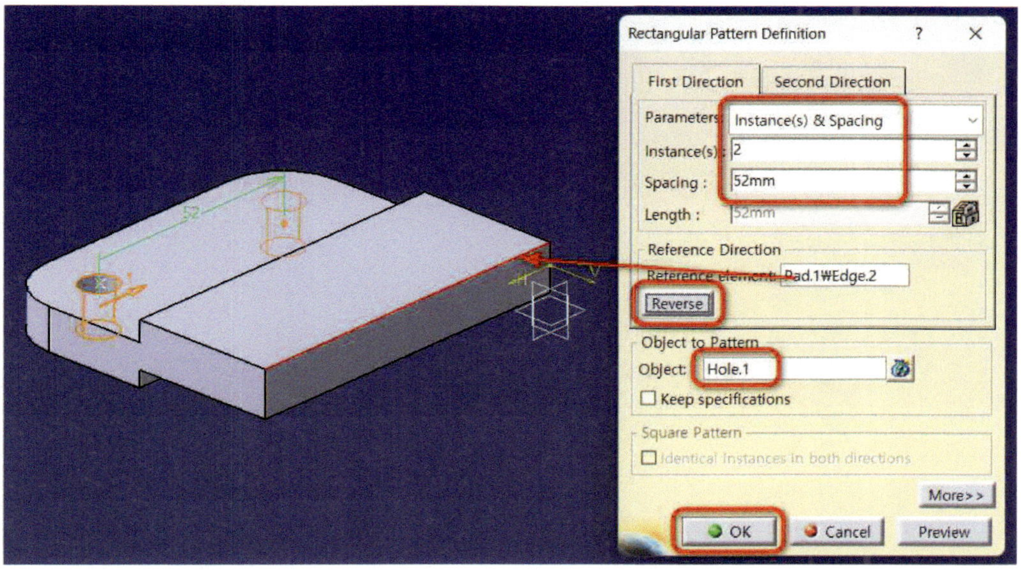

⑦ Mirror 적용

ⓐ Mirror 아이콘( )을 클릭한다.

ⓑ Mirroring element 면으로 다음 그림의 면을 선택한다.

ⓒ 다음의 그림처럼 Mirror 이미지가 나타나면 OK를 클릭한다.

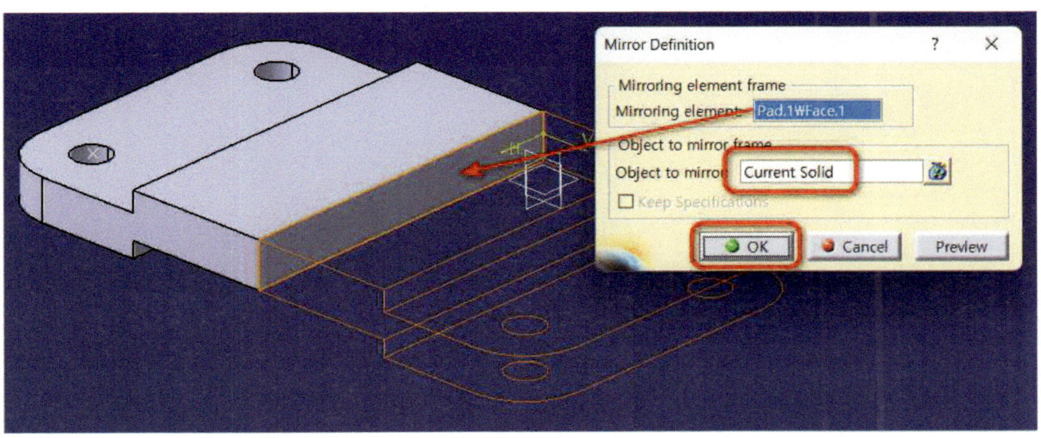

⑧ 완성된 Part Body의 형상을 저장한다.

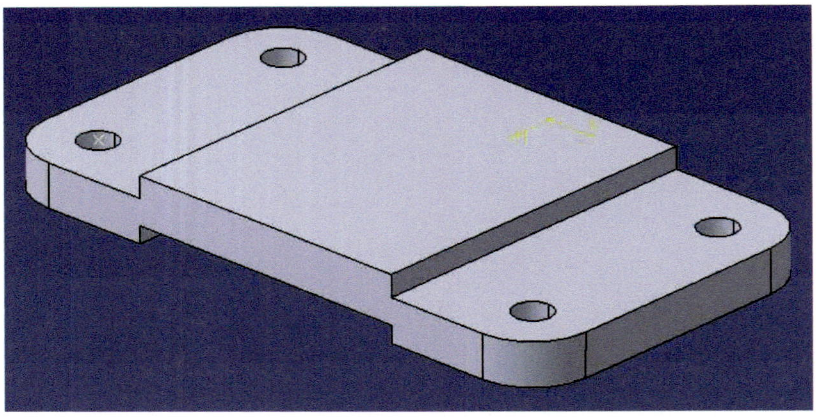

2-08 Part modeling

① Sketch 작성

ⓐ yz 평면(plane)을 선택하고 스케치(Sketch) 아이콘( )을 클릭한다.

ⓑ 다음의 그림처럼 스케치를 작성하고 치수를 기입한다.

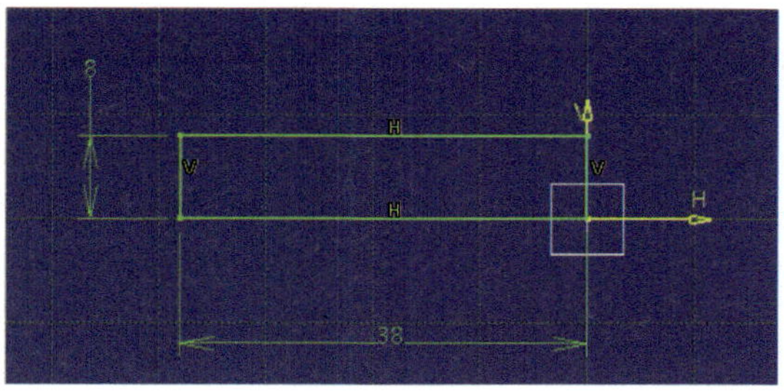

ⓒ 스케치 종료(workbench exit) 아이콘( )을 클릭한다.

② 패드(Pad) 적용

ⓐ 패드(Pad) 아이콘( )을 클릭한다.

ⓑ 다음과 같이 패드 대화상자를 설정하고 OK를 클릭한다.

- Type : Dimension
- Length : 80
- Selection : 앞에서 작성한 스케치를 선택한다.

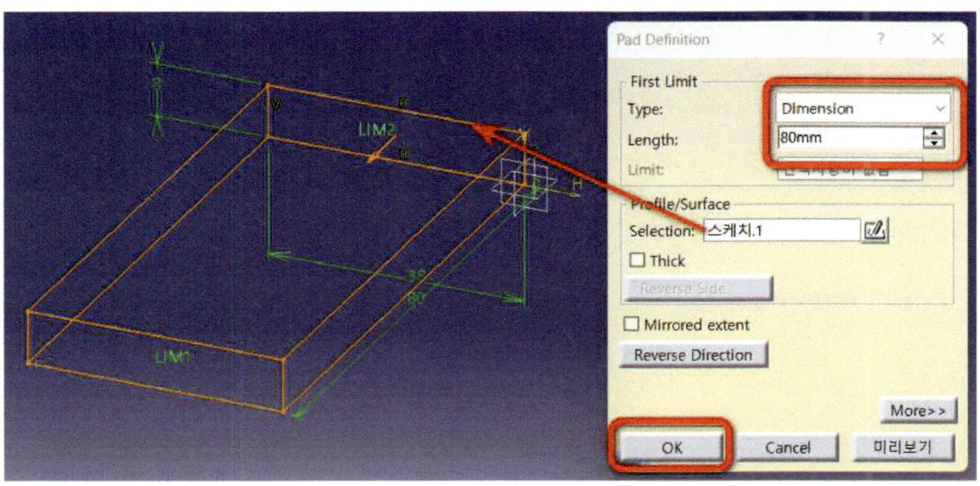

③ 필렛(Fillet) 적용

ⓐ 에지 필렛(Edge Fillet) 아이콘( )을 클릭한다.

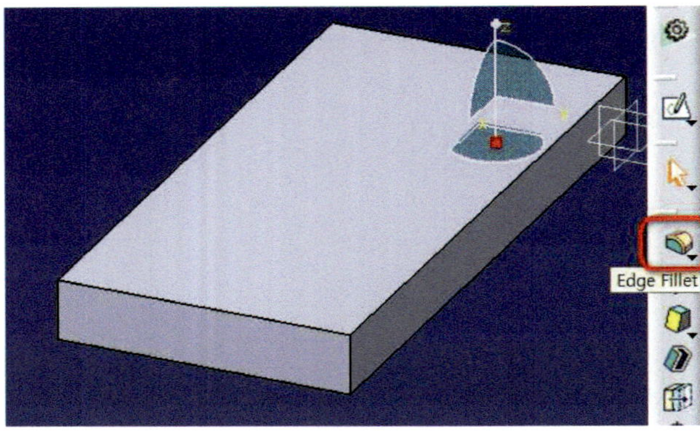

ⓑ 에지 필렛(Edge Fillet) 대화상자를 설정하고 OK를 클릭한다.

- Radius : 14
- Object(s) to fillet : 그림처럼 모서리를 선택한다.

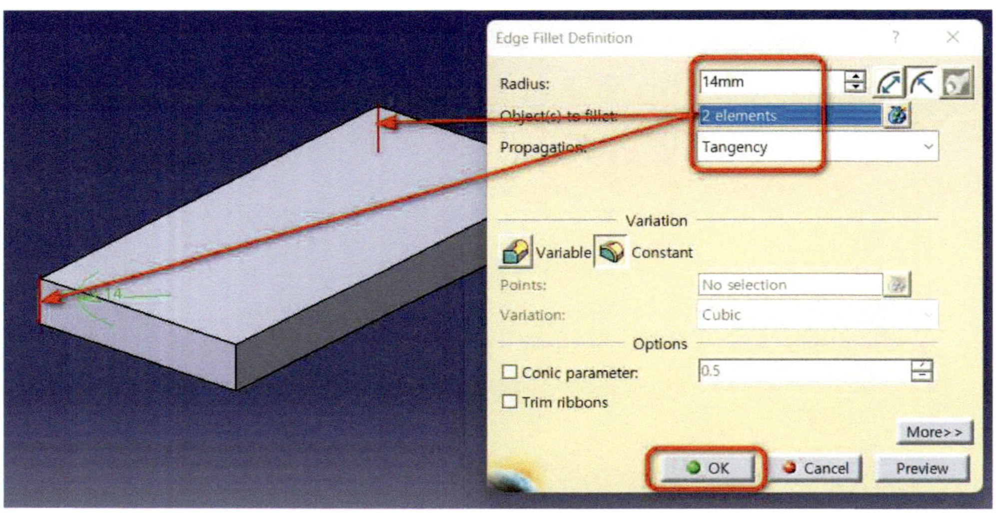

④ Sketch 작성

ⓐ 다음의 그림처럼 Part body의 윗면을 선택하고 스케치(Sketch) 아이콘( )을 클릭한다.

ⓑ 누르기로 작성한 점(Point by Clicking) 아이콘( )을 선택하고 임의의 위치를 클릭한다.

ⓒ 접촉 제약조건 아이콘( )을 선택한다.

ⓓ 다음의 그림처럼 Part body의 우측 아래의 원호 모서리와 앞에서 작성한 점을 선택하면 두 요소의 중심이 동심이 된다.

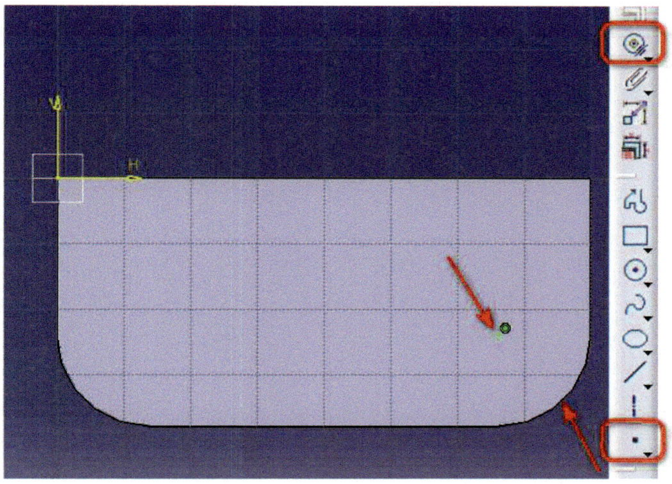

ⓒ 스케치 종료(workbench exit) 아이콘( )을 클릭한다.

⑤ Hole 적용

ⓐ Hole 아이콘( )을 클릭한다.

ⓑ 앞에서 작성한 점을 클릭한다.

ⓒ 다음 그림처럼 Part body의 윗면(구멍을 가공할 면)을 선택한다.

- Extension : Up to Last
- Diameter : 10

ⓓ OK를 클릭한다.

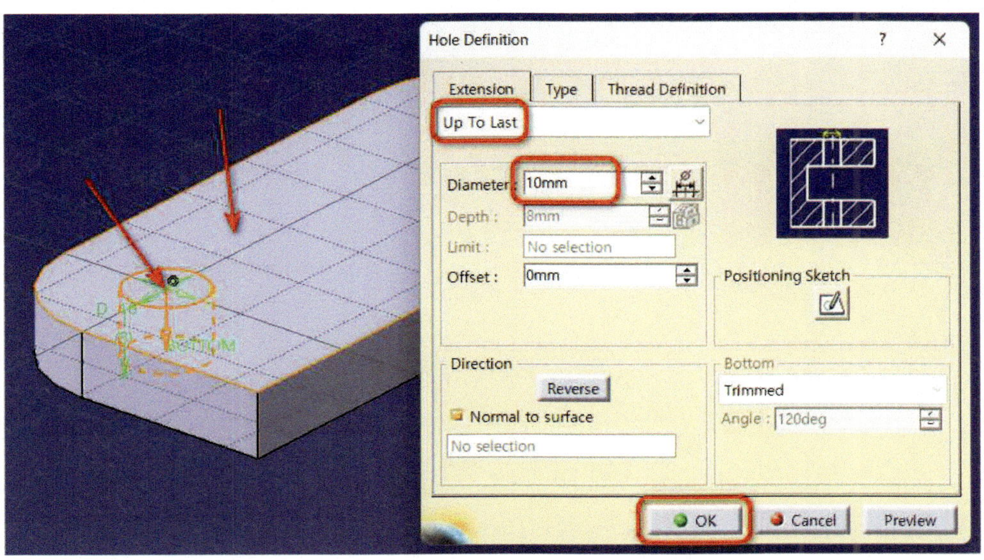

⑥ Rectangular Pattern 적용

ⓐ Rectangular Pattern 아이콘( )을 클릭한다.

ⓑ 패턴 요소 선택하기

- Object가 Current Solid로 설정되어 있으므로 을 택한다.
- Object to Pattern 대화상자가 나타나면 앞에 작성한 Hole을 선택한다.
- Object to Pattern 대화상자에 Hole이 나타나면 Close를 클릭한다.

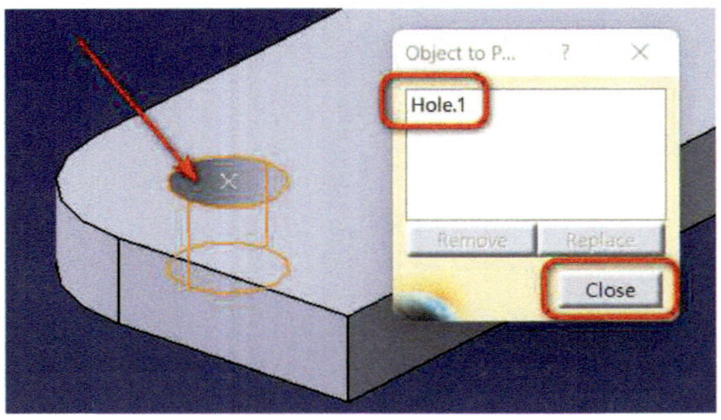

ⓒ Hole 대화상자를 다음과 같이 설정하고 OK를 클릭한다.

- Parameter : Instance(s) & Spacing
- Instance(s) : 2
- Spacing : 52
- Reference element : 그림처럼 모서리 선을 선택한다.
- Reverse : 배열 방향을 반대로 한다.

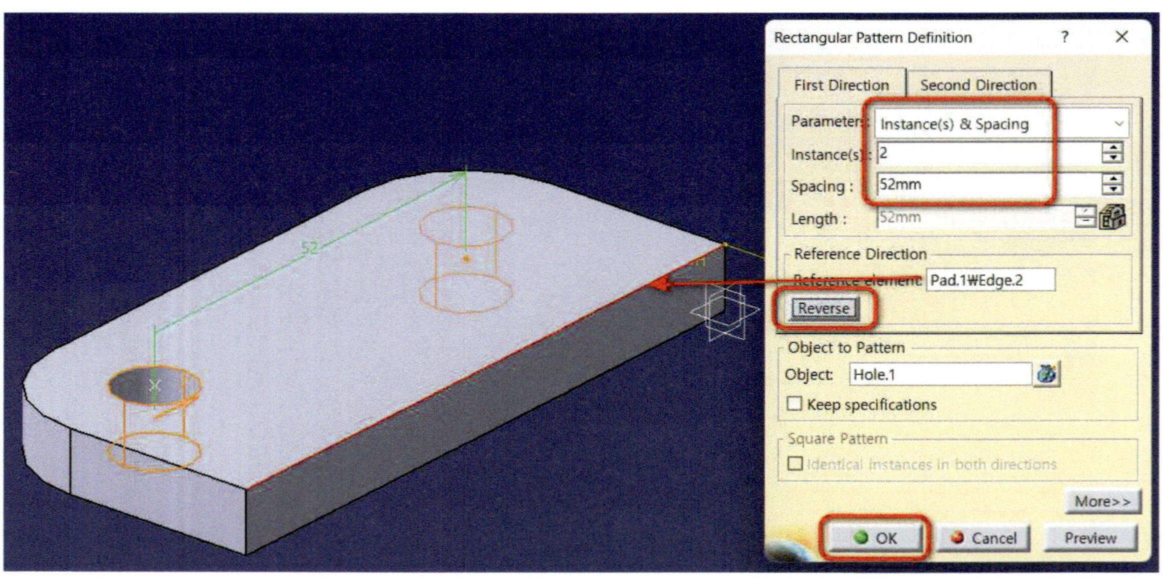

⑦ Sketch 작성

ⓐ 다음 그림처럼 측면을 선택하고 스케치(Sketch) 아이콘( )을 클릭한다.

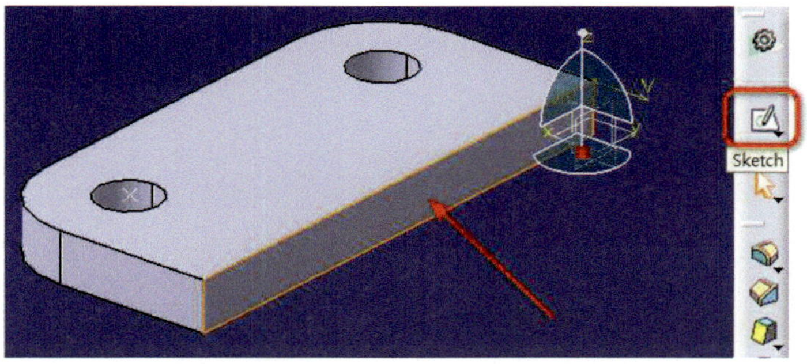

ⓑ 다음의 그림처럼 스케치를 작성하고 치수를 기입한다.

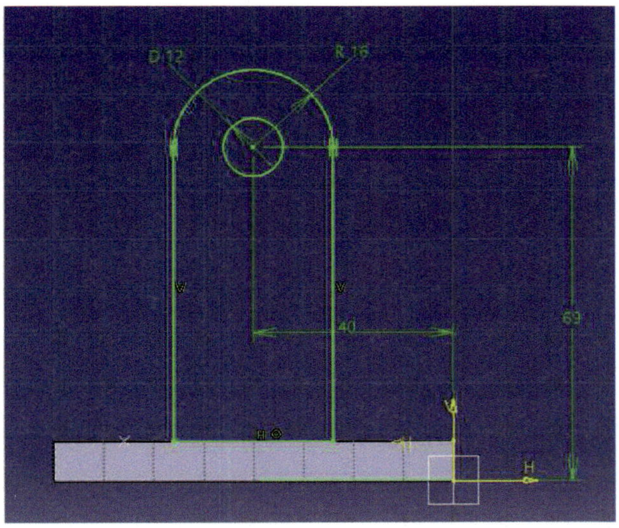

ⓒ 스케치 종료(workbench exit) 아이콘( )을 클릭한다.

⑧ 패드(Pad) 적용

ⓐ 패드(Pad) 아이콘( )을 클릭한다.

ⓑ 다음과 같이 First Limits를 설정한다.

- Type : Dimension
- Length : 14
- Selection : 앞에서 작성한 스케치를 선택한다.
- Reverse : 배열 방향을 반대로 한다.

ⓒ Second Limits 설정한다.

- Less를 클릭한다.
- Type : Dimension
- Length : -4

ⓓ OK를 클릭한다.

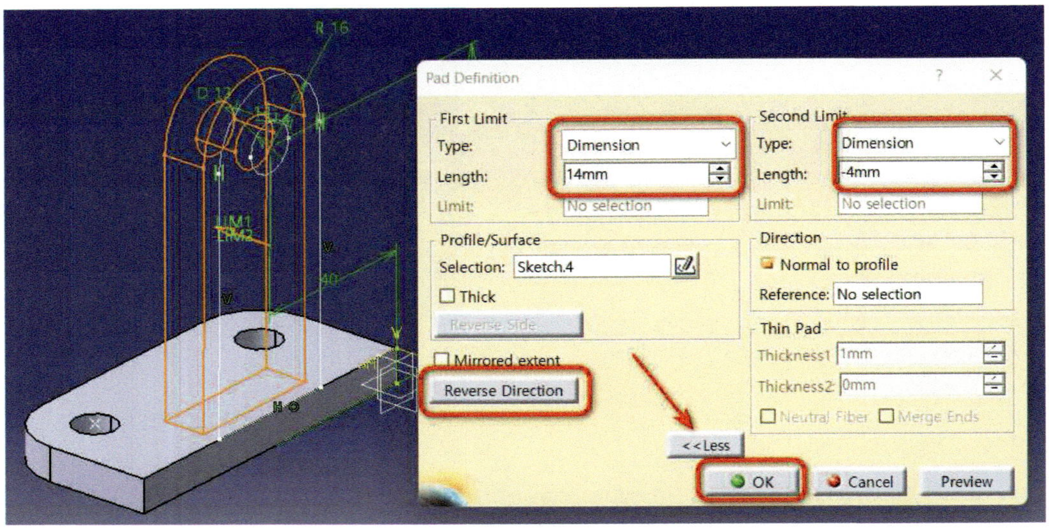

⑦ Sketch 작성

ⓐ 다음 그림처럼 측면을 선택하고 스케치(Sketch) 아이콘( )을 클릭한다.

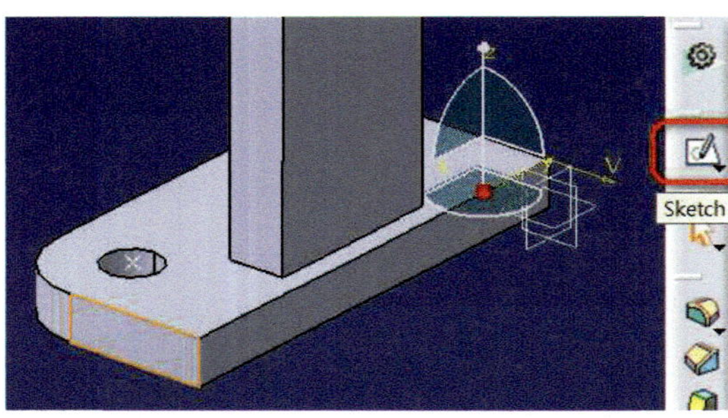

ⓑ 다음의 그림처럼 스케치를 작성하고 치수를 기입한다.

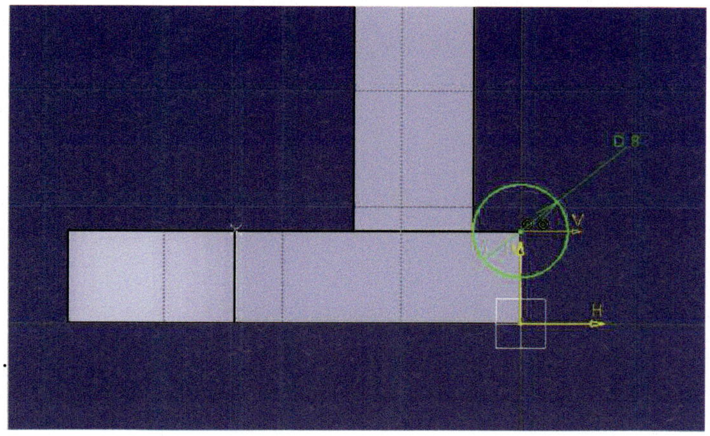

ⓒ 스케치 종료(workbench exit) 아이콘( )을 클릭한다.

⑧ 패드(Pad) 적용

ⓐ 패드(Pad) 아이콘( )을 클릭한다.

ⓑ 다음과 같이 패드 대화상자를 설정하고 OK를 클릭한다.

- Type : Up to last
- Selection : 앞에서 작성한 스케치를 선택한다.

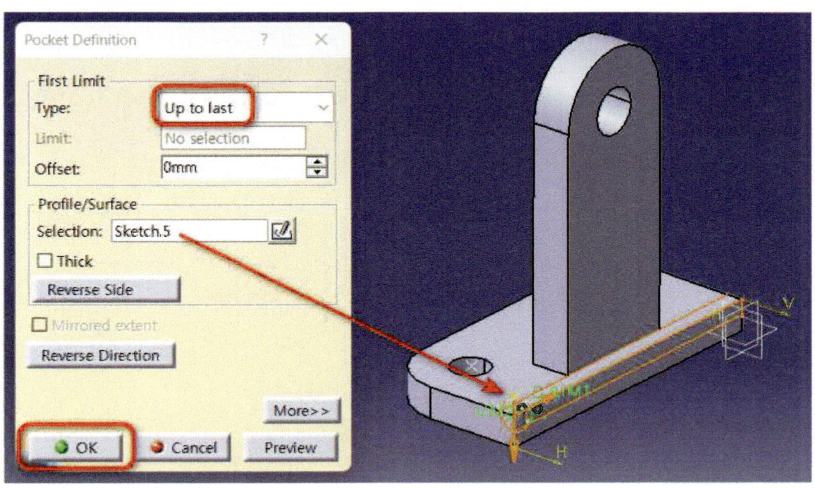

⑨ Sketch 작성

ⓐ 다음 그림처럼 측면을 선택하고 스케치(Sketch) 아이콘( )을 클릭한다.

ⓑ 다음의 그림처럼 스케치를 작성하고 치수를 기입한다.

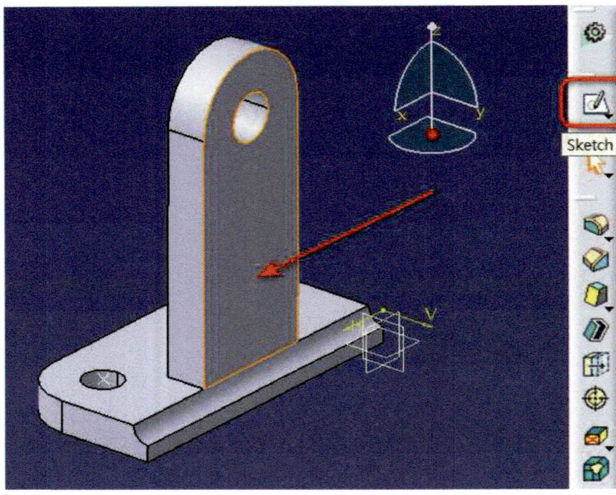

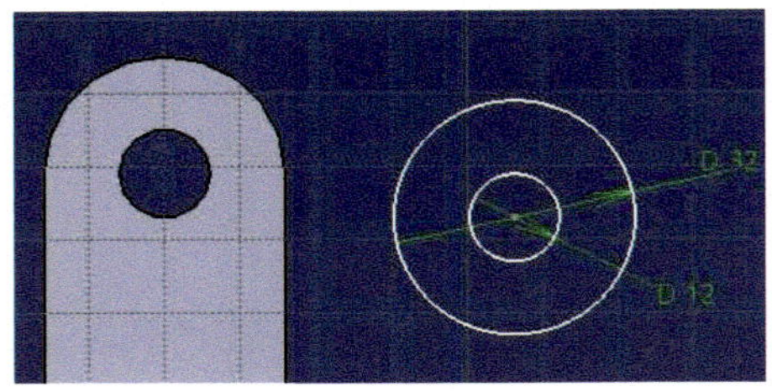

ⓒ 접촉 제약조건 아이콘( )을 선택한다.

ⓓ 다음의 그림처럼 Part body의 모서리 원과 원의 중심점을 선택하면 두 요소의 중심이 동심이 된다.

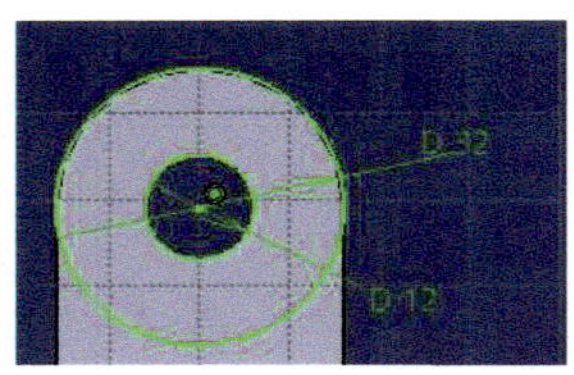

ⓔ 스케치 종료(workbench exit) 아이콘( )을 클릭한다.

⑩ 패드(Pad) 적용

ⓐ 패드(Pad) 아이콘( )을 클릭한다.

ⓑ 다음과 같이 패드 대화상자를 설정하고 OK를 클릭한다.

- Type : Dimension
- Length : 4
- Selection : 앞에서 작성한 스케치를 선택한다.

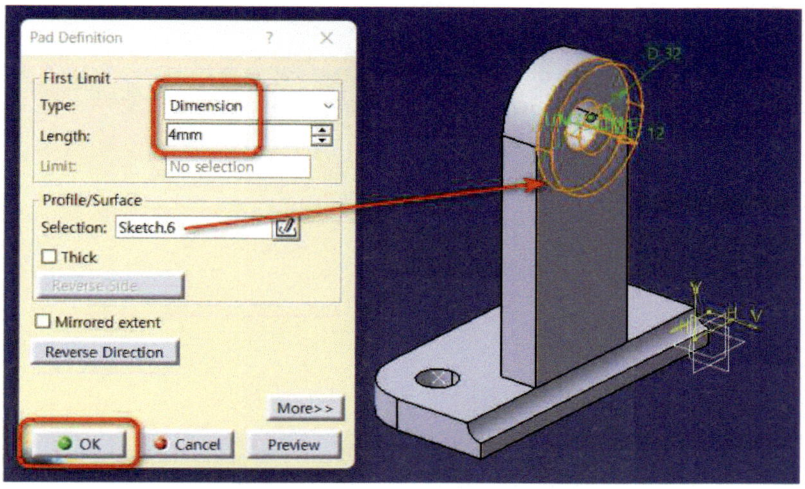

⑪ 평면 생성

ⓐ 평면 아이콘( )을 선택하고 대화상자를 다음과 같이 설정하고 OK를 클릭한다.

- Plane type : Offset from plane
- Reference : 그림처럼 Part body의 측면을 선택한다.
- Offset : 40

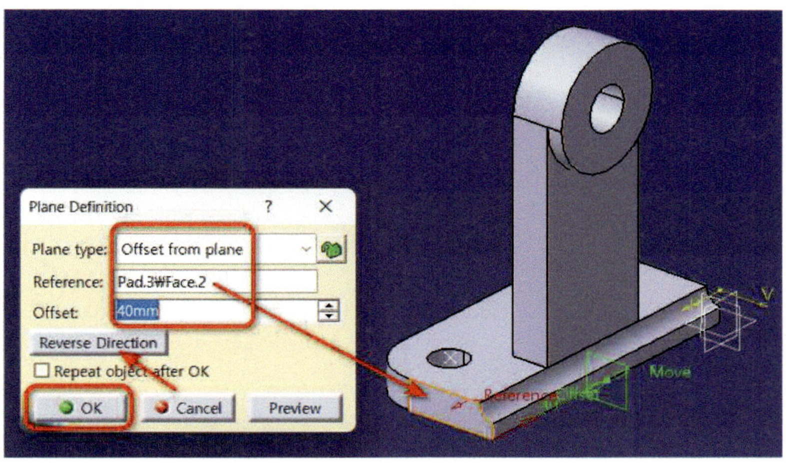

⑫ Sketch 작성

ⓐ 새롭게 생성한 평면(Plane)을 선택하고 스케치(Sketch) 아이콘( )을 클릭한다.

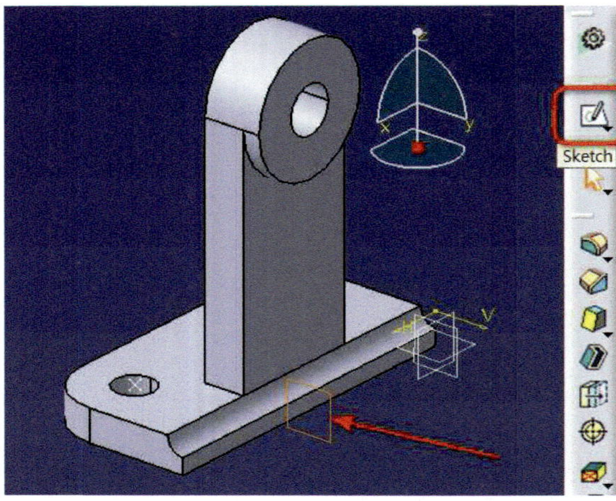

ⓑ 투영(Project 3D Elements) 아이콘( )을 선택한다.

ⓒ 다음의 그림처럼 모서리를 2개를 선택하고 OK를 클릭한다.

ⓓ 투영된 선을 선택하고 구성 선 아이콘( )을 클릭하여 구성 선(참조 선, 보조선)으로 변환한다.

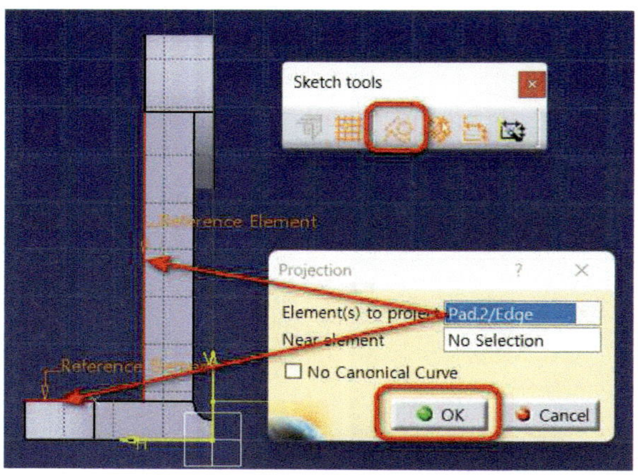

ⓔ 선(line) 아이콘( )을 선택하고 다음의 그림처럼 앞에서 작성한 구성 선에서 시작하여 구성 선에서 끝나는 경사진 선을 작성한다.

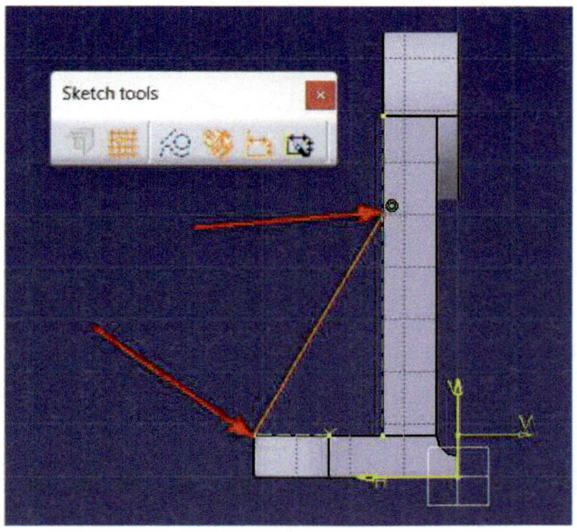

> 참고
>
> 구성 선이 활성화( ) 되어 있으면 구성 선으로 작성되므로 구성 선을 클릭하여
>
> 비활성화( ) 시키고 선을 작성해야 한다.

ⓕ 치수 아이콘( )을 클릭하고 앞에서 작성한 경사진 선을 선택한다.

ⓖ 경사진 선에 평행한 치수선이 나타나는데, 마우스 오른쪽 버튼을 클릭하고 Vertical Measure Direction을 선택하면 다음과 같이 수직 한 치수를 기입할 수 있다.

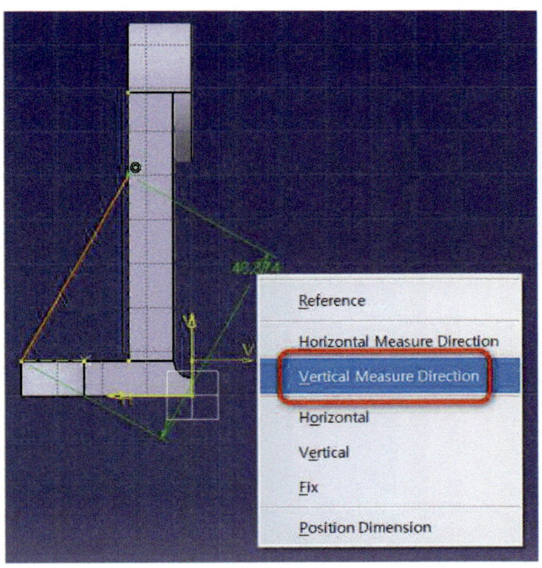

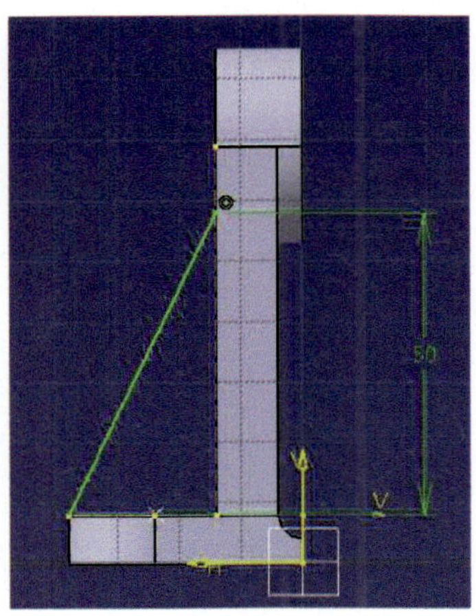

ⓗ 스케치 종료(workbench exit) 아이콘( )을 클릭한다.

⑬ 보강대(Stiffener) 적용

ⓐ 보강대(Stiffener) 아이콘( )을 선택하고 다음과 같이 설정하고 OK를 클릭한다.

- From Side : 클릭하여 체크한다.
- Thickness 1 : 8
- Neutral Fiber : 클릭하여 체크한다.

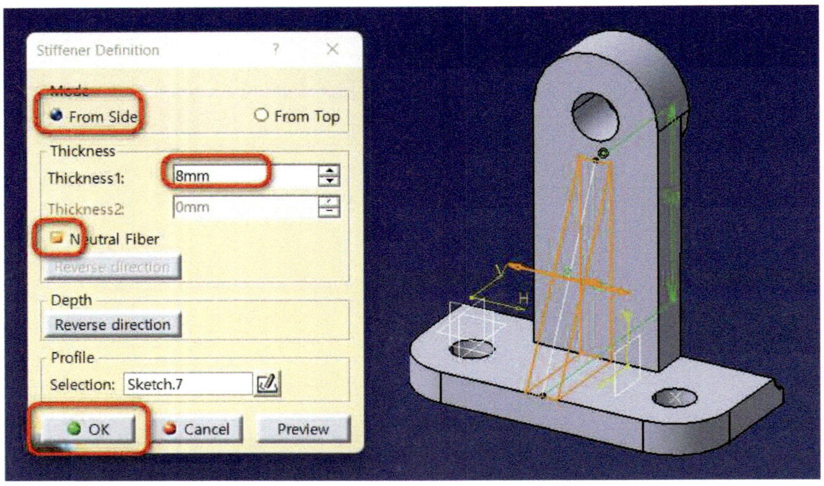

⑭ 완성된 Part Body의 형상을 저장한다.

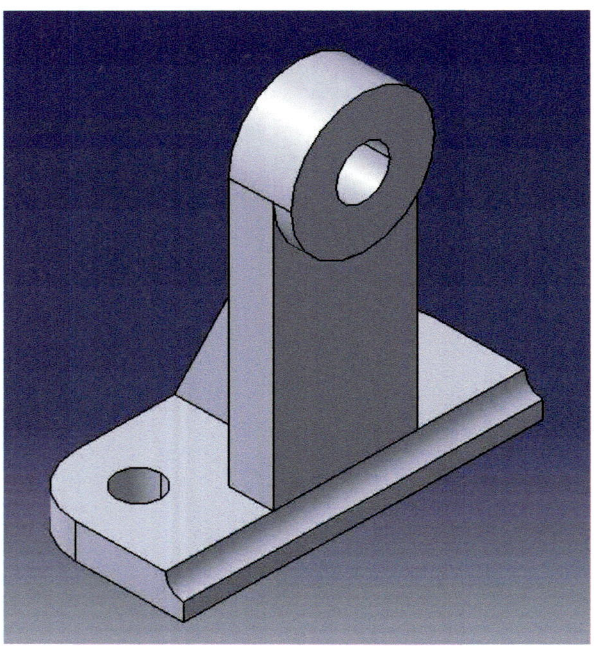

2-09 Part modeling

① Sketch 작성

ⓐ yz 평면(plane)을 선택하고 스케치(Sketch) 아이콘()을 클릭한다.

ⓑ 다음의 그림처럼 스케치를 작성하고 치수를 기입한다.

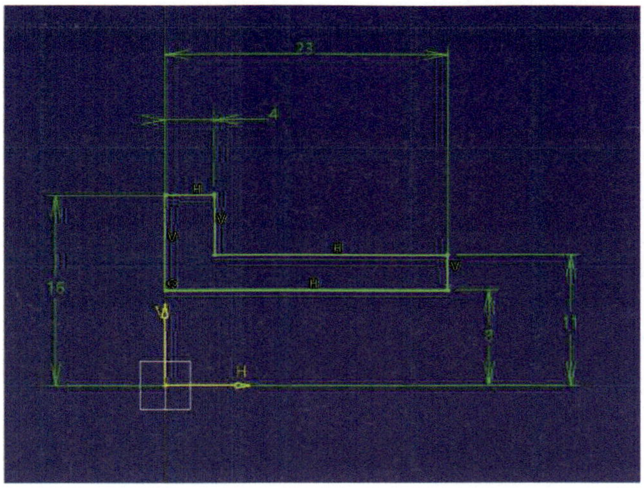

ⓒ 스케치 종료(workbench exit) 아이콘()을 클릭한다.

② Shaft 적용

ⓐ Shaft 아이콘()을 클릭한다.

ⓑ 다음과 같이 Shaft 대화상자를 설정하고 OK를 클릭한다.

- Select : sketch 1
- Axis : 원점의 수평축
- First Angle : 360

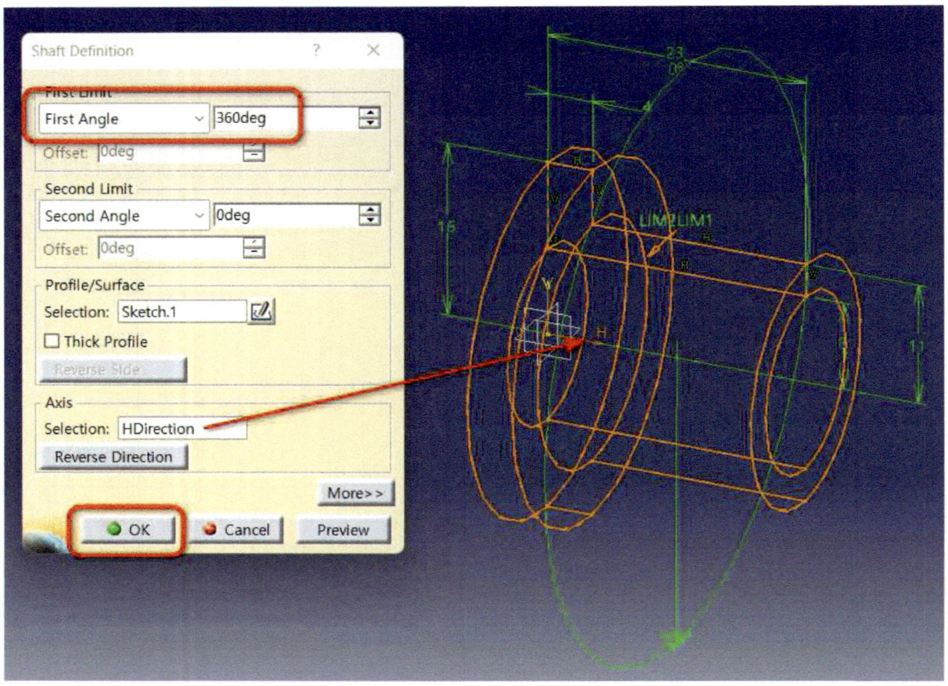

③ 모따기 적용

ⓐ 모따기(Chamfer) 아이콘()을 클릭한다.

ⓑ 모따기(Chamfer) 대화상자를 설정하고 OK를 클릭한다.

- Mode : Length 1/Angle
- Length 1 : 1
- Angle : 45
- Object(s) to chamfer : 그림처럼 2개의 모서리를 선택한다.

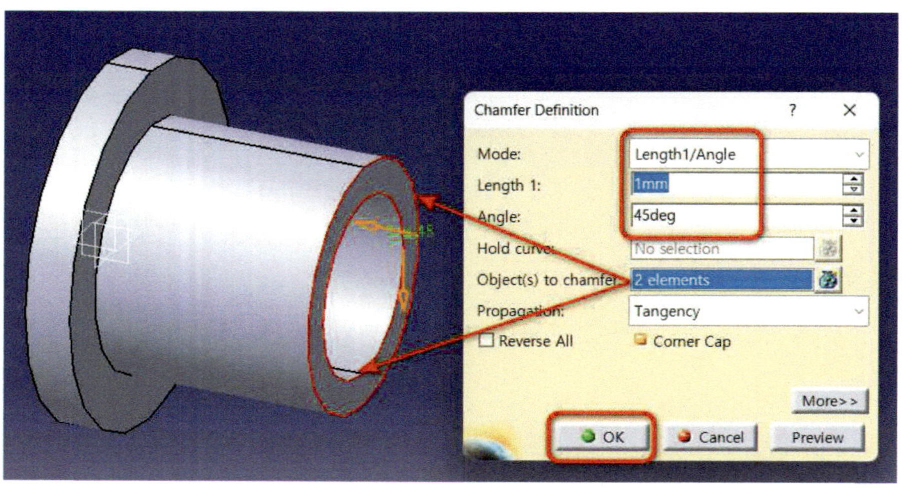

④ 완성된 Part Body의 형상을 저장한다.

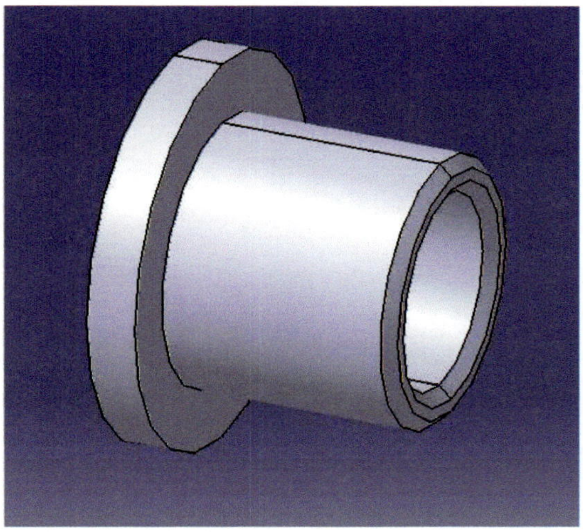

2-10 Part modeling

① Sketch 작성

ⓐ yz 평면(plane)을 선택하고 스케치(Sketch) 아이콘()을 클릭한다.

ⓑ 다음의 그림처럼 스케치를 작성한다.

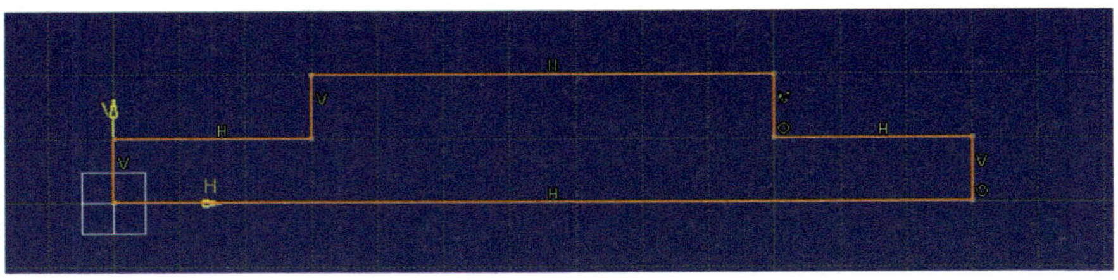

ⓒ 치수 아이콘(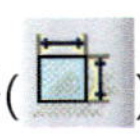)을 클릭하고 다음과 같이 치수를 기입한다.

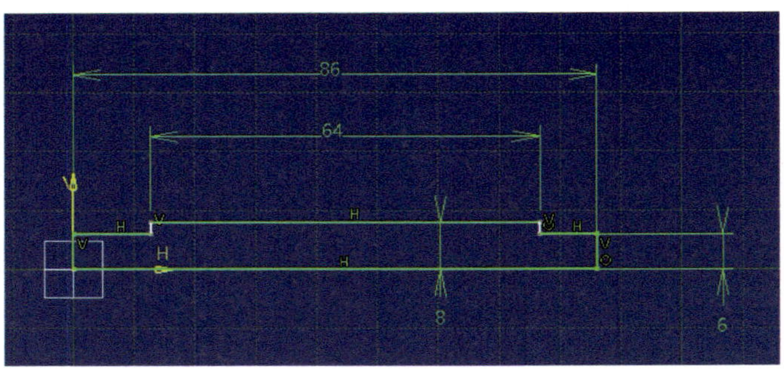

ⓓ 다음의 그림처럼 두 개의 선을 선택하고 대화상자에 정의된 제약조건 아이콘(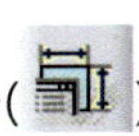)을 클릭한다.

ⓔ 제약조건 정의 대화상자에서 동일(Equal)을 선택하고 OK를 클릭한다.

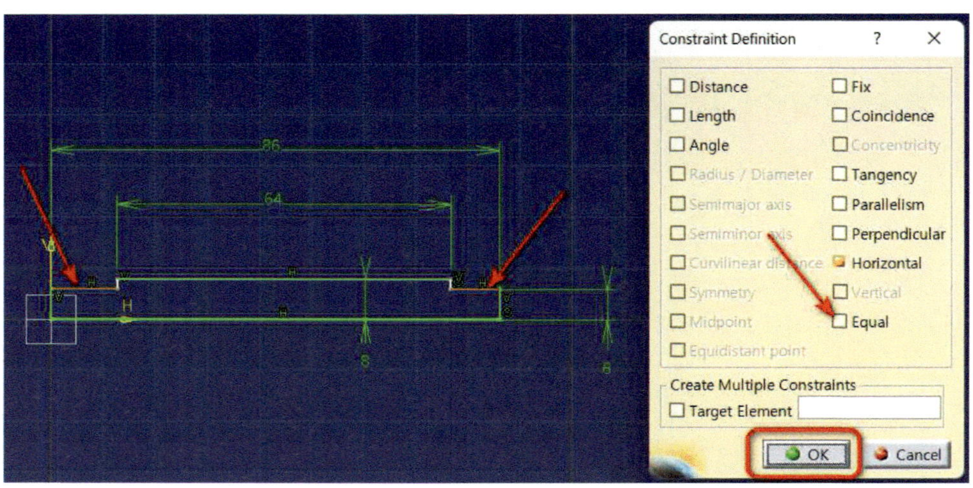

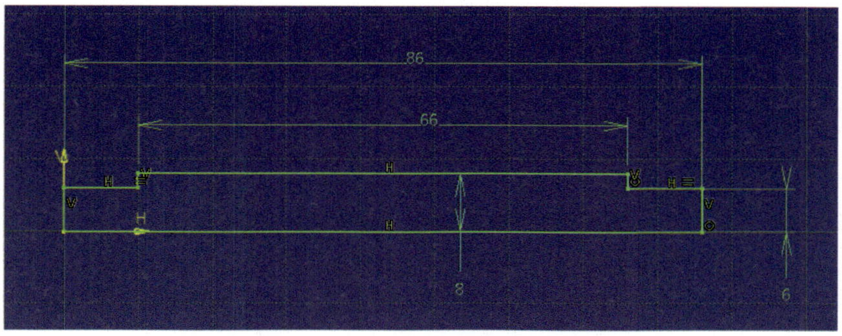

ⓕ 스케치 종료(workbench exit) 아이콘( )을 클릭한다.

② Shaft 적용

ⓐ Shaft 아이콘( )을 클릭한다.

ⓑ 다음과 같이 Shaft 대화상자를 설정하고 OK를 클릭한다.

- Select : sketch 1
- Axis : 원점의 수평축 또는 원점에 수평한 직선
- First Angle : 360

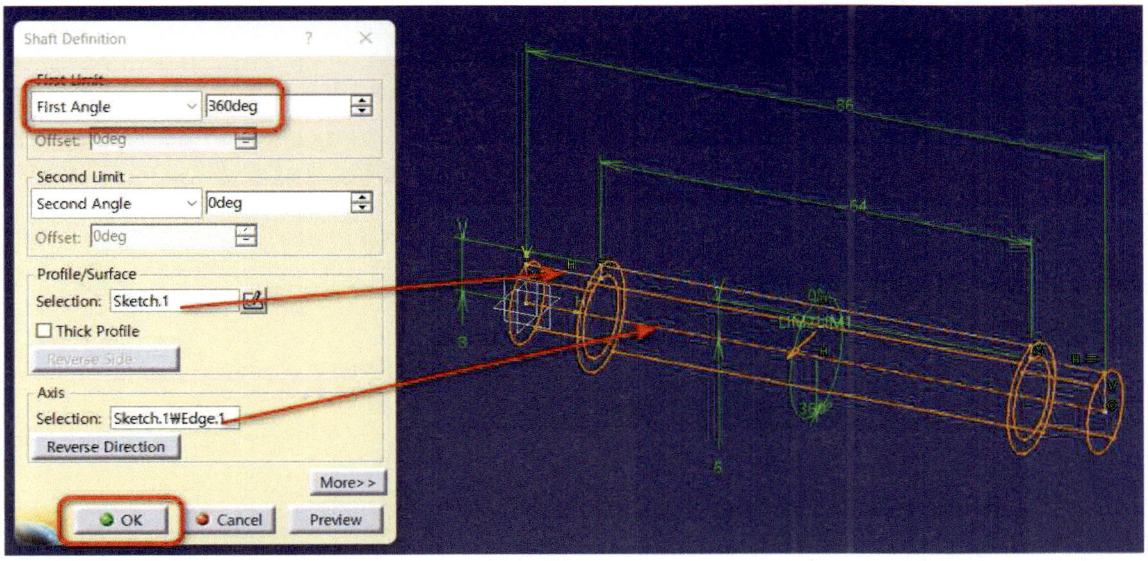

③ 모따기 적용

ⓐ 모따기(Chamfer) 아이콘( )을 클릭한다.

ⓑ 모따기(Chamfer) 대화상자를 설정하고 OK를 클릭한다.

- Mode : Length 1/Angle
- Length 1 : 1
- Angle : 45
- Object(s) to chamfer : 그림처럼 4개의 모서리를 선택한다.

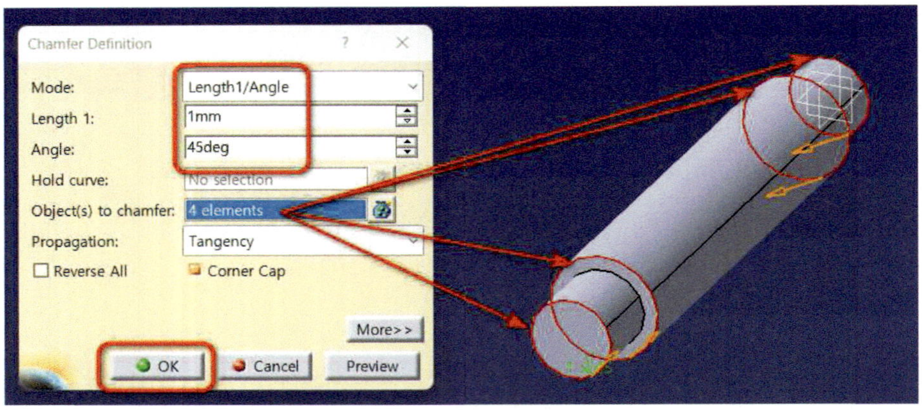

④ 완성된 Part Body의 형상을 저장한다.

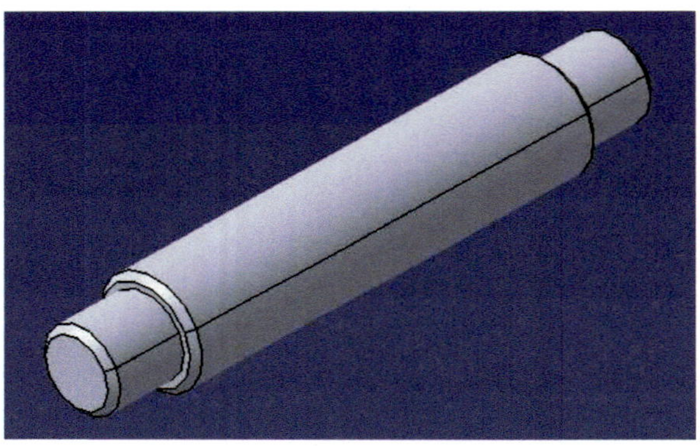

2-11 Part modeling

① Sketch 작성

ⓐ yz 평면(plane)을 선택하고 스케치(Sketch) 아이콘( )을 클릭한다.

ⓑ 다음의 그림처럼 스케치를 작성한다.

ⓒ 치수 아이콘( )을 클릭하고 다음과 같이 치수를 기입한다.

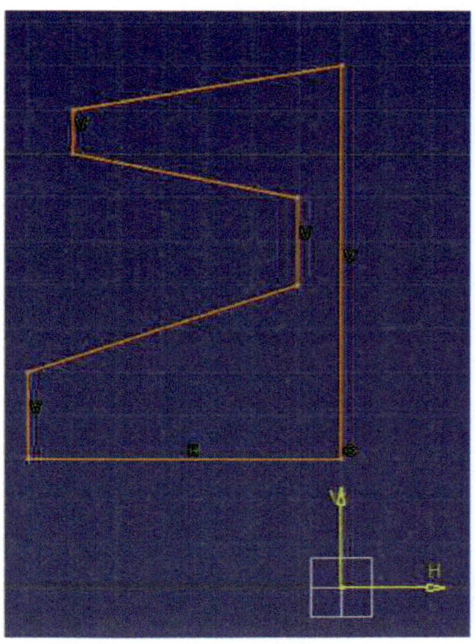

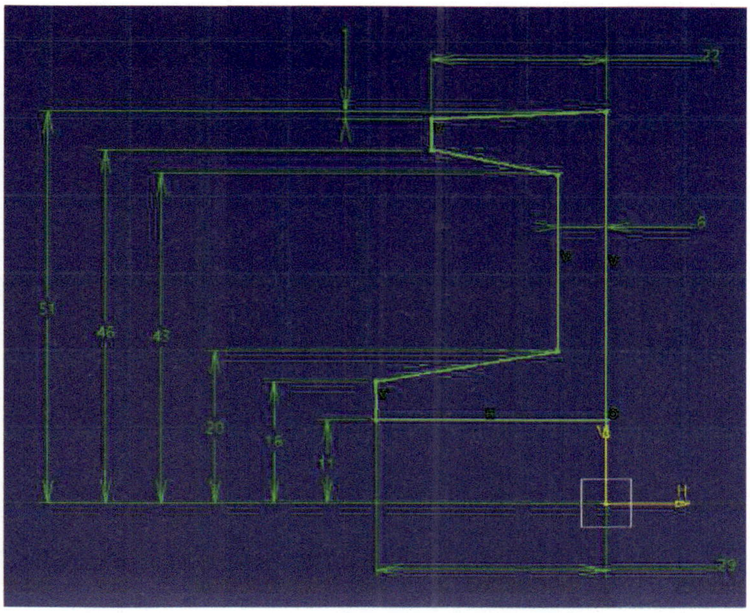

ⓓ 스케치 종료(workbench exit) 아이콘( )을 클릭한다.

② Shaft 적용

ⓐ Shaft 아이콘( )을 클릭한다.

ⓑ 다음과 같이 Shaft 대화상자를 설정하고 OK를 클릭한다.

- Select : sketch 1
- Axis : 원점의 수평축 또는 원점에 수평한 직선
- First Angle : 360

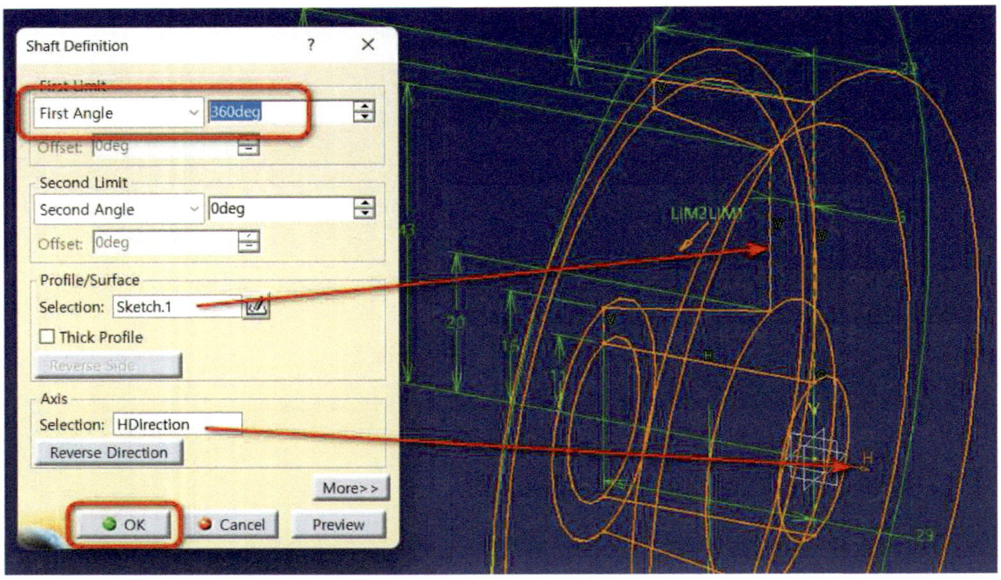

③ 필렛(Fillet) 적용

ⓐ 에지 필렛(Edge Fillet) 아이콘()을 클릭한다.

ⓑ 에지 필렛(Edge Fillet) 대화상자를 설정하고 OK를 클릭한다.

- Radius : 1.5
- Object(s) to fillet : 그림처럼 5개의 모서리를 선택한다.

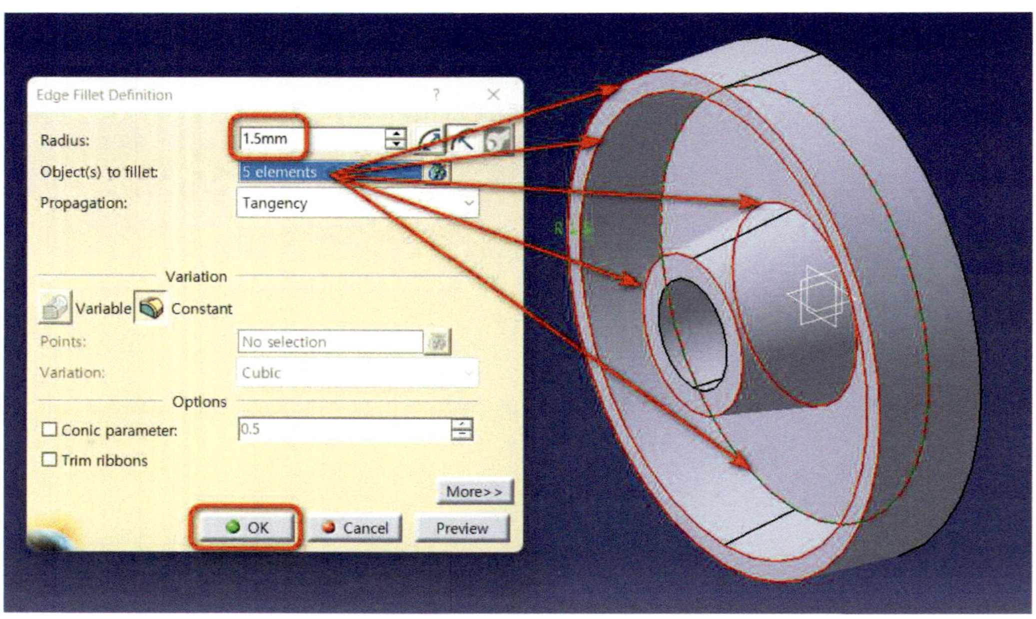

④ Mirror 적용

ⓐ Mirror 아이콘()을 클릭한다.

ⓑ Mirroring element 면으로 다음의 그림의 면을 선택한다.

ⓒ 다음의 그림처럼 Mirror 이미지가 나타나면 OK를 클릭한다.

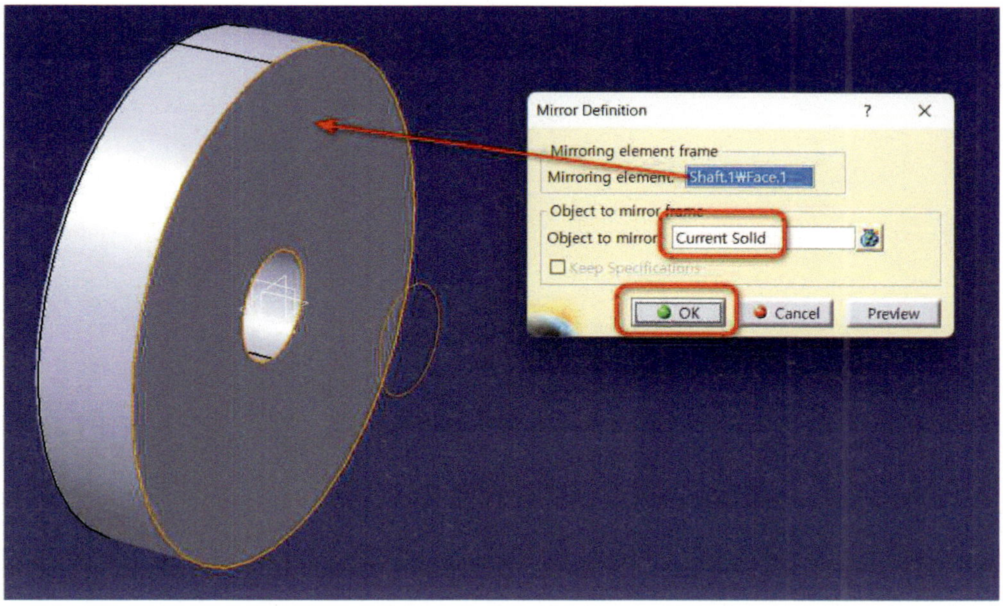

⑤ 완성된 Part Body의 형상을 저장한다.

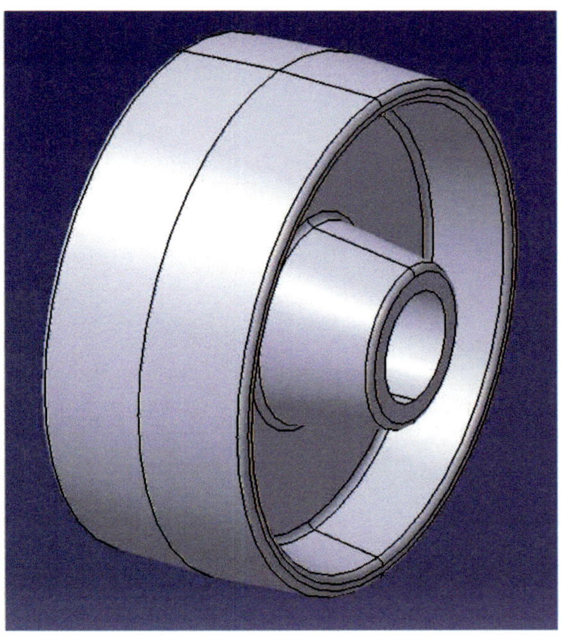

CHATER

III

Assembly

3-1 Assembly

앞에서 작성한 다음의 5개의 Part body를 조립하기 위해 별도의 폴더에 복사한다.

Part1_base

Part2_body

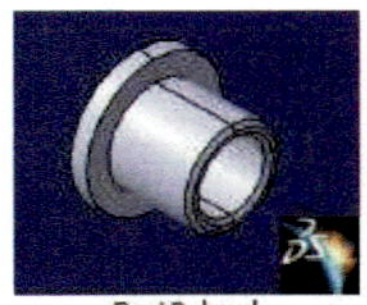
Part3_bush

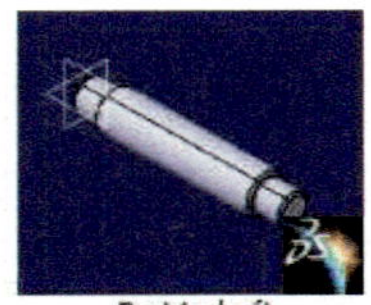
Part4_shaft

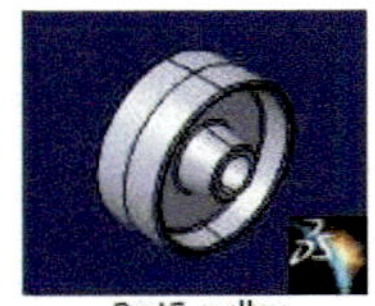
Part5_pulley

① Assembly 시작하기

ⓐ Start → Mechanical Design → Assembly Design을 클릭한다.

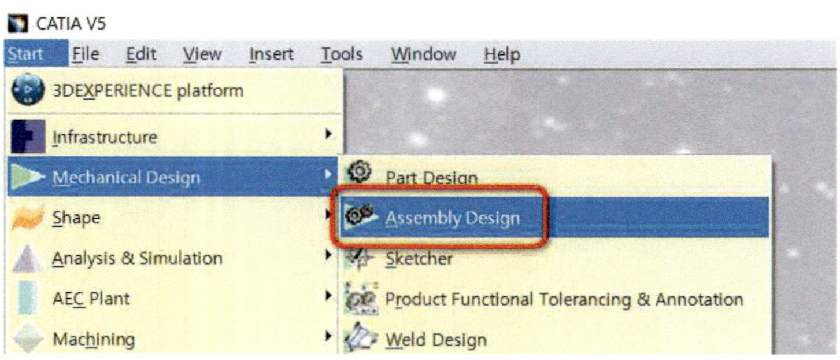

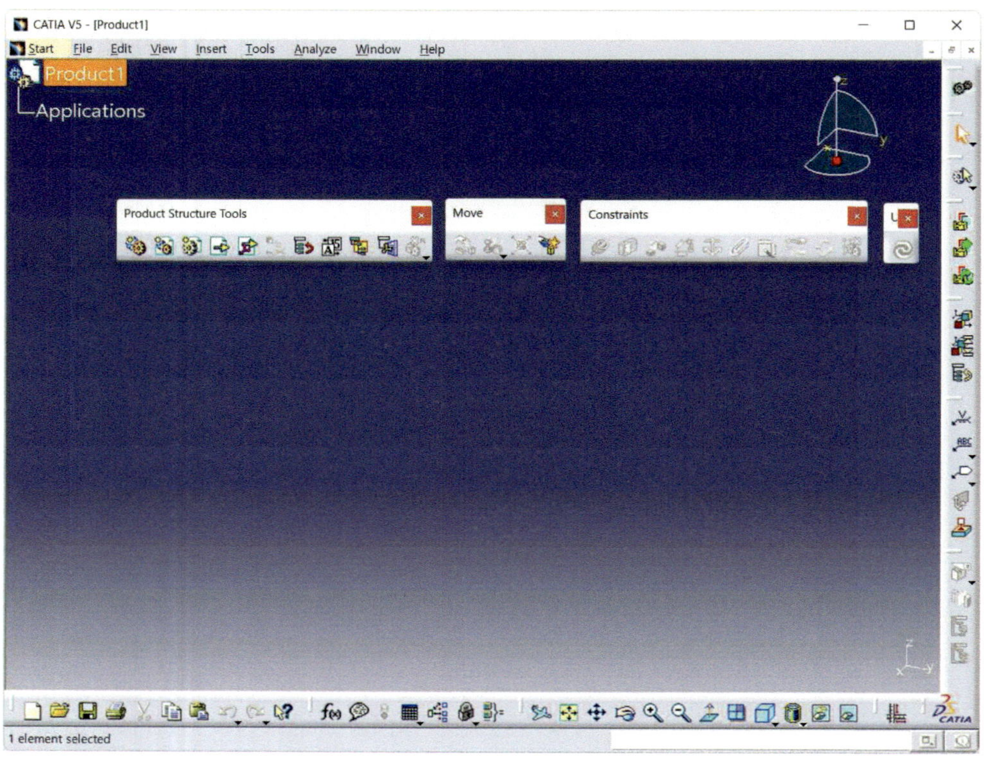

② 컴포넌트 추가

ⓐ 다음의 그림처럼 Product 1을 선택하고 기존 컴포넌트(Existing Component) 아이콘( )을 클릭한다.

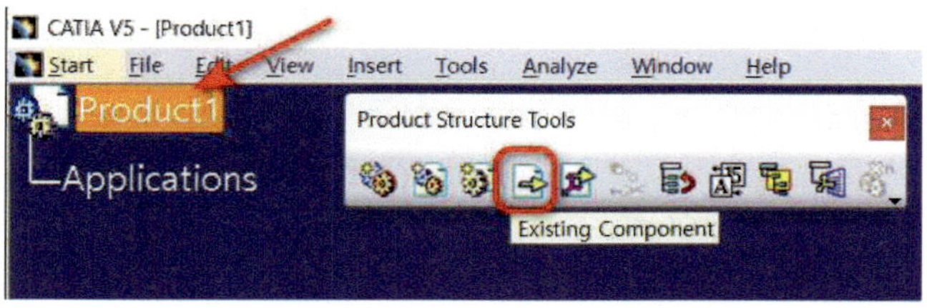

ⓑ 다음 그림에서 지정한 Part1_base를 선택하고 열기를 클릭한다.

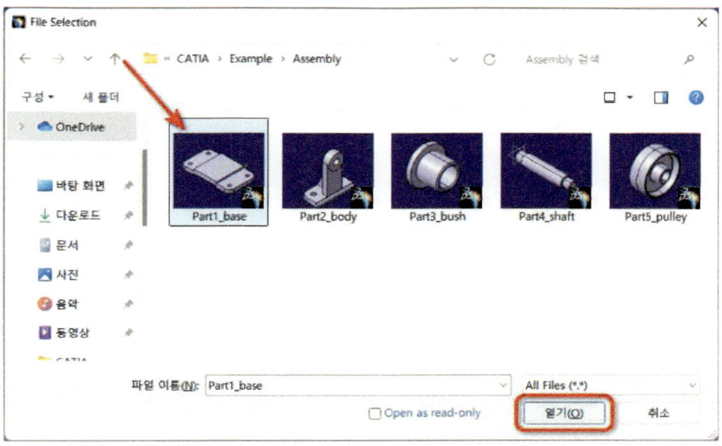

ⓒ 다음과 같이 Part가 어셈블리 환경으로 삽입된다.

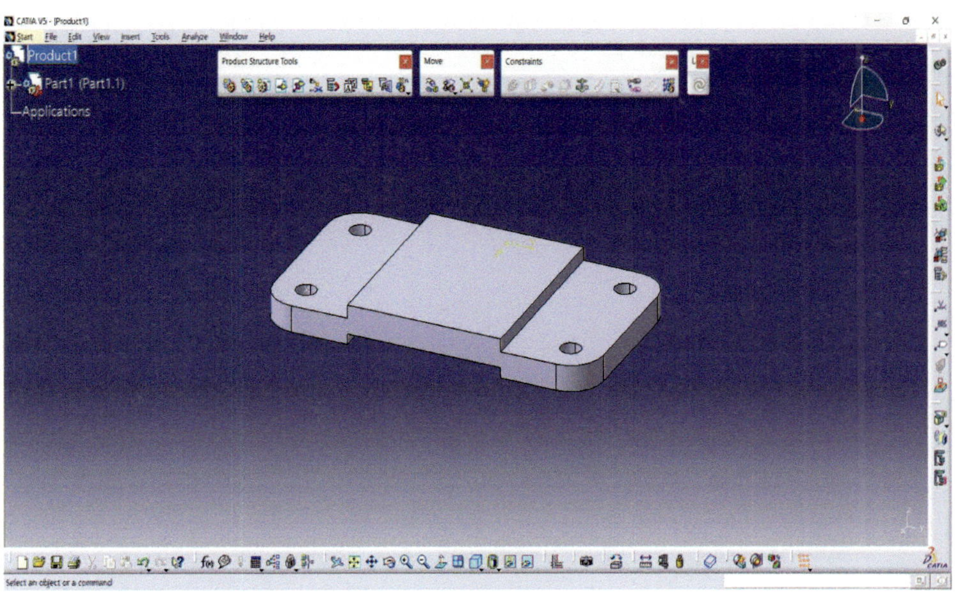

③ 어셈블리 제약조건

ⓐ 제약조건(Component) 영역에서 고정 컴포넌트(Fix Component) 아이콘()을 클릭한다.

ⓑ Part1_base 파트를 클릭하면 파트에 고정 컴포넌트(Fix Component) 아이콘()이 나타나며, 디자인 트리에도 Fix.1이 추가된다.

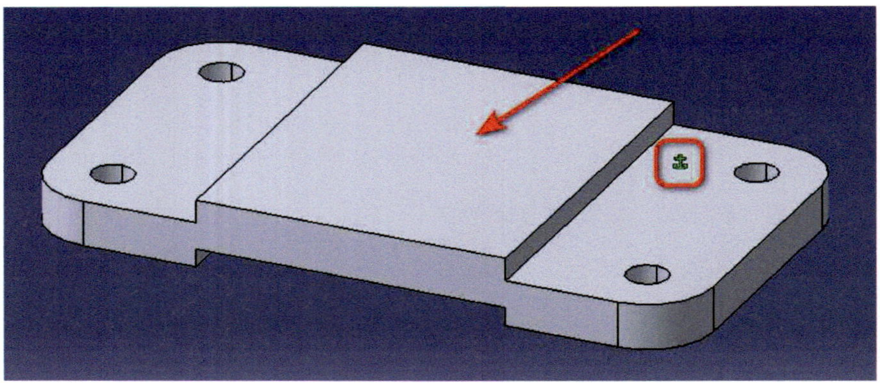

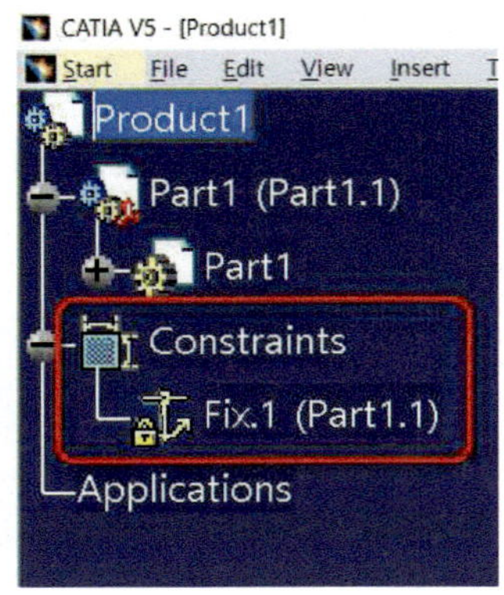

④ 컴포넌트 추가

ⓐ 다음의 그림처럼 Product 1을 선택하고 기존 컴포넌트(Existing Component) 아이콘()을 클릭한다.

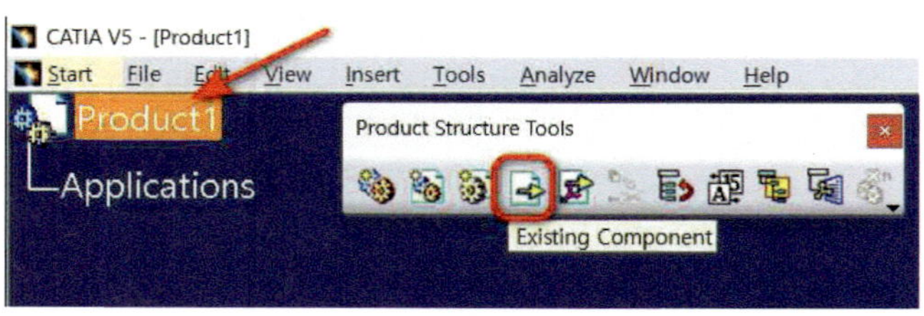

ⓑ Part를 하나씩 삽입할 수도 있으나 다음의 그림처럼 여러 Part를 선택하고 열기를 클릭하여 동시에 삽입한다.

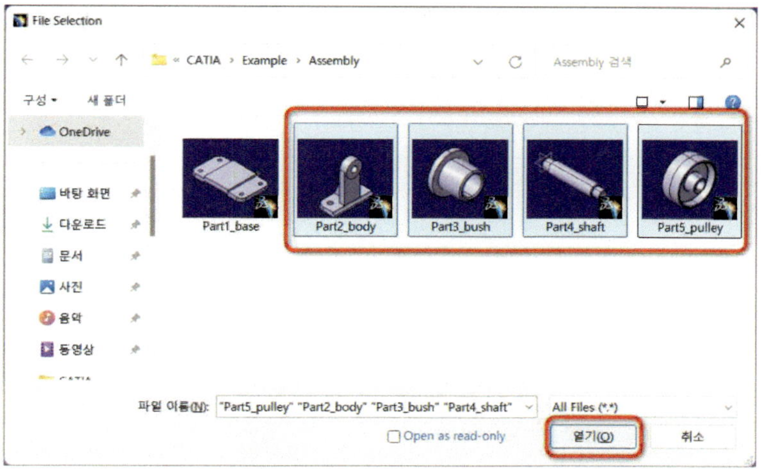

ⓒ 선택한 Part들이 어셈블리 환경으로 삽입된다.

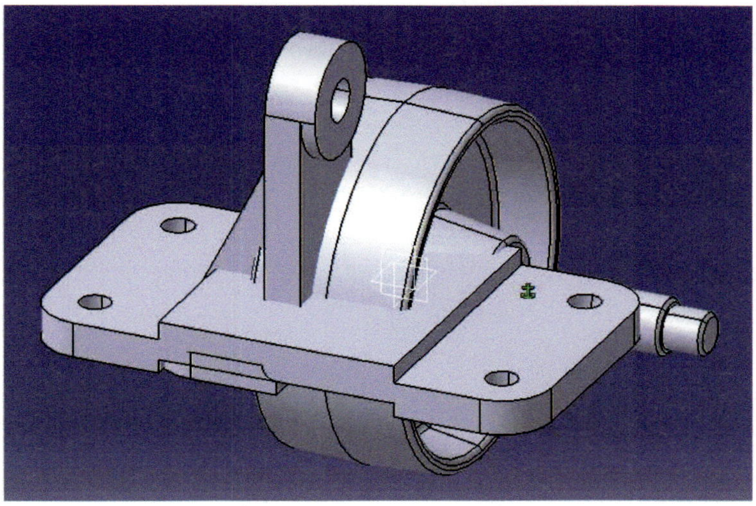

⑤ Part 분리하기

ⓐ 이동(Move) Tool bar에서 조작(Manipulation) 아이콘()을 클릭한다.

ⓑ 다음의 그림처럼 조작(Manipulation) 대화상자의 X축을 클릭한다.

ⓒ 이동시키려는 Part body를 드래그하면 X축으로만 이동한다.

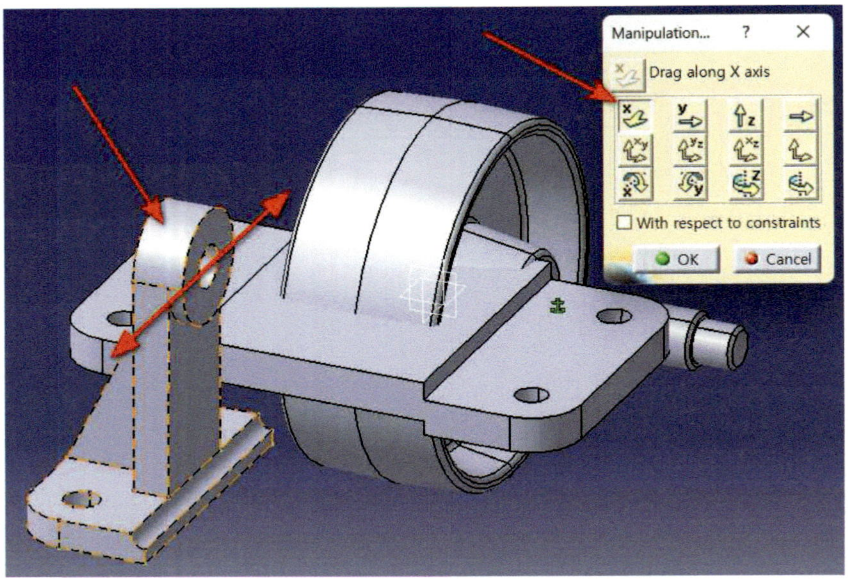

ⓓ 조작(Manipulation) 대화상자의 Y축을 클릭하고 이동시키려는 Part body를 드래그하면 Y축으로만 이동한다.

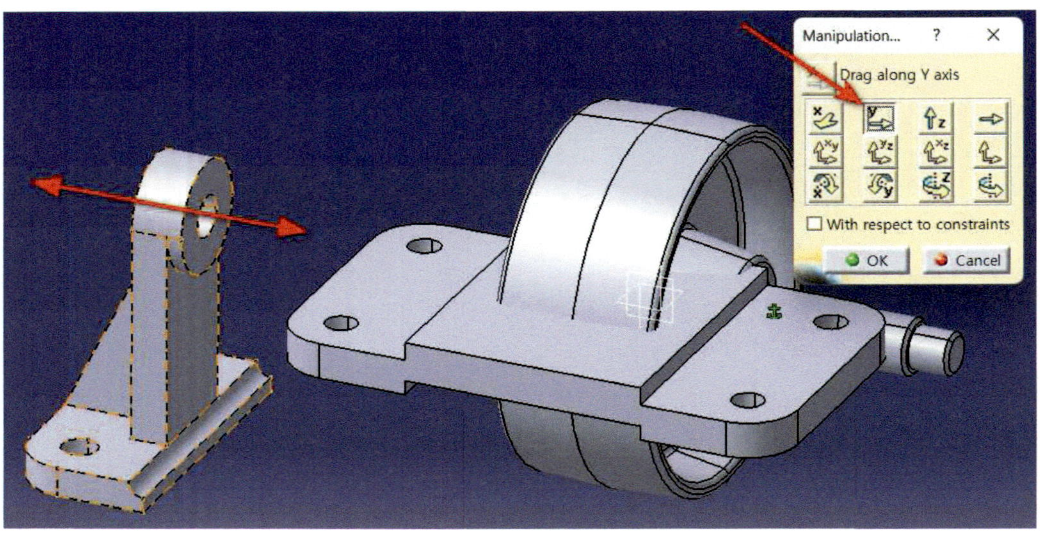

ⓔ 조작(Manipulation) 대화상자의 Z축을 클릭하고 이동시키려는 Part body를 드래그하면 Z축으로만 이동한다.

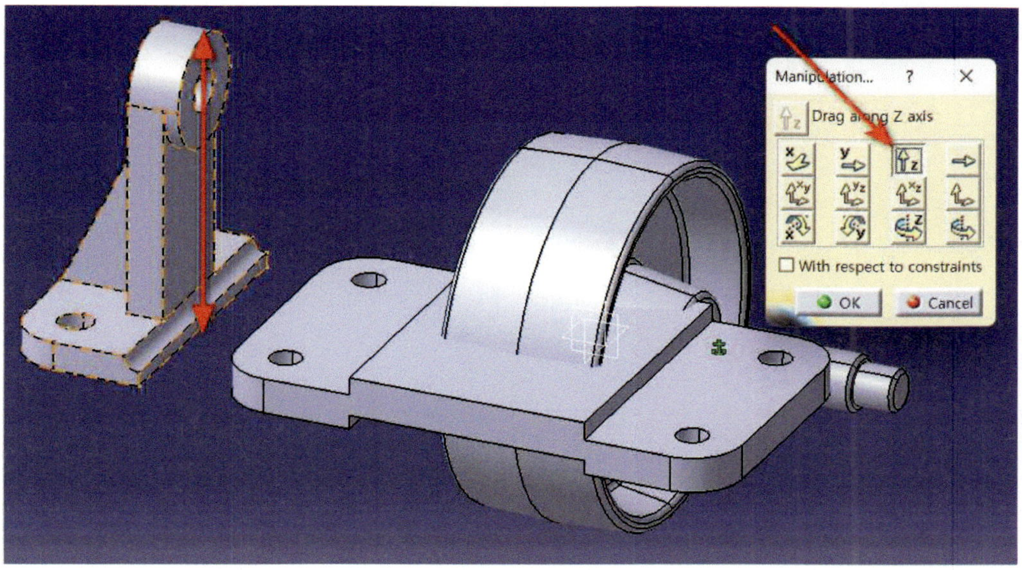

ⓕ 조작(Manipulation) 대화상자의 모든 축에 따른 드래그 아이콘( )을 선택하고 모서리를 클릭한다.

ⓖ 이동시키려는 Part body를 드래그하면 선택한 모서리를 따라 이동한다.

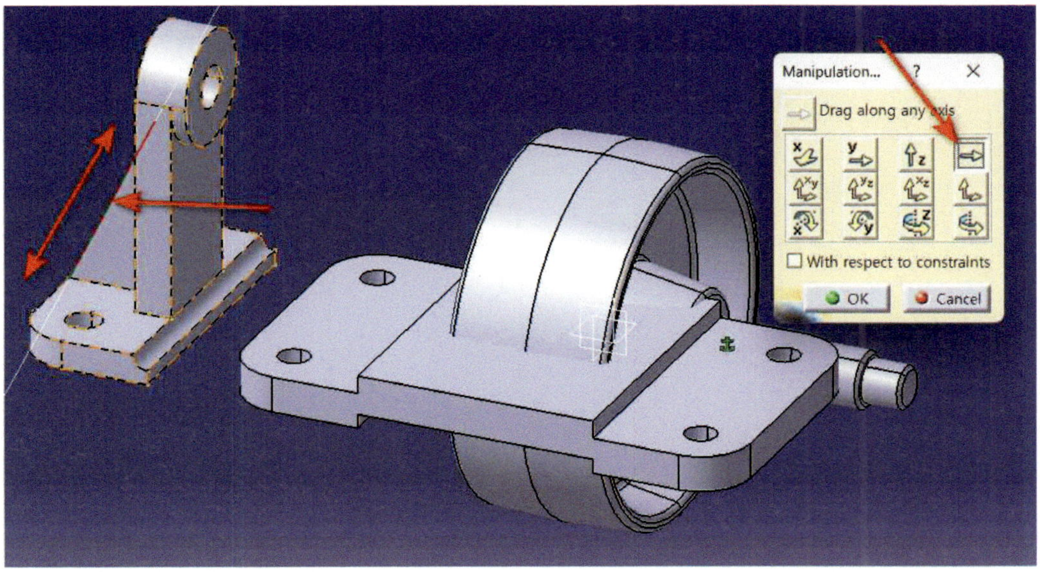

ⓗ 다음의 그림처럼 각 Part body가 서로 겹쳐지지 않도록 임의의 위치로 이동한다.

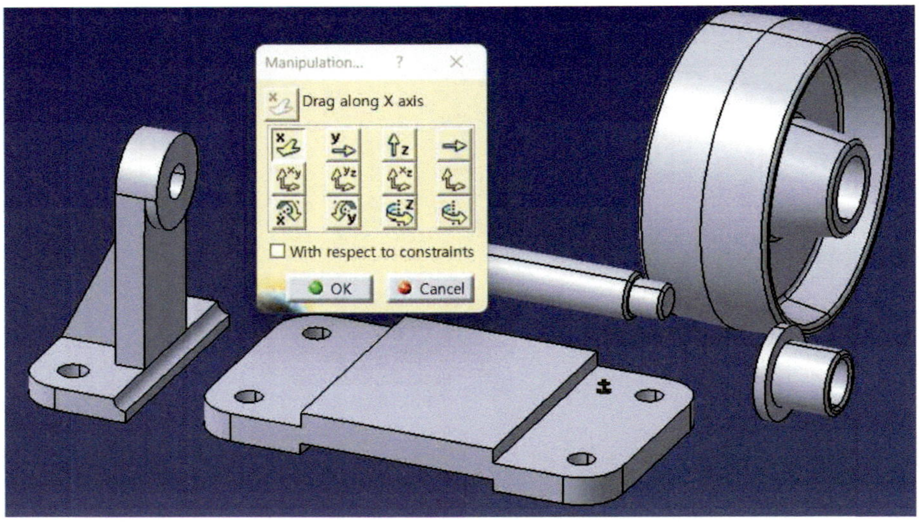

참고

 : XY 평면의 이동

 : YZ 평면의 이동

 : XZ 평면의 이동

 : 선택한 평면의 이동

 : X 축을 기준으로 회전

 : Y 축을 기준으로 회전

 : Z 축을 기준으로 회전

 : 선택한 모서리를 기준으로 회전

참고

ⓐ 분해(Explode) 아이콘을 선택하고 분해(Explode) 대화상자의 확인을 클릭한다.

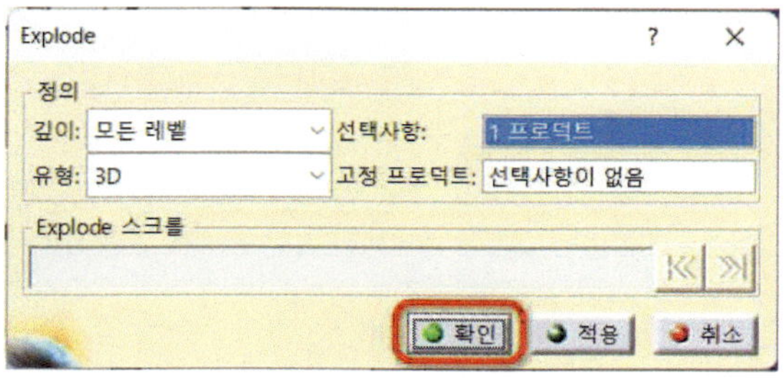

ⓑ 모든 Part body가 분해된다.

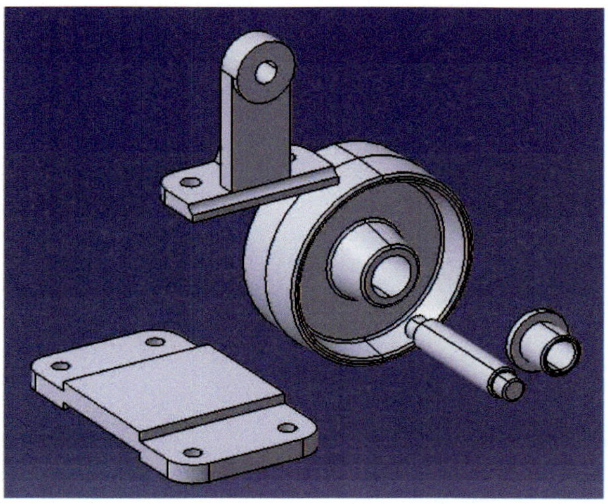

⑥ 제약조건(Constraints)에서 접촉 제약조건(Contact Constraint)을 클릭한다.

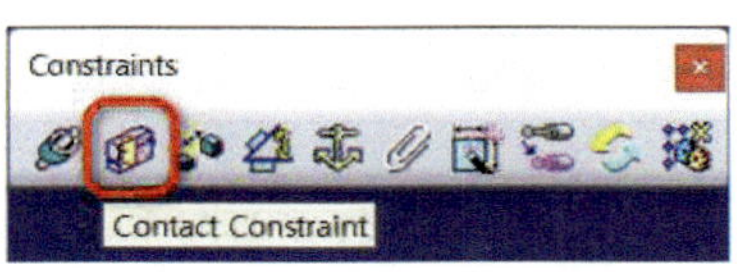

ⓐ 조립하려는 Part 1의 조립이 될 면을 선택한다.

ⓑ 앞에서 선택한 Part 1과 조립하려는 Part 2가 서로 접촉하는 면을 선택한다.

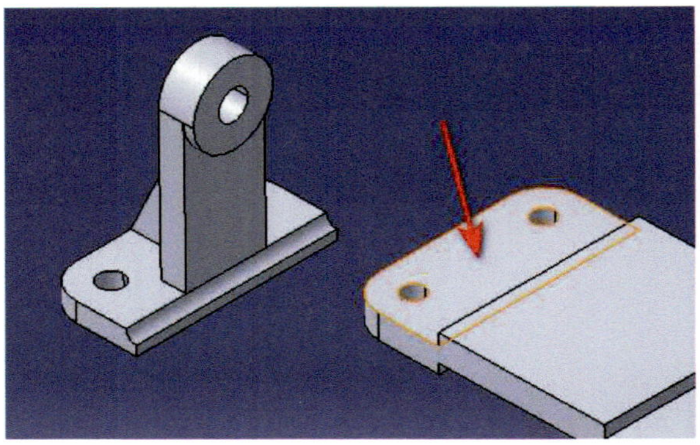

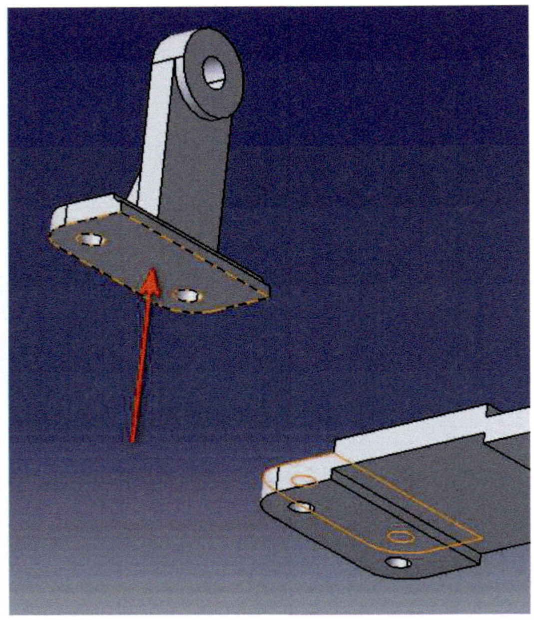

ⓒ 디자인 트리에 Constraints가 추가되고 Part 1과 Part 2의 선택한 두면 사이에 다음 그림처럼 선이 표시된다.

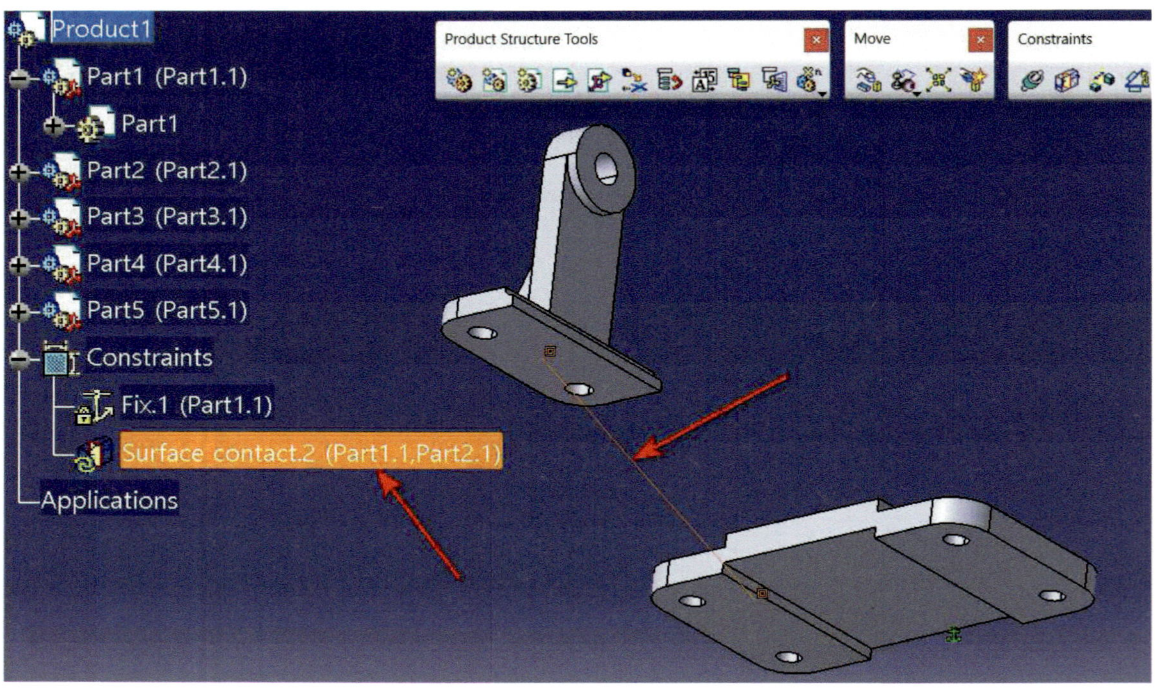

ⓓ 갱신의 모두 갱신(Updata All) 아이콘()을 선택하면 제약조건(Constraints)이 적용된다.

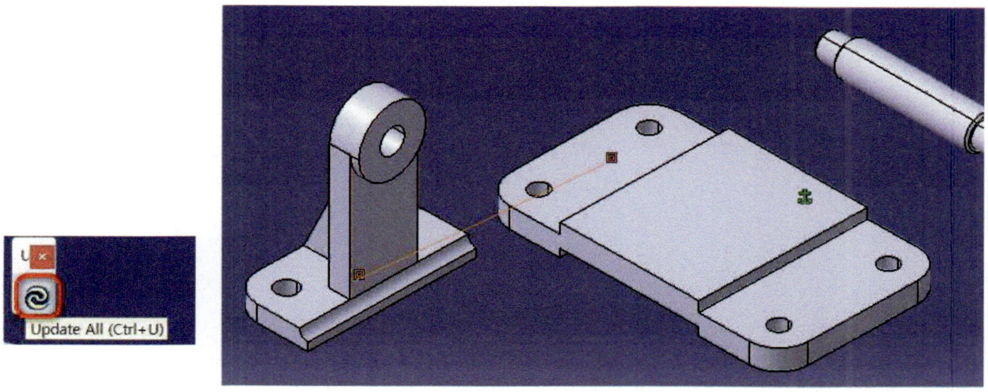

ⓔ 다음의 그림처럼 정면도(Front View)를 선택하면 접촉 제약조건(Contact Constraint)이 적용된다.

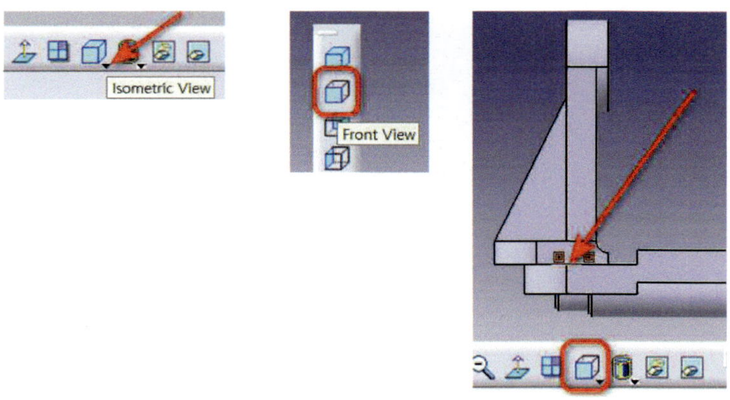

⑦ 제약조건(Constraints)에서 일치 제약조건(Coincidence Constraint)을 클릭한다.

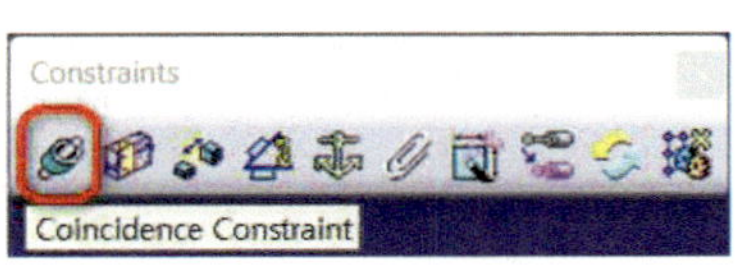

ⓐ 조립하려는 Part 1에서 일치시키려는 구멍의 안쪽 면에 마우스를 위치하면 구멍의 중심축이 나타나며 해당 중심축을 선택한다.

ⓑ Part 2의 일치시키려는 구멍의 중심축이 나타나며 해당 중심축을 선택한다.

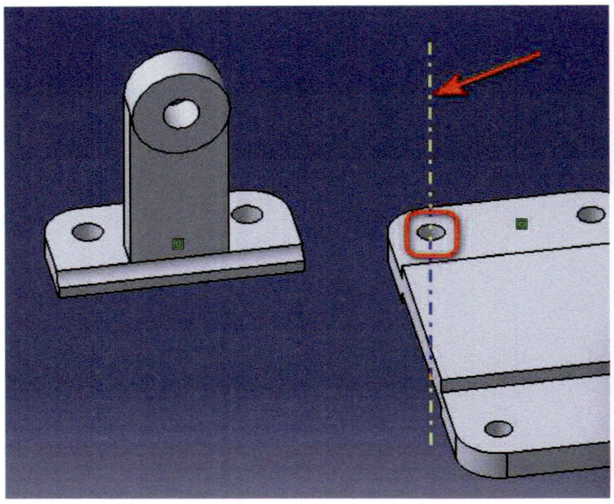

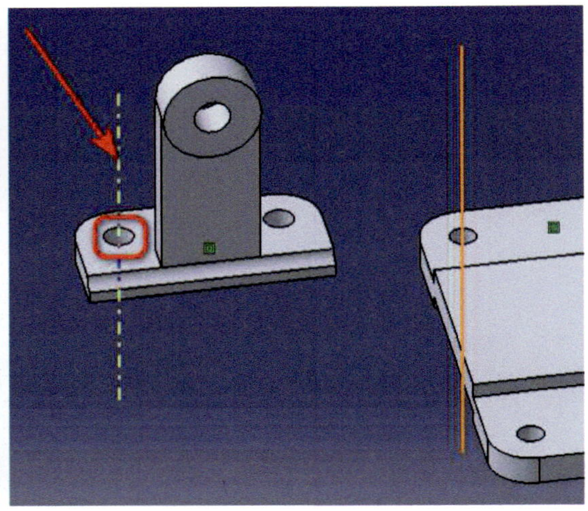

ⓒ Part 1과 Part 2의 선택한 구멍 사이에 다음 그림처럼 선이 표시된다.

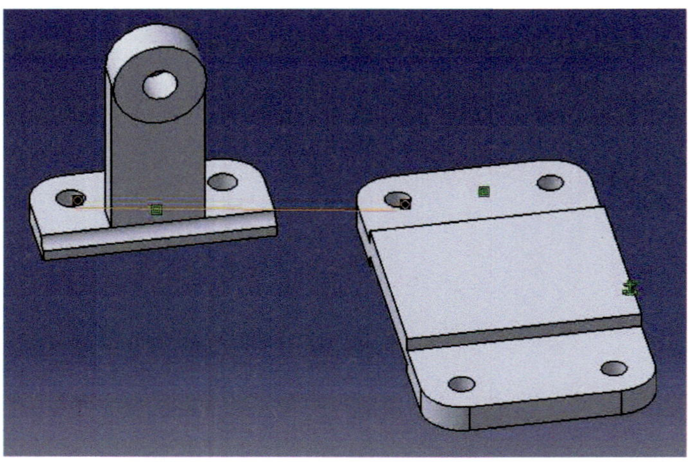

⑧ 제약조건(Constraints)에서 일치 제약조건(Coincidence Constraint)을 다시 클릭한다.

ⓐ 조립하려는 Part 1에서 일치시키려는 구멍의 안쪽 면에 마우스를 위치하면 구멍의 중심축이 나타나며 해당 중심축을 선택한다.

ⓑ Part 2의 일치시키려는 구멍의 중심축이 나타나며 해당 중심축을 선택한다.

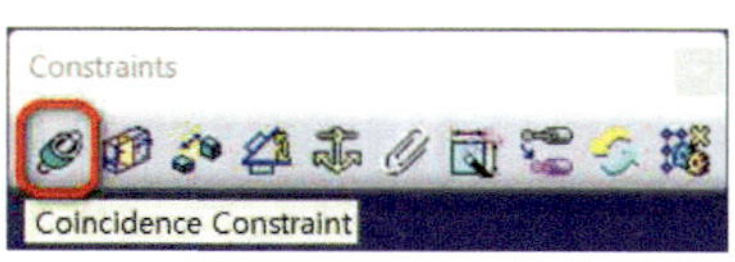

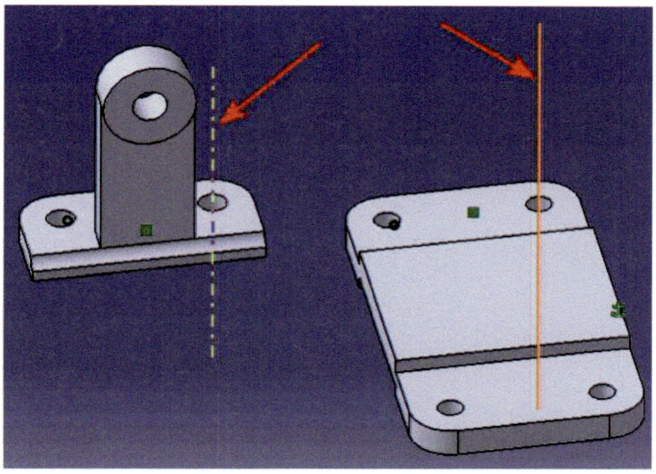

ⓒ Part 1과 Part 2의 선택한 구멍 사이에 다음 그림처럼 선이 표시된다.

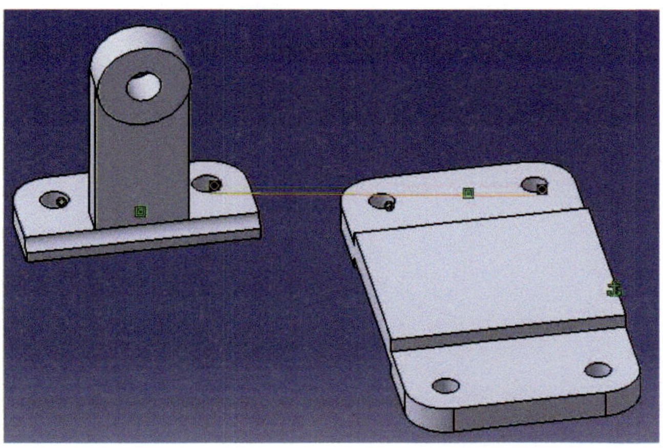

ⓓ 갱신의 모두 갱신(Updata All) 아이콘()을 선택하면 제약조건(Constraints)이 적용된다.

ⓔ 다음 그림과 같이 일치 제약조건(Coincidence Constraint)이 적용된 형상이 나타나고 적용된 제약조건(Constraints)의 아이콘이 추가된다.

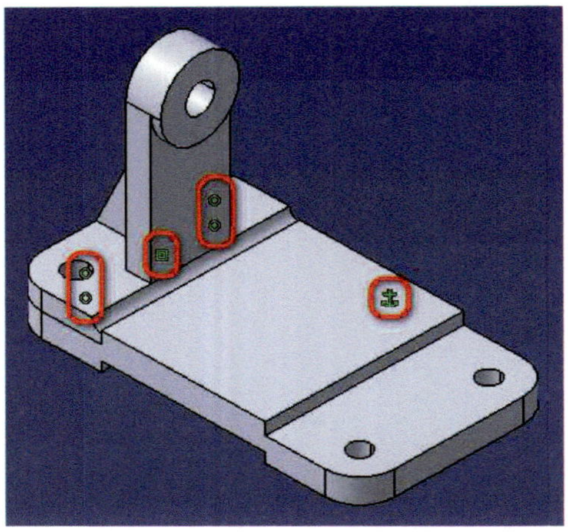

⑨ 제약조건(Constraints)에서 일치 제약조건(Coincidence Constraint)을 클릭한다.

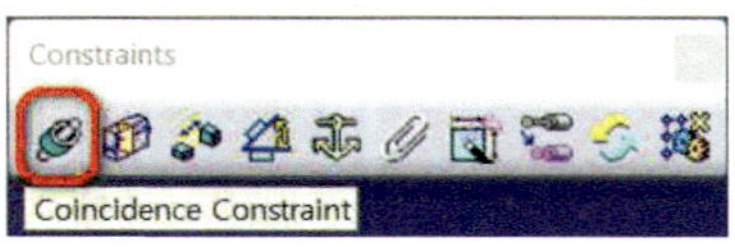

ⓐ 조립하려는 Part 2에서 일치시키려는 구멍의 안쪽 면에 마우스를 위치하면 구멍의 중심축이 나타나며 해당 중심축을 선택한다.

ⓑ Part 3의 일치시키려는 구멍의 중심축이 나타나며 해당 중심축을 선택한다.

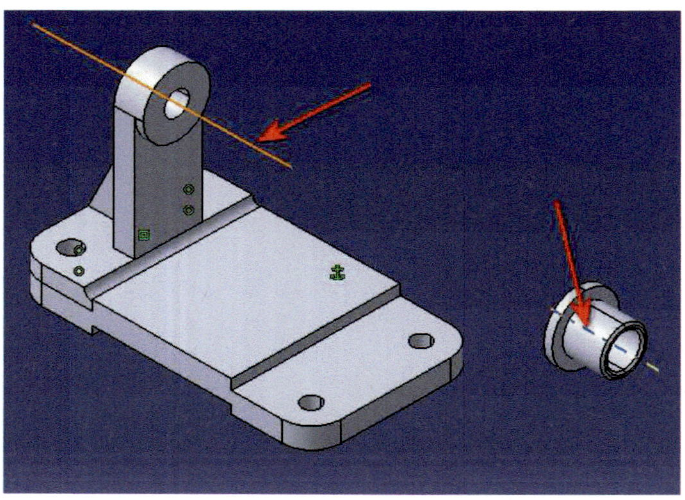

⑩ 제약조건(Constraints)에서 일치 제약조건(Coincidence Constraint)을 클릭한다.

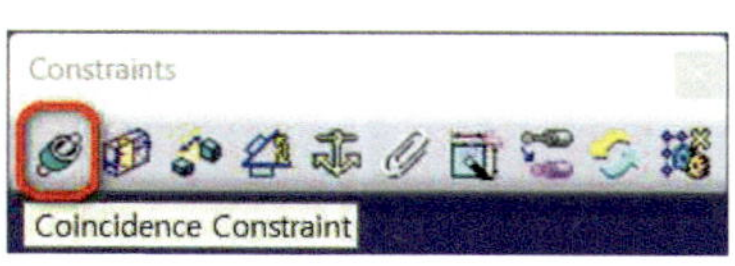

ⓐ 조립하려는 Part 3에서 일치시키려는 구멍의 안쪽 면에 마우스를 위치하면 구멍의 중심축이 나타나며 해당 중심축을 선택한다.

ⓑ Part 4의 일치시키려는 구멍의 중심축이 나타나며 해당 중심축을 선택한다.

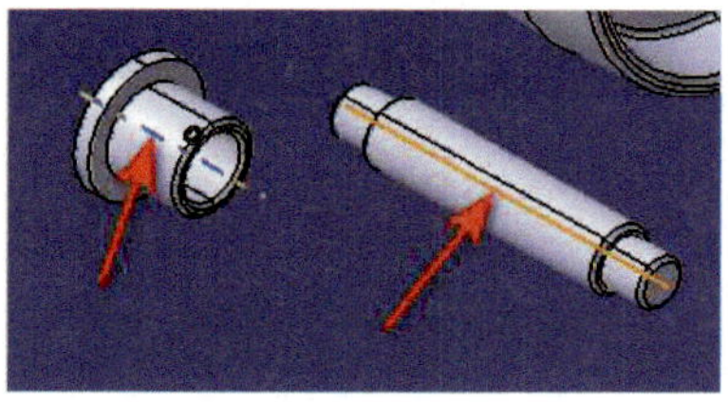

⑪ 제약조건(Constraints)에서 오프셋 제약조건(Offset Constraint)을 클릭한다.

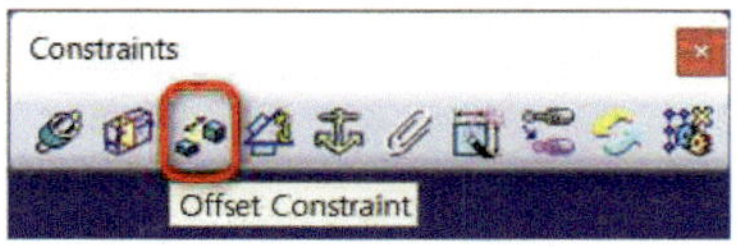

ⓐ 다음 그림처럼 조립하려는 Part 3의 일치시키려는 면을 선택한다.

ⓑ 다음 그림처럼 조립하려는 Part 4의 일치시키려는 면을 선택한다.

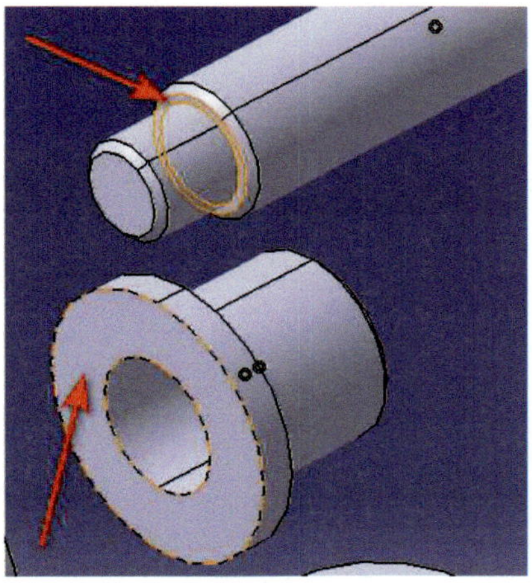

ⓒ 나타나는 오프셋 제약조건(Offset Constraint)의 대화상자의 오프셋(Offset)을 0으로 입력하고 OK를 클릭한다.

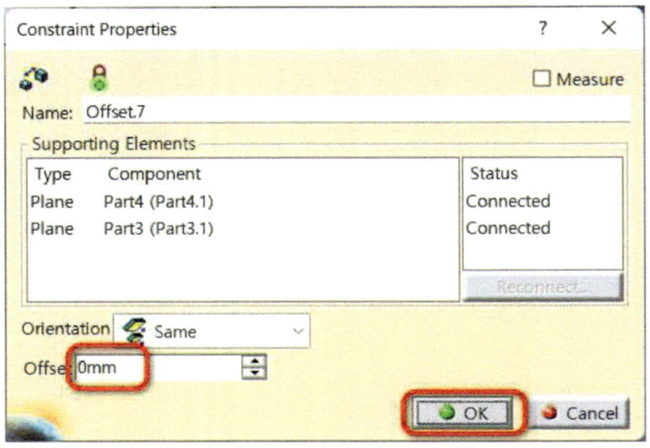

ⓓ 갱신의 모두 갱신(Updata All) 아이콘()을 선택하면 제약조건(Constraints)이 적용된다.

ⓔ 다음 그림과 같이 오프셋 제약조건(Offset Constraint)이 적용된 형상이 나타나고 적용된 제약조건(Constraints)의 아이콘이 추가된다.

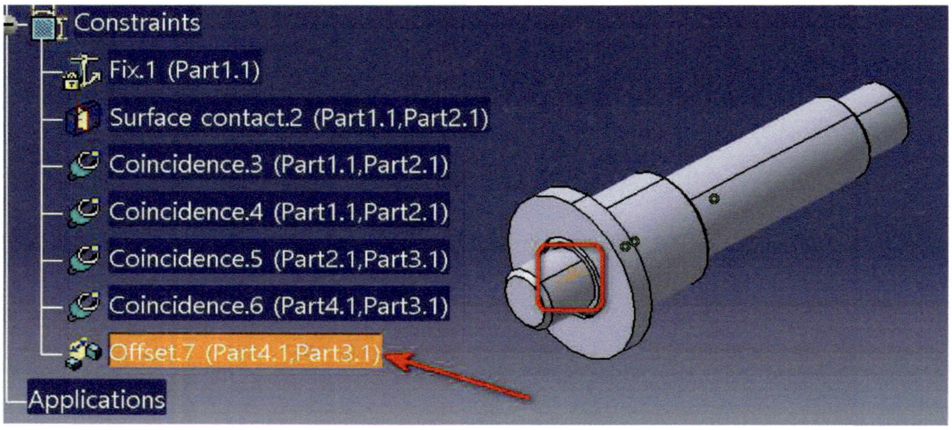

⑫ 일치 제약조건(Coincidence Constraint)을 클릭한다.

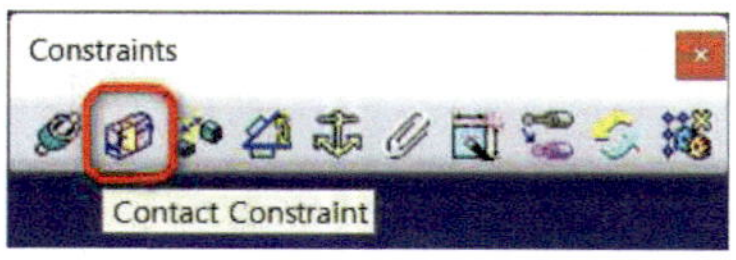

ⓐ 조립하려는 Part 2에서 일치시키려는 구멍의 안쪽 면에 마우스를 위치하면 구멍의 중심축이 나타나며 해당 중심축을 선택한다.

ⓑ Part 3의 일치시키려는 구멍의 중심축이 나타나며 해당 중심축을 선택한다.

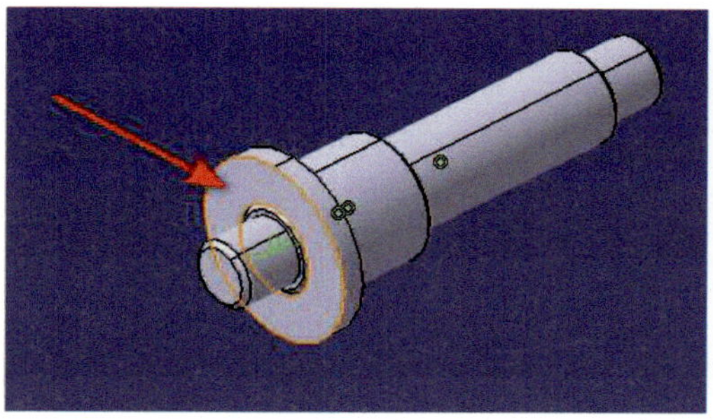

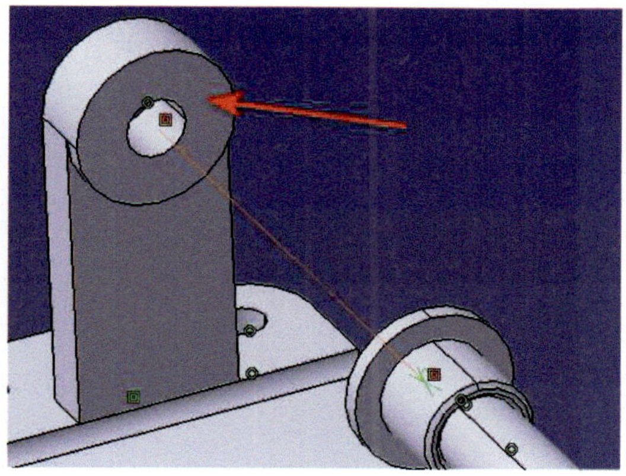

ⓒ 갱신(Updata All) 아이콘()을 선택하면 제약조건(Constraints)이 적용된다.

ⓓ 다음 그림과 같이 일치 제약조건(Coincidence Constraint)이 적용된다.

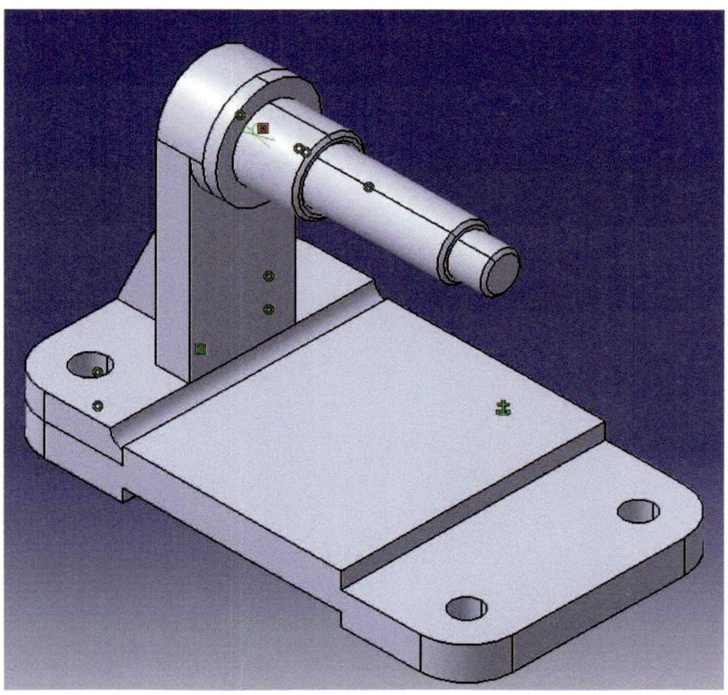

⑬ 기존 컴포넌트(Existing Component) 아이콘( )을 클릭한다.

ⓐ 디자인 트리의 Product 1을 선택한다.

ⓑ Part 2와 Part 3을 선택하고 열기를 클릭한다.

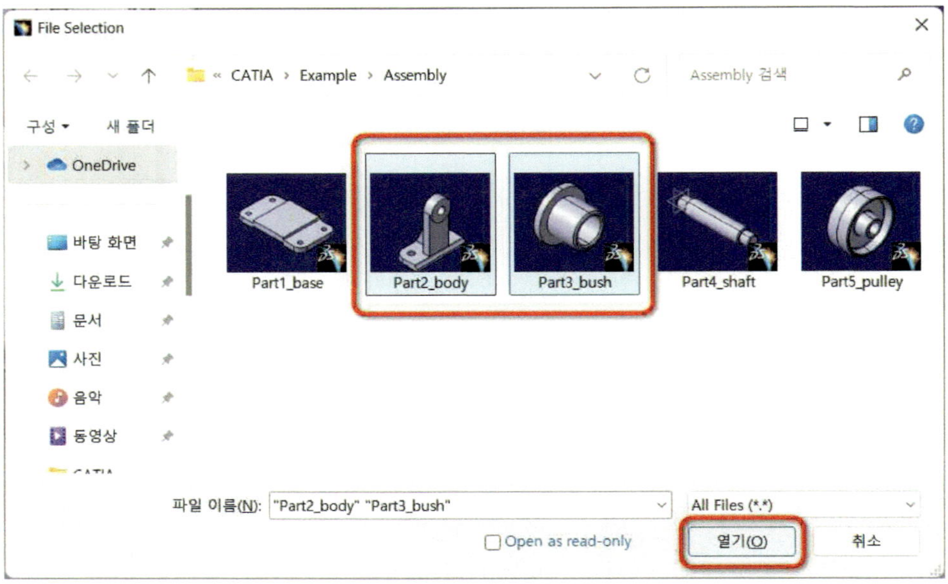

⑭ 조작(Manipulation) 아이콘( )을 클릭한다.

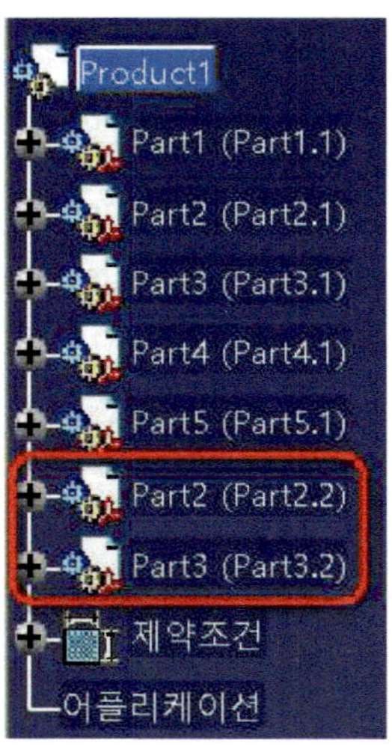

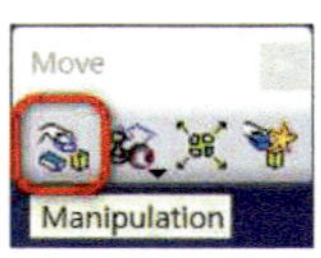

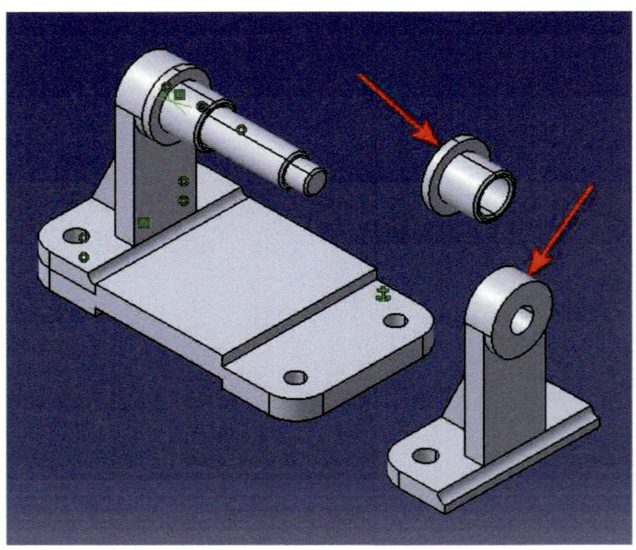

ⓐ 선택한 모서리를 기준으로 회전 아이콘( )을 선택하고 다음 그림처럼 모서리를 선택하고 Part 2(Part 2.2) 회전시켜 다음처럼 회전시킨다.

ⓑ 앞에서 선택한 모서리가 적용된 상태에서 Part 3(Part 3.2) 회전시켜 다음처럼 회전시킨다.

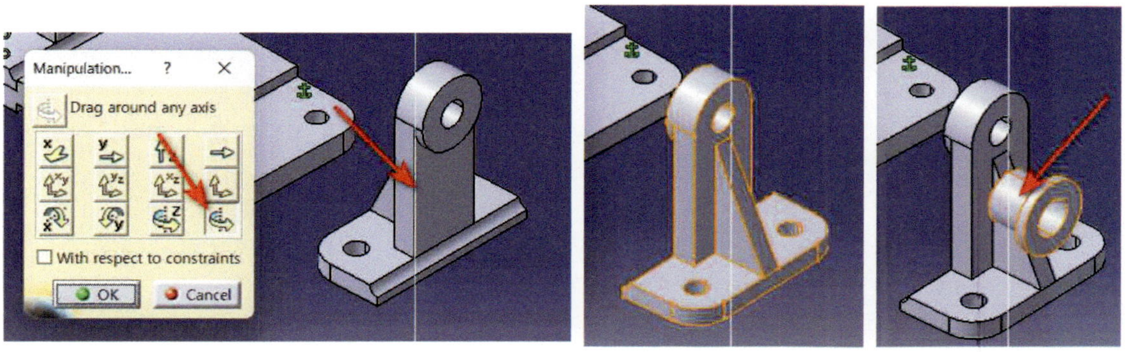

⑮ 일치 제약조건(Coincidence Constraint)을 클릭한다.

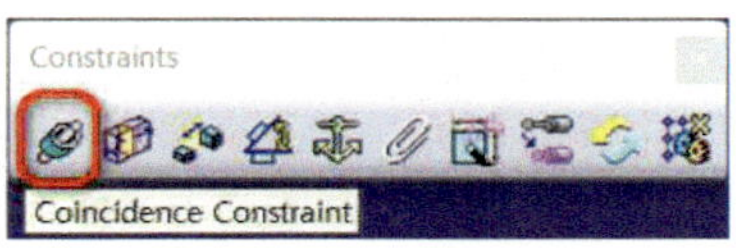

ⓐ 다음 그림처럼 조립하려는 Part 4(part 4.1)의 중심축을 선택한다.

ⓑ 다음 그림처럼 조립하려는 Part 3(Part 3.2)의 중심축을 선택한다.

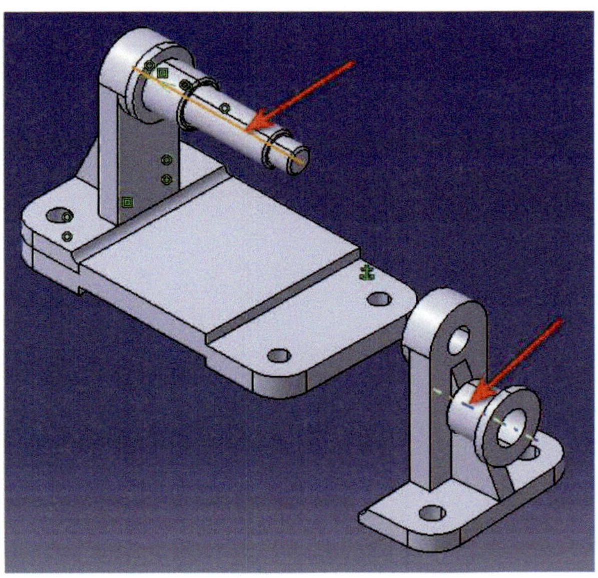

⑯ 오프셋 제약조건(Offset Constraint)을 클릭한다.

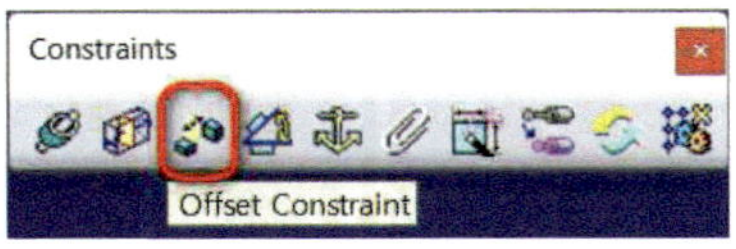

ⓐ 다음 그림처럼 조립하려는 Part 4(part 4.1)의 일치시키려는 면을 선택한다.

ⓑ 다음 그림처럼 조립하려는 Part 3(Part 3.2)의 일치시키려는 면을 선택한다.

ⓒ 대화상자의 오프셋(Offset)을 0으로 입력하고 OK를 클릭한다.

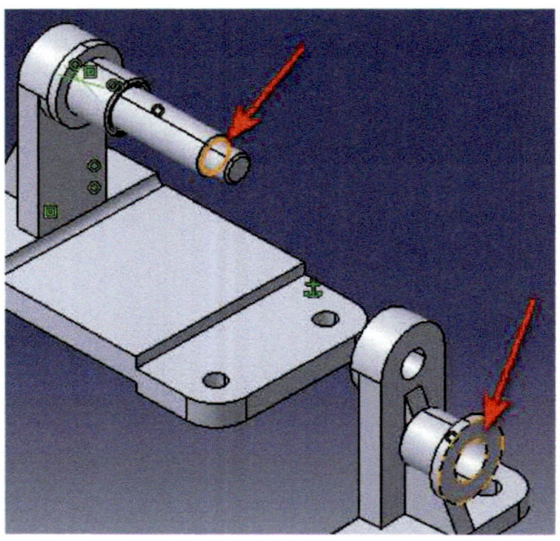

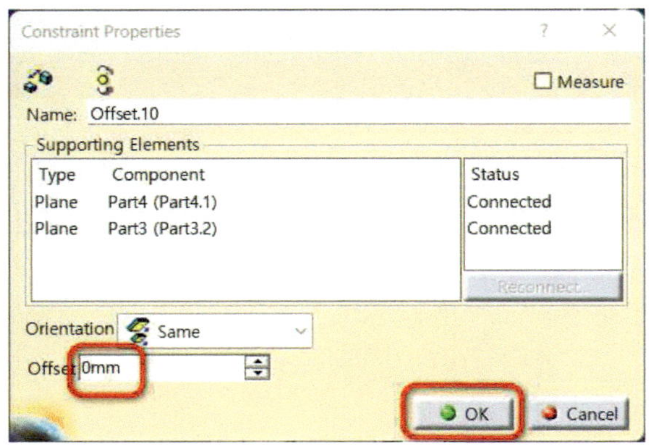

ⓓ 갱신(Updata All) 아이콘()을 클릭한다. 선택하여 오프셋 제약조건(Offset Constraint)을 화면에 적용한다.

ⓔ 다음 그림과 같이 오프셋 제약조건(Offset Constraint)이 적용된 형상이 나타난다.

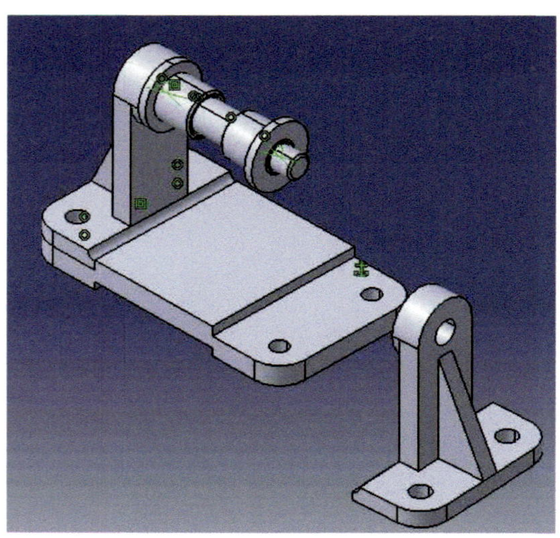

⑰ 일치 제약조건(Coincidence Constraint)을 클릭한다.

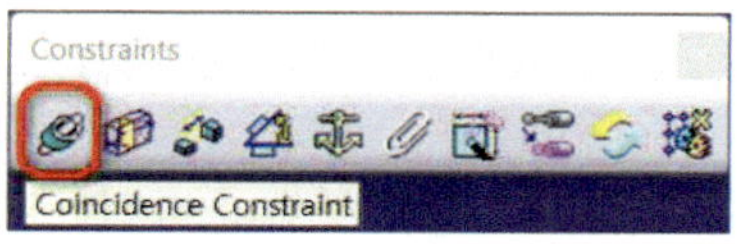

ⓐ 다음의 그림처럼 Part 1에서 일치시키려는 우측구멍의 중심축을 선택한다.
ⓑ Part 2(Part 2.2)의 일치시키려는 우측구멍의 중심축을 선택한다.
ⓒ 다시 일치 제약조건을 클릭한다.
ⓓ 다음의 그림처럼 Part 1에서 일치시키려는 좌측 구멍의 중심축을 선택한다.
ⓔ Part 2(Part 2.2)의 일치시키려는 좌측 구멍의 중심축을 선택한다.

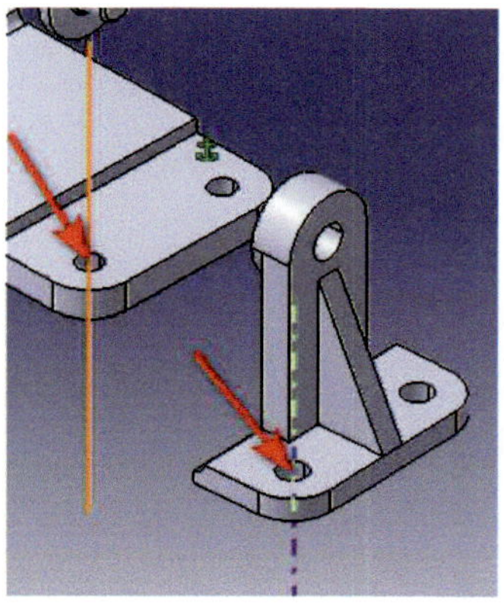

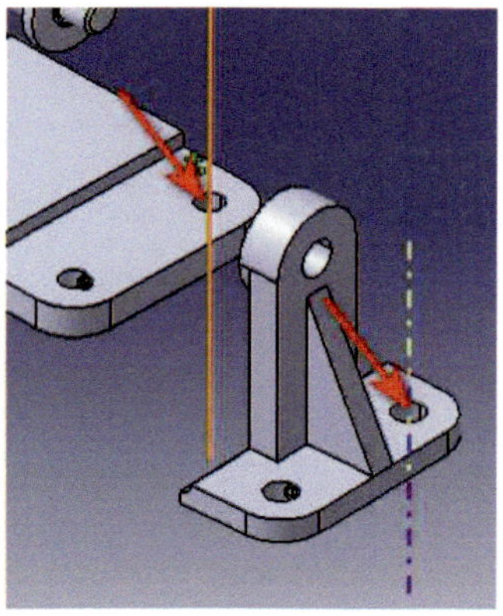

⑱ 접촉제약조건(Contact Constraint)을 클릭한다.

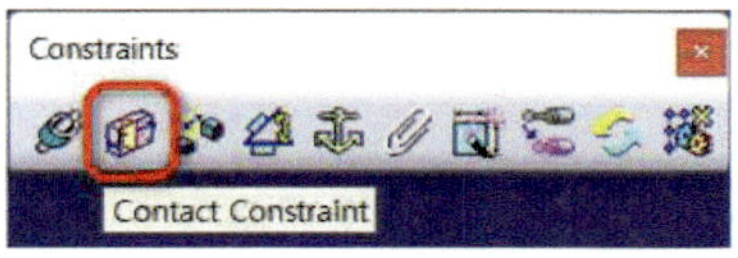

ⓐ 다음의 그림처럼 Part 1의 조립이 될 면을 선택한다.

ⓑ Part 2(Part 2.2)의 조립하려는 면을 선택한다.

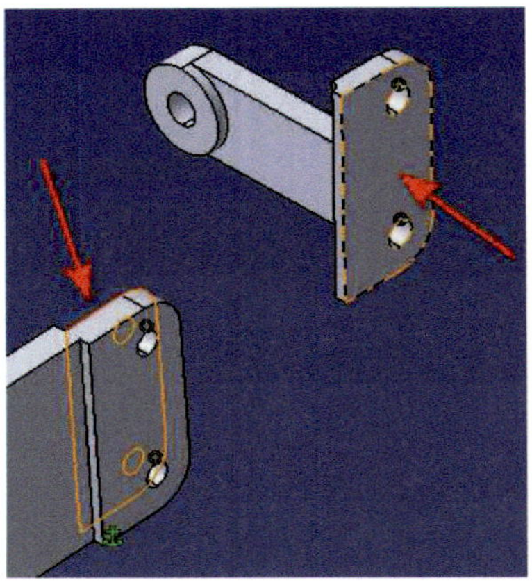

ⓒ 갱신(Updata All) 아이콘()을 선택하면 제약조건(Constraints)이 적용된다.

ⓓ 다음 그림과 같이 일치 제약조건(Coincidence Constraint)이 적용된 형상이 나타난다.

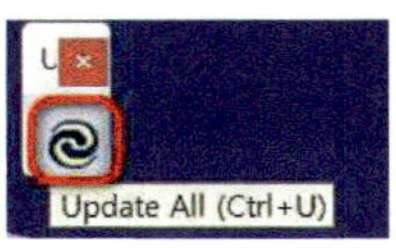

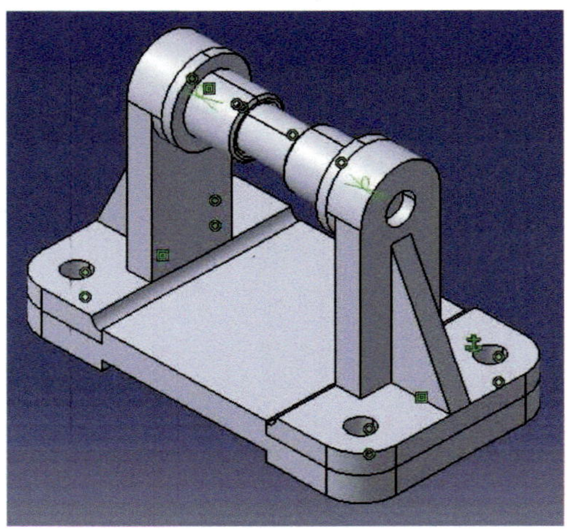

⑲ 일치 제약조건(Coincidence Constraint)을 클릭한다.

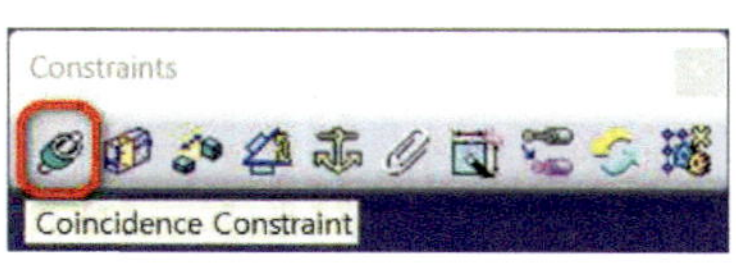

ⓐ 다음의 그림처럼 Part 4에의 중심축을 선택한다.

ⓑ Part 5의 중심축을 선택한다.

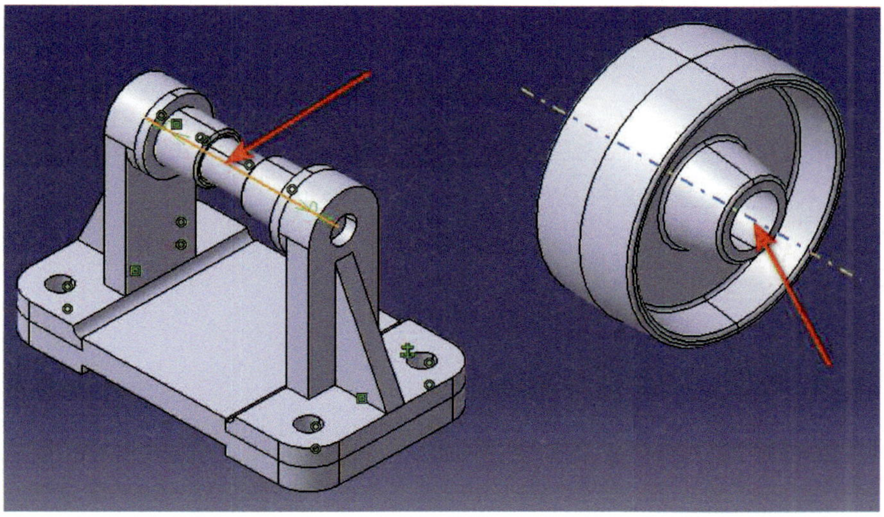

⑳ 접촉 제약조건(Contact Constraint)을 클릭한다.

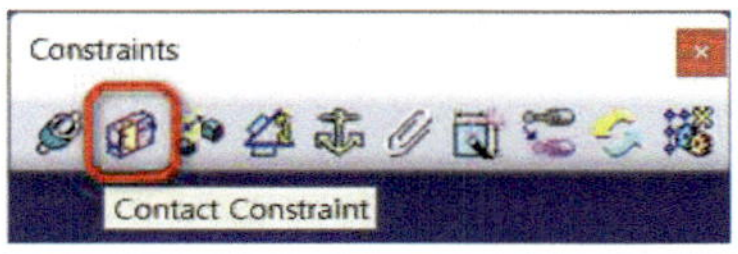

ⓐ 다음 그림처럼 Part 3(Part 3.3)의 조립이 될 면을 선택한다.

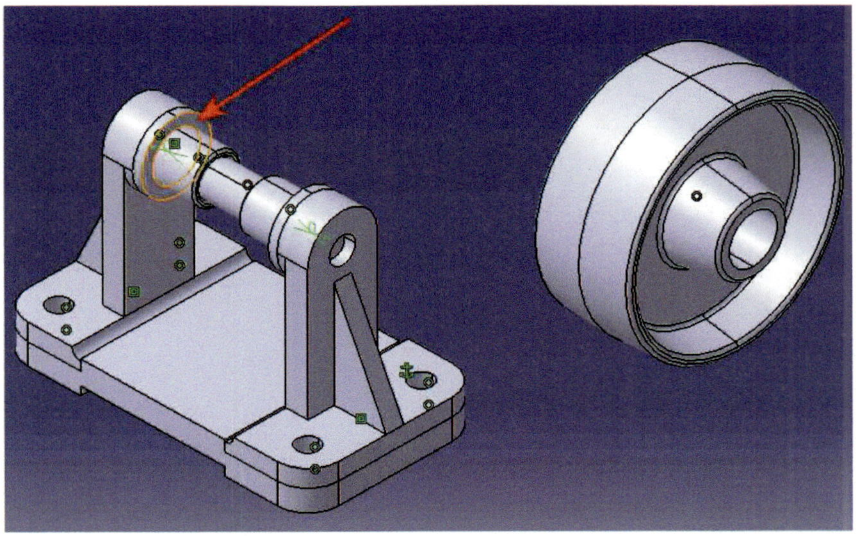

ⓑ 다음 그림처럼 Part 5의 면을 선택한다.

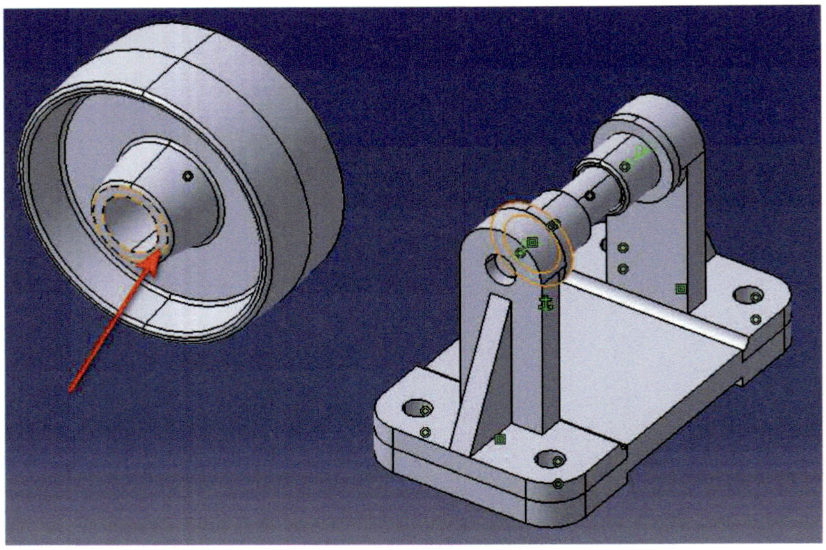

ⓒ 갱신(Updata All) 아이콘()을 선택하면 제약조건(Constraints)이 적용된다.

ⓓ 다음 그림과 같이 접촉 제약조건(Contact Constraint)이 적용된 형상이 나타난다.

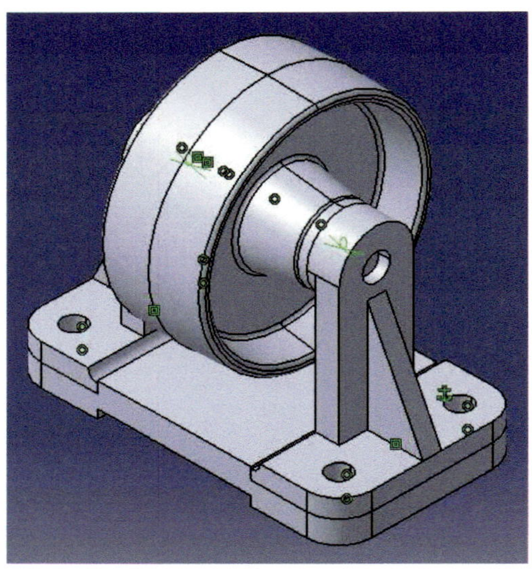

㉑ 정면도(Front View)를 클릭한다.

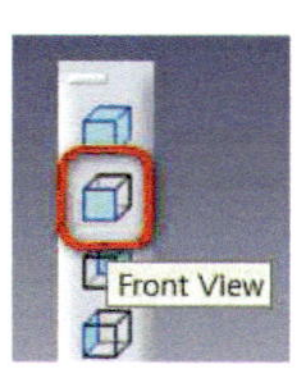

ⓐ 모든 제약조건(Constraint)이 적용된 형상이 나타난다.

ⓑ 측면도를 클릭하여 확인한다.

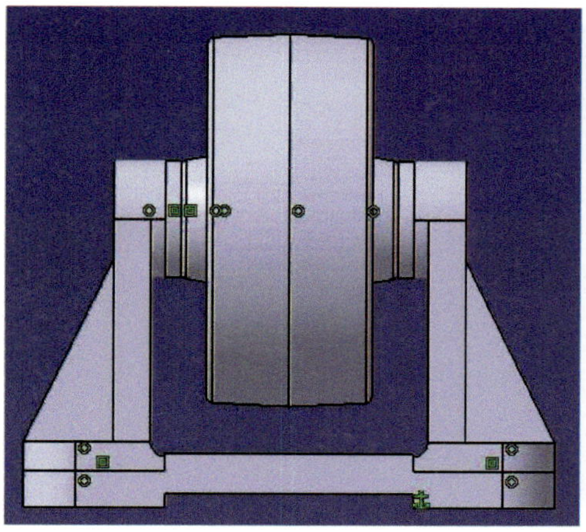

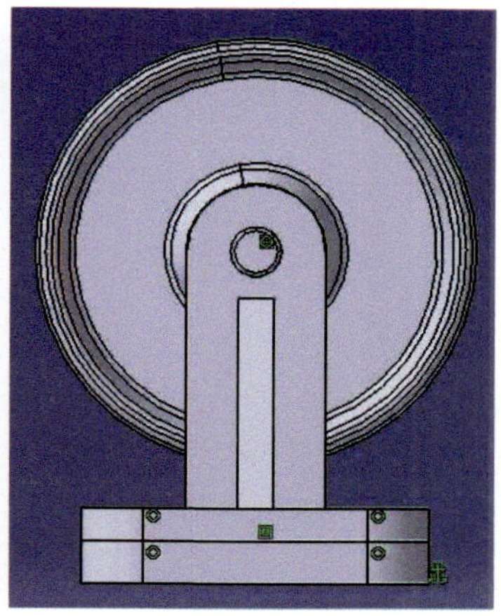

㉒ 제약조건 아이콘 숨기기

ⓐ 디자인 트리의 제약 조건(Constraint)을 선택하고 마우스 우측버튼을 클릭한다.

ⓑ 나타나는 팝업 창에서 Hide/Show를 클릭한다.

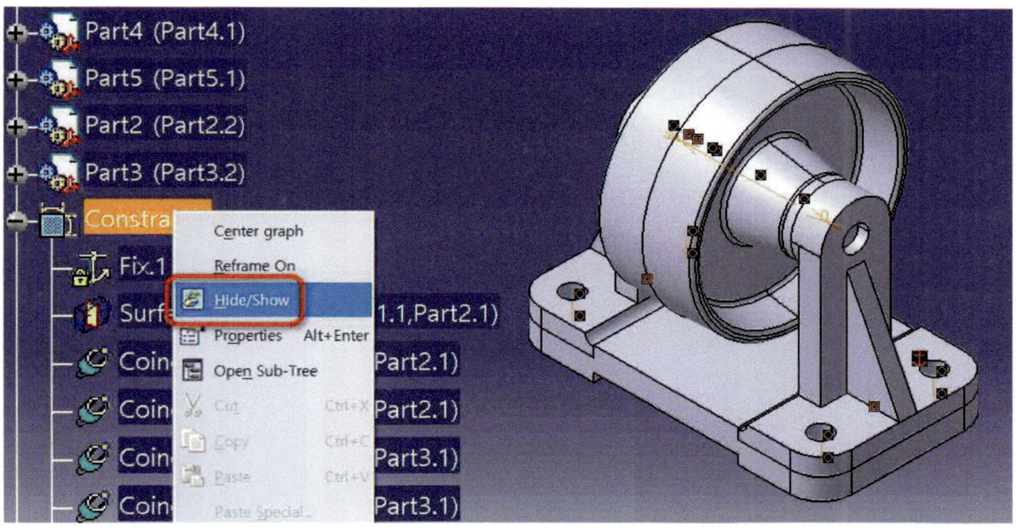

ⓒ 그래픽 영역에서 제약조건 아이콘이 숨겨진다.

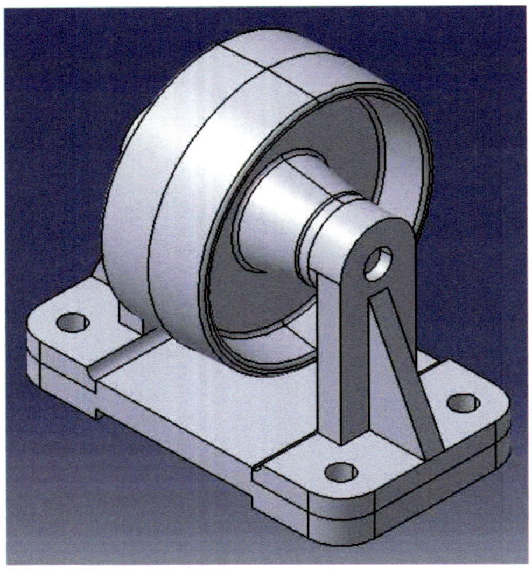

㉓ Part body의 색상 변경

ⓐ 디자인 트리에서 Part 1을 선택하고 마우스 우측버튼을 클릭한다.

ⓑ 나타나는 팝업 창에서 등록정보(Properties)를 클릭한다.

ⓒ 등록정보(Properties)의 대화상자의 그래픽에서 원하는 색상을 선택하고 OK를 클릭한다.

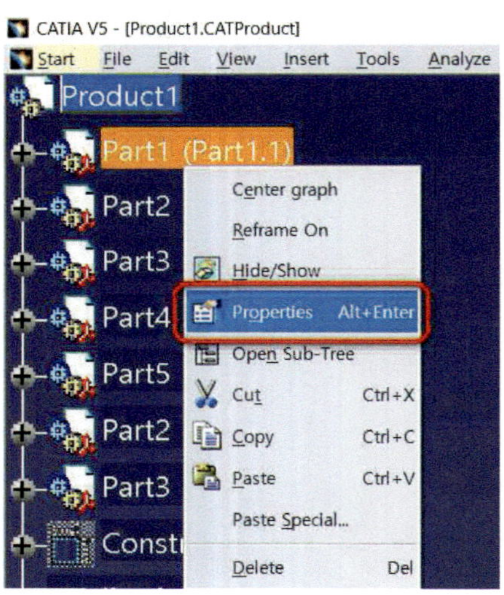

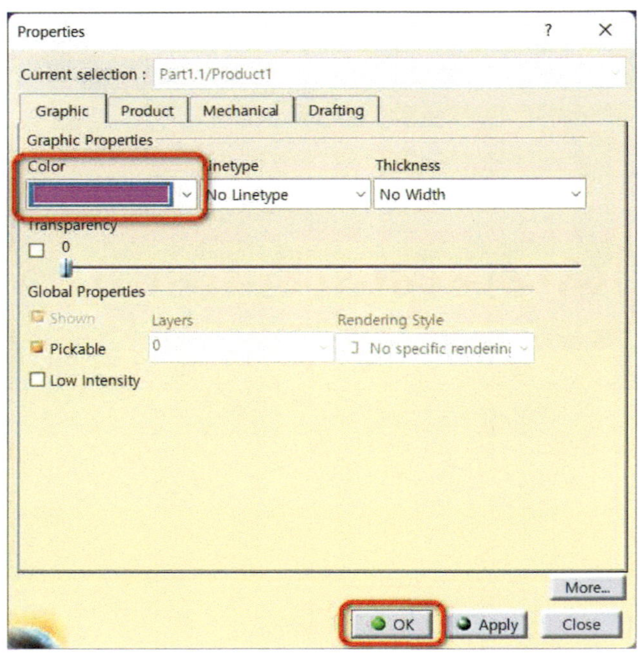

ⓓ 색상이 변경된 형상이 나타난다.

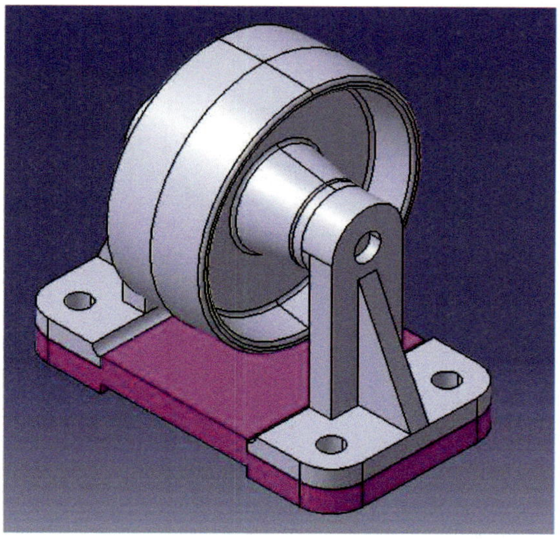

㉔ 투명도 조절하기

ⓐ 디자인 트리에서 Part 5를 선택하고 마우스 우측버튼을 클릭한다.

ⓑ 나타나는 팝업 창에서 등록정보(Properties)를 클릭한다.

ⓒ 등록정보(Properties)의 대화상자의 그래픽에서 원하는 색상을 선택한다.

ⓓ 투명(Transparency) 슬라이드 바를 움직이고 OK를 클릭한다.

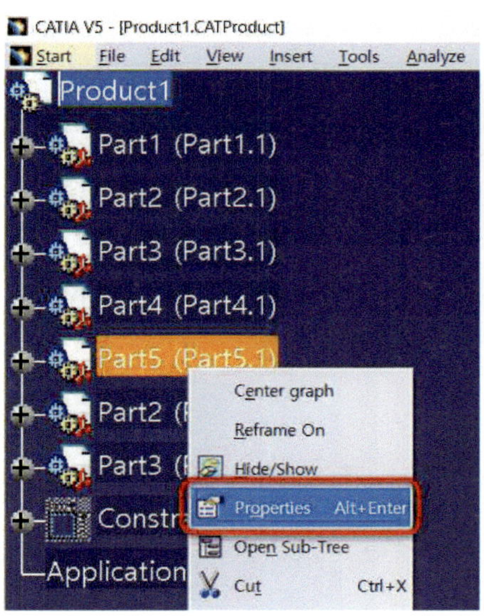

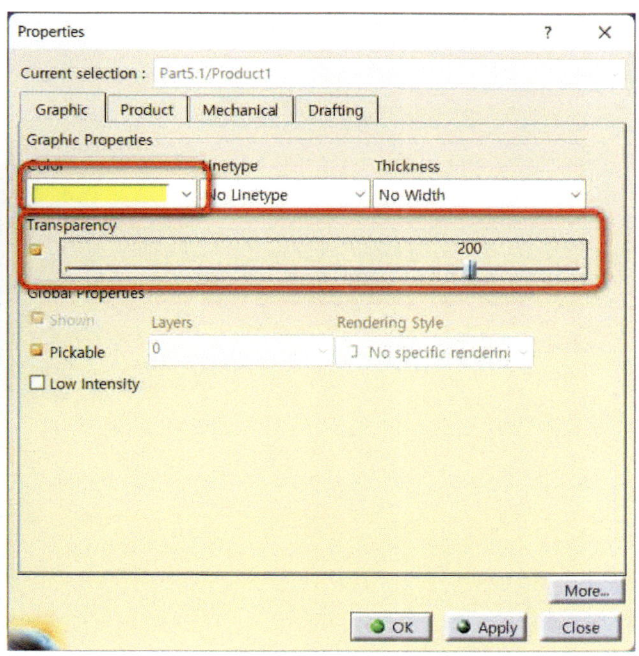

ⓔ 색상과 투명도가 변경된 형상이 나타난다.

㉕ Shading(SHD)으로 변경

ⓐ 뷰 모드(View mode)를 Shading(SHD)로 클릭한다.

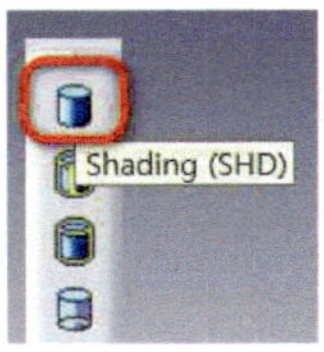

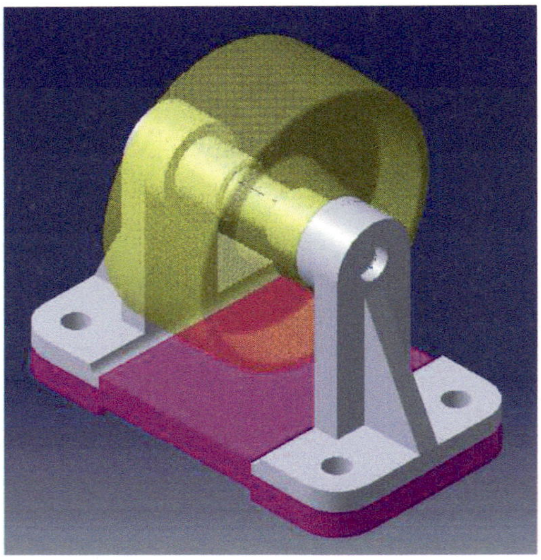

3-2 Assembly

① Part modeling 시작

ⓐ Start → Mechanical Design → Part Design을 클릭한다.

ⓑ 풀다운 메뉴의 삽입(Insert) → 본체(Body)를 클릭한다.

ⓒ 디자인 트리에 Body 2가 추가된다.

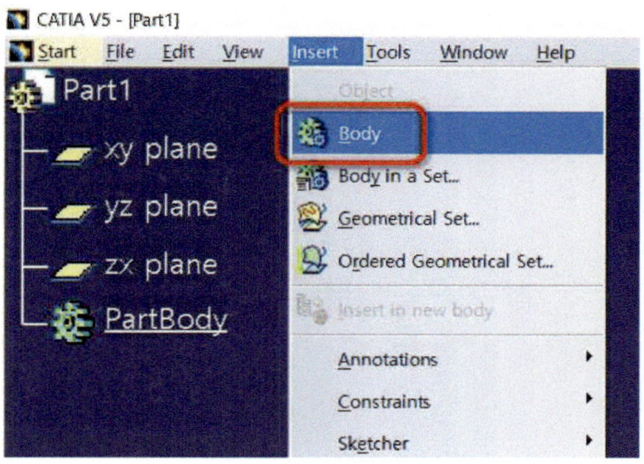

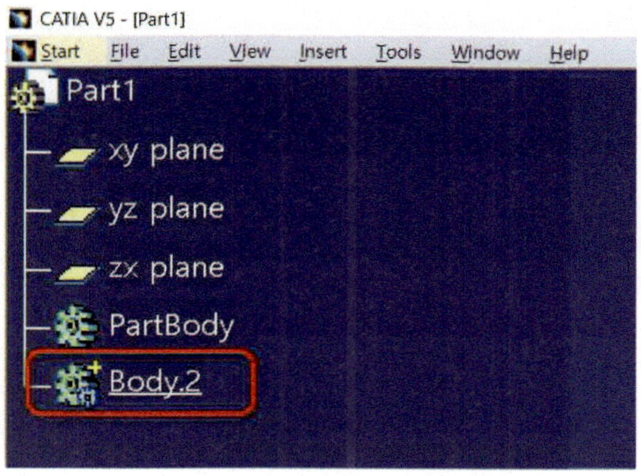

ⓓ 같은 방법으로 Body 3, Body 4를 추가한다.

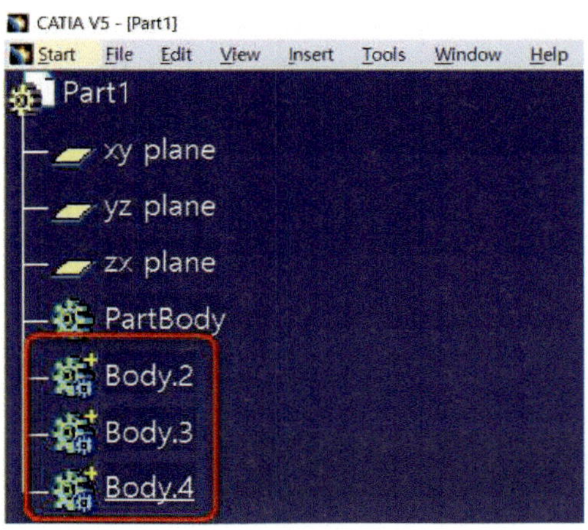

ⓔ 디자인 트리의 Body 2를 선택하고 마우스 우측버튼을 클릭한다.

ⓕ 나타나는 팝업 창에서 등록정보(Properties)를 클릭한다.

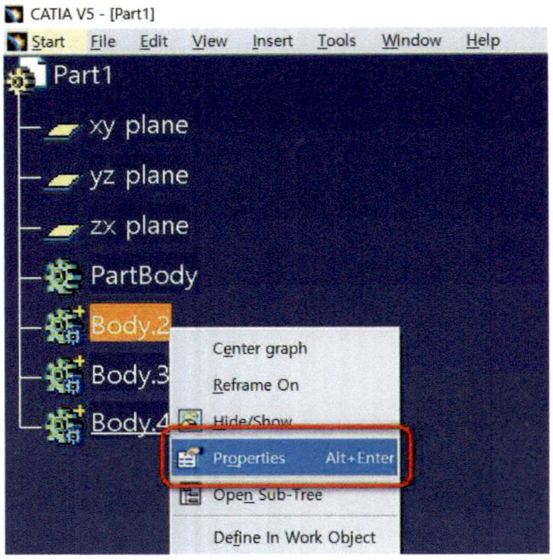

ⓖ 피처 등록정보(Feature Properties)를 선택하고 피처의 이름을 'Base_Plate'로 수정하고 OK를 클릭한다.

ⓗ 디자인 트리에서 'Body 2'가 'Base_Plate'로 변경된다.

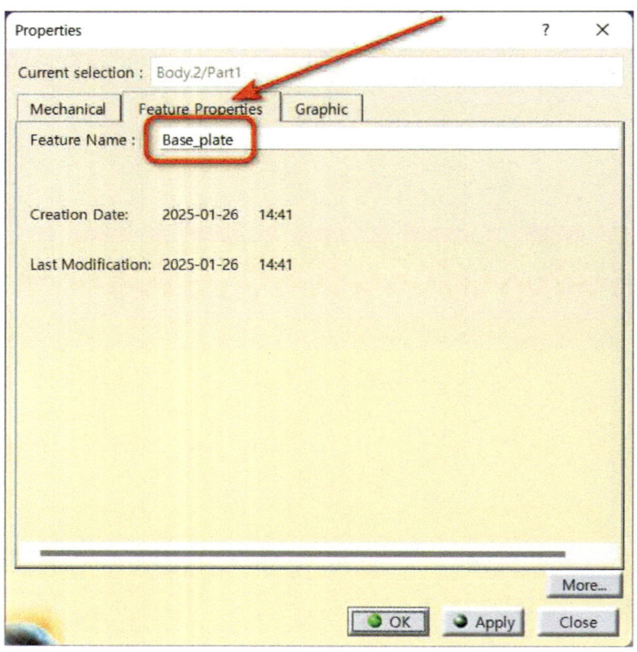

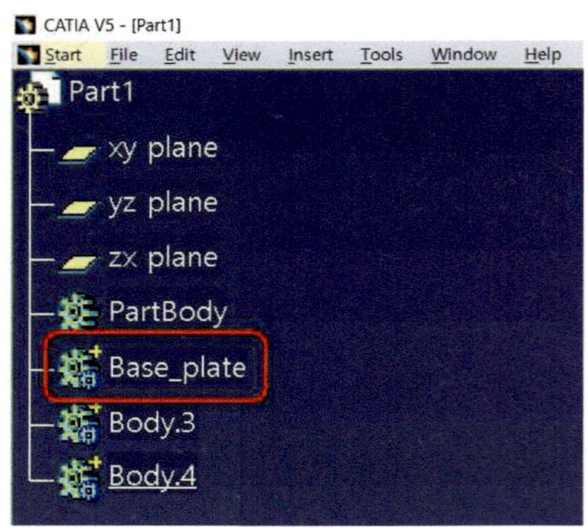

① 동일한 방법으로 다음과 같이 변경한다.

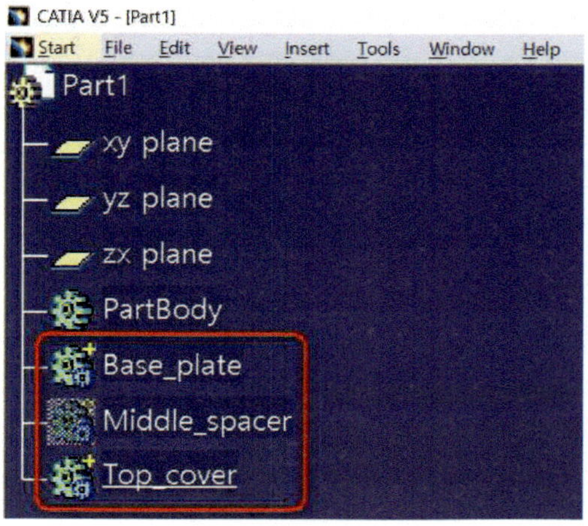

② 본체(Body)의 활성화

ⓐ 4개의 본체 중 밑줄이 있는 본체가 활성화를 표시한다.

ⓑ 활성화하고 싶은 본체(Body, Base_plate)를 선택하고 마우스 우측버튼을 클릭한다.

ⓒ 나타나는 팝업 창의 작업 오브젝트에서 정의(Define In Work Object)를 클릭한다.

ⓓ Base_plate에 밑줄이 표시된다.

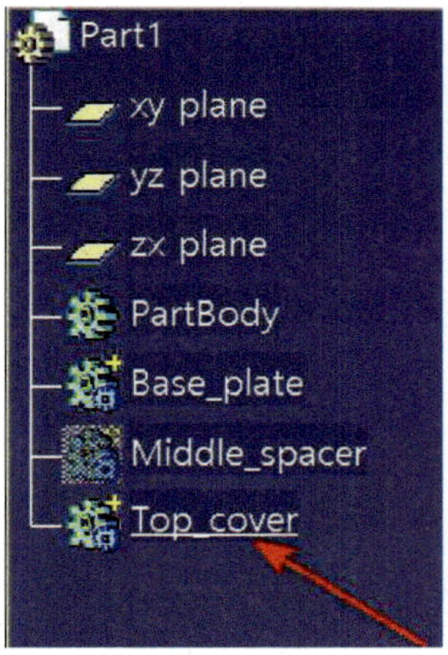

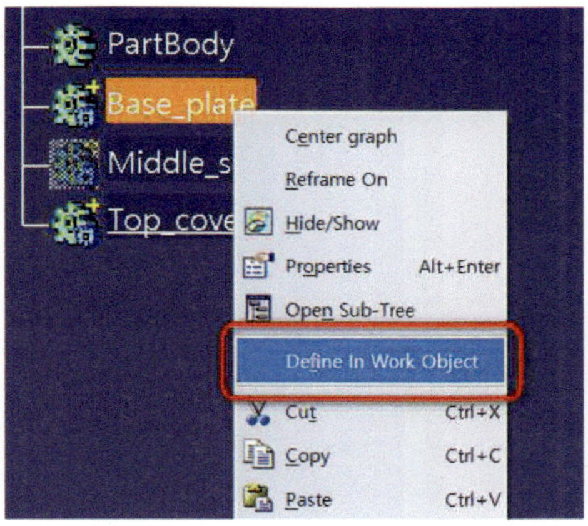

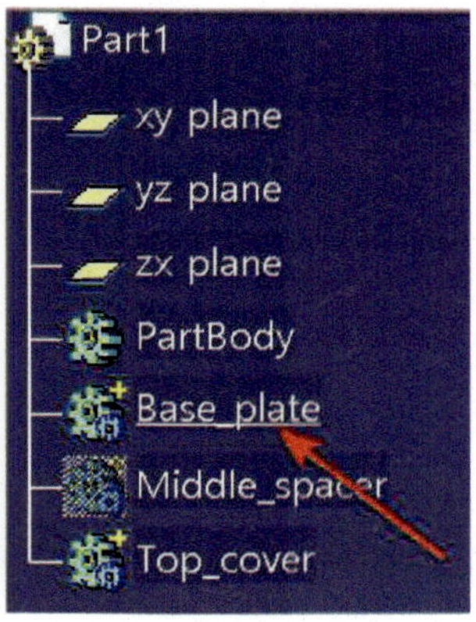

③ 스케치 작성

ⓐ xy 평면(plane)을 선택하고 스케치(Sketch) 아이콘()을 클릭한다.

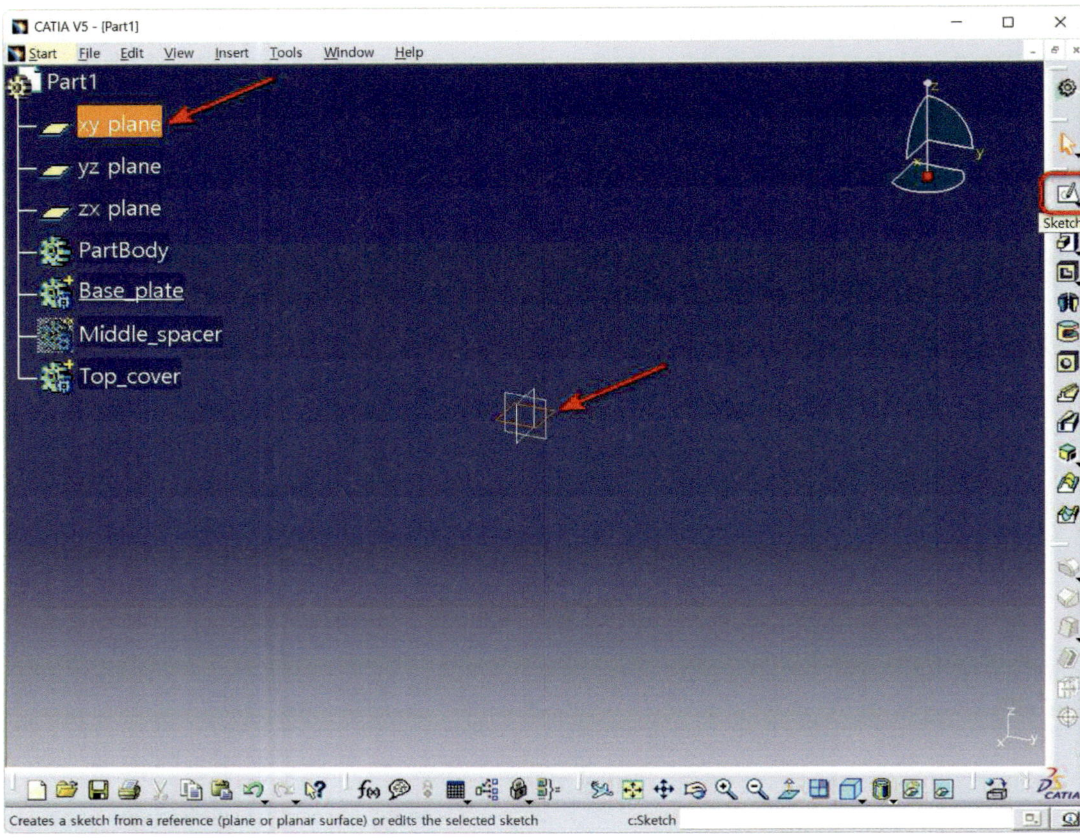

ⓑ 다음의 그림처럼 스케치를 한다.

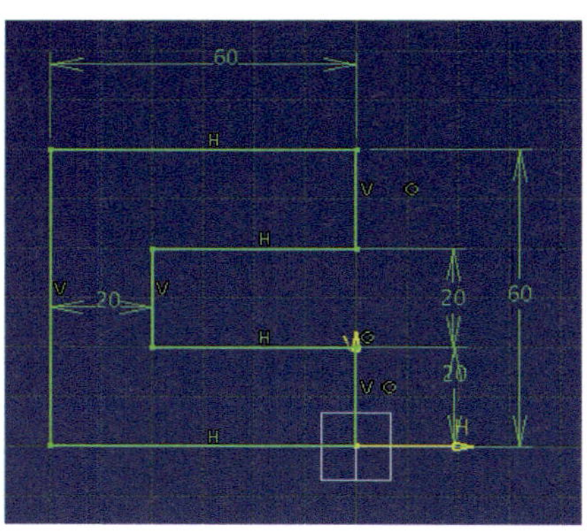

ⓒ 스케치 종료(workbench exit) 아이콘(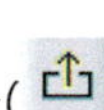)을 클릭한다.

④ 패드(Pad) 적용

ⓐ 패드(Pad) 아이콘()을 클릭한다.

ⓑ 다음과 같이 패드 대화상자를 설정하고 OK를 클릭한다.

- Type : Dimension
- Length : 20
- Selection : 앞의 Projection으로 생성된 스케치를 선택한다.

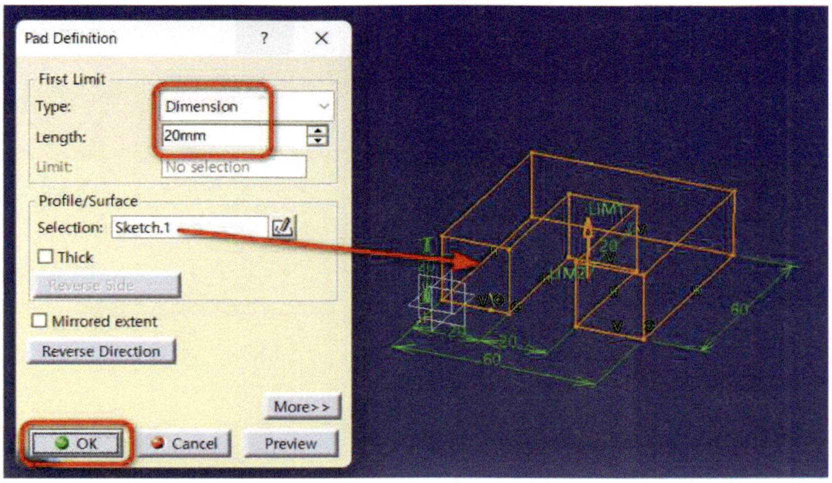

⑤ 디자인 트리에서 'Middle_spacer'를 활성화한다.

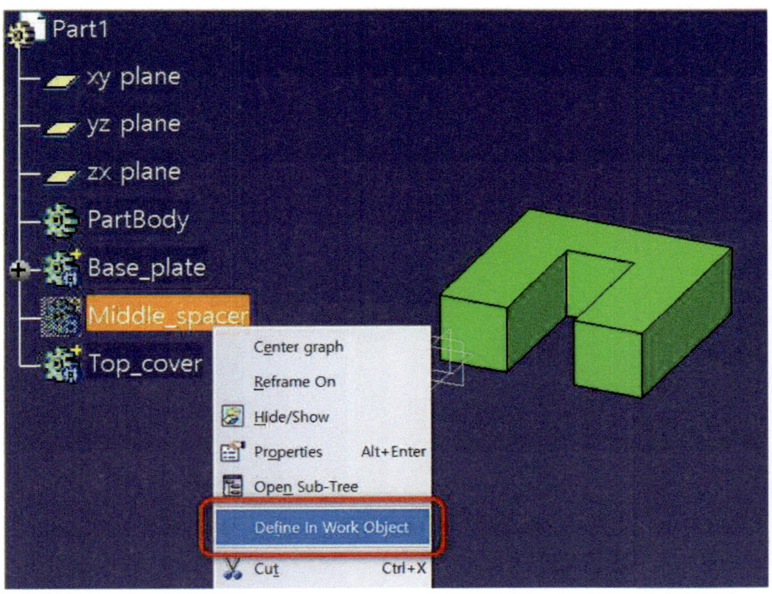

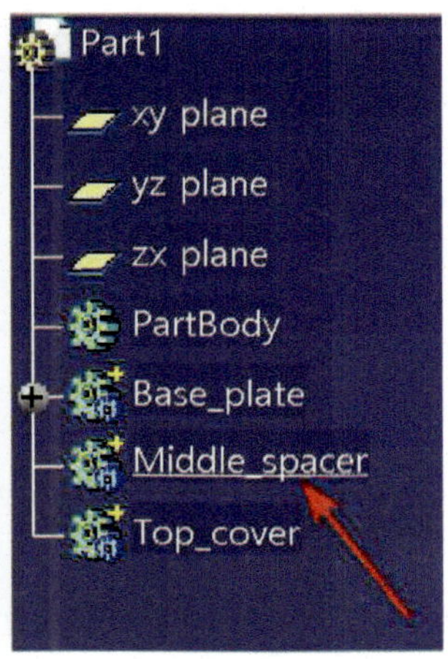

⑥ Sketch 작성

ⓐ Base_plate의 윗면을 선택하고 스케치(Sketch) 아이콘을 클릭한다.

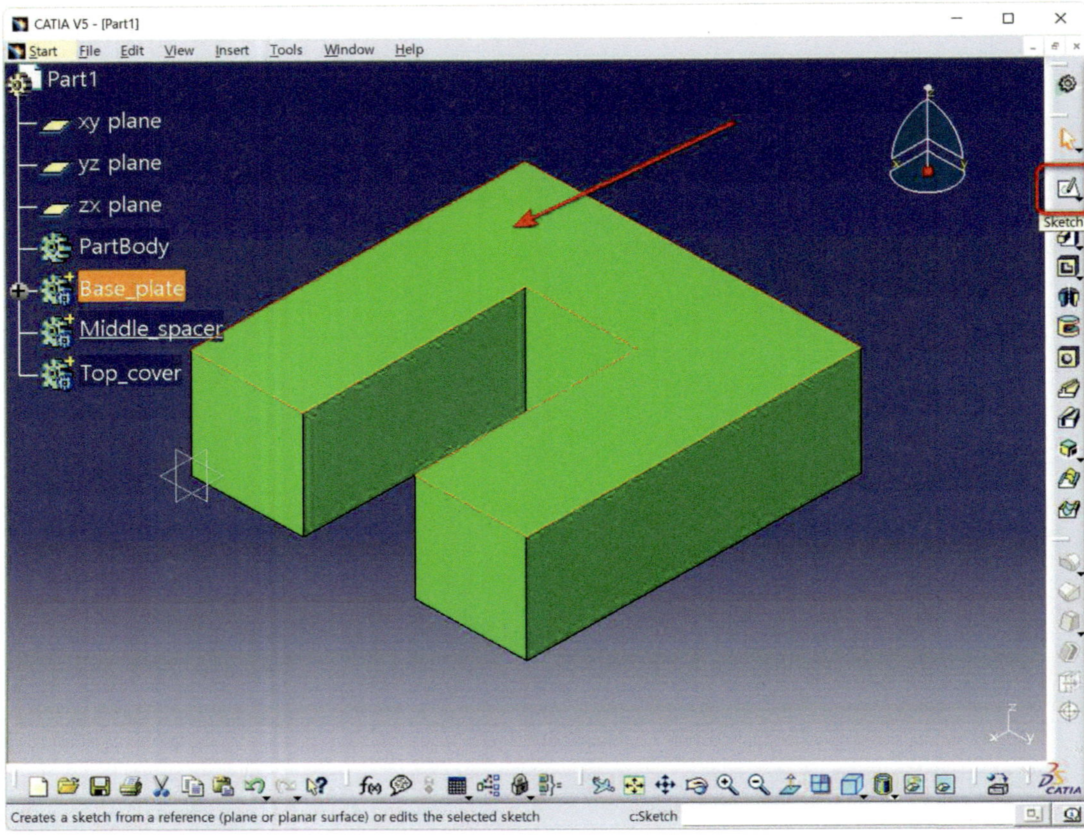

ⓑ 투영(Project 3D Elements) 아이콘( )을 클릭한다.

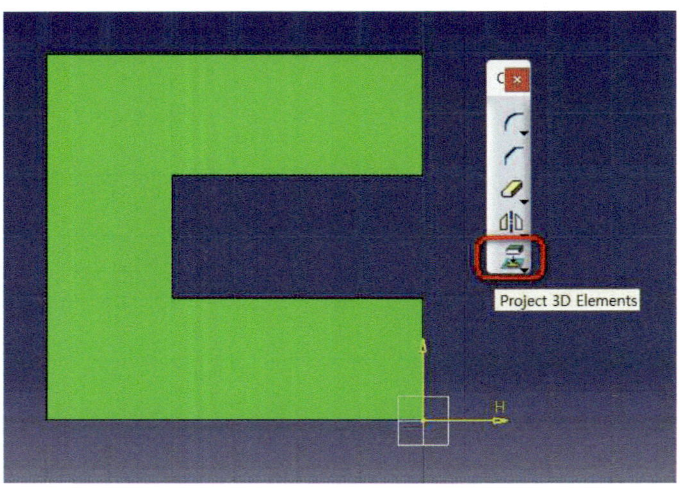

ⓒ 본체 Base_plate의 윗면을 선택하고 OK를 클릭한다.

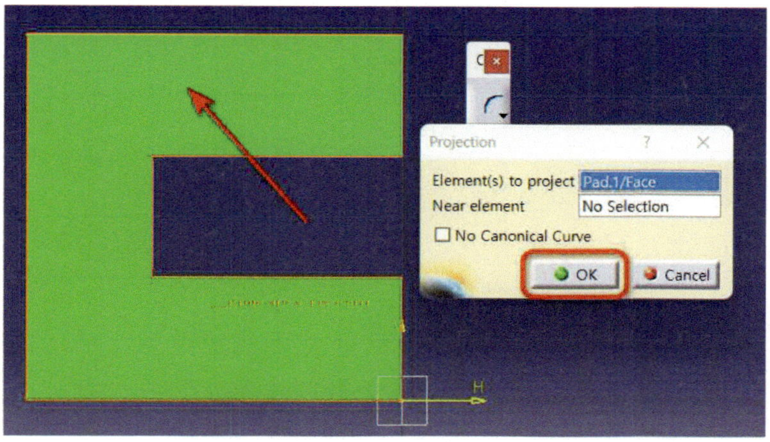

ⓓ 스케치 종료 아이콘( )을 클릭한다.

⑦ 패드(Pad) 적용

ⓐ 패드(Pad) 아이콘( )을 클릭한다.

ⓑ 다음과 같이 패드 대화상자를 설정하고 OK를 클릭한다.

- Type : Dimension
- Length : 10
- Selection : 앞의 Projection으로 생성된 스케치를 선택한다.

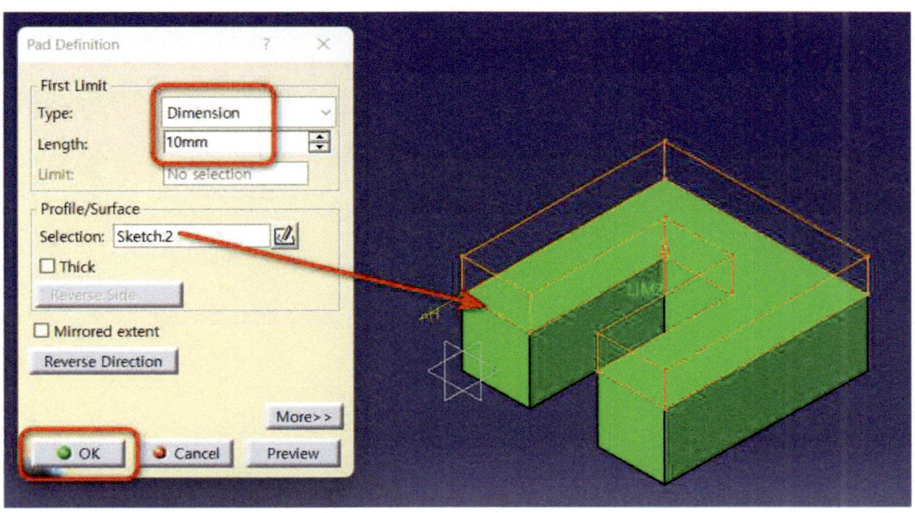

⑧ Top_cover 활성화

ⓐ 디자인 트리에서 Top_cover 선택하고 마우스 우측버튼을 클릭한다.

ⓑ 나타나는 팝업 창의 작업 오브젝트에서 정의(Define In Work Object)를 클릭한다.

ⓒ Top_cover에 밑줄이 표시된다.

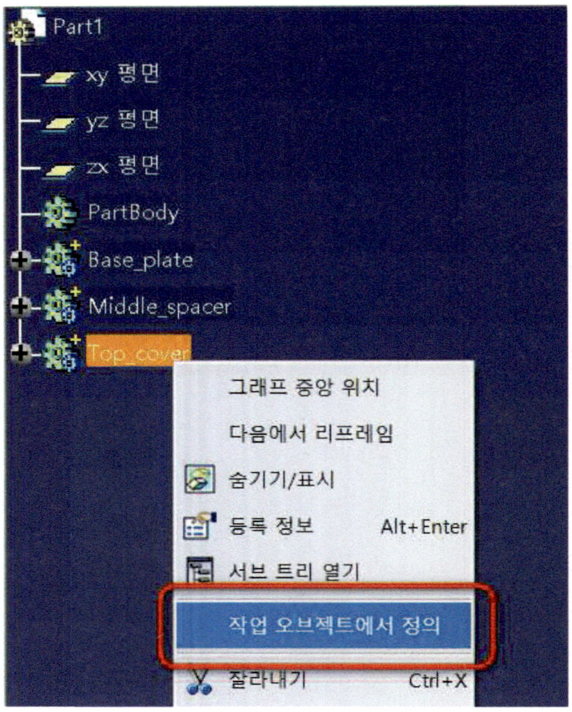

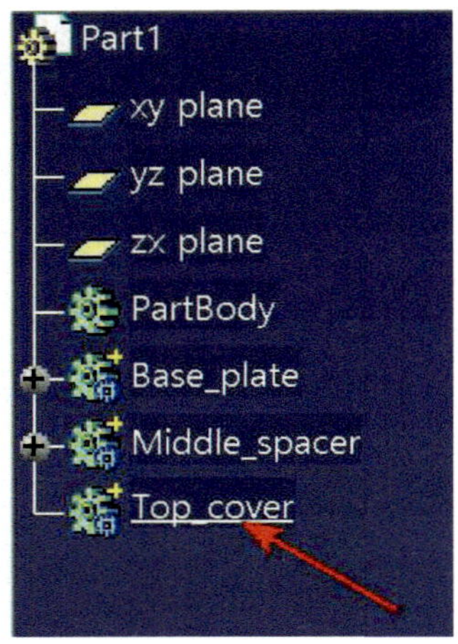

⑨ 스케치 작성

ⓐ Top_cover의 윗면을 선택하고 스케치(Sketch) 아이콘()을 클릭한다.

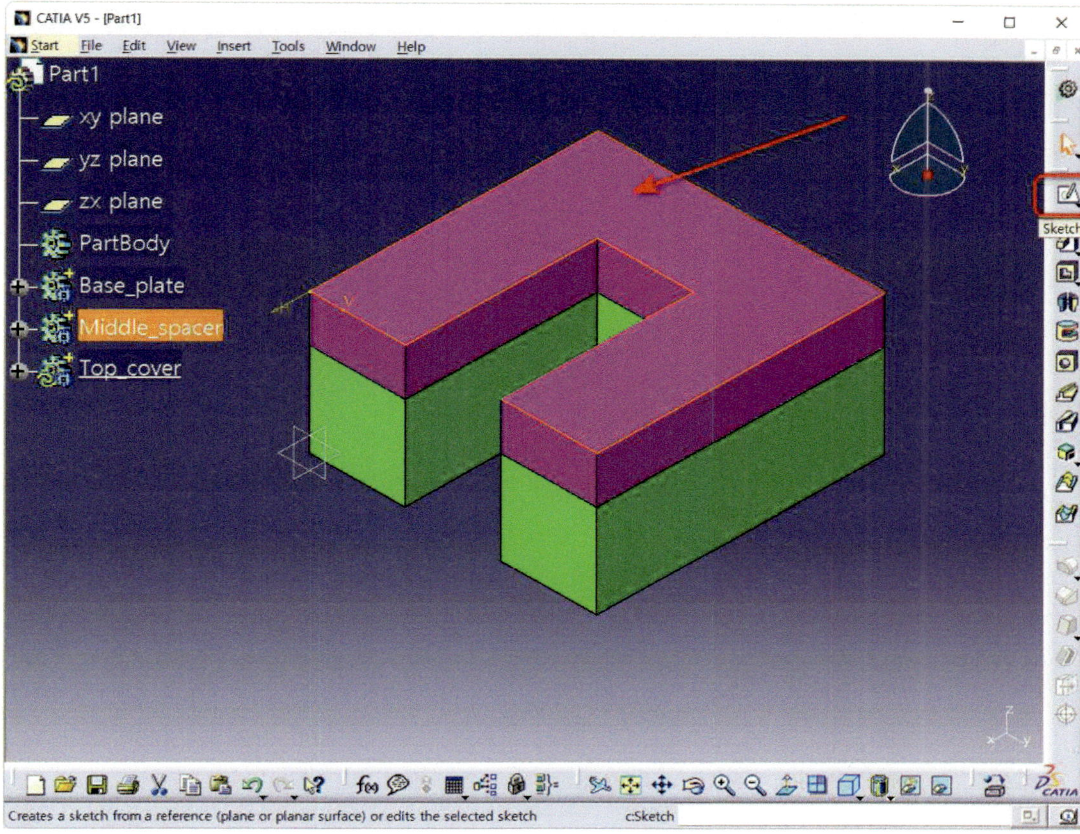

ⓑ 투영(Project 3D Elements) 아이콘( )을 클릭한다.

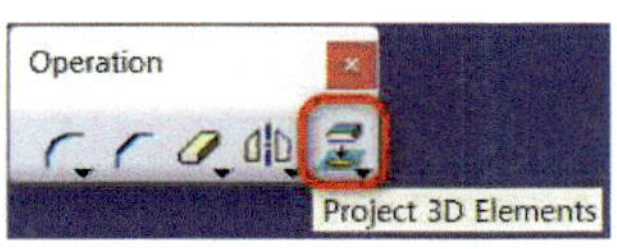

ⓒ 다음과 같이 3개의 모서리 선을 선택하고 OK를 클릭한다.

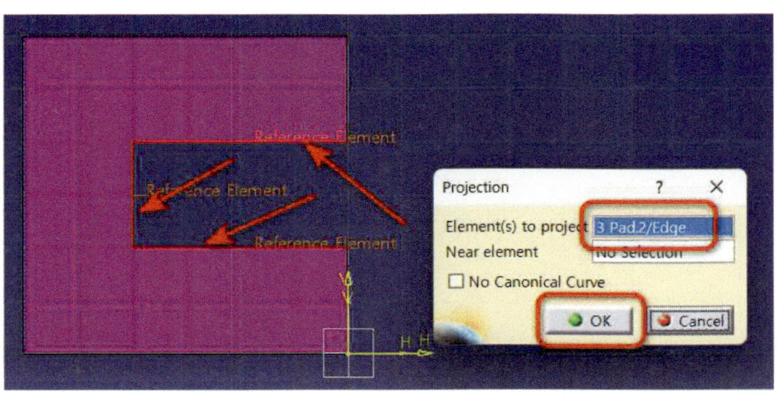

ⓓ 선(line) 아이콘( )을 선택하고 다음의 그림처럼 선을 작성한다.

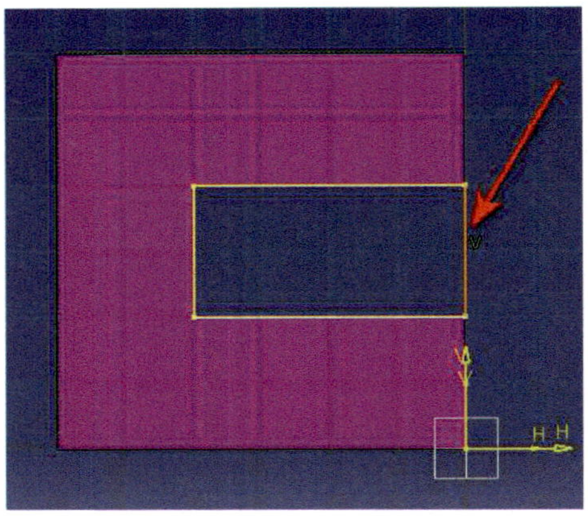

ⓔ 스케치 종료(workbench exit) 아이콘( )을 클릭한다.

⑩ 패드(Pad) 적용

ⓐ 패드(Pad) 아이콘( )을 클릭한다.

ⓑ 다음과 같이 패드 대화상자를 설정하고 OK를 클릭한다.

- Type : Up to plane
- Limit : Base_plate의 아랫면을 선택한다.
- Selection : 앞의 Projection과 Line으로 생성된 스케치를 선택한다.

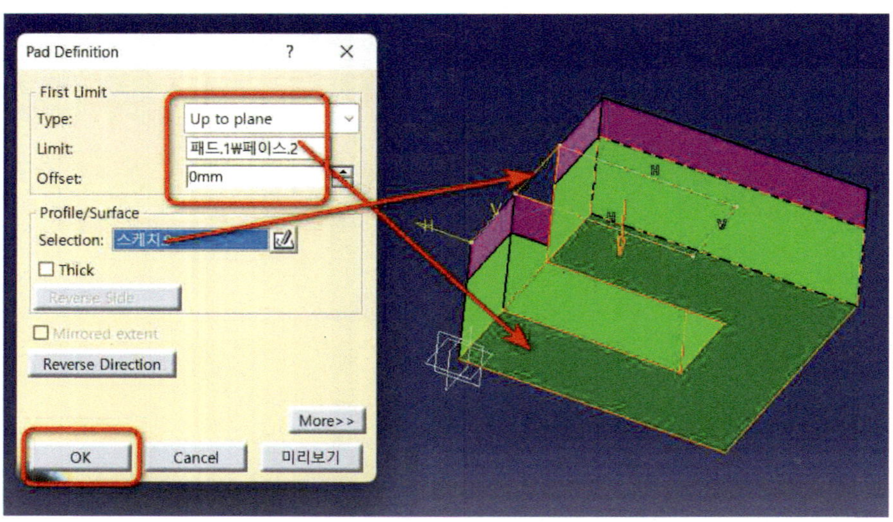

⑪ 스케치 작성

ⓐ 다음 그림처럼 앞에서 패드로 생성한 윗면을 선택하고 스케치(Sketch) 아이콘을 클릭한다.

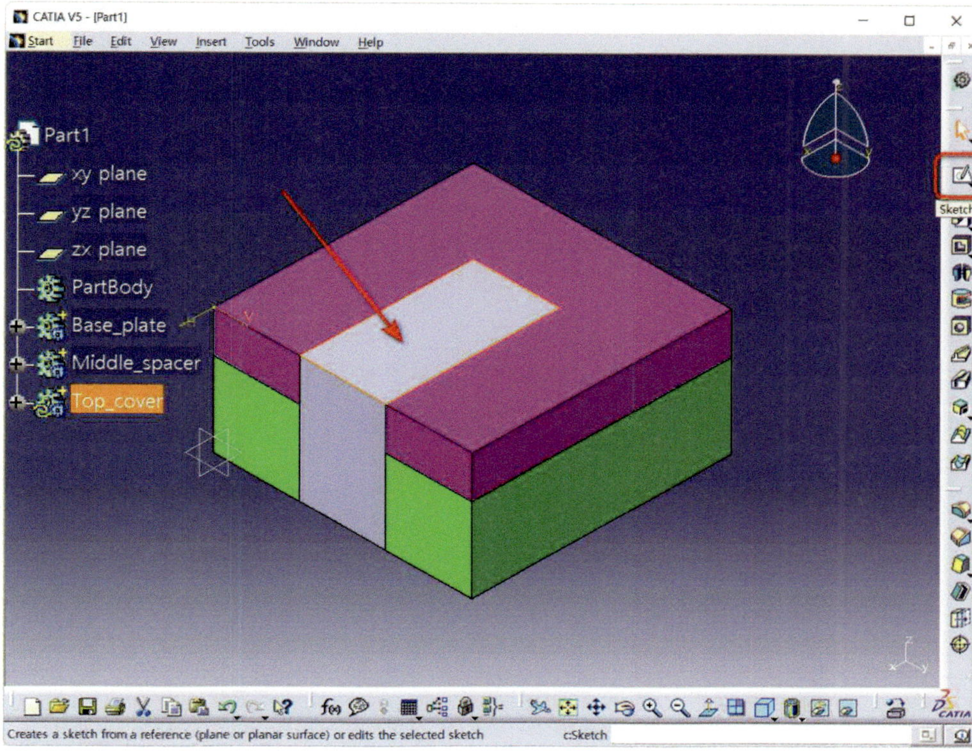

ⓑ 투영(Project 3D Elements) 아이콘( )을 클릭한다.

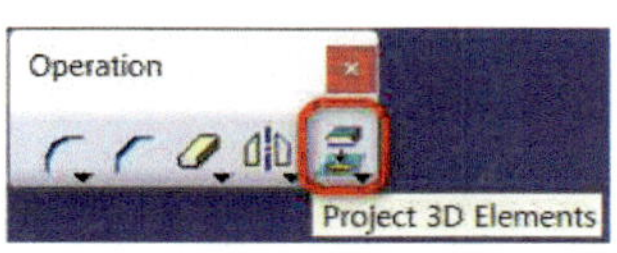

ⓒ 다음과 같이 3개의 모서리 선을 선택하고 OK를 클릭한다.

ⓓ 선(line) 아이콘( )을 선택하고 다음의 그림처럼 선을 작성한다.

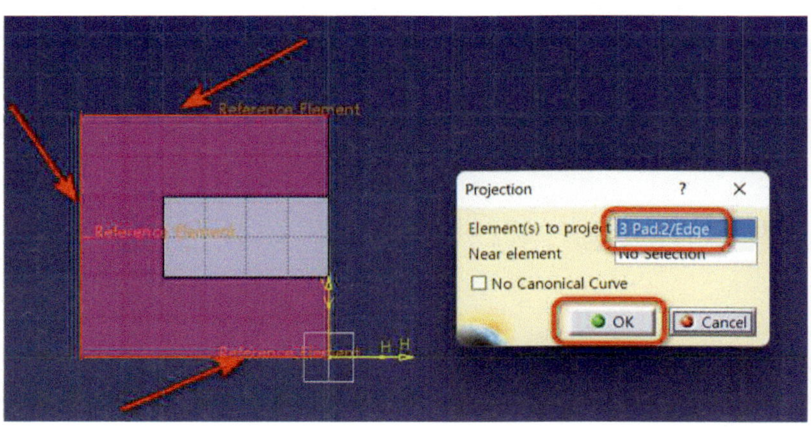

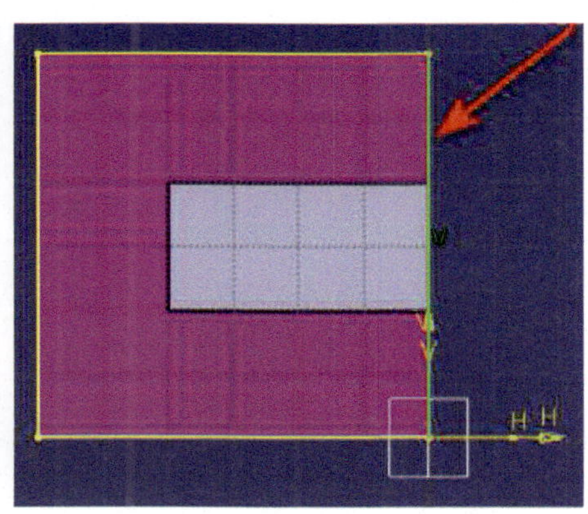

ⓔ 스케치 종료(workbench exit) 아이콘( )을 클릭한다.

⑫ 패드(Pad) 적용

ⓐ 패드(Pad) 아이콘( )을 클릭한다.

ⓑ 다음과 같이 패드 대화상자를 설정하고 OK를 클릭한다.

- Type : Dimension
- Length : 10
- Selection : 앞의 Projection으로 생성된 스케치를 선택한다.

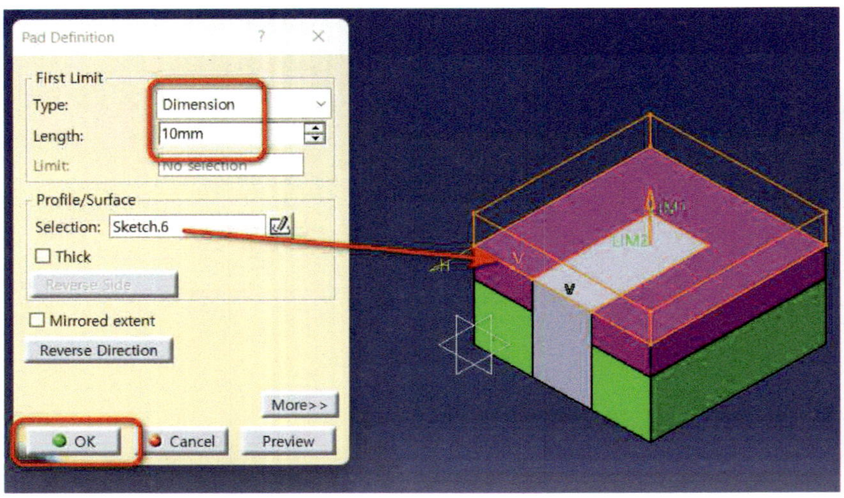

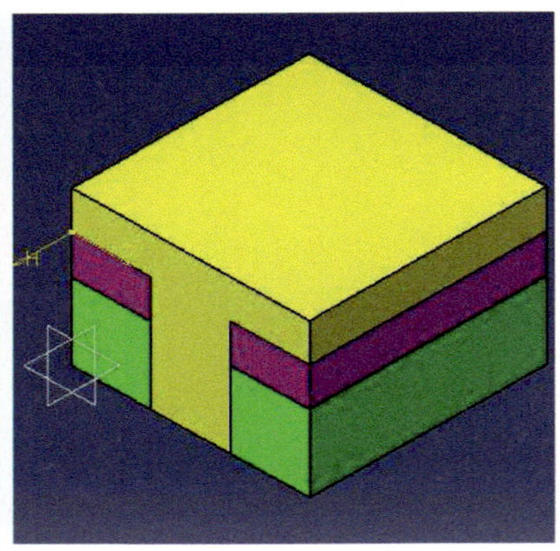

⑬ 스케치 치수 수정하기

ⓐ Base_plate의 Pad 아래의 스케치를 더블클릭한다.

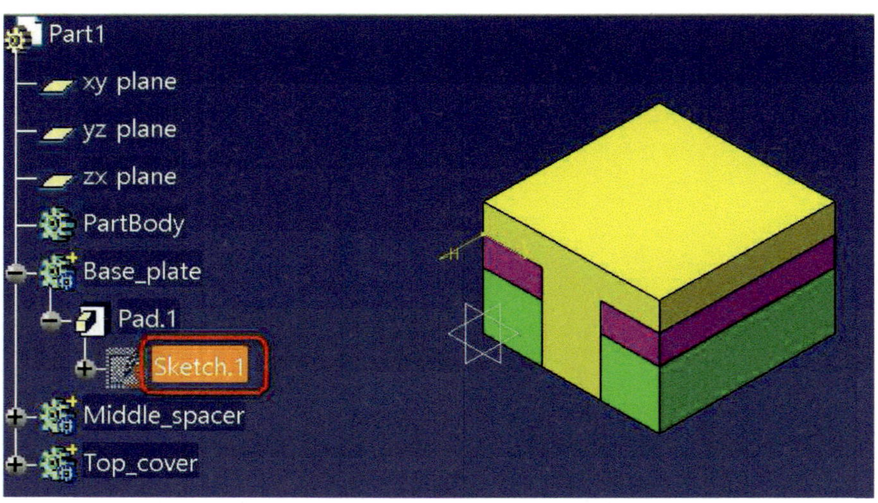

ⓑ 다음의 스케치 치수를 40과 10으로 수정한다.

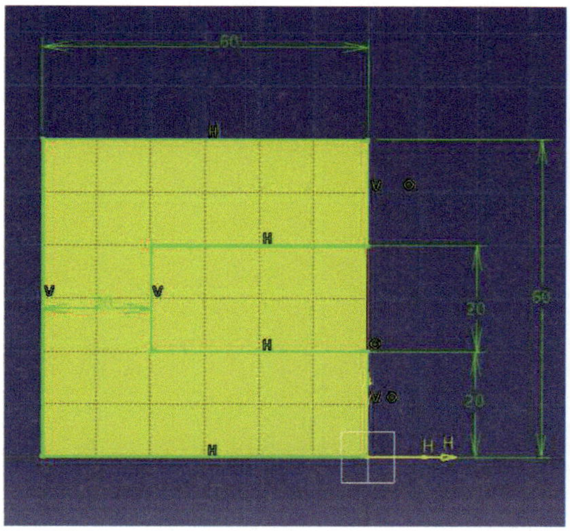

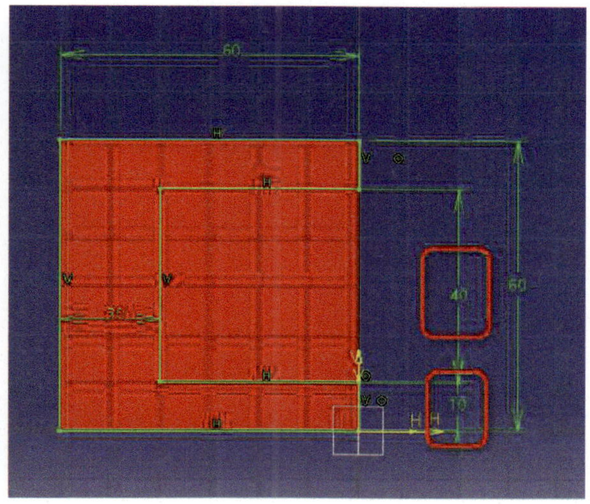

ⓒ 스케치 종료(workbench exit) 아이콘()을 클릭한다.

ⓓ 변경된 치수에 따라 형상이 수정되며, Base_plate의 윗면을 투영한 스케치를 Pad 한 Middle_spacer도 수정된다.

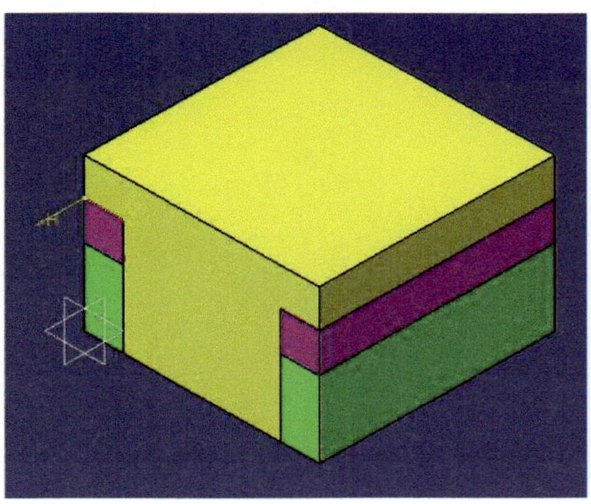

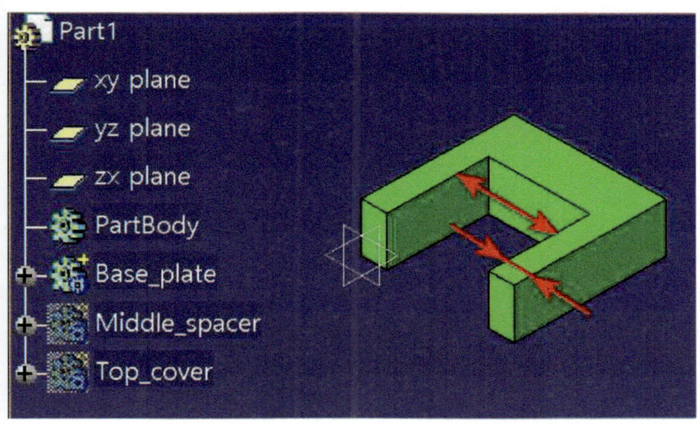

⑭ Pad 치수 수정하기

ⓐ Middle_spacer 아래의 Pad를 더블클릭한다.

ⓑ Pad 대화상자에서 Length를 30으로 수정하고 OK를 클릭한다.

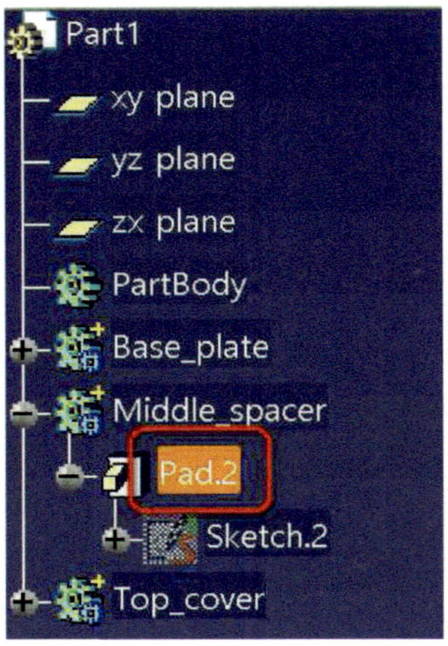

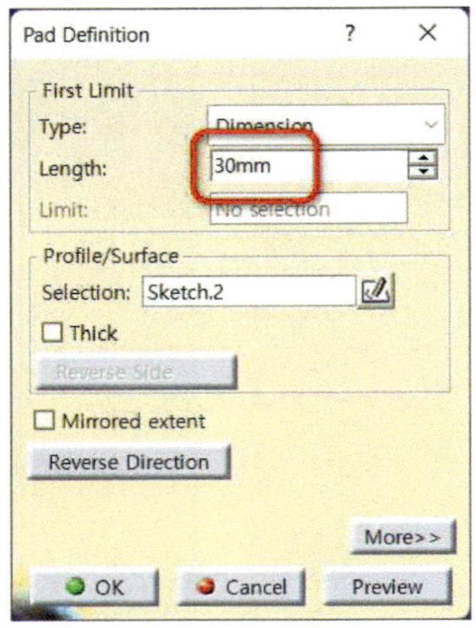

ⓒ Middle_spacer의 Pad 길이를 수정해도 Top_cover 패드가 Base_plate의 밑면으로 설정되어 다음과 같이 형상이 수정된다.

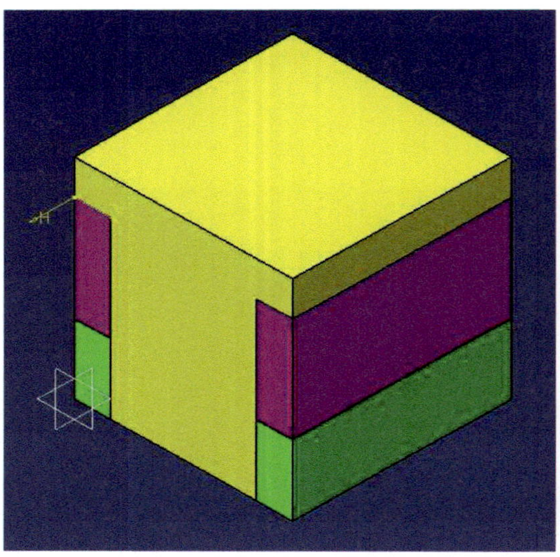

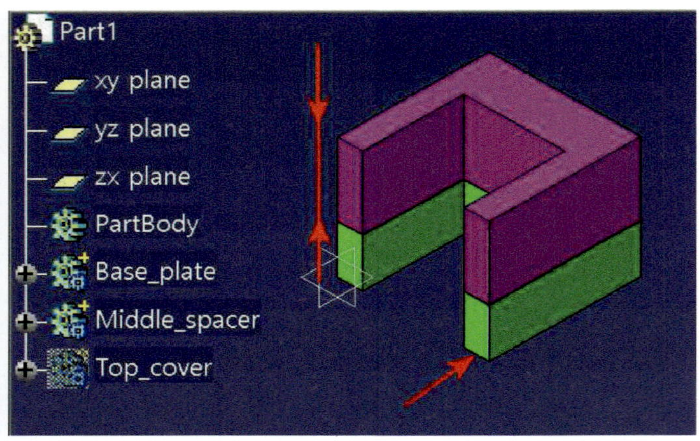

CHATER

IV

Drafting

4-1 도면 양식

① 도면(Drafting) 시작

ⓐ 기계 디자인(Mechanical Design) → 도면(Drafting)을 클릭한다.

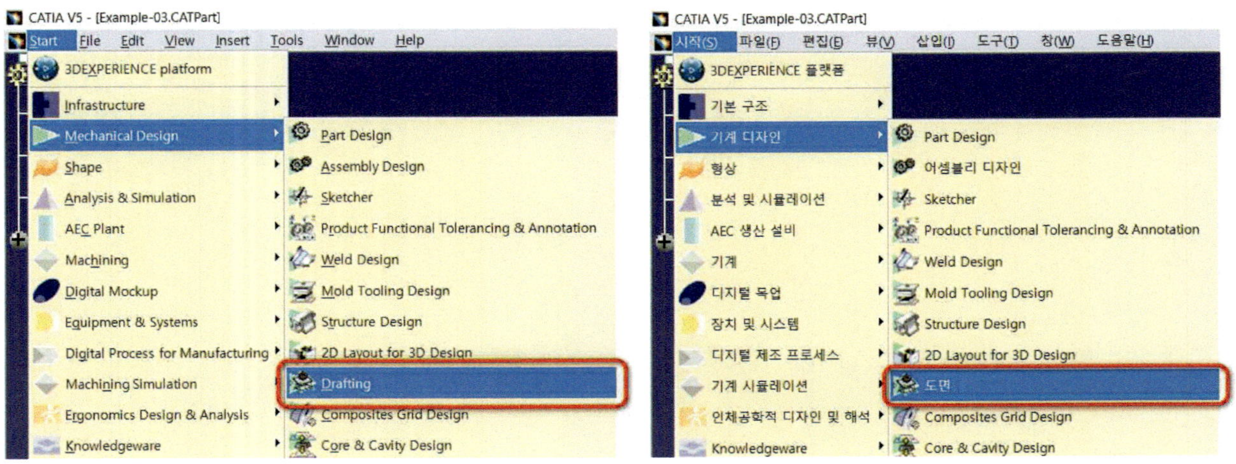

② 삼각법 설정

ⓑ 새 도면 작성 대화상자에서 수정을 클릭한다.

ⓒ 새 도면에서 A3 ISO를 선택하고 확인을 클릭한다.

ⓓ 새 도면 작성 대화상자에서 A3 ISO로 수정이 되었으면 확인을 클릭한다.

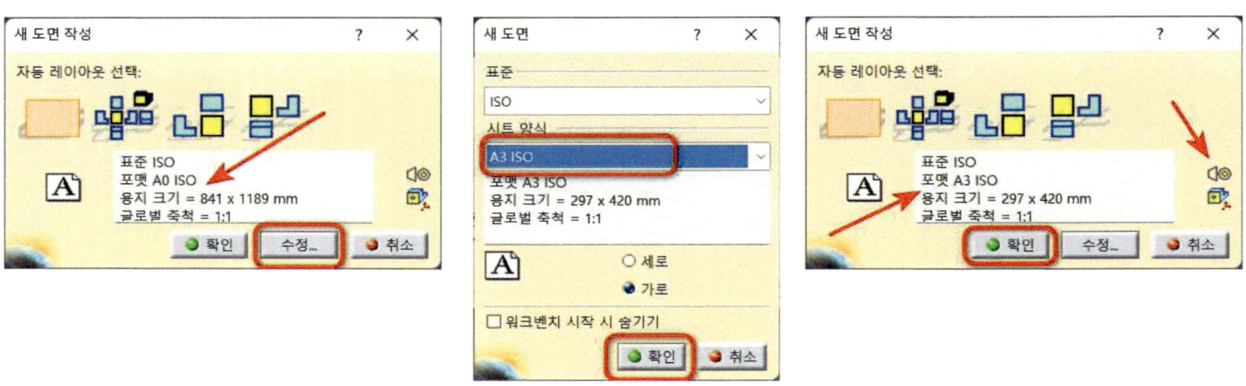

ⓔ 도면을 작성하는 환경이 나타난다.

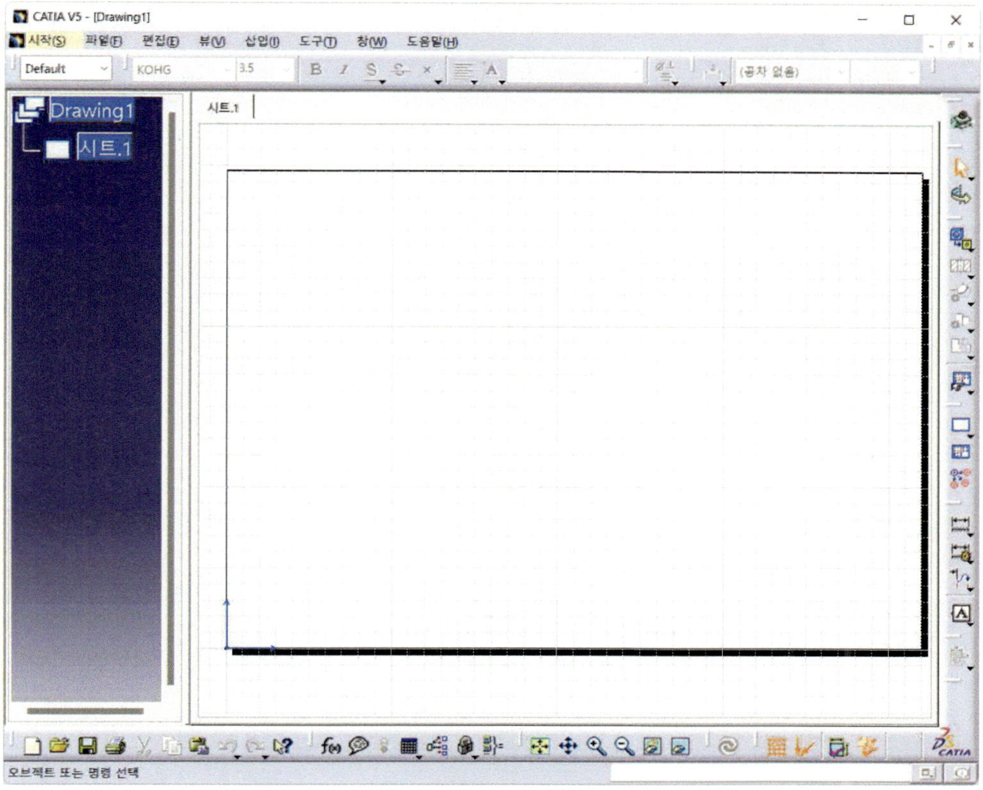

ⓕ 다음의 그림처럼 시트를 클릭하고 마우스 우측버튼을 클릭하여 나타나는 등록정보를 클릭한다.

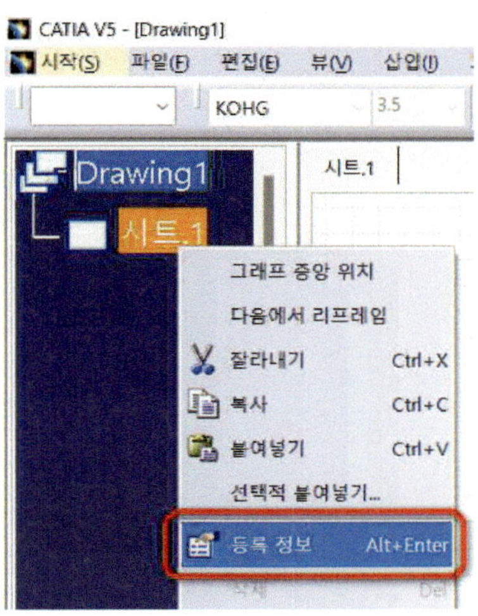

ⓖ 등록정보 대화상자에서 세 번째 각도 표준(삼각법)으로 설정하고 확인을 클릭한다.

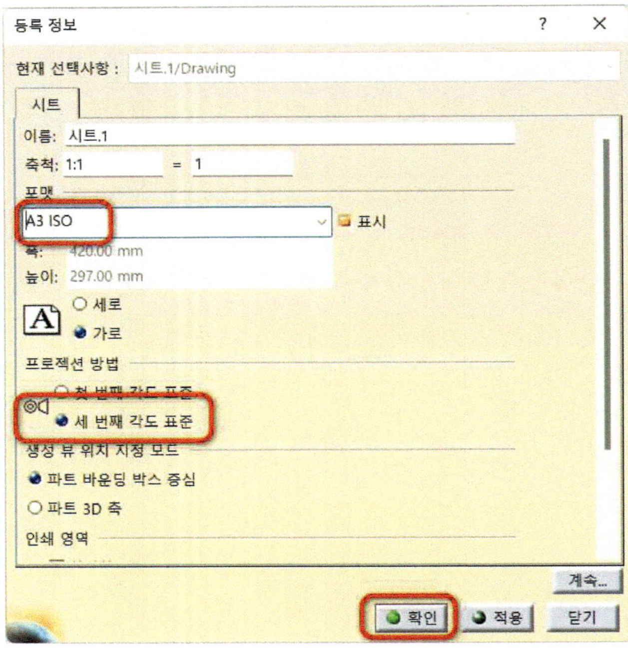

참고

삼각법으로 설정하는 또 다른 방법

새 도면 작성 대화상자에서 수정을 클릭하고 새 도면의 표준에는 다양한 표준이 있으며, JIS를 선택해도 삼각법으로 설정된다.

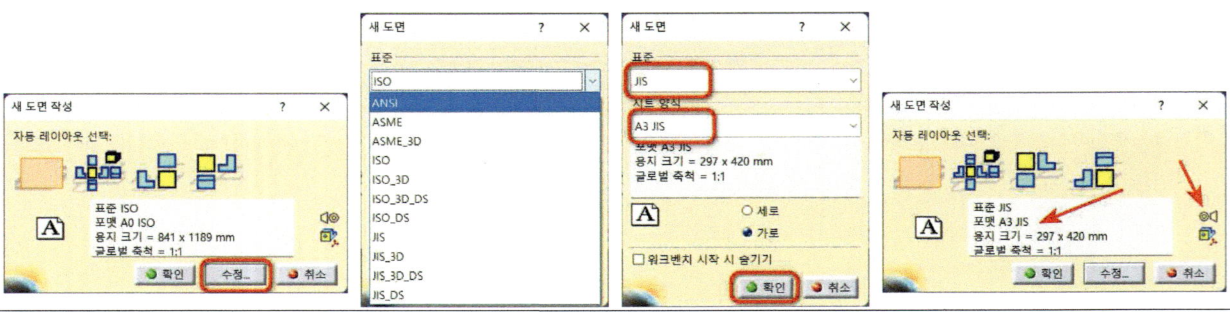

③ 시트 배경 설정

ⓐ 풀다운 메뉴의 편집 → 시트 배경을 클릭한다.

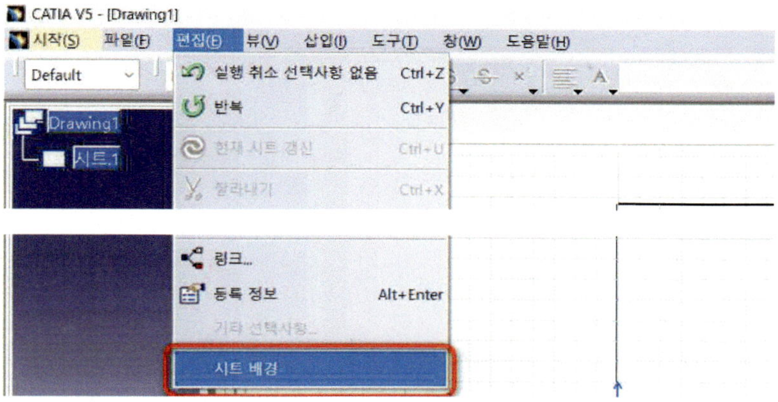

④ 윤곽선 작성

ⓐ 지오메트리 작성에서 직사각형을 클릭한다.

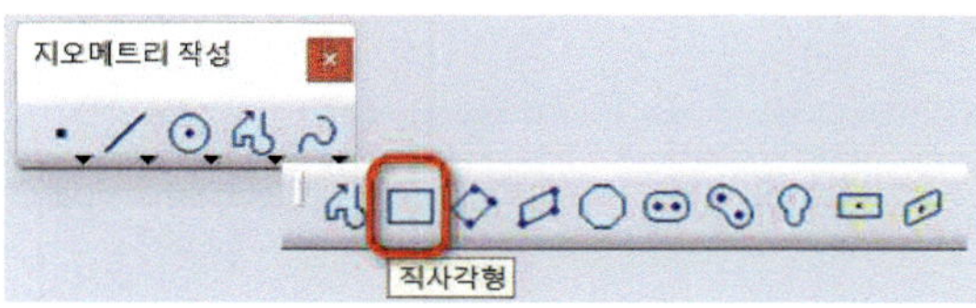

ⓑ 첫 번째 점에서 H=10, V=10을 입력한다.

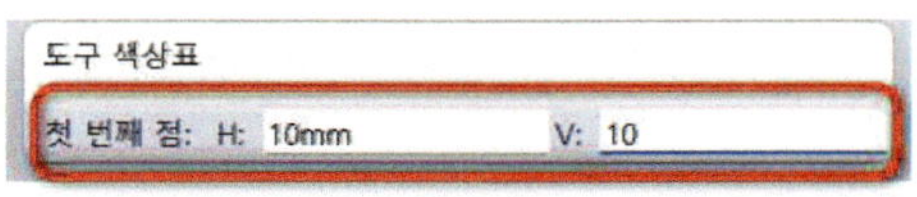

ⓒ 용지의 크기가 A3(420×297)이므로 두 번째 점으로 H=410, V=287을 입력한다.
(또는 폭-400, 높이=277을 입력해도 된다.)

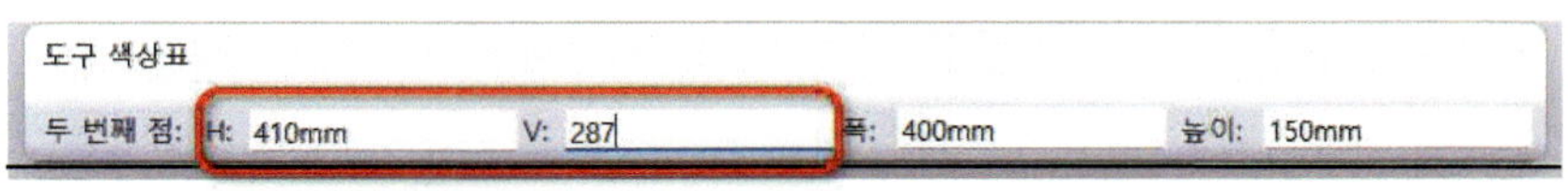

ⓓ 다음의 그림처럼 작성된 직사각형을 선택하고 마우스 우측버튼을 클릭하여 나타나는 등록정보를 클릭한다.

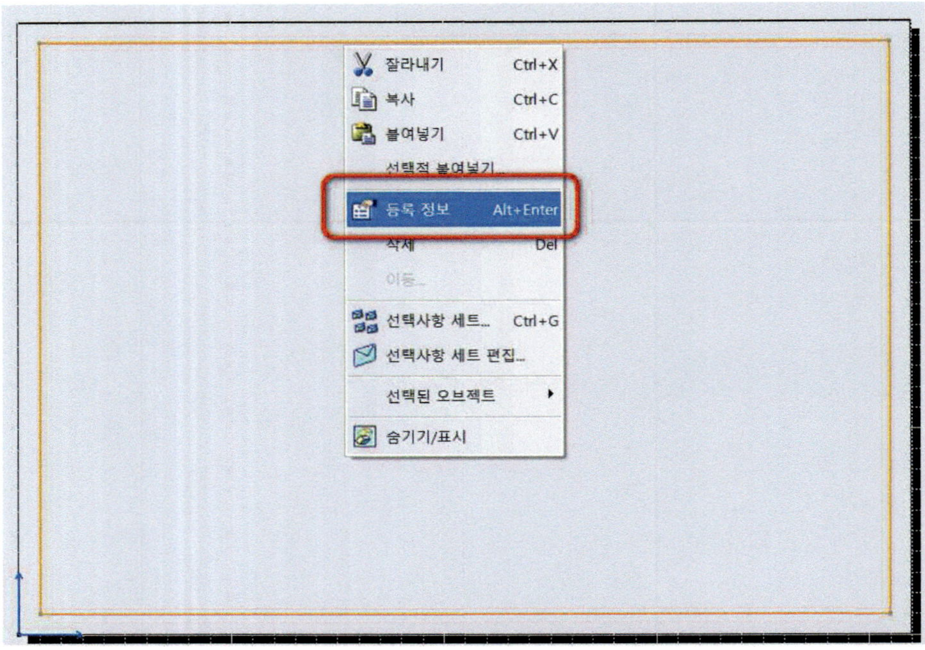

ⓔ 등록정보 대화상자에서 두께를 0.7로 선택하고 OK를 클릭한다.

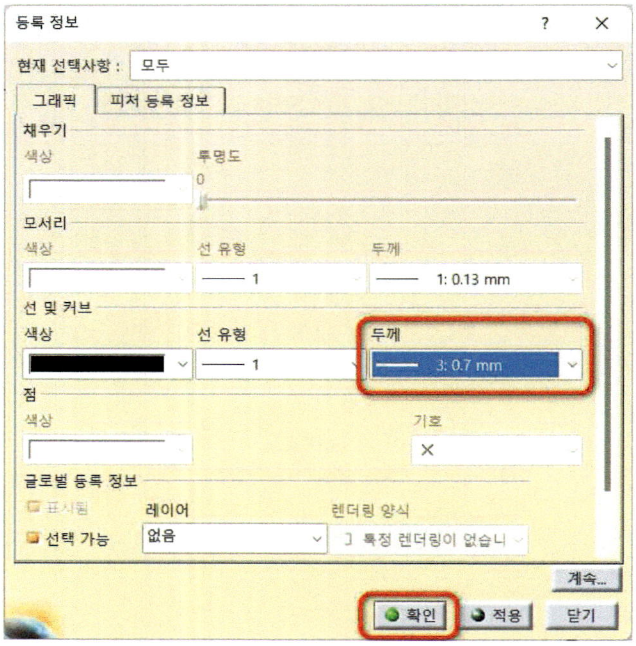

⑤ 중심마크 작성

ⓐ 지오메트리 수정에서 오프셋을 클릭한다.

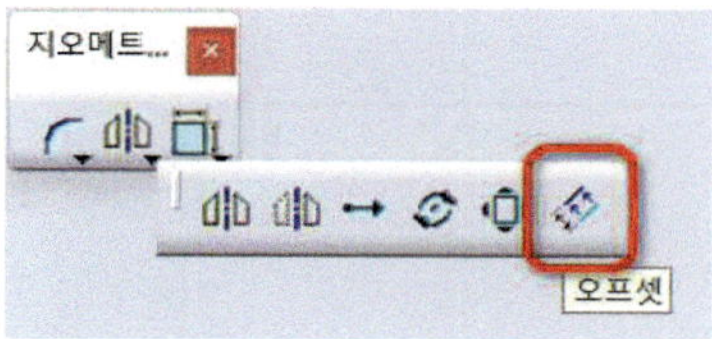

ⓑ 먼저 양측 오프셋을 선택하고 오프셋에 5를 입력하고 마우스로 빈 곳을 클릭한다.

ⓒ 다음의 그림처럼 Line으로 오프셋 된 선을 중간 점과 중간 점을 선택하여 선을 작성한다.

ⓓ 중심마크로 사용될 선 이외에 불필요한 선을 삭제하고 선의 두께를 0.7로 설정한다.

⑥ 표제란 작성

ⓐ 작성된 아래의 윤곽선을 선택하고 지오메트리 수정에서 오프셋을 클릭한다.

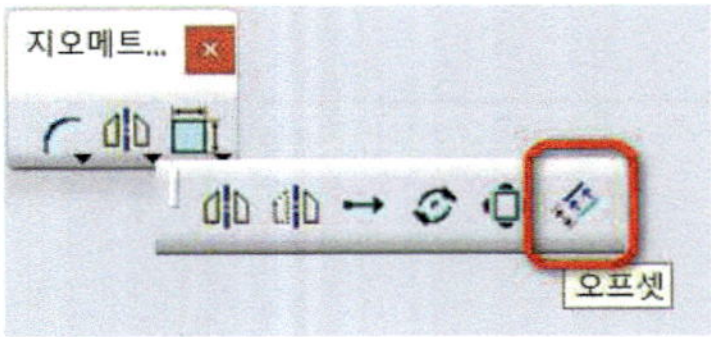

ⓑ 인스턴스에 2, 오프셋에 5를 입력하고 마우스로 선택한 선의 위쪽의 빈 곳을 클릭한다.

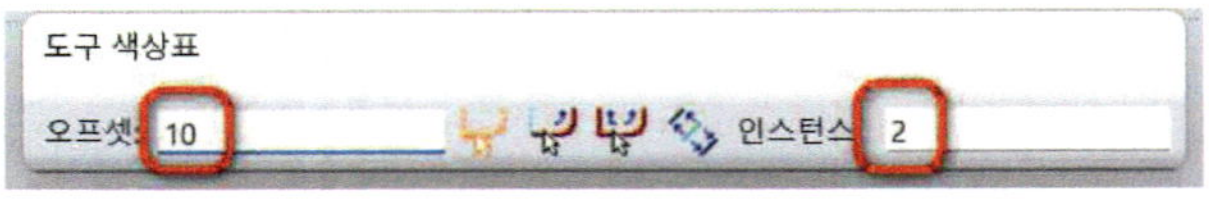

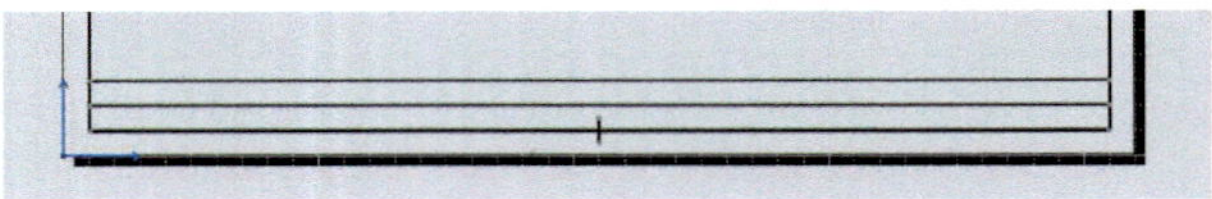

ⓒ 다음의 그림처럼 우측의 윤곽선을 좌측으로 120 오프셋 한다.

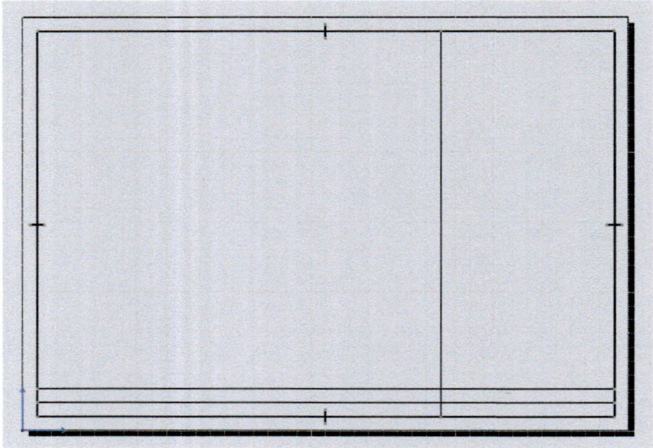

ⓓ 즉시 자르기로 필요 없는 선을 자른다.

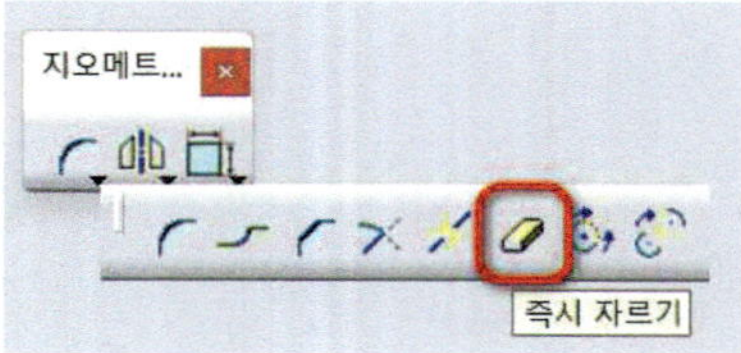

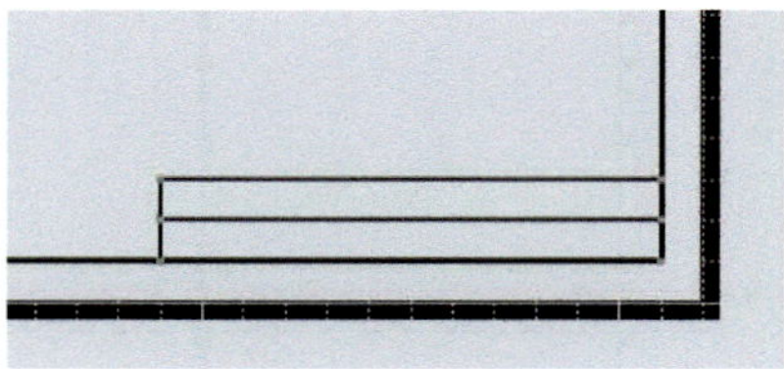

ⓔ 좌측부터 20, 40, 20으로 오프셋을 한다.

ⓕ 다음의 그림처럼 즉시 자르기로 필요없는 선을 자른다.

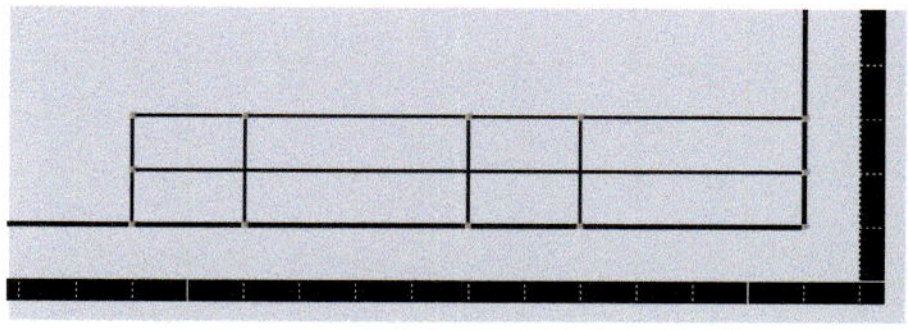

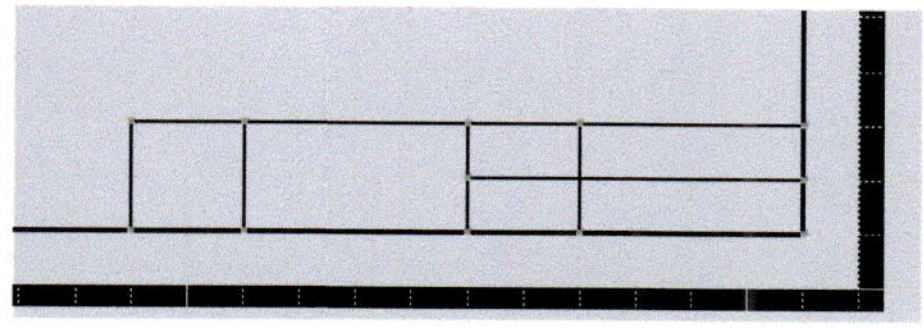

ⓖ 텍스트 아이콘을 클릭한다.

ⓗ 문자가 작성된 위치를 클릭하면 텍스트 편집기가 나타난다.

ⓘ 텍스트 편집기에 '도 명'을 입력하고 문자의 위치를 드래그하여 수정한다.
(문자의 위치를 드래그할 때, Shift를 누르면 미세하게 조절할 수 있다).

ⓙ 상단에 글꼴, 문자 크기, 정렬 위치 등을 적용할 수 있다.

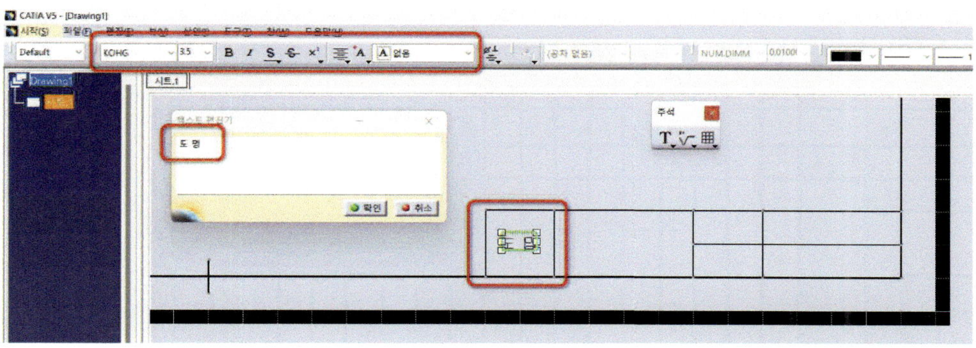

ⓚ 다음과 같이 문자를 작성한다.

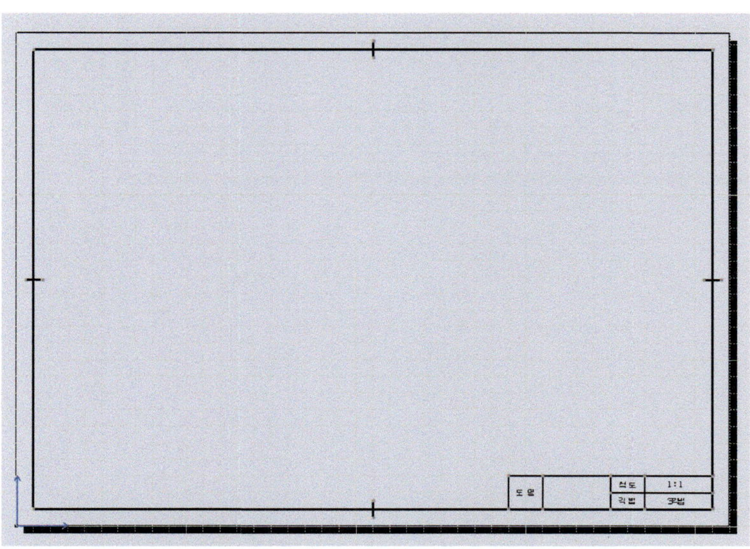

⑦ 작업 뷰 전환하기

ⓐ 풀다운 메뉴 편집 → 작업 뷰를 클릭한다.

ⓑ 작업 뷰 환경으로 전환된다.

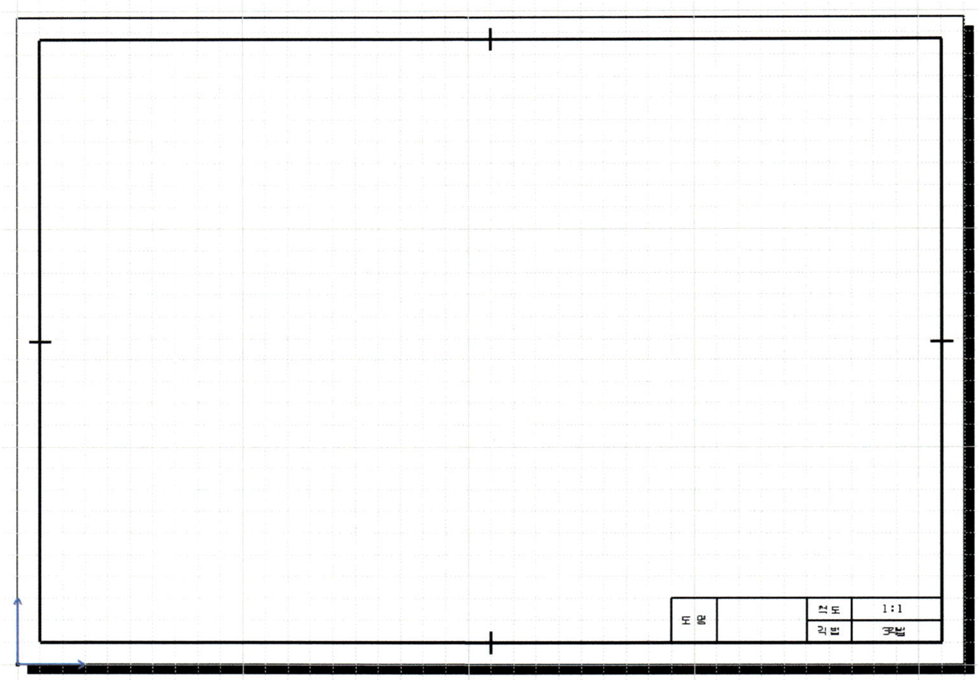

4-2 도면 작성

① 도면 작성 시작

ⓐ 도면으로 작성할 Part body를 open 한다.

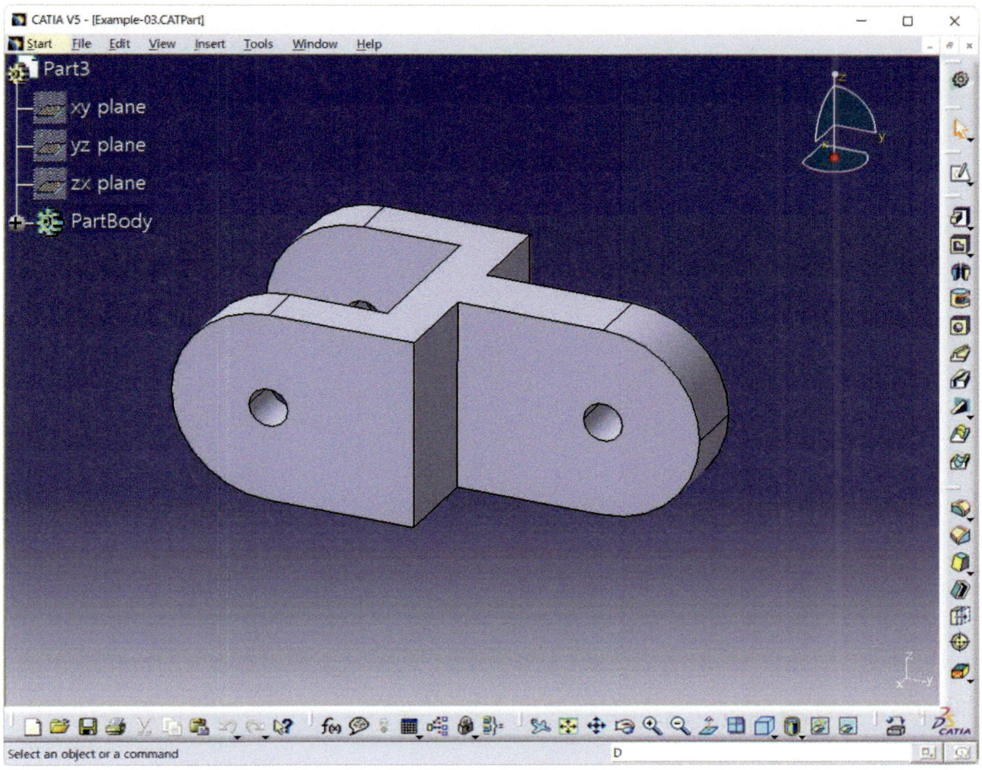

ⓑ 기계 디자인(Mechanical Design) → 도면(Drafting)을 클릭한다.

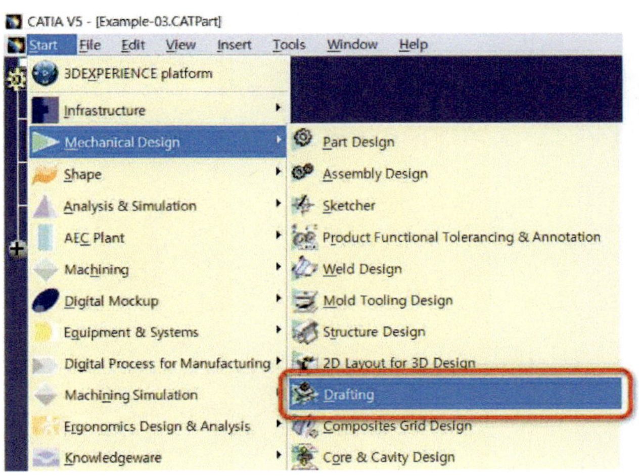

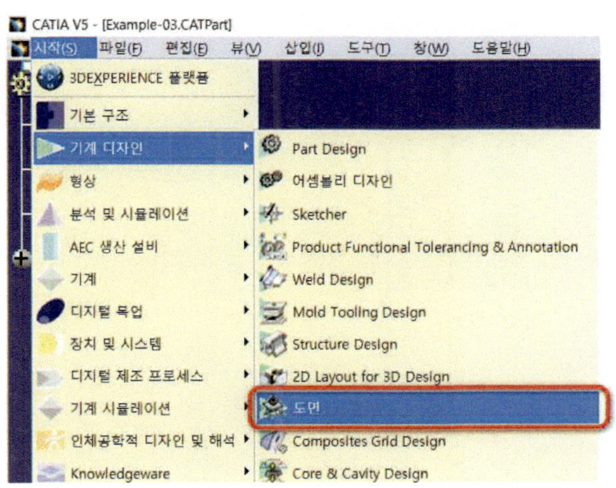

② 삼각법 설정

ⓑ 새 도면 작성 대화상자에서 수정을 클릭한다.

ⓒ 새 도면에서 A3 ISO를 선택하고 확인을 클릭한다.

ⓓ 새 도면 작성 대화상자에서 A3 ISO로 수정이 되었으면 확인을 클릭한다.

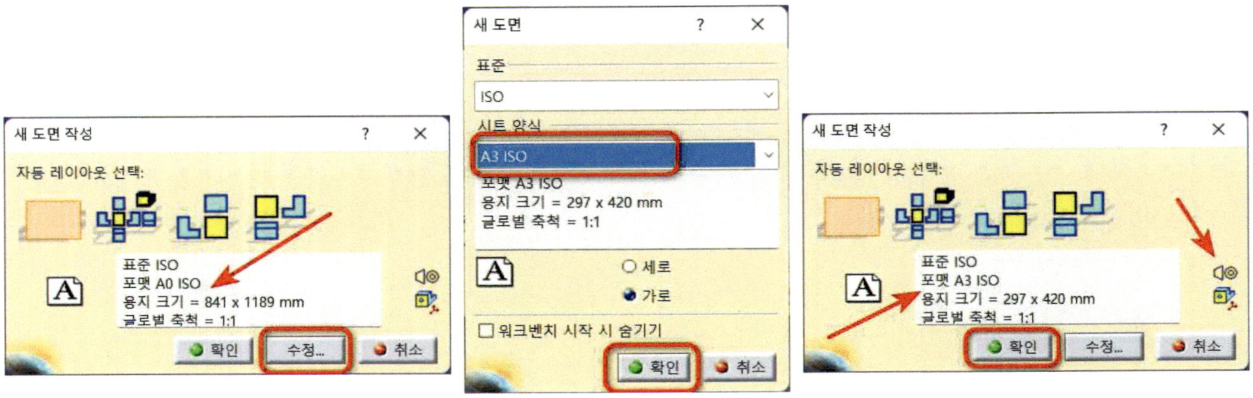

ⓔ 다음의 그림처럼 시트를 클릭하고 마우스 우측버튼을 클릭하여 나타나는 등록정보를 클릭한다.

ⓕ 등록정보 대화상자에서 세 번째 각도 표준(삼각법)으로 설정하고 확인을 클릭한다.

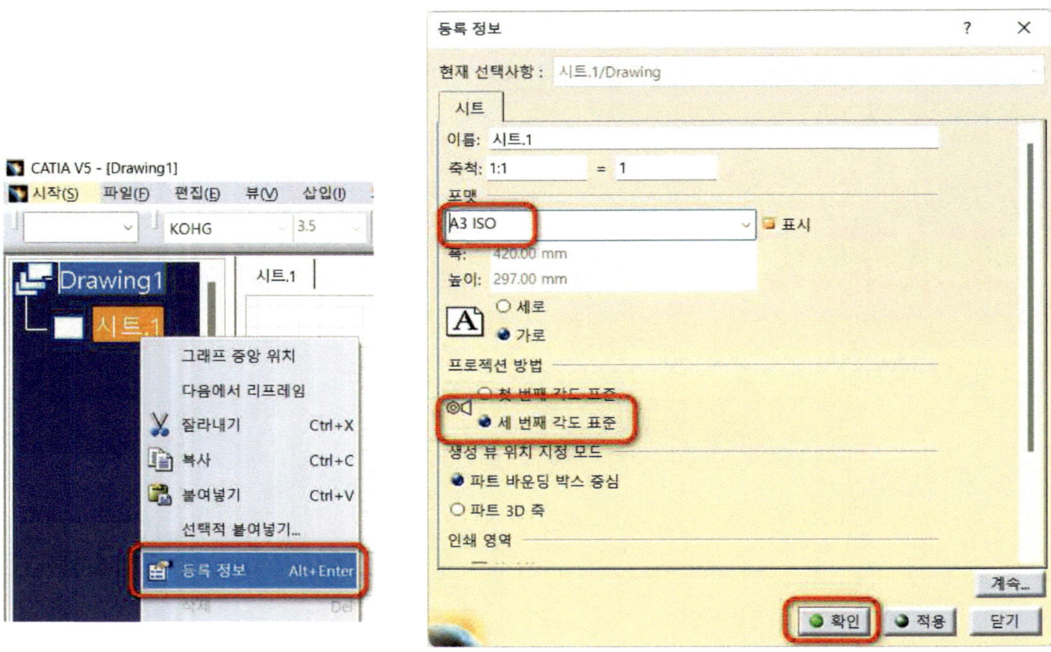

③ 정면도 설정

ⓐ 정면 뷰를 클릭한다.

ⓑ 풀다운 메뉴의 창(Windows)에서 앞에서 open한 part body를 클릭한다.

ⓒ 3차원 형상에서 정면도로 적용할 면을 클릭한다.

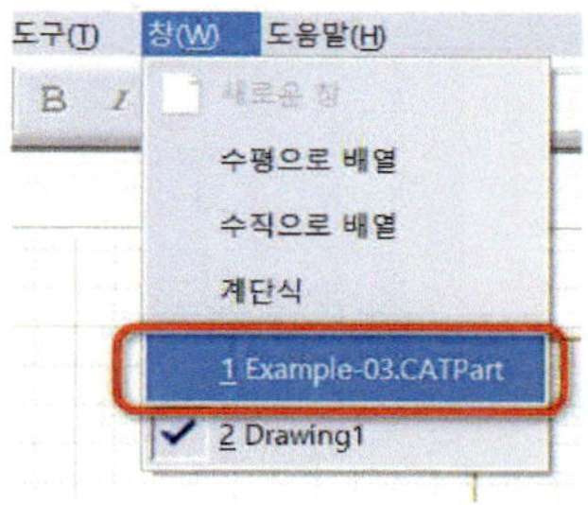

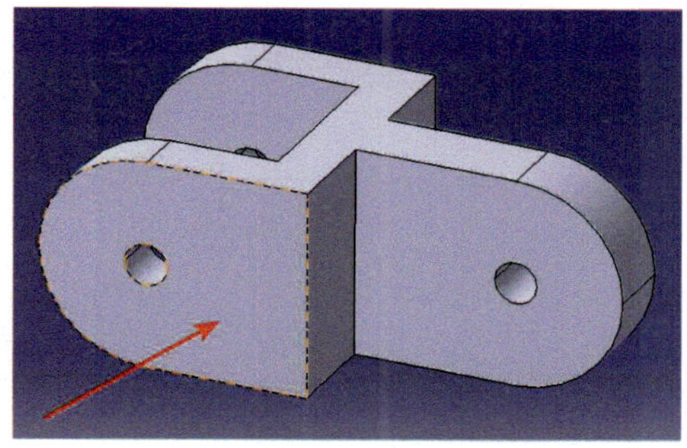

ⓓ 도면(Drafting) 영역에 정면도가 나타난다.

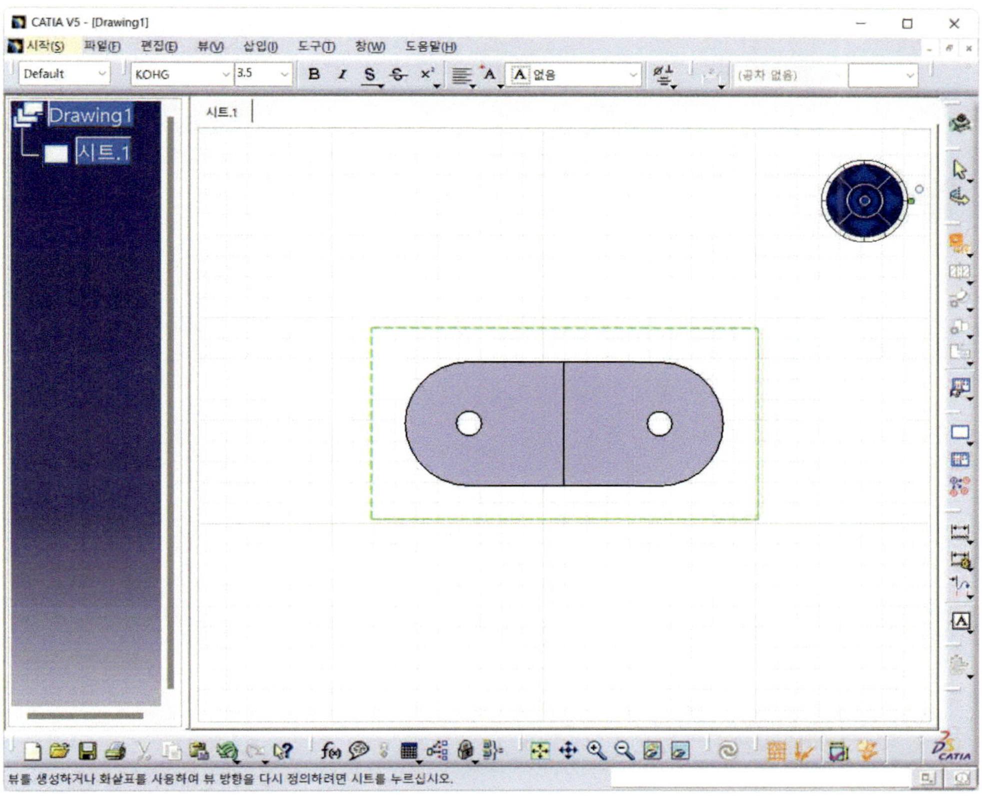

ⓔ 방향 전환 뷰의 상하좌우의 삼각형을 클릭하여 현재 뷰를 90도씩 돌려볼 수 있다.

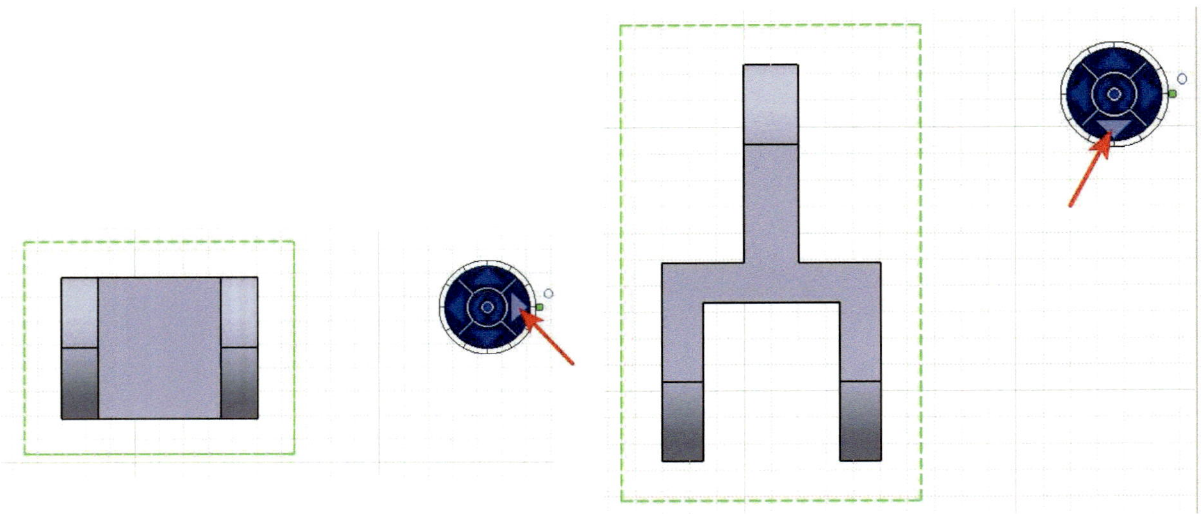

ⓕ 방향 전환 뷰의 회전 아이콘은 뷰를 30도씩 회전시킨다.

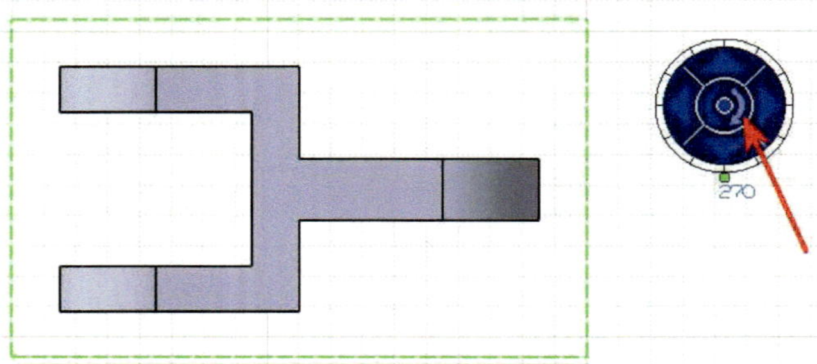

ⓖ 방향 전환 뷰를 이용하여 다음과 같은 형상이 되도록 한다.

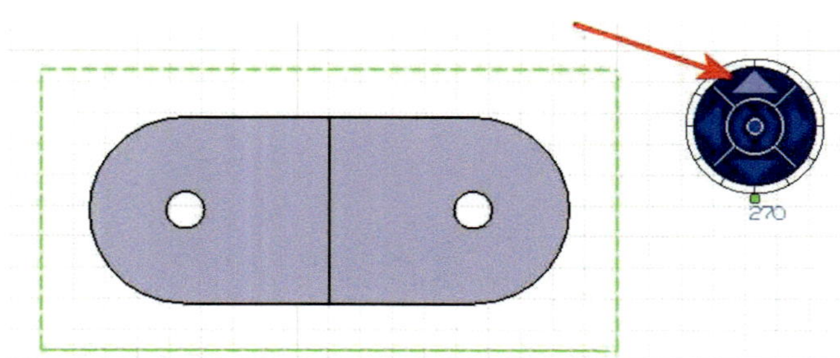

ⓗ 녹색 점선의 뷰 프레임을 드래그하여 다음의 그림처럼 왼쪽 아래에 위치하도록 한다.

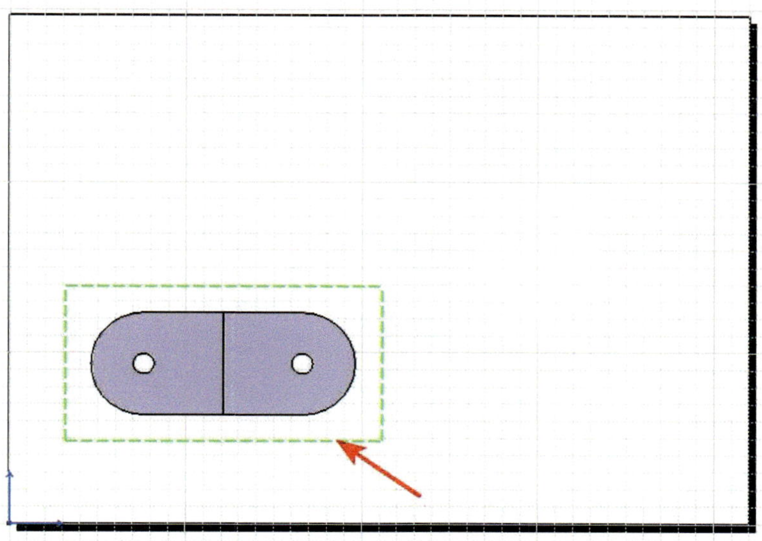

④ 3면도의 배치

ⓐ 프로젝션 뷰를 클릭한다.

ⓑ 마우스를 위로 움직이면 평면의 형상이 나타나고 적당한 위치를 클릭한다.

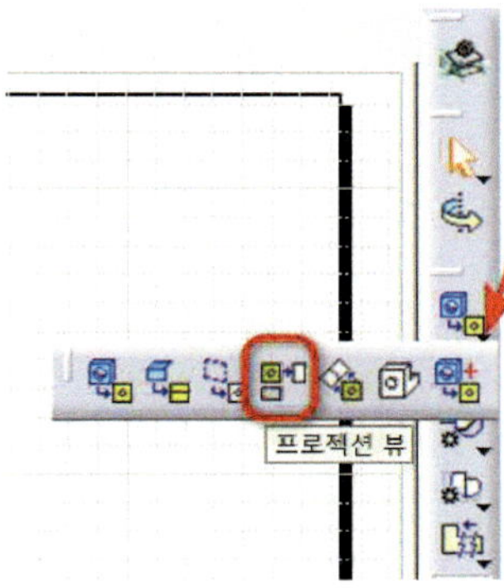

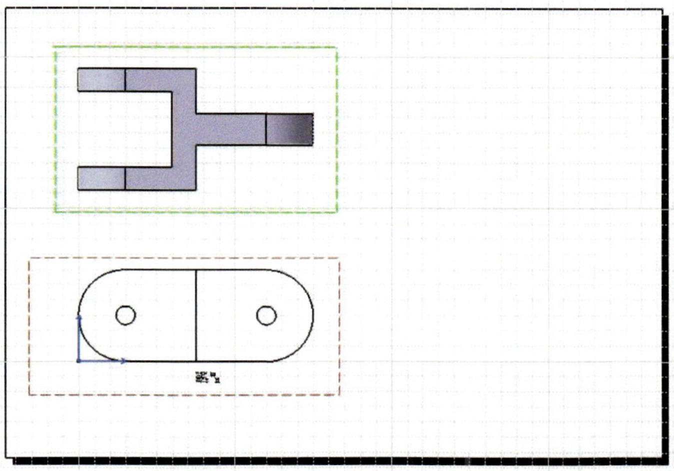

ⓒ 프로젝션 뷰를 클릭한다.

ⓓ 마우스를 우측 움직이면 우측면의 형상이 나타나고 적당한 위치를 클릭한다.

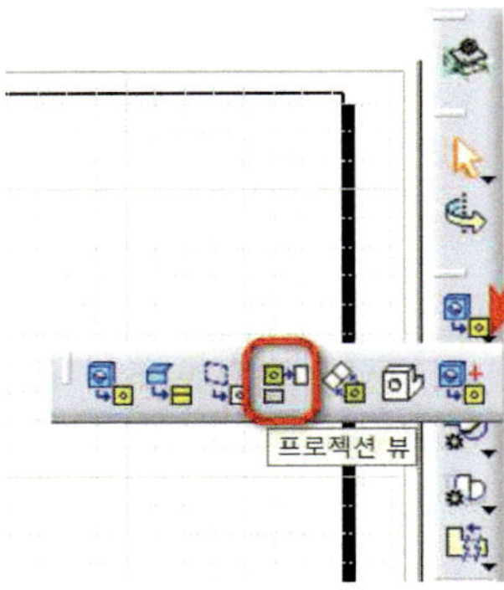

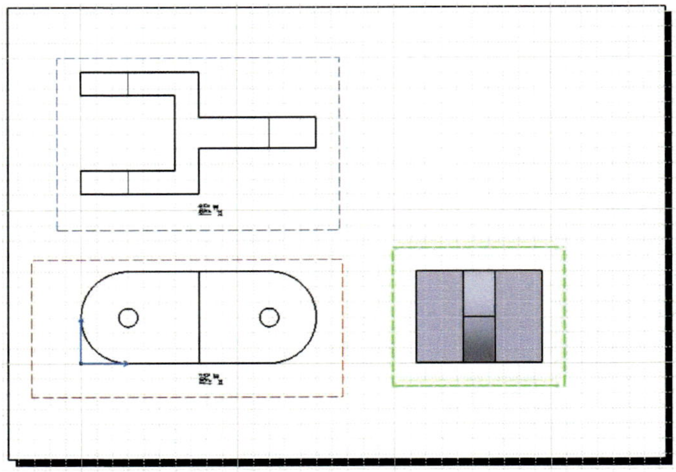

⑤ 등각도의 배치

ⓐ 아이소메트릭 뷰를 클릭한다.

ⓑ 풀다운 메뉴의 창(Windows)에서 앞에서 open한 part body를 클릭한다.

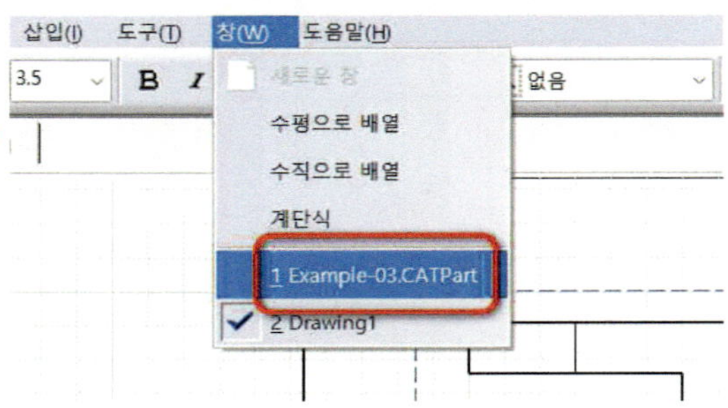

ⓒ 3차원 형상에서 정면도로 적용할 면을 클릭한다.

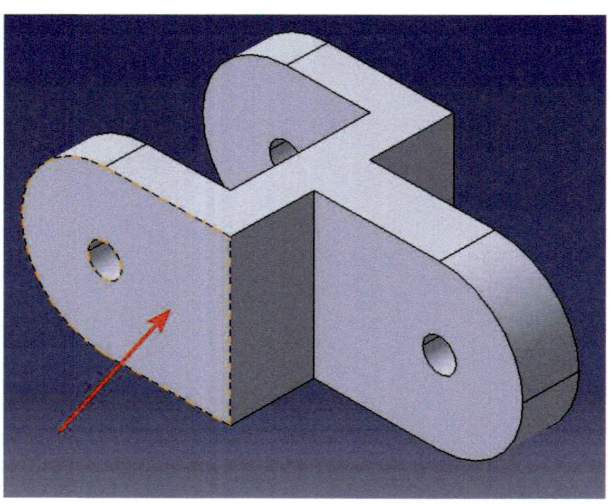

ⓓ 도면(Drafting) 영역에 등각도를 우측 상단에 위치 하도록 클릭한다.

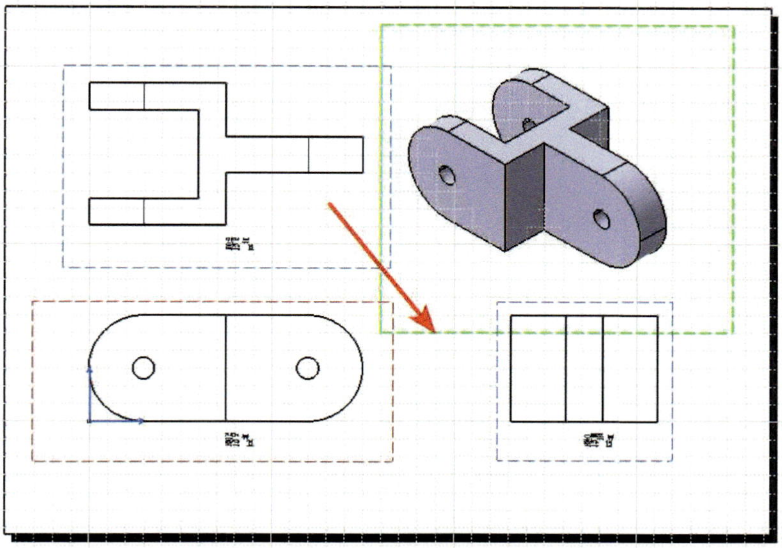

⑥ 중심선 작성

ⓐ 중심선 아이콘을 클릭한다.

ⓑ 정면도의 원호를 클릭한다.

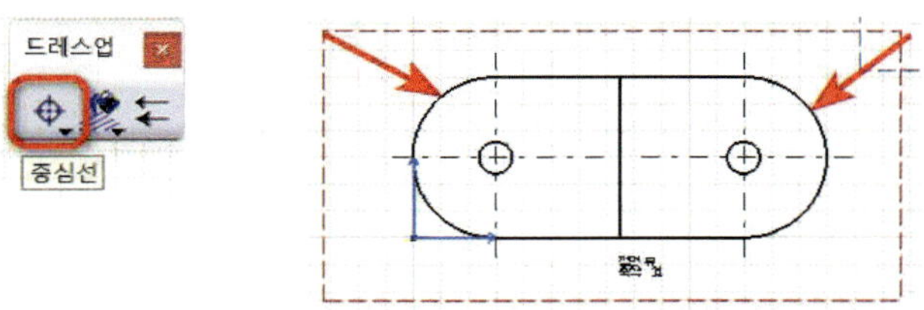

참고
중심선 아이콘은 시각적으로 보이는 원이나 원호를 클릭하면 수직 수평 한 중심선이 나타난다.

ⓒ 중심선을 클릭해서 나타나는 중심선의 끝점을 드래그하면 중심선의 길이를 조절할 수 있다.

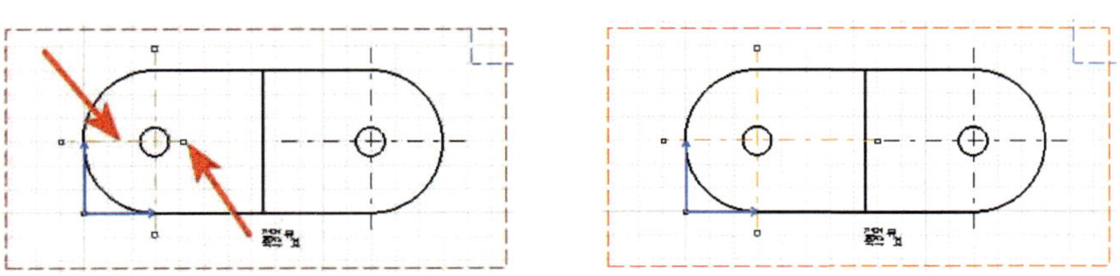

⑦ 단면도 작성

ⓐ 그림과 같이 평면도의 뷰 프레임을 선택하고 키보드의 Delete 키를 눌러 삭제한다.

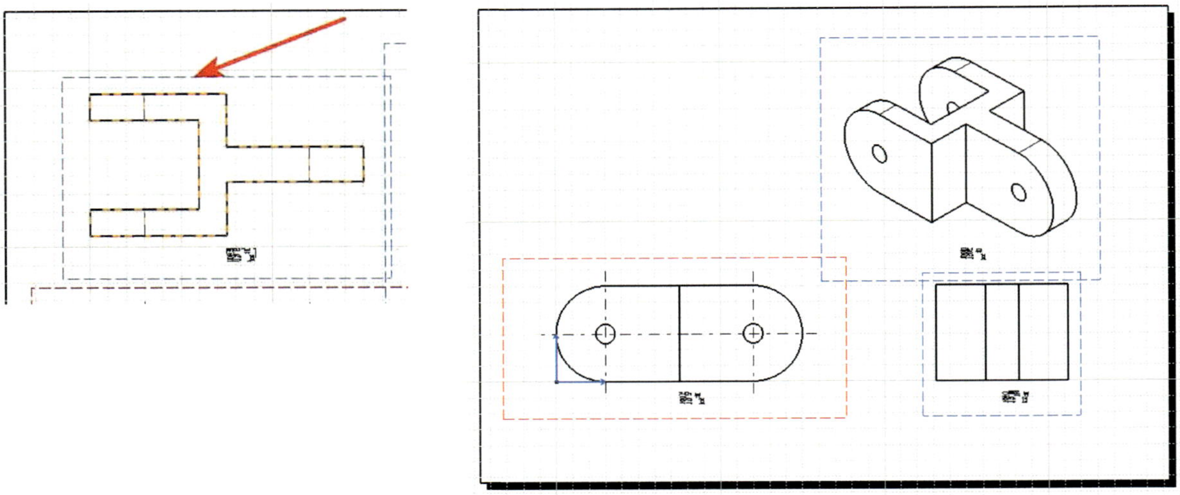

ⓑ 오프셋 섹션 뷰 아이콘을 클릭한다.

ⓒ 정면도에서 단면의 위치를 중심선의 끝점에서 시작하여 형상을 지나는 위치를 클릭한다.

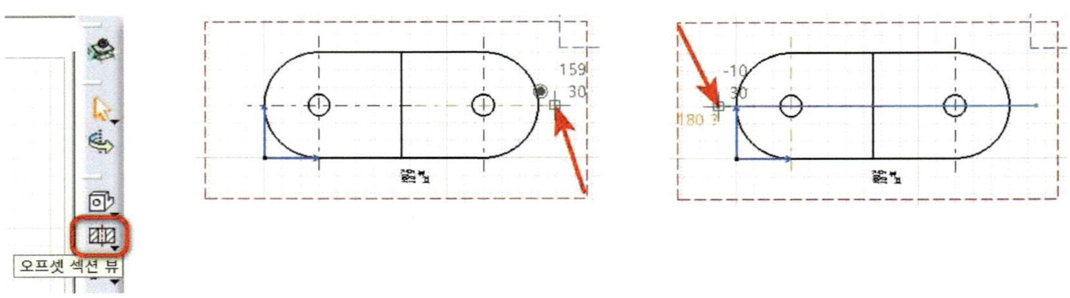

ⓓ 마우스를 정면도의 위로 움직여 빈 곳을 클릭한다.

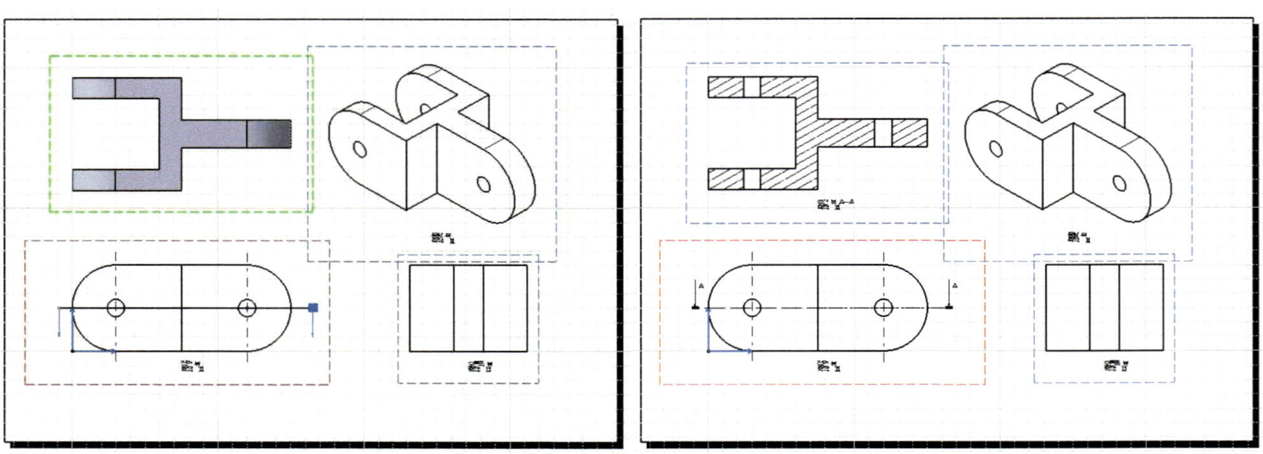

ⓔ 해칭선을 더블클릭해서 나타나는 등록 정보에서 각도를 45로 입력하고 확인을 클릭한다.

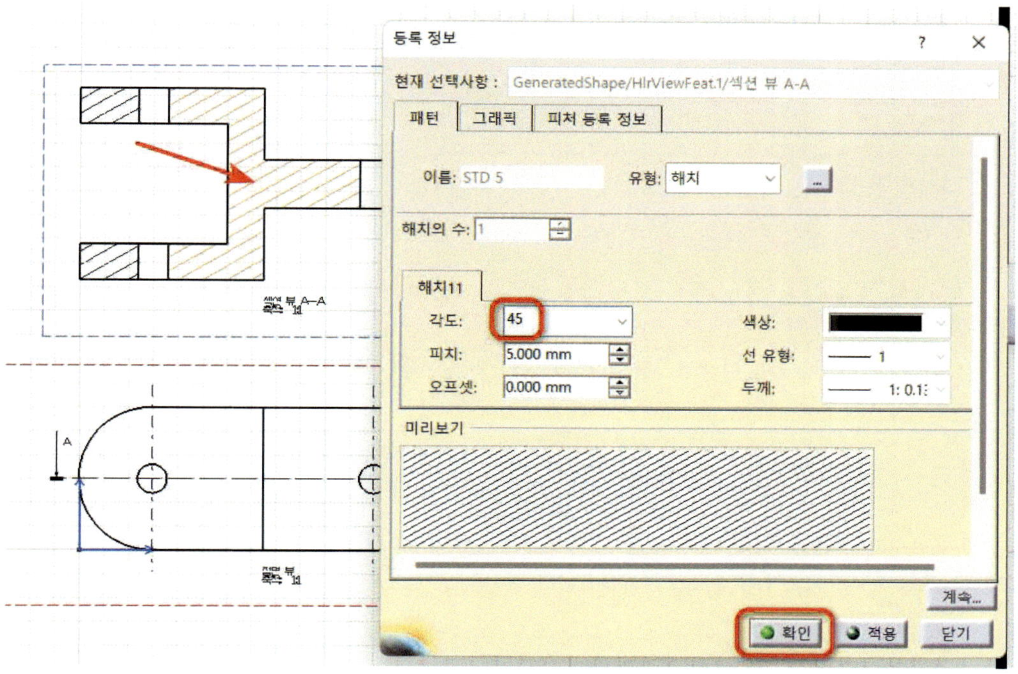

⑧ 축 선 작성하기

ⓐ 축 선 아이콘을 클릭한다.

ⓑ 다음의 그림처럼 구멍의 측면의 선을 클릭한다.

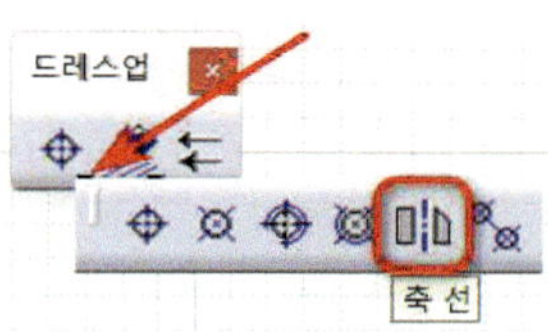

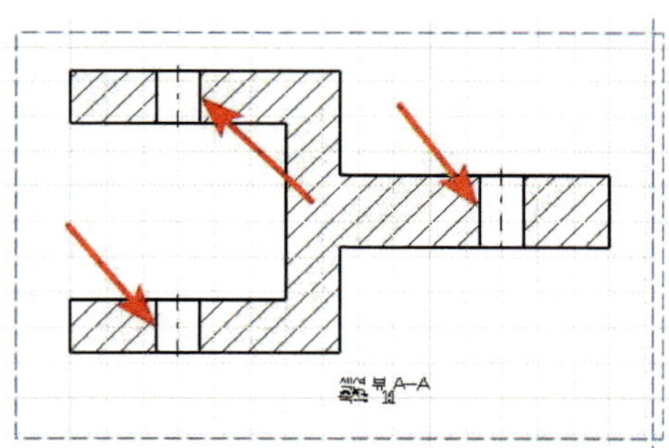

> 참고
>
> 축 선 아이콘은 원기둥, 구멍 등의 측면의 선을 클릭하면 중심선이 나타난다.

ⓒ 다음의 그림처럼 우측면도의 상단과 하단의 선을 클릭하면 두 선의 가운데에 축 선이 나타난다.

ⓓ 나타난 축선을 클릭하면 나타나는 끝점을 드래그하여 다음의 그림처럼 작성한다.

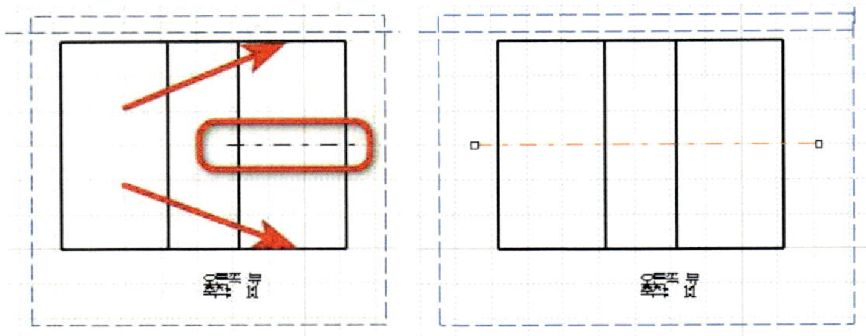

⑨ 뷰 프레임 숨기기

ⓐ 활성화되어 있는 '각 뷰에 지정된 대로 뷰 프레임'을 클릭하여 비활성화한다.

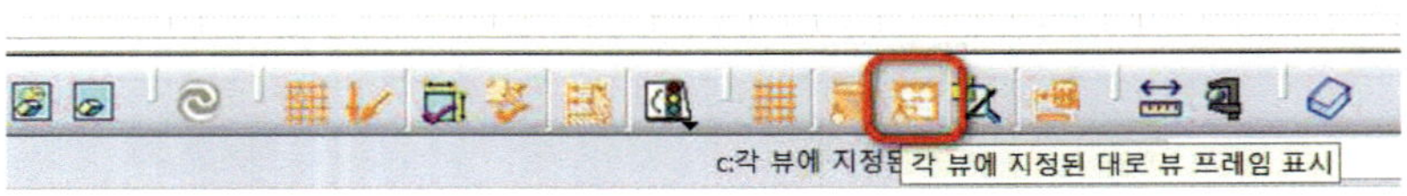

ⓑ 다음의 그림처럼 뷰 프레임이 숨겨진다.

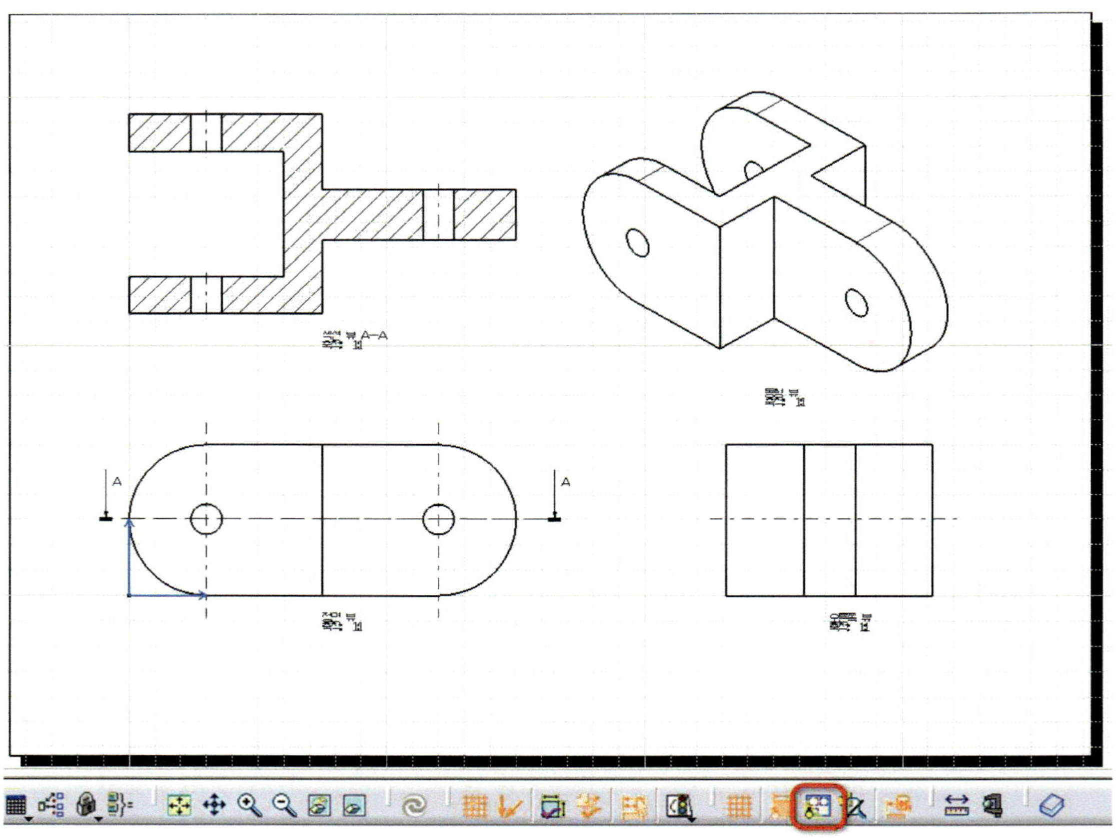

ⓒ 각 뷰 프레임의 타이틀을 선택하고 숨기기 아이콘( ) 클릭한다.

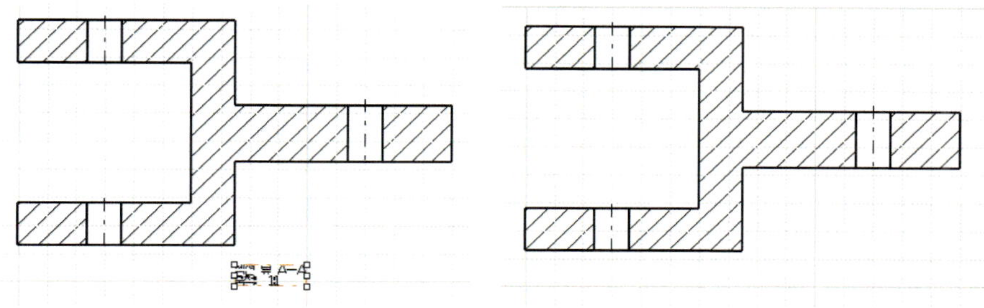

ⓓ 다음의 그림처럼 정리한다.

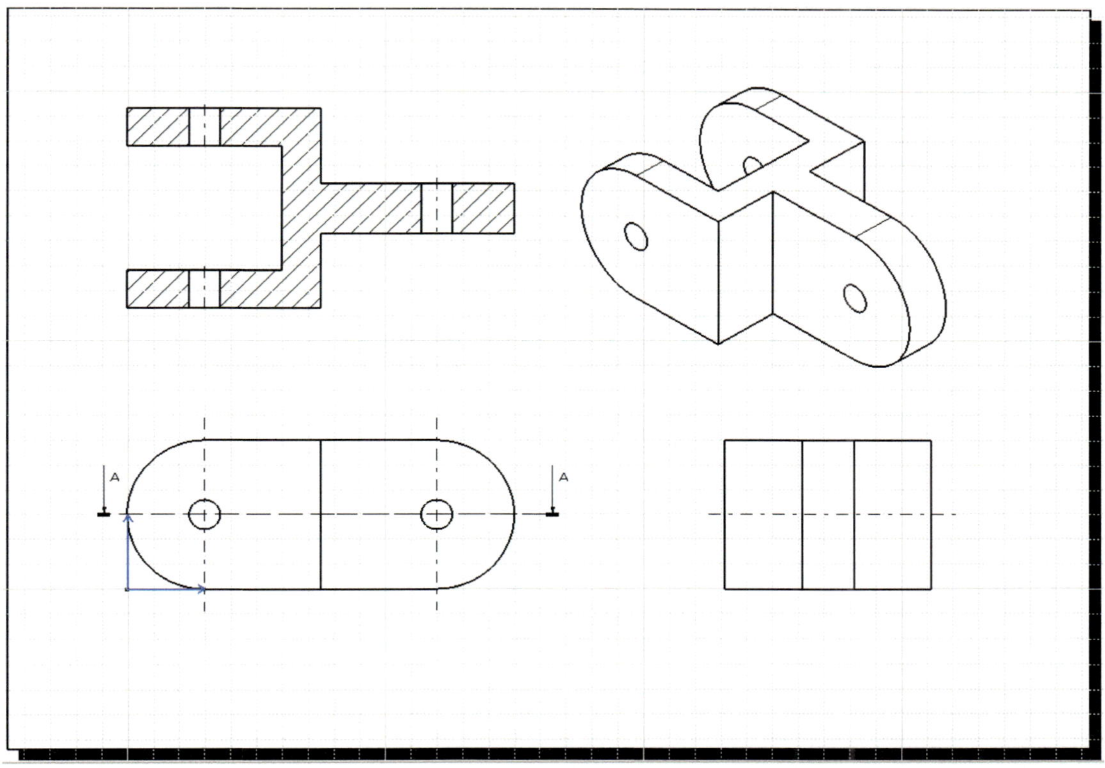

⑩ 선형 치수 기입

ⓐ 치수 아이콘을 클릭한다.

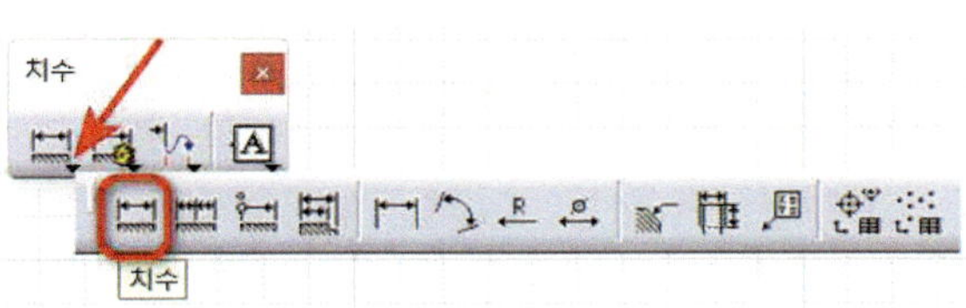

ⓑ 다음의 그림처럼 하나의 선을 선택하여 치수를 입력한다.

ⓒ 두 개의 선을 선택하여 두 선 사이의 거리를 치수로 입력한다.

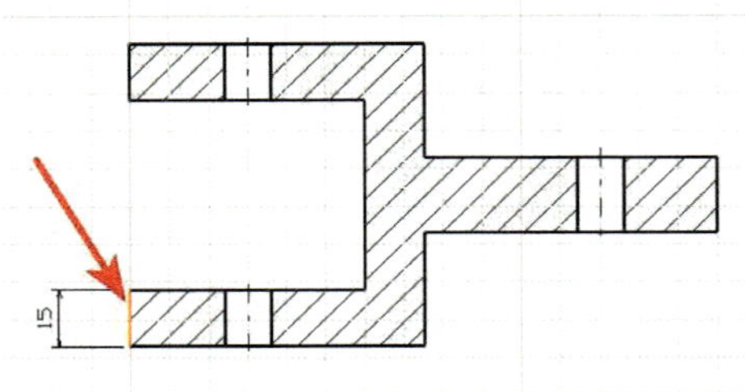

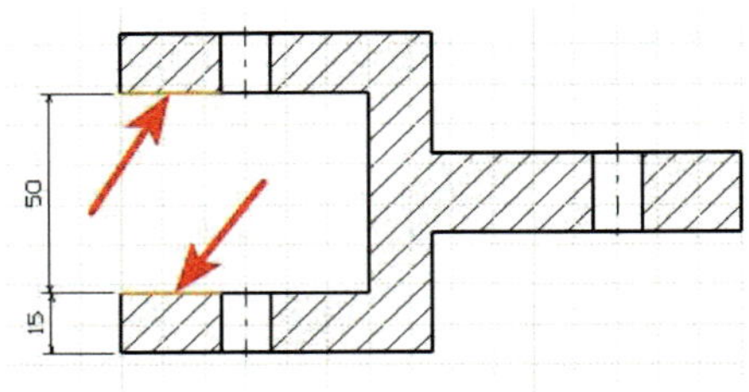

ⓓ 다음의 그림처럼 치수를 입력한다.

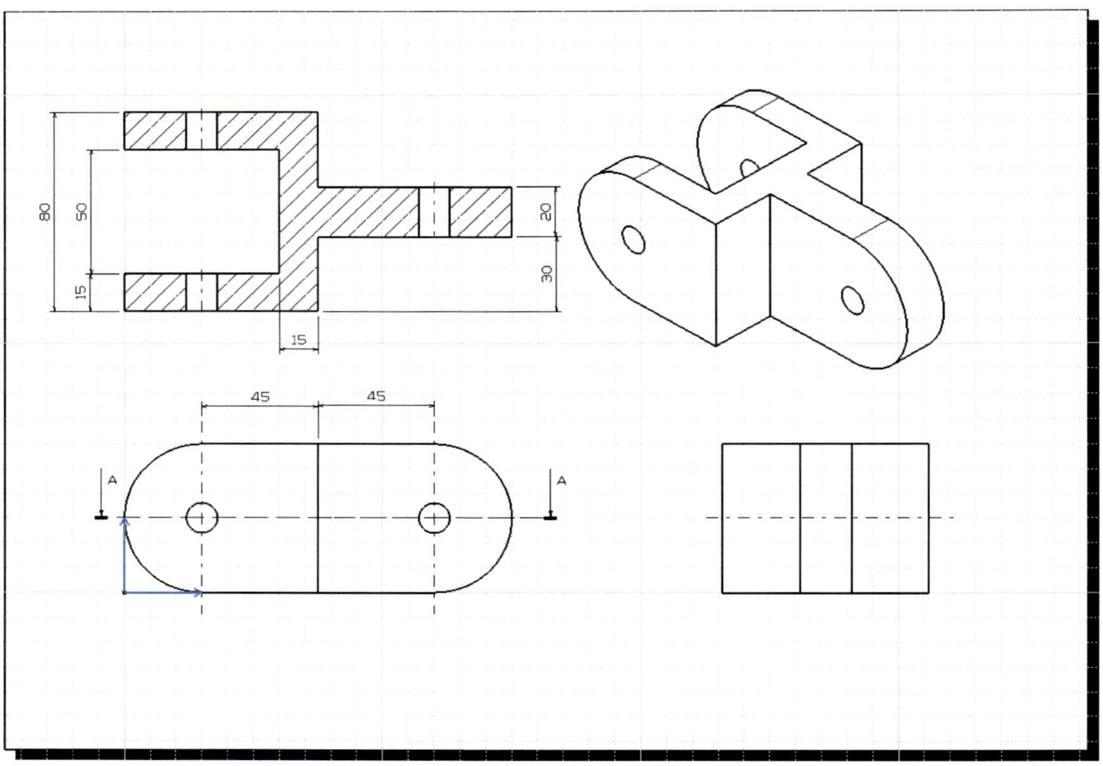

⑪ 반지름 치수 기입

ⓐ 반지름 치수 아이콘을 입력한다.

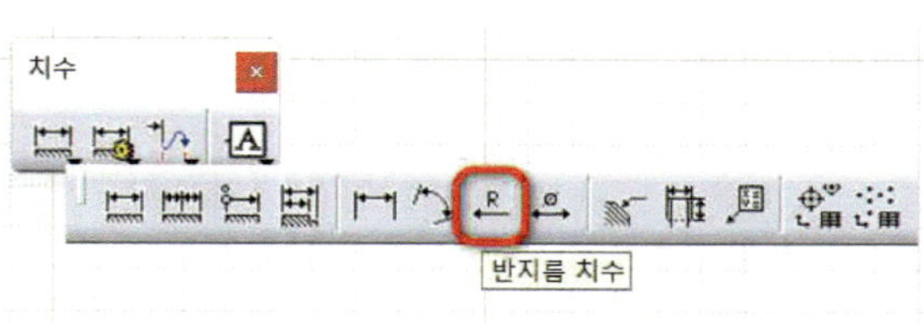

ⓑ 원호를 선택하여 원호의 반지름 치수가 입력한다.

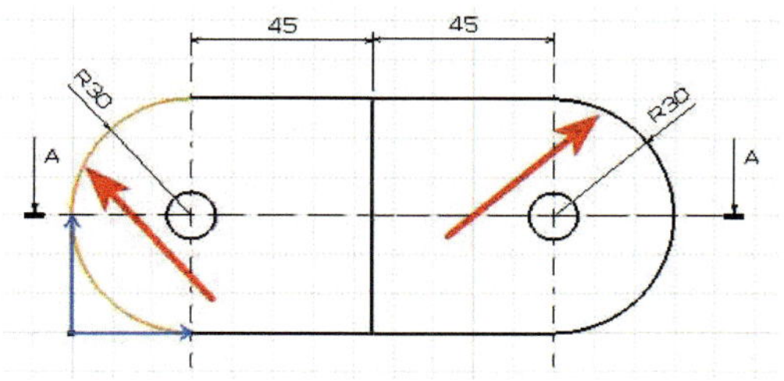

⑫ 지름 치수 기입

ⓐ 지름 치수 아이콘을 입력한다.

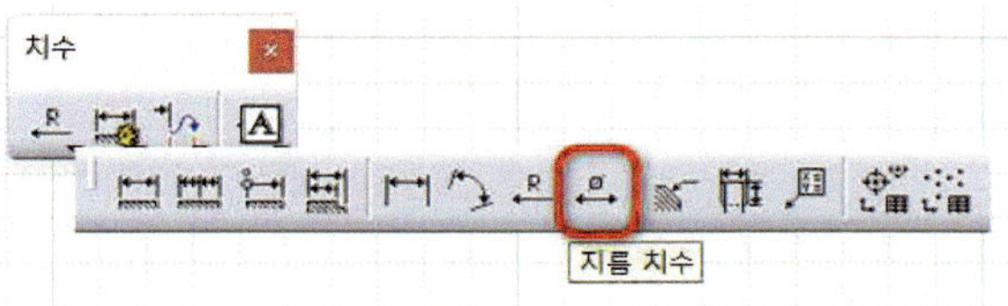

ⓑ 지름 치수가 기입할 원을 클릭한다.

ⓒ 지름 치수가 기입될 위치를 클릭한다.

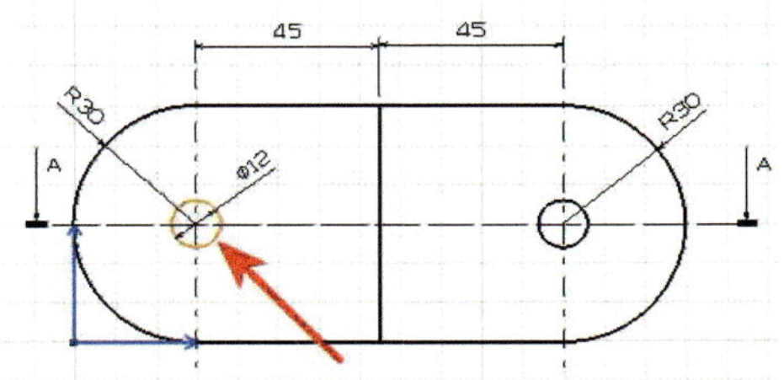

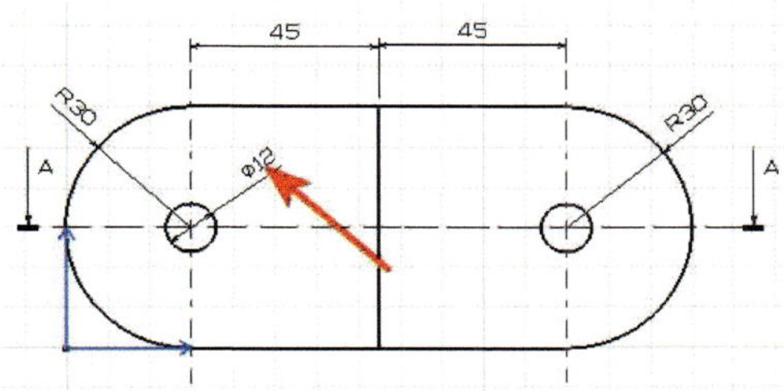

ⓓ 기입된 지름 치수를 선택하고 마우스 우측버튼을 누르면 나타나는 등록정보를 클릭한다.

ⓓ 등록정보 대화상자에서 치수 텍스트를 클릭한다

ⓔ 다음의 그림처럼 기본값 앞에 '2-'를 뒤에는 '드릴'을 입력하고 확인을 클릭한다.

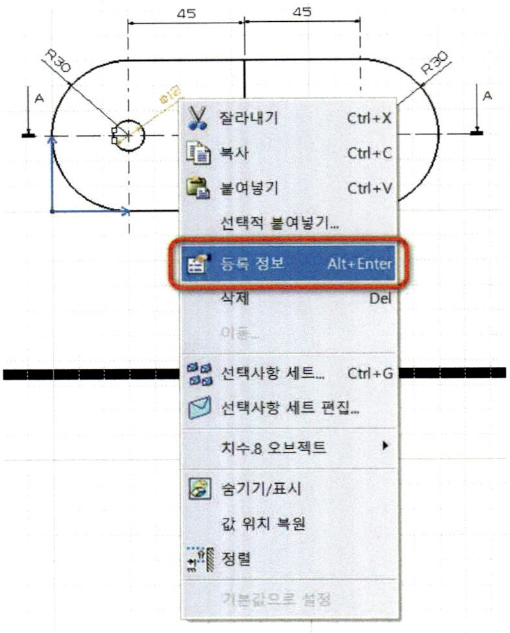

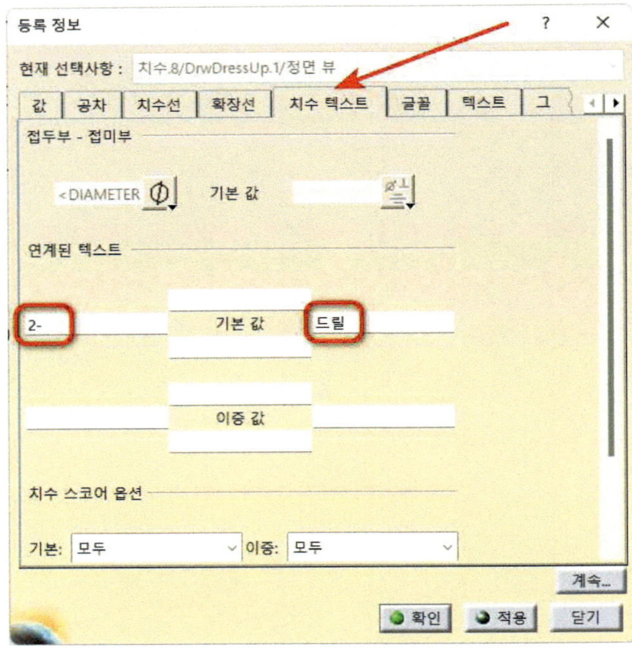

ⓕ 지름 치수가 '2-⌀12드릴'이 기입된다.

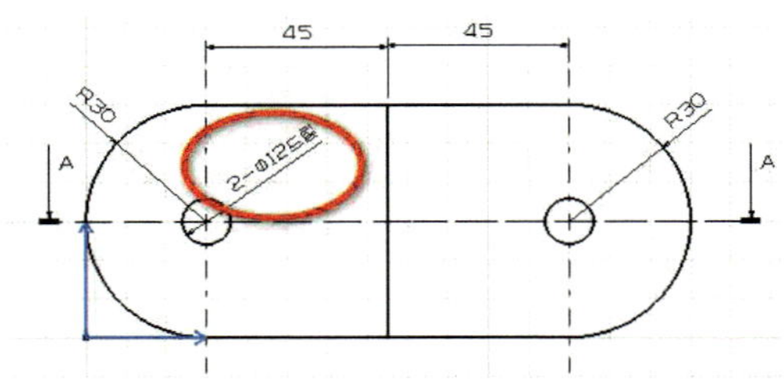

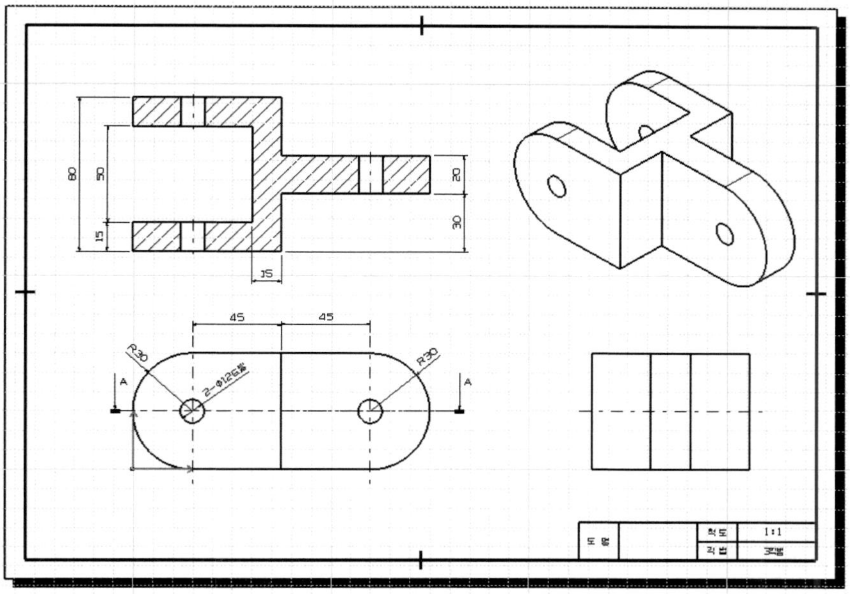
80
50
15
20
30
15
45
45
R30
2-Φ12드릴
R30
A
A
척도
1:1
각법
3각법

CHATER

V

Training drawing

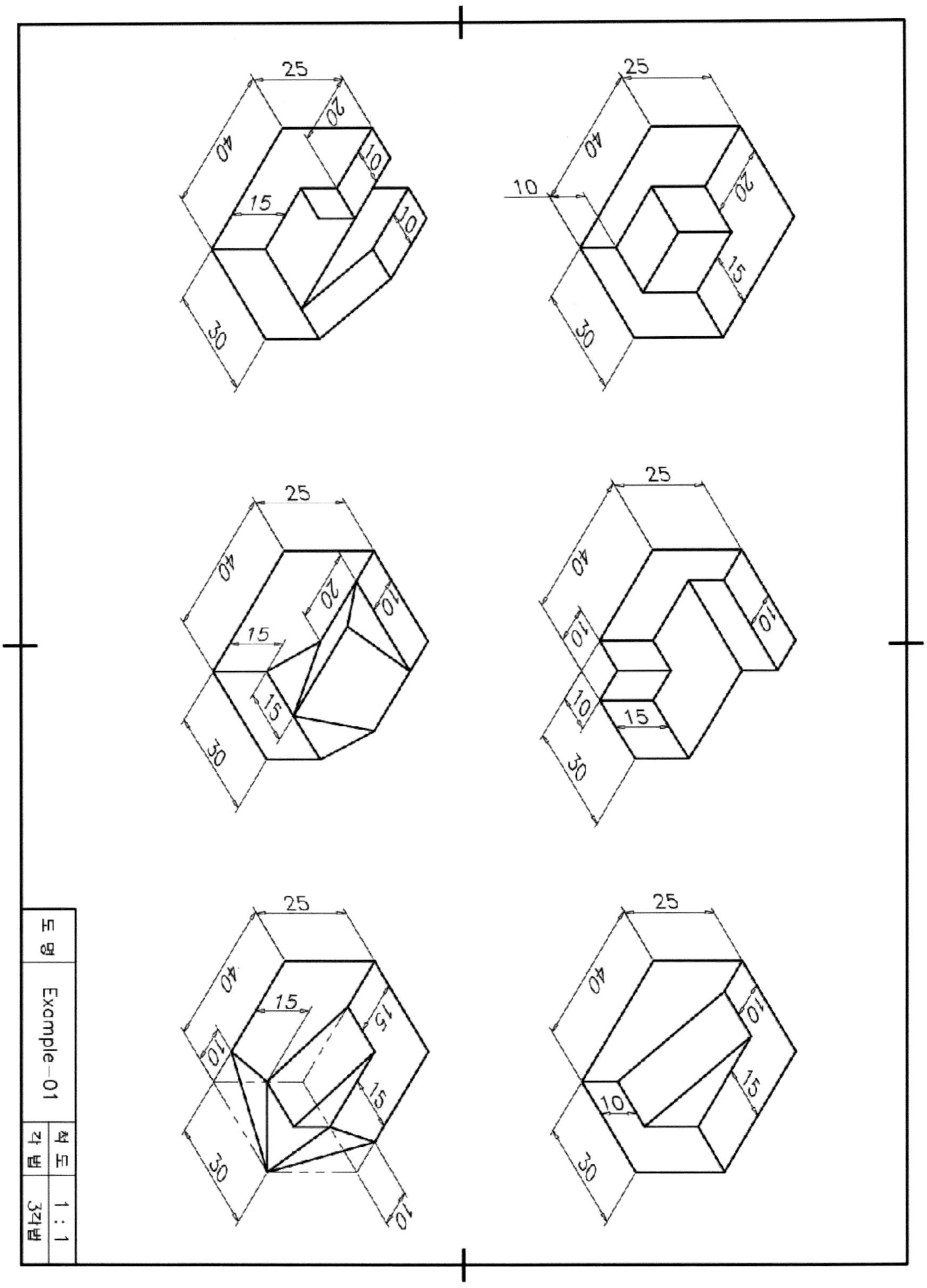
도 명
Example-01
척 도
1 : 1
각 법
3각법

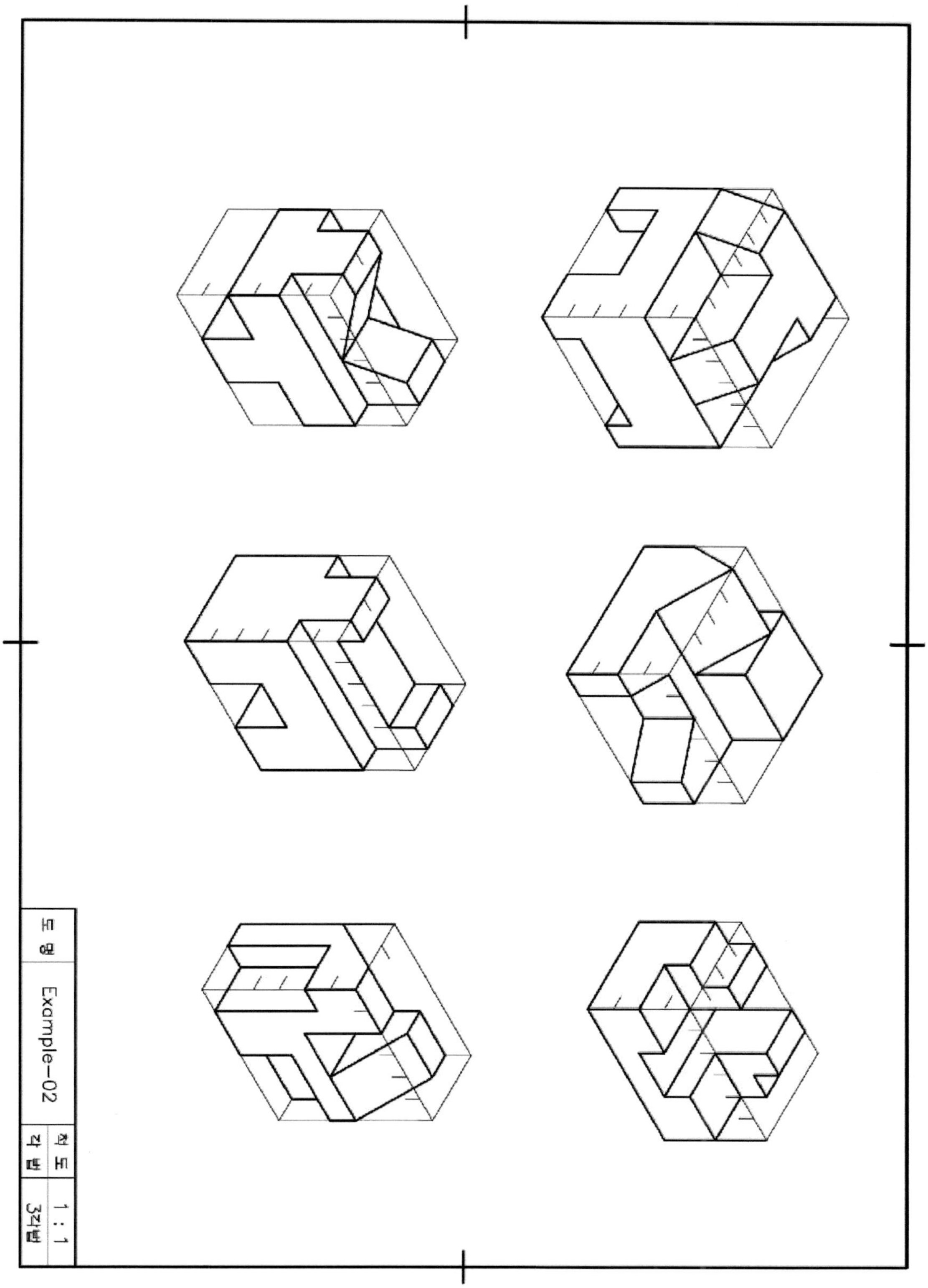
도 명
Example-02
척 도
1 : 1
각 법
3각법

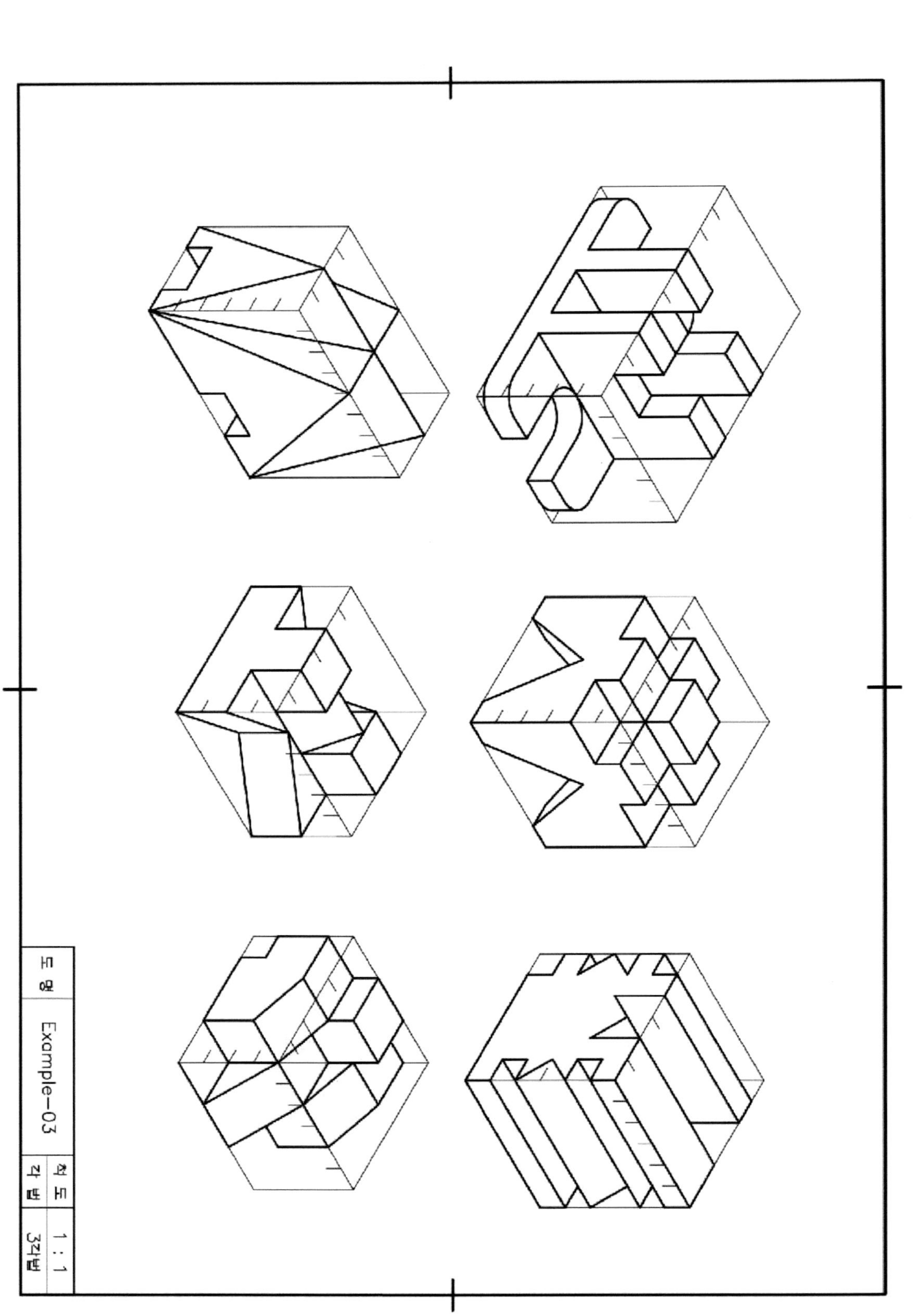
도명
Example-03
척도
1 : 1
각법
3각법

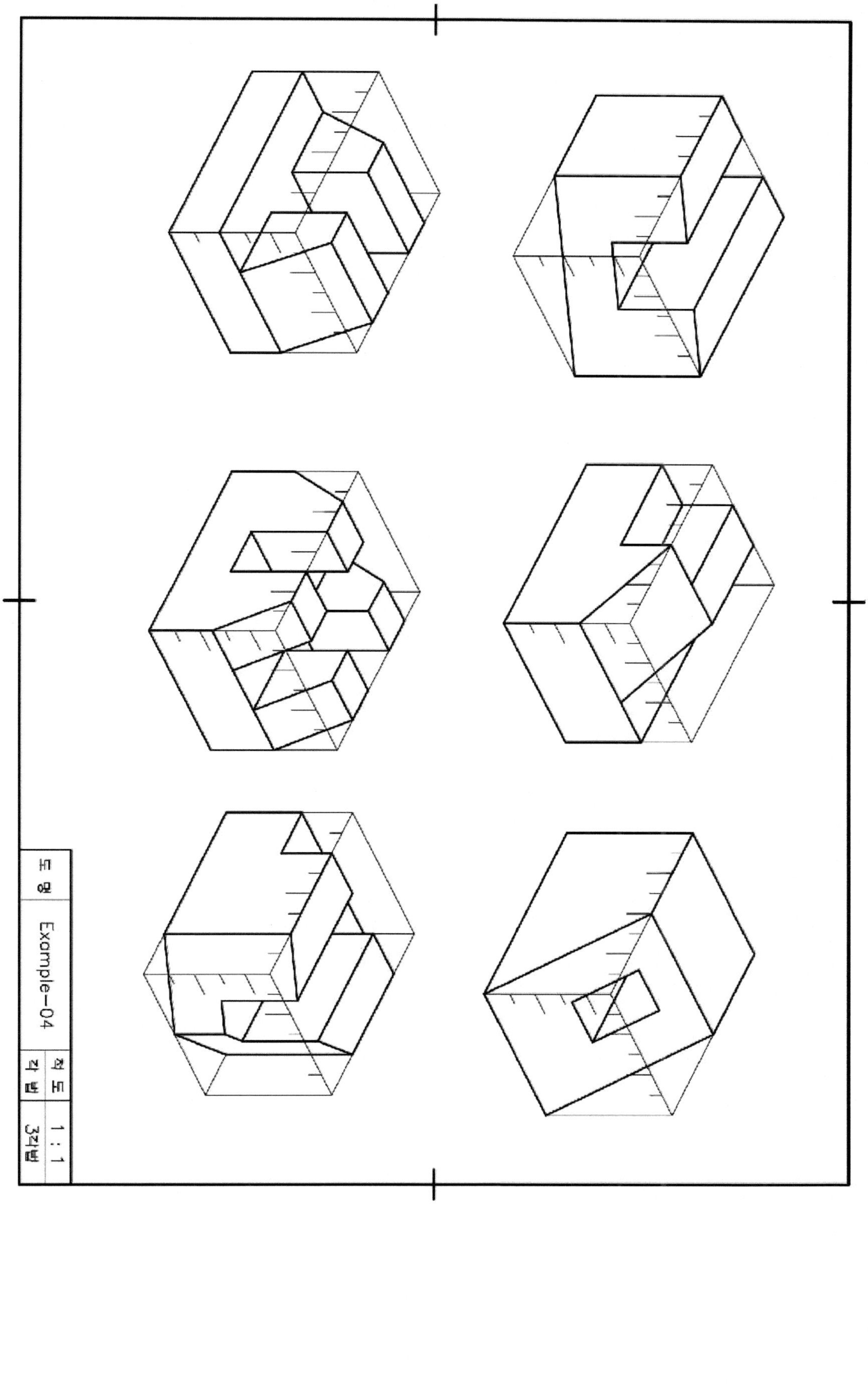
도 명
Example-04
척 도
1 : 1
각 법
3각법

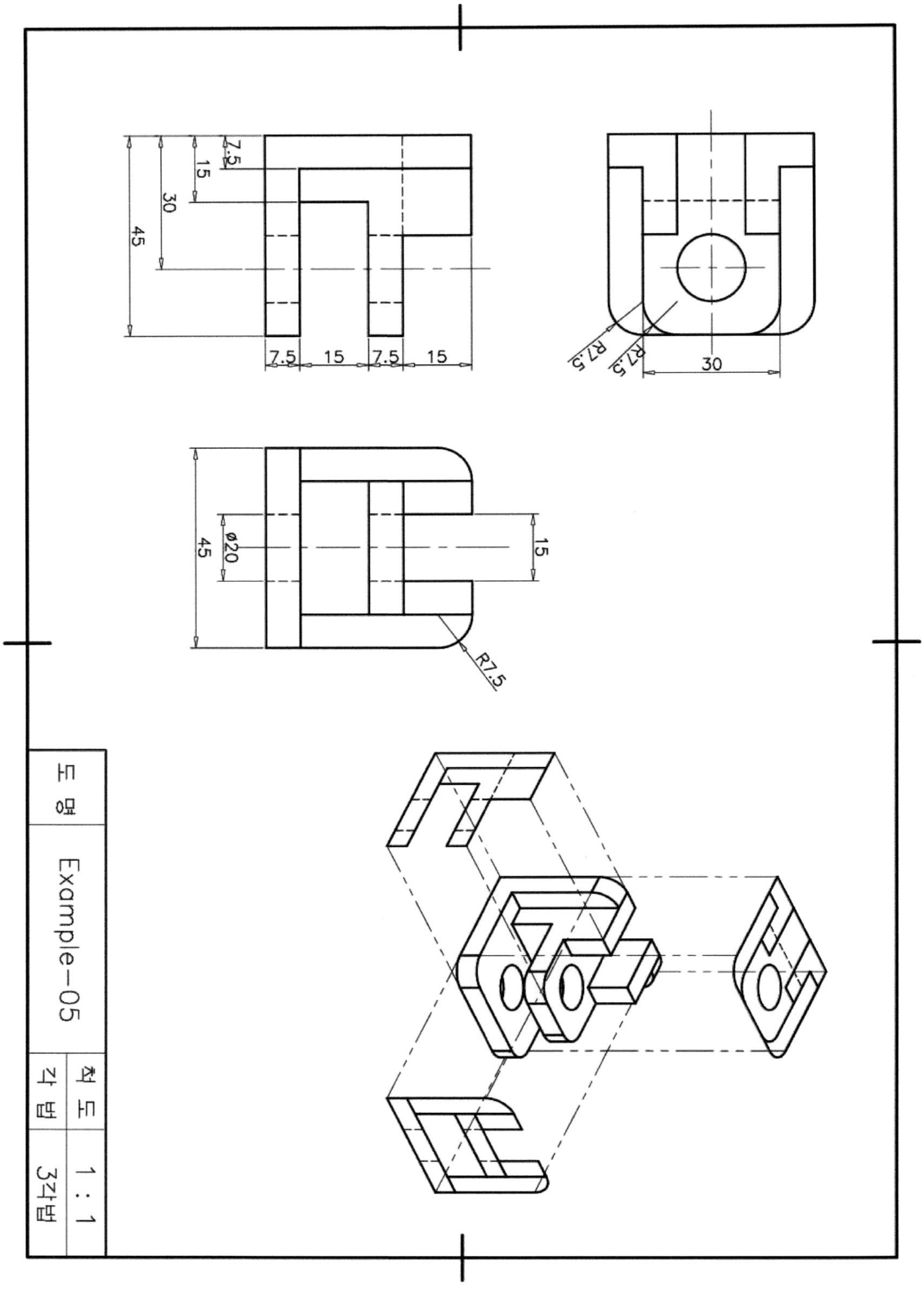

도 명
Example-05
척 도
1 : 1
각 법
3각법
7.5
15
30
45
7.5
15
7.5
15
R7.5
R7.5
30
45
ø20
15
R7.5

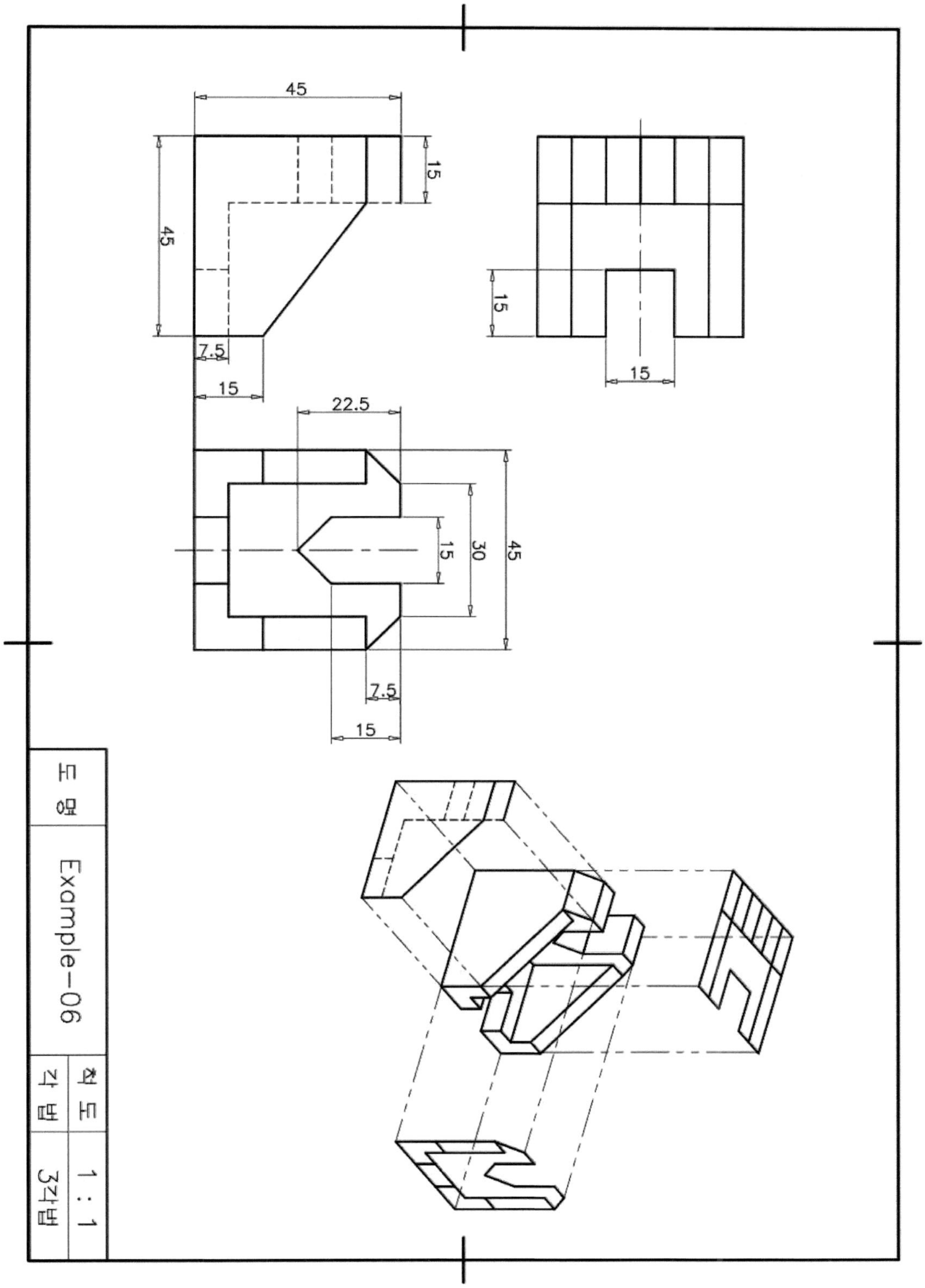
45
45
15
7.5
15
15
15
22.5
15
30
45
7.5
15
도 명
Example-06
척 도
1 : 1
각 법
3각법

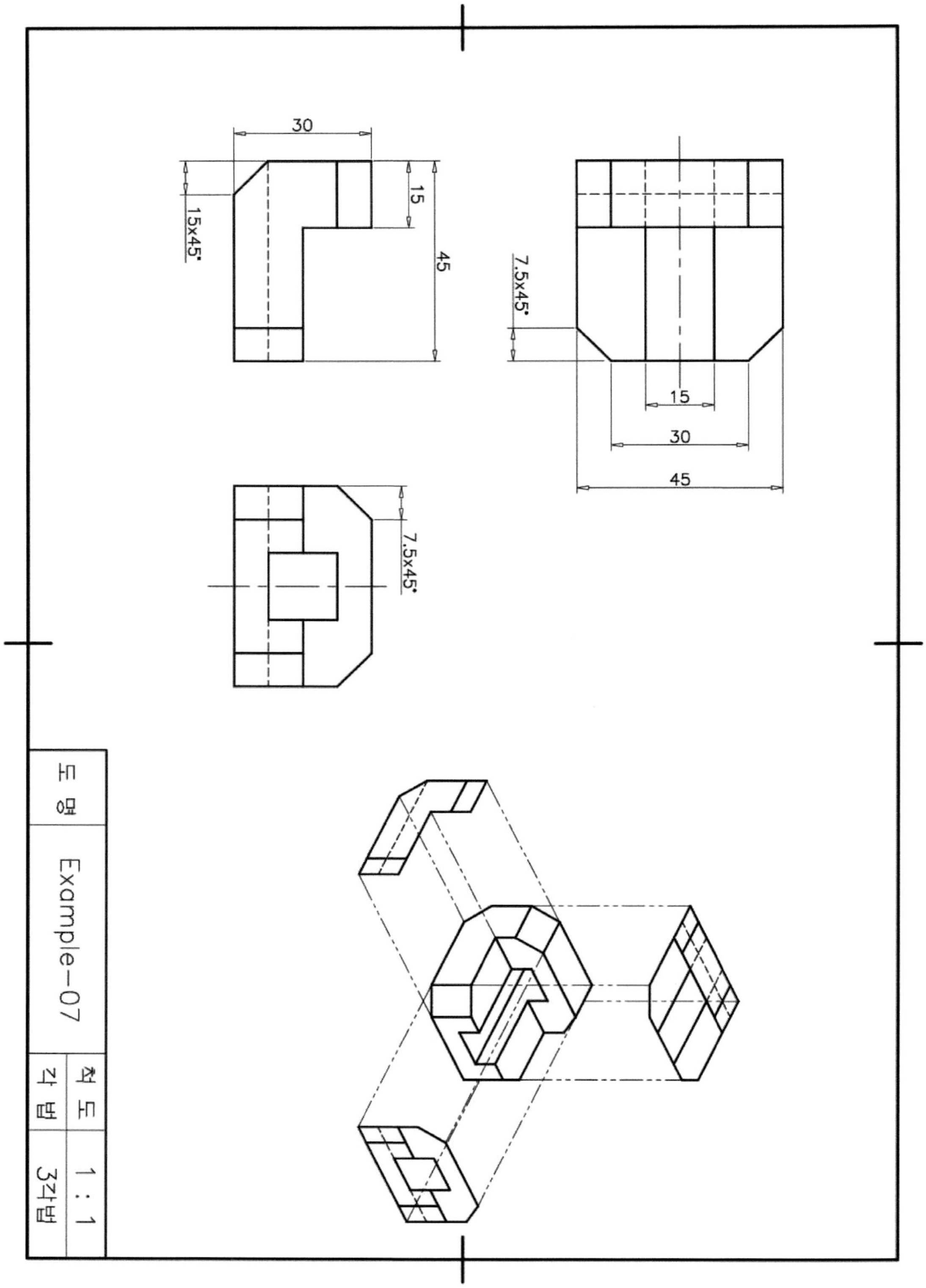
30
15
45
15x45°
7.5x45°
15
30
45
7.5x45°
도 명
Example-07
척 도
1 : 1
각 법
3각법

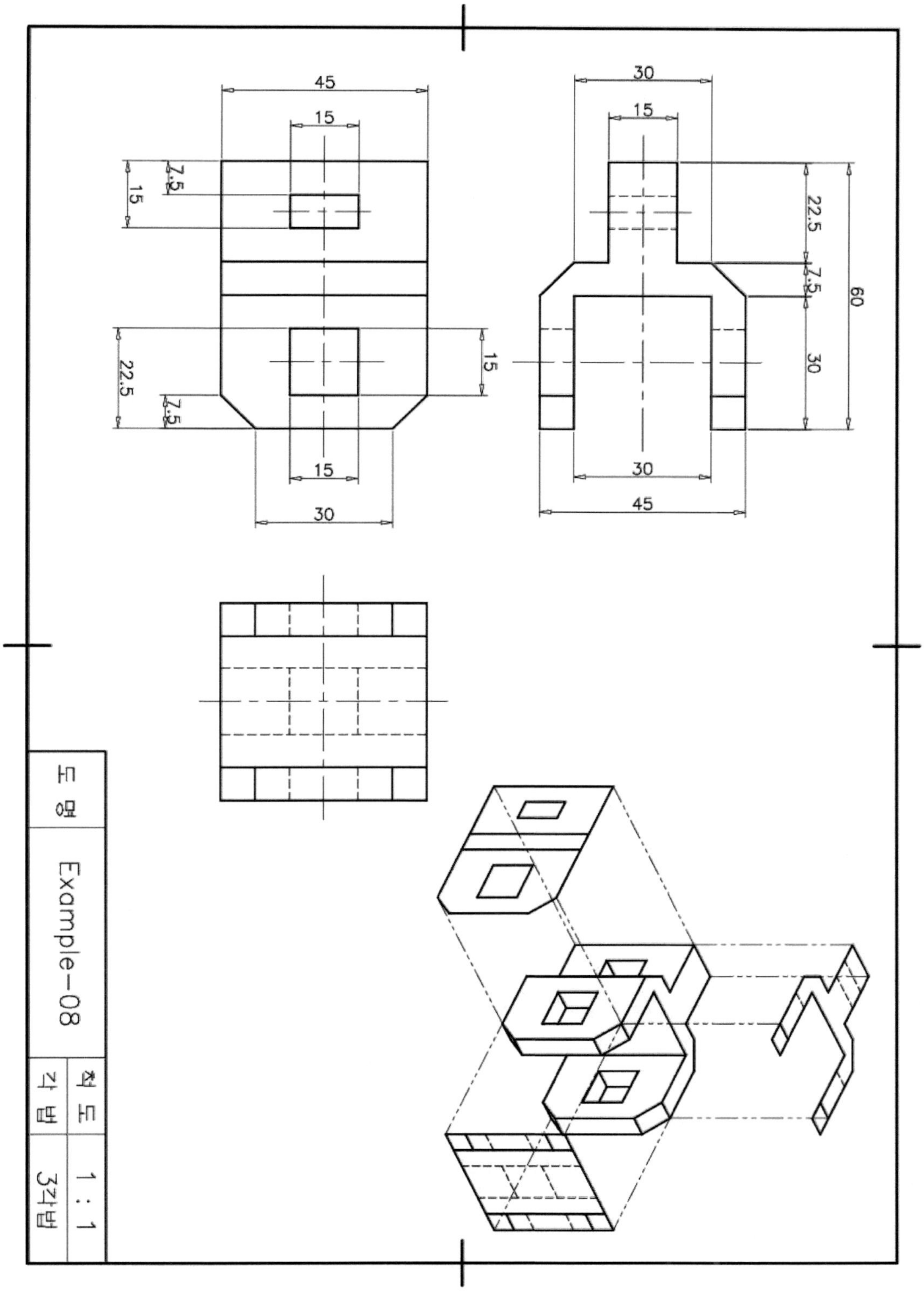
도명
Example-08
척도
1 : 1
각법
3각법
45
15
7.5
15
22.5
7.5
15
15
30
30
15
22.5
7.5
60
30
30
45

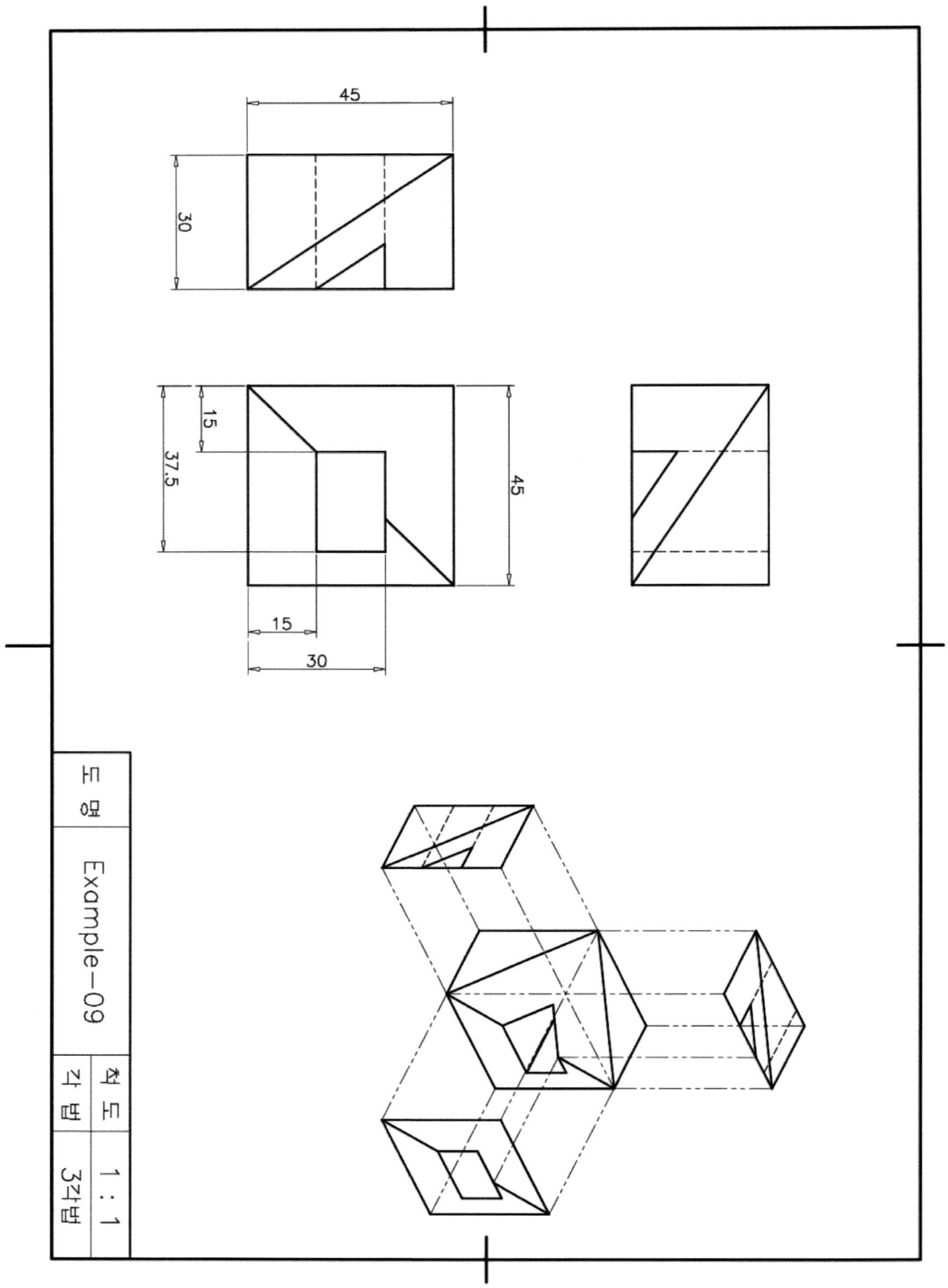
45
30
15
37.5
45
15
30
도 명
Example-09
척 도
1 : 1
각 법
3각법

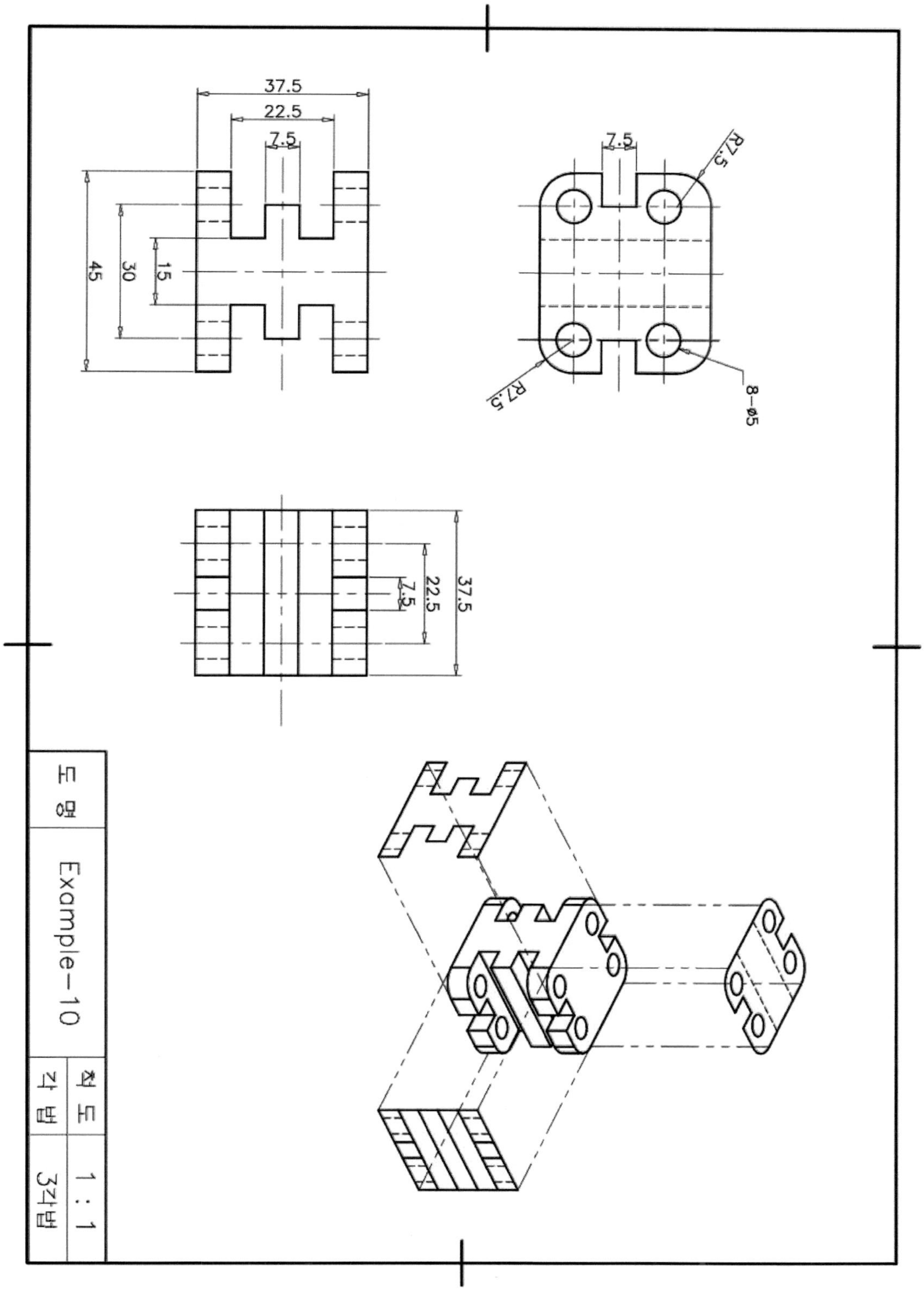
37.5
22.5
7.5
45
30
15
7.5
R7.5
R7.5
8-ø5
37.5
22.5
7.5
도 명
Example-10
척 도
1 : 1
각 법
3각법

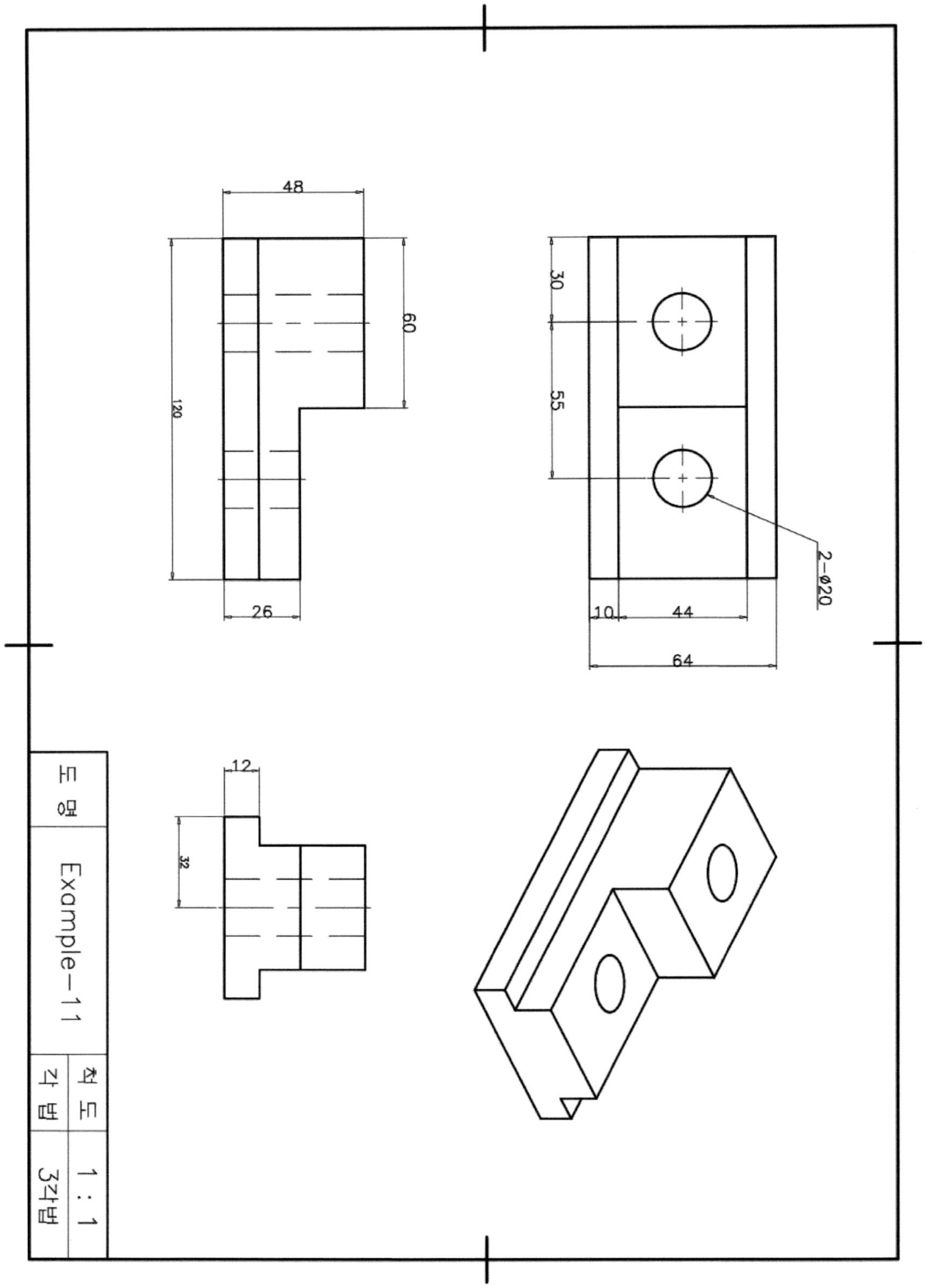
48
60
120
26
30
55
2-Ø20
10
44
64
12
32
도 명
Example-11
척 도
1 : 1
각 법
3각법

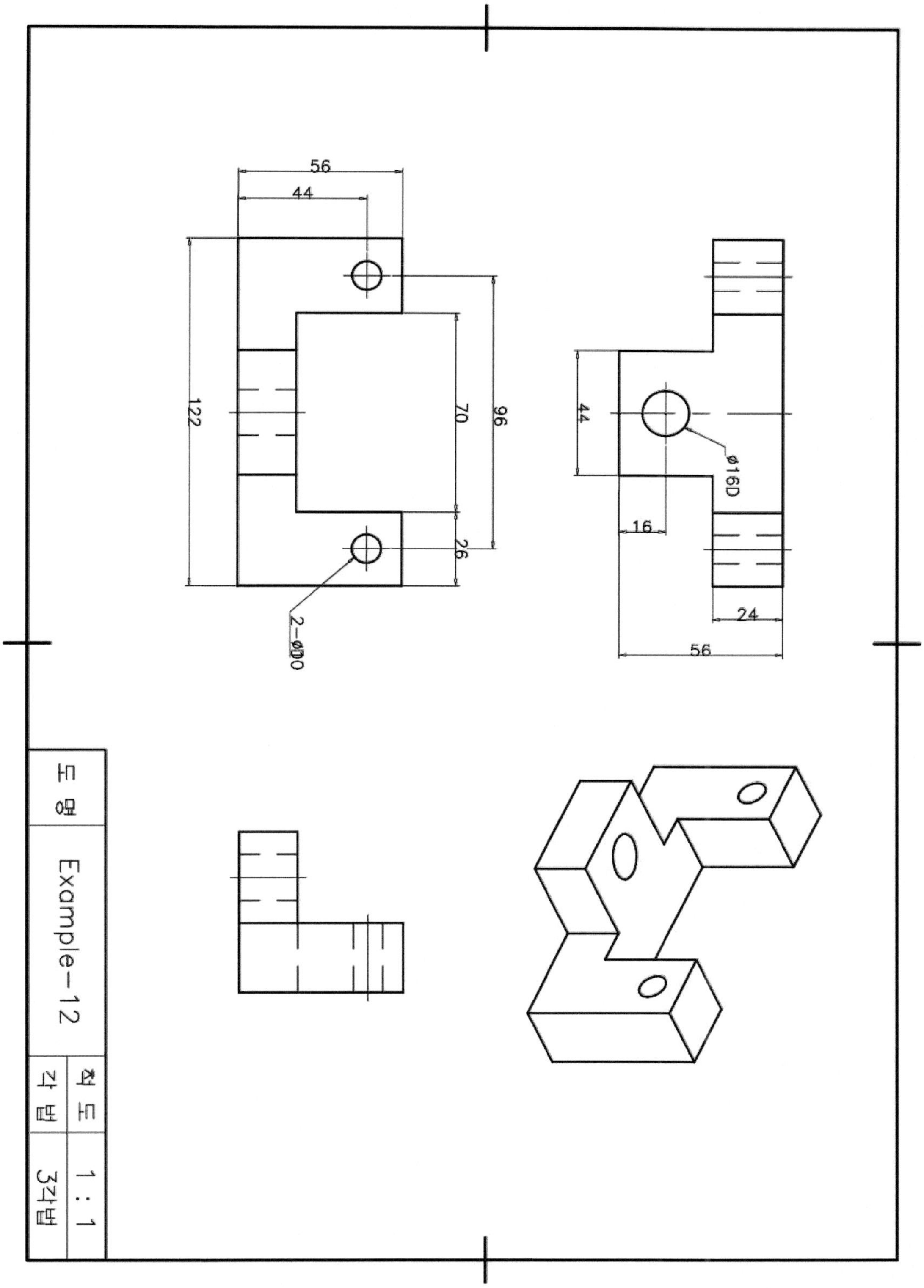
56
44
122
70
96
26
2-∅10
44
∅16D
16
24
56
도 명
Example-12
척 도
1 : 1
각 법
3각법

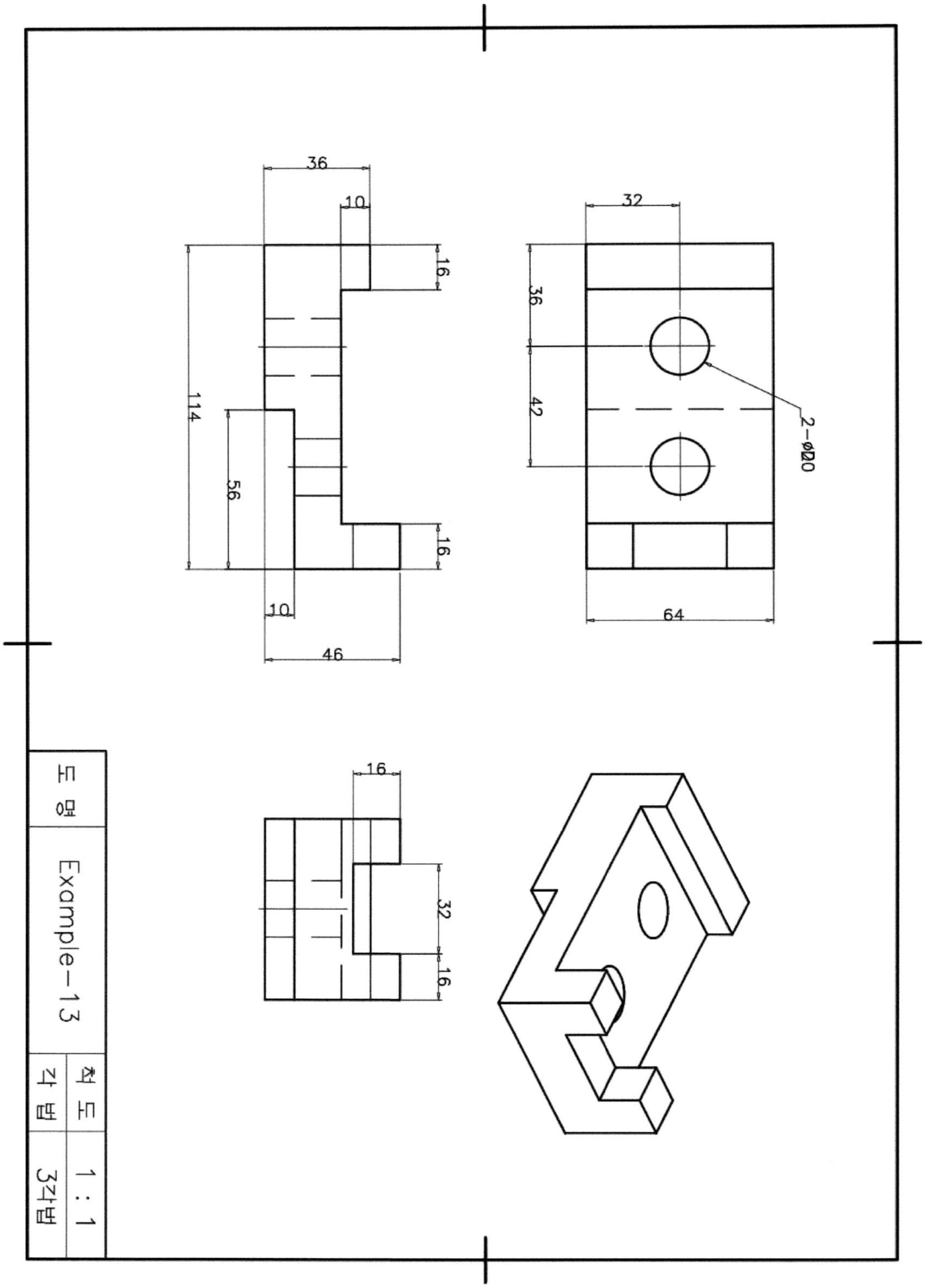
36
10
16
114
56
16
10
46
32
36
42
2-Ø20
64
16
32
16
도 명
Example-13
척 도
1 : 1
각 법
3각법

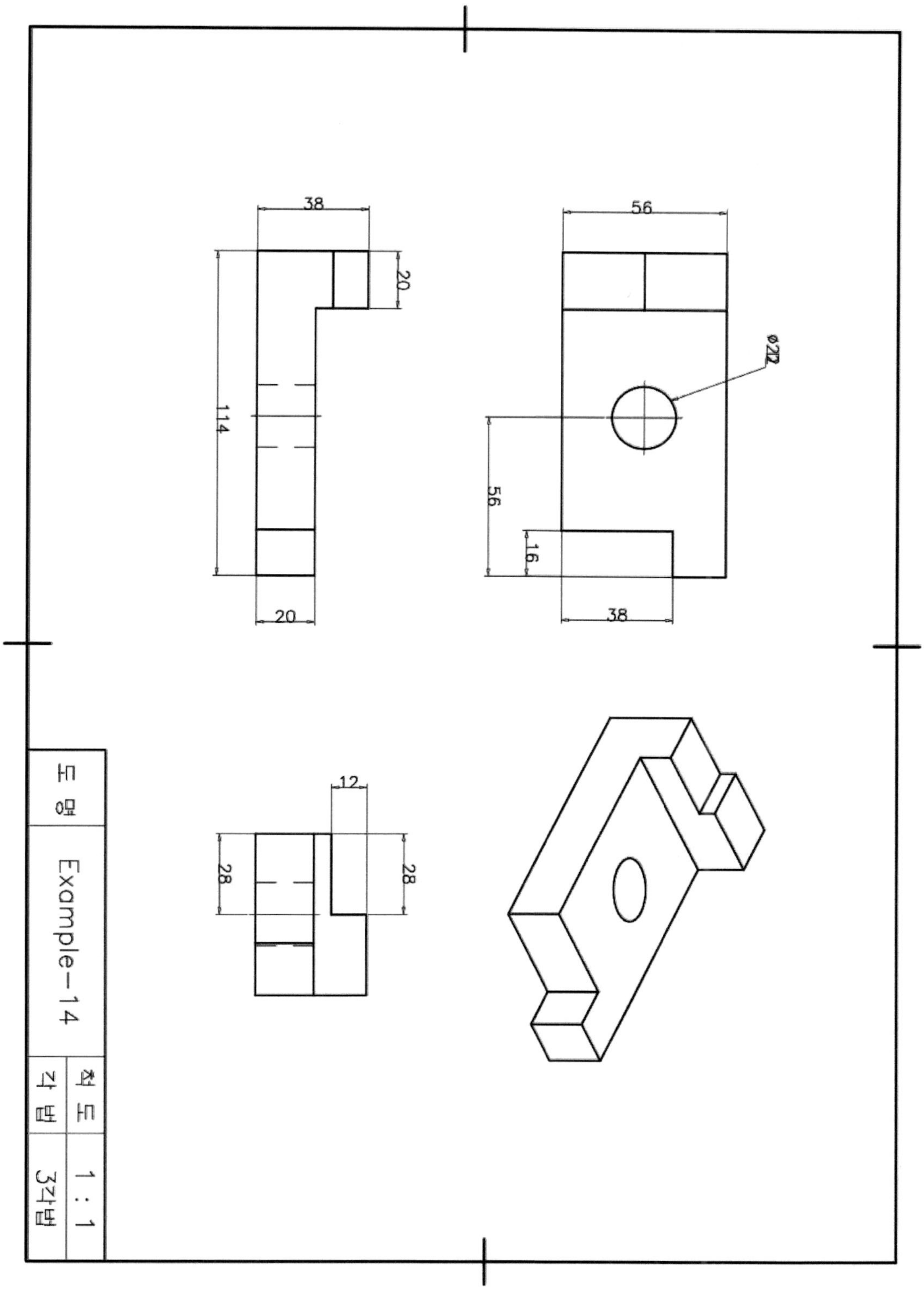
도 명
Example-14
척 도
1 : 1
각 법
3각법
38
20
114
20
56
Ø22
56
16
38
12
28
28

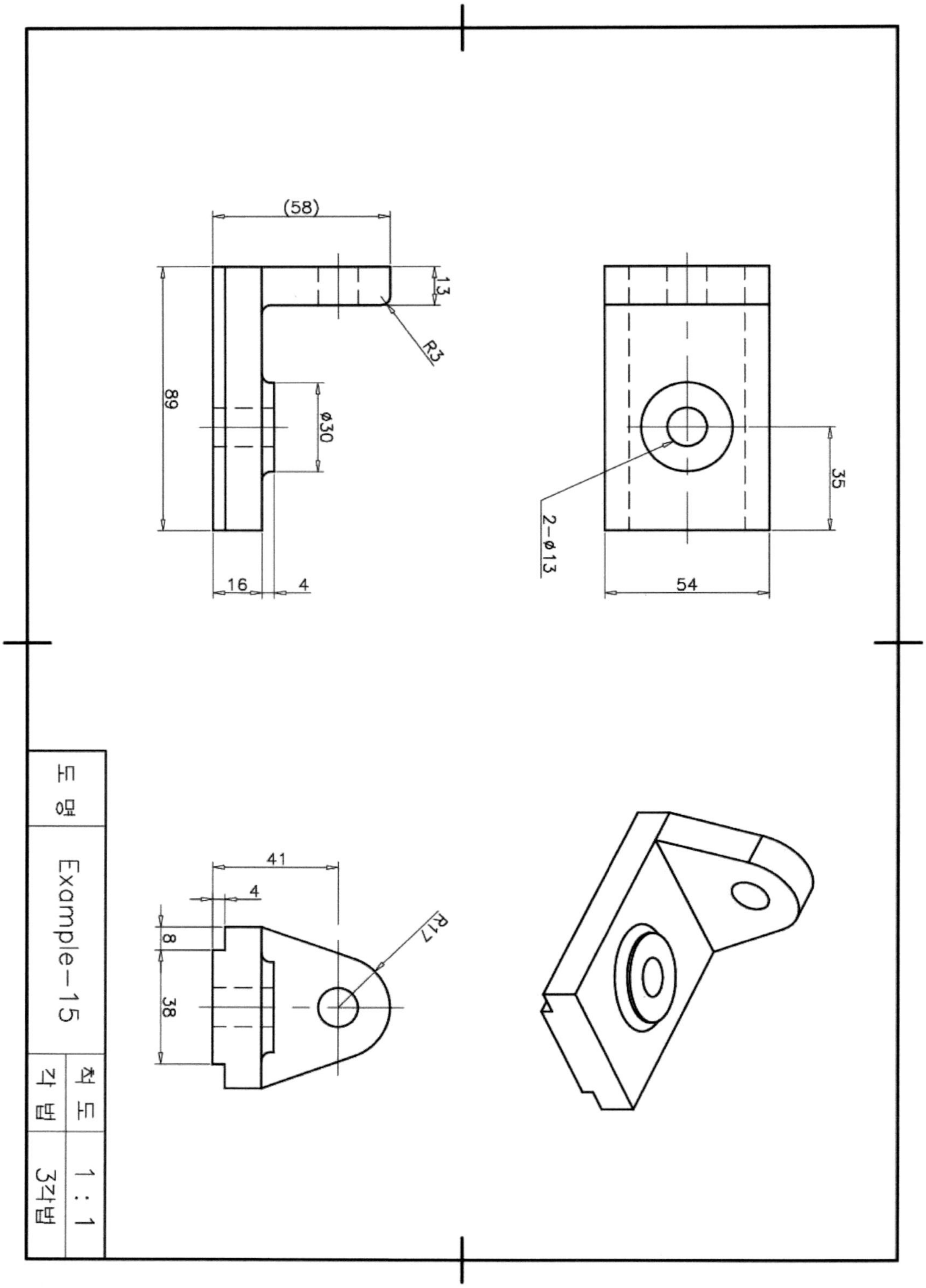
(58)
13
R3
89
ø30
16
4
35
2-ø13
54
41
4
R17
8
38
도 명
Example-15
척 도
1 : 1
각 법
3각법

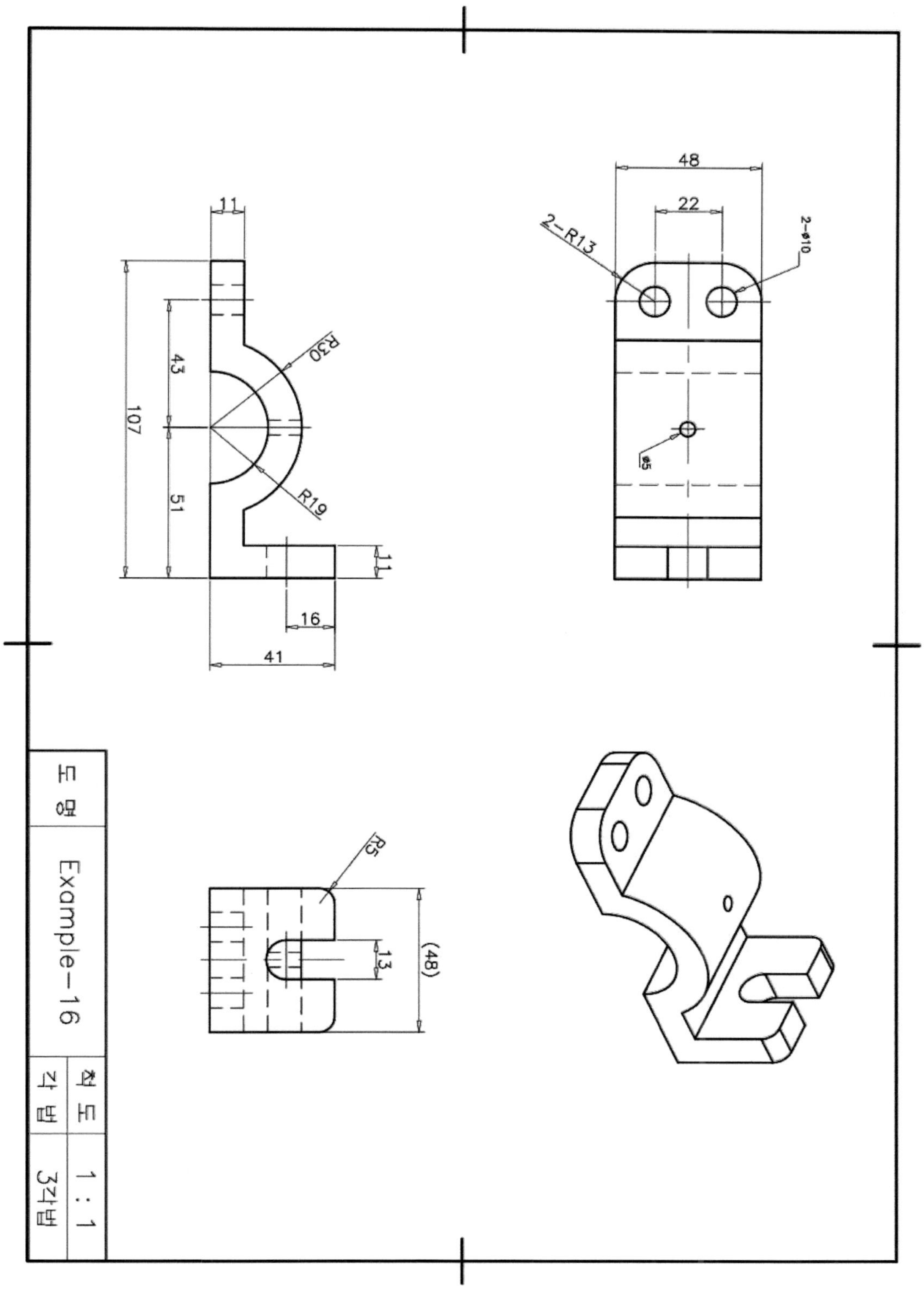
도 명
Example-16
척 도
1 : 1
각 법
3각법
11
107
43
51
R30
R19
16
41
48
22
2-R13
2-φ10
φ5
R5
13
(48)

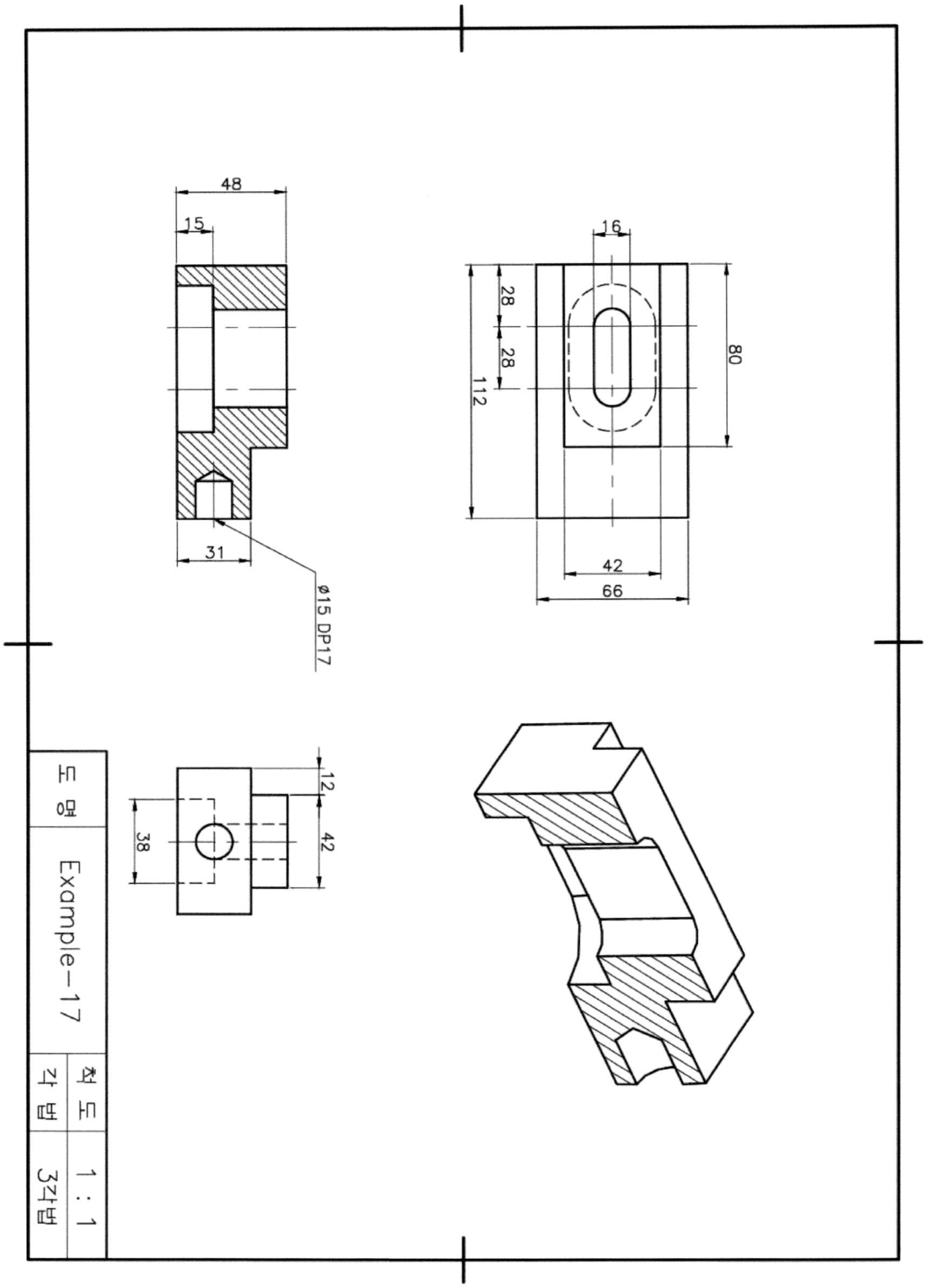
48
15
31
ø15 DP17
16
28
28
112
80
42
66
12
38
42
도 명
Example-17
척 도
1 : 1
각 법
3각법

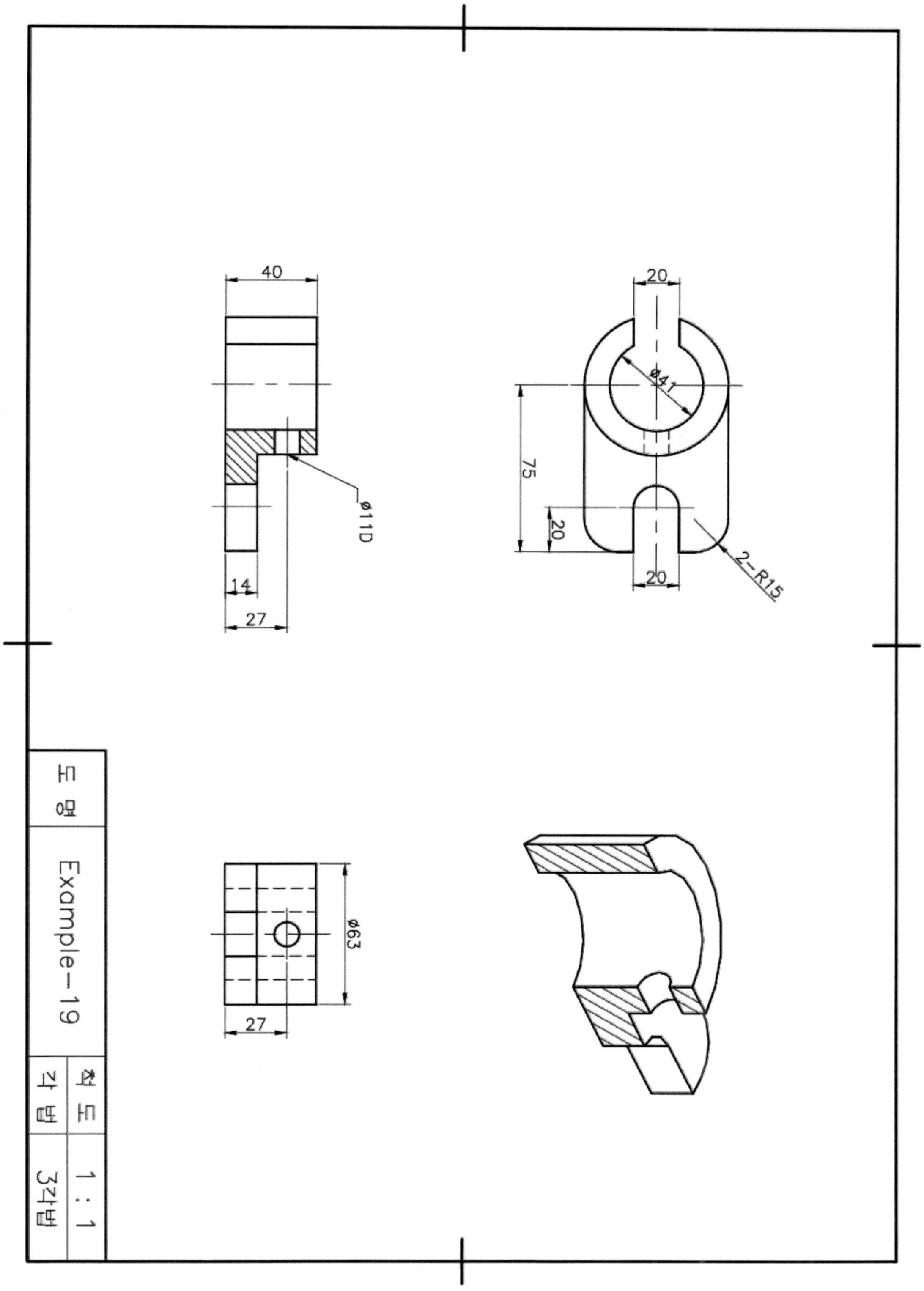
도 명
Example-19
척 도
1 : 1
각 법
3각법
40
14
27
ø11D
20
ø41
75
20
20
2-R15
ø63
27

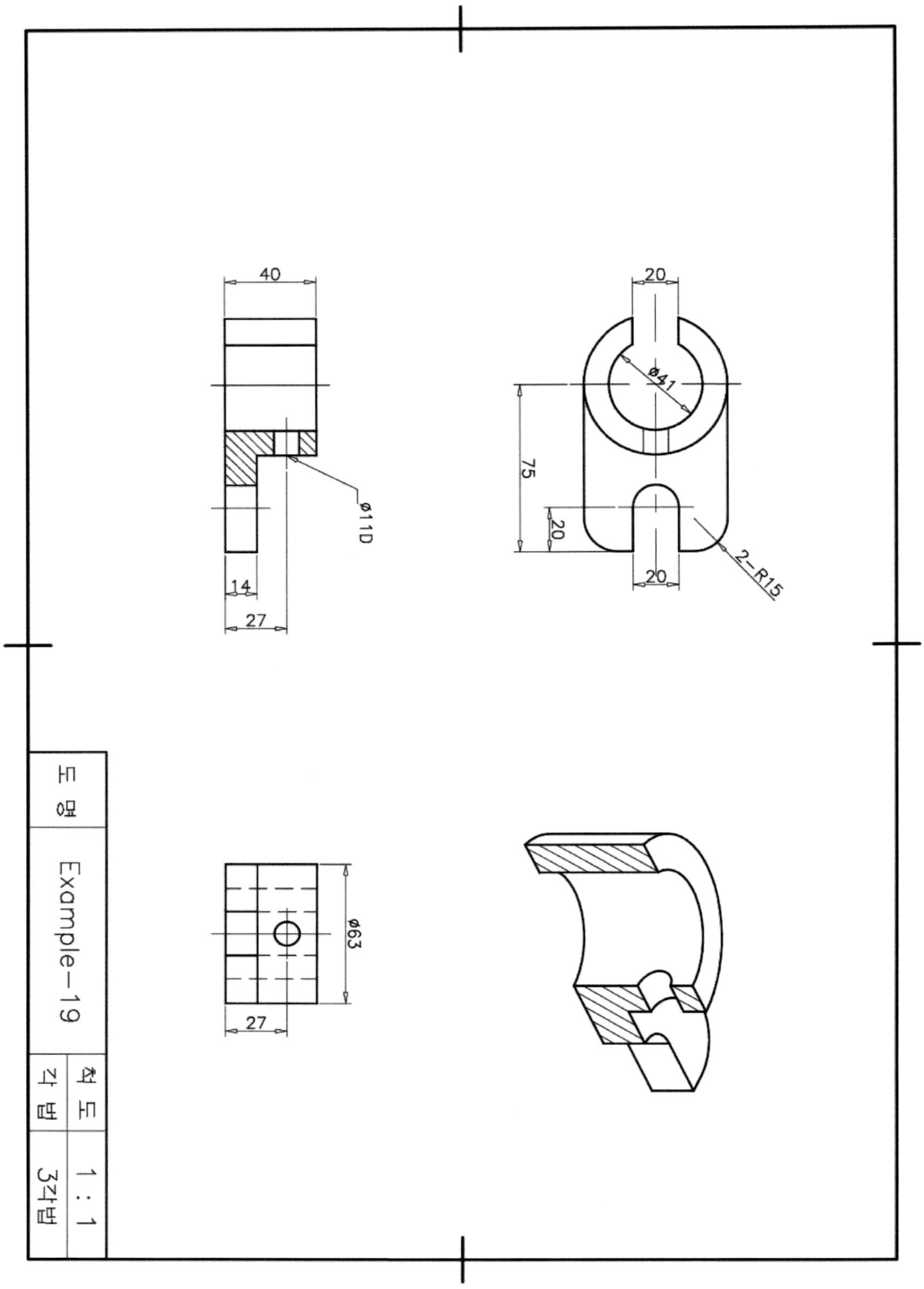
40
20
Ø41
75
20
20
2-R15
Ø11D
14
27
Ø63
27
도 명
Example-19
척 도
1 : 1
각 법
3각법

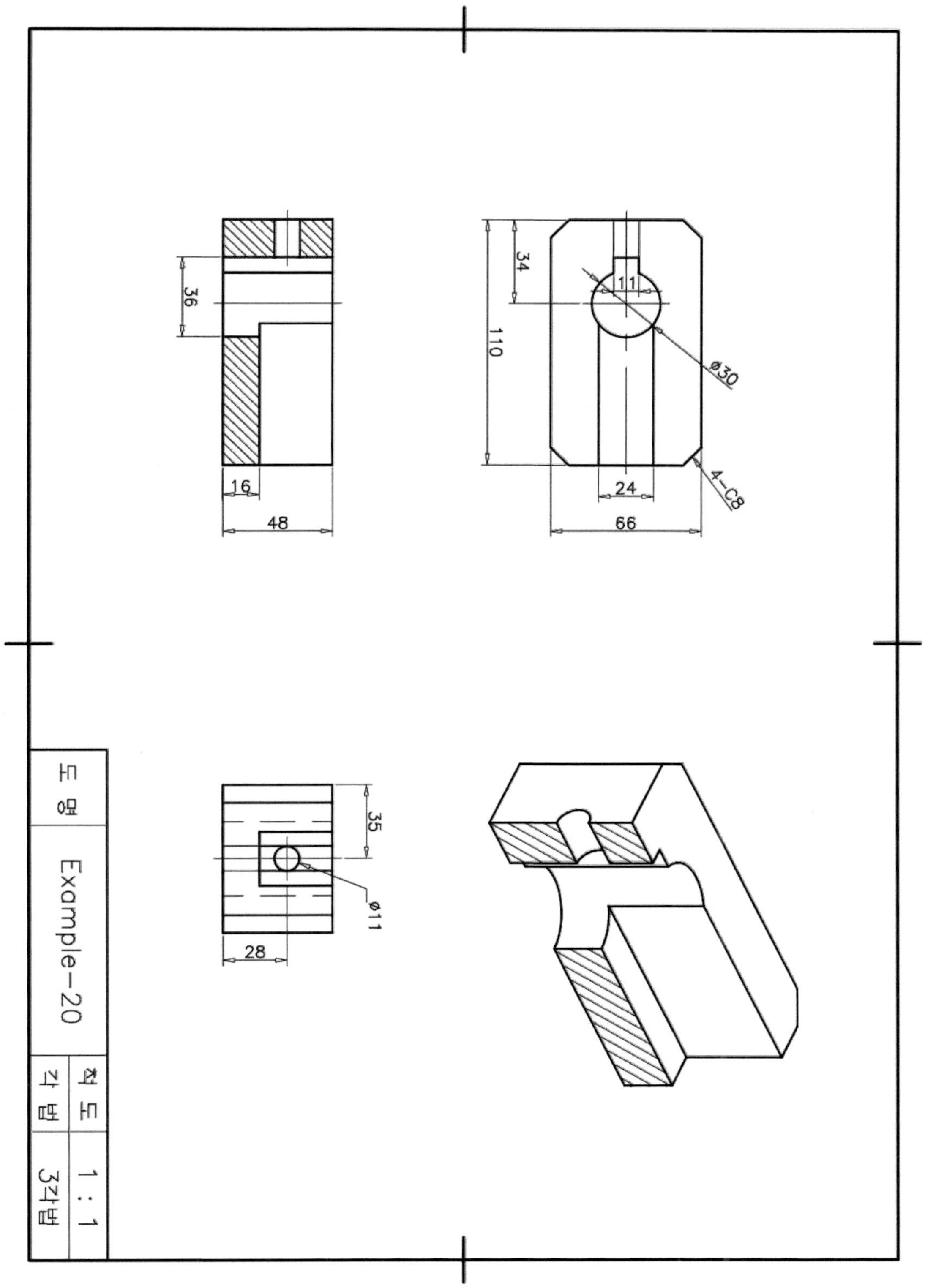

도명
Example-20
척도
1 : 1
각법
3각법
36
16
48
34
110
11
ø30
24
66
4-C8
35
ø11
28

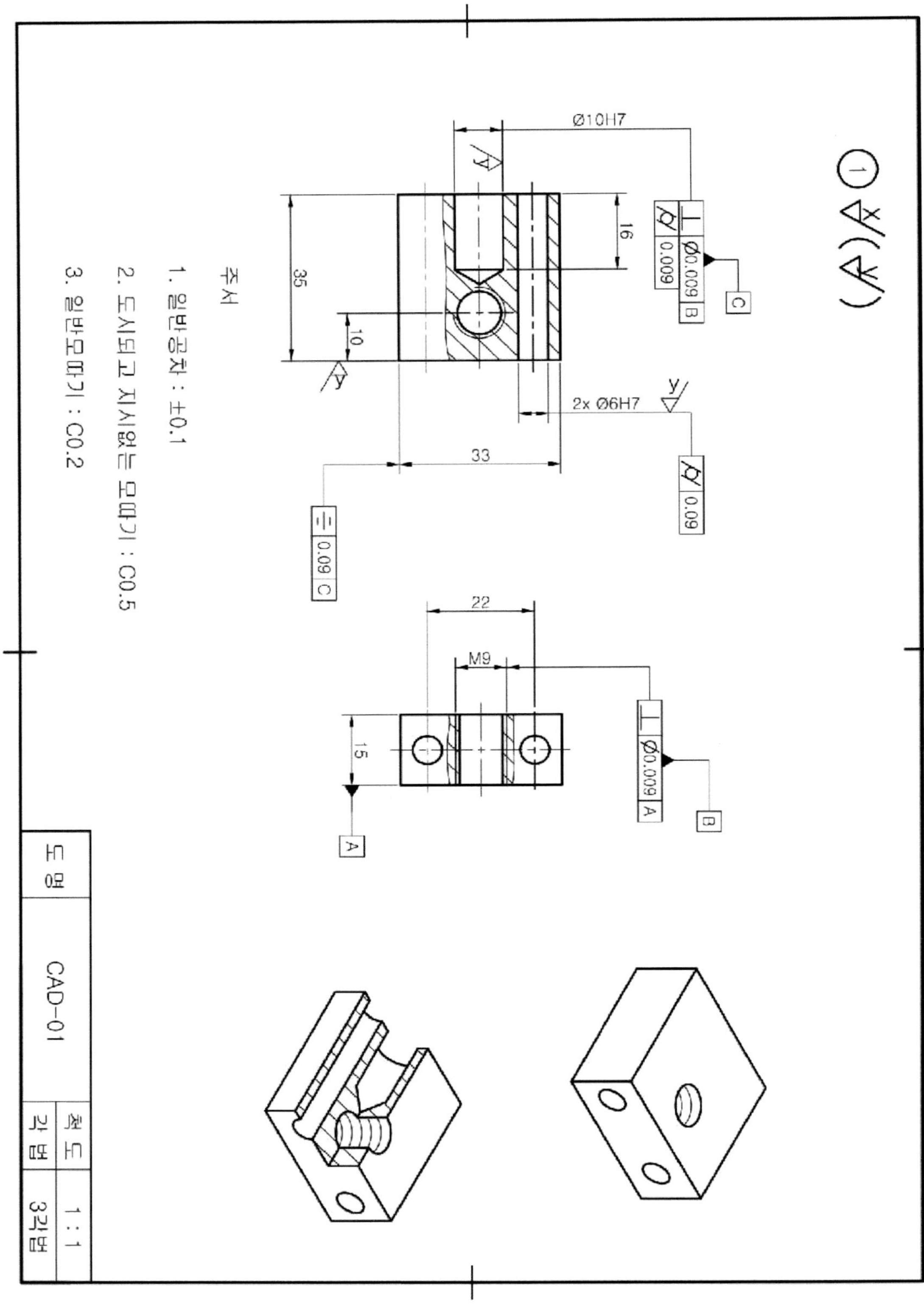
주서
1. 일반공차 : ±0.1
2. 도시되고 지시없는 모따기 : C0.5
3. 일반모따기 : C0.2
Ø10H7
2x Ø6H7
35
16
10
33
22
M9
15
Ø0.009
0.009
0.09
도명
CAD-01
척도
1 : 1
각법
3각법

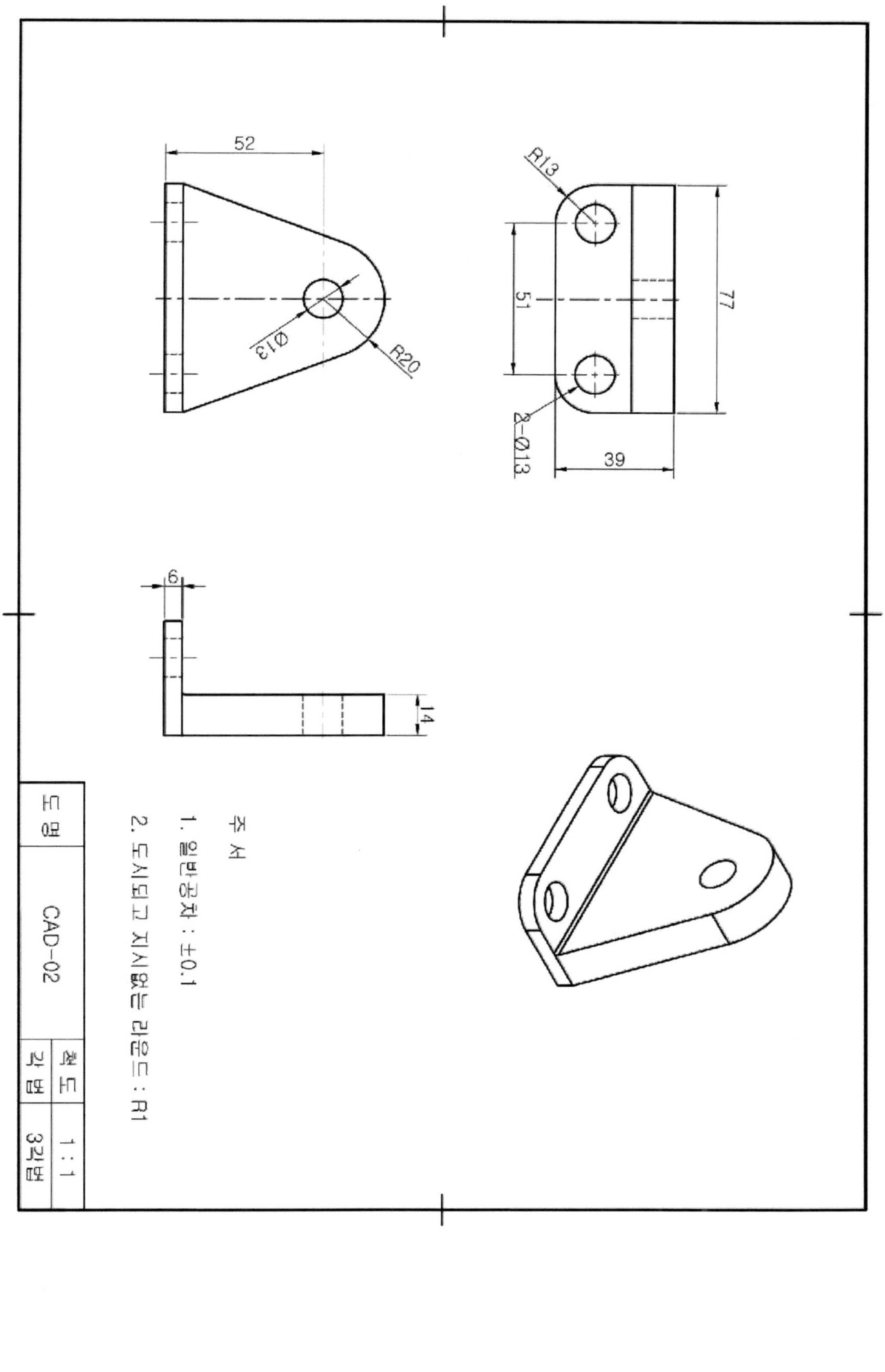
52
R13
Ø13
R20
51
77
2-Ø13
39
6
14
주서
1. 일반공차 : ±0.1
2. 도시되고 지시없는 라운드 : R1
도명
CAD-02
척도
1 : 1
각법
3각법

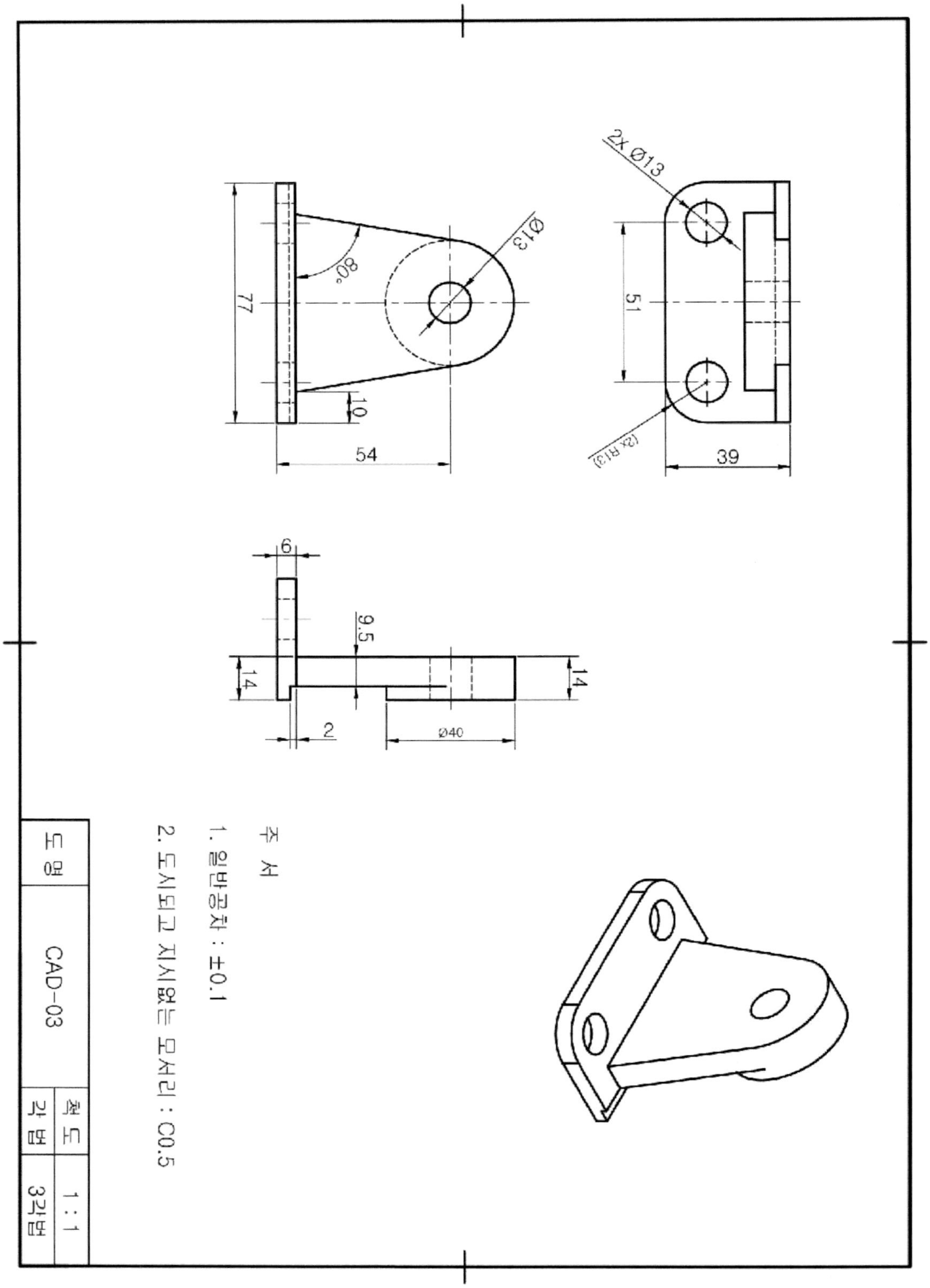
77
80°
Ø13
10
54
2x Ø13
51
(2x R13)
39
6
9.5
14
14
2
Ø40
주 서
1. 일반공차 : ±0.1
2. 도시되고 지시없는 모서리 : C0.5
도 명
CAD-03
척 도
1 : 1
각 법
3각법

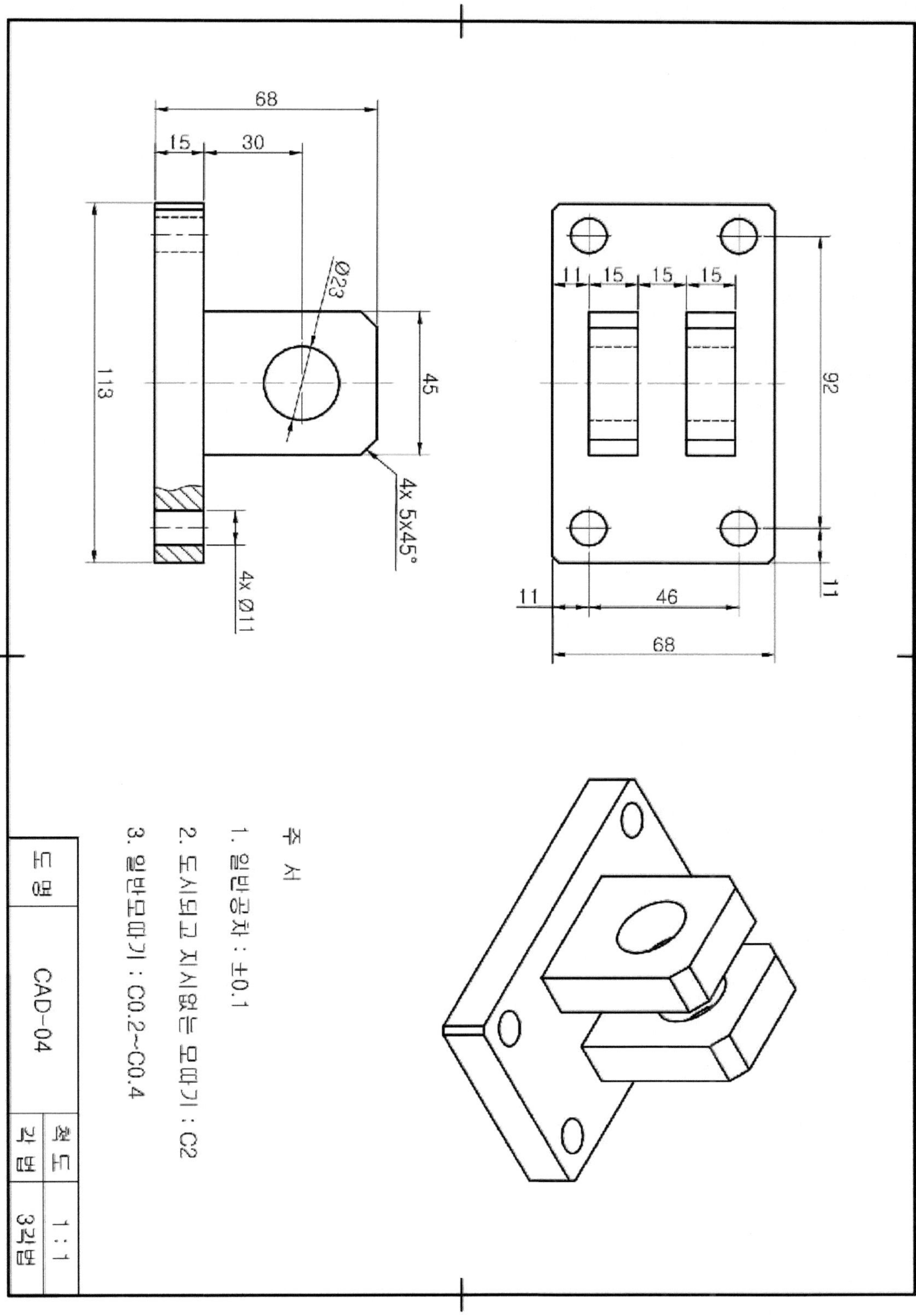
68
15
30
Ø23
45
113
4x 5x45°
4x Ø11
11
15
15
15
92
11
46
68
11
주 서
1. 일반공차 : ±0.1
2. 도시되고 지시없는 모따기 : C2
3. 일반모따기 : C0.2~C0.4
도 명
CAD-04
척 도
1 : 1
각 법
3각법

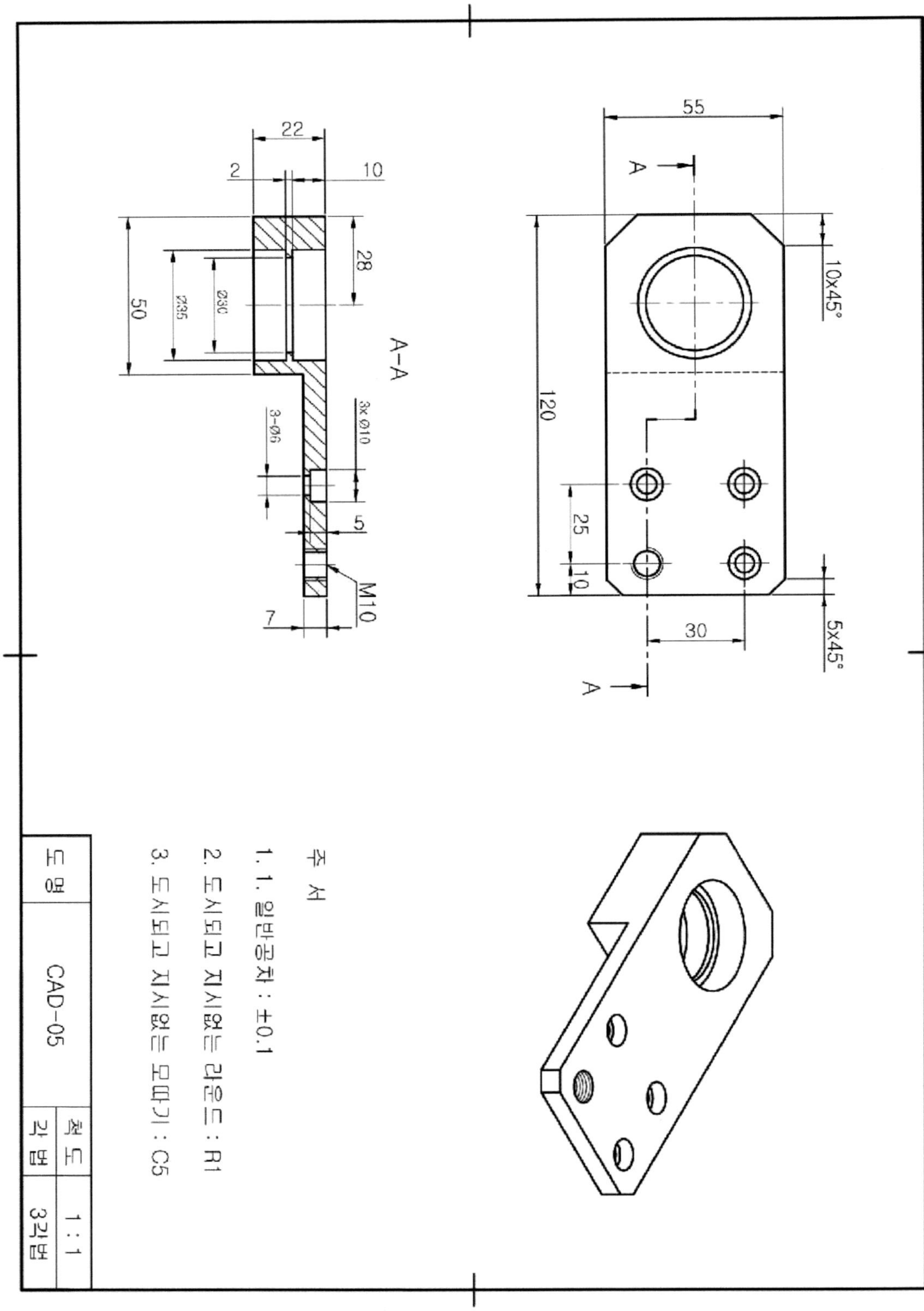
A-A
주 서
1. 1. 일반공차 : ±0.1
2. 도시되고 지시없는 라운드 : R1
3. 도시되고 지시없는 모따기 : C5
도 명
CAD-05
척 도
1 : 1
각 법
3각법

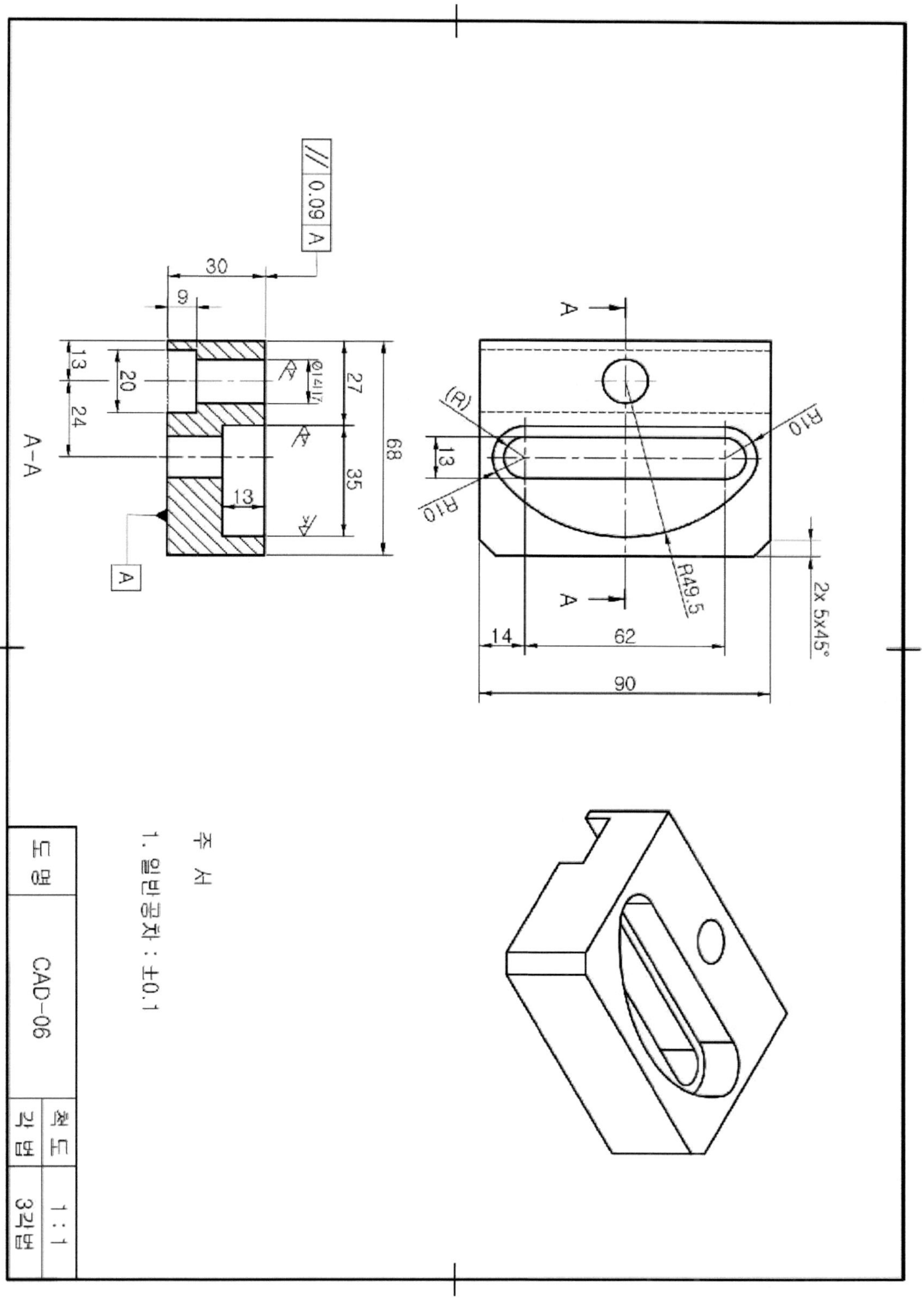
A-A
주 서
1. 일반공차 : ±0.1
도 명
CAD-06
척 도
1 : 1
각 법
3각법

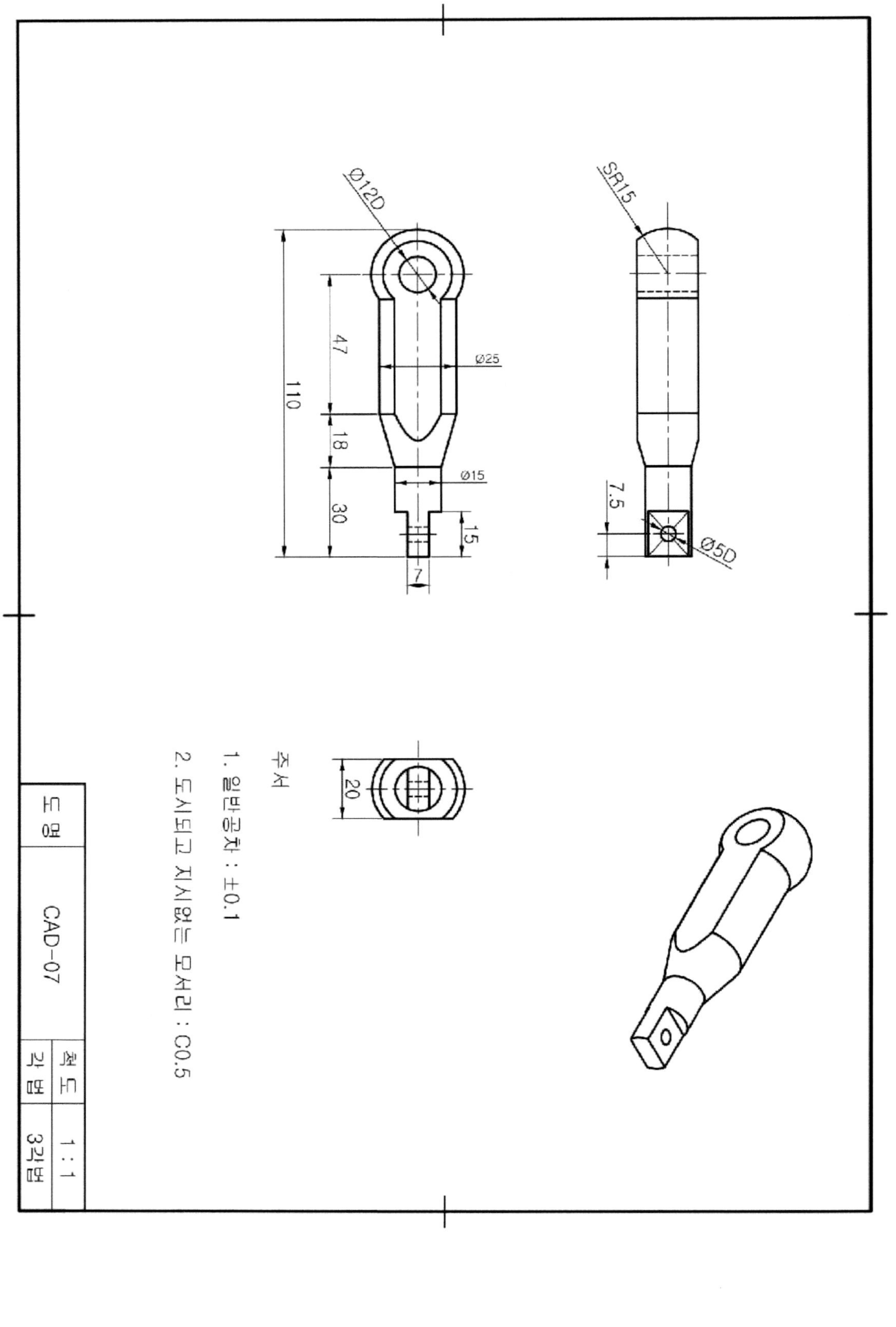
Ø12D
SR15
Ø25
Ø15
Ø5D
110
47
18
30
15
7
7.5
20
주서
1. 일반공차 : ±0.1
2. 도시되고 지시없는 모서리 : C0.5
도명
CAD-07
척도
1 : 1
각법
3각법

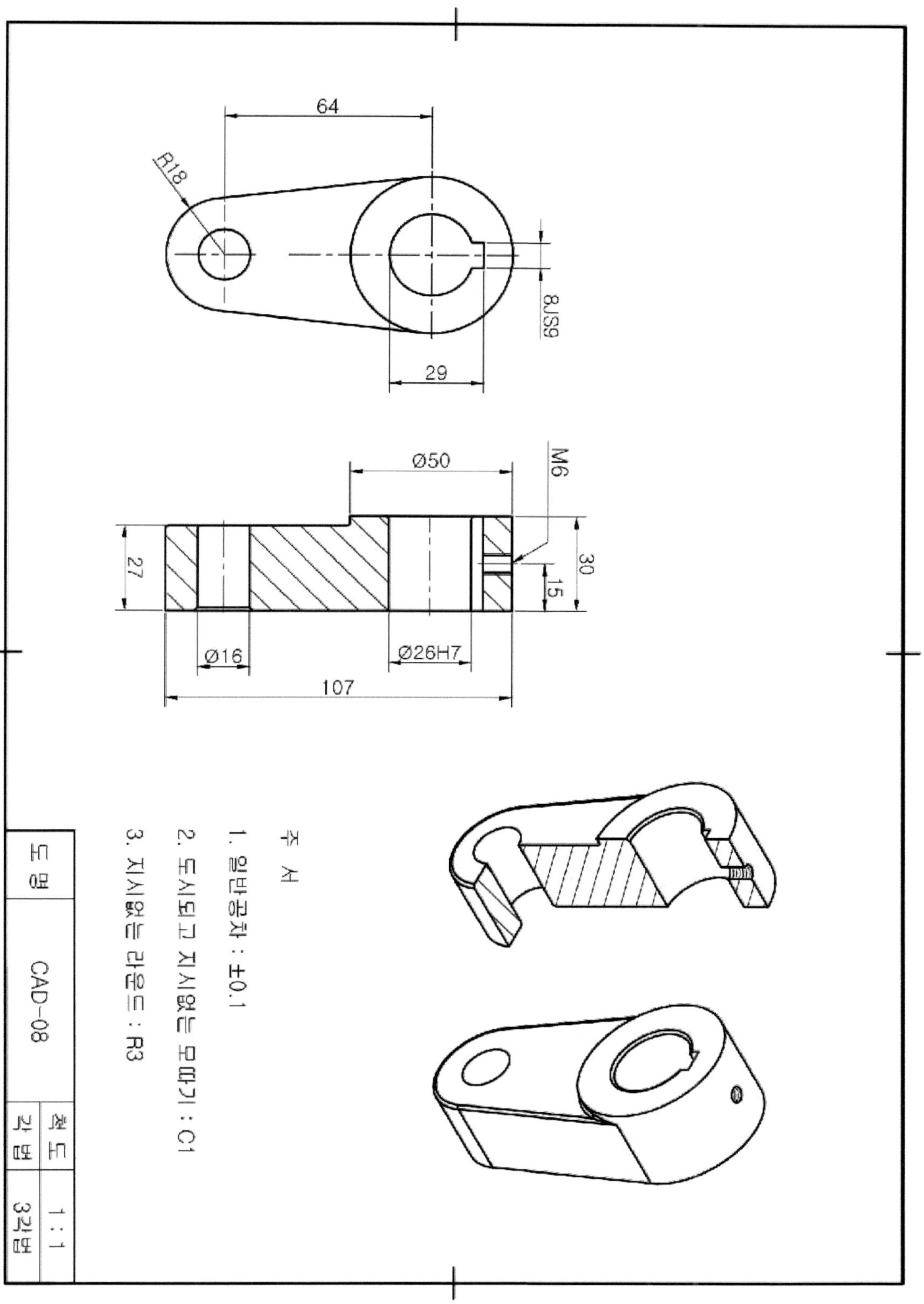
64
R18
8JS9
29
Ø50
M6
30
15
27
Ø16
Ø26H7
107
주 서
1. 일반공차 : ±0.1
2. 도시되고 지시없는 모따기 : C1
3. 지시없는 라운드 : R3
도 명
CAD-08
척 도
1 : 1
각 법
3각법

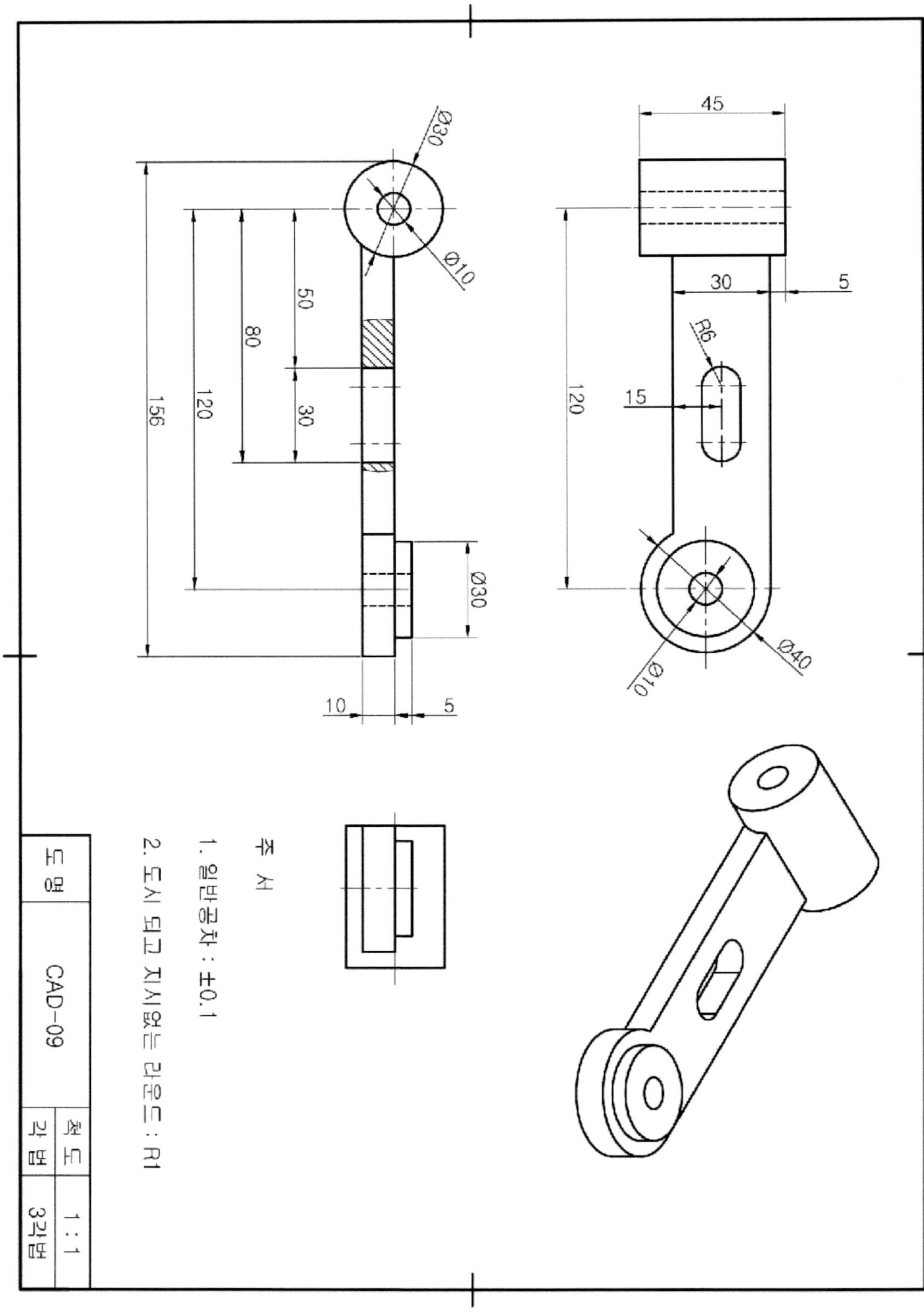
주 서
1. 일반공차 : ±0.1
2. 도시 되고 지시없는 라운드 : R1
도 명
CAD-09
척 도
1 : 1
각 법
3각법

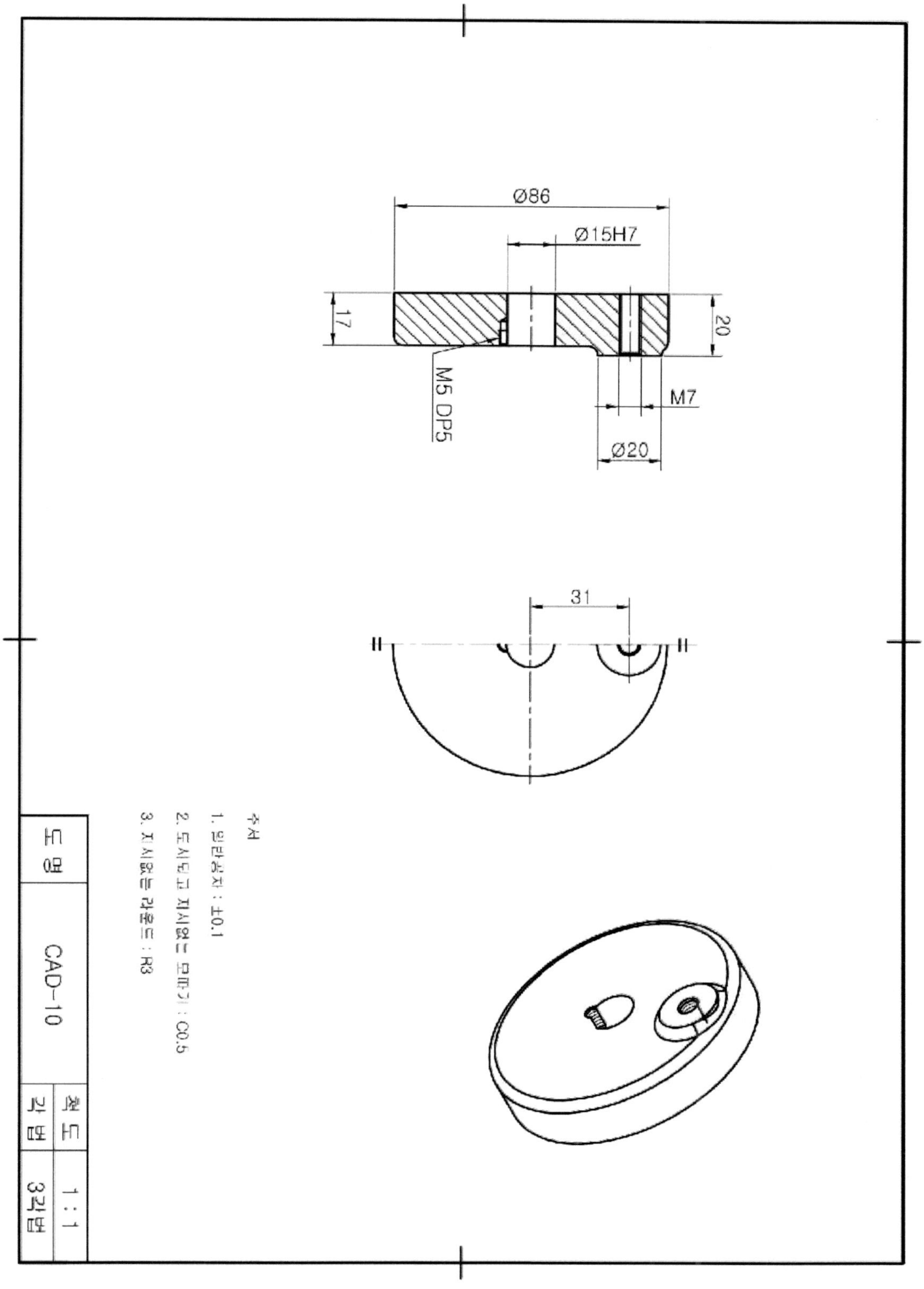
Ø86
Ø15H7
17
20
M5 DP5
M7
Ø20
31
주서
1. 일반공차 : ±0.1
2. 도시되고 지시없는 모따기 : C0.5
3. 지시없는 라운드 : R3
도 명
CAD-10
척 도
1 : 1
각 법
3각법

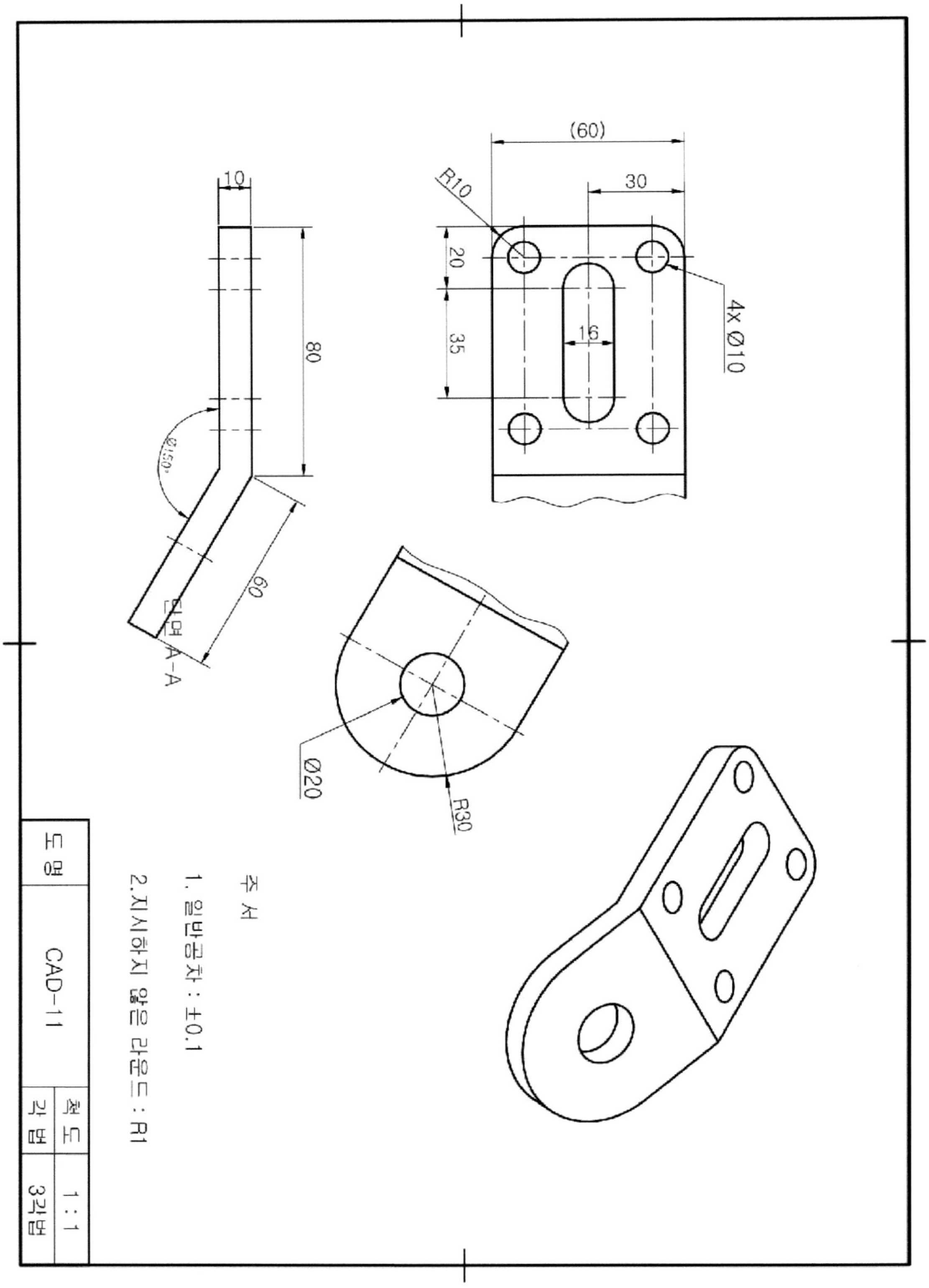
(60)
30
R10
20
35
16
4x Ø10
10
80
60
단면 A-A
Ø20
R30
주 서
1. 일반공차 : ±0.1
2.지시하지 않은 라운드 : R1
도 명
CAD-11
척 도
1 : 1
각 법
3각법

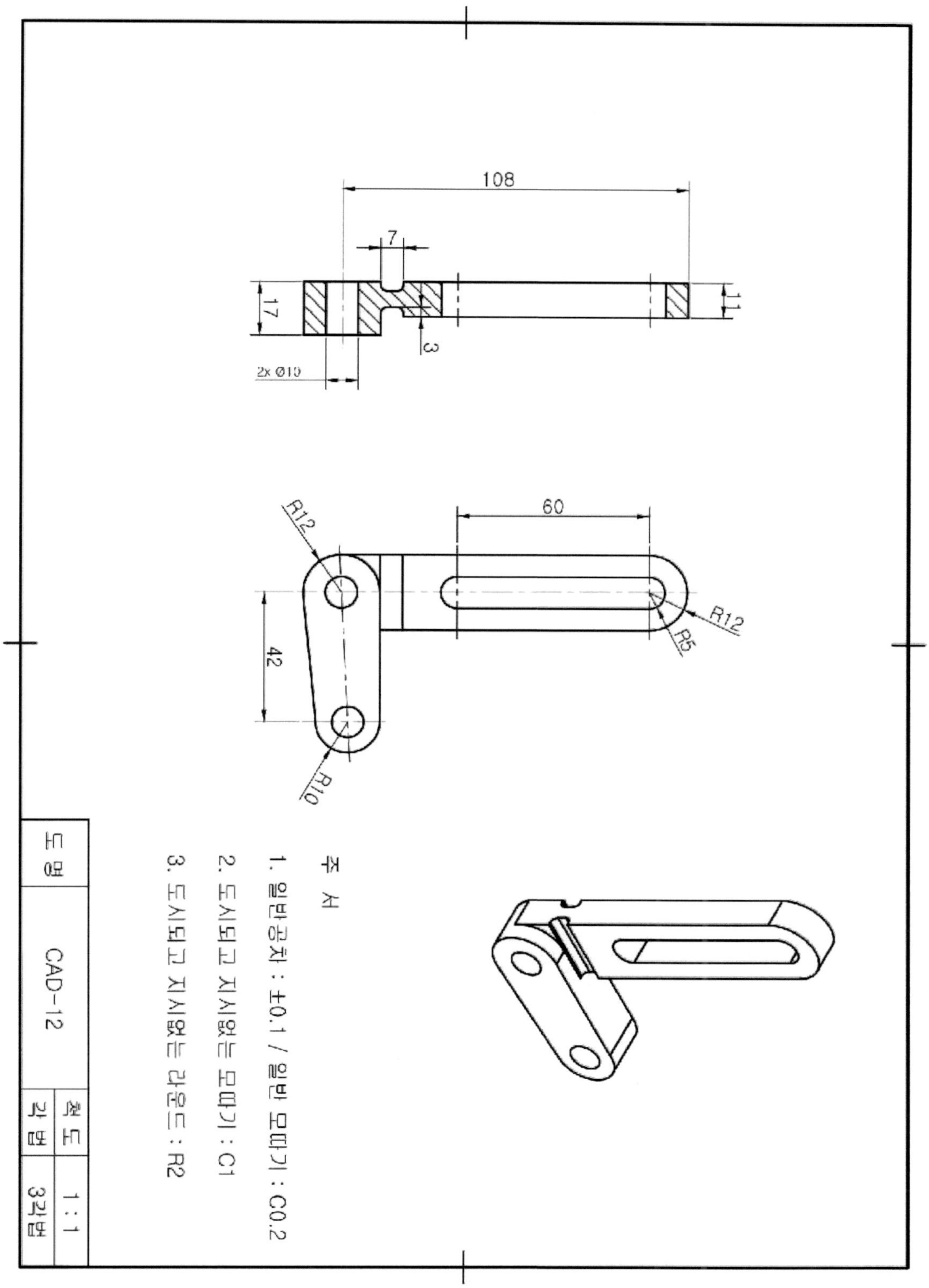
108
7
17
11
3
2x Ø10
60
R12
R12
R5
42
R10
주 서
1. 일반공차 : ±0.1 / 일반 모따기 : C0.2
2. 도시되고 지시없는 모따기 : C1
3. 도시되고 지시없는 라운드 : R2
도 명
CAD-12
척 도
1 : 1
각 법
3각법

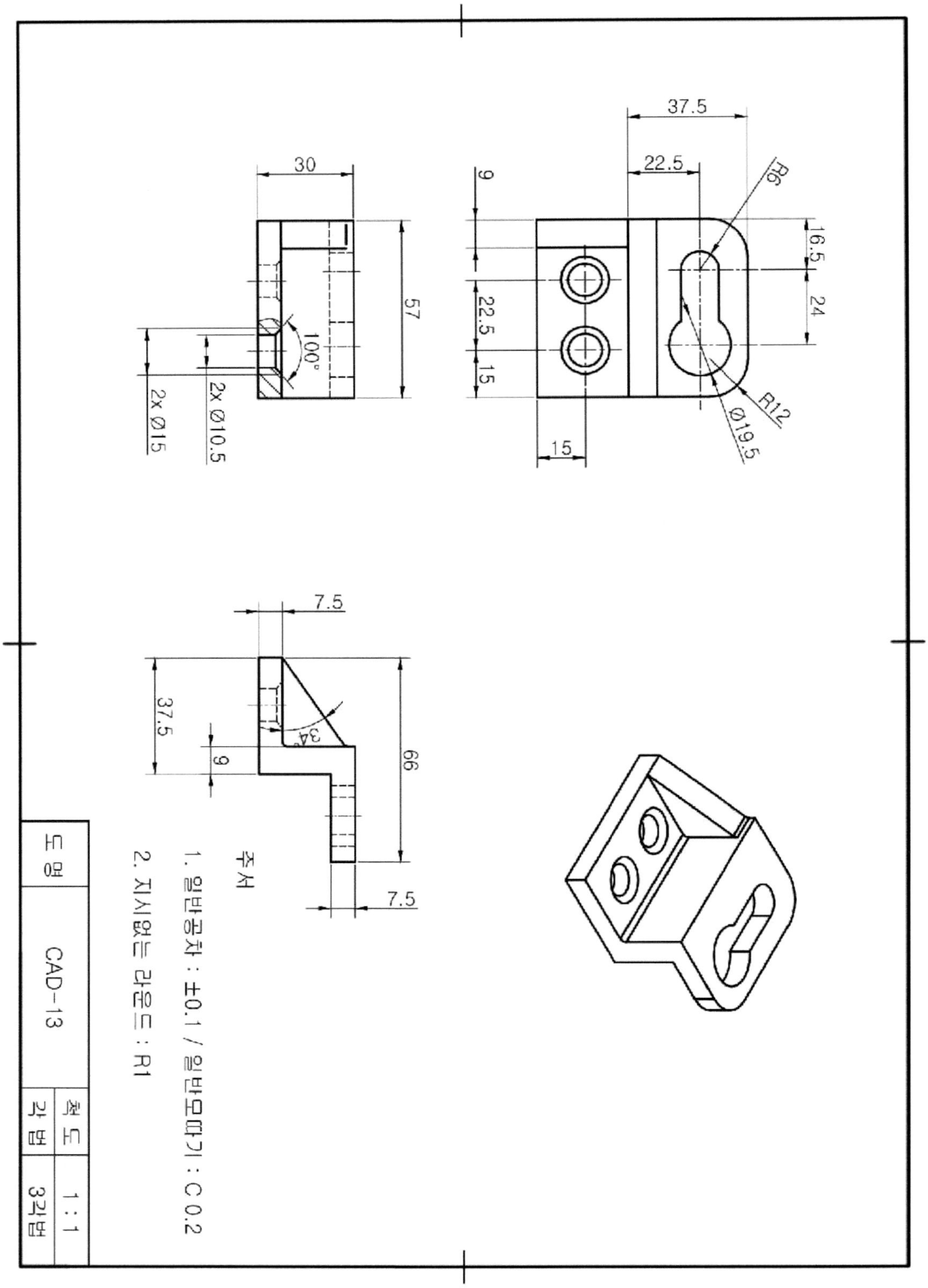
37.5
22.5
R6
30
9
16.5
24
57
22.5
15
100°
R12
Ø19.5
2x Ø10.5
2x Ø15
15
7.5
37.5
34°
9
99
7.5
주서
1. 일반공차 : ±0.1 / 일반모떼기 : C 0.2
2. 지시없는 라운드 : R1
도 명
CAD-13
척 도
1 : 1
각 법
3각법

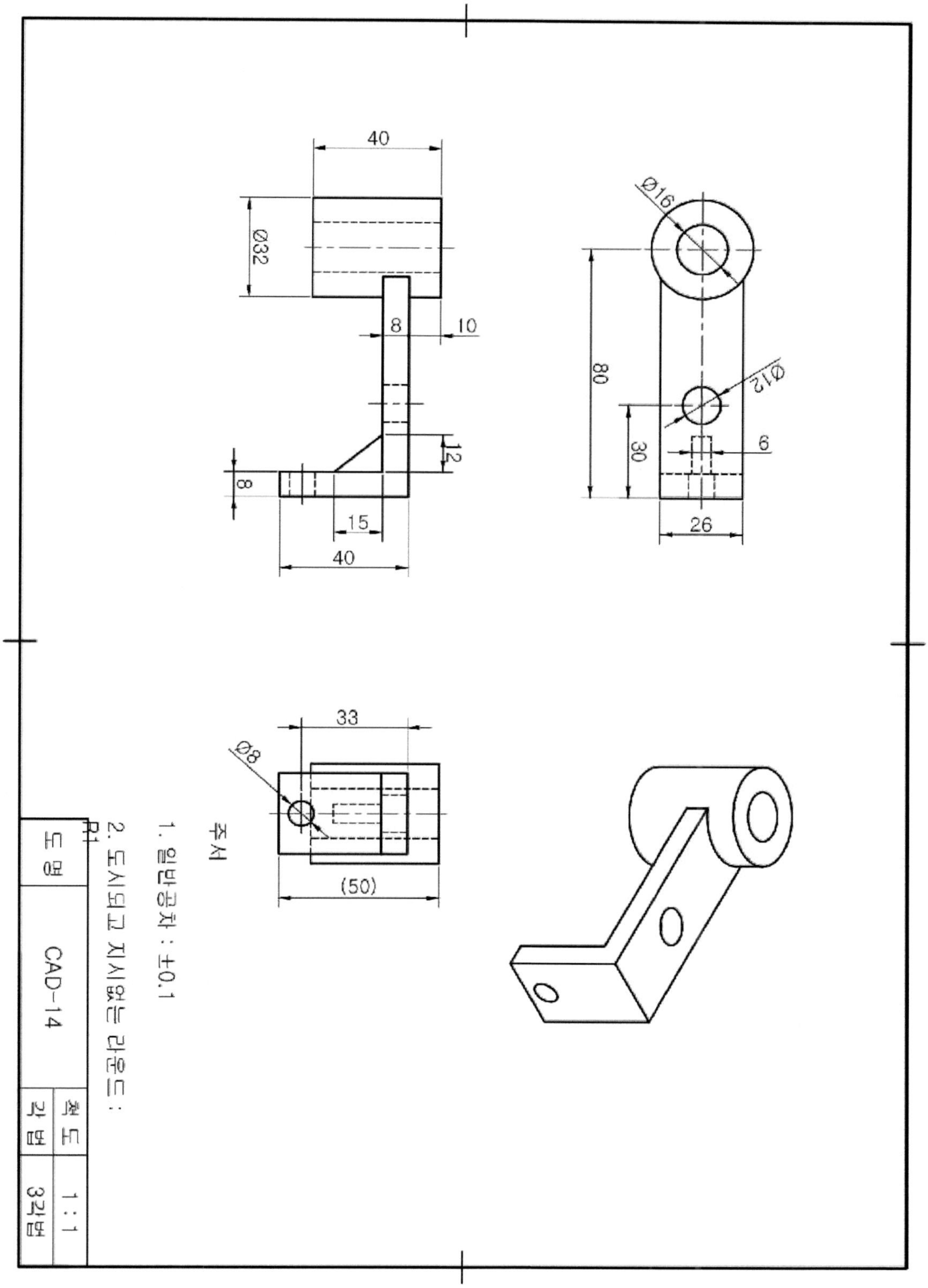
40
Ø32
8
10
12
8
15
40
Ø16
80
Ø12
30
6
26
33
Ø8
(50)
주서
1. 일반공차 : ±0.1
2. 도시되고 지시없는 라운드 : R1
도 명
CAD-14
척 도
1 : 1
각 법
3각법

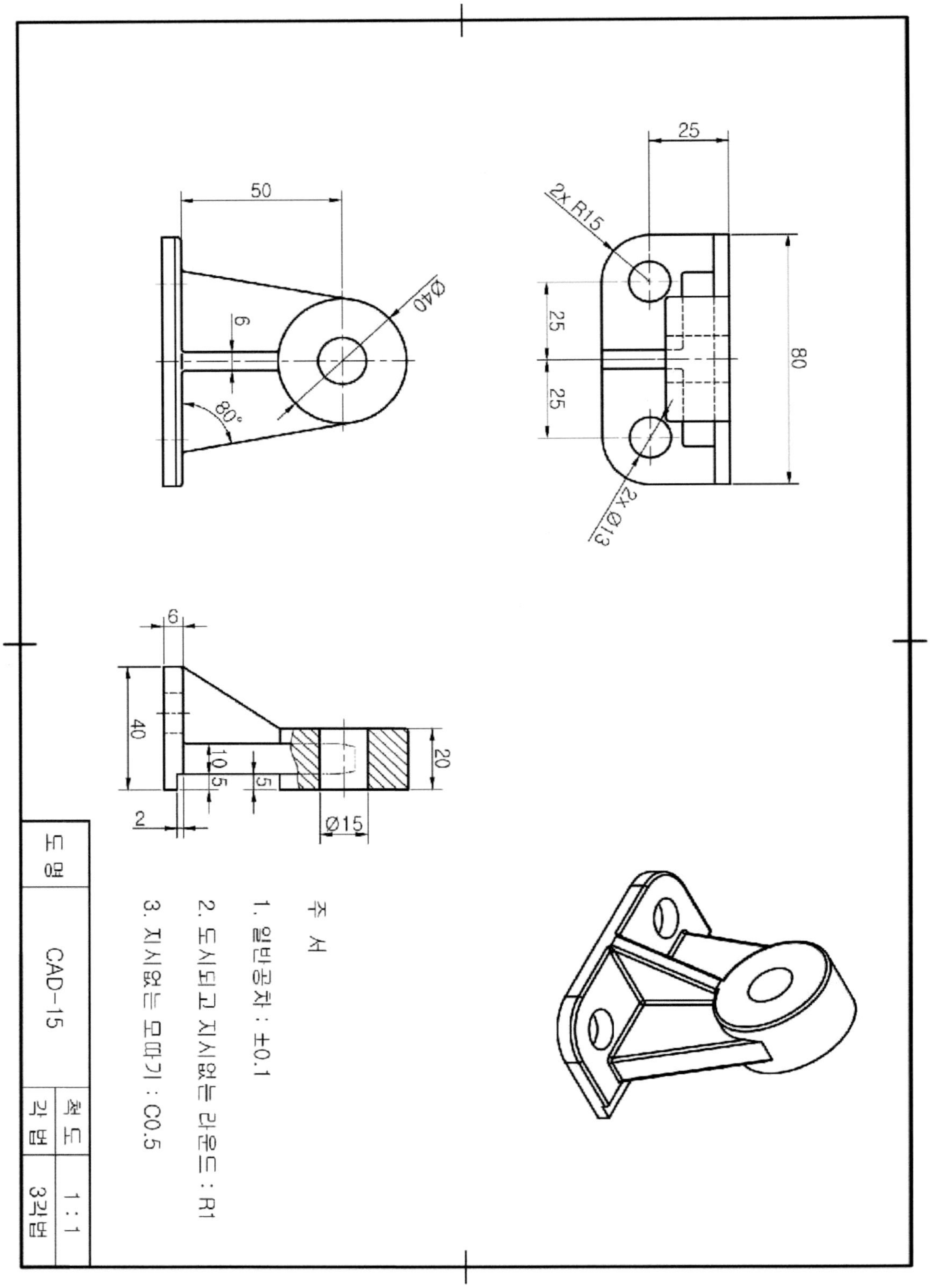
50
6
Ø40
80°
25
2x R15
25
25
80
2x Ø13
6
40
10.5
5
20
2
Ø15
주 서
1. 일반공차 : ±0.1
2. 도시되고 지시없는 라운드 : R1
3. 지시없는 모따기 : C0.5
도 명
CAD-15
척 도
1 : 1
각 법
3각법

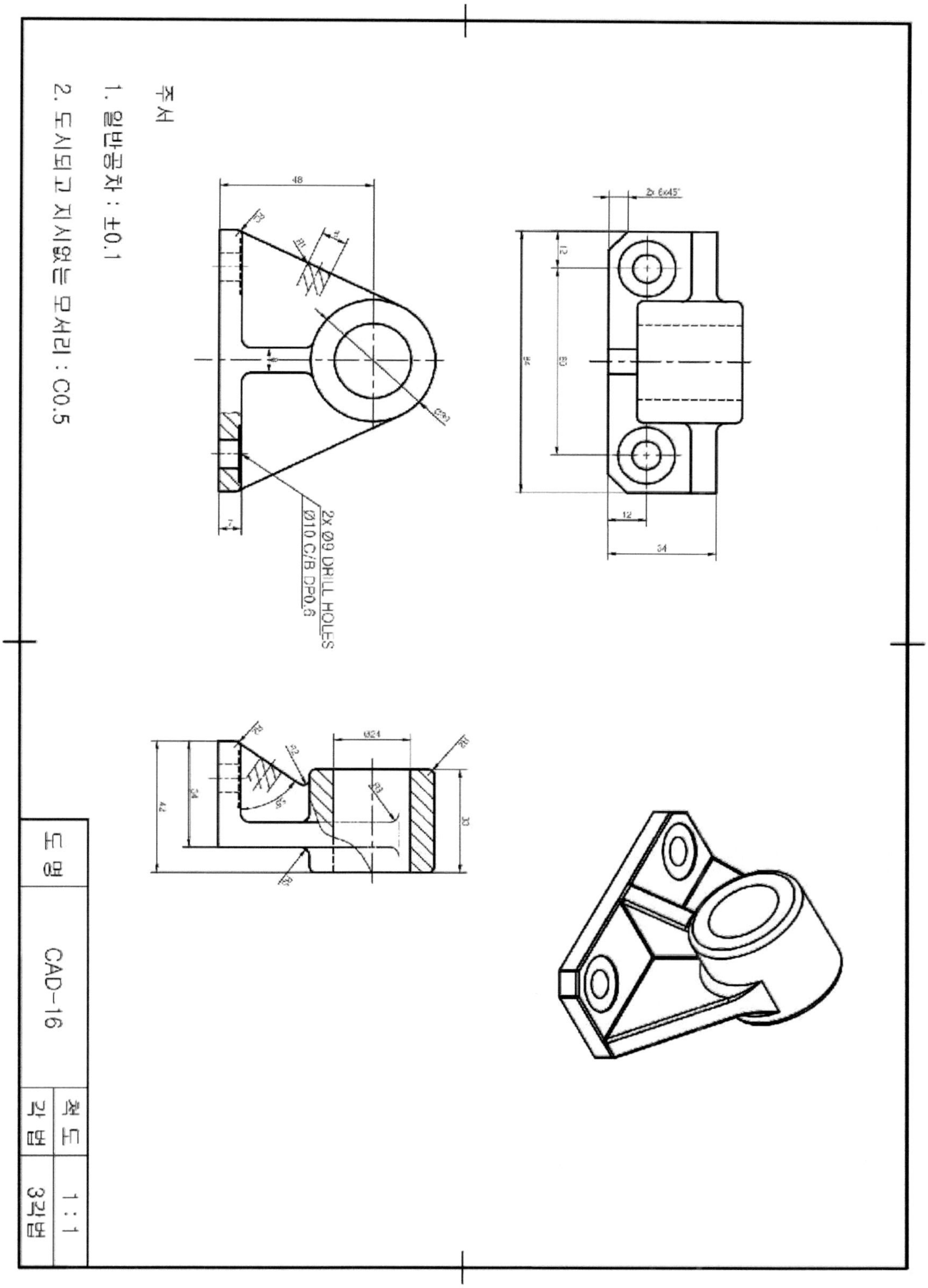
주서
1. 일반공차 : ±0.1
2. 도시되고 지시없는 모서리 : C0.5
2X Ø9 DRILL HOLES
Ø10 C/B DP0.5
도 명
CAD-16
척 도
1 : 1
각 법
3각법

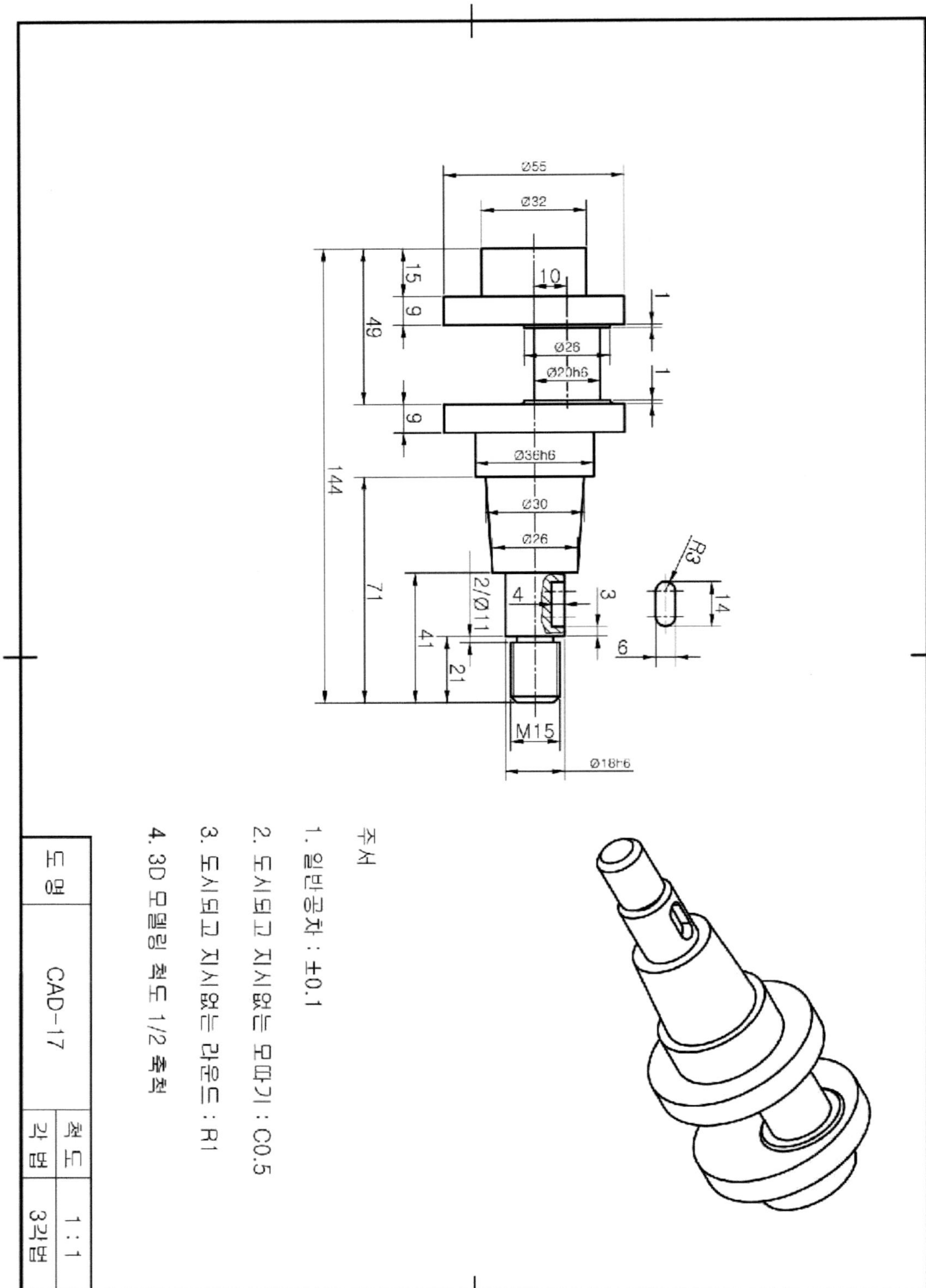
주서
1. 일반공차 : ±0.1
2. 도시되고 지시없는 모따기 : C0.5
3. 도시되고 지시없는 라운드 : R1
4. 3D 모델링 척도 1/2 축척
도 명
CAD-17
척 도
1 : 1
각 법
3각법

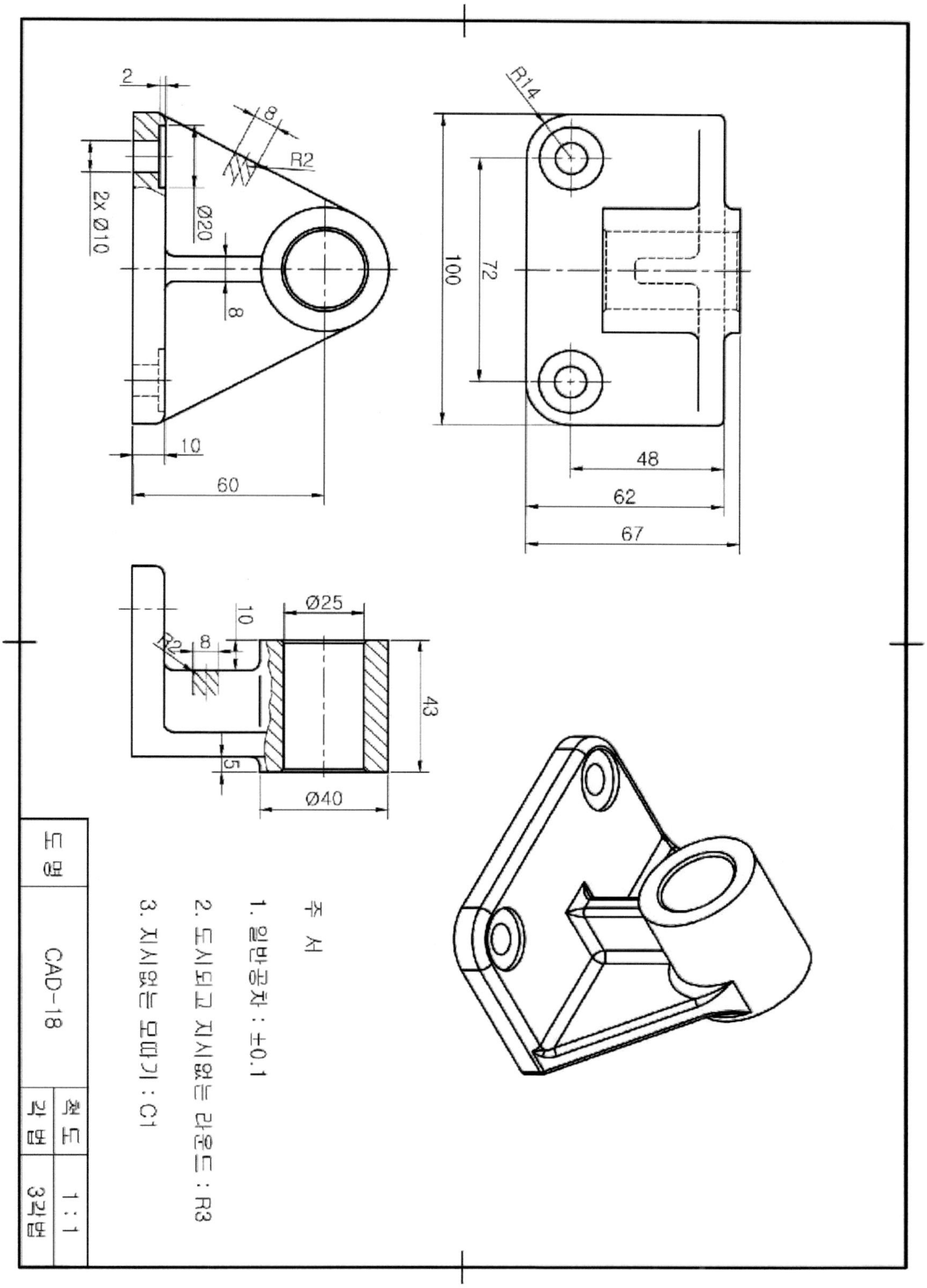
주 서
1. 일반공차 : ±0.1
2. 도시되고 지시없는 라운드 : R3
3. 지시없는 모따기 : C1
도 명
CAD-18
척 도
1 : 1
각 법
3각법
2x Ø10
Ø20
Ø25
Ø40
R14
R2
100
72
48
62
67
60
43

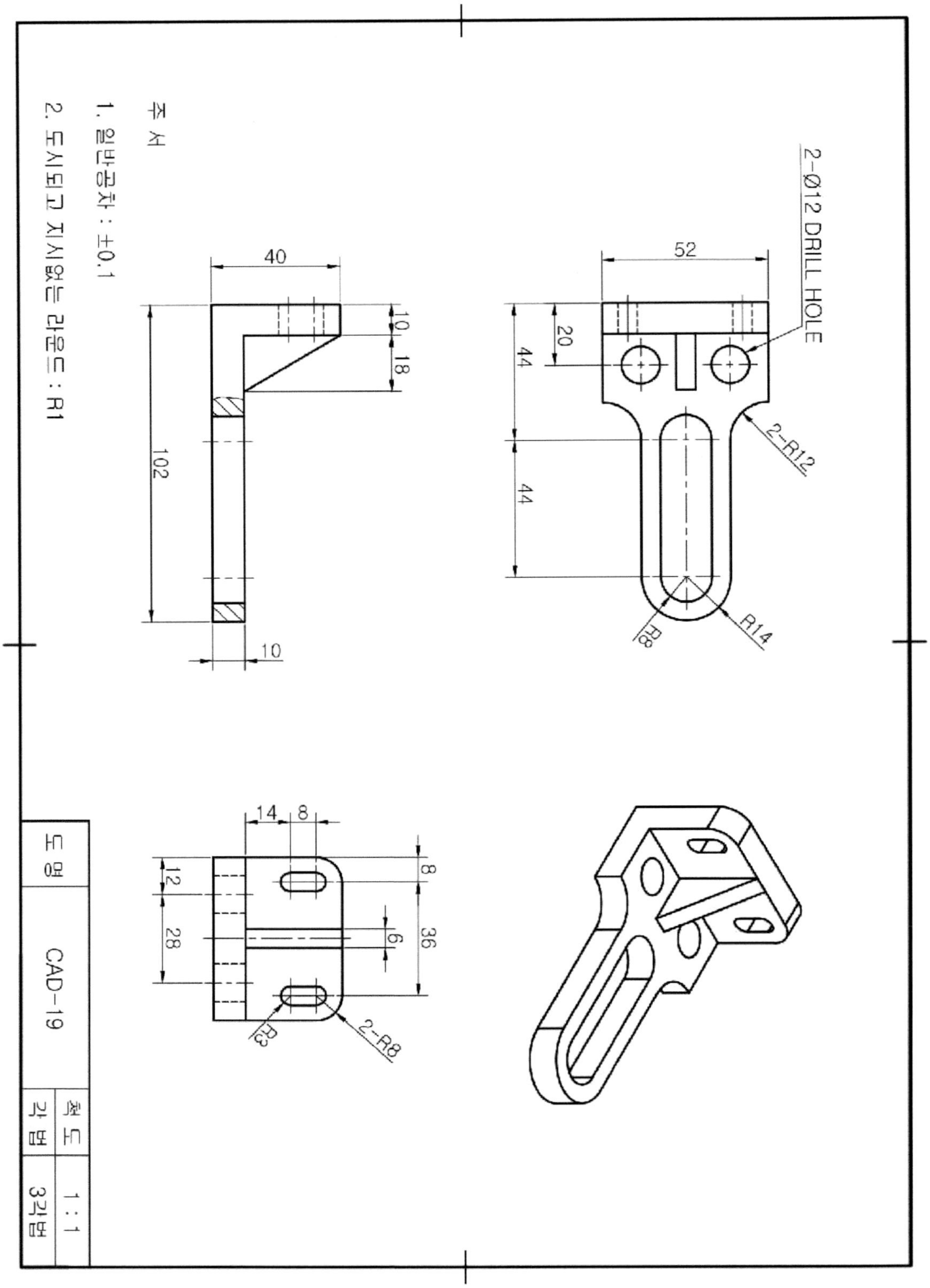
주 서
1. 일반공차 : ±0.1
2. 도시되고 지시없는 라운드 : R1
2-Ø12 DRILL HOLE
52
20
44
44
2-R12
R8
R14
40
10
18
102
10
14
8
12
28
8
6
36
R3
2-R8
도 명
CAD-19
척 도
1 : 1
각 법
3각법

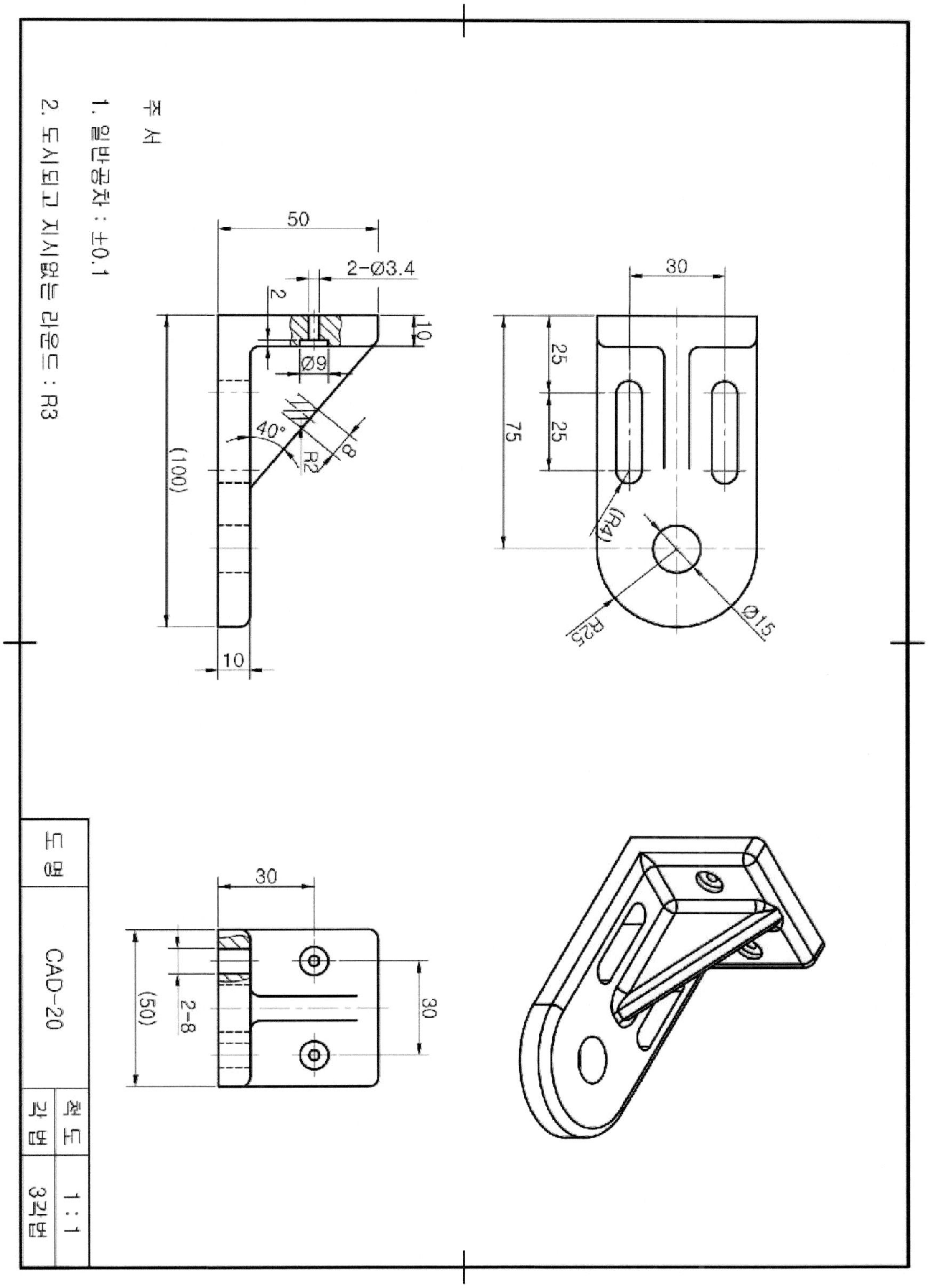
주 서
1. 일반공차 : ±0.1
2. 도시되고 지시없는 라운드 : R3
도 명
CAD-20
척 도
1 : 1
각 법
3각법

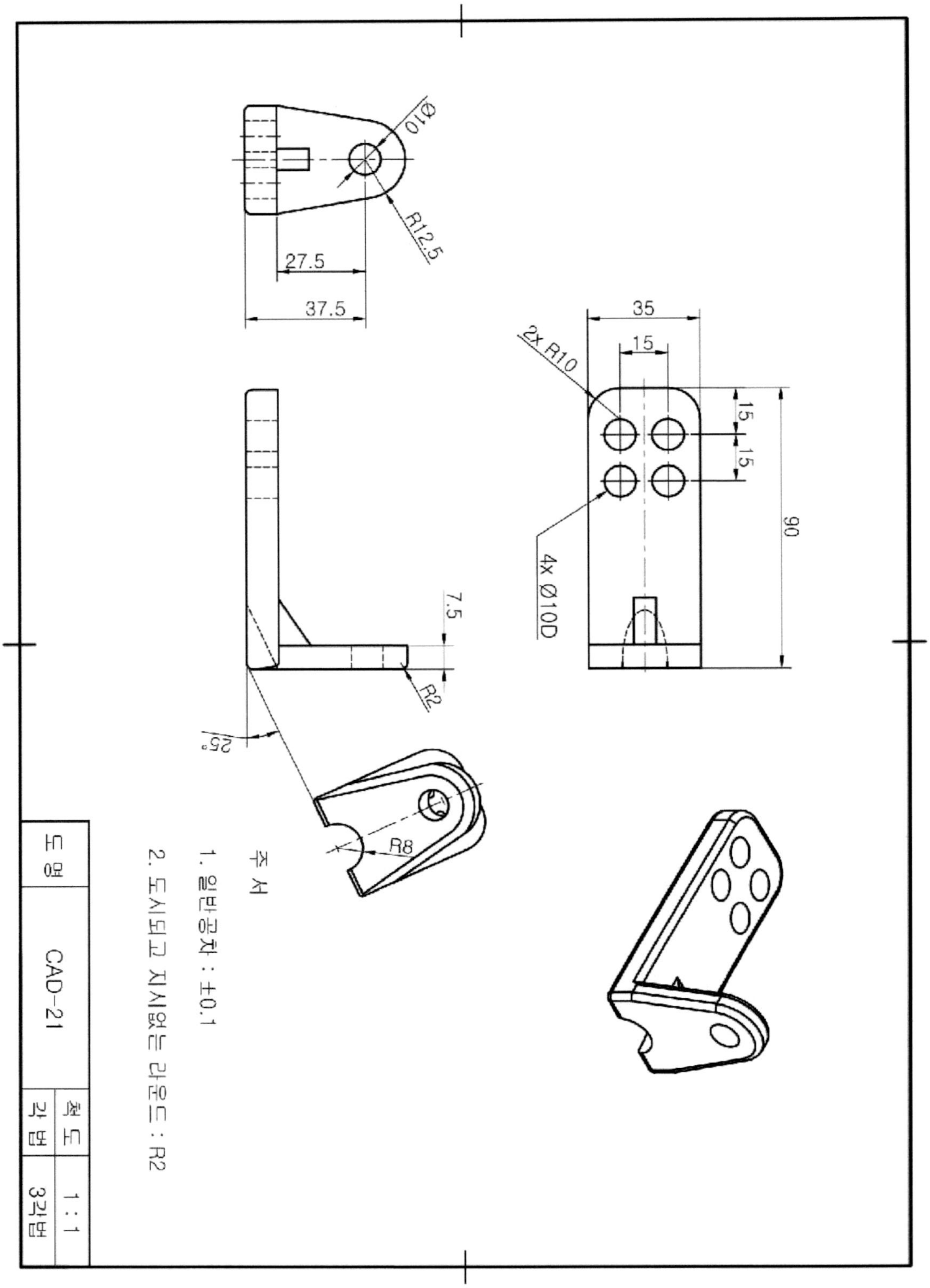
주 서
1. 일반공차 : ±0.1
2. 도시되고 지시없는 라운드 : R2
도 명
CAD-21
척 도
1 : 1
각 법
3각법
Ø10
R12.5
27.5
37.5
35
15
2x R10
15
15
90
4x Ø10D
7.5
R2
25°
R8

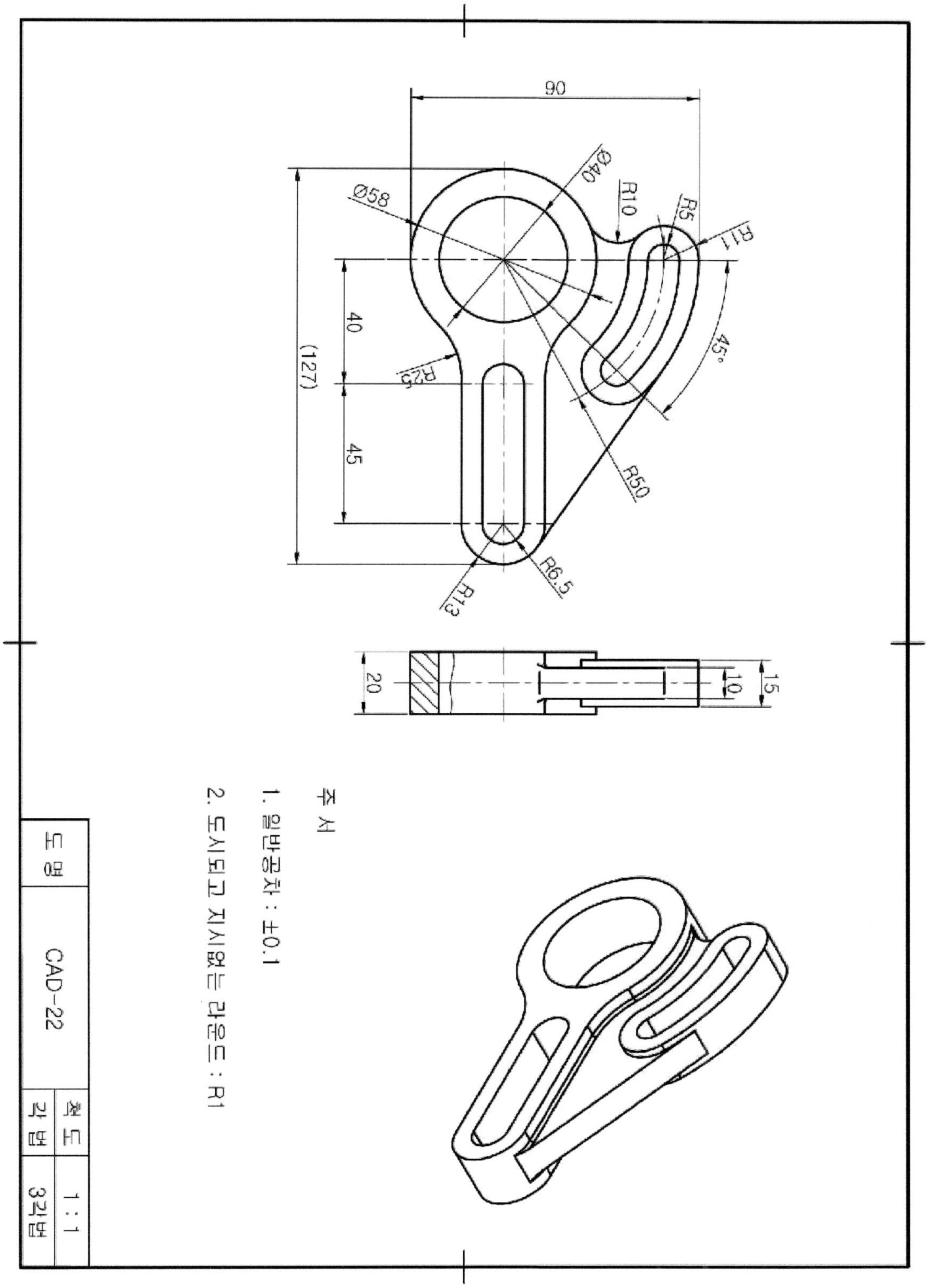

90
Ø40
Ø58
R10
R5
R11
40
45
(127)
R25
45°
R50
R6.5
R13
20
10
15
주서
1. 일반공차 : ±0.1
2. 도시되고 지시없는 라운드 : R1
도명
CAD-22
척도
1 : 1
각법
3각법

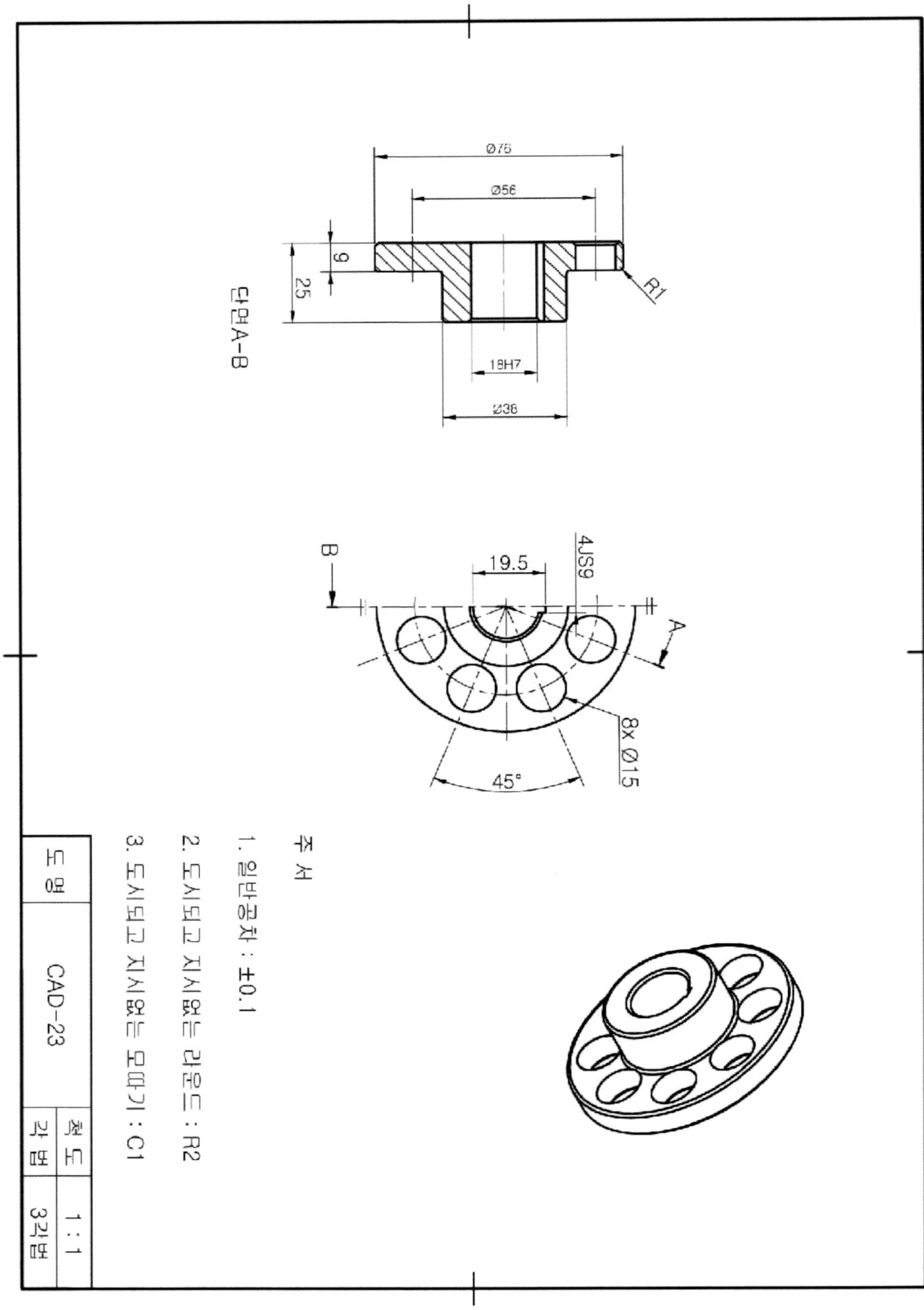
Ø75
Ø56
9
25
R1
단면A-B
18H7
Ø36
B
19.5
4JS9
A
8x Ø15
45°
주서
1. 일반공차 : ±0.1
2. 도시되고 지시없는 라운드 : R2
3. 도시되고 지시없는 모떼기 : C1
도 명
CAD-23
척 도
1 : 1
각 법
3각법

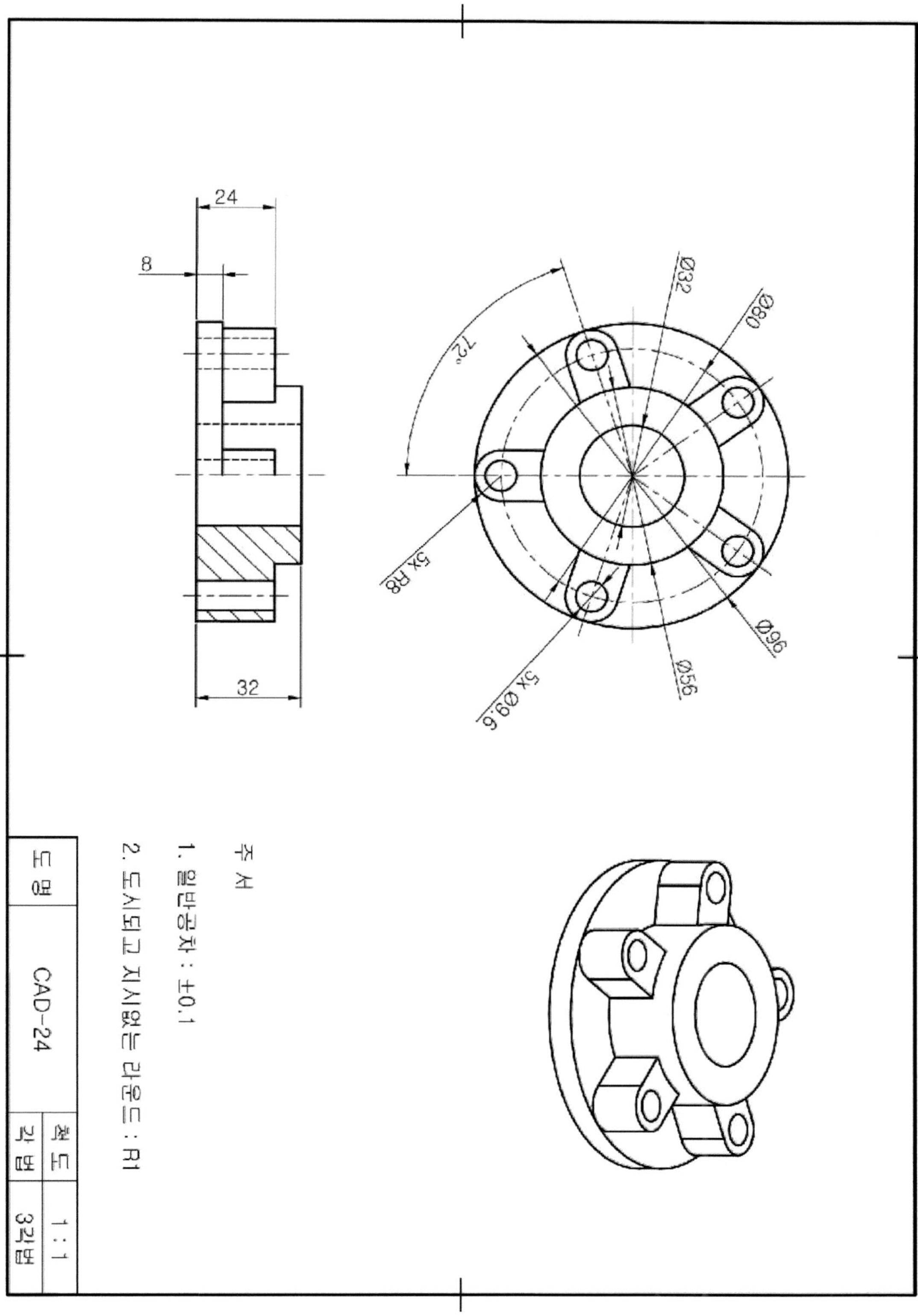
24
8
32
Ø32
Ø80
72°
5x R8
5x Ø9.6
Ø56
Ø96
주서
1. 일반공차 : ±0.1
2. 도시되고 지시없는 라운드 : R1
도명
CAD-24
척도
1 : 1
각법
3각법

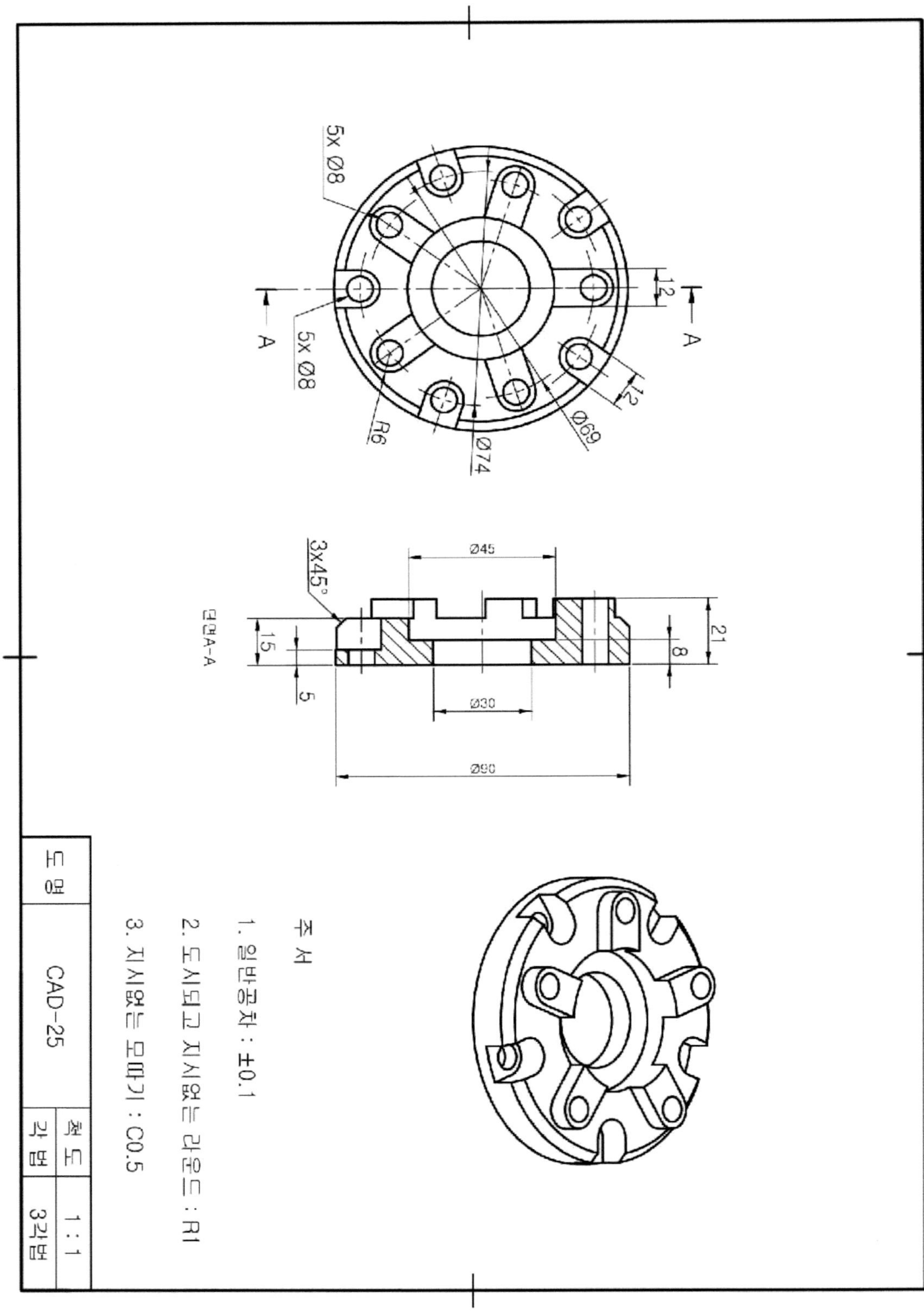
5x Ø8
5x Ø8
12
12
R6
Ø74
Ø69
A
A
3x45°
Ø45
21
15
8
5
Ø30
Ø90
단면A-A
주서
1. 일반공차 : ±0.1
2. 도시되고 지시없는 라운드 : R1
3. 지시없는 모따기 : C0.5
도명
CAD-25
척도
1 : 1
각법
3각법

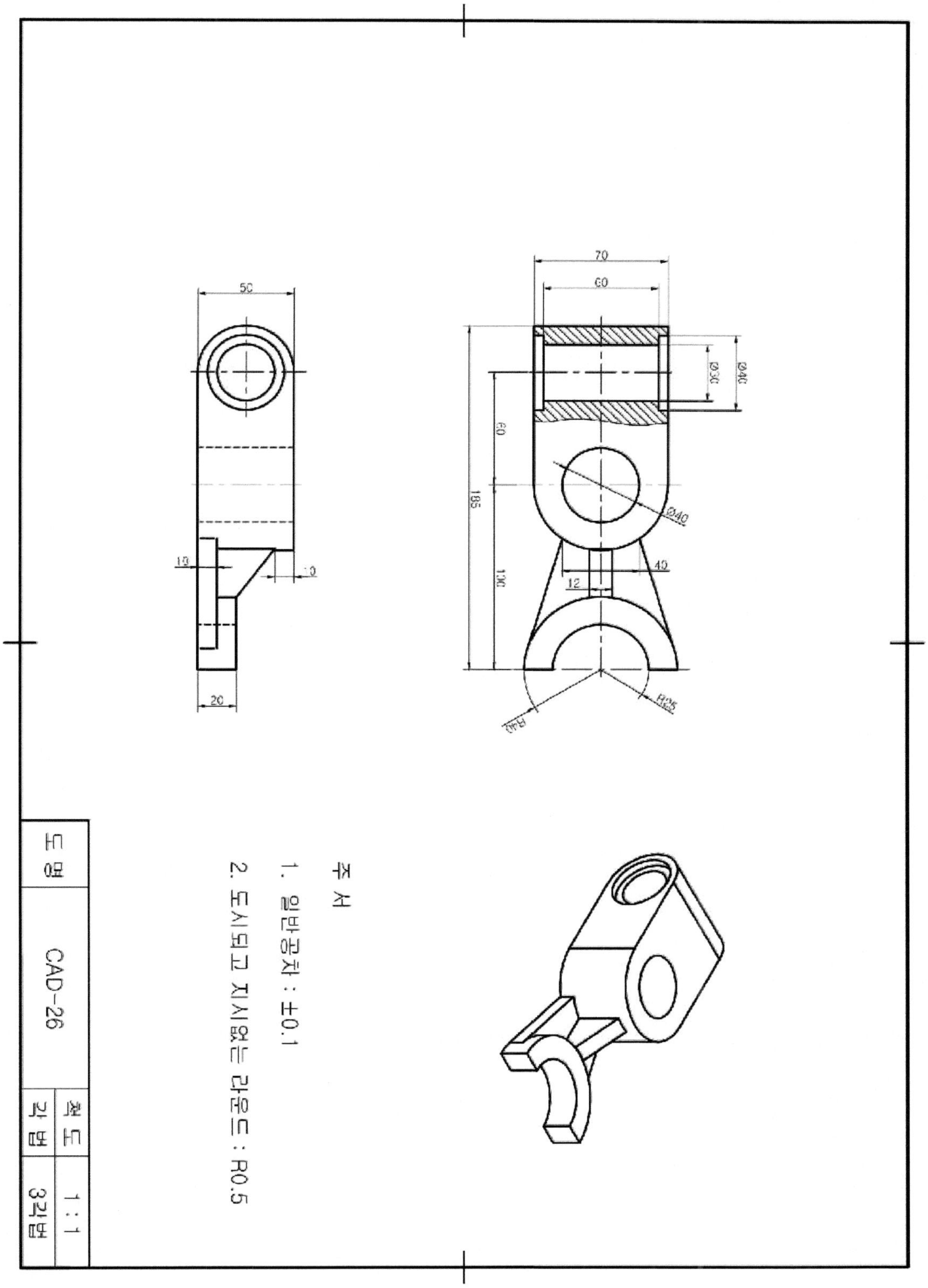
주서
1. 일반공차 : ±0.1
2. 도시되고 지시없는 라운드 : R0.5
도명
CAD-26
척도
1 : 1
각법
3각법
50
20
10
10
70
60
Ø30
Ø40
60
185
130
Ø40
40
12
R40
R25

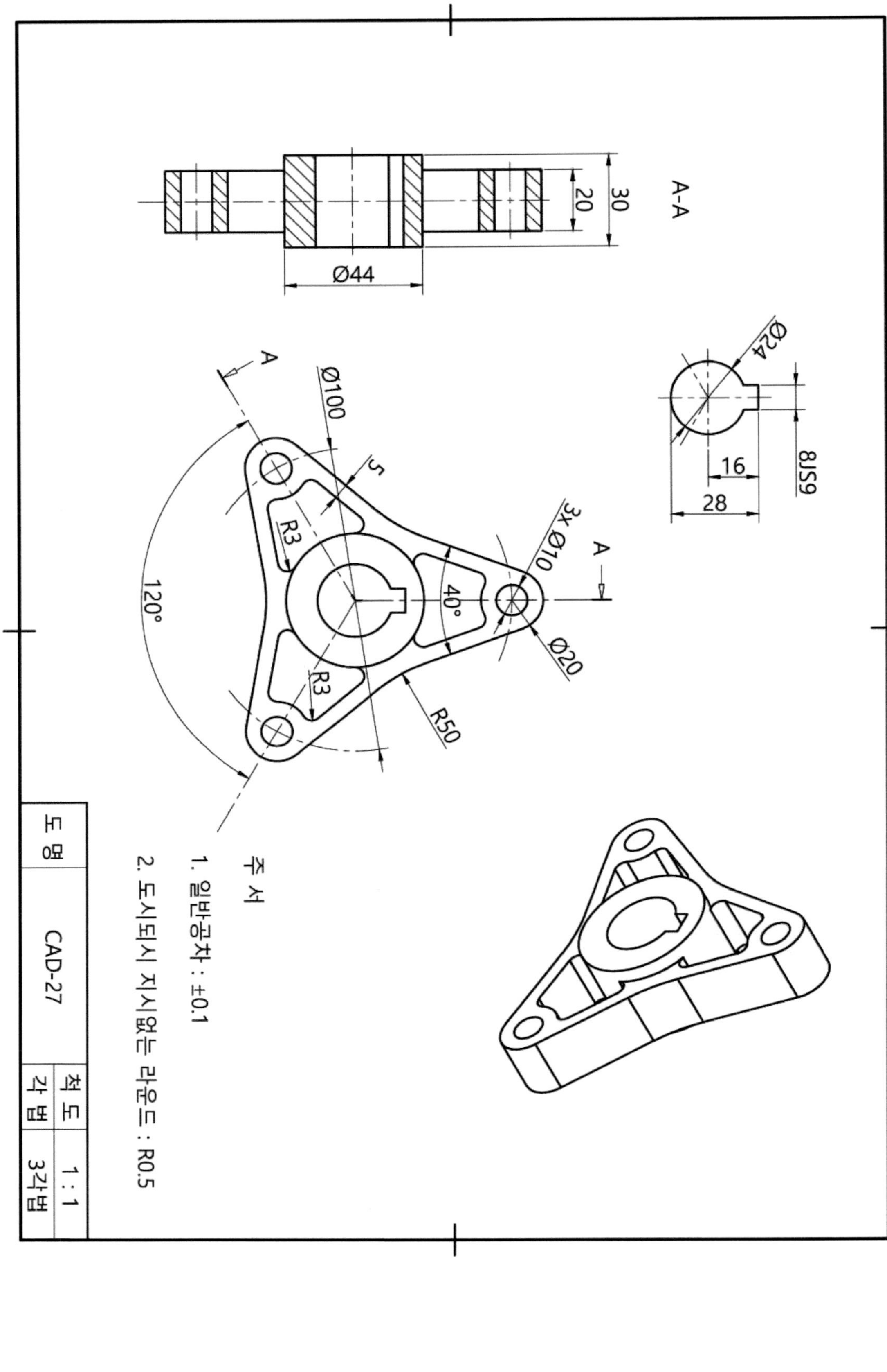
A-A
20
30
Ø44
Ø24
8JS9
16
28
A
Ø100
5
R3
3x Ø10
A
40°
120°
Ø20
R3
R50
주 서
1. 일반공차 : ±0.1
2. 도시되시 지시없는 라운드 : R0.5
도 명
CAD-27
척 도
1 : 1
각 법
3각법

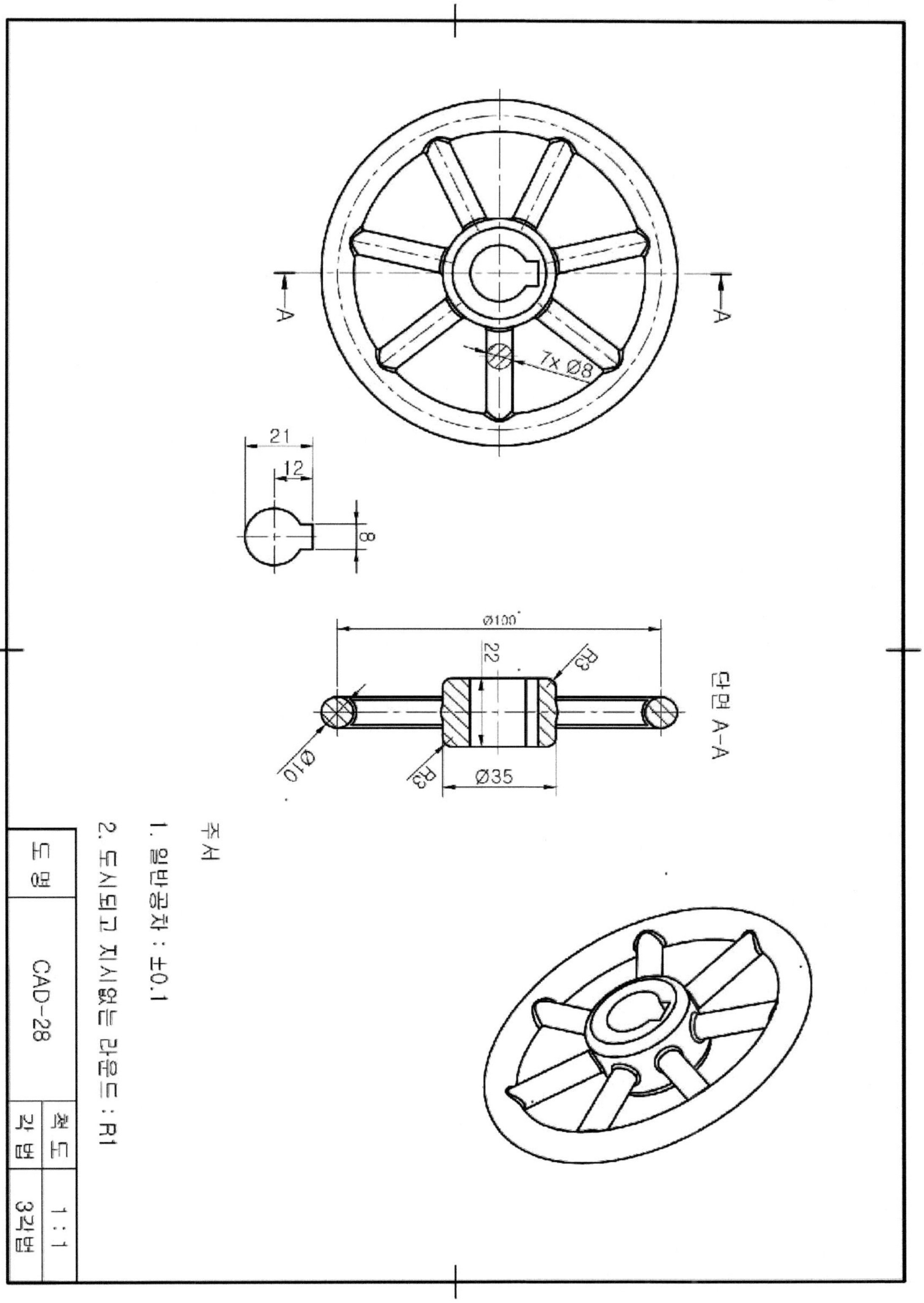

A
A
7x Ø8
21
12
8
Ø100
22
R3
R3
Ø10
Ø35
단면 A-A
주서
1. 일반공차 : ±0.1
2. 도시되고 지시없는 라운드 : R1
도 명
CAD-28
척 도
1 : 1
각 법
3각법

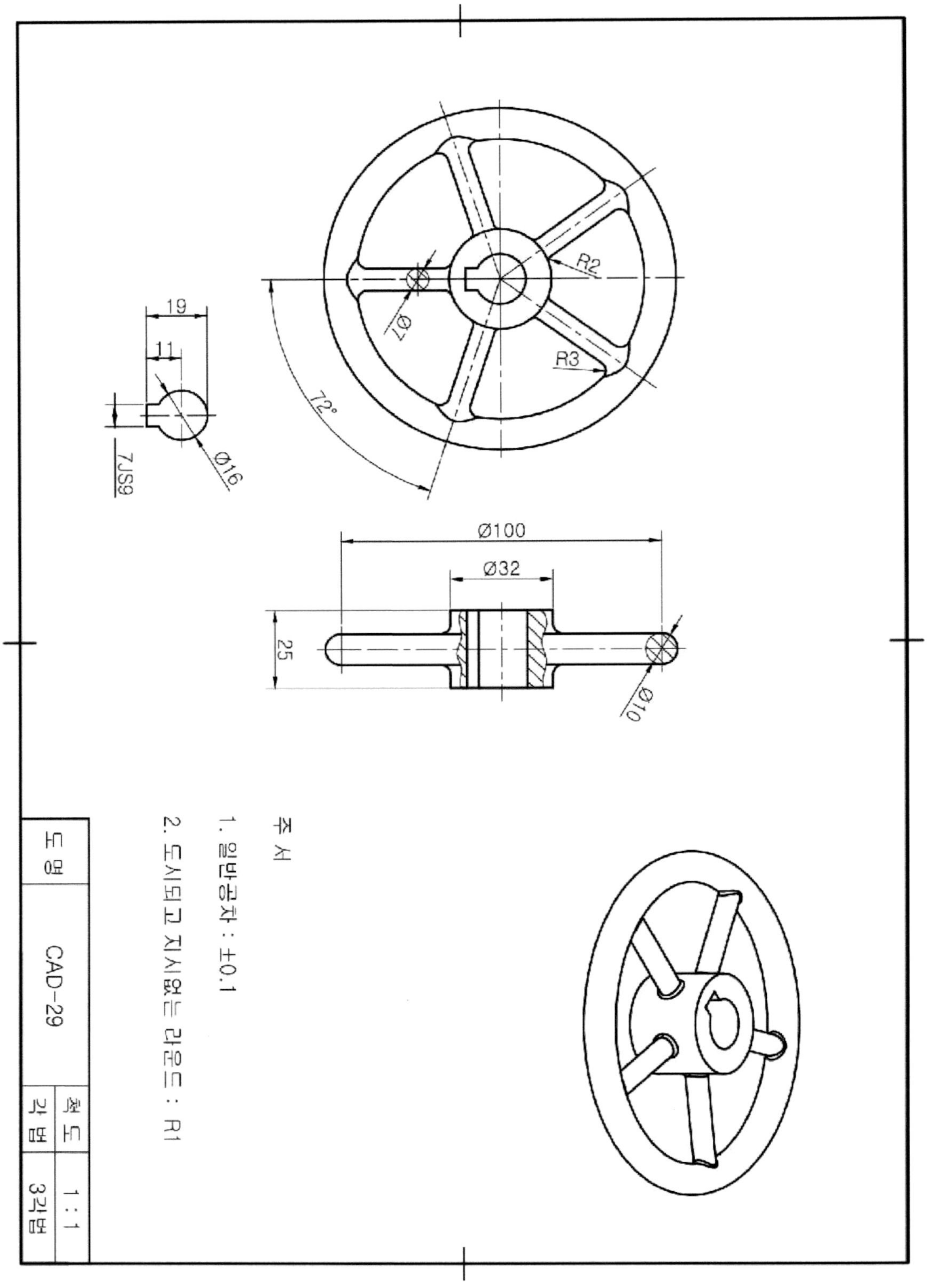
19
11
7JS9
Ø16
72°
Ø7
R2
R3
Ø100
Ø32
25
Ø10
주 서
1. 일반공차 : ±0.1
2. 도시되고 지시없는 라운드 : R1
도 명
CAD-29
척 도
1 : 1
각 법
3각법

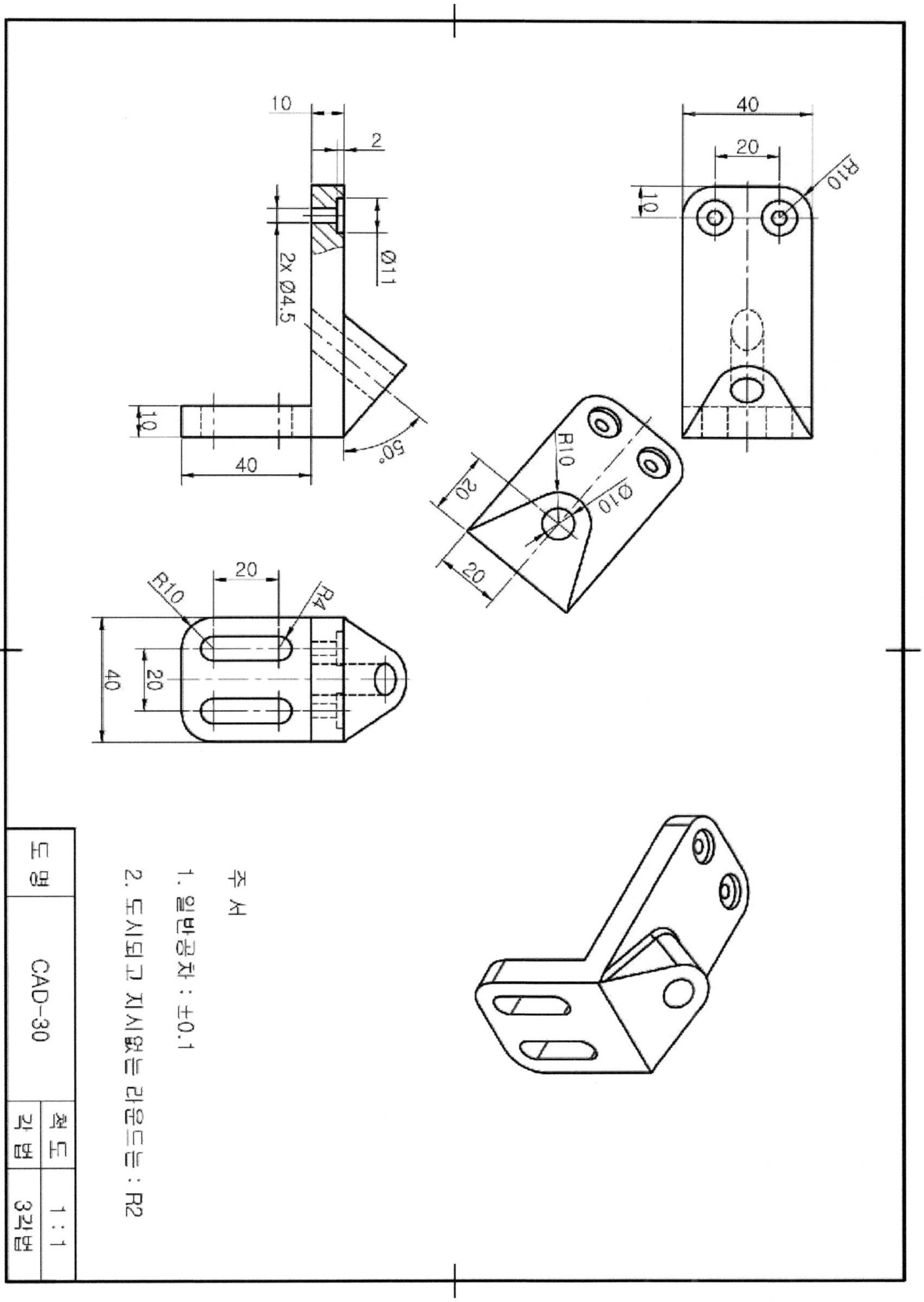
주 서
1. 일반공차 : ±0.1
2. 도시되고 지시없는 라운드는 : R2
도 명
CAD-30
척 도
1 : 1
각 법
3각법

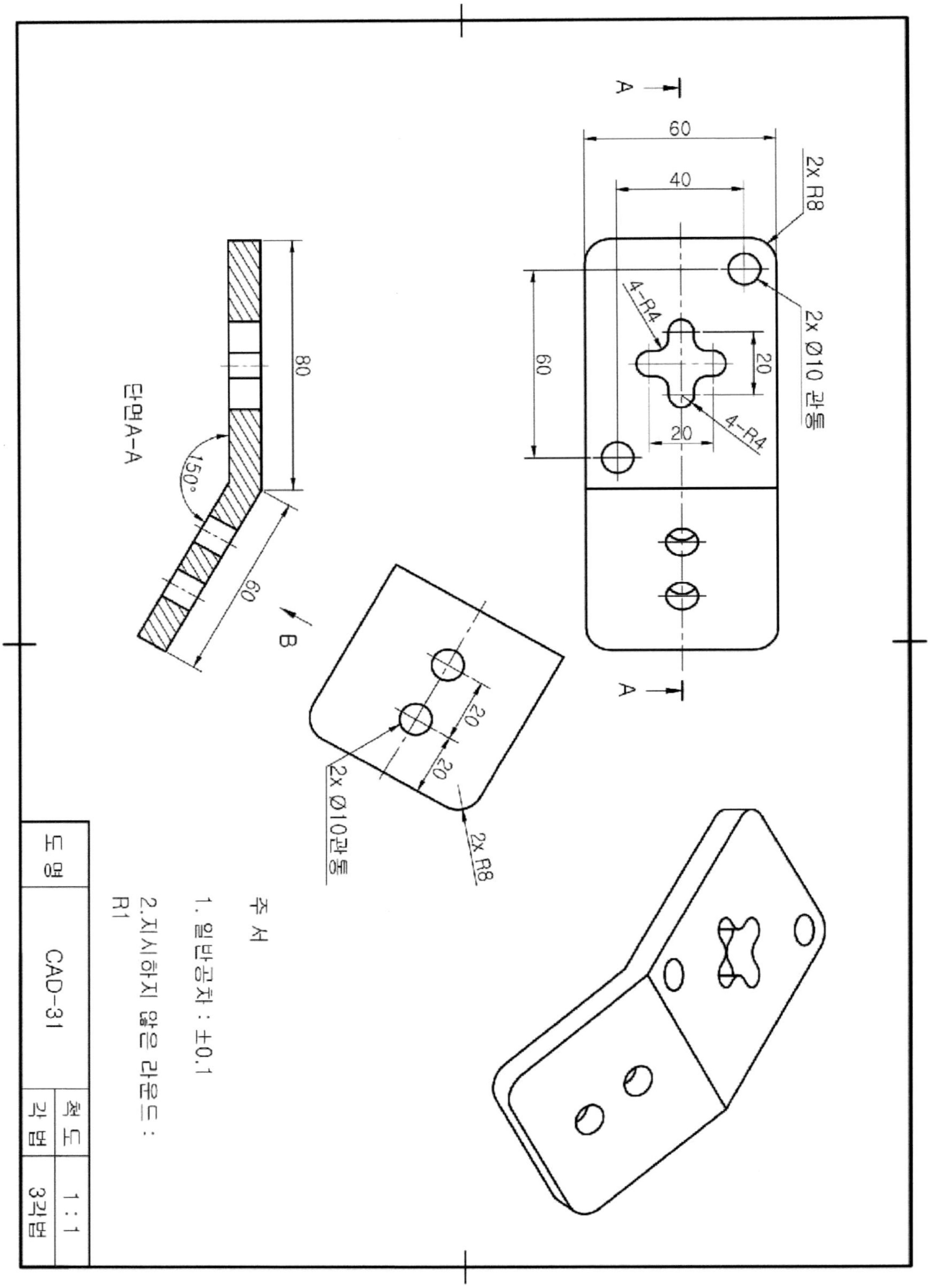
A
A
60
40
2x R8
2x Ø10 관통
4-R4
4-R4
20
20
60
80
150°
60
단면A-A
B
20
20
2x Ø10관통
2x R8
주 서
1. 일반공차 : ±0.1
2. 지시하지 않은 라운드 : R1
도 명
CAD-31
척 도
1 : 1
각 법
3각법

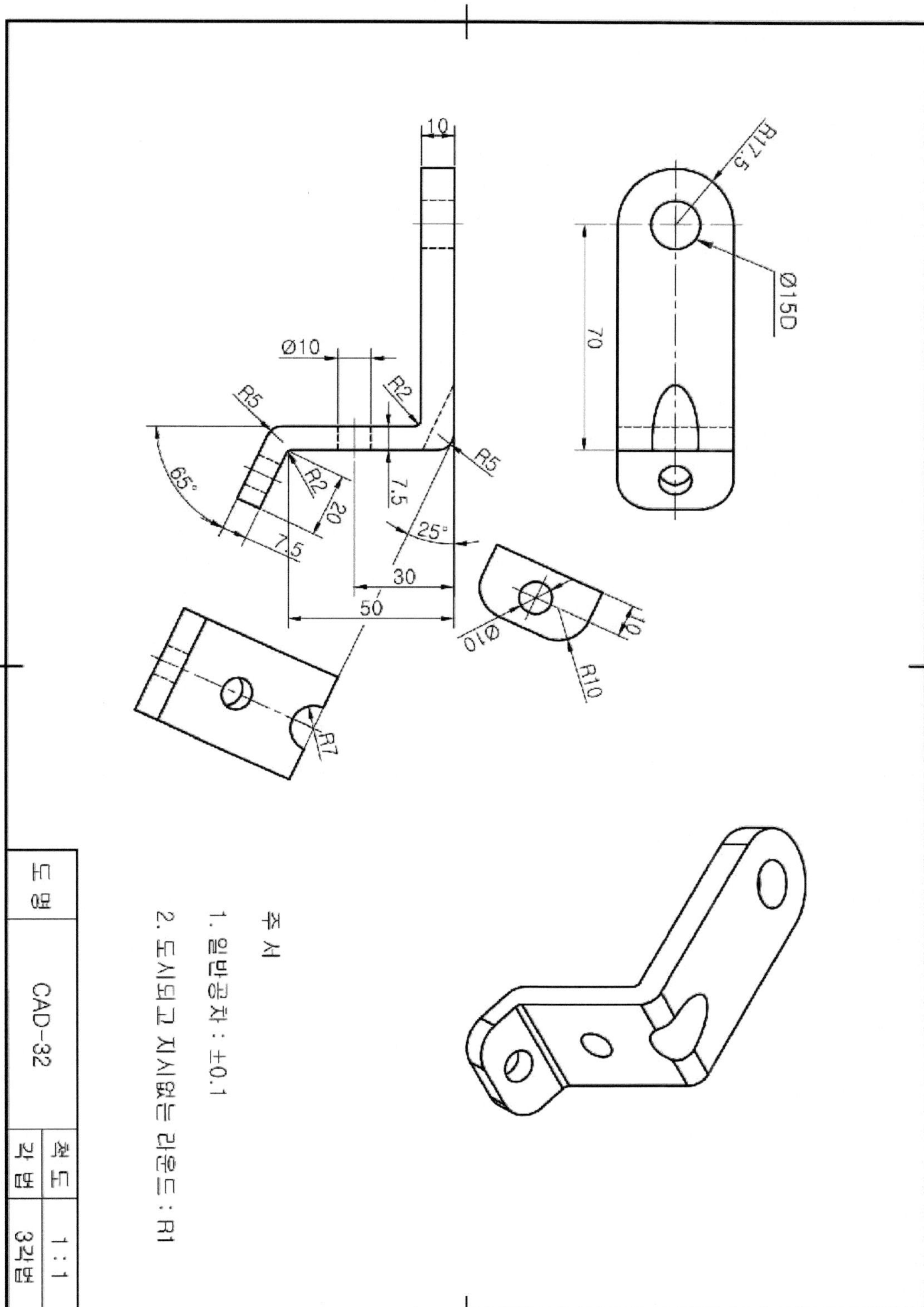
10
R17.5
Ø15D
70
Ø10
R2
R5
65°
R2
20
7.5
7.5
25°
30
50
Ø10
10
R10
R7
주서
1. 일반공차 : ±0.1
2. 도시되고 지시없는 라운드 : R1
도명
CAD-32
척도
1 : 1
각법
3각법

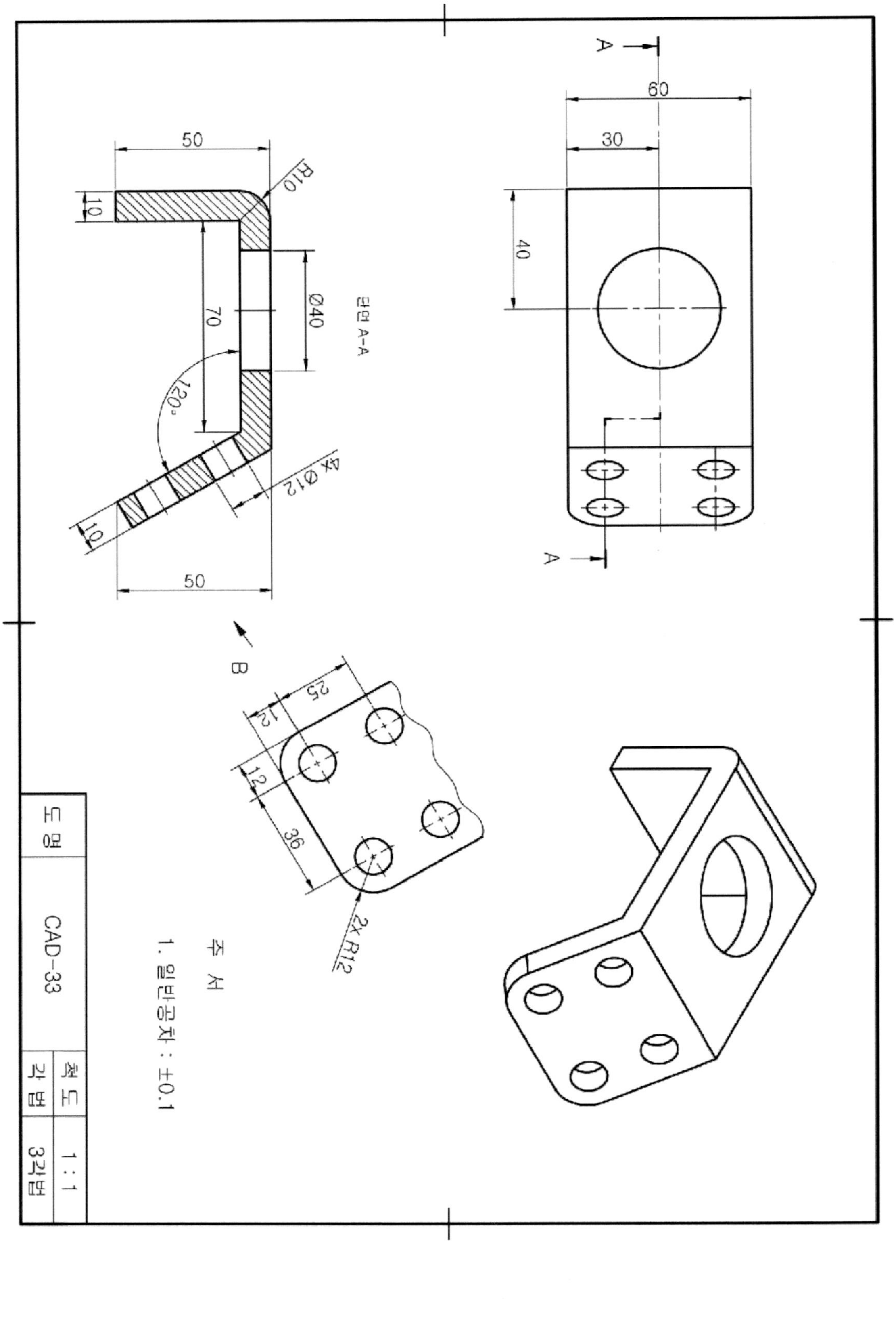

도 명
CAD-33
척 도
1 : 1
각 법
3각법
주 서
1. 일반공차 : ±0.1
단면 A-A
A
B
60
30
40
50
10
70
Ø40
R10
120°
4x Ø12
25
12
36
2x R12

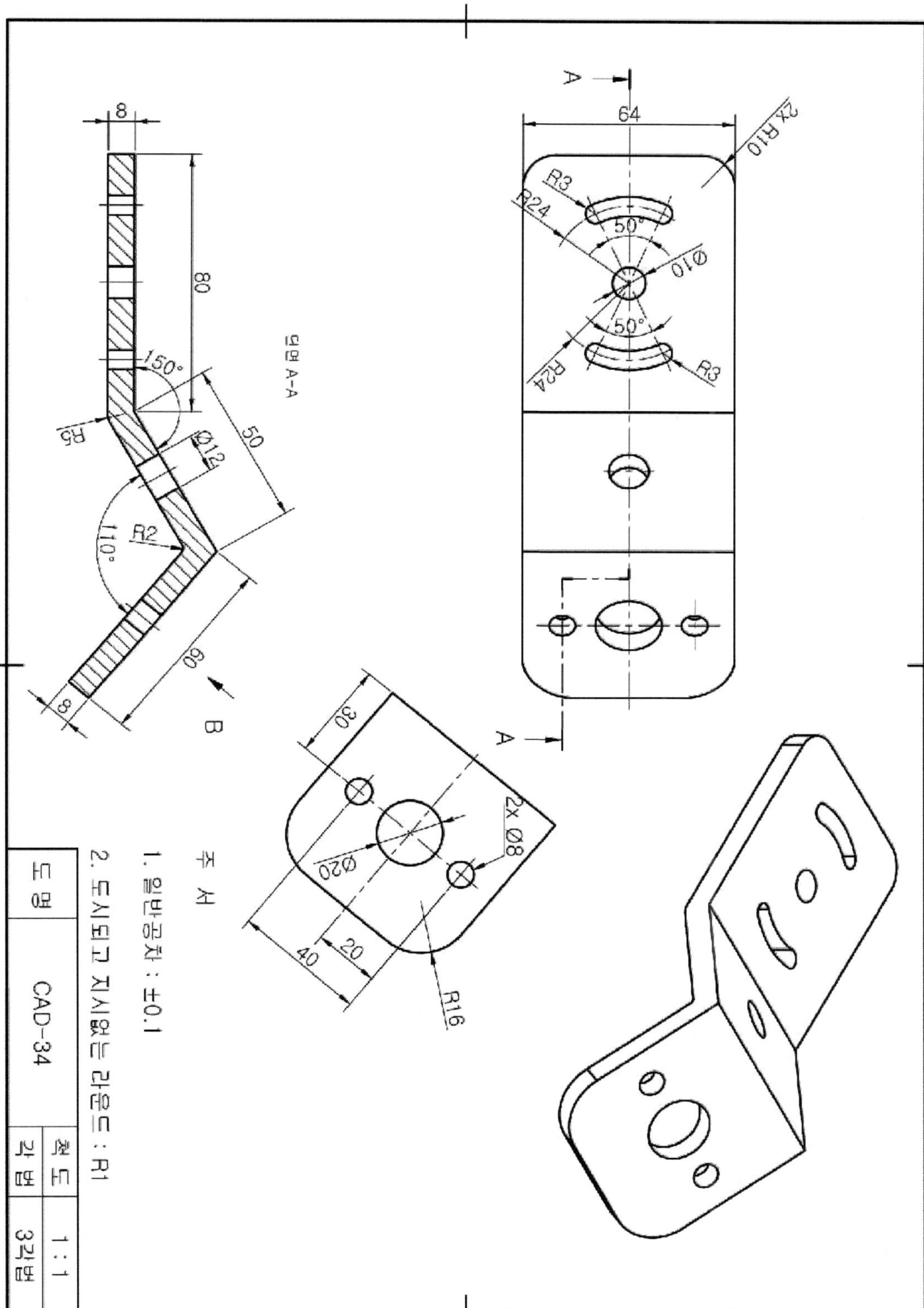
단면 A-A
주 서
1. 일반공차 : ±0.1
2. 도시되고 지시없는 라운드 : R1
도 명
CAD-34
척 도
1 : 1
각 법
3각법

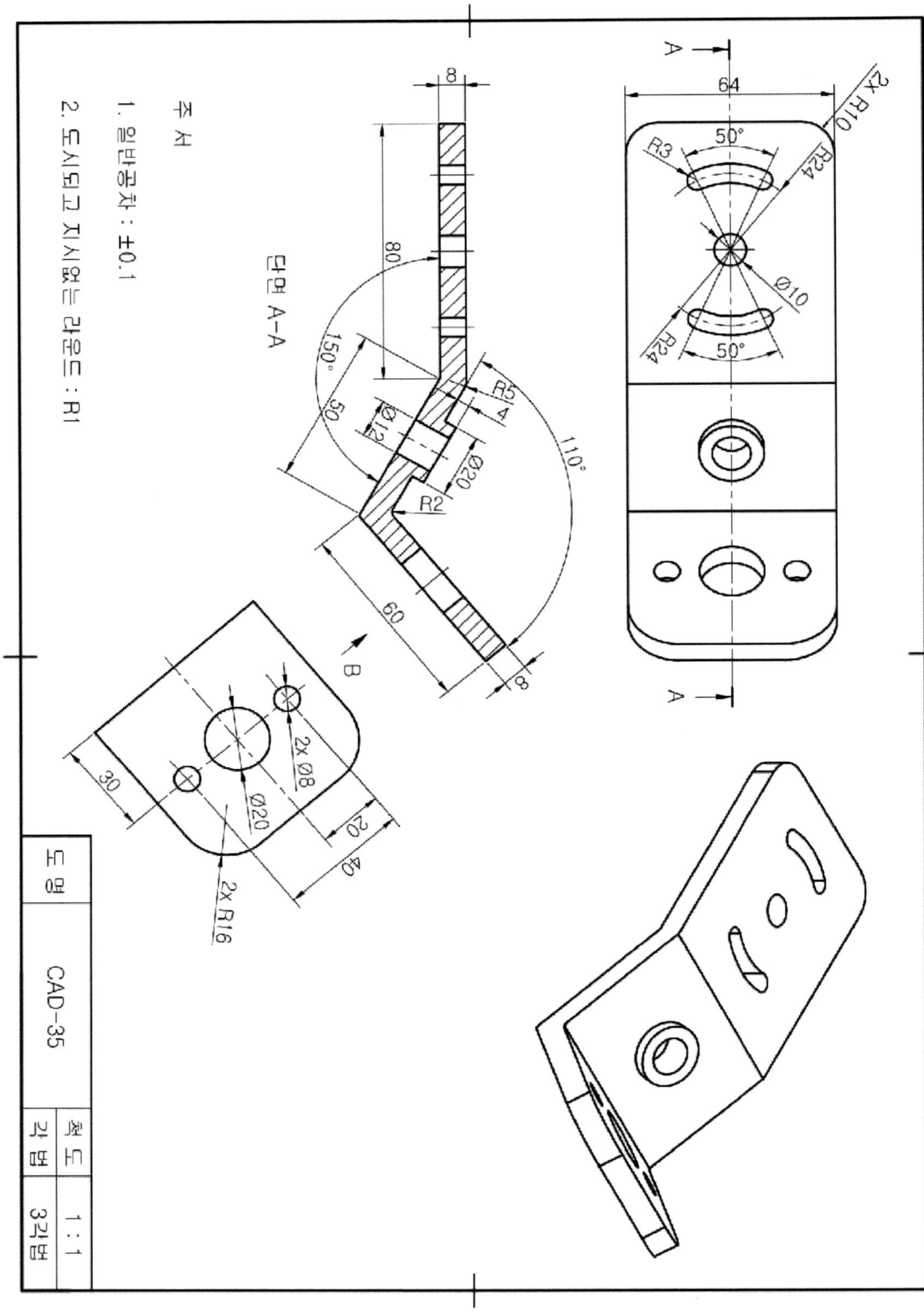
주 서
1. 일반공차 : ±0.1
2. 도시되고 지시없는 라운드 : R1
단면 A-A
도 명
CAD-35
척 도
1 : 1
각 법
3각법

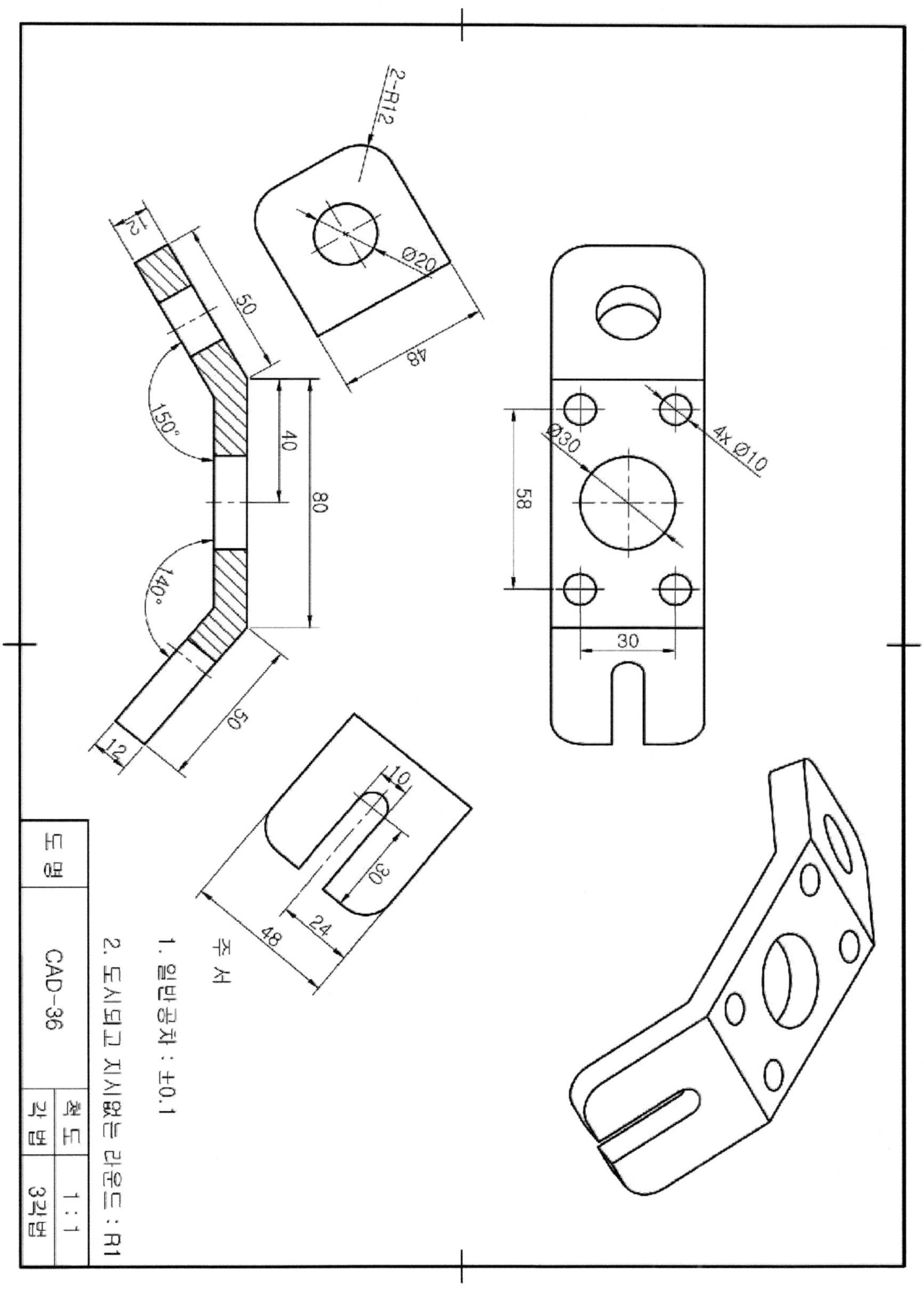
2-R12
Ø20
48
50
5
150°
40
80
140°
50
12
10
30
24
48
58
Ø30
4x Ø10
30
주 서
1. 일반공차 : ±0.1
2. 도시되고 지시없는 라운드 : R1
도 명
CAD-36
척 도
1 : 1
각 법
3각법

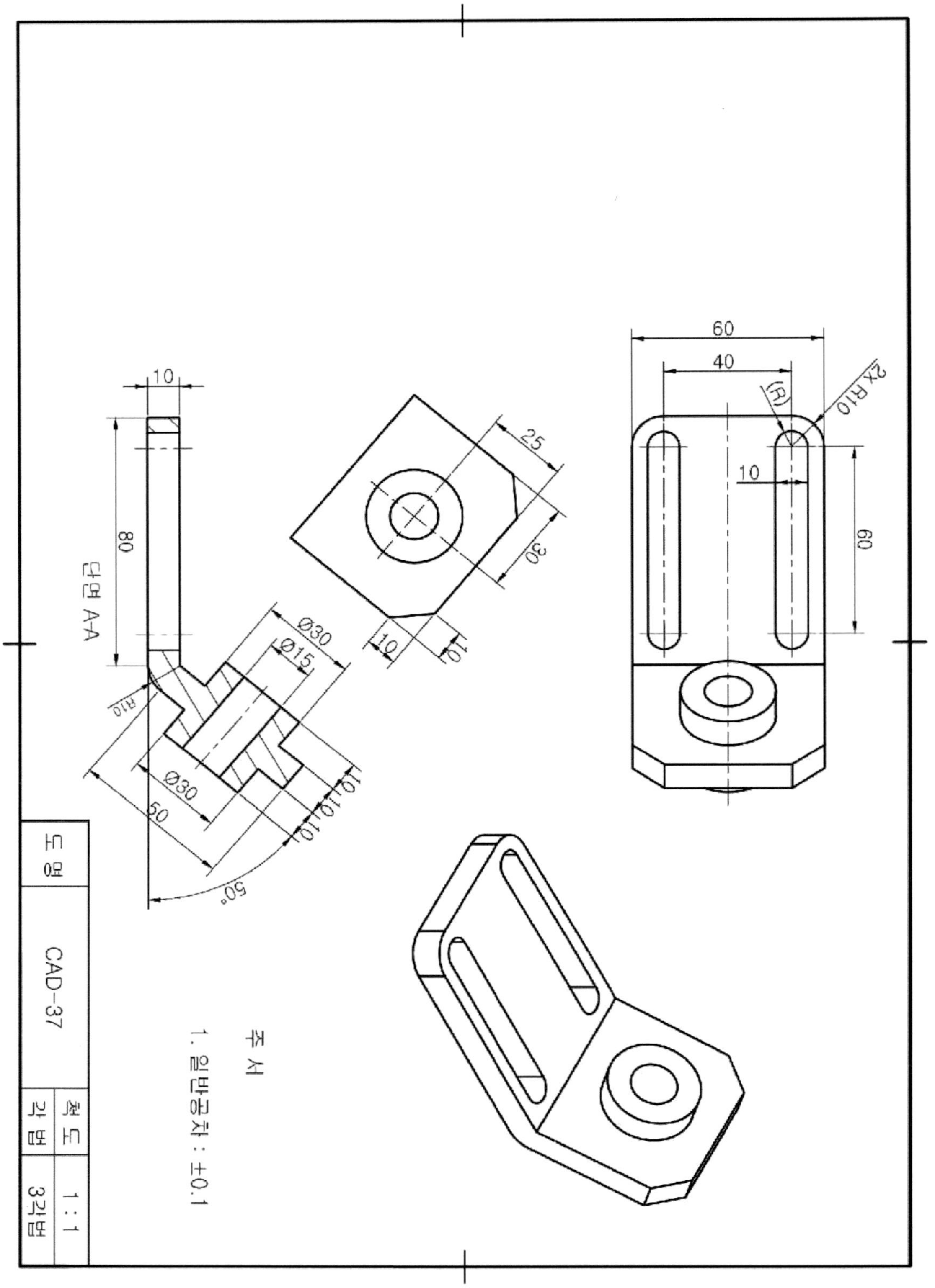
도 명
CAD-37
척 도
1 : 1
각 법
3각법
주 서
1. 일반공차 : ±0.1
단면 A-A
2X R10
(R)
Ø30
Ø15
50°

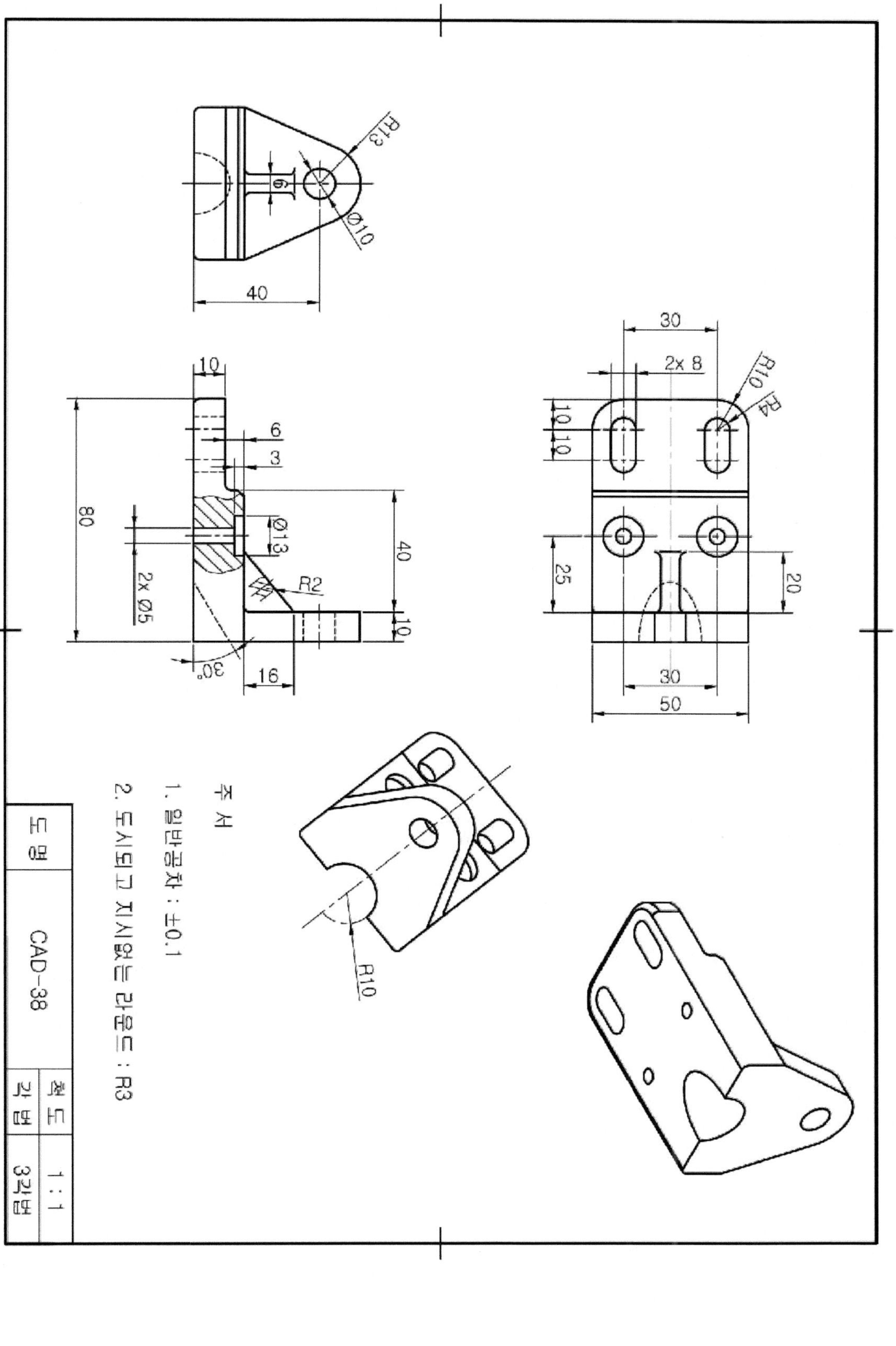
주서
1. 일반공차 : ±0.1
2. 도시되고 지시없는 라운드 : R3
도명
CAD-38
척도
1 : 1
각법
3각법

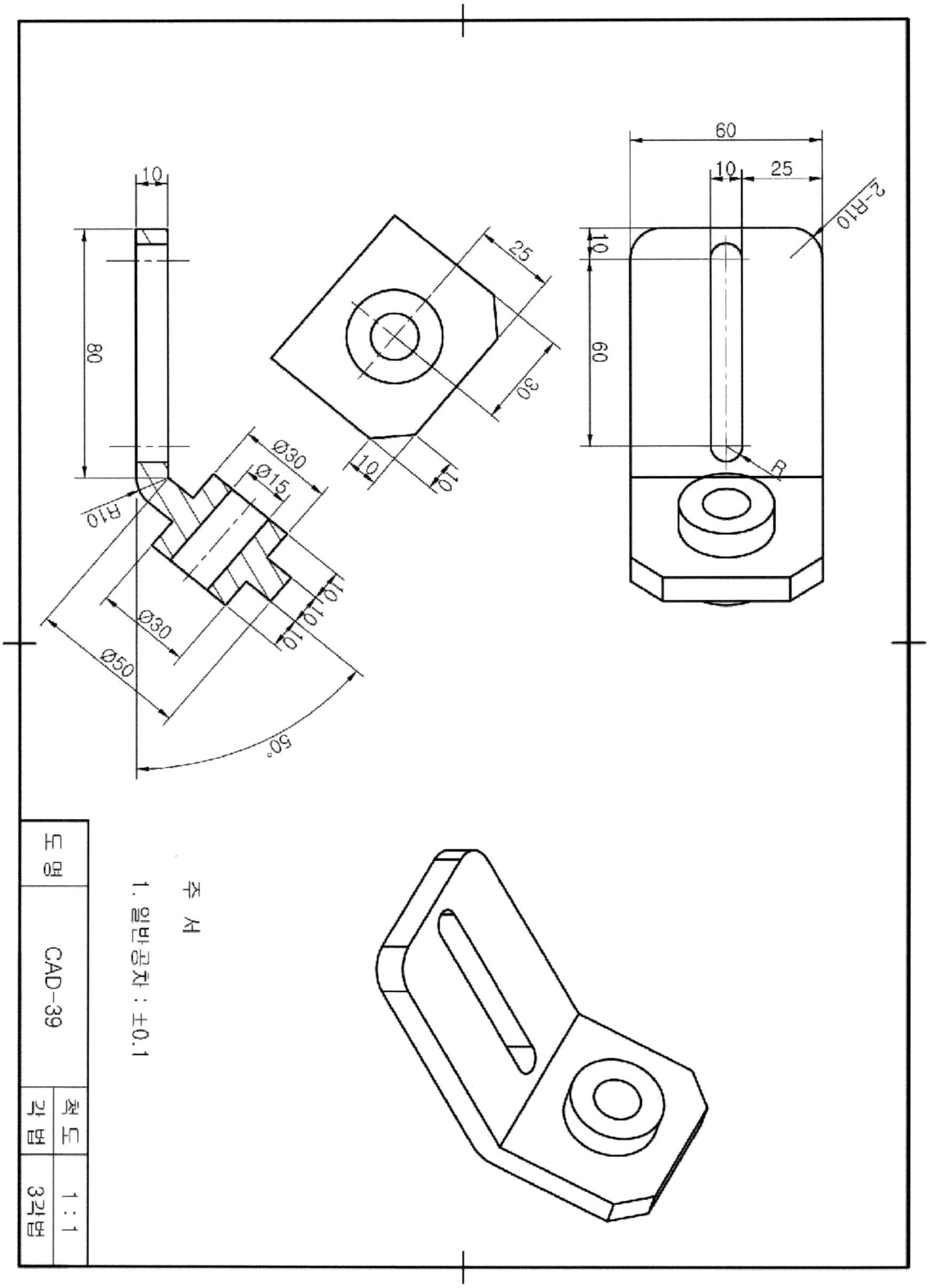
주 서
1. 일반공차 : ±0.1
도 명
CAD-39
척 도
1 : 1
각 법
3각법
60
10
25
2-R10
10
60
R
25
30
10
10
Ø30
Ø15
R10
80
10
Ø30
Ø50
50°

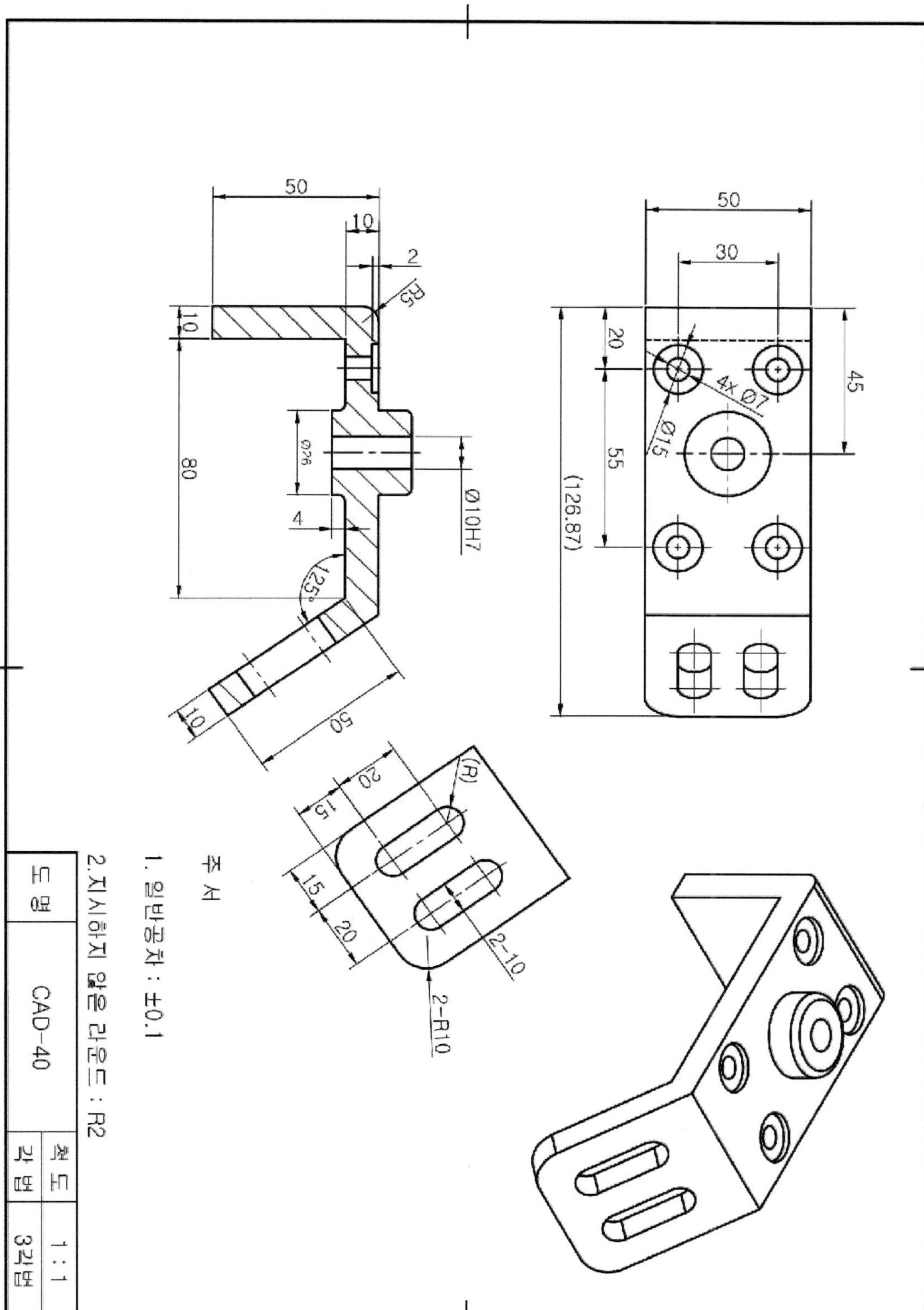
주 서
1. 일반공차 : ±0.1
2.지시하지 않은 라운드 : R2
도 명
CAD-40
척 도
1 : 1
각 법
3각법

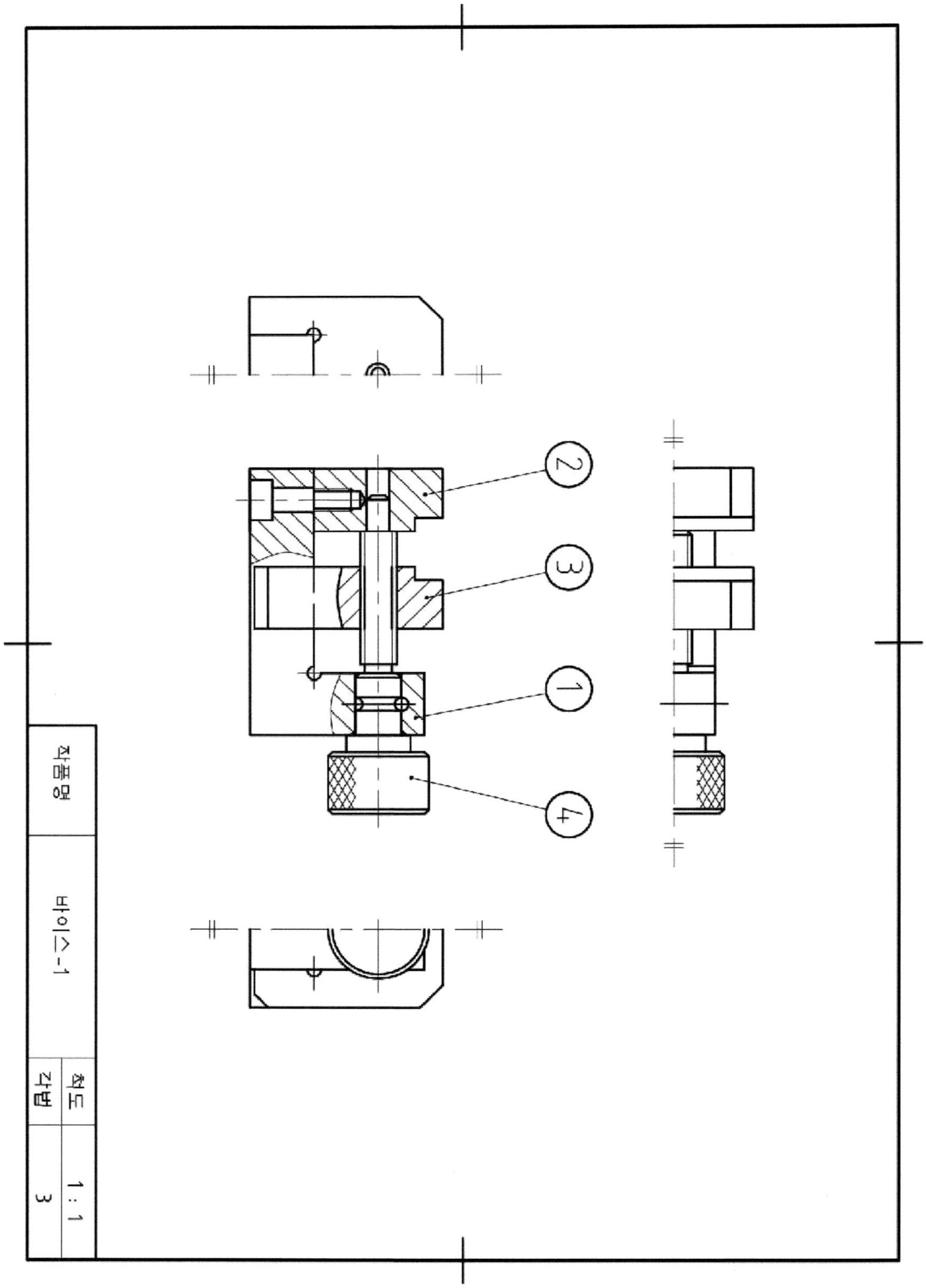
작품명
바이스-1
척도
1 : 1
각법
3
2
3
1
4

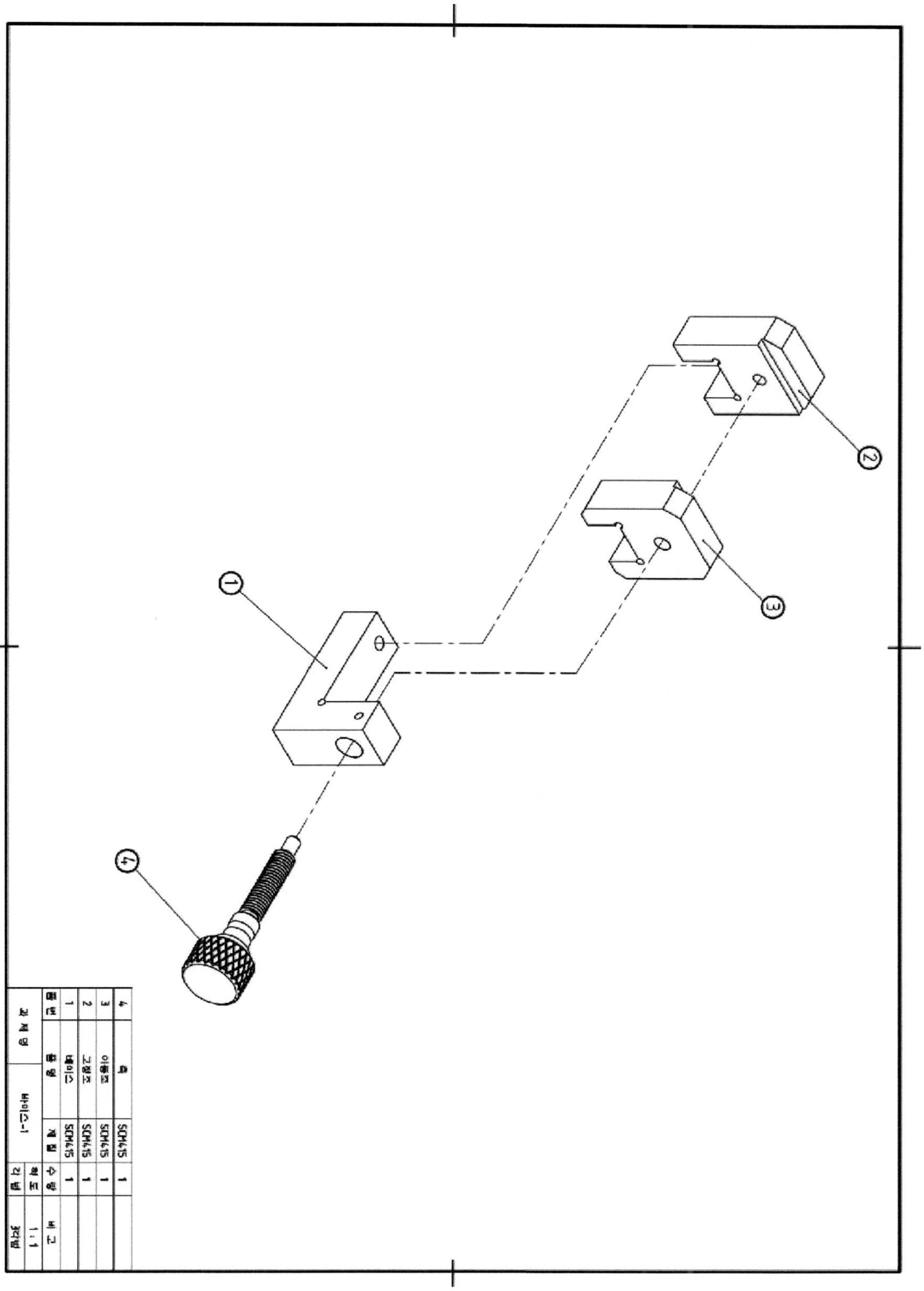
①
②
③
④
과제명
바이스-1
척도
1 : 1
투상법
3각법
4 축 SCM415 1
3 이동조 SCM415 1
2 고정조 SCM415 1
1 베이스 SCM415 1
품번 품명 재질 수량 비고

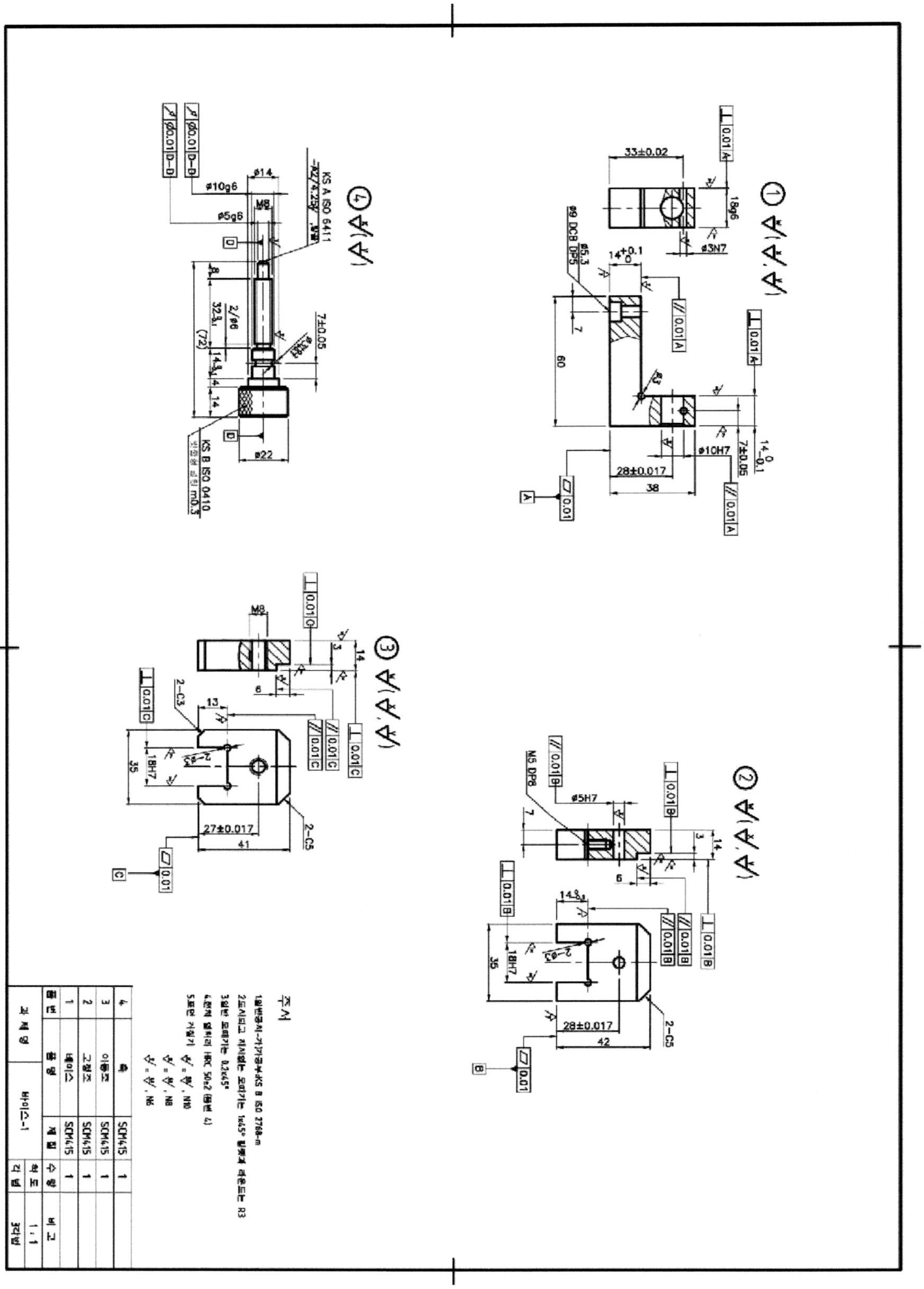

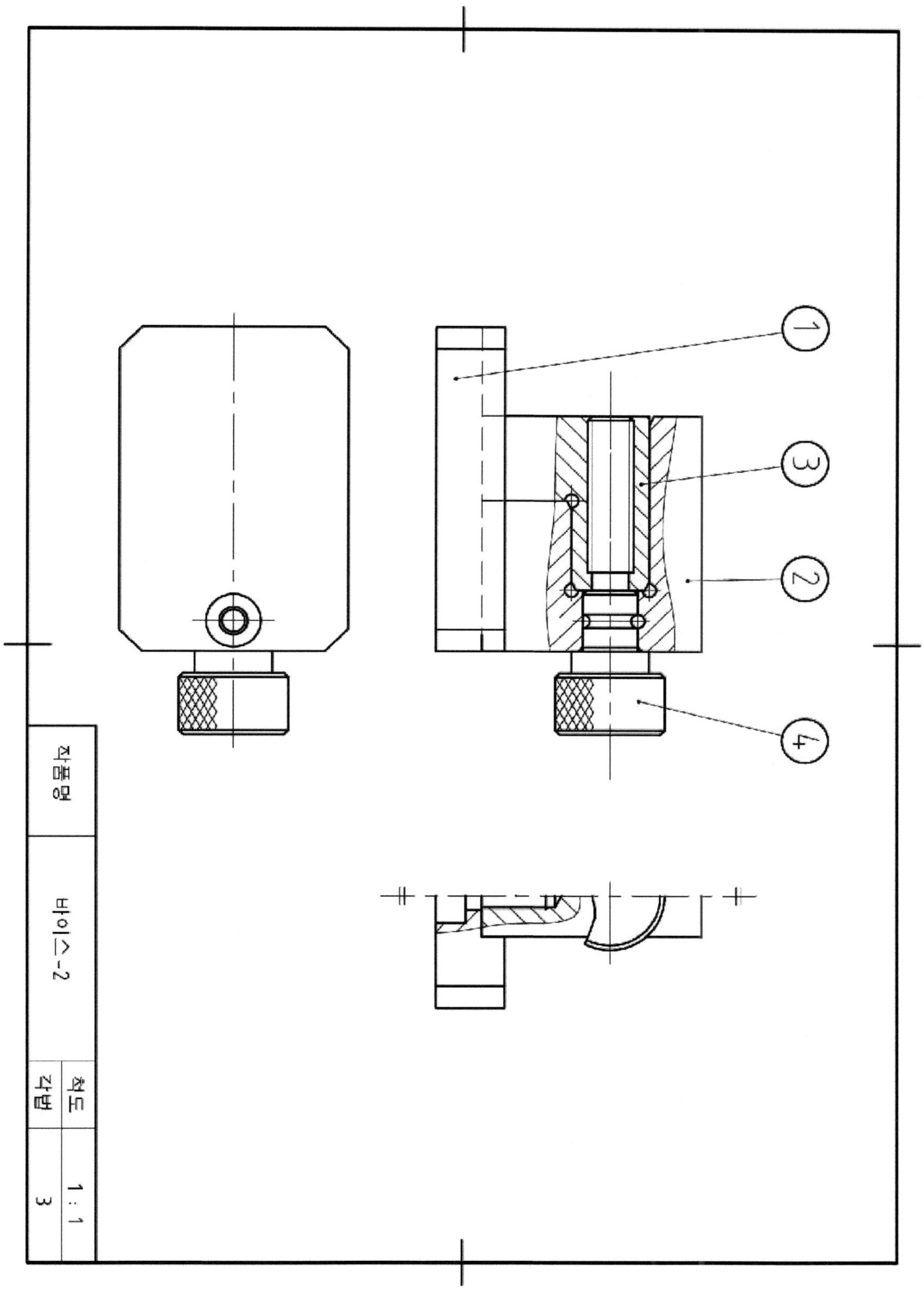
1
3
2
4
작품명
바이스-2
척도
1 : 1
각법
3

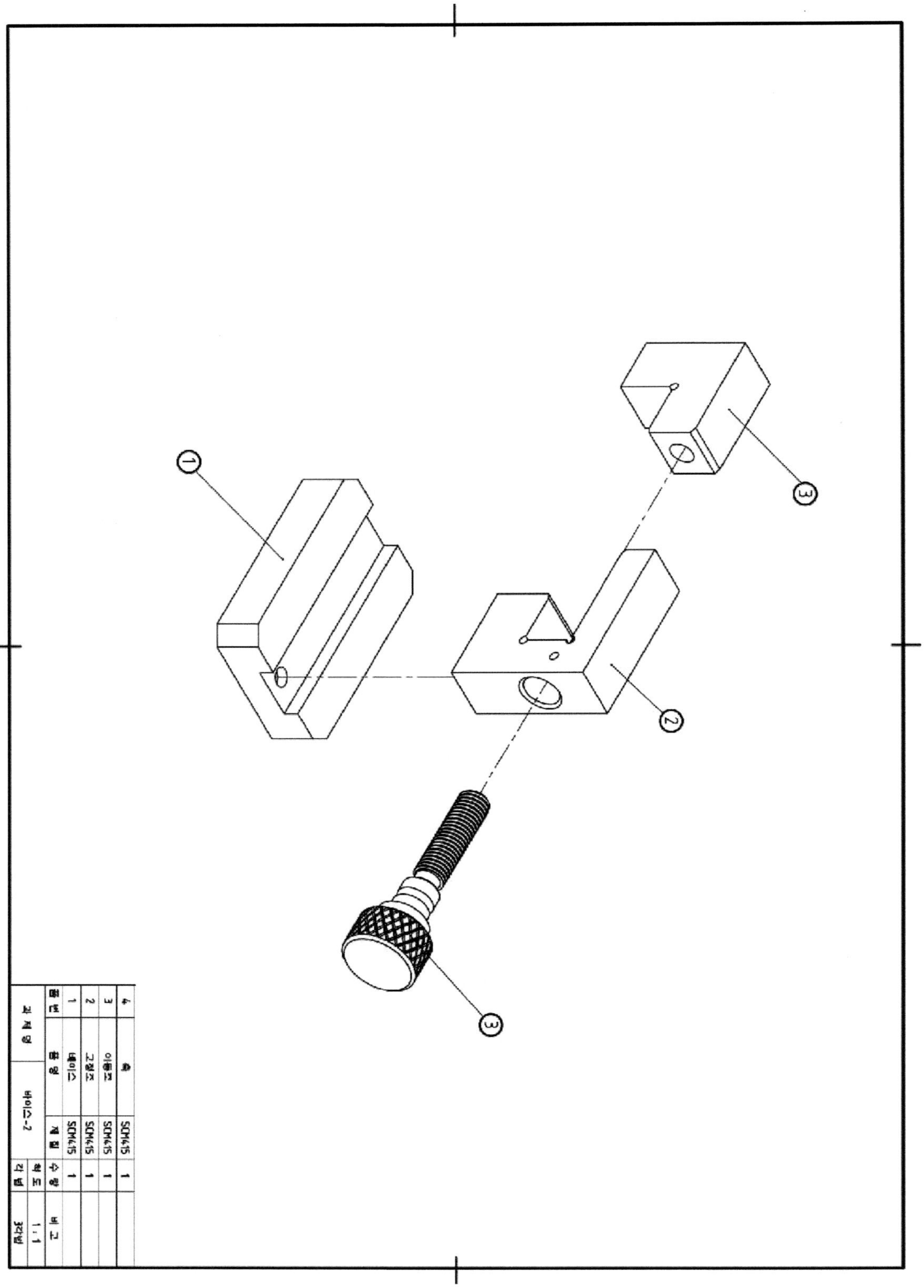
①
②
③
③
4 축 SCM415 1
3 이동조 SCM415 1
2 고정조 SCM415 1
1 베이스 SCM415 1
품번 품명 재질 수량 비고
과제명 바이스-2 척도 1 : 1
각법 3각법

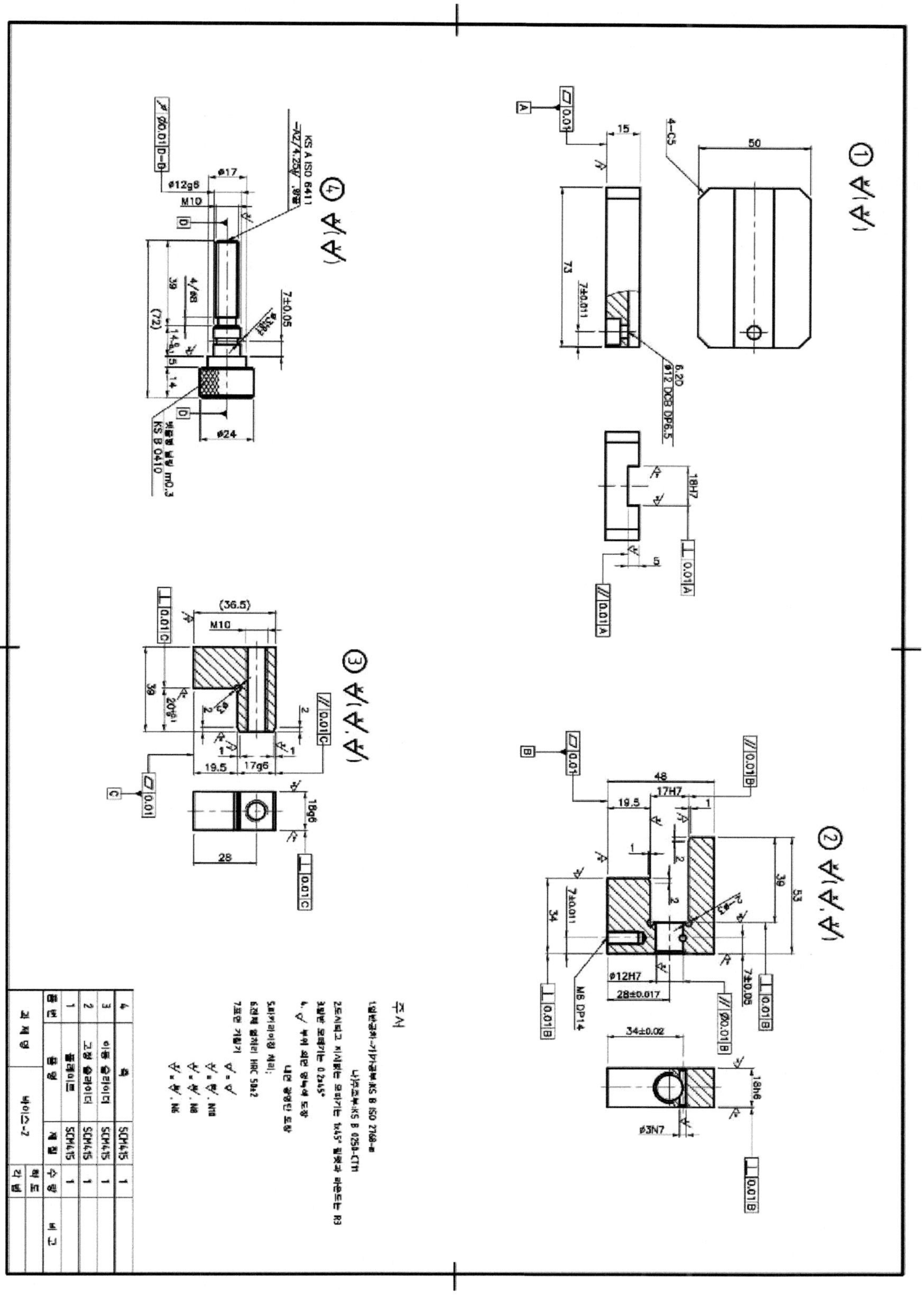

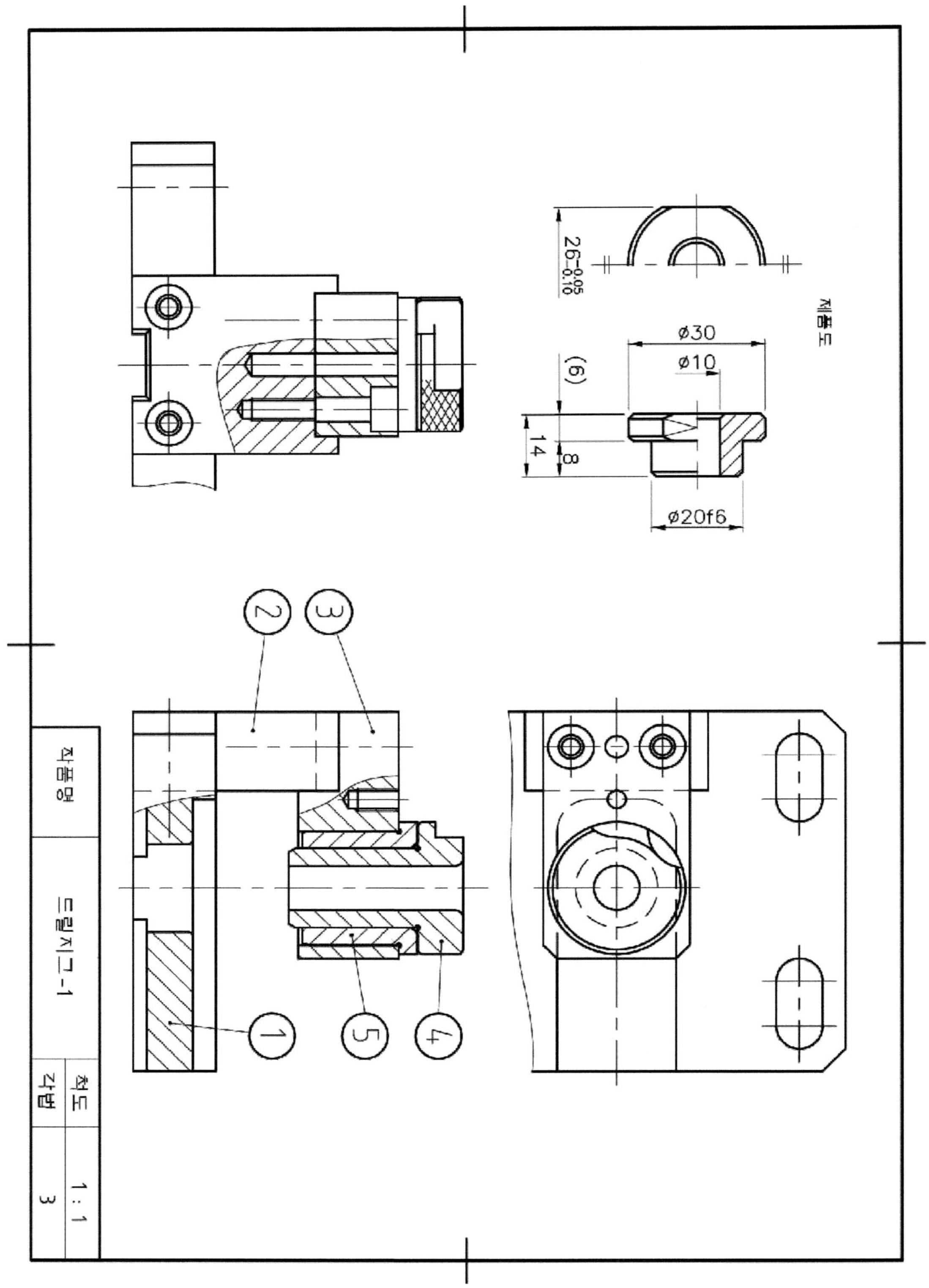
제품도
ø30
ø10
ø20f6
(6)
14
8
1
2
3
4
5
작품명
드릴지그-1
척도
1 : 1
각법
3

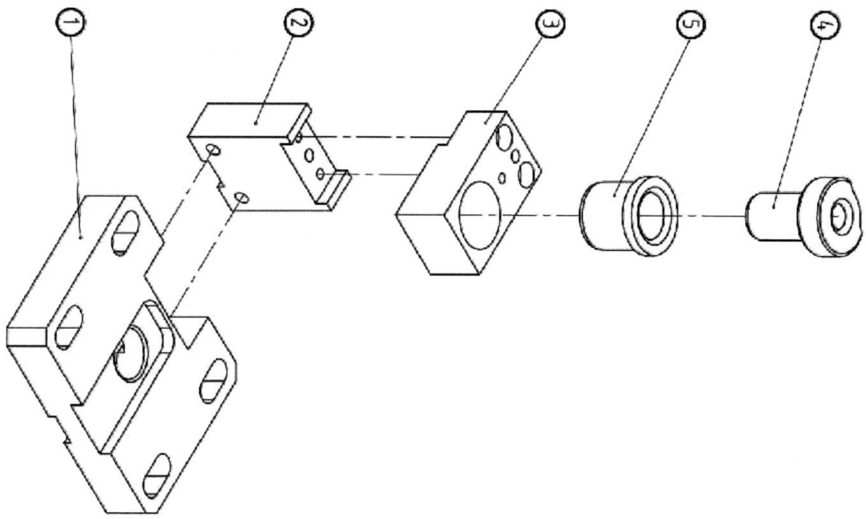

과제명	드릴지그-1		척도	1:1
			투상	3각법
품번	품명	재질	수량	비고
1	본체	GC200	1	
2	축	SCM430	1	
3	고정조	GC200	1	
4	클립 조	GC200	1	
5	미끄럼 부시	SCM415	1	
6	핸들 너트	SM45C	1	
7	핸들	SM45C	3	

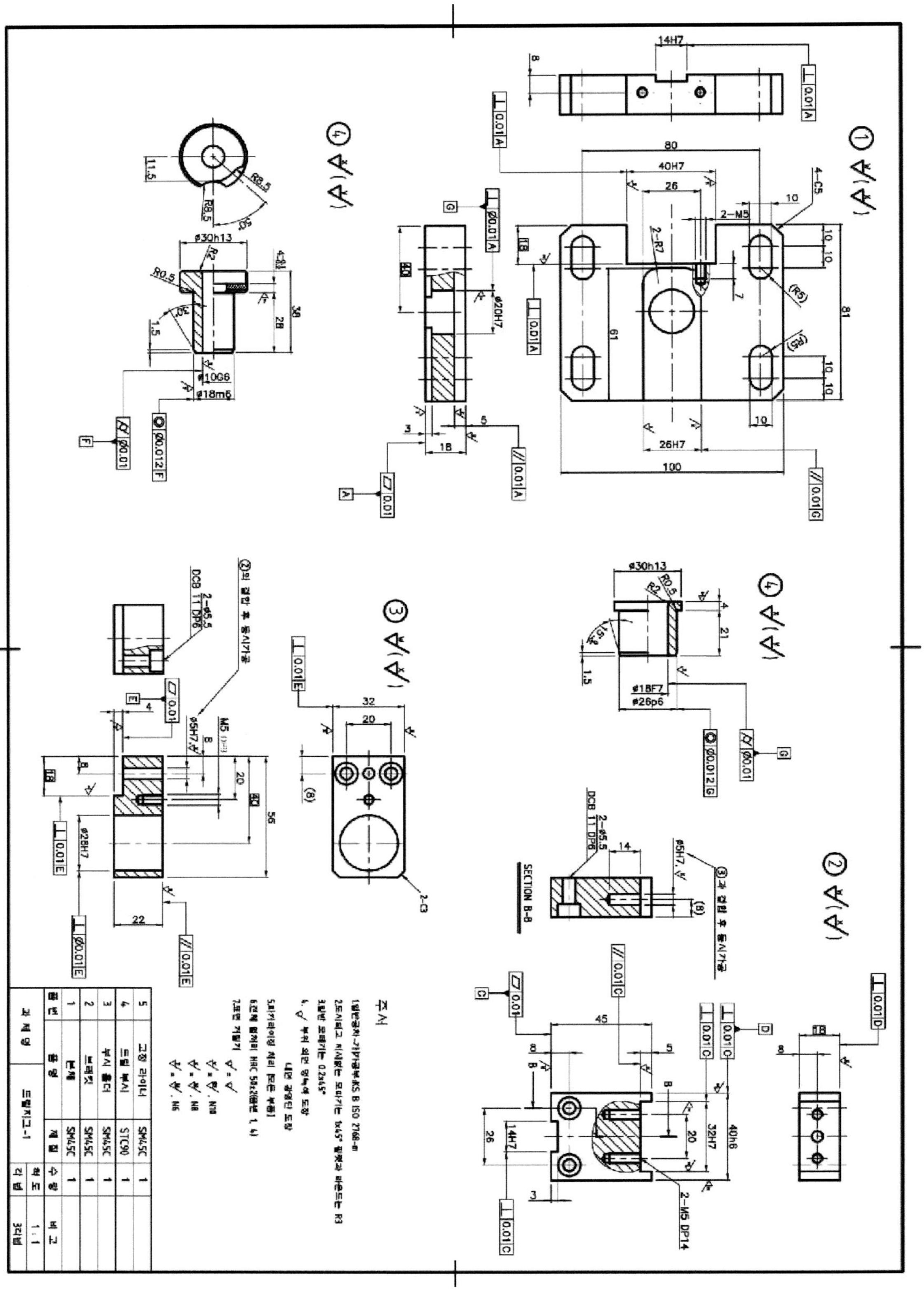

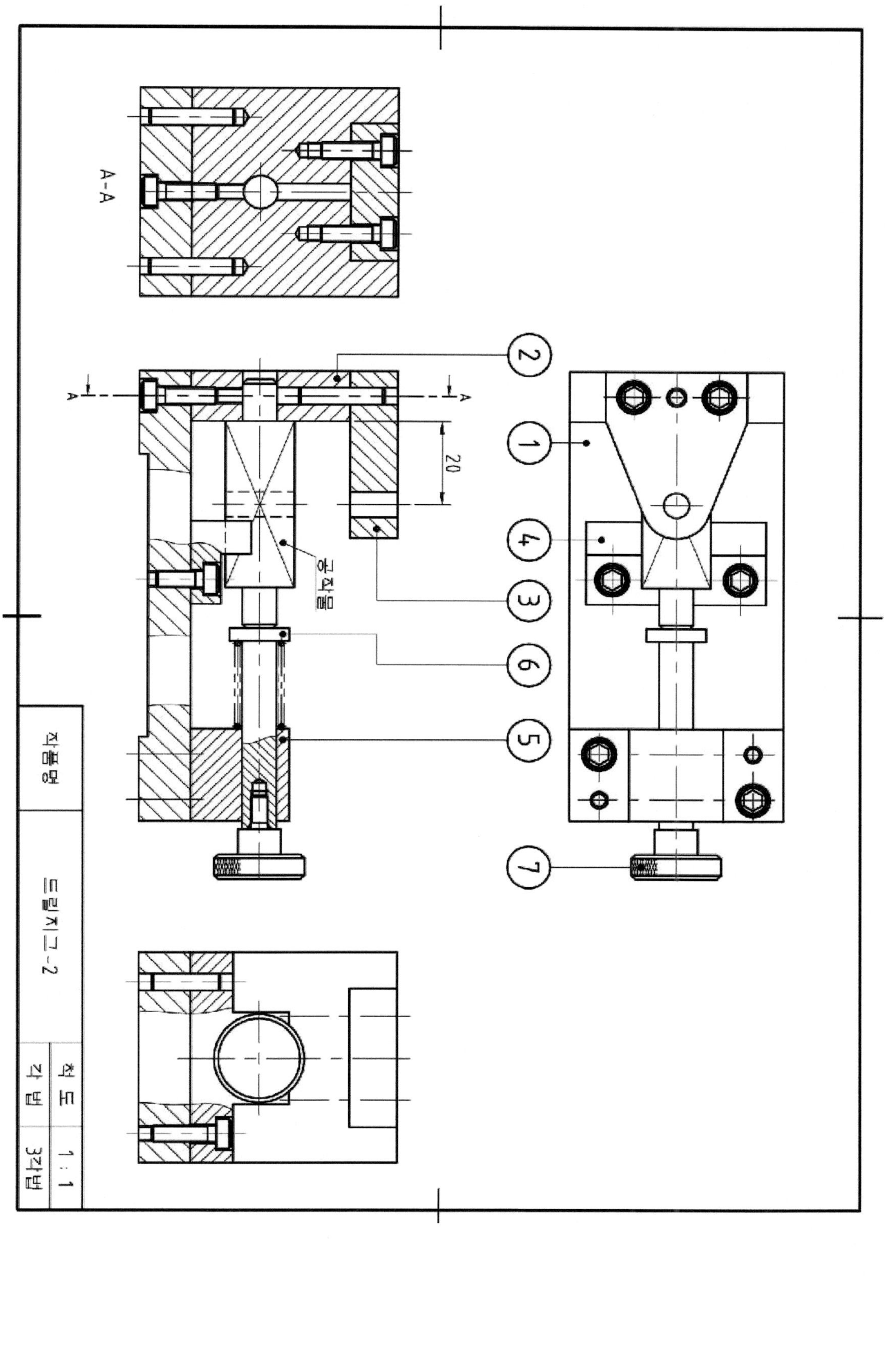
A-A
A
A
20
공작물
1
2
3
4
5
6
7
작품명
드릴지그-2
척도
1 : 1
각법
3각법

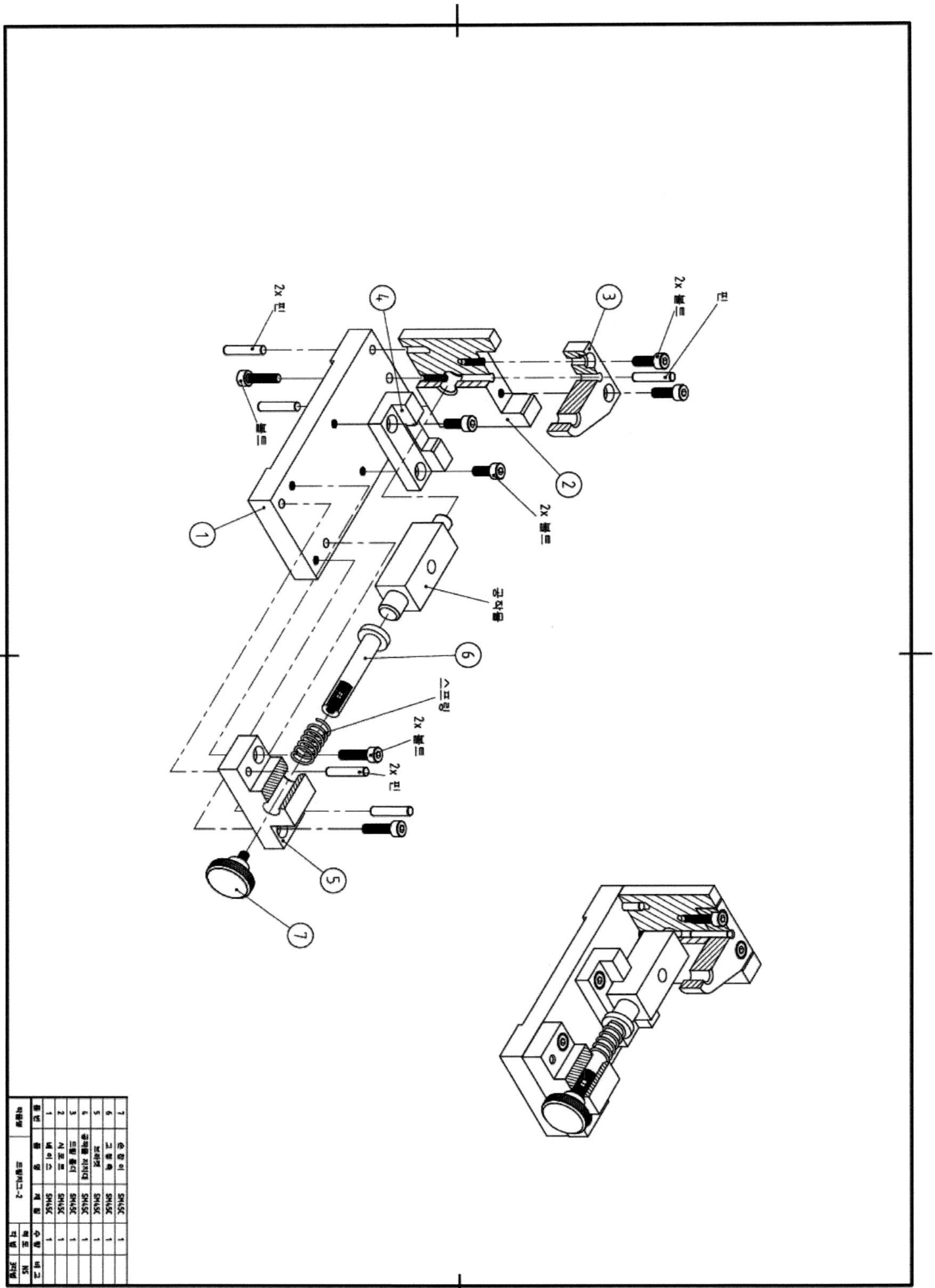

작품명	드릴지그-2		척도	NS
			각법	3각법
품번	품명	재질	수량	비고
1	베이스	SM45C	1	
2	서포트	SM45C	1	
3	드릴 홀더	SM45C	1	
4	공작물 지지대	SM45C	1	
5	브라켓	SM45C	1	
6	고정축	SM45C	1	
7	손잡이	SM45C	1	

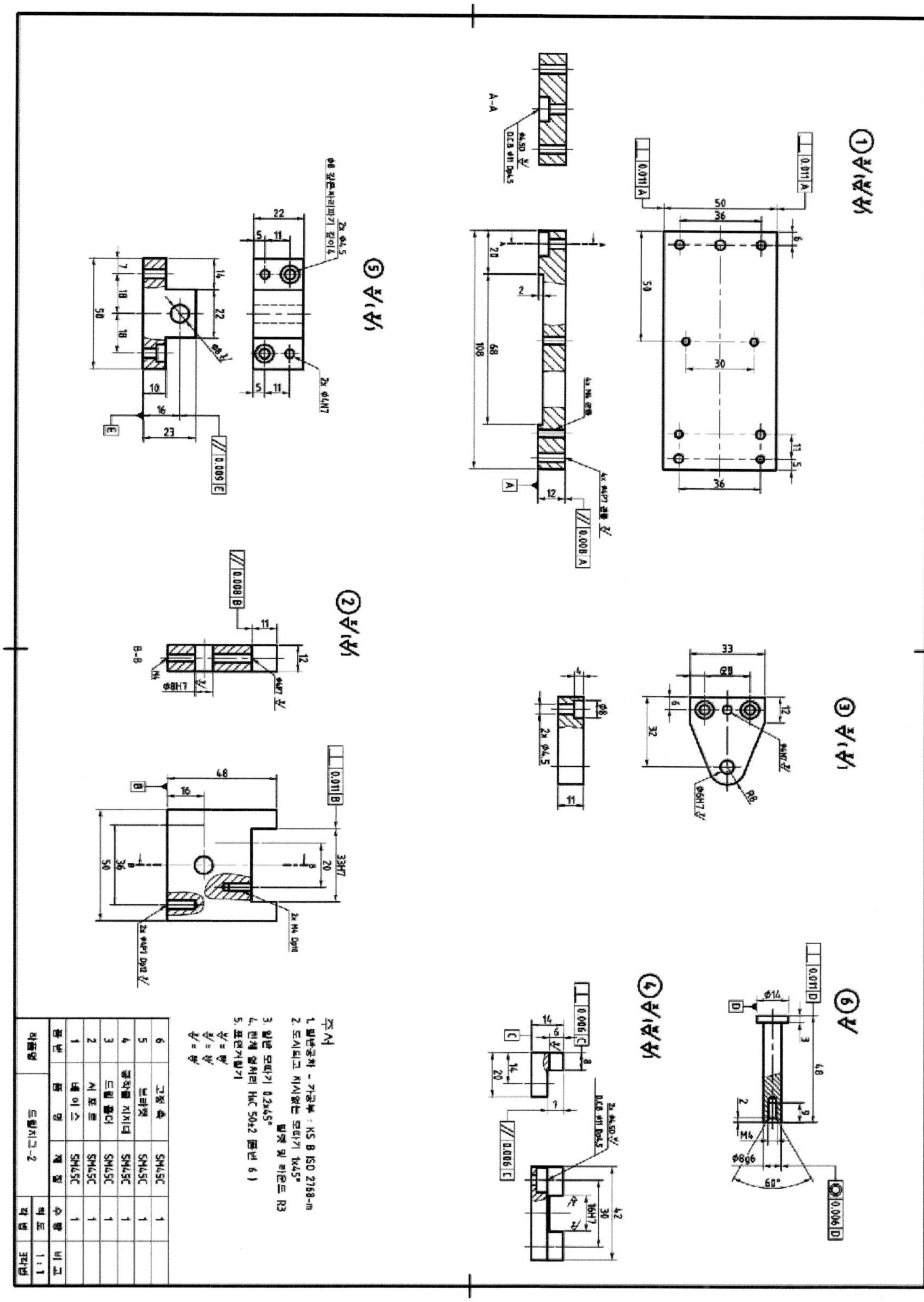

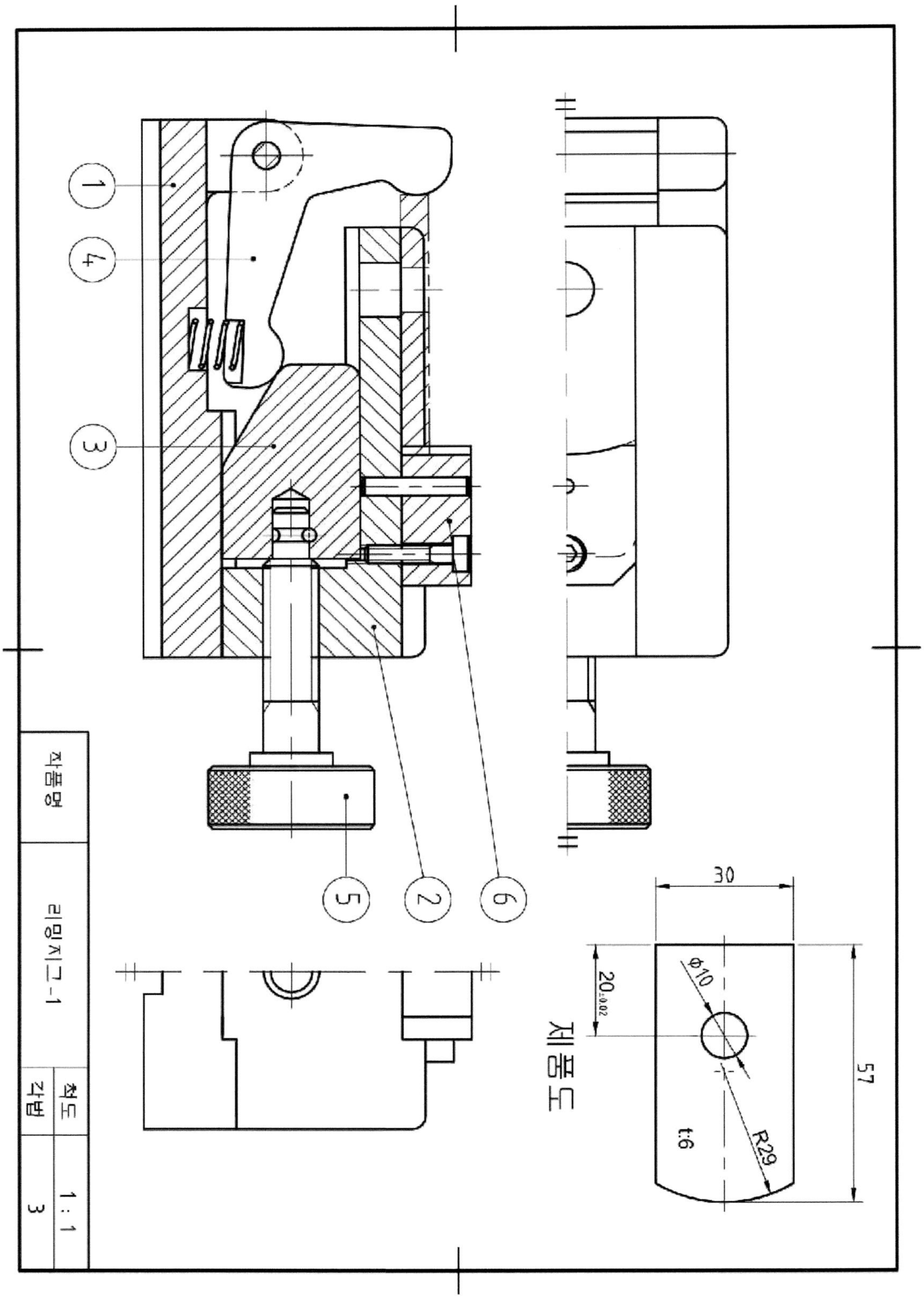
1
4
3
5
2
6
작품명
리밍지그-1
척도
1 : 1
각법
3
제품도
30
57
20±0.02
φ10
R29
t:6

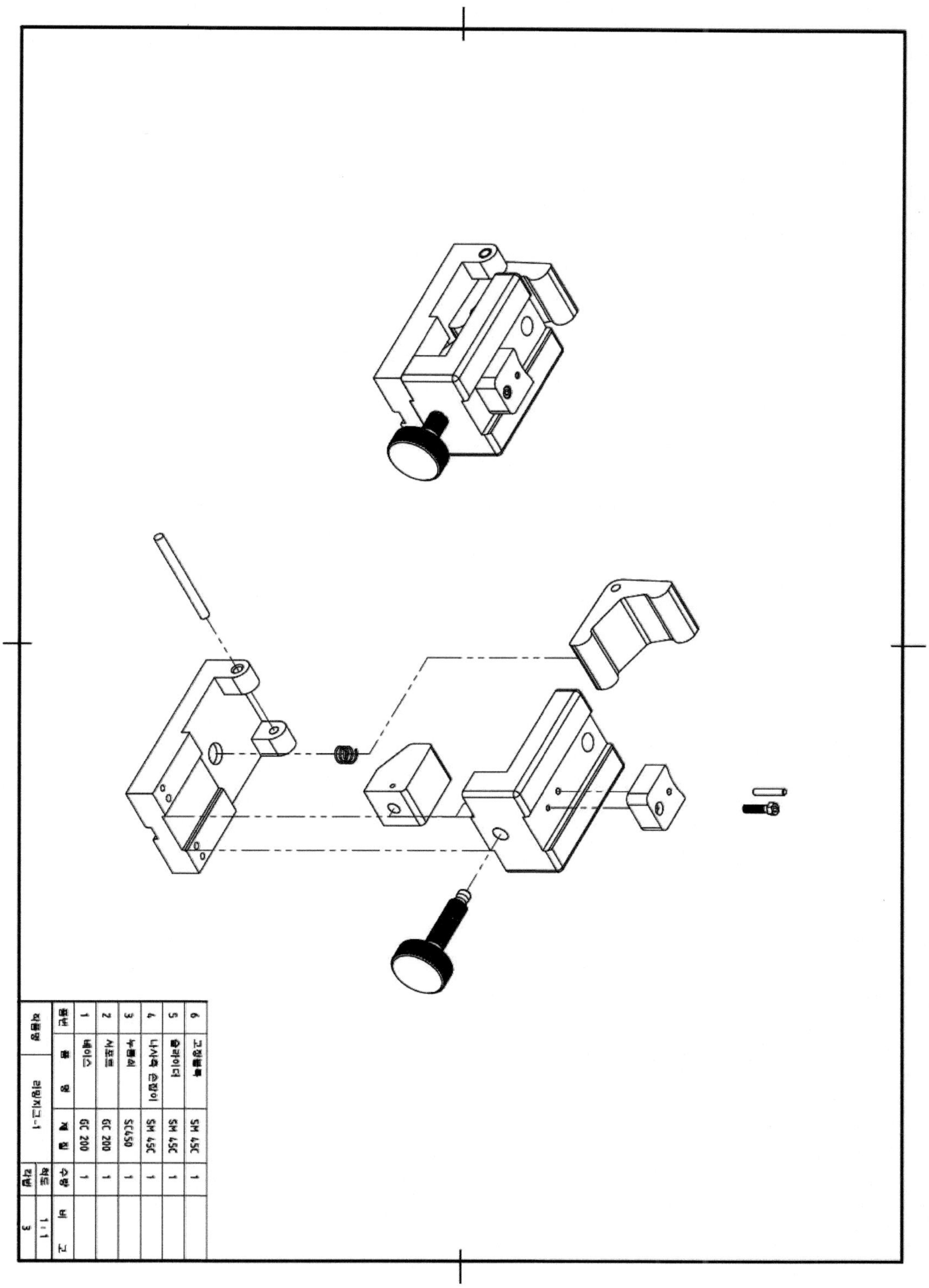

작품명	리밍지그-1		각법	3
			척도	1:1
품번	품 명	재 질	수량	비 고
1	베이스	GC 200	1	
2	서포트	GC 200	1	
3	누름쇠	SC450	1	
4	나사축 손잡이	SM 45C	1	
5	슬라이더	SM 45C	1	
6	고정블록	SM 45C	1	

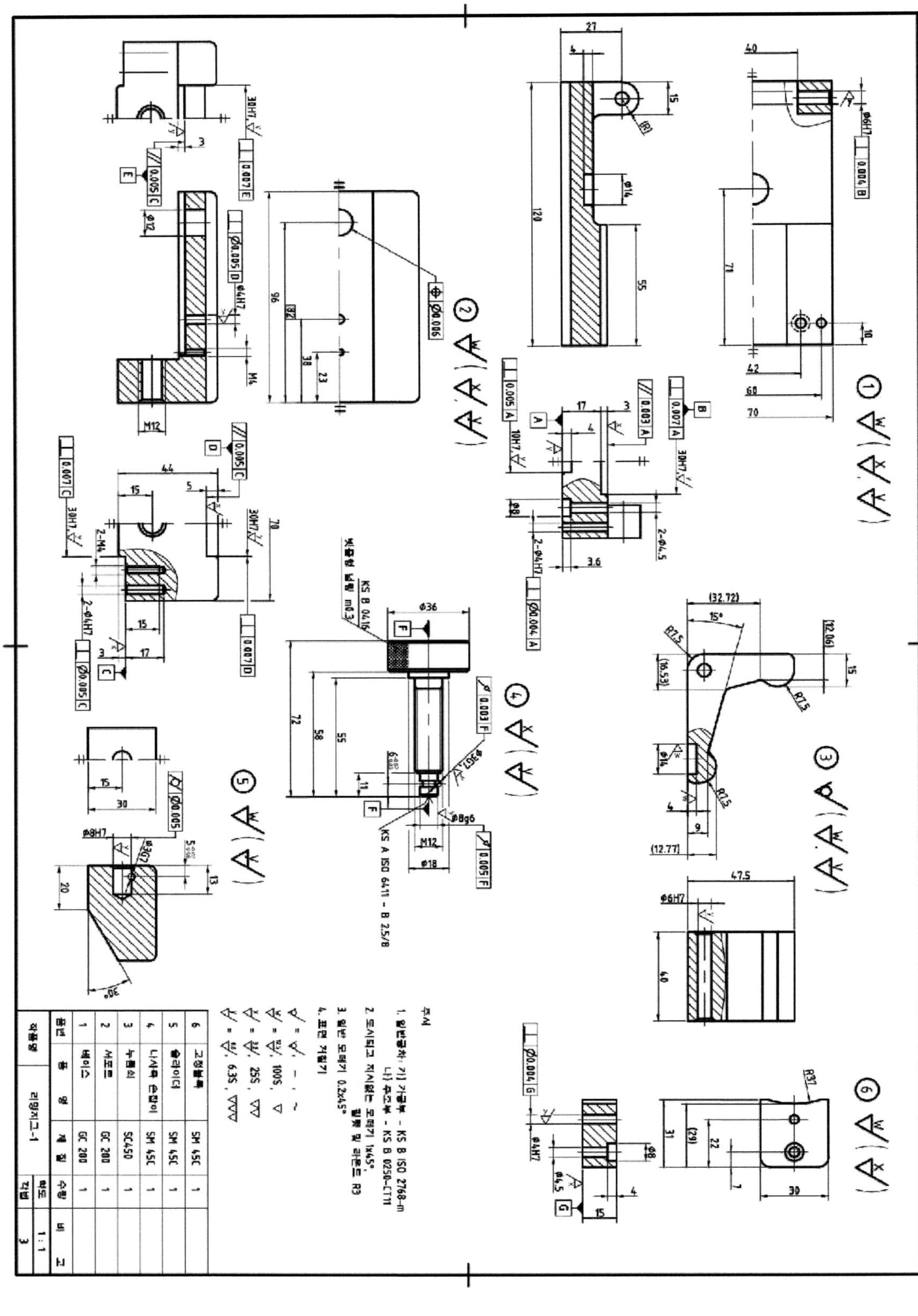
주서
1. 일반공차: 가) 가공부 - KS B ISO 2768-m
나) 주조부 - KS B 0250-CT11
2. 도시되고 지시없는 모떼기 1x45°
필렛 및 라운드 R3
3. 일반 모떼기 0.2x45°
4. 표면 거칠기
6 고정블록 SM 45C 1
5 슬라이더 SM 45C 1
4 나사축 손잡이 SM 45C 1
3 누름쇠 SC450 1
2 서포트 GC 200 1
1 베이스 GC 200 1
품번 품명 재질 수량 비고
작품명 리밍지그-1 척도 1:1 각법 3

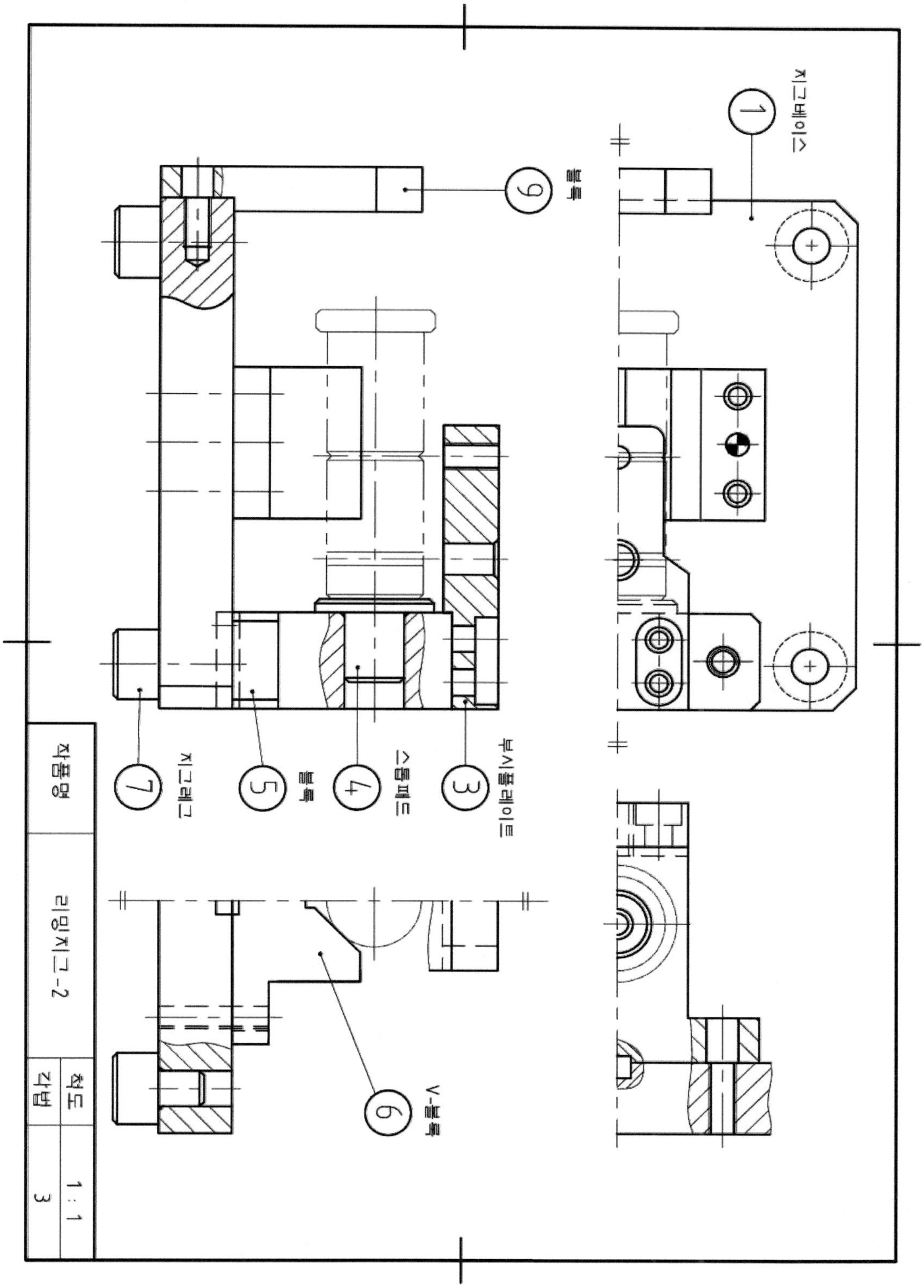
1
지그베이스
9
블록
7
지그레그
5
블록
4
스톱패드
3
부시플레이트
6
V-블록
작품명
리밍지그-2
척도
1 : 1
각법
3

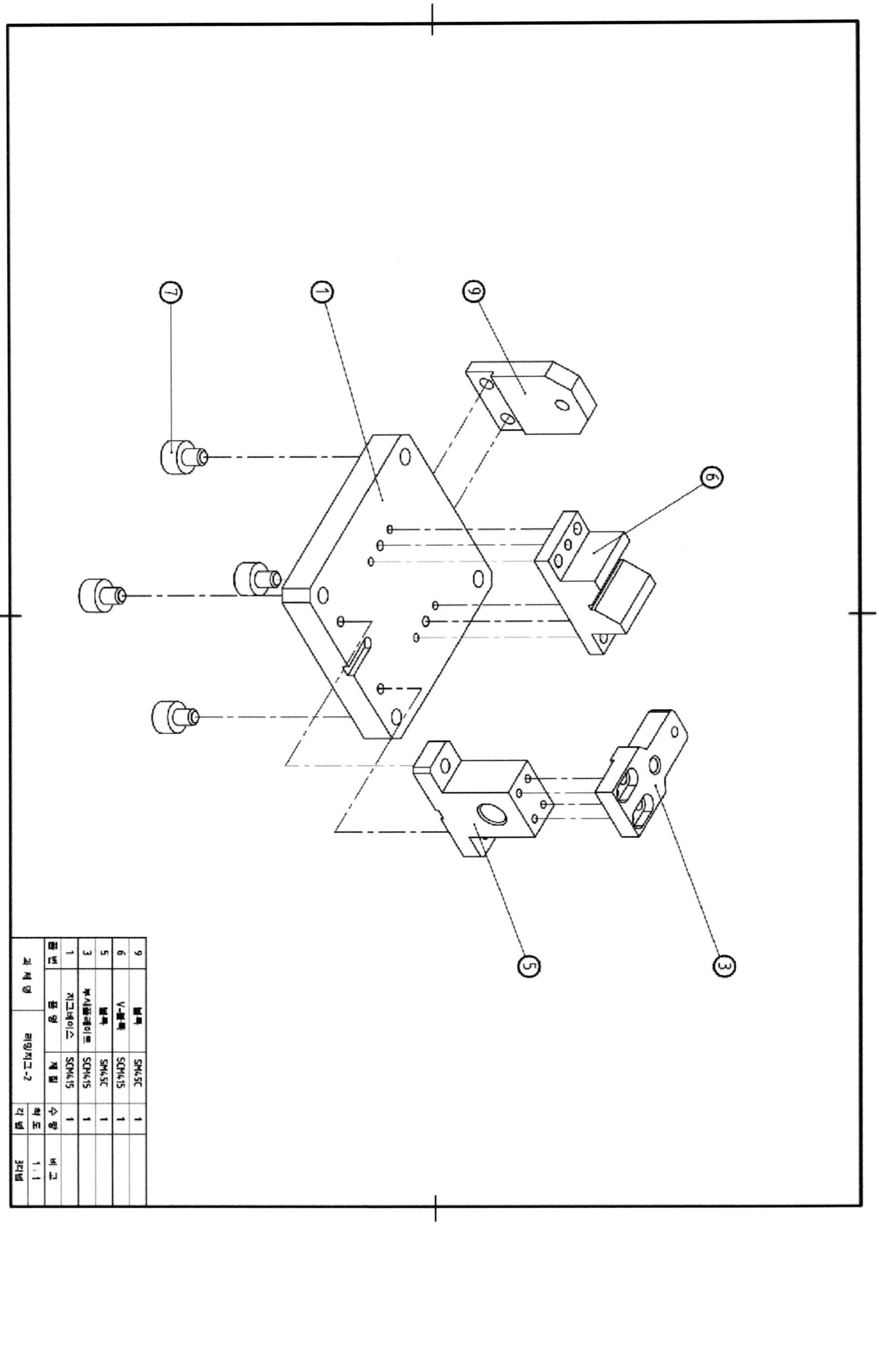
7
1
9
6
5
3
9 블록 SM45C 1
6 V-블록 SCM415 1
5 블록 SM45C 1
3 부시플레이트 SCM415 1
1 지그베이스 SCM415 1
품번 품명 재질 수량 비고
과제명 리밍지그-2 척도 1:1
각법 3각법

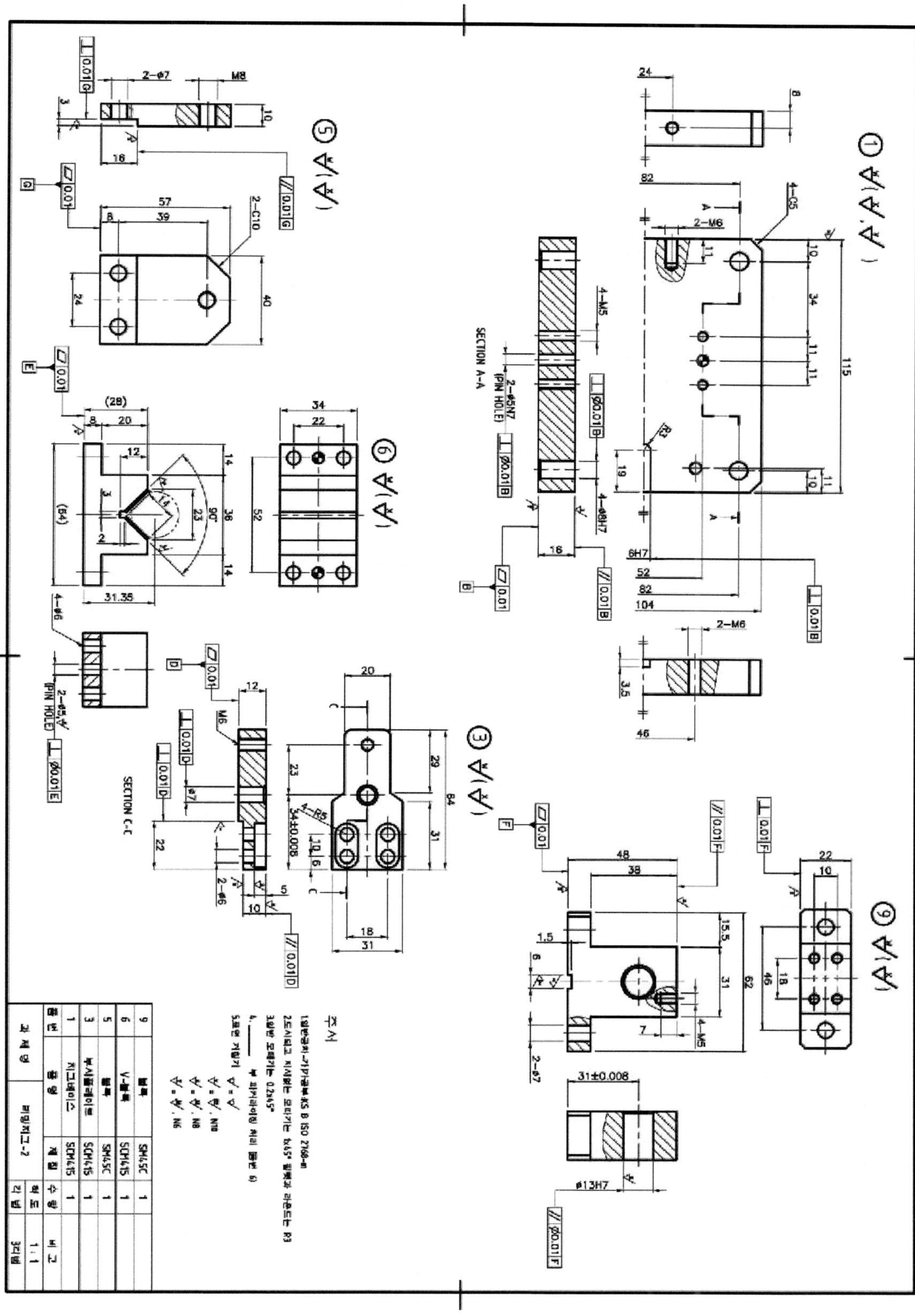
SECTION A-A
SECTION C-C

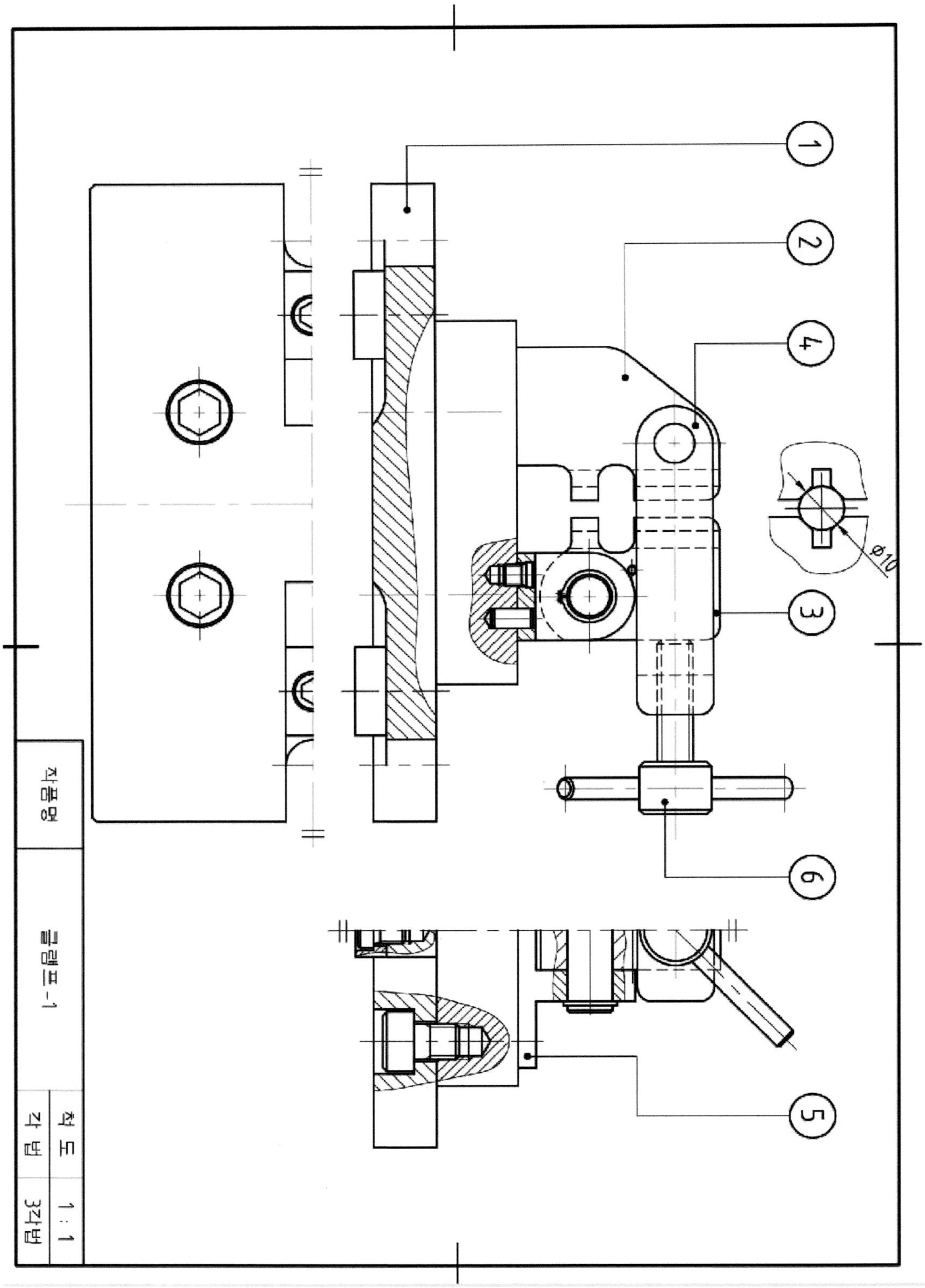

1
2
4
3
6
5
φ10
작품명
클램프-1
척도
1 : 1
각법
3각법

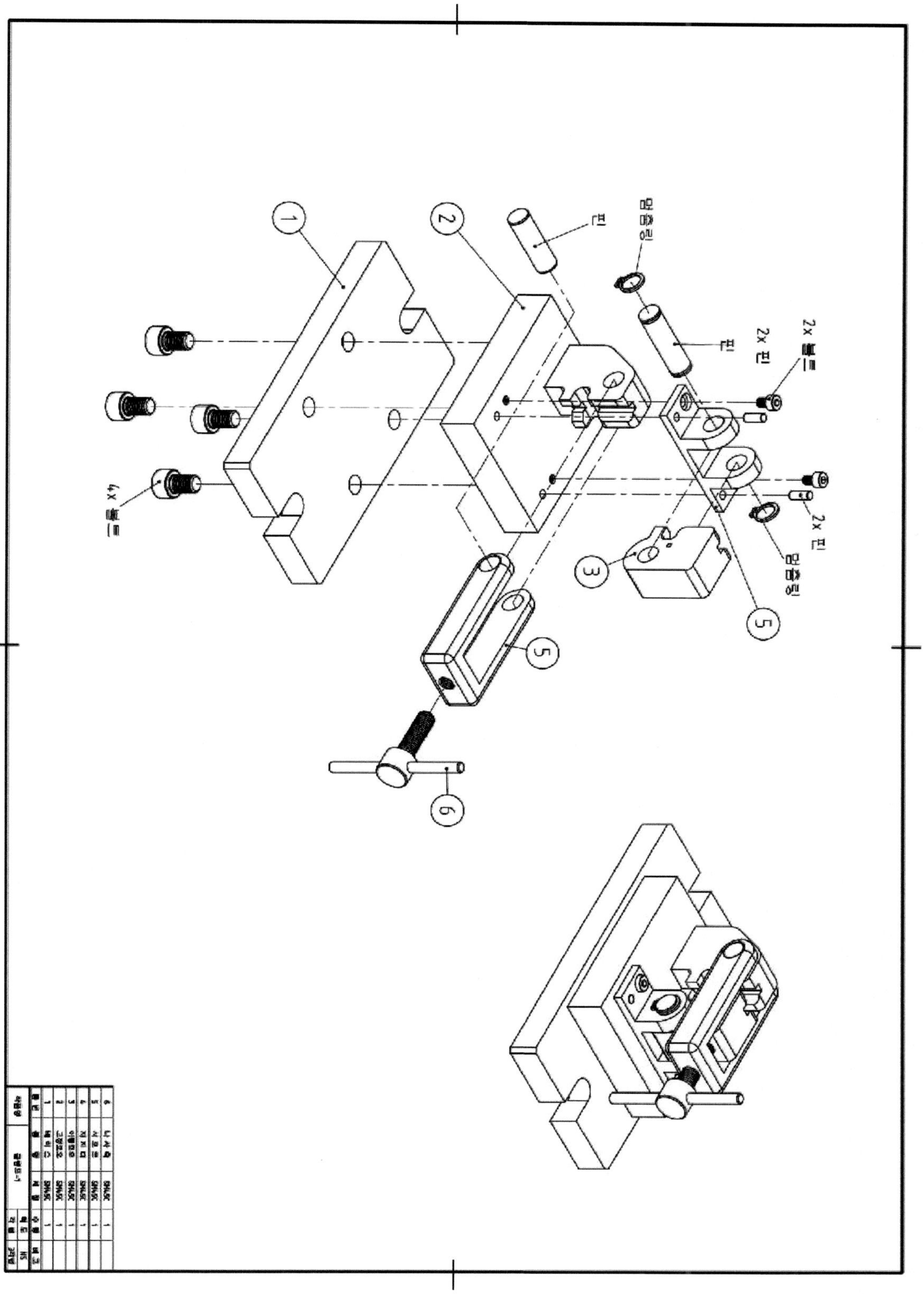
4x 볼트
핀
멈춤링
2x 볼트
2x 핀

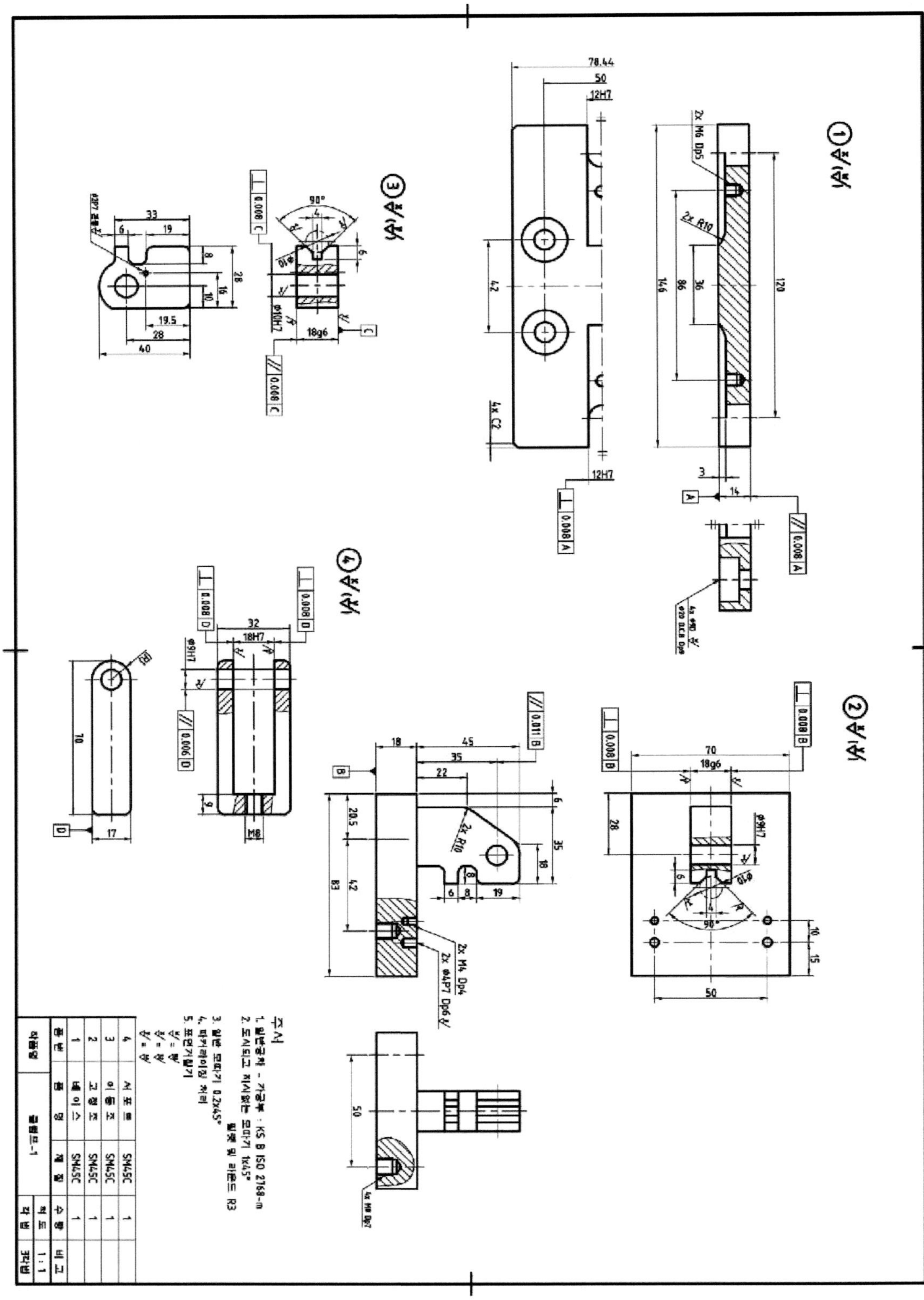

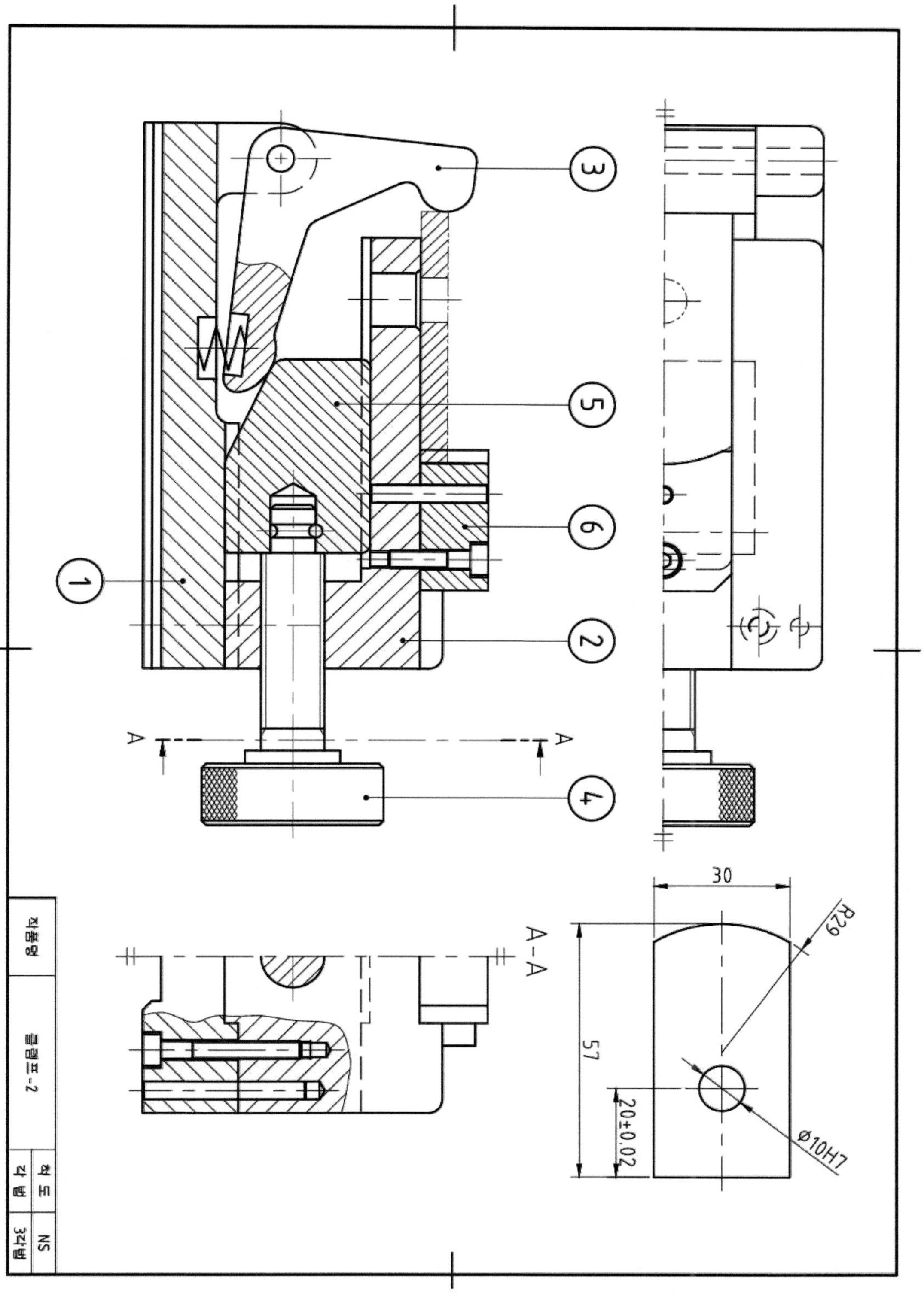
A-A
30
R29
57
20±0.02
Ø10H7
작품명
클램프-2
척도
NS
각법
3각법

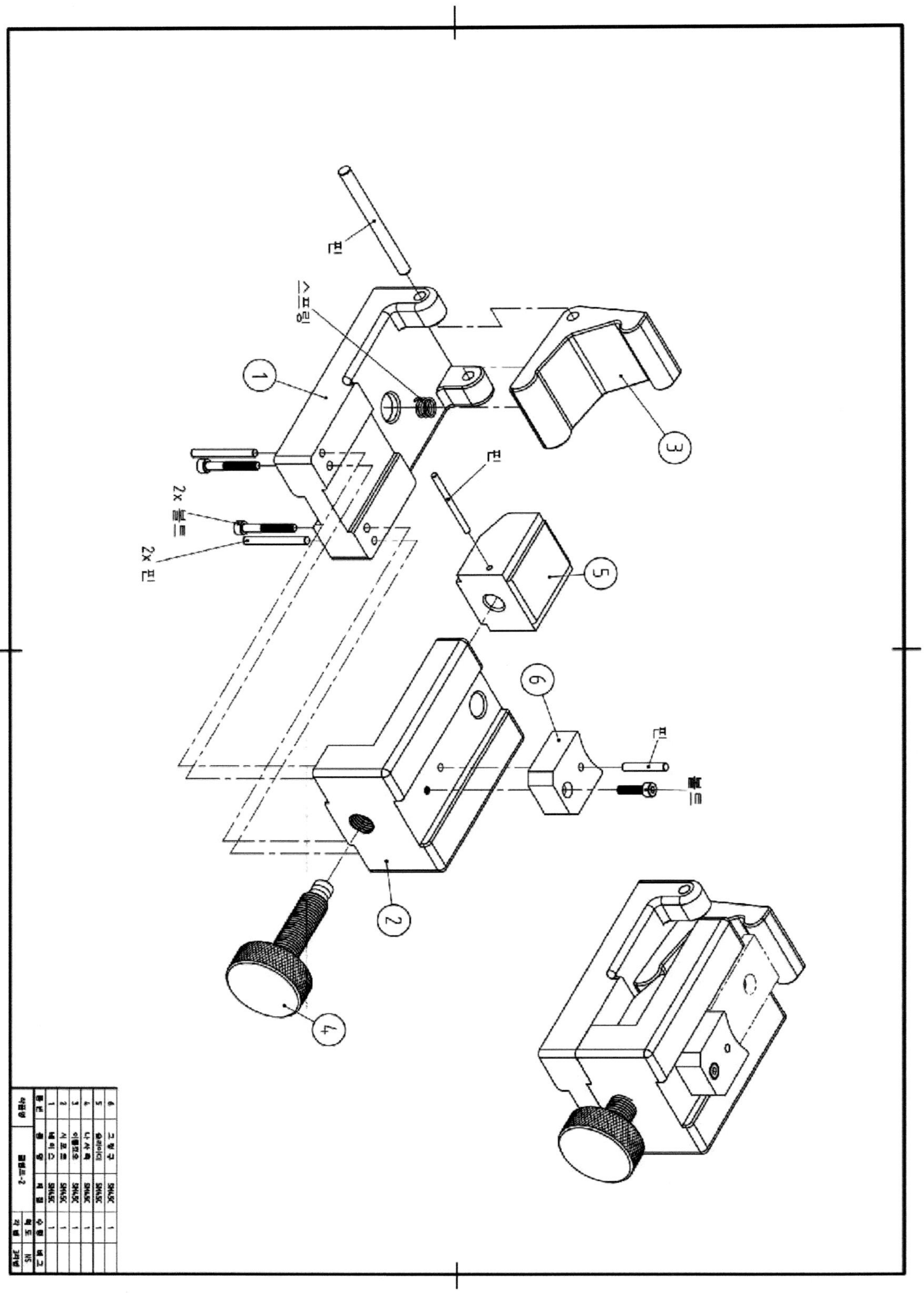
핀
스프링
1
3
핀
2x 볼트
2x 핀
5
6
핀
볼트
2
4

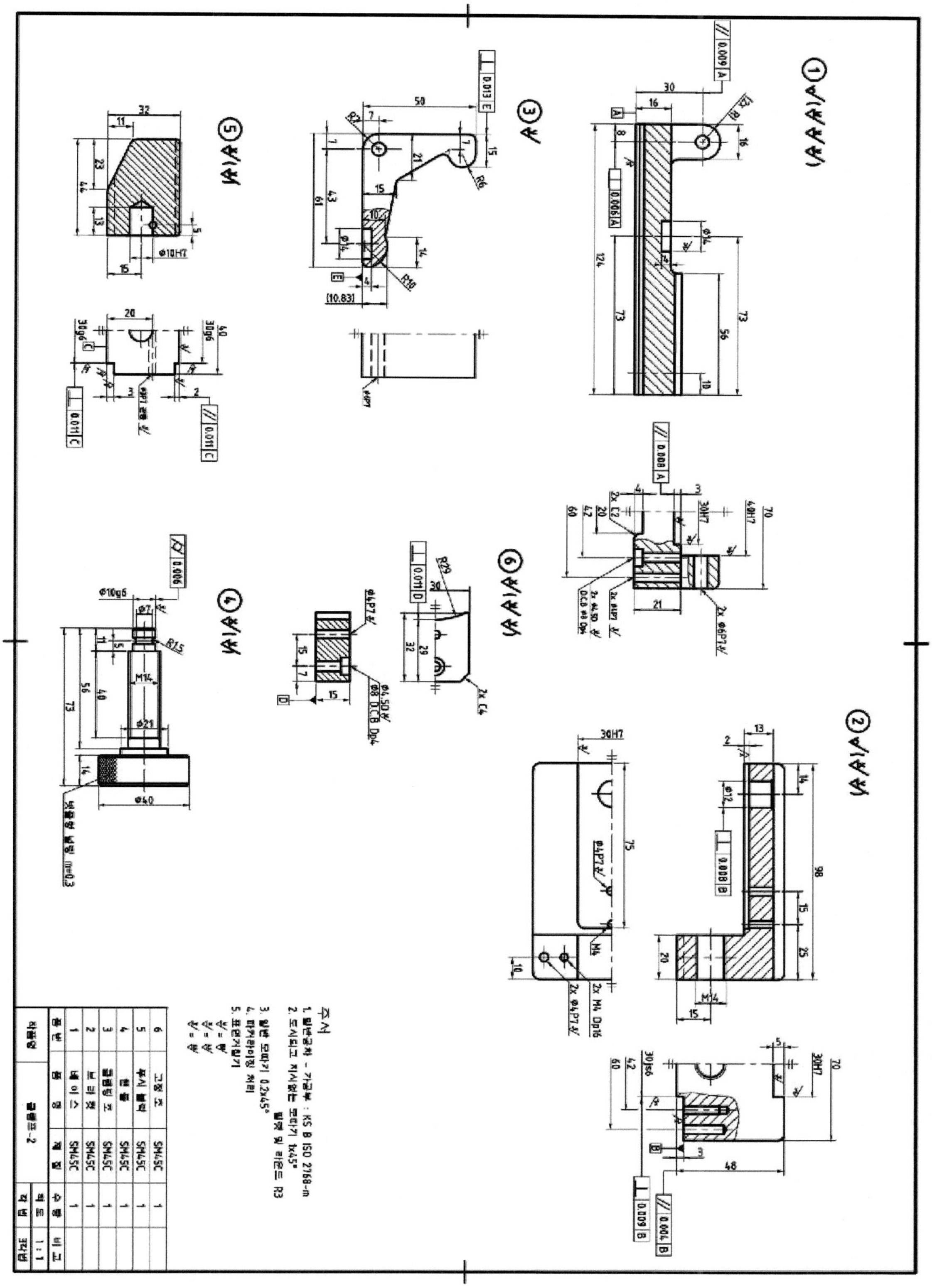